国家出版基金资助项目

现代数学中的著名定理纵横谈丛书

丛书主编　王梓坤

CAUCHY INEQUALITY (I)

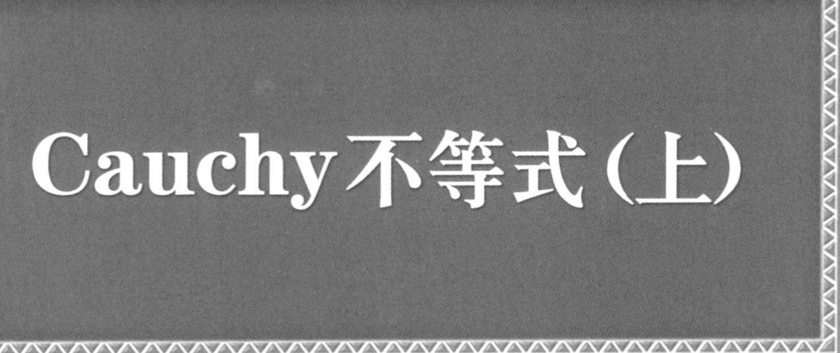

南秀全　编著

哈爾濱工業大學出版社
HARBIN INSTITUTE OF TECHNOLOGY PRESS

内容简介

本书详细介绍了柯西-许瓦兹不等式、柯西不等式的应用技巧、证明恒等式、解方程(组)或解不等式、证明不等式、证明条件不等式、求函数的极值、解几何问题、切比雪夫不等式及其应用等内容,而且在重要章节后面都有相应的习题解答或提示.

本书通俗易懂,内容紧凑,收录了大量的数学竞赛试题及其解答,适合广大数学爱好者阅读.

图书在版编目(CIP)数据

Cauchy 不等式. 上/南秀全编著. —哈尔滨:哈尔滨工业大学出版社,2017.7

(现代数学中的著名定理纵横谈丛书)

ISBN 978-7-5603-6696-8

Ⅰ. ①C… Ⅱ. ①南… Ⅲ. ①不等式 Ⅳ. ①O178

中国版本图书馆 CIP 数据核字(2017)第 147280 号

策划编辑　刘培杰　张永芹
责任编辑　张永芹　聂兆慈
封面设计　孙茵艾
出版发行　哈尔滨工业大学出版社
社　　址　哈尔滨市南岗区复华四道街 10 号　邮编 150006
传　　真　0451-86414749
网　　址　http://hitpress.hit.edu.cn
印　　刷　牡丹江邮电印务有限公司
开　　本　787mm×960mm　1/16　印张 32　字数 454 千字
版　　次　2017 年 7 月第 1 版　2017 年 7 月第 1 次印刷
书　　号　ISBN 978-7-5603-6696-8
定　　价　98.00 元

⊙代序

读书的乐趣

你最喜爱什么——书籍.

你经常去哪里——书店.

你最大的乐趣是什么——读书.

这是友人提出的问题和我的回答.真的,我这一辈子算是和书籍,特别是好书结下了不解之缘.有人说,读书要费那么大的劲,又发不了财,读它做什么?我却至今不悔,不仅不悔,反而情趣越来越浓.想当年,我也曾爱打球,也曾爱下棋,对操琴也有兴趣,还登台伴奏过.但后来却都一一断交,“终身不复鼓琴”.那原因便是怕花费时间,玩物丧志,误了我的大事——求学.这当然过激了一些.剩下来唯有读书一事,自幼至今,无日少废,谓之书痴也可,谓之书橱也可,管它呢,人各有志,不可相强.我的一生大志,便是教书,而当教师,不多读书是不行的.

读好书是一种乐趣,一种情操;一种向全世界古往今来的伟人和名人求教的方法，一种和他们展开讨论的方式；一封出席各种活动、体验各种生活、结识各种人物的邀请信；一张迈进科学宫殿和未知世界的入场券；一股改造自己、丰富自己的强大力量．书籍是全人类有史以来共同创造的财富，是永不枯竭的智慧的源泉．失意时读书，可以使人重整旗鼓；得意时读书，可以使人头脑清醒；疑难时读书，可以得到解答或启示；年轻人读书，可明奋进之道；年老人读书，能知健神之理．浩浩乎！洋洋乎！如临大海，或波涛汹涌，或清风微拂，取之不尽，用之不竭．吾于读书，无疑义矣，三日不读，则头脑麻木，心摇摇无主．

潜能需要激发

我和书籍结缘，开始于一次非常偶然的机会．大概是八九岁吧，家里穷得揭不开锅，我每天从早到晚都要去田园里帮工．一天，偶然从旧木柜阴湿的角落里，找到一本蜡光纸的小书，自然很破了．屋内光线暗淡，又是黄昏时分，只好拿到大门外去看．封面已经脱落，扉页上写的是《薛仁贵征东》．管它呢，且往下看．第一回的标题已忘记，只是那首开卷诗不知为什么至今仍记忆犹新：

日出遥遥一点红，飘飘四海影无踪．

三岁孩童千两价，保主跨海去征东．

第一句指山东，二、三两句分别点出薛仁贵（雪、人贵）．那时识字很少，半看半猜，居然引起了我极大的兴趣，同时也教我认识了许多生字．这是我有生以来独立看的第一本书．尝到甜头以后，我便千方百计去找书，向小朋友借，到亲友家找，居然断断续续看了《薛丁山征西》《彭公案》《二度梅》等，樊梨花便成了我心中的女英雄.我真入迷了.从此,放牛也罢,车水也罢,我总要带一本书,还练出了边走田间小路边读书的本领,读得津津有味,不知人间别有他事.

当我们安静下来回想往事时,往往会发现一些偶然的小事却影响了自己的一生.如果不是找到那本《薛仁贵征东》,我的好学心也许激发不起来.我这一生,也许会走另一条路.人的潜能,好比一座汽油库,星星之火,可以使它雷声隆隆、光照天地;但若少了这粒火星,它便会成为一潭死水,永归沉寂.

抄,总抄得起

好不容易上了中学,做完功课还有点时间,便常光顾图书馆.好书借了实在舍不得还,但买不到也买不起,便下决心动手抄书.抄,总抄得起.我抄过林语堂写的《高级英文法》,抄过英文的《英文典大全》,还抄过《孙子兵法》,这本书实在爱得狠了,竟一口气抄了两份.人们虽知抄书之苦,未知抄书之益,抄完毫末俱见,一览无余,胜读十遍.

始于精于一,返于精于博

关于康有为的教学法,他的弟子梁启超说:“康先生之教,专标专精、涉猎二条,无专精则不能成,无涉猎则不能通也.”可见康有为强烈要求学生把专精和广博(即“涉猎”)相结合.

在先后次序上,我认为要从精于一开始.首先应集中精力学好专业,并在专业的科研中做出成绩,然后逐步扩大领域,力求多方面的精.年轻时,我曾精读杜布(J. L. Doob)的《随机过程论》,哈尔莫斯(P. R. Halmos)的《测度论》等世界数学名著,使我终身受益.简言之,即“始于精于一,返于精于博”.正如中国革命一样,必须先有一块根据地,站稳后再开创几块,最后连成一片.

丰富我文采,澡雪我精神

辛苦了一周,人相当疲劳了,每到星期六,我便到旧书店走走,这已成为生活中的一部分,多年如此.一次,偶然看到一套《纲鉴易知录》,编者之一便是选编《古文观止》的吴楚材.这部书提纲挈领地讲中国历史,上自盘古氏,直到明末,记事简明,文字古雅,又富于故事性,便把这部书从头到尾读了一遍.从此启发了我读史书的兴趣.

我爱读中国的古典小说,例如《三国演义》和《东周列国志》.我常对人说,这两部书简直是世界上政治阴谋诡计大全.即以近年来极时髦的人质问题(伊朗人质、劫机人质等),这些书中早就有了,秦始皇的父亲便是受害者,堪称"人质之父".

《庄子》超尘绝俗,不屑于名利.其中"秋水""解牛"诸篇,诚绝唱也.《论语》束身严谨,勇于面世,"己所不欲,勿施于人",有长者之风.司马迁的《报任少卿书》,读之我心两伤,既伤少卿,又伤司马;我不知道少卿是否收到这封信,希望有人做点研究.我也爱读鲁迅的杂文,果戈理、梅里美的小说.我非常敬重文天祥、秋瑾的人品,常记他们的诗句:"人生自古谁无死,留取丹心照汗青""休言女子非英物,夜夜龙泉壁上鸣".唐诗、宋词、《西厢记》《牡丹亭》,丰富我文采,澡雪我精神,其中精粹,实是人间神品.

读了邓拓的《燕山夜话》,既叹服其广博,也使我动了写《科学发现纵横谈》的心.不料这本小册子竟给我招来了上千封鼓励信.以后人们便写出了许许多多的“纵横谈”.

从学生时代起,我就喜读方法论方面的论著.我想,做什么事情都要讲究方法,追求效率、效果和效益,方法好能事半而功倍.我很留心一些著名科学家、文学家写的心得体会和经验.我曾惊讶为什么巴尔扎克在51年短短的一生中能写出上百本书,并从他的传记中去寻找答案.文史哲和科学的海洋无边无际,先哲们的明智之光沐浴着人们的心灵,我衷心感谢他们的恩惠.

读书的另一面

以上我谈了读书的好处,现在要回过头来说说事情的另一面.

读书要选择.世上有各种各样的书:有的不值一看,有的只值看20分钟,有的可看5年,有的可保存一辈子,有的将永远不朽.即使是不朽的超级名著,由于我们的精力与时间有限,也必须加以选择.决不要看坏书,对一般书,要学会速读.

读书要多思考.应该想想,作者说得对吗?完全吗?适合今天的情况吗?从书本中迅速获得效果的好办法是有的放矢地读书,带着问题去读,或偏重某一方面去读.这时我们的思维处于主动寻找的地位,就像猎人追找猎物一样主动,很快就能找到答案,或者发现书中的问题.

有的书浏览即止,有的要读出声来,有的要心头记住,有的要笔头记录.对重要的专业书或名著,要勤做笔记,“不动笔墨不读书”.动脑加动手,手脑并用,既可加深理解,又可避忘备查,特别是自己的灵感,更要及时抓住.清代章学诚在《文史通义》中说:“札记之功必不可少,如不札记,则无穷妙绪如雨珠落大海矣.”

许多大事业、大作品,都是长期积累和短期突击相结合的产物.涓涓不息,将成江河;无此涓涓,何来江河?

爱好读书是许多伟人的共同特性,不仅学者专家如此,一些大政治家、大军事家也如此.曹操、康熙、拿破仑、毛泽东都是手不释卷,嗜书如命的人.他们的巨大成就与毕生刻苦自学密切相关.

王梓坤

⊙前言

柯西(Cauchy,Augustin Louis 1789—1857),出生于巴黎,他的父亲路易·弗朗索瓦·柯西是法国波旁王朝的官员,在法国动荡的政治漩涡中一直担任公职.由于家庭的原因,柯西本人属于拥护波旁王朝的正统派,是一位虔诚的天主教徒.并且在数学领域,有很高的建树和造诣.

柯西的创造力惊人,在柯西的一生中,发表论文789篇,出版专著7本,全集共有十四开本24卷.从他23岁写出第一篇论文到68岁逝世的45年中,平均每月发表一至两篇论文.1849年,仅在法国科学院8月至12月的9次会上,他就提交了24篇短文和15篇研究报告.他的文章朴实无华、充满新意.柯西27岁即当选为法国科学院院士,还是英国皇家学会会员和许多国家的科学院院士.

柯西对数学的最大贡献是在微积分中引进了清晰和严格的表述与证明方法.正如著名数学家冯·诺伊曼所说:“严密性的统治地位基本上是由柯西重新建立起来的.”在这方面他写下了三部专著:《分析教程》(1821年)

《无穷小计算教程》(1823 年)《微分计算教程》(1826～1828 年).他的这些著作,摆脱了微积分单纯的对几何、运动的直观理解和物理解释,引入了严格的分析上的叙述和论证,从而形成了微积分的现代体系.在数学分析中,可以说柯西比任何人的贡献都大,微积分的现代概念就是柯西建立起来的.因此,人们通常将柯西看作是近代微积分学的奠基者.

柯西的另一个重要贡献,是发展了复变函数的理论,取得了一系列重大成果.特别是他在 1814 年关于复数极限的定积分的论文,开始了他作为单复变量函数理论的创立者和发展者的伟大业绩.他还给出了复变函数的几何概念,证明了在复数范围内幂级数具有收敛圆,还给出了含有复积分限的积分概念以及残数理论等.

柯西还是探讨微分方程解的存在性问题的第一个数学家,他证明了微分方程在不包含奇点的区域内存在着满足给定条件的解,从而使微分方程的理论深化了.在研究微分方程的解法时,他成功地提出了特征带方法并发展了强函数方法.

柯西在代数学、几何学、数论等各个数学领域也都有建树.例如,他是置换群理论的一位杰出先驱者,他对置换理论做了系统的研究,并由此产生了有限群的表示理论.他还深入研究了行列式的理论,并得到了有名的宾内特(Binet)-柯西公式.他总结了多面体的理论,证明了费马关于多角数的定理等.

柯西对物理学、力学和天文学都做过深入的研究.特别在固体力学方面,奠定了弹性理论的基础,在这门学科中以他的姓氏命名的定理和定律就有 16 个之多,仅凭这项成就,就足以使他跻身于杰出的科学家之列.

柯西的一生对科学事业做出了卓越的贡献,但也出现过失误,特别是他作为科学院的院士、数学权威,在对待两位当时尚未成名的数学新秀阿贝尔(Abel)、伽罗瓦(Galois)都未给予应有的热情与关注,对阿贝尔关于椭圆函数论的一篇开创性论文,对伽罗瓦关于群论的一篇开创性论文,不仅未及时做出评论,而且还将他们送审的论文遗失了,这两件事常受到后世评论者的批评.

很多的数学定理和公式也都以他的名字来命名,以他的姓名命名的有:柯西积分、柯西公式、柯西不等式、柯西定理、柯西函数、柯西矩阵、柯西分布、柯西变换、柯西准则、柯西算子、柯西序列、柯西系统、柯西主值、柯西条件、柯西形式、柯西问题、柯西数据……,而其中以他的姓名命名的定理、公式、方程、准则等有多种.

在本套书中,我们重点来研究柯西不等式.我们知道,不等式是数学中的重要内容之一,也是解决数学问题的一种重要的思想方法.而柯西不等式又是不等式的理论基础和基石,它的应用十分广泛,特别是国内外各级各类的数学竞赛试题中,许多有关不等式的问题,若能适当地利用柯西不等式来求解,可以使问题获得相当简便的解法.

在本套书中,我们通过大量经典的各级各类数学问题,介绍了应用柯西不等式解题的一些常用方法与技巧,以及利用柯西不等式及其重要的变形解等式、方程、不等式、极值、几何问题等方面的应用,并对部分试题做了一般性的推广.通过书中问题的解答,可以发现在一个问题的众多解法中，利用柯西不等式来解，其方法往往是比较简捷的. 因此，正确地理解和常握柯西不等式的结构特征和一些巧妙的变形及它的一些应用技巧，是应用柯西不等式解题的关键.

排序不等式是许多重要不等式的来源，如算术-几何平均不等式、算术-调和平均不等式、柯西不等式、切比雪夫不等式等著名不等式都是它的直接推论，可以说排序不等式是一个"母不等式"，而且它本身也是解很多数学问题，特别是一些难度较大、技巧性较强的数学竞赛问题的一个有力工具. 因此，在本套书的第14～16章中，详细介绍了排序不等式及其变形、排序思想的应用.

在本套书的第 17 章中，还介绍了另一个著名的不等式——切比雪夫不等式在解数学问题中的应用.

本书内容全面，知识点丰富，是在柯西不等式研究领域一大重要突破，本套书的出版必会成为广大数学爱好者的心仪之作，同时可作为参考书使用.

由于本人水平有限，书中一定会存在许多不足之处，诚请广大读者批评指正.

目录

柯西-许瓦兹不等式

第1章

在很多数学教材或参考书中，都有这样一道题.

证明

$$ac+bd\leqslant\sqrt{a^2+b^2}\cdot\sqrt{c^2+d^2}\quad(1.1)$$

这道题用比较法是很容易证明的.

事实上，当 $ac+bd<0$ 时，结论显然成立.

当 $ac+bd\geqslant 0$ 时，由于

$$(a^2+b^2)(c^2+d^2)-(ac+bd)^2=$$
$$a^2c^2+b^2d^2+a^2d^2+b^2c^2-$$
$$(a^2c^2+b^2d^2+2abcd)=$$
$$(ad)^2+(bc)^2-2abcd=$$
$$(ad-bc)^2\geqslant 0$$

所以，$(a^2+b^2)(c^2+d^2)\geqslant(ac+bd)^2$. 由不等式的性质，两边开平方即得所证.

式(1.1)还可以用比值法来证明.

当 $a=b=0$(或 $c=d=0$)时，显然成立.

假设 $a^2+b^2\neq 0$ 且 $c^2+d^2\neq 0$，则

$$\frac{|ac+bd|}{\sqrt{a^2+b^2}\cdot\sqrt{c^2+d^2}}\leqslant$$
$$\frac{|ac|+|bd|}{\sqrt{a^2+b^2}\cdot\sqrt{c^2+d^2}}=$$
$$\frac{|ac|}{\sqrt{a^2+b^2}\cdot\sqrt{c^2+d^2}}+\frac{|bd|}{\sqrt{a^2+b^2}\cdot\sqrt{c^2+d^2}}=$$
$$\sqrt{\frac{a^2}{a^2+b^2}\cdot\frac{c^2}{c^2+d^2}}+\sqrt{\frac{b^2}{a^2+b^2}\cdot\frac{d^2}{c^2+d^2}}\leqslant$$
$$\frac{1}{2}\left(\frac{a^2}{a^2+b^2}+\frac{c^2}{c^2+d^2}\right)+\frac{1}{2}\left(\frac{b^2}{a^2+b^2}+\frac{d^2}{c^2+d^2}\right)=1$$

故

$$ac+bd\leqslant|ac+bd|\leqslant|ac|+|bd|\leqslant\sqrt{a^2+c^2}\cdot\sqrt{b^2+d^2}$$

式(1.1)就是著名的柯西-许瓦兹(Cauchy-Schwarz)不等式的一个简单特例.

柯西-许瓦兹不等式的一般形式为:

对任意的实数 $a_1,a_2,\cdots,a_n$ 及 $b_1,b_2,\cdots,b_n$,有

$$\left(\sum_{i=1}^{n}a_ib_i\right)^2\leqslant\left(\sum_{i=1}^{n}a_i^2\right)\left(\sum_{i=1}^{n}b_i^2\right) \tag{1.2}$$

或

$$\left|\sum_{i=1}^{n}a_ib_i\right|\leqslant\sqrt{\sum_{i=1}^{n}a_i^2}\sqrt{\sum_{i=1}^{n}b_i^2} \tag{1.3}$$

其中等号当且仅当 $\frac{a_1}{b_1}=\frac{a_2}{b_2}=\cdots=\frac{a_n}{b_n}$ 时成立(当 $b_k=0$ 时,认为 $a_k=0,1\leqslant k<n$).

下面介绍柯西-许瓦兹不等式的几种证法.

证法一 (求差-配方法)因为

$$\text{不等式(1.2)的右边}=\sum_{i=1}^{n}a_i^2b_i^2+\sum_{i\neq j}^{n}(a_i^2b_j^2+a_j^2b_i^2)$$

$$\text{不等式(1.2)的左边}=\sum_{i=1}^{n}a_i^2b_i^2+2\sum_{i\neq j}^{n}a_ib_ia_jb_j$$

所以,不等式右边 − 不等式左边 $=\sum_{i\neq j}^{n}(a_ib_j-a_jb_i)^2\geqslant 0$.

故不等式右边≥不等式左边,其中等号当且仅当 $a_ib_j=a_jb_i(i,j=1,2,\cdots,n,i\neq j)$ 时成立.

因为

$$b_i\neq 0(i=1,2,\cdots,n)$$

所以

$$\frac{a_1}{b_1}=\frac{a_2}{b_2}=\cdots=\frac{a_n}{b_n}$$

证法二 (比值法)当 $a_1=a_2=\cdots=a_n=0$(或 $b_1=b_2=\cdots=b_n=0$)时显然成立;当 $\sum_{i=1}^{n}a_i^2\neq 0$ 且 $\sum_{i=1}^{n}b_i^2\neq 0$ 时,则

$$\frac{\left|\sum_{i=1}^{n} a_i b_i\right|}{\sqrt{\sum_{i=1}^{n} a_i^2}\cdot\sqrt{\sum_{i=1}^{n} b_i^2}} \leqslant \frac{\sum_{k=1}^{n} |a_k b_k|}{\sqrt{\sum_{i=1}^{n} a_i^2}\cdot\sqrt{\sum_{i=1}^{n} b_i^2}} =$$

$$\sum_{k=1}^{n} \frac{|a_k b_k|}{\sqrt{\sum_{i=1}^{n} a_i^2}\cdot\sqrt{\sum_{i=1}^{n} b_i^2}} = \sum_{k=1}^{n} \sqrt{\frac{a_k^2}{\sum_{i=1}^{n} a_i^2}\cdot\frac{b_k^2}{\sum_{i=1}^{n} b_i^2}} \leqslant$$

$$\frac{1}{2}\sum_{k=1}^{n}\left(\frac{a_k^2}{\sum_{i=1}^{n} a_i^2}+\frac{b_k^2}{\sum_{i=1}^{n} b_i^2}\right) = \frac{1}{2}\left(\frac{\sum_{k=1}^{n} a_k^2}{\sum_{i=1}^{n} a_i^2}+\frac{\sum_{k=1}^{n} b_k^2}{\sum_{i=1}^{n} b_i^2}\right) = 1$$

所以

$$\left|\sum_{i=1}^{n} a_i b_i\right| \leqslant \sqrt{\sum_{i=1}^{n} a_i^2}\cdot\sqrt{\sum_{i=1}^{n} b_i^2}$$

其中等号成立的充分必要条件是

$$\left|\sum_{i=1}^{n} a_i b_i\right| = \sum_{i=1}^{n} |a_i b_i| \tag{1.4}$$

$$\frac{a_k^2}{\sum_{i=1}^{n} a_i^2} = \frac{b_k^2}{\sum_{i=1}^{n} b_i^2} \quad (k = 1,2,\cdots,n) \tag{1.5}$$

式(1.4)成立的充分必要条件是 $a_i b_i \geqslant 0 (i=1,2,\cdots,n)$，即 a_i 与 b_i 同号. 式(1.5)成立的充分必要条件是

$$\frac{a_k^2}{b_k^2} = \frac{\sum_{i=1}^{n} a_i^2}{\sum_{i=1}^{n} b_i^2} \quad (k = 1,2,\cdots,n)$$

注意到 $\sum_{i=1}^{n} a_i^2$ 与 $\sum_{i=1}^{n} b_i^2$ 均为常数，故式(1.3) 成立的充分必要条件是

$$\frac{|a_k|}{|b_k|} = \frac{\sqrt{\sum_{i=1}^{n} a_i^2}}{\sqrt{\sum_{i=1}^{n} b_i^2}} = 常数$$

又因 a_k 与 $b_k (k=1,2,\cdots,n)$同号，故

$$\frac{a_1}{b_1}=\frac{a_2}{b_2}=\cdots=\frac{a_n}{b_n}$$

证法三 (判别式法)(1)若 $a_1,a_2,\cdots,a_n$ 都等于 0,不等式显然成立(并等号成立).

(2)若 $a_1,a_2,\cdots,a_n$ 中至少有一个不为 0,则

$$\sum_{i=1}^{n}a_i^2>0$$

又二次三项式

$$\sum_{i=1}^{n}a_i^2\cdot x^2+2\sum_{i=1}^{n}a_ib_i\cdot x+\sum_{i=1}^{n}b_i^2=\sum_{i=1}^{n}(a_ix+b_i)^2\geqslant 0$$

所以二次三项式的判别式

$$\Delta=4\left(\sum_{i=1}^{n}a_ib_i\right)^2-4\sum_{i=1}^{n}a_i^2\cdot\sum_{i=1}^{n}b_i^2\leqslant 0$$

即

$$\sum_{i=1}^{n}a_i^2\cdot\sum_{i=1}^{n}b_i^2\geqslant\left(\sum_{i=1}^{n}a_ib_i\right)^2$$

等号当且仅当 $a_ix+b_i=0(i=1,2,\cdots,n)$时成立.

因为 $b_i^2\neq 0$,所以

$$\frac{a_1}{b_1}=\frac{a_2}{b_2}=\cdots=\frac{a_n}{b_n}$$

证法四 $\left(\text{利用不等式 } xy\leqslant\frac{x^2+y^2}{2}\text{ 证明}\right)$ 如果 $\sum_{i=1}^{n}a_i^2=0$ 或 $\sum_{i=1}^{n}b_i^2=0$,由于 a_i,b_i 全为实数,由此得出 $a_1=a_2=\cdots=a_n=0$,或者 $b_1=b_2=\cdots=b_n=0$. 这时式(1.2)等号成立. 所以,我们只需讨论 $\sum_{i=1}^{n}a_i^2>0$ 并且 $\sum_{i=1}^{n}b_i^2>0$.

在这种情况下,取正数 λ,使

$$\lambda^2=\sqrt{\sum_{i=1}^{n}a_i^2}\cdot\sqrt{\sum_{i=1}^{n}b_i^2}$$

对每个 i,$a_ib_i=(\lambda a_i)\left(\frac{1}{\lambda}b_i\right)\leqslant\frac{\lambda^2a_i^2+\frac{1}{\lambda^2}b_i^2}{2}$,式中等号当且仅当 $\lambda^2=\frac{b_i}{a_i}$时成立. 对 $i=1,2,\cdots,n$ 求和,有

$$\sum_{i=1}^{n} a_i b_i \leqslant \frac{\lambda^2 \sum_{i=1}^{n} a_i^2 + \frac{1}{\lambda^2} \sum_{i=1}^{n} b_i^2}{2}$$

由于 λ 的取法，将使上式的右边变为 $\sqrt{\sum_{i=1}^{n} a_i^2} \cdot \sqrt{\sum_{i=1}^{n} b_i^2}$，即有

$$\sum_{i=1}^{n} a_i b_i \leqslant \sqrt{\sum_{i=1}^{n} a_i^2} \cdot \sqrt{\sum_{i=1}^{n} b_i^2}$$

等号成立的条件显然是 $\frac{a_1}{b_1} = \frac{a_2}{b_2} = \cdots = \frac{a_n}{b_n}$.

证法五　(数学归纳法)我们可以证明更强的不等式

$$\sum_{i=1}^{n} |a_i b_i| \leqslant \sqrt{\sum_{i=1}^{n} a_i^2} \cdot \sqrt{\sum_{i=1}^{n} b_i^2} \tag{1.6}$$

当 $n=1$ 时，式(1.6)显然成立；当 $n=2$ 时，式(1.6)即为(仿照式(1.1)可证)

$$|a_1 b_1 + a_2 b_2| \leqslant \sqrt{a_1^2 + a_2^2} \cdot \sqrt{b_1^2 + b_2^2} \tag{1.7}$$

假设 $n=k$ 时，式(1.6)成立，则当 $n=k+1$ 时

$$\begin{aligned}\sqrt{\sum_{i=1}^{k+1} a_i^2} \cdot \sqrt{\sum_{i=1}^{k+1} b_i^2} = \sqrt{\sum_{i=1}^{k} a_i^2 + a_{k+1}^2} \cdot \sqrt{\sum_{i=1}^{k} b_i^2 + b_{k+1}^2} \geqslant \\ \sqrt{\sum_{i=1}^{k} a_i^2} \cdot \sqrt{\sum_{i=1}^{k} b_i^2} + |a_{k+1} b_{k+1}| \geqslant \\ \sum_{i=1}^{k} |a_i b_i| + |a_{k+1} b_{k+1}| = \\ \sum_{i=1}^{k+1} |a_i b_i|\end{aligned}$$

所以，式(1.6)对一切自然数 n 成立. 当然更有式(1.3)成立.

证法六　(数学归纳法)(1)当 $n=1,2$ 时不等式(1.2)显然成立；

(2)假设 $n=k$ 时，不等式(1.2)成立. 即

$$\left(\sum_{i=1}^{k} a_i b_i\right)^2 \leqslant \sum_{i=1}^{k} a_i^2 \sum_{i=1}^{k} b_i^2$$

当且仅当 $\frac{a_1}{b_1} = \frac{a_2}{b_2} = \cdots = \frac{a_k}{b_k}$ 时等号成立.

那么,当 $n=k+1$ 时

$$\begin{aligned}(\sum_{i=1}^{k+1}a_ib_i)^2 &= (\sum_{i=1}^{k}a_ib_i)^2+2a_{k+1}b_{k+1}(\sum_{i=1}^{k}a_ib_i)+a_{k+1}^2b_{k+1}^2 \leqslant \\ &\sum_{i=1}^{k}a_i^2\sum_{i=1}^{k}b_i^2+2a_{k+1}b_{k+1}(\sum_{i=1}^{k}a_ib_i)+a_{k+1}^2b_{k+1}^2 \leqslant \\ &\sum_{i=1}^{k}a_i^2\sum_{i=1}^{k}b_i^2+a_1^2b_{k+1}^2+b_1^2a_{k+1}^2+\cdots+a_k^2b_{k+1}^2+ \\ &b_k^2a_{k+1}^2+a_{k+1}^2b_{k+1}^2=\sum_{i=1}^{k+1}a_i^2\sum_{i=1}^{k+1}b_i^2\end{aligned}$$

当且仅当 $a_1b_{k+1}=b_1a_{k+1},a_2b_{k+1}=b_2a_{k+1},\cdots,a_kb_{k+1}=b_ka_{k+1}$,即 $\frac{a_1}{b_1}=\frac{a_2}{b_2}=\cdots=\frac{a_{k+1}}{b_{k+1}}$ 时等号成立. 于是 $n=k+1$ 时,不等式成立.

由(1)(2)知,对所有自然数 n,不等式(1.2)都成立.

证法七 (行列式法)

$$\begin{aligned}D&=\sum_{i=1}^{n}a_i^2\cdot\sum_{i=1}^{n}b_i^2-(\sum_{i=1}^{n}a_ib_i)^2= \\ &\begin{vmatrix}a_1^2+a_2^2+\cdots+a_n^2 & a_1b_1+a_2b_2+\cdots+a_nb_n \\ a_1b_1+a_2b_2+\cdots+a_nb_n & b_1^2+b_2^2+\cdots+b_n^2\end{vmatrix}= \\ &\sum_{i=1}^{n}\begin{vmatrix}a_1^2+a_2^2+\cdots+a_n^2 & a_ib_i \\ a_1b_1+a_2b_2+\cdots+a_nb_n & b_i^2\end{vmatrix}= \\ &\sum_{i=1}^{n}\sum_{j=1}^{n}\begin{vmatrix}a_j^2 & a_ib_i \\ a_jb_j & b_i^2\end{vmatrix}=\sum_{i=1}^{n}\sum_{j=1}^{n}a_jb_i\begin{vmatrix}a_j & a_i \\ b_j & b_i\end{vmatrix}\end{aligned}$$

又

$$\begin{aligned}D&=\sum_{j=1}^{n}\sum_{i=1}^{n}a_ib_j\begin{vmatrix}a_i & a_j \\ b_i & b_j\end{vmatrix}= \\ &\sum_{j=1}^{n}\sum_{i=1}^{n}a_ib_j\cdot(-1)\cdot\begin{vmatrix}a_j & a_i \\ b_j & b_i\end{vmatrix}= \\ &\sum_{i=1}^{n}\sum_{j=1}^{n}a_ib_j\cdot(-1)\cdot\begin{vmatrix}a_j & a_i \\ b_j & b_i\end{vmatrix}\end{aligned}$$

所以

$$2D=\sum_{i=1}^{n}\sum_{j=1}^{n}(a_jb_i-a_ib_j)\begin{vmatrix}a_j & a_i \\ b_j & b_i\end{vmatrix}=\sum_{i=1}^{n}\sum_{j=1}^{n}(a_jb_i-a_ib_j)^2\geqslant 0$$

所以 $D\geqslant 0$，即原不等式成立.

证法八　（利用拉格朗日(Lagrange)恒等式）对 a_1，a_2，…，a_n 与 b_1，b_2，…，b_n，我们有如下的拉格朗日恒等式

$$\left(\sum_{i=1}^{n}a_i^2\right)\cdot\left(\sum_{i=1}^{n}b_i^2\right)-\left(\sum_{i=1}^{n}a_ib_i\right)^2=\sum_{1\leqslant i<j\leqslant n}(a_ib_j-a_jb_i)^2\geqslant 0$$

不难看出命题成立.

注　实际上，证法八是证法七的一种特殊情况，但在证明不等式中，拉格朗日恒等式往往作为已知的结果使用，此外，拉格朗日恒等式也可以用其他方法来证明.

证法九　（内积法）令 $\boldsymbol{\alpha}=(a_1,a_2,\cdots,a_n)$，$\boldsymbol{\beta}=(b_1,b_2,\cdots,b_n)$，对任意实数 t，我们有

$$0\leqslant(\boldsymbol{\alpha}+t\boldsymbol{\beta},\boldsymbol{\alpha}+t\boldsymbol{\beta})=(\boldsymbol{\alpha},\boldsymbol{\alpha})+2(\boldsymbol{\alpha},\boldsymbol{\beta})t+(\boldsymbol{\beta},\boldsymbol{\beta})t^2$$

于是

$$\sum_{i=1}^{n}a_i^2+2t\sum_{i=1}^{n}a_ib_i+\left(\sum_{i=1}^{n}b_i^2\right)t^2\geqslant 0$$

由 t 的任意性，得

$$4\left[\left(\sum_{i=1}^{n}a_ib_i\right)^2-\sum_{i=1}^{n}a_i^2\sum_{i=1}^{n}b_i^2\right]\leqslant 0$$

故命题成立.

证法十　（向量法）令 $\boldsymbol{\alpha}=(a_1,a_2,\cdots,a_n)$，$\boldsymbol{\beta}=(b_1,b_2,\cdots,b_n)$，则对向量 $\boldsymbol{\alpha}$，$\boldsymbol{\beta}$，我们有

$$\cos\langle\boldsymbol{\alpha},\boldsymbol{\beta}\rangle=\frac{\boldsymbol{\alpha}\cdot\boldsymbol{\beta}}{|\boldsymbol{\alpha}|\cdot|\boldsymbol{\beta}|}$$

从而

$$\frac{\boldsymbol{\alpha}\cdot\boldsymbol{\beta}}{|\boldsymbol{\alpha}|\cdot|\boldsymbol{\beta}|}=\cos\langle\boldsymbol{\alpha},\boldsymbol{\beta}\rangle\leqslant 1$$

由 $\boldsymbol{\alpha}\cdot\boldsymbol{\beta}=a_1b_1+a_2b_2+\cdots+a_nb_n$，$|\boldsymbol{\alpha}|^2=\sum_{i=1}^{n}a_i^2$，$|\boldsymbol{\beta}|^2=\sum_{i=1}^{n}b_i^2$，且等号成立当且仅当 $\cos\langle\boldsymbol{\alpha},\boldsymbol{\beta}\rangle=1$，即 $\boldsymbol{\alpha}$ 与 $\boldsymbol{\beta}$ 平行. 故命题成立.

注　内积法和向量法有着密切的联系，内积亦称为点积，其定义为：对任意两个向量 $\boldsymbol{\alpha}$，$\boldsymbol{\beta}$，它们的内积为

$$(\boldsymbol{\alpha},\boldsymbol{\beta})=\boldsymbol{\alpha}\cdot\boldsymbol{\beta}=\sum_{i=1}^{n}a_ib_i$$

容易验证,对任意向量 $\boldsymbol{\alpha}\neq\mathbf{0}$

$$(\boldsymbol{\alpha},\boldsymbol{\alpha})=\sum_{i=1}^{n}a_i^2>0$$

在证法九中,就是利用了这个性质.

证法十一 (构造单调数列法)根据问题结构特点,可构造如下的数列

$\{T_n\}$:$(a_1b_1)^2-a_1^2b_1^2$,$(a_1b_1+a_2b_2)^2-(a_1^2+a_2^2)(b_1^2+b_2^2)$,$(a_1b_1+a_2b_2+a_3b_3)^2-(a_1^2+a_2^2+a_3^2)(b_1^2+b_2^2+b_3^2)$,…,$(a_1b_1+a_2b_2+\cdots+a_nb_n)^2-(a_1^2+a_2^2+\cdots+a_n^2)(b_1^2+b_2^2+\cdots+b_n^2)$,…

从而可得

$$\begin{aligned}T_{n+1}-T_n=&[(a_1b_1+a_2b_2+\cdots+a_nb_n+a_{n+1}b_{n+1})^2-\\&(a_1^2+a_2^2+\cdots+a_n^2+a_{n+1}^2)\cdot(b_1^2+b_2^2+\cdots+\\&b_n^2+b_{n+1}^2)]-[(a_1b_1+a_2b_2+\cdots+a_nb_n)^2-\\&(a_1^2+a_2^2+\cdots+a_n^2)(b_1^2+b_2^2+\cdots+b_n^2)]=\\&2(a_1b_1+a_2b_2+\cdots+a_nb_n)a_{n+1}b_{n+1}+\\&a_{n+1}^2b_{n+1}^2-(a_1^2+a_2^2+\cdots+a_n^2)b_{n+1}^2-\\&a_{n+1}^2(b_1^2+b_2^2+\cdots+b_n^2)-a_{n+1}^2b_{n+1}^2=\\&-[(a_1b_{n+1}-b_1a_{n+1})^2+(a_2b_{n+1}-\\&b_2a_{n+1})^2+\cdots+(a_nb_{n+1}-b_na_{n+1})^2]\leqslant 0\end{aligned}\quad(1.8)$$

所以 $T_{n+1}\leqslant T_n$.

所以数列$\{T_n\}$单调递减,而

$$T_1=(a_1b_1)^2-a_1^2b_1^2=0$$

所以 $T_n\leqslant 0$.

即

$$\begin{aligned}&(a_1b_1+a_2b_2+\cdots+a_nb_n)^2\leqslant\\&(a_1^2+a_2^2+\cdots+a_n^2)(b_1^2+b_2^2+\cdots+b_n^2)\end{aligned}$$

从式(1.8)中看出当且仅当$\frac{a_1}{b_1}=\frac{a_2}{b_2}=\cdots=\frac{a_n}{b_n}=\frac{a_{n+1}}{b_{n+1}}$时,等号成立.

证法十二 (凹函数方法)令 $A_n=a_1^2+a_2^2+\cdots+a_n^2$,$B_n=a_1b_1+a_2b_2+\cdots+a_nb_n$,$C_n=b_1^2+b_2^2+\cdots+b_n^2$,且不妨假设 $a_i>0$,$b_i>0$,由前面的引理 4,对凹函数 $f(x)=\ln x$,有

$$\frac{1}{2}\ln\frac{a_i^2}{A_n}\frac{1}{2}\ln\frac{b_i^2}{C_n}\leqslant\ln\frac{\frac{a_i^2}{A_n}+\frac{b_i^2}{C_n}}{2}\Leftrightarrow$$

$$\ln\left(\frac{a_i^2}{A_n}\frac{b_i^2}{C_n}\right)^{\frac{1}{2}}\leqslant\ln\frac{\frac{a_i^2}{A_n}+\frac{b_i^2}{C_n}}{2}\Leftrightarrow$$

$$\left(\frac{a_i^2}{A_n}\frac{b_i^2}{C_n}\right)^{\frac{1}{2}}\leqslant\frac{\frac{a_i^2}{A_n}+\frac{b_i^2}{C_n}}{2}$$

于是

$$\sum_{i=1}^{n}\frac{a_i}{A_n^{\frac{1}{2}}}\frac{b_i}{C_n^{\frac{1}{2}}}\leqslant\frac{1}{2}\left(\frac{1}{A_n}\sum_{i=1}^{n}a_i^2+\frac{1}{C_n}\sum_{i=1}^{n}b_i^2\right)=1\Leftrightarrow$$

$$\sum_{i=1}^{n}a_ib_i\leqslant A_n^{\frac{1}{2}}C_n^{\frac{1}{2}}$$

不难得到，等式成立的充要条件是 $\frac{a_1}{b_1}=\frac{a_2}{b_2}=\cdots=\frac{a_n}{b_n}$.

柯西-许瓦兹不等式也叫作**柯西-布尼雅可夫斯基**(Cauchy-Буняковский)**不等式**（在本书中，后面简称为**柯西不等式**）.

在复数域中，柯西不等式也是成立的. 即：设 $a_i,b_i(i=1,2,\cdots,n)$ 是任意复数，则

$$\sum_{i=1}^{n}|a_i|^2\cdot\sum_{i=1}^{n}|b_i|^2\geqslant\left|\sum_{i=1}^{n}a_ib_i\right|^2\tag{1.9}$$

式(1.9)的证明，也只是涉及复数的基本知识，下面给出几种证法.

证法一　用数学归纳法.

首先，证明当 $n=2$($n=1$ 时显然成立)时，式(1.9)成立，即有

$$|a_1b_1+a_2b_2|^2\leqslant(|a_1|^2+|a_2|^2)(|b_1|^2+|b_2|^2)\tag{1.10}$$

由复数的模与共轭复数的关系可知

$$|a_1b_1+a_2b_2|^2=(a_1b_1+a_2b_2)(\bar{a}_1\bar{b}_1+\bar{a}_2\bar{b}_2)$$

$$|a_1\bar{b}_2-a_2\bar{b}_1|^2=(a_1\bar{b}_2-a_2\bar{b}_1)(\bar{a}_1b_2-\bar{a}_2b_1)$$

将上面两式右端按复数乘法法则展开，并将左右两端分别相加，得

$$|a_1b_1+a_2b_2|^2=(|a_1|^2+|a_2|^2)(|b_1|^2+|b_2|^2)-$$

$$|a_1\bar{b}_2-a_2\bar{b}_1|^2 \tag{1.11}$$

由此知式(1.10)成立.

假设 $n=k$ 时,式(1.9)成立,即有

$$\left|\sum_{i=1}^{k}a_ib_i\right|^2\leqslant\sum_{i=1}^{k}|a_i|^2\cdot\sum_{i=1}^{k}|b_i|^2$$

现证 $n=k+1$ 时,式(1.9)也成立.

因为

$$\left|\sum_{i=1}^{k+1}a_ib_i\right|^2=\left|\sum_{i=1}^{k}a_ib_i+a_{k+1}b_{k+1}\right|^2\leqslant$$
$$\left(\left|\sum_{i=1}^{k}a_ib_i\right|+|a_{k+1}b_{k+1}|\right)^2$$

由归纳假定,知

$$\left|\sum_{i=1}^{k+1}a_ib_i\right|^2\leqslant\sum_{i=1}^{k}|a_i|^2\cdot\sum_{i=1}^{k}|b_i|^2+|a_{k+1}|^2\cdot|b_{k+1}|^2+$$
$$2|a_{k+1}b_{k+1}|\cdot\sqrt{\sum_{i=1}^{k}|a_i|^2\cdot\sum_{i=1}^{k}|b_i|^2} \tag{1.12}$$

因为对任意两个非负实数 x,y,有 $2xy\leqslant x^2+y^2$,故

$$2|a_{k+1}b_{k+1}|\sqrt{\sum_{i=1}^{k}|a_i|^2\cdot\sum_{i=1}^{k}|b_i|^2}=$$
$$2|a_{k+1}|\sqrt{\sum_{i=1}^{k}|b_i|^2}\cdot|b_{k+1}|\sqrt{\sum_{i=1}^{k}|a_i|^2}\leqslant$$
$$|a_{k+1}|^2\sum_{i=1}^{k}|b_i|^2+|b_{k+1}|^2\sum_{i=1}^{k}|a_i|^2$$

再由式(1.12)得

$$\left|\sum_{i=1}^{k+1}a_ib_i\right|^2\leqslant\sum_{i=1}^{k}|a_i|^2+\sum_{i=1}^{k}|b_i|^2+|a_{k+1}|^2\cdot|b_{k+1}|^2+$$
$$|a_{k+1}|^2\sum_{i=1}^{k}|b_i|^2+|b_{k+1}|^2\sum_{i=1}^{k}|a_i|^2$$

即

$$\left|\sum_{i=1}^{k}a_ib_i\right|^2\leqslant\sum_{i=1}^{k+1}|a_i|^2\cdot\sum_{i=1}^{k+1}|b_i|^2$$

可见 $n=k+1$ 时,式(1.9)也成立.

由数学归纳法，对任何自然数 n，均有

$$\left|\sum_{i=1}^{n}a_ib_i\right|^2\leqslant\sum_{i=1}^{n}|a_i|^2\cdot\sum_{i=1}^{n}|b_i|^2$$

证法二　利用拉格朗日恒等式

$$\left|\sum_{i=1}^{n}a_ib_i\right|^2\leqslant\sum_{i=1}^{n}|a_i|^2\cdot\sum_{i=1}^{n}|b_i|^2-\sum_{1\leqslant i\leqslant j\leqslant n}|a_i\bar{b}_j-a_j\bar{b}_i|^2 \tag{1.13}$$

事实上，有

$$\left|\sum_{i=1}^{n}a_ib_i\right|^2=\sum_{i=1}^{n}a_ib_i\cdot\sum_{i=1}^{n}\bar{a}_i\bar{b}_i$$

$$\sum_{1\leqslant i\leqslant j\leqslant n}|a_i\bar{b}_j-a_j\bar{b}_i|^2=\sum_{1\leqslant i\leqslant j\leqslant n}(a_i\bar{b}_j-a_j\bar{b}_i)(\bar{a}_ib_j-\bar{a}_jb_i)$$

将上面两式两端分别相加，移项即得式(1.13).

由式(1.13)立即推出式(1.9)成立，即有

$$\left|\sum_{i=1}^{n}a_ib_i\right|^2\leqslant\sum_{i=1}^{n}|a_i|^2\cdot\sum_{i=1}^{n}|b_i|^2$$

证法三　因为

$$\begin{aligned}\sum_{i=1}^{n}|a_i-t\bar{b}_i|^2&=\sum_{i=1}^{n}(a_i-t\bar{b}_i)(\bar{a}_i-\bar{t}b_i)=\\&\sum_{i=1}^{n}[|a_i|^2-2\mathrm{Re}(\bar{t}a_ib_i)+|t|^2|b_i|^2]=\\&\sum_{i=1}^{n}|a_i|^2-2\mathrm{Re}\left(\bar{t}\sum_{i=1}^{n}a_ib_i\right)+\\&|t|^2\sum_{i=1}^{n}|b_i|^2\geqslant 0\end{aligned} \tag{1.14}$$

首先，当 $\sum_{i=1}^{n}|b_i|^2=0$ 时，$b_i(i=1,2,\cdots,n)$ 全为 0，所以式(1.9) 自然成立.

现在考虑 $\sum_{i=1}^{n}|b_i|^2\neq 0$ 时的情形，因为 t 可取任意复数，式(1.14) 均成立，所以在该式中令

$$t=\frac{\sum_{i=1}^{n}a_ib_i}{\sum_{i=1}^{n}|b_i|^2}$$

则式(1.14)右端化成

$$\sum_{i=1}^{n}|a_i|^2-2\mathrm{Re}\left(\frac{\sum_{i=1}^{n}\overline{a_ib_i}}{\sum_{i=1}^{n}|b_i|^2}\sum_{i=1}^{n}a_ib_i\right)+$$

$$\frac{\left|\sum_{i=1}^{n}a_ib_i\right|^2}{\left(\sum_{i=1}^{n}|b_i|^2\right)^2}\sum_{i=1}^{n}|b_i|^2\geqslant 0$$

因为某一复数变成实数时,它的实部即为此复数本身,所以上述不等式变成

$$\sum_{i=1}^{n}|a_i|^2-2\frac{\left|\sum_{i=1}^{n}a_ib_i\right|^2}{\sum_{i=1}^{n}|b_i|^2}+\frac{\left|\sum_{i=1}^{n}a_ib_i\right|^2}{\sum_{i=1}^{n}|b_i|^2}\geqslant 0$$

即

$$\sum_{i=1}^{n}|a_i|^2-\frac{\left|\sum_{i=1}^{n}a_ib_i\right|^2}{\sum_{i=1}^{n}|b_i|^2}\geqslant 0$$

因此,式(1.9)成立,即有

$$\left|\sum_{i=1}^{n}a_ib_i\right|^2\leqslant\sum_{i=1}^{n}|a_i|^2\cdot\sum_{i=1}^{n}|b_i|^2$$

式(1.9)中等号成立当且仅当式(1.14)中的$|a_i-t\bar{b}_i|$($i=1,2,\cdots,n$)全为0时,即只有当$\frac{a_1}{b_1}=\frac{a_2}{b_2}=\cdots=\frac{a_n}{b_n}$时,式(1.9)等号成立.

柯西不等式的许多特例,它们本身就是一些重要的不等式,并且有许多重要的应用.

在式(1.2)中,用a_i替换a_i^2,$\frac{1}{a_i}$替换b_i^2,即可得到

$$(a_1+a_2+\cdots+a_n)\left(\frac{1}{a_1}+\frac{1}{a_2}+\cdots+\frac{1}{a_n}\right)\geqslant n^2 \quad (1.15)$$

式(1.15)对一切正数 $a_1,a_2,\cdots,a_n$ 成立.当且仅当 $a_1=a_2=\cdots=a_n$时,式(1.15)取等号.

由式(1.15),得

$$\frac{a_1+a_2+\cdots+a_n}{n}\geqslant\frac{n}{\frac{1}{a_1}+\frac{1}{a_2}+\cdots+\frac{1}{a_n}} \quad (1.16)$$

式(1.16)表明 n 个正数的算术平均值不小于它们的调和平均值,当且仅当各 $a_i(i=1,2,\cdots,n)$都相等时,式(1.16)取等号.

又知道,如果 $a_1,a_2,\cdots,a_n$ 都是正数,则

$$\frac{a_1+a_2+\cdots+a_n}{n}\geqslant\sqrt[n]{a_1a_2\cdots a_n} \quad (1.17)$$

此式表明 n 个正数的算术平均值不小于它们的几何平均值,当且仅当各 a_i 都相等时,式(1.17)取等号.

以$\frac{1}{a_i}$代换 a_i,式(1.17)即为

$$\frac{\frac{1}{a_1}+\frac{1}{a_2}+\cdots+\frac{1}{a_n}}{n}\geqslant\frac{1}{\sqrt[n]{a_1a_2\cdots a_n}}$$

亦即

$$\sqrt[n]{a_1a_2\cdots a_n}\geqslant\frac{n}{\frac{1}{a_1}+\frac{1}{a_2}+\cdots+\frac{1}{a_n}} \quad (1.18)$$

式(1.18)对一切正数 $a_1,a_2,\cdots,a_n$ 都成立.这表明 n 个正数的几何平均值不小于它们的调和平均值,当且仅当各 a_i 都相等时式(1.18)取等号.

由式(1.16)(1.17)(1.18)可得

$$\frac{a_1+a_2+\cdots+a_n}{n}\geqslant\sqrt[n]{a_1a_2\cdots a_n}\geqslant\frac{n}{\frac{1}{a_1}+\frac{1}{a_2}+\cdots+\frac{1}{a_n}} \quad (1.19)$$

在不等式(1.2)中,若 a_i 为正实数,取 $b_i=1(i=1,2,\cdots,n)$,则有

$$(a_1+a_2+\cdots+a_n)^2\leqslant n(a_1^2+a_2^2+\cdots+a_n^2)$$

或

$$\left(\frac{a_1+a_2+\cdots+a_n}{n}\right)^2\leqslant\frac{a_1^2+a_2^2+\cdots+a_n^2}{n} \tag{1.20}$$

由式(1.20)立即推得 n 个正数的算术平均值不大于这 n 个数的平方的算术平均值的平方根,即

$$\frac{a_1+a_2+\cdots+a_n}{n}\leqslant\sqrt{\frac{a_1^2+a_2^2+\cdots+a_n^2}{n}} \tag{1.21}$$

特别值得注意的是,对于柯西不等式,可以嵌入未定因子,即:对任意的 $\lambda_i>0$,不等式

$$\left(\sum_{i=1}^n a_ib_i\right)^2=\left[\sum_{i=1}^n(\lambda_ia_i)(\lambda_i^{-1}b_i)\right]^2\leqslant$$

$$\left(\sum_{i=1}^n\lambda_i^2a_i^2\right)\left(\sum_{i=1}^n\lambda_i^{-2}b_i^2\right) \tag{1.22}$$

成立,当且仅当 $\frac{b_1}{\lambda_1^2a_1}=\frac{b_2}{\lambda_2^2a_2}=\cdots=\frac{b_n}{\lambda_n^2a_n}$ 时等号成立.

对于这一含有任意参数的柯西不等式,优点在于可以根据需要在必要时选定 λ_i 的值,能恰到好处地解决一些问题(如下面的例 7,例 8 具有较高的灵活性和技巧性).

有了柯西不等式,中学教材中关于不等式的许多问题都能得到很简捷的证明.

例 1　已知 $a,b,c\in\mathbf{R}_+$,求证

$$\frac{b^2c^2+c^2a^2+a^2b^2}{a+b+c}\geqslant abc$$

证明　构造两组数

$$ab,bc,ca;ca,ab,bc$$

由不等式(1.3),得

$$\sqrt{a^2b^2+b^2c^2+c^2a^2}\cdot\sqrt{c^2a^2+a^2b^2+b^2c^2}\geqslant$$
$$ab\cdot ca+bc\cdot ab+ca\cdot bc$$

即

$$a^2b^2+b^2c^2+c^2a^2\geqslant abc(a+b+c)$$

所以

$$\frac{a^2b^2+b^2c^2+c^2a^2}{a+b+c}\geqslant abc$$

例 2　求证

$$a^2+b^2+c^2+d^2\geqslant ab+bc+cd+da$$

证明　取两组数

$$a,b,c,d;b,c,d,a$$

由柯西不等式，得

$$(a^2+b^2+c^2+d^2)(b^2+c^2+d^2+a^2)\geqslant (ab+bc+cd+da)^2$$

即

$$(a^2+b^2+c^2+d^2)^2\geqslant(ab+bc+cd+da)^2$$

因为

$$a^2+b^2+c^2+d^2\geqslant 0$$

所以

$$a^2+b^2+c^2+d^2\geqslant ab+bc+cd+da$$

例 3　求证

$$\left(\frac{a+b}{2}\right)^2\leqslant\frac{a^2+b^2}{2}$$

证明　构造两组数

$$a,b;\ \frac{1}{2},\frac{1}{2}$$

由不等式(1.2)，得

$$(a^2+b^2)\left[\left(\frac{1}{2}\right)^2+\left(\frac{1}{2}\right)^2\right]\geqslant\left(\frac{a}{2}+\frac{b}{2}\right)^2$$

即

$$\left(\frac{a+b}{2}\right)^2\leqslant\frac{a^2+b^2}{2}$$

例 4　已知 $a,b,c\in\mathbf{R}_+$，求证：

(1) $\left(\frac{a}{b}+\frac{b}{c}+\frac{c}{a}\right)\left(\frac{b}{a}+\frac{c}{b}+\frac{a}{c}\right)\geqslant 9$；

(2) $(a+b+c)(a^2+b^2+c^2)\geqslant 9abc$.

证明　(1)构造两组数

$$\sqrt{\frac{a}{b}},\sqrt{\frac{b}{c}},\sqrt{\frac{c}{a}};\ \sqrt{\frac{b}{a}},\sqrt{\frac{c}{b}},\sqrt{\frac{a}{c}}$$

由柯西不等式，得

$$\left[\left(\sqrt{\frac{a}{b}}\right)^2+\left(\sqrt{\frac{b}{c}}\right)^2+\left(\sqrt{\frac{c}{a}}\right)^2\right]\cdot\left[\left(\sqrt{\frac{b}{a}}\right)^2+\left(\sqrt{\frac{c}{b}}\right)^2+\left(\sqrt{\frac{a}{c}}\right)^2\right]\geqslant$$

$$\left(\sqrt{\frac{a}{b}}\cdot\sqrt{\frac{b}{a}}+\sqrt{\frac{b}{c}}\cdot\sqrt{\frac{c}{b}}+\sqrt{\frac{c}{a}}\cdot\sqrt{\frac{a}{c}}\right)^2=3^2=9$$

即

$$\left(\frac{a}{b}+\frac{b}{c}+\frac{c}{a}\right)\left(\frac{b}{a}+\frac{c}{b}+\frac{a}{c}\right)\geqslant 0$$

(2)因为 $a,b,c\in\mathbf{R}_+$,由柯西不等式得

$$\begin{aligned}&(a+b+c)(a^2+b^2+c^2)=\\&[(\sqrt{a})^2+(\sqrt{b})^2+(\sqrt{c})^2](a^2+b^2+c^2)\geqslant\\&(a\sqrt{a}+b\sqrt{b}+c\sqrt{c})^2\geqslant\\&(3\sqrt[3]{a\sqrt{a}\cdot b\sqrt{b}\cdot c\sqrt{c}})^2=9abc\end{aligned}$$

例 5 已知

$$a_1^2+a_2^2+\cdots+a_n^2=1,x_1^2+x_2^2+\cdots+x_n^2=1$$

求证:$a_1x_1+a_2x_2+\cdots+a_nx_n\leqslant 1$.

证明 构造两组数

$$a_1,a_2,\cdots,a_n;x_1,x_2,\cdots,x_n$$

则

$$\begin{aligned}&(a_1x_1+a_2x_2+\cdots+a_nx_n)^2\leqslant\\&(a_1^2+a_2^2+\cdots+a_n^2)\cdot(x_1^2+x_2^2+\cdots+x_n^2)\end{aligned}$$

所以

$$a_1x_1+a_2x_2+\cdots+a_nx_n\leqslant 1$$

例 6 设 $a,b,c\in\mathbf{R}_+$,满足 $a\cos^2\alpha+b\sin^2\alpha<c$,求证

$$\sqrt{a}\cos^2\alpha+\sqrt{b}\sin^2\alpha<\sqrt{c}$$

证明 由柯西不等式,得

$$\begin{aligned}\sqrt{a}\cos^2\alpha+\sqrt{b}\sin^2\alpha&=\sqrt{a}\cos\alpha\cdot\cos\alpha+\sqrt{b}\sin\alpha\cdot\sin\alpha\leqslant\\&[(\sqrt{a}\cos\alpha)^2+(\sqrt{b}\sin\alpha)^2]^{\frac{1}{2}}\cdot(\cos^2\alpha+\sin^2\alpha)^{\frac{1}{2}}=\\&(a\cos^2\alpha+b\sin^2\alpha)^{\frac{1}{2}}<\sqrt{c}\end{aligned}$$

故命题成立.

例 7 设 $a_i>0(i=1,2,\cdots,n)$ 满足 $\sum\limits_{i=1}^{n}a_i=1$,求证

$$\frac{a_1^2}{a_1+a_2}+\frac{a_2^2}{a_2+a_3}+\cdots+\frac{a_n^2}{a_n+a_1}\geqslant\frac{1}{2}$$

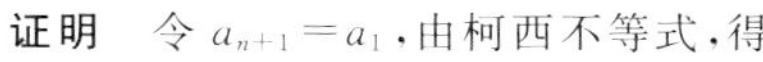

证明 令 $a_{n+1}=a_1$,由柯西不等式,得

$$\left(\sum_{i=1}^{n}a_i\right)^2=\left(\sum_{i=1}^{n}\frac{a_i}{\sqrt{a_i+a_{i+1}}}\cdot\sqrt{a_i+a_{i+1}}\right)^2\leqslant$$
$$\sum_{i=1}^{n}\frac{a_i^2}{a_i+a_{i+1}}\cdot\sum_{i=1}^{n}(a_i+a_{i+1})=$$
$$2\sum_{i=1}^{n}\frac{a_i^2}{a_i+a_{i+1}}\cdot\sum_{i=1}^{n}a_i$$

于是

$$\sum_{i=1}^{n}\frac{a_i^2}{a_i+a_{i+1}}\geqslant\frac{1}{2}\sum_{i=1}^{n}a_i=\frac{1}{2}$$

例8　甲、乙二人到同一个百货公司买同一种货物.在不同的 n 个时刻 $t_1,t_2,\cdots,t_n$,单价分别是 $p_1,p_2,\cdots,p_n$ 元.甲购物的方式是:每一次买同样的数量 x,乙购物的方式是:每一次只买 p 元钱的东西.证明:除非价格稳定(即 $p_1=p_2=\cdots=p_n$),否则乙购物的方式比甲购物的方式合算.

证明　所谓"合算",显然是指乙购物的平均价格比甲购物的平均价格要低.

在 n 次购物中,甲总共花去 $p_1x+p_2x+\cdots+p_nx$ 元,买到了数量为 nx 的东西,因此平均价格为

$$\sum_{i=1}^{n}\frac{p_ix}{nx}=\frac{p_1+p_2+\cdots+p_n}{n}$$

在 n 次购物中,乙总共花去 np 元,买到了数量为 $\sum\limits_{i=1}^{n}\frac{p}{p_i}$ 的东西,因此平均价格为

$$\frac{np}{\sum\limits_{i=1}^{n}\frac{p}{p_i}}=\frac{n}{\frac{1}{p_1}+\frac{1}{p_2}+\cdots+\frac{1}{p_n}}$$

设 $p_1,p_2,\cdots,p_n$ 不全相等,故由调和平均—算术平均不等式,得

$$\frac{n}{\frac{1}{p_1}+\frac{1}{p_2}+\cdots+\frac{1}{p_n}}<\frac{p_1+p_2+\cdots+p_n}{n}$$

这就证完了所需要的结论.

例9　(2010年丝绸之路数学竞赛题)已知正实数 a,b,c,d 满足

$$a(c^2-1)=b(b^2+c^2)$$

且 $d\leqslant 1$. 证明

$$d(a\sqrt{1-d^2}+b^2\sqrt{1+d^2})\leqslant\frac{(a+b)c}{2}$$

证明 设参数 $\lambda>1$，由柯西不等式得

$$d(a\sqrt{1-d^2}+b^2\sqrt{1+d^2})\leqslant$$

$$d\sqrt{\left(\frac{a^2}{\lambda}+b^4\right)[(1-d^2)\lambda+(1+d^2)]}=$$

$$\sqrt{\left(\frac{a^2}{\lambda}+b^4\right)[(1-\lambda)d^4+(\lambda+1)d^2]}\leqslant$$

$$\sqrt{\frac{1}{\lambda-1}\left(\frac{a^2}{\lambda}+b^4\right)}\cdot\frac{\lambda+1}{2}$$

由已知条件知 $c^2=\frac{a+b^3}{a-b}$. 故 $a>b$. 取 $\lambda=\frac{a}{b}$，则

$$\frac{\lambda+1}{2}\sqrt{\frac{1}{\lambda-1}\left(\frac{a^2}{\lambda}+b^4\right)}=\frac{a+b}{2}\sqrt{\frac{a+b^3}{a-b}}=\frac{(a+b)c}{2}$$

所以，命题得证.

例 10 设 $p,q\in\mathbf{R}_+$，$x\in\left(0,\frac{\pi}{2}\right)$，试求

$$\frac{p}{\sqrt{\sin x}}+\frac{q}{\sqrt{\cos x}}$$

的最小值.

解 由柯西不等式，得

$$(\sqrt{pm}+\sqrt{qn})^2\leqslant\left[\frac{p}{\sqrt{\sin x}}+\frac{q}{\sqrt{\cos x}}\right](m\sqrt{\sin x}+n\sqrt{\cos x})$$

当且仅当 $\frac{\frac{p}{\sqrt{\sin x}}}{m\sqrt{\sin x}}=\frac{\frac{q}{\sqrt{\cos x}}}{n\sqrt{\cos x}}$ 时，等号成立. 故

$$\tan x=\frac{np}{mq}$$

又

$$(m\sqrt{\sin x}+n\sqrt{\cos x})^2=\left(\frac{m}{a}\cdot a\sqrt{\sin x}+\frac{n}{b}\cdot b\sqrt{\cos x}\right)^2\leqslant$$

$$\left(\frac{m^2}{a^2}+\frac{n^2}{b^2}\right)(a^2\sin x+b^2\cos x)\leqslant$$

$$\left(\frac{m^2}{a^2}+\frac{n^2}{b^2}\right)\sqrt{a^4+b^4}$$

当且仅当 $\tan x=\frac{a^2}{b^2}$，$\frac{a^2\sin x}{\frac{m^2}{a^2}}=\frac{b^2\cos x}{\frac{n^2}{b^2}}$时，即 $\tan x=\frac{b^4m^2}{a^4n^2}=\frac{a^2}{b^2}$时，等号成立.故

$$\frac{m}{n}=\frac{a^3}{b^3},\tan x=\left(\frac{m}{n}\right)^{\frac{2}{3}}$$

且

$$m\ \sqrt{\sin x}+n\ \sqrt{\cos x}\leqslant(m^{\frac{4}{3}}+n^{\frac{4}{3}})^{\frac{3}{4}}$$

从而

$$\left(\frac{m}{n}\right)^{\frac{2}{3}}=\frac{np}{mq}$$

即

$$\frac{m}{n}=\left(\frac{p}{q}\right)^{\frac{3}{5}}$$

令 $m=p^{\frac{3}{5}}$，$n=q^{\frac{3}{5}}$，得

$$\frac{p}{\sqrt{\sin x}}+\frac{q}{\sqrt{\cos x}}\geqslant\frac{(\sqrt{pm}+\sqrt{nq})^2}{(m^{\frac{4}{3}}+n^{\frac{4}{3}})^{\frac{3}{4}}}=(p^{\frac{4}{5}}+q^{\frac{4}{5}})^{\frac{5}{4}}$$

当且仅当 $\tan x=\left(\frac{m}{n}\right)^{\frac{2}{3}}=\left[\left(\frac{p}{q}\right)^{\frac{3}{5}}\right]^{\frac{2}{3}}=\left(\frac{p}{q}\right)^{\frac{2}{5}}$ 时，等号成立.

注　这里，在两次利用柯西不等式时，引进了参数 n,m,a,b.

下面我们来利用柯西不等式推导平行直线(平面)间的距离公式.

在平面直角坐标系中，设两平行直线

$$l_1:Ax+By+C_1=0,l_2:Ax+By+C_2=0$$

点 $P_1(x_1,y_1)$，$P_2(x_2,y_2)$分别是 l_1，l_2 上任意两点，所以

$$Ax_1+By_1+C_1=0\tag{1.23}$$

$$Ax_2+By_2+C_2=0\tag{1.24}$$

由式(1.23)(1.24)得

$$A(x_1-x_2)+B(y_1-y_2)=C_2-C_1$$

由柯西不等式知

$$(A^2+B^2)[(x_1-x_2)^2+(y_1-y_2)^2]\geqslant$$
$$[A(x_1-x_2)+B(y_1-y_2)]^2=(C_2-C_1)^2$$

即

$$|P_1P_2|=\sqrt{(x_1-x_2)^2+(y_1-y_2)^2}\geqslant\frac{|C_2-C_1|}{\sqrt{A^2+B^2}}$$

等号当且仅当$\frac{x_1-x_2}{A}=\frac{y_1-y_2}{B}$，即$\frac{y_1-y_2}{x_1-x_2}=-\frac{1}{-\frac{A}{B}}$时成立. 故当$\frac{y_1-y_2}{x_1-x_2}=-\frac{1}{-\frac{A}{B}}$（即点 P_1，P_2 所在直线垂直于 l_1，l_2）时 $|P_1P_2|$取最小值，所以

$$d=|P_1P_2|_{\min}=\frac{|C_2-C_1|}{\sqrt{A^2+B^2}}$$

此即我们熟知的 l_1 与 l_2 之间的距离公式.

对于空间两平行平面 π_1：$Ax+By+Cz+D_1=0$ 与 π_2：$Ax+By+Cz+D_2=0$，点 $P_1(x_1,y_1,z_1)\in\pi_1$，$P_2(x_2,y_2,z_2)\in\pi_2$，利用柯西不等式同样可证

$$|P_1P_2|\geqslant\frac{|D_2-D_1|}{\sqrt{A^2+B^2+C^2}}$$

等号当且仅当$\frac{x_1-x_2}{A}=\frac{y_1-y_2}{B}=\frac{z_1-z_2}{C}$时（即点 P_1，P_2 所在直线是两平面的法线）成立. 故两平行平面之间的距离为

$$d=|P_1P_2|_{\min}=\frac{|D_1-D_2|}{\sqrt{A^2+B^2+C^2}}$$

习题一

1. 设 a,b,c,x,y,z 为实数，且 $a^2+b^2+c^2=25$，$x^2+y^2+z^2=36$，$ax+by+cz=30$. 求：$\dfrac{a+b+c}{x+y+z}$ 的值.

2. 已知 $\alpha,\beta\in\left(0,\dfrac{\pi}{2}\right)$，$x\in\mathbf{R}$，$a,b\in\mathbf{R}_+$，$\dfrac{\sin^2\alpha\cdot\sin^2\beta}{a\sin^2\alpha+b\sin^2\beta}+\dfrac{\cos^2\alpha\cdot\cos^2\beta}{a\cos^2\alpha+b\cos^2\beta}=\dfrac{\sin^4 x}{a}+\dfrac{\cos^4 x}{b}$.

求证：(1)$\alpha=\beta$；

(2) $\dfrac{\sin^{2n}x}{a^{n-1}}+\dfrac{\cos^{2n}x}{b^{n-1}}=\dfrac{1}{(a+b)^{n-1}}(n\in\mathbf{N}_+)$.

3. 求方程组

$$\begin{cases}a^2=\dfrac{\sqrt{bc}\ \sqrt[3]{bcd}}{(b+c)(b+c+d)} & (1)\\ b^2=\dfrac{\sqrt{cd}\ \sqrt[3]{cda}}{(c+d)(c+d+a)} & (2)\\ c^2=\dfrac{\sqrt{da}\ \sqrt[3]{dab}}{(d+a)(d+a+b)} & (3)\\ d^2=\dfrac{\sqrt{ab}\ \sqrt[3]{abc}}{(a+b)(a+b+c)} & (4)\end{cases}$$

的实数解.

4.(2005 年第 37 届加拿大数学奥林匹克试题）设 a,b,c 是满足 $a^2+b^2=c^2$ 的正整数. 证明：

(1)$(\dfrac{c}{a}+\dfrac{c}{b})^2>8$；

(2) 不存在整数 n，使得 $\left(\dfrac{c}{a}+\dfrac{c}{b}\right)^2=n$ 成立.

5.(2015 年中国西部数学邀请赛预选题）已知正实数 a,b,c 满足 $a^2+b^2+c^2=3$. 证明

$$\frac{1}{4-a^2}+\frac{1}{4-b^2}+\frac{1}{4-c^2}\leqslant\frac{9}{(a+b+c)^2}$$

6.(2012 年第 29 届巴尔干地区数学奥林匹克试题）对于任意的 $x,y,z\in\mathbf{R}_+$. 证明

$$\sum(x+y)\sqrt{(z+x)(z+y)}\geqslant 4(xy+yz+zx)$$

7.(2002 年中国西部数学奥林匹克试题)证明:满足下列的条件的整数只有$(a_1,a_2,\cdots,a_n)=(n,n,\cdots,n)$.

(1)$a_1+a_2+\cdots+a_n\geqslant n^2$;

(2)$a_1^2+a_2^2+\cdots+a_n^2\leqslant n^3+1$.

柯西不等式的应用技巧

第2章

从上章用柯西不等式求解的几个简单的例子中，可以看出，应用柯西不等式解题的关键是要善于构造两组数

$$a_1, a_2, \cdots, a_n$$

$$b_1, b_2, \cdots, b_n$$

柯西不等式(1.2)的左边正好是这两组数对应项的乘积之和的平方，即$(a_1b_1+a_2b_2+\cdots+a_nb_n)^2$，右边的乘积中的每一项恰好是每组中诸数平方之和，即

$$(a_1^2+a_2^2+\cdots+a_n^2)(b_1^2+b_2^2+\cdots+b_n^2)$$

例1 (1978年广东省中学数学竞赛题)设$a, b, c \in \mathbf{R}_+$，且$a+b+c=1$，求证：$\frac{1}{a}+\frac{1}{b}+\frac{1}{c} \geqslant 9$.

分析 所证的不等式可以改写为$9 \leqslant \frac{1}{a}+\frac{1}{b}+\frac{1}{c}$. 应用柯西不等式来证明此题的关键是善于构造两组数，怎样才能构造出这两组数呢？这就需要对待求证的不等式的特点加以分析，它的左边是一个常数. 因此，构造的两组数的对应项的乘积的和的平方为9，而待求证的不等式右边$\frac{1}{a}+\frac{1}{b}+\frac{1}{c}$可写成$\left(\frac{1}{\sqrt{a}}\right)^2+\left(\frac{1}{\sqrt{b}}\right)^2+\left(\frac{1}{\sqrt{c}}\right)^2$. 于是，可设想构造如下两组数

$$\sqrt{a},\sqrt{b},\sqrt{c};\frac{1}{\sqrt{a}},\frac{1}{\sqrt{b}},\frac{1}{\sqrt{c}}$$

由柯西不等式有

$$\left(\sqrt{a}\cdot\frac{1}{\sqrt{a}}+\sqrt{b}\cdot\frac{1}{\sqrt{b}}+\sqrt{c}\cdot\frac{1}{\sqrt{c}}\right)^2\leqslant$$
$$[(\sqrt{a})^2+(\sqrt{b})^2+(\sqrt{c})^2]\cdot$$
$$\left[\left(\frac{1}{\sqrt{a}}\right)^2+\left(\frac{1}{\sqrt{b}}\right)^2+\left(\frac{1}{\sqrt{c}}\right)^2\right]$$

所以

$$9\leqslant(a+b+c)\left(\frac{1}{a}+\frac{1}{b}+\frac{1}{c}\right)$$

而

$$a+b+c=1$$

故

$$\frac{1}{a}+\frac{1}{b}+\frac{1}{c}\geqslant 9$$

当且仅当$\frac{\sqrt{a}}{\frac{1}{\sqrt{a}}}=\frac{\sqrt{b}}{\frac{1}{\sqrt{b}}}=\frac{\sqrt{c}}{\frac{1}{\sqrt{c}}}$时取等号，即 $a=b=c=\frac{1}{3}$时，原不等式取等号.

例 2 （1956 年上海市中学数学竞赛题）设$\triangle ABC$为任意三角形，求证

$$\tan^2\frac{A}{2}+\tan^2\frac{B}{2}+\tan^2\frac{C}{2}\geqslant 1$$

分析 从所要证明的不等式出发，构造如下两组数

$$\tan\frac{A}{2},\tan\frac{B}{2},\tan\frac{C}{2}$$
$$1,\quad 1,\quad 1$$

由柯西不等式(1.2)，得

$$\left(\tan\frac{A}{2}\cdot 1+\tan\frac{B}{2}\cdot 1+\tan\frac{C}{2}\cdot 1\right)^2\leqslant$$
$$\left(\tan^2\frac{A}{2}+\tan^2\frac{B}{2}+\tan^2\frac{C}{2}\right)(1^2+1^2+1^2)$$

即

$$\frac{1}{3}\left(\tan\frac{A}{2}+\tan\frac{B}{2}+\tan\frac{C}{2}\right)^2\leqslant\tan^2\frac{A}{2}+\tan^2\frac{B}{2}+\tan^2\frac{C}{2}$$

把上面这个不等式与求证的不等式比较，可知如果能推导出 $\tan\frac{A}{2}+\tan\frac{B}{2}+\tan\frac{C}{2}=\sqrt{3}$，问题就解决了. 但是，$\tan\frac{A}{2}+\tan\frac{B}{2}+\tan\frac{C}{2}\neq\sqrt{3}$，所以，这样构造的两组数不能证明求证的不等式成立，因此，应修正所构造的两组数如下

$$\tan\frac{A}{2},\tan\frac{B}{2},\tan\frac{C}{2};\tan\frac{B}{2},\tan\frac{C}{2},\tan\frac{A}{2}$$

由柯西不等式，有

$$\left(\tan\frac{A}{2}\tan\frac{B}{2}+\tan\frac{B}{2}\tan\frac{C}{2}+\tan\frac{C}{2}\tan\frac{A}{2}\right)^2\leqslant$$
$$\left(\tan^2\frac{A}{2}+\tan^2\frac{B}{2}+\tan^2\frac{C}{2}\right)\cdot\left(\tan^2\frac{B}{2}+\tan^2\frac{C}{2}+\tan^2\frac{A}{2}\right)$$

即

$$\left(\tan\frac{A}{2}\tan\frac{B}{2}+\tan\frac{B}{2}\tan\frac{C}{2}+\tan\frac{C}{2}\tan\frac{A}{2}\right)^2\leqslant$$
$$\left(\tan^2\frac{A}{2}+\tan^2\frac{B}{2}+\tan^2\frac{C}{2}\right)^2$$

把上面不等式与求证不等式比较，可知要证原不等式成立，须证

$$\tan\frac{A}{2}\tan\frac{B}{2}+\tan\frac{B}{2}\tan\frac{C}{2}+\tan\frac{C}{2}\tan\frac{A}{2}=1$$

而这个等式经验证确实成立.

由于

$$A+B+C=\pi,\frac{A+B}{2}=\frac{\pi}{2}-\frac{C}{2}$$

所以

$$\tan\frac{A+B}{2}=\tan\left(\frac{\pi}{2}-\frac{C}{2}\right)=\cot\frac{C}{2}$$

所以

$$\frac{\tan\frac{A}{2}+\tan\frac{B}{2}}{1-\tan\frac{A}{2}\tan\frac{B}{2}}=\frac{1}{\tan\frac{C}{2}}$$

所以

$$\tan\frac{A}{2}\tan\frac{B}{2}+\tan\frac{B}{2}\tan\frac{C}{2}+\tan\frac{C}{2}\tan\frac{A}{2}=1$$

于是

$$1\leqslant\left(\tan^2\frac{A}{2}+\tan^2\frac{B}{2}+\tan^2\frac{C}{2}\right)^2$$

所以 $\tan^2\frac{A}{2}+\tan^2\frac{B}{2}+\tan^2\frac{C}{2}\geqslant 1$.

由例 2 可知,在运用柯西不等式解题时,如果两组数构造得好,会使解法更简捷,否则,会事倍功半,达不到预期的目的.

在一个问题的众多解法中,利用柯西不等式的方法来解往往是最优的. 因此,正确地理解柯西不等式,掌握它的结构特征,碰到棘手的问题,若能设法创造条件,灵活运用这一不等式,将会给解题带来很多方便. 其关键是要根据题目的结构特点,构造出适当的两组实数,可以变形、拆项、添项,还会利用隐形的"1"及其分拆 $\left(如\ 1=\sum\limits_{i=1}^{n}\frac{1}{n}\right)$. 同时,对柯西不等式的运用,既要正用、逆用,还要会变用、连用和巧用. 因此,下面就谈谈应用柯西不等式解题的一些常用技巧.

1. 常数的巧拆

在运用柯西不等式时,根据题中的数值特征,注意巧拆常数是一种常用技巧.

例 3 设 a,b,c 为正数且各不相等,求证

$$\frac{2}{a+b}+\frac{2}{b+c}+\frac{2}{c+a}>\frac{9}{a+b+c}$$

分析 $9=(1+1+1)^2$, $2(a+b+c)=(a+b)+(b+c)+(c+a)$, 9 与 2 这两个常数的巧拆,给我们提供了运用柯西不等式的条件.

证明 因为

$$2(a+b+c)\left(\frac{1}{a+b}+\frac{1}{b+c}+\frac{1}{c+a}\right)=$$
$$[(a+b)+(b+c)+(c+a)]\cdot$$
$$\left(\frac{1}{a+b}+\frac{1}{b+c}+\frac{1}{c+a}\right)=$$

$$\left[(\sqrt{a+b})^2+(\sqrt{b+c})^2+(\sqrt{c+a})^2\right]\cdot$$
$$\left[\left(\sqrt{\frac{1}{a+b}}\right)^2+\left(\sqrt{\frac{1}{b+c}}\right)^2+\left(\sqrt{\frac{1}{c+a}}\right)^2\right]\geqslant$$
$$\left(\sqrt{a+b}\cdot\sqrt{\frac{1}{a+b}}+\sqrt{b+c}\cdot\sqrt{\frac{1}{b+c}}+\right.$$
$$\left.\sqrt{c+a}\cdot\sqrt{\frac{1}{c+a}}\right)^2=(1+1+1)^2=9$$

所以

$$\frac{2}{a+b}+\frac{2}{b+c}+\frac{2}{c+a}\geqslant\frac{9}{a+b+c}$$

因为 a,b,c 各不相等，所以等号不可能成立，从而原不等式成立.

例 4　已知 $a_1,a_2,\cdots,a_n\in\mathbf{R}_+,n\geqslant2,n\in\mathbf{N}$，求证

$$\frac{s}{s-a_1}+\frac{s}{s-a_2}+\cdots+\frac{s}{s-a_n}\geqslant\frac{n^2}{n-1}$$

（其中 $s=a_1+a_2+\cdots+a_n$）

证明　考虑到

$$(n-1)s=ns-s=ns-(a_1+a_2+\cdots+a_n)=$$
$$(s-a_1)+(s-a_2)+\cdots+(s-a_n)$$

及 $n^2=(\underbrace{1+1+\cdots+1}_{n个})^2$，有

$$[(s-a_1)+(s-a_2)+\cdots+(s-a_n)]\cdot$$
$$\left[\frac{1}{s-a_1}+\frac{1}{s-a_2}+\cdots+\frac{1}{s-a_n}\right]\geqslant$$
$$\left[\sqrt{s-a_1}\cdot\frac{1}{\sqrt{s-a_1}}+\sqrt{s-a_2}\cdot\frac{1}{\sqrt{s-a_2}}+\cdots+\right.$$
$$\left.\sqrt{s-a_n}\cdot\frac{1}{\sqrt{s-a_n}}\right]^2=(\underbrace{1+1+\cdots+1}_{n个})^2=n^2$$

于是

$$(n-1)s\left[\frac{1}{s-a_1}+\frac{1}{s-a_2}+\cdots+\frac{1}{s-a_n}\right]\geqslant n^2$$

即

$$\frac{s}{s-a_1}+\frac{s}{s-a_2}+\cdots+\frac{s}{s-a_n}\geqslant\frac{n^2}{n-1}$$

例 5 (1990 年全国高考数学理科试题)设 $f(x)=\lg\dfrac{1^x+2^x+\cdots+(n-1)^x+an^x}{n}$,若 $0<a<1$,$n\in\mathbf{N}$,且 $n\geqslant 2$,求证:$f(2x)\geqslant 2f(x)$.

证明 考虑到 $n=\underbrace{1^2+1^2+\cdots+1^2}_{n\text{个}}$ 及 $a\geqslant a^2$,有

$$n[1^{2x}+2^{2x}+\cdots+(n-1)^{2x}+an^{2x}]\geqslant$$
$$(\underbrace{1^2+1^2+\cdots+1^2}_{n\text{个}})\cdot(1^{2x}+2^{2x}+\cdots+(n-1)^{2x}+(an^x)^2)\geqslant$$
$$(1^x+2^x+\cdots+(n-1)^x+an^x)^2$$

即

$$\frac{1^{2x}+2^{2x}+\cdots+(n-1)^{2x}+an^{2x}}{n}\geqslant$$
$$\left(\frac{1^x+2^x+\cdots+(n-1)^x+an^x}{n}\right)^2$$
$$\lg\frac{1^{2x}+2^{2x}+\cdots+(n-1)^{2x}+an^{2x}}{n}\geqslant$$
$$2\lg\frac{1^x+2^x+\cdots+(n-1)^x+an^x}{n}$$

亦即

$$f(2x)\geqslant 2f(x)$$

2. 项的巧添

有些问题,从表面上看不能应用柯西不等式,但只要适当添加常数项或和为常数的各项,就可以运用柯西不等式来解.这也是应用柯西不等式时,经常采用的一种技巧.

例 6 (1982 年西德数学奥林匹克试题)设非负实数 a_1,a_2,$\cdots$,a_n 满足 $a_1+a_2+\cdots+a_n=1$,求 $\dfrac{a_1}{1+a_2+a_3+\cdots+a_n}+\dfrac{a_2}{1+a_1+a_3+\cdots+a_n}+\cdots+\dfrac{a_n}{1+a_1+a_2+\cdots+a_{n-1}}$ 的最小值.

解 易验证

$$\frac{a_1}{1+a_2+a_3+\cdots+a_n}+1=\frac{1+(a_1+a_2+\cdots+a_n)}{2-a_1}=\frac{2}{2-a_1}$$

同理可得

$$\frac{a_2}{1+a_1+a_3+\cdots+a_n}+1=\frac{2}{2-a_2},\cdots$$

$$\frac{a_n}{1+a_1+a_2+\cdots+a_{n-1}}+1=\frac{2}{2-a_n}$$

令

$$y=\frac{a_1}{1+a_2+a_3+\cdots+a_n}+\frac{a_2}{1+a_1+a_3+\cdots+a_n}+\cdots+\frac{a_n}{1+a_1+a_2+\cdots+a_{n-1}}$$

故

$$y+n=\frac{2}{2-a_1}+\frac{2}{2-a_2}+\cdots+\frac{2}{2-a_n}$$

为了利用柯西不等式，注意到

$$(2-a_1)+(2-a_2)+\cdots+(2-a_n)=2n-(a_1+a_2+\cdots+a_n)=2n-1$$

所以

$$(2n-1)\left(\frac{1}{2-a_1}+\frac{1}{2-a_2}+\cdots+\frac{1}{2-a_n}\right)=[(2-a_1)+(2-a_2)+\cdots+(2-a_n)]\cdot\left[\frac{1}{2-a_1}+\frac{1}{2-a_2}+\cdots+\frac{1}{2-a_n}\right]\geqslant\left[\sqrt{2-a_1}\cdot\frac{1}{\sqrt{2-a_1}}+\sqrt{2-a_2}\cdot\frac{1}{\sqrt{2-a_2}}+\cdots+\sqrt{2-a_n}\cdot\frac{1}{\sqrt{2-a_n}}\right]^2=n^2$$

所以

$$y+n\geqslant\frac{2n^2}{2n-1},y\geqslant\frac{2n^2}{2n-1}-n=\frac{n}{2n-1}$$

等号当且仅当 $a_1=a_2=\cdots=a_n=\frac{1}{n}$ 时成立，从而 y 有最小值 $\frac{n}{2n-1}$.

例 7　求证

$$1-\frac{1}{2}+\frac{1}{3}-\frac{1}{4}+\cdots+\frac{1}{2n-1}-\frac{1}{2n}>\frac{2n}{3n+1}$$

证明　因为

$$1-\frac{1}{2}+\frac{1}{3}-\frac{1}{4}+\cdots+\frac{1}{2n-1}-\frac{1}{2n}=$$

$$\left(1+\frac{1}{2}+\frac{1}{3}+\frac{1}{4}+\cdots+\frac{1}{2n-1}+\frac{1}{2n}\right)-$$

$$2\left(\frac{1}{2}+\frac{1}{4}+\cdots+\frac{1}{2n}\right)=$$

$$\left(1+\frac{1}{2}+\frac{1}{3}+\frac{1}{4}+\cdots+\frac{1}{2n-1}+\frac{1}{2n}\right)-$$

$$\left(1+\frac{1}{2}+\cdots+\frac{1}{n}\right)=$$

$$\frac{1}{n+1}+\frac{1}{n+2}+\cdots+\frac{1}{n+n}=$$

$$\frac{2}{n(3n+1)}[(n+1)+(n+2)+\cdots+$$

$$(n+n)]\left(\frac{1}{n+1}+\frac{1}{n+2}+\cdots+\frac{1}{n+n}\right)=$$

$$\frac{2}{n(3n+1)}[(\sqrt{n+1})^2+(\sqrt{n+2})^2+\cdots+(\sqrt{n+n})^2]\cdot$$

$$\left[\left(\sqrt{\frac{1}{n+1}}\right)^2+\left(\sqrt{\frac{1}{n+2}}\right)^2+\cdots+\left(\sqrt{\frac{1}{n+n}}\right)^2\right]\geqslant$$

$$\frac{2}{n(3n+1)}\left[\sqrt{n+1}\cdot\frac{1}{\sqrt{n+1}}+\sqrt{n+2}\cdot\frac{1}{\sqrt{n+2}}+\cdots+\right.$$

$$\left.\sqrt{n+n}\cdot\frac{1}{\sqrt{n+n}}\right]^2>\frac{2n^2}{n(3n+1)}=\frac{2n}{3n+1}$$

上式不满足柯西不等式取等号的条件,所以,是严格大于.

说明:解此题的关键是构造一组数

$$(n+1),(n+2),\cdots,(n+n)$$

再除以其和$\frac{n(3n+1)}{2}$,这是"替 1 法"的技巧.

3. 结构的巧变

有些问题本身不具备运用柯西不等式的条件,我们只要改变一下多项式形态结构,认清其内在的结构特征,就可以达到利用柯西不等式解题的目的.

例 8 设 $a_1>a_2>\cdots>a_n>a_{n-1}$,求证

$$\frac{1}{a_1-a_2}+\frac{1}{a_2-a_3}+\cdots+\frac{1}{a_n-a_{n+1}}+\frac{1}{a_{n+1}-a_1}>0$$

这是常见的一道习题："已知 $a>b>c$，求证 $\frac{1}{a-b}+\frac{1}{b-c}+\frac{1}{c-a}>0$"的推广.

分析　初看，似乎无法使用柯西不等式. 但改变其结构，改为证

$$(a_1-a_{n+1})\left[\frac{1}{a_1-a_2}+\frac{1}{a_2-a_3}+\cdots+\frac{1}{a_n-a_{n+1}}\right]>1$$

为了运用柯西不等式，将 a_1-a_{n+1} 写成

$$a_1-a_{n+1}=(a_1-a_2)+(a_2-a_3)+\cdots+(a_n-a_{n+1})$$

于是

$$[(a_1-a_2)+(a_2-a_3)+\cdots+(a_n-a_{n+1})]\cdot\left(\frac{1}{a_1-a_2}+\frac{1}{a_2-a_3}+\cdots+\frac{1}{a_n-a_{n+1}}\right)\geqslant n^2>1$$

即

$$(a_1-a_{n+1})\left(\frac{1}{a_1-a_2}+\frac{1}{a_2-a_3}+\cdots+\frac{1}{a_n-a_{n+1}}\right)>1$$

所以

$$\frac{1}{a_1-a_2}+\frac{1}{a_2-a_3}+\cdots+\frac{1}{a_n-a_{n+1}}>\frac{1}{a_1-a_{n+1}}$$

故

$$\frac{1}{a_1-a_2}+\frac{1}{a_2-a_3}+\cdots+\frac{1}{a_n-a_{n+1}}+\frac{1}{a_{n+1}-a_1}>0$$

例 9　设 $\triangle ABC$ 与 $\triangle A_1B_1C_1$ 的边长分别为 a,b,c 与 a_1,b_1,c_1，面积分别为 S 与 S_1. 证明

$$(a^2+b^2+c^2)(a_1^2+b_1^2+c_1^2)-2(a^2a_1^2+b^2b_1^2+c^2c_1^2)\geqslant 16SS_1$$

等号成立当且仅当 $\triangle ABC\backsim\triangle A_1B_1C_1$.

证明　由柯西不等式及三角形面积公式得

$$16S^2=(a^2+b^2+c^2)^2-2(a^4+b^4+c^4)$$

则

$$\begin{aligned}&16SS_1+2(a^2a_1^2+b^2b_1^2+c^2c_1^2)=\\&4S\cdot 4S_1+\sqrt{2}a^2\cdot\sqrt{2}a_1^2+\sqrt{2}b^2\cdot\sqrt{2}b_1^2+\sqrt{2}c^2\cdot\sqrt{2}c_1^2\leqslant\\&\sqrt{16S^2+2a^4+2b^4+2c^4}\cdot\sqrt{16S_1^2+2a_1^4+2b_1^4+2c_1^4}=\\&(a^2+b^2+c^2)(a_1^2+b_1^2+c_1^2)\end{aligned}$$

故

$$(a^2+b^2+c^2)(a_1^2+b_1^2+c_1^2)-2(a^2a_1^2+b^2b_1^2+c^2c_1^2)\geqslant 16SS_1$$

等号成立当且仅当

$$\frac{\sqrt{2}a^2}{\sqrt{2}a_1^2}=\frac{\sqrt{2}b^2}{\sqrt{2}b_1^2}=\frac{\sqrt{2}c^2}{\sqrt{2}c_1^2}=\frac{4S}{4S_1}\Leftrightarrow\triangle ABC\backsim\triangle A_1B_1C_1$$

说明 1:这是变形用柯西不等式,关键是构造出两组数

$$4S,\sqrt{2}a^2,\sqrt{2}b^2,\sqrt{2}c^2$$

$$4S_1,\sqrt{2}a_1^2,\sqrt{2}b_1^2,\sqrt{2}c_1^2$$

说明 2:结论可改写为

$$a_1^2(-a^2+b^2+c^2)+b_1^2(a^2-b^2+c^2)+c_1^2(a^2+b^2-c^2)\geqslant 16SS_1$$

这个不等式通常叫作匹多不等式,是涉及两个三角形的平面几何新成果.

说明 3:当 $a_1=b_1=c_1$ 时,$S_1=\frac{\sqrt{3}}{4}a_1^2$,可得(外森比克不等式)

$$a^2+b^2+c^2\geqslant 4\sqrt{3}S$$

曾作为第三届 IMO 试题.

说明 4:当 $a=a_1,b=b_1,c=c_1$ 时,不等式取等号,还原为三角形面积公式

$$\begin{aligned}16S^2=&(a^2+b^2+c^2)^2-2(a^4+b^4+c^4)=\\&-[a^4-2a^2(b^2+c^2)+(b^2-c^2)^2]=\\&-[a^2-(b+c)^2][a^2-(b-c)^2]=\\&(a+b+c)(-a+b+c)(a-b+c)(a+b-c)=\\&16p(p-a)(p-b)(p-c)\end{aligned}$$

得

$$S=\sqrt{p(p-a)(p-b)(p-c)}$$

4. 位置的巧换

柯西不等式中诸量 a_i,b_i 具有广泛的选择余地,任意两个元素 a_i,a_j(或 b_i,b_j)的交换,可以得到不同的不等式,因此,在证题时根据需要重新安排各量的位置,这种形式上的变更往往给解题带来意想不到的方便. 所以,这也是灵活运用柯西不等式的技巧之一.

例 10　已知 $a,b\in\mathbf{R}_+$，$a+b=1$，$x_1,x_2\in\mathbf{R}_+$，求证

$$(ax_1+bx_2)(bx_1+ax_2)\geqslant x_1x_2$$

分析　如果对不等式左边用柯西不等式，就得不到所要证明的结论. 若把第二个小括号内的前后项对调一下，情况就不同了.

证明　得

$(ax_1+bx_2)(bx_1+ax_2)=(ax_1+bx_2)(ax_2+bx_1)\geqslant$

$(a\sqrt{x_1x_2}+b\sqrt{x_1x_2})^2=(a+b)^2x_1x_2=x_1x_2$

例 11　设 $a,b,x,y,k\in\mathbf{R}_+(k<2)$，且 $a^2+b^2-kab=1$，$x^2+y^2-kxy=1$.

求证

$$|ax-by|\leqslant\frac{2}{\sqrt{4-k^2}}$$

$$|ay+bx-kby|\leqslant\frac{2}{\sqrt{4-k^2}}$$

证明　因为

$$a^2+b^2-kab=1$$

所以

$$\left(a-\frac{k}{2}b\right)^2+\left(\frac{\sqrt{4-k^2}}{2}\cdot b\right)^2=1$$

同样得

$$\left(\frac{\sqrt{4-k^2}}{2}\cdot x\right)^2+\left(\frac{k}{2}x-y\right)^2=1$$

运用柯西不等式，得

$$\left[\left(a-\frac{k}{2}b\right)^2+\left(\frac{\sqrt{4-k^2}}{2}b\right)^2\right]\cdot$$

$$\left[\left(\frac{\sqrt{4-k^2}}{2}x\right)^2+\left(\frac{k}{2}x-y\right)^2\right]\geqslant$$

$$\left[\left(a-\frac{k}{2}b\right)\frac{\sqrt{4-k^2}}{2}x+\frac{\sqrt{4-k^2}}{2}b\left(\frac{k}{2}x-y\right)\right]^2=$$

$$\left[\frac{\sqrt{4-k^2}}{2}(ax-by)\right]^2$$

故

Cauchy 不等式. 上

$$|ax-by|\leqslant\frac{2}{\sqrt{4-k^2}}$$

交换 x,y 的位置，并适当变号，注意到

$$\left(a-\frac{k}{2}b\right)^2+\left(\frac{\sqrt{4-k^2}}{2}b\right)^2=1$$

及

$$\left(\frac{\sqrt{4-k^2}}{2}y\right)^2+\left(x-\frac{k}{2}y\right)^2=1$$

运用柯西不等式

$$\left[\left(a-\frac{k}{2}b\right)^2+\left(\frac{\sqrt{4-k^2}}{2}b\right)^2\right]\cdot\left[\left(\frac{\sqrt{4-k^2}}{2}y\right)^2+\left(x-\frac{k}{2}y\right)^2\right]\geqslant$$

$$\left[\left(a-\frac{k}{2}b\right)\frac{\sqrt{4-k^2}}{2}y+\frac{\sqrt{4-k^2}}{2}b\cdot\left(x-\frac{k}{2}y\right)\right]^2=$$

$$\left[\frac{\sqrt{4-k^2}}{2}(ay+bx-kby)\right]^2$$

故得

$$|ay+bx-kby|\leqslant\frac{2}{\sqrt{4-k^2}}$$

5. 项(或因式)的巧拆(分)

在运用柯西不等式解题时，为解决问题创造有利条件，经常要将问题中的某些项或因式进行分拆或分解，使问题得到顺利解决.

例 12 (2004 年亚太地区数学奥林匹克试题)证明：对任意正实数 a,b,c，均有 $(a^2+2)(b^2+2)(c^2+2)\geqslant 9(ab+bc+ca)$.

证法一 由柯西不等式得

$$(a^2+2)(b^2+2)=(a^2+1+1)(1+b^2+1)\geqslant(a+b+1)^2$$

同理

$$(b^2+2)(c^2+2)\geqslant(b+c+1)^2$$

$$(c^2+2)(a^2+2)\geqslant(c+a+1)^2$$

于是

$$(a^2+2)(b^2+2)(c^2+2)\geqslant(a+b+1)(b+c+1)(c+a+1)$$

因此，我们只需证明

$$(a+b+1)(b+c+1)(c+a+1)\geqslant 9(ab+bc+ca)\quad(2.1)$$

成立.

将式(2.1)左边展开并变形得

$$
\begin{aligned}
&(a+b+1)(b+c+1)(c+a+1)=\\
&2abc+(a^2+b^2+c^2)+3(ab+bc+ca)+\\
&(a^2b+ab^2+b^2c+bc^2+c^2a+ca^2)+2(a+b+c)+1=\\
&2abc+(a^2+b^2+c^2)+3(ab+bc+ca)+(a^2b+b)+(ab^2+a)+\\
&(b^2c+c)+(bc^2+b)+(c^2a+a)+(ca^2+c)+1\geqslant\\
&2abc+(a^2+b^2+c^2)+3(ab+bc+ca)+4ab+4bc+4ca+1=\\
&2abc+(a^2+b^2+c^2)+7(ab+bc+ca)+1
\end{aligned}
$$

为此,要证式(2.1)成立,只需证明

$$2abc+(a^2+b^2+c^2)+1\geqslant 2(ab+bc+ca)\qquad(2.2)$$

将式(2.2)左边减去右边,并设 b,c 同时不大于 1 或不小于 1(注意由抽屉原理知 a,b,c 中必有这样的两个数),得

$$
\begin{aligned}
&2abc+(a^2+b^2+c^2)+1-2(ab+bc+ca)=\\
&2abc+(a^2+1)+(b^2+c^2)-2(ab+bc+ca)\geqslant\\
&2abc+2a+2bc-2(ab+bc+ca)=\\
&2abc+2a-2(ab+ca)=2a(b-1)(c-1)\geqslant 0
\end{aligned}
$$

从而,式(2.2)成立,所以,原不等式成立.

例 13　(1988 年全国高中数学联赛题)已知 a,b 为正实数,且有 $\frac{1}{a}+\frac{1}{b}=1$,试证:对每一个 $n\in\mathbf{N}_+$,都有 $(a+b)^n-a^n-b^n\geqslant 2^{2n}-2^{n+1}$.

证明　因为 $\frac{1}{a}+\frac{1}{b}=1$,所以 $a+b=ab$,$(a-1)(b-1)=1$,又因为 $\frac{1}{a}+\frac{1}{b}=1\geqslant 2\sqrt{\frac{1}{ab}}$,所以 $ab\geqslant 4$. 于是

$$
\begin{aligned}
&(a+b)^n-a^n-b^n+1=(ab)^n-a^n-b^n+1=(a^n-1)(b^n-1)=\\
&(a-1)(b-1)(a^{n-1}+a^{n-2}+\cdots+a+1)(b^{n-1}+b^{n-2}+\cdots+b+1)=\\
&(a^{n-1}+a^{n-2}+\cdots+a+1)(b^{n-1}+b^{n-2}+\cdots+b+1)\geqslant\\
&[(ab)^{\frac{n-1}{2}}+(ab)^{\frac{n-2}{2}}+\cdots+(ab)^{\frac{1}{2}}+1]^2\geqslant\\
&[4^{\frac{n-1}{2}}+4^{\frac{n-2}{2}}+\cdots+4^{\frac{1}{2}}+1]^2=\\
&(2^{n-1}+2^{n-2}+\cdots+2+1)^2=(2^n-1)^2
\end{aligned}
$$

即

$$(a+b)^n-a^n-b^n\geqslant 2^{2n}-2^{n+1}$$

6. 因式的巧嵌

由于柯西不等式有三个因式，而一般题目中只有一个或两个因式，为了运用柯西不等式，我们需要设法嵌入一个因式(嵌入的因式之和往往是定值).

例 14 已知 $a^2+b^2=1$，求证：$a\cos\theta+b\sin\theta\leqslant 1$.

证明 因为 $\sin^2\theta+\cos^2\theta=1$，$a^2+b^2=1$，所以

$$(a^2+b^2)(\cos^2\theta+\sin^2\theta)\geqslant(a\cos\theta+b\sin\theta)^2$$

即

$$1\geqslant(a\cos\theta+b\sin\theta)^2$$

所以

$$a\cos\theta+b\sin\theta\leqslant 1$$

例 15 (1984 年全国高中数学联赛题)设 $x_1,x_2,\cdots,x_n\in\mathbf{R}_+$，求证

$$\frac{x_1^2}{x_2}+\frac{x_2^2}{x_3}+\cdots+\frac{x_{n-1}^2}{x_n}+\frac{x_n^2}{x_1}\geqslant x_1+x_2+\cdots+x_n$$

证明 在不等式的左边嵌乘以因式$(x_2+x_3+\cdots+x_n+x_1)$，也即嵌乘以因式$(x_1+x_2+\cdots+x_n)$，由柯西不等式，得

$$\left(\frac{x_1^2}{x_2}+\frac{x_2^2}{x_3}+\cdots+\frac{x_{n-1}^2}{x_n}+\frac{x_n^2}{x_1}\right)(x_2+x_3+\cdots+x_n+x_1)=$$

$$\left[\left(\frac{x_1}{\sqrt{x_2}}\right)^2+\left(\frac{x_2}{\sqrt{x_3}}\right)^2+\cdots+\left(\frac{x_{n-1}}{\sqrt{x_n}}\right)^2+\left(\frac{x_n}{\sqrt{x_1}}\right)^2\right]\cdot$$

$$[(\sqrt{x_2})^2+(\sqrt{x_3})^2+\cdots+(\sqrt{x_n})^2+(\sqrt{x_1})^2]\geqslant$$

$$\left(\frac{x_1}{\sqrt{x_2}}\cdot\sqrt{x_2}+\frac{x_2}{\sqrt{x_3}}\cdot\sqrt{x_3}+\cdots+\frac{x_{n-1}}{\sqrt{x_n}}\cdot\sqrt{x_n}+\frac{x_n}{\sqrt{x_1}}\cdot\sqrt{x_1}\right)^2=$$

$$(x_1+x_2+\cdots+x_{n-1}+x_n)^2$$

于是

$$\frac{x_1^2}{x_2}+\frac{x_2^2}{x_3}+\cdots+\frac{x_{n-1}^2}{x_n}+\frac{x_n^2}{x_1}\geqslant x_1+x_2+\cdots+x_n$$

利用这种证法，我们可以把例 15 推广成如下的形式：

设 $y_1,y_2,\cdots,y_n$ 是正数 $x_1,x_2,\cdots,x_n$ 的某一个排列，则有

$$\frac{x_1^2}{y_1}+\frac{x_2^2}{y_2}+\cdots+\frac{x_n^2}{y_n}\geqslant x_1+x_2+\cdots+x_n$$

例 16　(2004 年法国国家队选拔试题)设 $n\in\mathbf{N}_+$，a_1，a_2，$\cdots$，a_n 和 b_1，b_2，$\cdots$，b_n 为正实数，且 $\sum\limits_{i=1}^{n}a_i=1$，$\sum\limits_{i=1}^{n}b_i=1$. 求 $\sum\limits_{i=1}^{n}\frac{a_i^2}{a_i+b_i}$ 的最小值.

解　由柯西不等式知

$$\left(\sum_{i=1}^{n}a_i+\sum_{i=1}^{n}b_i\right)\left(\sum_{i=1}^{n}\frac{a_i^2}{a_i+b_i}\right)\geqslant$$
$$\left[\sum_{i=1}^{n}\frac{a_i}{\sqrt{a_i+b_i}}\cdot\sqrt{a_i+b_i}\right]^2=$$
$$\left(\sum_{i=1}^{n}a_i\right)^2=1$$

则

$$\sum_{i=1}^{n}\frac{a_i^2}{a_i+b_i}\geqslant\frac{1}{2}$$

当 $a_1=a_2=\cdots=a_n=b_1=\cdots=b_n=\frac{1}{n}$ 时，等号成立，此时，$\sum\limits_{i=1}^{n}\frac{a_i^2}{a_i+b_i}$ 取最小值 $\frac{1}{2}$.

例 17　(2007 年中国国家队集训测试题)设正实数 a_1，a_2，$\cdots$，a_n 满足 $a_1+a_2+\cdots+a_n=1$，求证：$(a_1a_2+a_2a_3+\cdots+a_na_1)\left(\frac{a_1}{a_2^2+a_2}+\frac{a_2}{a_3^2+a_3}+\cdots+\frac{a_n}{a_1^2+a_1}\right)\geqslant\frac{n}{n+1}$.

证明　由柯西不等式得

$$(a_1a_2+a_2a_3+\cdots+a_na_1)\left(\frac{a_1}{a_2}+\frac{a_2}{a_3}+\cdots+\frac{a_n}{a_1}\right)\geqslant$$
$$(a_1+a_2+\cdots+a_n)^2=1$$

所以

$$\frac{a_1}{a_2}+\frac{a_2}{a_3}+\cdots+\frac{a_n}{a_1}\geqslant\frac{1}{a_1a_2+a_2a_3+\cdots+a_na_1}\qquad(2.3)$$

因而只需证明

$$\frac{a_1}{a_2^2+a_2}+\frac{a_2}{a_3^2+a_3}+\cdots+\frac{a_n}{a_1^2+a_1}\geqslant$$

Cauchy 不等式. 上

$$\frac{n}{n+1}\left(\frac{a_1}{a_2}+\frac{a_2}{a_3}+\cdots+\frac{a_n}{a_1}\right) \tag{2.4}$$

因为

$$\frac{a_1}{a_2^2+a_2}+\frac{a_2}{a_3^2+a_3}+\cdots+\frac{a_n}{a_1^2+a_1}=$$

$$\frac{\left(\frac{a_1}{a_2}\right)^2}{a_1+\frac{a_1}{a_2}}+\frac{\left(\frac{a_2}{a_3}\right)^2}{a_2+\frac{a_2}{a_3}}+\cdots+\frac{\left(\frac{a_n}{a_1}\right)^2}{a_n+\frac{a_n}{a_1}}$$

由柯西不等式得

$$\left(\frac{\left(\frac{a_1}{a_2}\right)^2}{a_1+\frac{a_1}{a_2}}+\frac{\left(\frac{a_2}{a_3}\right)^2}{a_2+\frac{a_2}{a_3}}+\cdots+\frac{\left(\frac{a_n}{a_1}\right)^2}{a_n+\frac{a_n}{a_1}}\right)\left[\left(a_1+\frac{a_1}{a_2}\right)+\right.$$

$$\left.\left(a_2+\frac{a_2}{a_3}\right)+\cdots+\left(a_n+\frac{a_n}{a_1}\right)\right]\geqslant\left(\frac{a_1}{a_2}+\frac{a_2}{a_3}+\cdots+\frac{a_n}{a_1}\right)^2$$

即

$$\left(\frac{a_1}{a_2^2+a_2}+\frac{a_2}{a_3^2+a_3}+\cdots+\frac{a_n}{a_1^2+a_1}\right)\left(1+\frac{a_1}{a_2}+\frac{a_2}{a_3}+\cdots+\frac{a_n}{a_1}\right)\geqslant$$

$$\left(\frac{a_1}{a_2}+\frac{a_2}{a_3}+\cdots+\frac{a_n}{a_1}\right)^2$$

所以

$$\frac{a_1}{a_2^2+a_2}+\frac{a_2}{a_3^2+a_3}+\cdots+\frac{a_n}{a_1^2+a_1}\geqslant\frac{\left(\frac{a_1}{a_2}+\frac{a_2}{a_3}+\cdots+\frac{a_n}{a_1}\right)^2}{1+\frac{a_1}{a_2}+\frac{a_2}{a_3}+\cdots+\frac{a_n}{a_1}} \tag{2.5}$$

令 $t=\frac{a_1}{a_2}+\frac{a_2}{a_3}+\cdots+\frac{a_n}{a_1}$,则由均值不等式得 $t\geqslant n$,比较式(2.4)与(2.5),只要证明 $\frac{t}{1+t}\geqslant\frac{n}{n+1}$,而此式等价于 $t\geqslant n$. 故原不等式成立.

7. 待定参数的巧设

为了给运用柯西不等式创造条件,我们经常引进一些待定参数,其值的确定由题设或者由等号成立的充要条件共同确定. 例如,前面的例 11 可用这种方法证明如下:

(1)引进待定参数 $t\in\mathbf{R}_+$,利用柯西不等式

$$\begin{aligned}4|ax-by|^2=&|(a+b)(x-y)+(a-b)(x+y)|^2=\\&\left|[t(a+b)]\frac{x-y}{t}+(a-b)(x+y)]\right|^2\leqslant\\&[t^2(a+b)^2+(a-b)^2]\cdot\\&\left[\frac{(x-y)^2}{t^2}+(x+y)^2\right]=\\&[(t^2+1)(a^2+b^2)+(2t^2-2)ab]\cdot\\&\left[\frac{(t^2+1)(x^2+y^2)+(2t^2-2)xy}{t^2}\right]\end{aligned}$$

令 $\frac{2t^2-2}{t^2+1}=-k$，即

$$t^2=\frac{2-k}{2+k},t=\frac{\sqrt{4-k^2}}{2+k}$$

所以

$$4|ax-by|^2\leqslant\frac{(t^2+1)^2}{t^2}$$

所以

$$|ax-by|\leqslant\frac{t^2+1}{2t}=\frac{2}{\sqrt{4-k^2}}$$

(2)引进待定参数 $\mu\in\mathbf{R}_+$，由柯西不等式

$$\begin{aligned}&4|ay+bx-kby|^2=\\&|(2a-kb)y+(2x-ky)b|^2=\\&\left|(2a-kb)\mu\cdot\frac{y}{\mu}+(2x-ky)b\right|^2\leqslant\\&[\mu^2(2a-kb)^2+b^2]\left[\frac{y^2}{\mu^2}+(2x-ky)^2\right]=\\&\frac{[\mu^2(2a-kb)^2+b^2][\mu^2(2x-ky)^2+y^2]}{\mu^2}=\\&\frac{[4\mu^2a^2-4\mu^2kab+(k^2\mu^2+1)b^2]\cdot[4\mu^2x^2-4\mu^2kxy+(k^2\mu^2+1)y^2]}{\mu^2}\end{aligned}$$

为了利用条件，令 $4\mu^2=k^2\mu^2+1$，即

$$\mu=\frac{1}{\sqrt{4-k^2}}$$

所以

$$4|ay+bx-kby|^2\leqslant\frac{(4\mu^2)^2}{\mu^2}=(4\mu)^2$$

故

$$|ay+bx-kby|\leqslant 2\mu=\frac{2}{\sqrt{4-k^2}}$$

例 18 在$\triangle ABC$中,求证

$$\sin A+\sin B+5\sin C\leqslant\frac{\sqrt{198+2\sqrt{201}}(\sqrt{201}+3)}{40}$$

证明 因为

$$\begin{aligned}&\sin A+\sin B+5\sin C=\\&2\sin\frac{A+B}{2}\cos\frac{A-B}{2}+10\sin\frac{C}{2}\cos\frac{C}{2}=\\&2\cos\frac{C}{2}\left(\cos\frac{A-B}{2}+5\sin\frac{C}{2}\right)\leqslant\\&2\cos\frac{C}{2}\left(1+5\sin\frac{C}{2}\right)\end{aligned}$$

当且仅当$A=B$时等号成立.

令$y=\cos x(1+5\sin x)\left(0<x<\frac{\pi}{2}\right)$,于是引进参数$t>0$,求$y^2=\cos^2x(1+5\sin x)^2$的最值.

由柯西不等式

$$\begin{aligned}y^2&=\cos^2x(1+5\sin x)^2=\\&25\cos^2x\left(\frac{1}{5}+\sin x\right)^2=\\&25\cdot\frac{\cos^2x}{t^2}\left(\frac{1}{5}t+t\sin x\right)^2\leqslant\\&25\cdot\frac{\cos^2x}{t^2}\left[\left(\frac{1}{5}\right)^2+t^2\right](t^2+\sin^2x)=\\&\frac{25t^2+1}{t^2}\cos^2x(t^2+\sin^2x)\end{aligned}$$

又由平均值不等式$ab\leqslant\frac{(a+b)^2}{4}$,得

$$y^2\leqslant\frac{25t^2+1}{t^2}\left(\frac{\cos^2x+t^2+\sin^2x}{2}\right)^2=\frac{(25t^2+1)(t^2+1)^2}{4t^2}\tag{2.6}$$

当且仅当

$$\begin{cases}\dfrac{1}{5t}=\dfrac{t}{\sin x}\\ \cos^2 x=t^2+\sin^2 x\end{cases}\tag{2.7}$$

时，式(2.6)等号成立，由式(2.7)消去 x 得

$$50t^4+t^2-1=0$$

因为 $t>0$，所以

$$t^2=\frac{-1+\sqrt{201}}{100}$$

$$t=\sqrt{\frac{\sqrt{201}-1}{100}}=\frac{\sqrt{\sqrt{201}-1}}{10}$$

所以

$$2y\leqslant\frac{\sqrt{25t^2+1}\,(t^2+1)}{t}=\frac{\sqrt{198+2\sqrt{201}}\,(\sqrt{201}+3)}{40}$$

故 $\sin A+\sin B+5\sin C\leqslant\dfrac{\sqrt{198+2\sqrt{201}}\,(\sqrt{201}+3)}{40}$.

例 19　(1988 年第 3 届全国数学冬令营试题)(1)设三个正实数 a,b,c 满足

$$(a^2+b^2+c^2)^2>2(a^4+b^4+c^4)$$

求证：a,b,c 一定是某个三角形的三条边长.

(2)设 n 个正实数 $a_1,a_2,\cdots,a_n$ 满足

$$(a_1^2+a_2^2+\cdots+a_n^2)^2>(n-1)(a_1^4+a_2^4+\cdots+a_n^4)\quad(n\geqslant 3)$$

求证：这些数中任何三个一定是某个三角形的三条边长.

证明　(1)由题设，得

$$2(a^4+b^4+c^4)-(a^2+b^2+c^2)^2<0$$

经化简并分解因式得

$$(a+b+c)(a-b+c)(a+b-c)(a-b-c)<0\tag{2.8}$$

下面来证明 $a+b>c,b+c>a,c+a>b$ 三者必同时成立. 否则，假定其中至少有一个不成立，不妨设 $a+b\leqslant c$. 因为 $a,b>0$，所以有 $a<c,b<c$. 于是 $a+b-c\leqslant 0,a-b+c=a+(c-b)>a>0,a-b-c\leqslant(a-b)-(a+b)=-2b<0$，这样一来

$$(a+b+c)(a+b-c)(a-b+c)(a-b-c)\geqslant 0$$

与式(2.8)矛盾. 由此看来必须同时有

$$a+b>c,b+c>a,c+a>b$$

这就表明 a,b,c 必为某三角形的三条边长.

(2)对于 $a_1,a_2,\cdots,a_n$ 这 n 个正实数,任取三个,不妨设为 a_1,a_2,a_3,由柯西不等式有

$$\left(\sum_{i=1}^{n}a_i^2\right)^2=\left(\frac{\sum\limits_{i=1}^{3}a_i^2}{2}+\frac{\sum\limits_{i=1}^{3}a_i^2}{2}+\sum_{j=4}^{n}a_j^2\right)^2\leqslant$$

$$\left[\left(\frac{\sum\limits_{i=1}^{3}a_i^2}{2}\right)^2+\left(\frac{\sum\limits_{i=1}^{3}a_i^2}{2}\right)^2+\sum_{j=4}^{n}a_j^4\right]\underbrace{(1^2+1^2+\cdots+1^2)}_{\text{共}n-1\text{个}}=$$

$$(n-1)\left[\frac{(a_1^2+a_2^2+a_3^2)^2}{2}+\sum_{j=4}^{n}a_j^4\right]\tag{2.9}$$

由式(2.9)及题设有

$$(n-1)\left[\frac{(a_1^2+a_2^2+a_3^2)^2}{2}+\sum_{j=4}^{n}a_j^4\right]>(n-1)\sum_{j=1}^{n}a_j^4$$

化简后,得

$$(a_1^2+a_2^2+a_3^2)^2>2(a_1^4+a_2^4+a_3^4)$$

由(1)知 a_1,a_2,a_3 一定是某个三角形的三条边长.

上面是湖北罗小奎同学在当年冬令营中的证法,他的证法巧妙之处在于将三项之和化为两项之和,从而将本是 n 项之和的表达式化为 $n-1$ 项之和的表达式,应用柯西不等式时出现一个 $(n-1)$ 的因子,恰与另一边的相同因子消去. 因而只用一次柯西不等式就解决了问题. 由于他的证法构思精巧,从而获得了特别奖.

另证 由(1)利用含有任意参数 $\lambda(>0)$ 的柯西不等式,有

$$(n-1)(a_1^4+a_2^4+\cdots+a_n^4)<$$
$$(a_1^2+a_2^2+\cdots+a_n^2)^2=$$
$$\left[\lambda(a_1^2+a_2^2+a_3^2)\cdot\frac{1}{\lambda}+a_4^2+a_5^2+\cdots+a_n^2\right]^2\leqslant$$
$$[\lambda^2(a_1^2+a_2^2+a_3^2)^2+a_4^4+\cdots+a_n^4]\left(\frac{1}{\lambda^2}+n-3\right)$$

为了将 $a_4,\cdots,a_n$ 从不等式中消去,令

$$\frac{1}{\lambda^2}+n-3=n-1$$

所以

$$\lambda^2=\frac{1}{2}$$

代入得

$$(a_1^2+a_2^2+a_3^2)^2>2(a_1^4+a_2^4+a_3^4)$$

8. 柯西不等式的反复运用

有些问题的解决需要多次反复利用柯西不等式才能达到目的，但在运用过程中，每运用一次，前后等号成立的条件必须一致，不能前后自相矛盾，否则就会出现错误.

例 20　(2001 年乌克兰数学奥林匹克试题)已知 a,b,c,x,y,z 是正实数，且 $x+y+z=1$. 证明

$$ax+by+cz+2\sqrt{(xy+yz+zx)(ab+bc+ca)}\leqslant a+b+c$$

证明　由柯西不等式得

$$\begin{aligned}&ax+by+cz+2\sqrt{(xy+yz+zx)(ab+bc+ca)}\leqslant\\&\sqrt{x^2+y^2+z^2}\cdot\sqrt{a^2+b^2+c^2}+\\&\sqrt{2(xy+yz+zx)}\cdot\sqrt{2(ab+bc+ca)}\leqslant\\&\sqrt{x^2+y^2+z^2+2(xy+yz+zx)}\cdot\\&\sqrt{a^2+b^2+c^2+2(ab+bc+ca)}=\\&(x+y+z)(a+b+c)=a+b+c\end{aligned}$$

例 20 两次利用柯西不等式，元素的选取恰到好处，令人回味无穷.

例 21　已知 a,b 为正常数，且 $0<x<\frac{\pi}{2}$，求 $y=\frac{a}{\sin x}+\frac{b}{\cos x}$ 的最小值.

解　利用柯西不等式，得

$$\begin{aligned}\sqrt[3]{a^2}+\sqrt[3]{b^2}=(\sqrt[3]{a^2}+\sqrt[3]{b^2})(\sin^2x+\cos^2x)\geqslant\\(\sqrt[3]{a}\sin x+\sqrt[3]{b}\cos x)^2\end{aligned}$$

等号成立当且仅当 $\frac{\sin x}{\sqrt[3]{a}}=\frac{\cos x}{\sqrt[3]{b}}$，即

$$x=\arctan\sqrt[3]{\frac{a}{b}}$$

于是

$$\sqrt{\sqrt[3]{a^2}+\sqrt[3]{b^2}}\geqslant\sqrt[3]{a}\sin x+\sqrt[3]{b}\cos x$$

再由柯西不等式，得

$$\sqrt{\sqrt[3]{a^2}+\sqrt[3]{b^2}}\left(\frac{a}{\sin x}+\frac{b}{\cos x}\right)\geqslant$$

$$(\sqrt[3]{a}\sin x+\sqrt[3]{b}\cos x)\left(\frac{a}{\sin x}+\frac{b}{\cos x}\right)\geqslant$$

$$\left(\sqrt[6]{a}\ \sqrt{\sin x}\sqrt{\frac{a}{\sin x}}+\sqrt[6]{b}\ \sqrt{\cos x}\sqrt{\frac{b}{\cos x}}\right)^2=$$

$$(a^{\frac{2}{3}}+b^{\frac{2}{3}})^2$$

等号成立也是当且仅当 $x=\arctan\sqrt[3]{\frac{a}{b}}$ 时.

从而

$$y=\frac{a}{\sin x}+\frac{b}{\cos x}\geqslant(a^{\frac{2}{3}}+b^{\frac{2}{3}})^{\frac{3}{2}}$$

于是 $y=\frac{a}{\sin x}+\frac{b}{\cos x}$ 的最小值是 $(\sqrt[3]{a^2}+\sqrt[3]{b^2})^{\frac{3}{2}}$.

9. 变量代换的巧用

对于一些看上去很复杂的问题，我们需要引进适当的变量代换，从而可用柯西不等式来处理.

例 22 设 $a,b,c\in\mathbf{R}_+$，且 $abc=1$. 求证

$$\frac{1}{1+2a}+\frac{1}{1+2b}+\frac{1}{1+2c}\geqslant1$$

解 设 $a=\frac{x}{y},b=\frac{y}{z},c=\frac{z}{x}(x,y,z\in\mathbf{R}_+)$. 则

$$\frac{1}{1+2a}+\frac{1}{1+2b}+\frac{1}{1+2c}=\frac{y}{y+2x}+\frac{z}{z+2y}+\frac{x}{x+2z}$$

由柯西不等式得

$$[y(y+2x)+z(z+2y)+x(x+2z)]\cdot$$

$$\left(\frac{y}{y+2x}+\frac{z}{z+2y}+\frac{x}{x+2z}\right)\geqslant(x+y+z)^2$$

故

$$\frac{y}{y+2x}+\frac{z}{z+2y}+\frac{x}{x+2z}\geqslant$$

$$\frac{(x+y+z)^2}{y(y+2x)+z(z+2y)+x(x+2z)}=1$$

即

$$\frac{1}{1+2a}+\frac{1}{1+2b}+\frac{1}{1+2c}\geqslant 1$$

当且仅当 $a=b=c=1$ 时，上式等号成立.

注　此题若直接运用柯西不等式，条件 $abc=1$ 不能直接利用起来，需通过 $a=\frac{x}{y},b=\frac{y}{z},c=\frac{z}{x}$ 的分式代换才容易想到利用柯西不等式证明.

例 23　已知 a,b,c 为满足 $abc=1$ 的正实数. 求证

$$\frac{1}{a(a+b)}+\frac{1}{b(b+c)}+\frac{1}{c(c+a)}\geqslant\frac{3}{2}$$

证明　令 $a=\frac{y}{x},b=\frac{z}{y},c=\frac{x}{z}$（$x,y,z$ 为正实数），则原不等式等价于

$$\frac{x^2}{y^2+zx}+\frac{y^2}{z^2+xy}+\frac{z^2}{x^2+yz}\geqslant\frac{3}{2}$$

由柯西不等式得

$$[(x^2y^2+zx^3)+(y^2z^2+xy^3)+(z^2x^2+yz^3)]\cdot$$
$$\left(\frac{x^4}{x^2y^2+zx^3}+\frac{y^4}{y^2z^2+xy^3}+\frac{z^4}{z^2x^2+yz^3}\right)\geqslant$$
$$(x^2+y^2+z^2)^2$$

故

$$\frac{x^2}{y^2+zx}+\frac{y^2}{z^2+xy}+\frac{z^2}{x^2+yz}\geqslant\frac{(x^2+y^2+z^2)^2}{x^2y^2+y^2z^2+z^2x^2+xy^3+yz^3+zx^3}$$

于是，要证原不等式，只需证

$$\frac{(x^2+y^2+z^2)^2}{x^2y^2+y^2z^2+z^2x^2+xy^3+yz^3+zx^3}\geqslant\frac{3}{2}\Leftrightarrow$$
$$2(x^4+y^4+z^4)+x^2y^2+y^2z^2+z^2x^2\geqslant 3(xy^3+yz^3+zx^3) \tag{2.10}$$

注意到

$$x^4+7y^4+4x^2y^2\geqslant 2x^2y^2+6y^4+4x^2y^2\geqslant 12xy^3$$

同理

$$y^4+7z^4+4y^2z^2\geqslant 12yz^3,z^4+7x^4+4z^2x^2\geqslant 12zx^3$$

以上三式相加,整理即得式(2,10).

综上,原不等式成立.

例 24 (2005 年塞尔维亚数学奥林匹克试题)已知 x,y,z 是正数.求证

$$\frac{x}{\sqrt{y+z}}+\frac{y}{\sqrt{z+x}}+\frac{z}{\sqrt{x+y}}\geqslant\sqrt{\frac{3}{2}(x+y+z)}$$

证明 令 $a=\frac{x}{x+y+z}$,$b=\frac{y}{x+y+z}$,$c=\frac{z}{x+y+z}$,则 $a+b+c=1$.

于是,原不等式化为

$$\frac{a}{\sqrt{b+c}}+\frac{b}{\sqrt{c+a}}+\frac{c}{\sqrt{a+b}}\geqslant\sqrt{\frac{3}{2}}$$

由柯西不等式得

$$\begin{aligned}&\frac{a}{\sqrt{b+c}}+\frac{b}{\sqrt{c+a}}+\frac{c}{\sqrt{a+b}}=\\&\frac{a^2}{a\sqrt{b+c}}+\frac{b^2}{b\sqrt{c+a}}+\frac{c^2}{c\sqrt{a+b}}\geqslant\\&\frac{(a+b+c)^2}{a\sqrt{b+c}+b\sqrt{c+a}+c\sqrt{a+b}}=\\&\frac{1}{a\sqrt{b+c}+b\sqrt{c+a}+c\sqrt{a+b}}\end{aligned}$$

再由柯西不等式得

$$\begin{aligned}&a\sqrt{b+c}+b\sqrt{c+a}+c\sqrt{a+b}=\\&\sqrt{a}\cdot\sqrt{ab+ca}+\sqrt{b}\cdot\sqrt{bc+ab}+\sqrt{c}\cdot\sqrt{ca+bc}\leqslant\\&\sqrt{a+b+c}\cdot\sqrt{ab+ca+bc+ab+ca+bc}=\\&\sqrt{2(ab+bc+ca)}\end{aligned}$$

而

$$ab+bc+ca\leqslant\frac{1}{3}(a+b+c)^2=\frac{1}{3}$$

所以

$$\sqrt{2(ab+bc+ca)}\leqslant\sqrt{\frac{2}{3}}$$

故

$$\frac{1}{a\sqrt{b+c}+b\sqrt{c+a}+c\sqrt{a+b}}\geqslant\sqrt{\frac{3}{2}}$$

例 25　设正数 a,b,c 满足 $a+b+c=1$. 求证

$$\frac{1+a}{1-a}+\frac{1+b}{1-b}+\frac{1+c}{1-c}\leqslant 2\left(\frac{b}{a}+\frac{c}{b}+\frac{a}{c}\right)$$

证明　原不等式等价于

$$\frac{b}{a}+\frac{c}{b}+\frac{a}{c}\geqslant\frac{3}{2}+\frac{a}{b+c}+\frac{b}{c+a}+\frac{c}{a+b}\Leftrightarrow$$

$$\frac{ab}{c(b+c)}+\frac{bc}{a(c+a)}+\frac{ca}{b(a+b)}\geqslant\frac{3}{2}$$

由柯西不等式,知

$$(b+c+c+a+a+b)\cdot\left[\frac{ab}{c(b+c)}+\frac{bc}{a(c+a)}+\frac{ca}{b(a+b)}\right]\geqslant$$

$$\left(\sqrt{\frac{ab}{c}}+\sqrt{\frac{bc}{a}}+\sqrt{\frac{ca}{b}}\right)^2$$

故以下只要证明

$$\left(\sqrt{\frac{ab}{c}}+\sqrt{\frac{bc}{a}}+\sqrt{\frac{ca}{b}}\right)^2\geqslant 3(a+b+c) \qquad (2.11)$$

设 $\sqrt{\frac{ab}{c}}=x,\sqrt{\frac{bc}{a}}=y,\sqrt{\frac{ca}{b}}=z$,则

$$a=zx,b=xy,c=yz$$

故式(2.11)$\Leftrightarrow(x+y+z)^2\geqslant 3(xy+yz+zx)$,显然成立.

例 26　(1983 年第 24 届 IMO 试题)设 a,b,c 是三角形的边长,试证

$$a^2b(a-b)+b^2c(b-c)+c^2a(c-a)\geqslant 0 \qquad (2.12)$$

并说明等号何时成立.

证明　令 $a=y+z,b=z+x,c=x+y$,于是要证的不等式转化为

$$(y+z)^2(z+x)(y-x)+(z+x)^2(x+y)(z-y)+$$
$$(x+y)^2(y+z)(x-z)\geqslant 0$$

将上式化简,即得

$$xy^3+yz^3+zx^3\geqslant xyz(x+y+z)$$

即

$$\frac{y^2}{z}+\frac{z^2}{x}+\frac{x^2}{y}\geqslant x+y+z$$

因为

$$\left[\left(\frac{y}{\sqrt{z}}\right)^2+\left(\frac{z}{\sqrt{x}}\right)^2+\left(\frac{x}{\sqrt{y}}\right)^2\right]\cdot$$
$$[(\sqrt{z})^2+(\sqrt{x})^2+(\sqrt{y})^2]\geqslant$$
$$\left(\frac{y}{\sqrt{z}}\cdot\sqrt{z}+\frac{z}{\sqrt{x}}\cdot\sqrt{x}+\frac{x}{\sqrt{y}}\cdot\sqrt{y}\right)^2=$$
$$(y+z+x)^2$$

所以

$$\frac{y^2}{z}+\frac{z^2}{x}+\frac{x^2}{y}\geqslant x+y+z$$

等号成立的充要条件是 $x=y=z$，即 $a=b=c$，也即 $\triangle ABC$ 为正三角形.

例 27 已知实数 a,b,c，满足 $a,b,c\in(t,t+1)(t>0)$.

求证：$\frac{1}{\sqrt{(a-b+1)(b-a+2)}}+\frac{1}{\sqrt{(b-c+1)(c-b+2)}}+\frac{1}{\sqrt{(c-a+1)(a-c+2)}}\geqslant\frac{3}{\sqrt{2}}$.

证明 令 $x=a-b+1,y=b-c+1,z=c-a+1$. 由 $a,b,c\in(t,t+1)$，知 $x,y,z>0$.

则所求证不等式可化为

$$\frac{1}{\sqrt{x(y+z)}}+\frac{1}{\sqrt{y(x+z)}}+\frac{1}{\sqrt{z(x+y)}}\geqslant\frac{3}{\sqrt{2}}$$

其中，$x+y+z=3$.

由柯西不等式得

$$\left[\frac{1}{\sqrt{x(y+z)}}+\frac{1}{\sqrt{y(x+z)}}+\frac{1}{\sqrt{z(x+y)}}\right]\cdot$$
$$[\sqrt{x(y+z)}+\sqrt{y(x+z)}+\sqrt{z(x+y)}]\geqslant 9$$

再由均值不等式得

$$\sqrt{x(y+z)}+\sqrt{y(x+z)}+\sqrt{z(x+y)}=$$
$$\frac{\sqrt{2x(y+z)}+\sqrt{2y(z+x)}+\sqrt{2z(x+y)}}{\sqrt{2}}\leqslant$$
$$\frac{\frac{2x+(y+z)}{2}+\frac{2y+(z+x)}{2}+\frac{2z+(x+y)}{2}}{\sqrt{2}}=$$

$$\sqrt{2}(x+y+z)=3\sqrt{2}$$

故

$$\frac{1}{\sqrt{x(y+z)}}+\frac{1}{\sqrt{y(x+z)}}+\frac{1}{\sqrt{z(x+y)}}\geqslant$$

$$\frac{9}{\sqrt{x(y+z)}+\sqrt{y(x+z)}+\sqrt{z(x+y)}}\geqslant$$

$$\frac{9}{3\sqrt{2}}=\frac{3}{\sqrt{2}}$$

则原不等式得证，当且仅当 $a=b=c$ 时，等号成立.

例 28　(2005年中国国家队集训队测试题)设 $a,b,c\geqslant 0$, $ab+bc+ca=\frac{1}{3}$. 证明

$$\frac{1}{a^2-bc+1}+\frac{1}{b^2-ca+1}+\frac{1}{c^2-ab+1}\leqslant 3$$

证明　由已知条件知

$$a^2-bc+1\geqslant -\frac{1}{3}+1>0$$

同理

$$b^2-ca+1>0, c^2-ab+1>0$$

另外，$a+b+c>0$. 令

$$M=\frac{a}{a^2-bc+1}+\frac{b}{b^2-ca+1}+\frac{c}{c^2-ab+1} \tag{2.13}$$

$$N=\frac{1}{a^2-bc+1}+\frac{1}{b^2-ca+1}+\frac{1}{c^2-ab+1} \tag{2.14}$$

由柯西不等式，得

$$M[a(a^2-bc+1)+b(b^2-ca+1)+c(c^2-ab+1)]\geqslant (a+b+c)^2$$

所以

$$M\geqslant \frac{(a+b+c)^2}{a^3+b^3+c^3-3abc+a+b+c}=$$

$$\frac{a+b+c}{a^2+b^2+c^2-ab-bc-ca+1}=$$

$$\frac{a+b+c}{a^2+b^2+c^2+2ab+2bc+2ca}=\frac{1}{a+b+c} \tag{2.15}$$

由式(2.14)，结合已知条件知

$$\frac{N}{3}=\frac{ab+bc+ca}{a^2-bc+1}+\frac{bc+ca+ab}{b^2-ca+1}+\frac{ca+ab+bc}{c^2-ab+1} \quad (2.16)$$

另外

$$\frac{ab+bc+ca}{a^2-bc+1}=\frac{a}{a^2-bc+1}(a+b+c)+\frac{1}{a^2-bc+1}-1 \quad (2.17)$$

$$\frac{bc+ca+ab}{b^2-ca+1}=\frac{b}{b^2-ca+1}(a+b+c)+\frac{1}{b^2-ca+1}-1 \quad (2.18)$$

$$\frac{ca+ab+bc}{c^2-ab+1}=\frac{c}{c^2-ab+1}(a+b+c)+\frac{1}{c^2-ab+1}-1 \quad (2.19)$$

由式(2.13)～(2.19),可得

$$\frac{N}{3}=M(a+b+c)+N-3$$

$$\frac{2N}{3}=3-M(a+b+c)\leqslant 3-\frac{a+b+c}{a+b+c}=2$$

故 $N\leqslant 3$.这就是要证的结论.

另证 记 $M=a+b+c, N=ab+bc+ca$,则

$$\text{原不等式}\Leftrightarrow \sum \frac{1}{a^2-bc+N+2N}\leqslant \frac{1}{N}\Leftrightarrow$$

$$\sum \frac{N}{aM+2N}\leqslant 1\Leftrightarrow$$

$$\sum \left(\frac{-N}{aM+2N}+\frac{1}{2}\right)\geqslant -1+\frac{3}{2}\Leftrightarrow$$

$$\sum \frac{aM}{aM+2N}\geqslant 1$$

由柯西不等式,有

$$\sum \frac{aM}{aM+2N}\geqslant \frac{(\sum aM)^2}{\sum (a^2M^2+aM\cdot 2N)}=$$

$$\frac{M^4}{M^2\sum a^2+2M^2N}=\frac{M^4}{M^2\cdot M^2}=1$$

故原不等式成立.

例 29 (2001 年全国高中数学联赛加试题)设 $x_i\geqslant 0(i=1,2,\cdots,n)$,且 $\sum\limits_{i=1}^{n}x_i^2+2\sum\limits_{1\leqslant i<j\leqslant n}\sqrt{\frac{i}{j}}x_ix_j=1$,求 $\sum\limits_{i=1}^{n}x_i$ 的最大值和最小值.

解　关键是求 $\sum\limits_{i=1}^{n} x_i$ 的最大值，作变换 $x_k=\sqrt{k}y_k(k=1,2,\cdots,n)$，及代换 $a_i=y_i+y_{i+1}+\cdots+y_n(i=1,2,\cdots,n)$，运用柯西不等式求 $\sum\limits_{i=1}^{n} x_i$ 的最大值.

先求最小值，因为

$$\sum_{i=1}^{n} x_i^2+2\sum_{1\leqslant i<j\leqslant n} x_i x_j \geqslant \sum_{i=1}^{n} x_i^2+2\sum_{1\leqslant i<j\leqslant n}\sqrt{\frac{i}{j}}x_i x_j=1\Rightarrow$$

$$\sum_{i=1}^{n} x_i \geqslant 1$$

等号成立当且仅当存在 i 使得 $x_i=1,x_j=0,j\neq i$. 所以 $\sum\limits_{i=1}^{n} x_i$ 的最小值为 1.

下面求最大值. 令 $x_k=\sqrt{k}y_k(k=1,2,\cdots,n)$，所以

$$\sum_{k=1}^{n} k y_k^2+2\sum_{1\leqslant k<j\leqslant n} k y_k y_j=1 \tag{2.20}$$

设
$$M=\sum_{k=1}^{n} x_k=\sum_{k=1}^{n}\sqrt{k}y_k$$

令
$$\begin{cases} y_1+y_2+\cdots+y_n=a_1\\ y_2+\cdots+y_n=a_2\\ \vdots\\ y_n=a_n\end{cases}$$

则式(2.20)$\Leftrightarrow a_1^2+a_2^2+\cdots+a_n^2=1$，令 $a_{n+1}=0$，则

$$M=\sum_{k=1}^{n}\sqrt{k}(a_k-a_{k+1})=\sum_{k=1}^{n}\sqrt{k}a_k-\sum_{k=1}^{n}\sqrt{k}a_{k+1}=$$
$$\sum_{k=1}^{n}\sqrt{k}a_k-\sum_{k=1}^{n}\sqrt{k-1}a_k=\sum_{k=1}^{n}(\sqrt{k}-\sqrt{k-1})a_k$$

由柯西不等式得

$$M\leqslant\left[\sum_{k=1}^{n}(\sqrt{k}-\sqrt{k-1})^2\right]^{\frac{1}{2}}\cdot\left(\sum_{k=1}^{n}a_k^2\right)^{\frac{1}{2}}=$$
$$\left[\sum_{k=1}^{n}(\sqrt{k}-\sqrt{k-1})^2\right]^{\frac{1}{2}}$$

等号成立 $\Leftrightarrow$

$$\frac{a_1^2}{1}=\frac{a_2^2}{(\sqrt{2}-1)^2}=\cdots=$$

$$\frac{a_k^2}{(\sqrt{k}-\sqrt{k-1})^2}=\cdots=\frac{a_n^2}{(\sqrt{n}-\sqrt{n-1})^2}\Leftrightarrow$$

$$\frac{a_1^2+a_2^2+\cdots+a_n^2}{1+(\sqrt{2}-1)^2+\cdots+(\sqrt{n}-\sqrt{n-1})^2}=$$

$$\frac{a_k^2}{(\sqrt{k}-\sqrt{k-1})^2}\Leftrightarrow$$

$$a_k=\frac{\sqrt{k}-\sqrt{k-1}}{\left[\sum_{k=1}^{n}(\sqrt{k}-\sqrt{k-1})^2\right]^{\frac{1}{2}}}\quad(k=1,2,\cdots,n)$$

由于 $a_1\geqslant a_2\geqslant\cdots\geqslant a_n$，从而

$$y_k=a_k-a_{k-1}=\frac{2\sqrt{k}-(\sqrt{k+1}+\sqrt{k-1})}{\left[\sum_{k=1}^{n}(\sqrt{k}-\sqrt{k-1})^2\right]^{\frac{1}{2}}}\geqslant 0$$

即 $x_k\geqslant 0$，所求最大值为 $\left[\sum_{k=1}^{n}(\sqrt{k}-\sqrt{k-1})^2\right]^{\frac{1}{2}}$.

例 30 (1989 年全国数学冬令营试题)设 $x_1,x_2,\cdots,x_n$ 都是正数，$n\geqslant 2$，且 $\sum_{i=1}^{n}x_i=1$，求证

$$\sum_{i=1}^{n}\frac{x_i}{\sqrt{1-x_i}}\geqslant\frac{\sum_{i=1}^{n}\sqrt{x_i}}{\sqrt{n-1}}$$

证明 令 $y_i=1-x_i(i=1,2,\cdots,n)$，由柯西不等式，得

$$\left(\sum_{i=1}^{n}\sqrt{x_i}\right)^2\leqslant n\sum_{i=1}^{n}x_i=n$$

即

$$\sum_{i=1}^{n}\sqrt{x_i}\leqslant\sqrt{n}$$

同理，得

$$\left(\sum_{i=1}^{n}\sqrt{y_i}\right)^2\leqslant n\cdot\sum_{i=1}^{n}y_i=n\sum_{i=1}^{n}(1-x_i)=n(n-1)$$

即

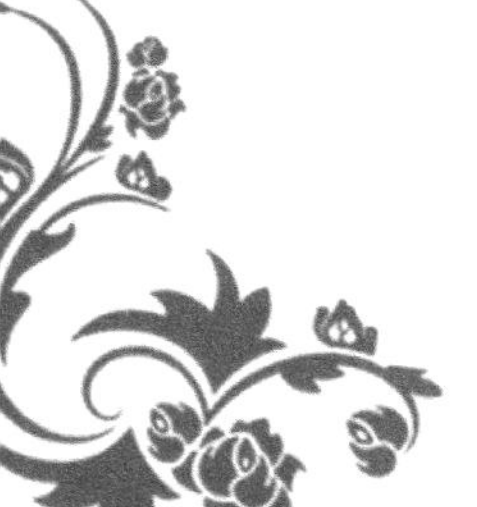

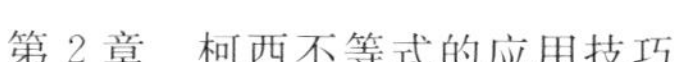

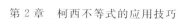

$$\sum_{i=1}^{n}\sqrt{y_i} \leqslant \sqrt{n(n-1)}$$

又由柯西不等式,得

$$\sum_{i=1}^{n}\sqrt{y_i} \cdot \sum_{i=1}^{n}\frac{1}{\sqrt{y_i}} \geqslant \left(\sum_{i=1}^{n}\sqrt[4]{y_i} \cdot \frac{1}{\sqrt[4]{y_i}}\right)^2 = n^2$$

故

$$\sum_{i=1}^{n}\frac{1}{\sqrt{y_i}} \geqslant n^2 \cdot \frac{1}{\sum_{i=1}^{n}\sqrt{y_i}} \geqslant \frac{n^2}{\sqrt{n(n-1)}}$$

从而

$$\sum_{i=1}^{n}\frac{x_i}{\sqrt{1-x_i}} = \sum_{i=1}^{n}\frac{1-y_i}{\sqrt{y_i}} = \sum_{i=1}^{n}\frac{1}{\sqrt{y_i}} - \sum_{i=1}^{n}\sqrt{y_i} \geqslant$$

$$\frac{n\sqrt{n}}{\sqrt{n-1}} - \sqrt{n(n-1)} =$$

$$\frac{\sqrt{n}}{\sqrt{n-1}} \geqslant \frac{\sum_{i=1}^{n}\sqrt{x_i}}{\sqrt{n-1}}$$

10. 先局部,后整体的巧用

对有些综合性较大的问题,先对式中的部分式子利用柯西不等式变形,然后再进行综合.

例 31　(2003 年美国数学奥林匹克试题)设 a,b,c 是正实数.求证:$\frac{(2a+b+c)^2}{2a^2+(b+c)^2}+\frac{(a+2b+c)^2}{2b^2+(c+a)^2}+\frac{(a+b+2c)^2}{2c^2+(a+b)^2}\leqslant 8$.

证法一　由柯西不等式得

$$[a^2+a^2+(b+c)^2](1^2+1^2+2^2)\geqslant[a+a+2(b+c)]^2$$

即

$$2a^2+(b+c)^2\geqslant\frac{2}{3}(a+b+c)^2$$

从而

$$\frac{1}{2a^2+(b+c)^2}\leqslant\frac{3}{2(a+b+c)^2}$$

同理

$$\frac{1}{2b^2+(c+a)^2}\leqslant\frac{3}{2(a+b+c)^2}$$

$$\frac{1}{2c^2+(a+b)^2}\leqslant\frac{3}{2(a+b+c)^2}$$

注意到

$$\frac{(2a+b+c)^2}{2a^2+(b+c)^2}+\frac{(a+2b+c)^2}{2b^2+(c+a)^2}+\frac{(a+b+2c)^2}{2c^2+(a+b)^2}-8=$$

$$\left[\frac{(2a+b+c)^2}{2a^2+(b+c)^2}-1\right]+\left[\frac{(a+2b+c)^2}{2b^2+(c+a)^2}-1\right]+$$

$$\left[\frac{(a+b+2c)^2}{2c^2+(a+b)^2}-1\right]-5=$$

$$\frac{2a^2+4ab+4ac}{2a^2+(b+c)^2}+\frac{2b^2+4ab+4bc}{2b^2+(c+a)^2}+\frac{2c^2+4ac+4bc}{2c^2+(a+b)^2}-5\leqslant$$

$$\frac{3[(2a^2+4ab+4ac)+(2b^2+4ab+4bc)+(2c^2+4ac+4bc)]}{2(a+b+c)^2}-5=$$

$$\frac{-2[(a-b)^2+(b-c)^2+(c-a)^2]}{(a+b+c)^2}\leqslant 0$$

故原不等式成立.

这里先局部利用柯西不等式,将各项的分母化为相同,接着巧妙地将系数 8 拆成 $3+5$,对其中三项进行放缩,从而达到化简的目的.

证法二 由柯西不等式得

$$(1^2+1^2+1^2)\left\{(\sqrt{2}a)^2+\left[\frac{\sqrt{2}}{2}(b+c)\right]^2+\left[\frac{\sqrt{2}}{2}(b+c)\right]^2\right\}\geqslant$$

$$\left[\sqrt{2}a+\frac{\sqrt{2}}{2}(b+c)+\frac{\sqrt{2}}{2}(b+c)\right]^2=2(a+b+c)^2$$

于是

$$2a^2+(b+c)^2\geqslant\frac{2}{3}(a+b+c)^2$$

同理可得

$$2b^2+(c+a)^2\geqslant\frac{2}{3}(a+b+c)^2,2c^2+(a+b)^2\geqslant\frac{2}{3}(a+b+c)^2$$

如果 $4a\geqslant b+c,4b\geqslant c+a,4c\geqslant a+b$,则

$$\frac{(2a+b+c)^2}{2a^2+(b+c)^2}=2+\frac{(4a-b-c)(b+c)}{2a^2+(b+c)^2}\leqslant$$

$$2+\frac{3(4ab+4ac-b^2-2bc-c^2)}{2(a+b+c)^2}$$

同理可得

$$\frac{(a+2b+c)^2}{2b^2+(c+a)^2}\leqslant 2+\frac{3(4bc+4ab-a^2-2ac-c^2)}{2(a+b+c)^2}$$

$$\frac{(a+b+2c)^2}{2c^2+(a+b)^2}\leqslant 2+\frac{3(4bc+4ca-a^2-2ab-b^2)}{2(a+b+c)^2}$$

三式相加得

$$\frac{(2a+b+c)^2}{2a^2+(b+c)^2}+\frac{(a+2b+c)^2}{2b^2+(c+a)^2}+\frac{(a+b+2c)^2}{2c^2+(a+b)^2}\leqslant$$

$$6+\frac{3(6ab+6bc+6ca-2a^2-2b^2-2c^2)}{2(a+b+c)^2}=$$

$$6+\frac{3[3(a+b+c)^2-5(a^2+b^2+c^2)]}{2(a+b+c)^2}=$$

$$\frac{21}{2}-\frac{15}{2}\cdot\frac{a^2+b^2+c^2}{(a+b+c)^2}\leqslant\frac{21}{2}-\frac{15}{2}\cdot\frac{1}{3}=8$$

当上述假设不成立时，不妨设 $4a<b+c$，则$\frac{(2a+b+c)^2}{2a^2+(b+c)^2}<2$.

由柯西不等式得

$$[b+b+(c+a)]^2\leqslant[b^2+b^2+(c+a)^2](1^2+1^2+1^2)$$

于是$\frac{(a+2b+c)^2}{2b^2+(c+a)^2}\leqslant 3$，同理可得

$$\frac{(a+b+2c)^2}{2c^2+(a+b)^2}\leqslant 3$$

所以$\frac{(2a+b+c)^2}{2a^2+(b+c)^2}+\frac{(a+2b+c)^2}{2b^2+(c+a)^2}+\frac{(a+b+2c)^2}{2c^2+(a+b)^2}\leqslant 8$.

综上，可知原不等式成立. 当且仅当 $a=b=c$ 时等号成立.

证法三　设 $x=\frac{b+c}{a}$，$y=\frac{c+a}{b}$，$z=\frac{a+b}{c}$，我们去证明

$$\frac{(x+2)^2}{x^2+2}+\frac{(y+2)^2}{y^2+2}+\frac{(z+2)^2}{z^2+2}\leqslant 8\Leftrightarrow$$

$$\frac{2x+1}{x^2+2}+\frac{2y+1}{y^2+2}+\frac{2z+1}{z^2+2}\leqslant\frac{5}{2}\Leftrightarrow$$

$$\frac{(x-1)^2}{x^2+2}+\frac{(y-1)^2}{y^2+2}+\frac{(z-1)^2}{z^2+2}\geqslant\frac{1}{2}$$

由柯西不等式得

$$\frac{(x-1)^2}{x^2+2}+\frac{(y-1)^2}{y^2+2}+\frac{(z-1)^2}{z^2+2}\geqslant\frac{(x+y+z-3)^2}{x^2+y^2+z^2+6}$$

只要证明

$$\frac{(x+y+z-3)^2}{x^2+y^2+z^2+6}\geqslant\frac{1}{2}\Leftrightarrow$$

$$2(x+y+z-3)^2\geqslant x^2+y^2+z^2+6\Leftrightarrow$$

$$x^2+y^2+z^2+4(xy+yz+zx)-12(x+y+z)+12\geqslant 0$$

因为 $xyz=\frac{b+c}{a}\cdot\frac{c+a}{b}\cdot\frac{a+b}{c}\geqslant 8$，所以 $xy+yz+zx\geqslant 3\sqrt[3]{xy\cdot yz\cdot zx}\geqslant 12$，所以只要证明

$$x^2+y^2+z^2+2(xy+yz+zx)-12(x+y+z)+36\geqslant 0\Leftrightarrow$$

$$(x+y+z-6)^2\geqslant 0$$

例 32 （2008 年乌克兰数学奥林匹克试题）设 x,y,z 是非负数，且 $x^2+y^2+z^2=3$. 证明

$$\frac{x}{\sqrt{x^2+y+z}}+\frac{y}{\sqrt{y^2+z+x}}+\frac{z}{\sqrt{z^2+x+y}}\leqslant\sqrt{3}$$

证明 由柯西不等式得

$$(1^2+1^2+1^2)(x^2+y^2+z^2)\geqslant(x+y+z)^2$$

即
$$3(x^2+y^2+z^2)\geqslant(x+y+z)^2$$

因为 $x^2+y^2+z^2=3$，所以

$$x^2+y^2+z^2\geqslant x+y+z \tag{2.21}$$

由柯西不等式得

$$(x^2+y+z)(1+y+z)\geqslant(x+y+z)^2$$

于是，只要证明

$$\frac{x\sqrt{1+y+z}+y\sqrt{1+z+x}+z\sqrt{1+x+y}}{x+y+z}\leqslant\sqrt{3}$$

再由柯西不等式得

$$(x\sqrt{1+y+z}+y\sqrt{1+z+x}+z\sqrt{1+x+y})^2=$$
$$(\sqrt{x}\cdot\sqrt{x+xy+zx}+\sqrt{y}\cdot\sqrt{y+yz+xy}+$$
$$\sqrt{z}\cdot\sqrt{z+zx+zy})^2\leqslant$$
$$(x+y+z)[(x+xy+zx)+$$
$$(y+yz+xy)+(z+zx+zy)]=$$
$$(x+y+z)[(x+y+z)+2(xy+yz+zx)]\leqslant$$
$$(x+y+z)[x^2+y^2+z^2+2(xy+yz+zx)]=$$
$$(x+y+z)^3$$

故 $\frac{x\sqrt{1+y+z}+y\sqrt{1+z+x}+z\sqrt{1+x+y}}{x+y+z}\leqslant\sqrt{x+y+z}$.

由不等式(2.21)得

$$\sqrt{x+y+z}\leqslant\sqrt{x^2+y^2+z^2}=\sqrt{3}$$

因此,不等式得证.

注　先局部使用柯西不等式,将分母化为相同,再继续使用柯西不等式进行放缩,从而达到证明的目标.

例 33　(2007 年乌克兰国家集训队试题)设 $a,b,c\in\left(\frac{1}{\sqrt{6}},+\infty\right)$,且 $a^2+b^2+c^2=1$. 证明

$$\frac{1+a^2}{\sqrt{2a^2+3ab-c^2}}+\frac{1+b^2}{\sqrt{2b^2+3bc-a^2}}+\frac{1+c^2}{\sqrt{2c^2+3ca-b^2}}\geqslant 2(a+b+c)$$

证明　由柯西不等式得

$$\left(\sqrt{2a^2+3ab-c^2}+\sqrt{2b^2+3bc-a^2}+\sqrt{2c^2+3ca-b^2}\right)\cdot\left(\frac{a^2}{\sqrt{2a^2+3ab-c^2}}+\frac{b^2}{\sqrt{2b^2+3bc-a^2}}+\frac{c^2}{\sqrt{2c^2+3ca-b^2}}\right)\geqslant(a+b+c)^2 \tag{2.22}$$

$$\left(\sqrt{2a^2+3ab-c^2}+\sqrt{2b^2+3bc-a^2}+\sqrt{2c^2+3ca-b^2}\right)^2\leqslant(1+1+1)[(2a^2+3ab-c^2)+(2b^2+3bc-a^2)+(2c^2+3ca-b^2)]=3[(a^2+b^2+c^2)+3(ab+bc+ca)] \tag{2.23}$$

又由均值不等式得

$$a^2+b^2+c^2\geqslant ab+bc+ca$$

故

$$4(a+b+c)^2\geqslant 3(a^2+b^2+c^2)+9(ab+bc+ca) \tag{2.24}$$

由式(2.23),(2.24)得

$$\sqrt{2a^2+3ab-c^2}+\sqrt{2b^2+3bc-a^2}+\sqrt{2c^2+3ca-b^2}\leqslant 2(a+b+c) \tag{2.25}$$

由式(2.22),(2.25)得

$$\frac{a^2}{\sqrt{2a^2+3ab-c^2}}+\frac{b^2}{\sqrt{2b^2+3bc-a^2}}+\frac{c^2}{\sqrt{2c^2+3ca-b^2}}\geqslant\frac{1}{2}(a+b+c) \tag{2.26}$$

由柯西不等式得

$$\left(\sqrt{2a^2+3ab-c^2}+\sqrt{2b^2+3bc-a^2}+\sqrt{2c^2+3ca-b^2}\right)\cdot$$
$$\left(\frac{1}{\sqrt{2a^2+3ab-c^2}}+\frac{1}{\sqrt{2b^2+3bc-a^2}}+\frac{1}{\sqrt{2c^2+3ca-b^2}}\right)\geqslant$$
$$(1+1+1)^2=9 \tag{2.27}$$

注意到 $a^2+b^2+c^2=1$,由柯西不等式得

$$9=9(a^2+b^2+c^2)\geqslant 3(a+b+c)^2 \tag{2.28}$$

由式(2.25),(2.27),(2.28)得

$$\frac{1}{\sqrt{2a^2+3ab-c^2}}+\frac{1}{\sqrt{2b^2+3bc-a^2}}+\frac{1}{\sqrt{2c^2+3ca-b^2}}\geqslant$$
$$\frac{3(a+b+c)}{2} \tag{2.29}$$

(2.26)+(2.29)得

$$\frac{1+a^2}{\sqrt{2a^2+3ab-c^2}}+\frac{1+b^2}{\sqrt{2b^2+3bc-a^2}}+\frac{1+c^2}{\sqrt{2c^2+3ca-b^2}}\geqslant$$
$$2(a+b+c)$$

注 将原不等式拆成两个后,分别采用柯西不等式进行处理,恰到好处.

例 34 (2006 年保加利亚国家集训队试题)设 a,b,c 是正数.证明

$$\frac{ab}{3a+4b+5c}+\frac{bc}{3b+4c+5a}+\frac{ca}{3c+4a+5b}\leqslant\frac{1}{12}(a+b+c)$$

证明 由柯西不等式得

$$[(a+b)+2(c+a)+3(b+c)]\cdot\left(\frac{1}{a+b}+\frac{2}{c+a}+\frac{3}{b+c}\right)\geqslant$$
$$(1+2+3)^2=36$$

则

$$\frac{1}{3a+4b+5c}\leqslant\frac{1}{36}\left(\frac{1}{a+b}+\frac{2}{c+a}+\frac{3}{b+c}\right)$$

上式两边同乘以 ab 得

$$\frac{ab}{3a+4b+5c}\leqslant\frac{1}{36}\left(\frac{ab}{a+b}+\frac{2ab}{c+a}+\frac{3ab}{b+c}\right)$$

同理

$$\frac{bc}{3b+4c+5a}\leqslant\frac{1}{36}\left(\frac{bc}{b+c}+\frac{2bc}{a+b}+\frac{3bc}{c+a}\right)$$

$$\frac{ca}{3c+4a+5b}\leqslant\frac{1}{36}\left(\frac{ca}{c+a}+\frac{2ca}{b+c}+\frac{3ca}{a+b}\right)$$

以上三式相加并将最后的 3 写成 1+2，得

$$\frac{ab}{3a+4b+5c}+\frac{bc}{3b+4c+5a}+\frac{ca}{3c+4a+5b}\leqslant$$

$$\frac{1}{36}\left(\frac{ab}{a+b}+\frac{bc}{b+c}+\frac{ca}{c+a}\right)+\frac{1}{36}\left(\frac{ab}{b+c}+\frac{bc}{c+a}+\frac{ca}{a+b}\right)+$$

$$\frac{1}{18}\left(\frac{ab}{c+a}+\frac{bc}{c+a}\right)+\frac{1}{18}\left(\frac{bc}{a+b}+\frac{ca}{a+b}\right)+\frac{1}{18}\left(\frac{ca}{b+c}+\frac{ab}{b+c}\right)=$$

$$\frac{1}{36}\left(\frac{ab}{a+b}+\frac{bc}{b+c}+\frac{ca}{c+a}\right)+\frac{1}{36}\left(\frac{ab}{b+c}+\right.$$

$$\left.\frac{bc}{c+a}+\frac{ca}{a+b}\right)+\frac{1}{18}(a+b+c)=$$

$$\frac{1}{36}\left[\frac{a(b+c)}{a+b}+\frac{b(c+a)}{b+c}+\frac{c(a+b)}{c+a}\right]+\frac{1}{18}(a+b+c)$$

下面证明

$$\frac{a(b+c)}{a+b}+\frac{b(c+a)}{b+c}+\frac{c(a+b)}{c+a}\leqslant a+b+c \tag{2.30}$$

$$\frac{a(b+c)}{a+b}+\frac{b(c+a)}{b+c}+\frac{c(a+b)}{c+a}\leqslant a+b+c\Leftrightarrow$$

$$a(c+a)(b+c)^2+b(a+b)(c+a)^2+c(b+c)(a+b)^2\leqslant$$

$$(a+b+c)(a+b)(b+c)(c+a)\Leftrightarrow$$

$$5abc(a+b+c)+(a^3b+b^3c+c^3a)+2(a^2b^2+b^2c^2+c^2a^2)\leqslant$$

$$4abc(a+b+c)+(a^3b+b^3c+c^3a)+(ab^3+bc^3+ca^3)+$$

$$2(a^2b^2+b^2c^2+c^2a^2)\Leftrightarrow$$

$$abc(a+b+c)\leqslant ab^3+bc^3+ca^3\Leftrightarrow$$

$$\frac{b^2}{c}+\frac{c^2}{a}+\frac{a^2}{b}\geqslant a+b+c \tag{2.31}$$

由柯西不等式得

$$\left(\frac{b^2}{c}+\frac{c^2}{a}+\frac{a^2}{b}\right)(c+a+b)\geqslant(a+b+c)^2$$

即

$$\frac{b^2}{c}+\frac{c^2}{a}+\frac{a^2}{b}\geqslant a+b+c$$

这道试题的难度相当大,首先,局部利用柯西不等式对分母进行处理,将不等式的每一项化为三项,然后合并将原不等式转化为不等式(2.30),对不等式(2.30)用分析法处理转化为不等式(2.31),最后,利用柯西不等式对不等式(2.31)进行证明.

证明恒等式

第3章

利用柯西不等式来证明恒等式，主要是利用其取等号的充分必要条件来达到目的，或者是利用柯西不等式进行夹逼的方法获证.

例1 已知

$$a\sqrt{1-b^2}+b\sqrt{1-a^2}=1$$

求证：$a^2+b^2=1$.

证明 由柯西不等式，得

$$a\sqrt{1-b^2}+b\sqrt{1-a^2}\leqslant$$
$$[a^2+(1-a^2)][b^2+(1-b^2)]=1$$

当且仅当$\dfrac{b}{\sqrt{1-a^2}}=\dfrac{\sqrt{1-b^2}}{a}$时，上式取等号.

所以

$$ab=\sqrt{1-a^2}\cdot\sqrt{1-b^2}$$
$$a^2b^2=(1-a^2)(1-b^2)$$

于是

$$a^2+b^2=1$$

例2 已知

$$\frac{\cos^4\alpha}{\cos^2\beta}+\frac{\sin^4\alpha}{\sin^2\beta}=1$$

求证：$\dfrac{\cos^4\beta}{\cos^2\alpha}+\dfrac{\sin^4\beta}{\sin^2\alpha}=1$.

证明 因为

$$\cos^2\beta+\sin^2\beta=1,$$

所以由柯西不等式得

$$\frac{\cos^4\alpha}{\cos^2\beta}+\frac{\sin^4\alpha}{\sin^2\beta}=(\cos^2\beta+\sin^2\beta)\left(\frac{\cos^4\alpha}{\cos^2\beta}+\frac{\sin^4\alpha}{\sin^2\beta}\right)\geqslant$$
$$\left(\cos\beta\cdot\frac{\cos^2\alpha}{\cos\beta}+\sin\beta\cdot\frac{\sin^2\alpha}{\sin\beta}\right)^2=$$
$$(\cos^2\alpha+\sin^2\alpha)^2=1$$

当且仅当$\dfrac{\cos\beta}{\dfrac{\cos^2\alpha}{\cos\beta}}=\dfrac{\sin\beta}{\dfrac{\sin^2\alpha}{\sin\beta}}$时上式取等号，即

$$\frac{\sin^2\beta}{\sin^2\alpha}=\frac{\cos^2\beta}{\cos^2\alpha}=\frac{\sin^2\beta+\cos^2\beta}{\sin^2\alpha+\cos^2\alpha}=1$$

所以

$$\sin^2\beta=\sin^2\alpha,\cos^2\beta=\cos^2\alpha$$

所以

$$\frac{\cos^4\beta}{\cos^2\alpha}+\frac{\sin^4\beta}{\sin^2\alpha}=\cos^2\alpha+\sin^2\alpha=1$$

例 3 已知 $\alpha,\beta\in\left(0,\frac{\pi}{4}\right)$，且

$$(1-\tan\beta)\sin\alpha+(1+\tan\beta)\cos\alpha=\sqrt{2}\sec\beta$$

求证：$\alpha+\beta=\frac{\pi}{4}$.

证明 由柯西不等式，得

$$[(1-\tan\beta)\sin\alpha+(1+\tan\beta)\cos\alpha]^2\leqslant$$
$$[(1-\tan\beta)^2+(1+\tan\beta)^2][\sin^2\alpha+\cos^2\alpha]=$$
$$(2+2\tan^2\beta)=2\sec^2\beta$$

即有

$$(1-\tan\beta)\sin\alpha+(1+\tan\beta)\cos\alpha\leqslant\sqrt{2}\sec\beta$$

由题设及柯西不等式取等号的条件可得

$$(1-\tan\beta)\cos\alpha=(1+\tan\beta)\sin\alpha$$

即有

$$\tan\alpha=\frac{1-\tan\beta}{1+\tan\beta}=\tan\left(\frac{\pi}{4}-\beta\right)$$

因为 $\alpha,\frac{\pi}{4}-\beta\in\left(0,\frac{\pi}{4}\right)$，所以 $\alpha=\frac{\pi}{4}-\beta$，故有 $\alpha+\beta=\frac{\pi}{4}$.

例 4 已知 a,b 为正数，且

$$\frac{\sin^4\alpha}{a}+\frac{\cos^4\alpha}{b}=\frac{1}{a+b}$$

求证：$\frac{\sin^8\alpha}{a^3}+\frac{\cos^8\alpha}{b^3}=\frac{1}{(a+b)^3}$.

证明　由已知条件得

$$(a+b)\left(\frac{\sin^4\alpha}{a}+\frac{\cos^4\alpha}{b}\right)=1$$

由柯西不等式，得

$$(a+b)\left(\frac{\sin^4\alpha}{a}+\frac{\cos^4\alpha}{b}\right)\geqslant\left(\sqrt{a}\cdot\frac{\sin^2\alpha}{\sqrt{a}}+\sqrt{b}\cdot\frac{\cos^2\alpha}{\sqrt{b}}\right)^2=$$

$$(\sin^2\alpha+\cos^2\alpha)^2=1$$

当且仅当$\frac{\sqrt{a}}{\frac{\sin^2\alpha}{\sqrt{a}}}=\frac{\sqrt{b}}{\frac{\cos^2\alpha}{\sqrt{b}}}$时上式取等号，所以

$$\frac{\sin^2\alpha}{a}=\frac{\cos^2\alpha}{b}$$

所以

$$\sin^2\alpha=\frac{a}{a+b},\cos^2\alpha=\frac{b}{a+b}$$

所以

$$\frac{\sin^8\alpha}{a^3}+\frac{\cos^8\alpha}{b^3}=\frac{1}{a^3}\left(\frac{a}{a+b}\right)^4+\frac{1}{b^3}\left(\frac{b}{a+b}\right)^4=\frac{1}{(a+b)^3}$$

利用柯西不等式，可以把例 4 推广为：

已知 $a,b\in\mathbf{R}_+,n\in\mathbf{N}$，且

$$\frac{\cos^4\alpha}{b^n}+\frac{\sin^4\alpha}{a^n}=\frac{1}{a^n+b^n}$$

求证：$\frac{\sin^8\alpha}{a^{3n}}+\frac{\cos^8\alpha}{b^{3n}}=\frac{1}{(a^n+b^n)^3}$.

例 5　已知 A,B,C 为$\triangle ABC$ 的三个内角，且

$$\frac{1}{A^2}+\frac{1}{B^2}+\frac{1}{C^2}=\frac{27}{\pi^2}$$

求证：$\sin\frac{A}{2}\sin\frac{B}{2}\sin\frac{C}{2}=\frac{1}{8}$.

证明　因为

$$\frac{1}{A^2}+\frac{1}{B^2}+\frac{1}{C^2}=\frac{1}{3}(1^2+1^2+1^2)\left(\frac{1}{A^2}+\frac{1}{B^2}+\frac{1}{C^2}\right)\geqslant$$

$$\frac{1}{3}\left(\frac{1}{A}+\frac{1}{B}+\frac{1}{C}\right)^2=$$

$$\frac{1}{3\pi^2}(A+B+C)^2\left(\frac{1}{A}+\frac{1}{B}+\frac{1}{C}\right)^2=$$

$$\frac{1}{3\pi^2}\left[(A+B+C)\left(\frac{1}{A}+\frac{1}{B}+\frac{1}{C}\right)\right]^2\geqslant$$

$$\frac{1}{3\pi^2}[(1+1+1)^2]^2=\frac{27}{\pi^2}$$

当且仅当

$$\frac{1}{\frac{1}{A}}=\frac{1}{\frac{1}{B}}=\frac{1}{\frac{1}{C}}$$

$$\frac{\sqrt{A}}{\frac{1}{\sqrt{A}}}=\frac{\sqrt{B}}{\frac{1}{\sqrt{B}}}=\frac{\sqrt{C}}{\frac{1}{\sqrt{C}}}$$

时上式取等号，即 $A=B=C=60^\circ$. 所以 $\sin\frac{A}{2}\sin\frac{B}{2}\sin\frac{C}{2}=\frac{1}{8}$.

例 6 已知椭圆 $\frac{x^2}{(a+1)^2}+\frac{y^2}{(a-1)^2}=1$ 的切线交 x 轴、y 轴的正半轴于 M,N 两点，且 $|MN|=2a$，求这条切线的斜率.

解 如图 1，设有直线 MN 和椭圆相切于点 $P(x_0,y_0)$，则切线方程为

$$\frac{x_0x}{(a+1)^2}+\frac{y_0y}{(a-1)^2}=1$$

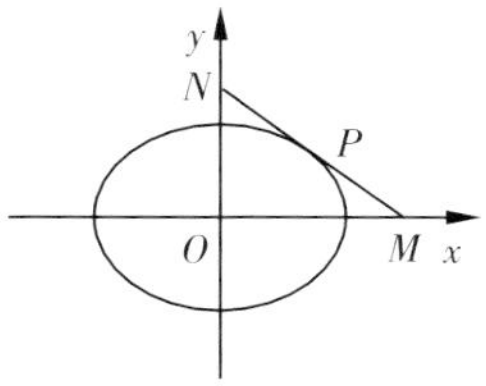

易知 M,N 两点坐标分别为 $\left(\frac{(a+1)^2}{x_0},0\right),\left(0,\frac{(a-1)^2}{y_0}\right)$.

因为

$$\frac{x_0^2}{(a+1)^2}+\frac{y_0^2}{(a-1)^2}=1$$

图 1

所以

$$|MN|=\sqrt{\left[\frac{(a+1)^2}{x_0}\right]^2+\left[\frac{(a-1)^2}{y_0}\right]^2}=$$

$$\sqrt{\left[\frac{(a+1)^2}{x_0}\right]^2+\left[\frac{(a-1)^2}{y_0}\right]^2}\cdot$$

$$\sqrt{\frac{x_0^2}{(a+1)^2}+\frac{y_0^2}{(a-1)^2}} \geqslant$$

$$\sqrt{\left[\frac{(a+1)^2}{x_0}\cdot\frac{x_0}{a+1}+\frac{(a-1)^2}{y_0}\cdot\frac{y_0}{a-1}\right]^2}=2a$$

由题设和不等式取等号的条件得

$$\frac{x_0^2}{(a+1)^3}=\frac{y_0^2}{(a-1)^3}$$

故斜率 $k=-\frac{(a-1)^2x_0}{(a+1)^2y_0}=-\frac{\sqrt{a^2-1}}{a+1}$.

例 7　(2007 年中国国家队训练题)设 n 是一个正整数，$a_1\leqslant a_2\leqslant\cdots\leqslant a_n$ 和 $b_1\leqslant b_2\leqslant\cdots\leqslant b_n$ 是两个不减的实数序列，使得 $a_1+a_2+\cdots+a_i\leqslant b_1+b_2+\cdots+b_i(i=1,2,\cdots,n-1)$ 和 $a_1+a_2+\cdots+a_n=b_1+b_2+\cdots+b_n$，且已知对任意实数 m，$a_k-a_l=m$ 成立的数对(k,l)的个数等于 $b_i-b_j=m$ 成立的数对(i,j)的个数. 求证：$a_i=b_i$，$\forall i=1,2,\cdots,n$.

证明　首先给出引理.

引理　设 $a_1\leqslant a_2\leqslant\cdots\leqslant a_n$，$b_1\leqslant b_2\leqslant\cdots\leqslant b_n$，$a_i$，$b_i\in\mathbf{R}$，满足

$$a_1+a_2+\cdots+a_i\leqslant b_1+b_2+\cdots+b_i\quad(i=1,2,\cdots,n-1)$$

和

$$a_1+a_2+\cdots+a_n=b_1+b_2+\cdots+b_n$$

则

$$a_1^2+a_2^2+\cdots+a_n^2\geqslant b_1^2+b_2^2+\cdots+b_n^2$$

引理的证明　事实上，由 Abel 变换

$$\sum_{i=1}^{n}b_i^2=\sum_{i=1}^{n-1}\left(\sum_{k=1}^{i}b_k\right)(b_i-b_{i+1})+b_n\sum_{k=1}^{n}b_k\leqslant$$
$$\sum_{i=1}^{n-1}\left(\sum_{k=1}^{i}a_k\right)(b_i-b_{i+1})+b_n\sum_{k=1}^{n}a_k=$$
$$\sum_{k=1}^{n}a_kb_k$$

又由柯西不等式知

$$\sum_{k=1}^{n}a_k^2\sum_{k=1}^{n}b_k^2\geqslant\left(\sum_{k=1}^{n}a_kb_k\right)^2$$

故
$$\sum_{k=1}^{n} a_k^2 \geqslant \sum_{k=1}^{n} a_k b_k$$
这样即有 $\sum_{k=1}^{n} a_k^2 \geqslant \sum_{k=1}^{n} a_k b_k \geqslant \sum_{k=1}^{n} b_k^2$，当且仅当 $\mu a_k = \lambda b_k (k=1, 2,\cdots,n)$，$\lambda,\mu$ 为常数时取等号.引理证毕.

现回到原题，由已知
$$\sum_{1\leqslant k,l\leqslant n} (a_k - a_l)^2 = \sum_{1\leqslant i,j\leqslant n} (b_i - b_j)^2$$
得
$$\sum_{1\leqslant k<l\leqslant n} (a_k - a_l)^2 = \sum_{1\leqslant i<j\leqslant n} (b_i - b_j)^2$$
即
$$n\sum_{k=1}^{n} a_k^2 - \left(\sum_{k=1}^{n} a_k\right)^2 = n\sum_{k=1}^{n} b_k^2 - \left(\sum_{k=1}^{n} b_k\right)^2$$
这样 $\sum_{k=1}^{n} a_k^2 = \sum_{k=1}^{n} b_k^2$. 利用引理知 $\mu a_k = \lambda b_k (k=1,2,\cdots,n)$，$\lambda\mu \neq 0$，当然有
$$\lambda \max_{k>l}\{a_k - a_l\} = \mu \max_{i>j}\{b_i - b_j\}$$

又由于对任意实数 m，$a_k - a_l = m$ 成立的数对 (k,l) 的个数等于 $b_i - b_j = m$ 成立的数对 (i,j) 的个数，则 $\max\limits_{k>l}\{a_k - a_l\} = \max\limits_{i>j}\{b_i - b_j\}$，这样：

若 $\max\limits_{k>l}\{a_k - a_l\} \neq 0$，则 $\lambda = \mu$，又 $\lambda\mu \neq 0$，故 $a_k = b_k (k=1, 2,\cdots,n)$；

若 $\max\limits_{k>l}\{a_k - a_l\} = 0$，则 $a_1 = a_2 = \cdots = a_n$，这样使得 $a_k - a_l = 0$ 成立的数对 (k,l) 的个数为 n^2，当然 $b_i - b_j = m$ 成立的数对 (i, j) 的个数也为 n^2，那么 $b_1 = b_2 = \cdots = b_n$，再由
$$a_1 + a_2 + \cdots + a_n = b_1 + b_2 + \cdots + b_n$$
即知
$$a_k = b_k \quad (k=1,2,\cdots,n)$$

综上可知，对任意 $i=1,2,\cdots,n$ 均有 $a_i = b_i$ 成立.

第4章 解方程(组)或解不等式

利用柯西不等式解方程(组)和证明恒等式的方法一样,也主要是利用柯西不等式取等号的条件,从而求得方程的解.

例1 解方程 $2\sqrt{1-2x}+\sqrt{4x+3}=\sqrt{15}$.

解 由柯西不等式,得

$$(2\sqrt{1-2x}+\sqrt{4x+3})^2=$$
$$\left(2\sqrt{1-2x}+\sqrt{2}\sqrt{2x+\frac{3}{2}}\right)^2\leqslant$$
$$[2^2+(\sqrt{2})^2]\left[(\sqrt{1-2x})^2+\right.$$
$$\left.\left(\sqrt{2x+\frac{3}{2}}\right)^2\right]=6\cdot\frac{5}{2}=15$$

即 $$2\sqrt{1-2x}+\sqrt{4x+3}\leqslant\sqrt{15}$$

等号当且仅当 $\dfrac{\sqrt{1-2x}}{2}=\dfrac{\sqrt{2x+\frac{3}{2}}}{\sqrt{2}}$,即 $x=-\dfrac{1}{3}$ 时成立.

故原方程的根是 $x=-\dfrac{1}{3}$.

一般地,对形如

$$\sqrt{f_1^2(x)+f_2^2(x)}\cdot\sqrt{g_1^2(x)+g_2^2(x)}=$$
$$f_1(x)g_1(x)+f_2(x)g_2(x)$$

的无理方程都可以采用这种方法求解.由柯西不等式知

$$\sqrt{f_1^2(x)+f_2^2(x)}\cdot\sqrt{g_1^2(x)+g_2^2(x)}\geqslant$$
$$f_1(x)g_1(x)+f_2(x)g_2(x)$$

当且仅当 $f_1(x)g_2(x)=f_2(x)g_1(x)$ 时等号成立. 那么,方程

$$\sqrt{f_1^2(x)+f_2^2(x)}\cdot\sqrt{g_1^2(x)+g_2^2(x)}=$$
$$f_1(x)g_1(x)+f_2(x)g_2(x)$$

就可以转化为方程 $f_1(x)g_2(x)=g_1(x)f_2(x)$ 来求解.

例 2 解方程

$$\sqrt{x^2+\frac{1}{x^2}}\cdot\sqrt{(x+1)^2+\frac{1}{(x+1)^2}}=2+\frac{1}{x(x+1)}$$

解 因为

$$\sqrt{x^2+\frac{1}{x^2}}\cdot\sqrt{(x+1)^2+\frac{1}{(x+1)^2}}=$$
$$\sqrt{x^2+\frac{1}{x^2}}\cdot\sqrt{\frac{1}{(x+1)^2}+(x+1)^2}$$

而

$$\sqrt{x^2+\frac{1}{x^2}}\cdot\sqrt{\frac{1}{(x+1)^2}+(x+1)^2}\geqslant\frac{x}{x+1}+\frac{x+1}{x}$$

即

$$\sqrt{x^2+\frac{1}{x^2}}\cdot\sqrt{\frac{1}{(x+1)^2}+(x+1)^2}\geqslant 2+\frac{1}{x(x+1)}$$

所以

$$\sqrt{x^2+\frac{1}{x^2}}\cdot\sqrt{(x+1)^2+\frac{1}{(x+1)^2}}\geqslant 2+\frac{1}{x(x+1)}$$

当上式取等号时有 $x(x+1)=\dfrac{1}{x(x+1)}$ 成立,即 $x^2+x+1=0$(无实根)或 $x^2+x-1=0$,亦即 $x=\dfrac{-1\pm\sqrt{5}}{2}$. 经检验,原方程的根为 $x=\dfrac{-1\pm\sqrt{5}}{2}$.

形如

$$\left|\sqrt{f_1^2(x)+f_2^2(x)}-\sqrt{g_1^2(x)+g_2^2(x)}\right|=$$
$$\sqrt{[f_1(x)-g_1(x)]^2+[f_2(x)-g_2(x)]^2}$$

的方程也可用同样的方法求解. 由柯西不等式不难证明

$$\left|\sqrt{f_1^2(x)+f_2^2(x)}-\sqrt{g_1^2(x)+g_2^2(x)}\right|\leqslant$$
$$\sqrt{(f_1(x)-g_1(x))^2+(f_2(x)-g_2(x))^2}$$

当且仅当 $f_1(x)g_2(x)=f_2(x)g_1(x)$ 时等号成立.于是方程

$$\left|\sqrt{f_1^2(x)+f_2^2(x)}-\sqrt{g_1^2(x)+g_2^2(x)}\right|=$$
$$\sqrt{(f_1(x)-g_1(x))^2+(f_2(x)-g_2(x))^2}$$

就可以转化为方程 $f_1(x)g_2(x)=f_2(x)g_1(x)$ 来求解.

例 3　解方程

$$\left|\sqrt{4x^2+4x+10}-\sqrt{x^2+4x+20}\right|=\sqrt{x^2-2x+2}$$

解　因为

$$\left|\sqrt{4x^2+4x+10}-\sqrt{x^2+4x+20}\right|=$$
$$\left|\sqrt{(2x+1)^2+3^2}-\sqrt{(x+2)^2+4^2}\right|\leqslant$$
$$\sqrt{(x-1)^2+(-1)^2}=\sqrt{x^2-2x+2}$$

所以

$$\left|\sqrt{4x^2+4x+10}-\sqrt{x^2+4x+20}\right|\leqslant\sqrt{x^2-2x+2}$$

当上式等号成立时,有

$$4(2x+1)=3(x+2)$$

即 $x=\dfrac{2}{5}$.

经检验,原方程有唯一解 $x=\dfrac{2}{5}$.

例 4　解方程

$$\left|\sqrt{(x-a)^2+b^2}-\sqrt{(x-c)^2+d^2}\right|=\sqrt{(a-c)^2+(b-d)^2}$$

其中 $bd>0, b\neq d$.

解　因为

$$\left|\sqrt{(x-a)^2+b^2}-\sqrt{(x-c)^2+d^2}\right|\leqslant$$
$$\sqrt{(x-a-x+c)^2+(b-d)^2}=$$
$$\sqrt{(a-c)^2+(b-d)^2}$$

所以当上式中等号成立时,有

$$d(x-a)=b(x-c)$$

即

$$x=\frac{bc-ad}{b-d}$$

经检验,原方程的解为 $x=\dfrac{bc-ad}{b-d}$.

例 5 (1992 年"友谊杯"国际数学竞赛题)求三个实数 x,y,z,使得它们同时满足下列方程

$$2x+3y+z=13$$

$$4x^2+9y^2+z^2-2x+15y+3z=82$$

解 将两个方程相加,得

$$(2x)^2+(3y+3)^2+(z+2)^2=108 \qquad (4.1)$$

又第一个方程可变形为

$$2x+(3y+3)+(z+2)=18 \qquad (4.2)$$

由式(4.1),(4.2)及柯西不等式,得

$$(2x)^2+(3y+3)^2+(z+2)^2\geqslant\frac{1}{3}[2x+(3y+3)+(z+2)]^2$$

即

$$108\geqslant\frac{1}{3}\times 18^2=108$$

即柯西不等式中的等号成立,所以

$$2x=3y+3=z+2=6$$

故 $x=3$,$y=1$,$z=4$.

下面是 1992 年"友谊杯"国际数学竞赛九年级中的一道试题,由读者自己完成.

已知 a,b,c,x,y 和 z 是实数,且 $a^2+b^2+c^2=25$,$x^2+y^2+z^2=36$,$ax+by+cz=30$,求 $\dfrac{a+b+c}{x+y+z}$ 的值.$\left(答:\dfrac{5}{6}\right)$

例 6 解方程

$$3(x^2+\sqrt{x}+\sqrt[3]{x^2})=(x+\sqrt[4]{x}+\sqrt[3]{x})^2$$

解 显然 $x=0$ 是方程的根.当 $x>0$ 时,由柯西不等式,得

$$3(x^2+\sqrt{x}+\sqrt[3]{x^2})=[1^2+1^2+1^2][x^2+(\sqrt[4]{x})^2+(\sqrt[3]{x})^2]\geqslant (x+\sqrt[4]{x}+\sqrt[3]{x})^2$$

等号当且仅当 $\dfrac{x}{1}=\dfrac{\sqrt[4]{x}}{1}=\dfrac{\sqrt[3]{x}}{1}$,即 $x=1$ 时成立.

故原方程的根是 $x=0$ 或 $x=1$.

例 7 解三角方程

$$\left[\sin^2 x+\sin^2\left(\frac{\pi}{3}-x\right)\right]\left[\cos^2 x+\cos^2\left(\frac{\pi}{3}-x\right)\right]=\frac{3}{4}$$

解 因为

$$\left[\sin^2 x+\sin^2\left(\frac{\pi}{3}-x\right)\right]\left[\cos^2\left(\frac{\pi}{3}-x\right)+\cos^2 x\right]\geqslant$$

$$\left[\sin x\cdot\cos\left(\frac{\pi}{3}-x\right)+\cos x\cdot\sin\left(\frac{\pi}{3}-x\right)\right]^2=$$

$$\sin^2\left(x+\frac{\pi}{3}-x\right)=\frac{3}{4}$$

等号当且仅当

$$\frac{\sin x}{\cos\left(\frac{\pi}{3}-x\right)}=\frac{\sin\left(\frac{\pi}{3}-x\right)}{\cos x}$$

时成立,即

$$\sin 2x=\sin\left(\frac{2\pi}{3}-x\right)$$

解得

$$x=\frac{k\pi}{2}+\frac{\pi}{6}(k\in\mathbf{Z})$$

故原三角方程的解为$\left\{x\mid x=\frac{k\pi}{2}+\frac{\pi}{6},k\in\mathbf{Z}\right\}$.

例 8 解三角不等式

$$\left[\sin^2 x+\sin^2\left(\frac{\pi}{3}-x\right)\right]\left[\cos^2 x+\cos^2\left(\frac{\pi}{3}-x\right)\right]>\frac{3}{4}$$

解 由例 7 知

$$\left[\sin^2 x+\sin^2\left(\frac{\pi}{3}-x\right)\right]\left[\cos^2 x+\cos^2\left(\frac{\pi}{3}-x\right)\right]\geqslant\frac{3}{4}$$

当且仅当 $x=\frac{k\pi}{2}+\frac{\pi}{6}(k\in\mathbf{Z})$时,上式等号成立.

故原不等式的解集为

$$\left\{x\mid x\neq\frac{k\pi}{2}+\frac{\pi}{6},k\in\mathbf{Z}\right\}$$

例 9 解方程组

$$\begin{cases}x+y+z=9\\x+w=6\\x^4+x^2(y^2+z^2+w^2)+w^2(y^2+z^2)=486\end{cases}$$

解 原方程组可化为

$$\begin{cases}x+y+z=9 & (4.3)\\x+w=6 & (4.4)\\(x^2+y^2+z^2)(x^2+w^2)=486 & (4.5)\end{cases}$$

运用柯西不等式得

$$(x^2+y^2+z^2)\geqslant\frac{9^2}{3}=27, x^2+w^2\geqslant\frac{6^2}{2}=18$$

两式相乘,得

$$(x^2+y^2+z^2)(x^2+w^2)\geqslant 486$$

当且仅当 $x=y=z=w=3$ 时取等号.

故原方程组的解为 $x=y=z=w=3$.

例 10 求方程组的实数解

$$\begin{cases}(x-2)^2+\left(y+\frac{3}{2}\right)^2+(z-6)^2=64\\(x+2)^2+\left(y-\frac{3}{2}\right)^2+(z+6)^2=25\end{cases}$$

解 由已知两方程相加、相减得

$$\begin{cases}x^2+y^2+z^2=\left(\frac{3}{2}\right)^2\\-8x+6y-24z=39\end{cases}$$

由柯西不等式有

$$39=-8x+6y-24z\leqslant$$

$$\sqrt{(-8)^2+6^2+(-24)^2}\cdot\sqrt{x^2+y^2+z^2}=$$

$$\sqrt{676}\times\sqrt{\frac{9}{4}}=39$$

又由柯西不等式取等号的条件得

$$\frac{x}{-8}=\frac{y}{6}=\frac{z}{-24}=\frac{-8x+6y-24z}{64+36+576}=\frac{39}{676}=\frac{3}{52}$$

于是

$$\begin{cases}\dfrac{x}{-8}=\dfrac{3}{52}\\ \dfrac{y}{6}=\dfrac{3}{52}\\ \dfrac{z}{-24}=\dfrac{3}{52}\end{cases}\Rightarrow\begin{cases}x=-\dfrac{6}{13}\\ y=\dfrac{9}{26}\\ z=-\dfrac{18}{13}\end{cases}$$

所以,方程组的实数解为

$$(x,y,z)=\left(-\frac{6}{13},\frac{9}{26},-\frac{18}{13}\right)$$

说明:此题的特殊性在于不定方程有定解,其几何意义是空间中的两个球相切(其球心距恰好等于两半径之和),因此,方程组就只有一个解.

例 11　(2009 年希腊国家队选拔考试题)已知实数 $x,y,z>3$.求方程 $\dfrac{(x+2)^2}{y+z-2}+\dfrac{(y+4)^2}{z+x-4}+\dfrac{(z+6)^2}{x+y-6}=36$ 的所有实数解 (x,y,z).

解　由 $x,y,z>3$,知 $y+z-2>0,z+x-4>0,x+y-6>0$.

由柯西不等式,得

$$\left[\frac{(x+2)^2}{y+z-2}+\frac{(y+4)^2}{x+z-4}+\frac{(z+6)^2}{x+y-6}\right]\cdot$$
$$[(y+z-2)+(x+z-4)+(x+y-6)]\geqslant$$
$$(x+y+z+12)^2\Leftrightarrow$$
$$\frac{(x+2)^2}{y+z-2}+\frac{(y+4)^2}{x+z-4}+\frac{(z+6)^2}{x+y-6}\geqslant$$
$$\frac{1}{2}\frac{(x+y+z+12)^2}{x+y+z-6}$$

结合题设等式,得

$$\frac{(x+y+z+12)^2}{x+y+z-6}\leqslant 72 \tag{4.6}$$

当 $\dfrac{x+2}{y+z-2}=\dfrac{y+4}{z+x-4}=\dfrac{z+6}{x+y-6}=\lambda$,即

$$\begin{cases}\lambda(y+z)-x=2(\lambda+1)\\ \lambda(x+z)-y=4(\lambda+1)\\ \lambda(x+y)-z=6(\lambda+1)\end{cases} \tag{4.7}$$

时,式(4.6)等号成立.

设 $w=x+y+z+12$，则
$$\frac{(x+y+z+12)^2}{x+y+z-6}=\frac{w^2}{w-18}$$

又
$$\frac{w^2}{w-18}\geqslant 4\times 18=72\Leftrightarrow$$
$$w^2-4\times 18w+4\times 18^2\geqslant 0\Leftrightarrow (w-36)^2\geqslant 0$$
则
$$\frac{(x+y+z+12)^2}{x+y+z-6}\geqslant 72 \tag{4.8}$$

当
$$w=x+y+z+12=36$$
即
$$x+y+z=24 \tag{4.9}$$
时，式(4.8)等号成立.

由式(4.6)，(4.8)得
$$\frac{(x+y+z+12)^2}{x+y+z-6}=72$$

由方程组(4.7)与式(4.9)，得
$$\begin{cases}(2\lambda-1)(x+y+z)=12(\lambda+1)\\ x+y+z=24\end{cases}$$
所以 $\lambda=1$.

将 $\lambda=1$ 代入方程组(4.7)，得
$$\begin{cases}y+z-x=4\\ x+z-y=8\\ x+y-z=12\end{cases}$$
所以
$$(x,y,z)=(10,8,6)$$
所以所求唯一实数解为 $(x,y,z)=(10,8,6)$.

例 12 （2013 年越南数学奥林匹克试题）在实数范围内解方程组
$$\begin{cases}\sqrt{\sin^2 x+\dfrac{1}{\sin^2 x}}+\sqrt{\cos^2 y+\dfrac{1}{\cos^2 y}}=\sqrt{\dfrac{20x}{x+y}}\\ \sqrt{\sin^2 y+\dfrac{1}{\sin^2 y}}+\sqrt{\cos^2 x+\dfrac{1}{\cos^2 x}}=\sqrt{\dfrac{20y}{x+y}}\end{cases}$$

解　将两式相乘,得

$$\left(\sqrt{\sin^2 x+\frac{1}{\sin^2 x}}+\sqrt{\cos^2 y+\frac{1}{\cos^2 y}}\right)\cdot$$

$$\left(\sqrt{\sin^2 y+\frac{1}{\sin^2 y}}+\sqrt{\cos^2 x+\frac{1}{\cos^2 x}}\right)=$$

$$20\sqrt{\frac{xy}{(x+y)^2}} \tag{4.10}$$

由柯西不等式,得

$$\left(\sin^2 x+\frac{1}{\sin^2 x}\right)\left(\cos^2 x+\frac{1}{\cos^2 x}\right)\geqslant$$

$$\left(|\sin x\cdot\cos x|+\frac{1}{|\sin x\cdot\cos x|}\right)^2=$$

$$\left(\frac{|\sin 2x|}{2}+\frac{1}{2|\sin 2x|}+\frac{3}{2|\sin 2x|}\right)^2\geqslant$$

$$\left(1+\frac{3}{2}\right)^2=\frac{25}{4}$$

同理,$\left(\sin^2 y+\frac{1}{\sin^2 y}\right)\left(\cos^2 y+\frac{1}{\cos^2 y}\right)\geqslant\frac{25}{4}$.

由算术-几何平均不等式得

式(4.10)等号左边$\geqslant 2\sqrt{\sqrt{\sin^2 x+\frac{1}{\sin^2 x}}\cdot\sqrt{\cos^2 y+\frac{1}{\cos^2 y}}}\cdot$

$$2\sqrt{\sqrt{\sin^2 y+\frac{1}{\sin^2 y}}\cdot\sqrt{\cos^2 x+\frac{1}{\cos^2 x}}}=$$

$$4\sqrt[4]{\left(\sin^2 x+\frac{1}{\sin^2 x}\right)\left(\cos^2 x+\frac{1}{\cos^2 x}\right)\left(\sin^2 y+\frac{1}{\sin^2 y}\right)\left(\cos^2 y+\frac{1}{\cos^2 y}\right)}\geqslant$$

$$4\sqrt[4]{\left(\frac{25}{4}\right)^2}=10\geqslant 20\sqrt{\frac{xy}{(x+y)^2}}$$

当且仅当 $x=y$,$|\sin 2x|=|\sin 2y|=1$,即

$$x=y=\frac{\pi}{4}+\frac{k\pi}{2}$$

时,上式等号成立.代入原方程组知

$$x=y=\frac{\pi}{4}+\frac{k\pi}{2}(k\in\mathbf{Z})$$

是已知方程组的全部解.

例 13 (1985 年全国高考理科数学试题)设 a,b 是两个实数,$A=\{(x,y)\mid x=n,y=na+b,n\in z\}$,$B=\{(x,y)\mid x=m,y=3n^2+15,m\in z\}$,$C=\{(x,y)\mid x^2+y^2\leqslant 144\}$是平面 xOy 内点的集合. 讨论是否存在 a 和 b 使得:(1)$A\cap B\neq\varnothing$($\varnothing$表示空集);(2)$(a,b)\in C$. 同时成立.

分析 $A\cap B\neq\varnothing$说明存在整数 n,使得 $na+b=3n^2+15$,$(a,b)\in C$ 说明 $a^2+b^2\leqslant 144$. 于是原命题等价于命题:讨论关于 a,b 的混合方程组 $\begin{cases}na+b=3n^2+15\\a^2+b^2\leqslant 144\end{cases}$ 是否有实数解.

解 假设存在实数 a 和 b 满足

$$\begin{cases}na+b=3n^2+15\\a^2+b^2\leqslant 144\end{cases}$$

由假设及柯西不等式,有

$$(3n^2+15)^2=(na+b)^2\leqslant(n^2+1^2)(a^2+b^2)\leqslant 144(n^2+1)$$

由此可得$(n^2-3)^2\leqslant 0$,所以 $n^2=3,n=\pm\sqrt{3}$. 这与 n 是整数矛盾.

故不存在实数 a,b 使得(1),(2)同时成立.

例 14 (1980 年第 21 届 IMO 试题)求出所有的实数 a,使得有非负实数 x_1,x_2,x_3,x_4,x_5 满足

$$\begin{cases}x_1+2x_2+3x_3+4x_4+5x_5=a & (4.11)\\x_1+2^3x_2+3^3x_3+4^3x_4+5^3x_5=a^2 & (4.12)\\x_1+2^5x_2+3^5x_3+4^5x_4+5^5x_5=a^3 & (4.13)\end{cases}$$

解 若已知的三个等式成立,则由$(a^2)^2=a\cdot a^3$,得式(4.12)的平方等于式(4.11)与式(4.13)的乘积

$$\begin{aligned}a^4=&(x_1+2^3x_2+3^3x_3+4^3x_4+5^3x_5)^2=\\&[(1^{\frac{1}{2}}x_1^{\frac{1}{2}})(1^{\frac{5}{2}}x_1^{\frac{1}{2}})+(2^{\frac{1}{2}}x_2^{\frac{1}{2}})(2^{\frac{5}{2}}x_2^{\frac{1}{2}})+(3^{\frac{1}{2}}x_3^{\frac{1}{2}})\cdot\\&(3^{\frac{5}{2}}x_3^{\frac{1}{2}})+(4^{\frac{1}{2}}x_4^{\frac{1}{2}})(4^{\frac{5}{2}}x_4^{\frac{1}{2}})+(5^{\frac{1}{2}}x_5^{\frac{1}{2}})(5^{\frac{5}{2}}x_5^{\frac{1}{2}})]^2\end{aligned}$$

由柯西不等式得

$$\begin{aligned}a^4=&[(1^{\frac{1}{2}}x_1^{\frac{1}{2}})(1^{\frac{5}{2}}x_1^{\frac{1}{2}})+(2^{\frac{1}{2}}x_2^{\frac{1}{2}})(2^{\frac{5}{2}}x_2^{\frac{1}{2}})+(3^{\frac{1}{2}}x_3^{\frac{1}{2}})\cdot\\&(3^{\frac{5}{2}}x_3^{\frac{1}{2}})+(4^{\frac{1}{2}}x_4^{\frac{1}{2}})(4^{\frac{5}{2}}x_4^{\frac{1}{2}})+(5^{\frac{1}{2}}x_5^{\frac{1}{2}})(5^{\frac{5}{2}}x_5^{\frac{1}{2}})]^2\leqslant\\&(x_1+2x_2+3x_3+4x_4+5x_5)(x_1+2^5x_2+\end{aligned}$$

$$3^5x_3+4^5x_4+5^5x_5)=a^4$$

这个不等式只能成立等号.

(1)显然当 $x_1=x_2=x_3=x_4=x_5=0,a=0$ 时等式成立；

(2)若 x_1,x_2,x_3,x_4,x_5 不都为 0,则由柯西不等式取等号的充分必要条件可知

$$\frac{1^{\frac{1}{2}}x_1^{\frac{1}{2}}}{1^{\frac{5}{2}}x_1^{\frac{1}{2}}}=\frac{2^{\frac{1}{2}}x_2^{\frac{1}{2}}}{2^{\frac{5}{2}}x_2^{\frac{1}{2}}}=\frac{3^{\frac{1}{2}}x_3^{\frac{1}{2}}}{3^{\frac{5}{2}}x_3^{\frac{1}{2}}}=\frac{4^{\frac{1}{2}}x_4^{\frac{1}{2}}}{4^{\frac{5}{2}}x_4^{\frac{1}{2}}}=\frac{5^{\frac{1}{2}}x_5^{\frac{1}{2}}}{5^{\frac{5}{2}}x_5^{\frac{1}{2}}}$$

然而当 x_1,x_2,x_3,x_4,x_5 有两个或两个以上不为 0 时上式不可能成立.所以 x_1,x_2,x_3,x_4,x_5 只能有一个不为 0.

当 $x_1\neq0,x_2=x_3=x_4=x_5=0$ 时,则

$$x_1=a,x_1=a^2,x_1=a^3$$

从而解得 $a=1$.

一般地,当 $x_j\neq0,x_i=0(i\neq j,i,j=1,2,3,4,5)$时

$$jx_j=a,j^3x_j=a^2,j^5x_j=a^3$$

则

$$a=\frac{a^3}{a^2}=j^2(j=1,2,3,4,5)$$

即所求的 a 的值为 1,4,9,16,25.

例 15　(1988 年第 29 届 IMO 候选题)设 p 是两个大于 2 的相邻整数的乘积,求证:不存在整数 $x_1,x_2,\cdots,x_p$,满足方程

$$\sum_{i=1}^{p}x_i^2-\frac{4}{4p+1}\left(\sum_{i=1}^{p}x_i\right)^2=1$$

或求证:仅存在 p 的两个值,对于这两个值有整数 $x_1,x_2,\cdots,x_p$ 满足

$$\sum_{i=1}^{p}x_i^2-\frac{4}{4p+1}\left(\sum_{i=1}^{p}x_i\right)^2=1$$

证明　设 $p=n(n+1)(n\geqslant3)$,$\sum\limits_{i=1}^{p}x_i=X$,因为 $4p+1=(2n+1)^2$,所给的方程变成

$$(2n+1)^2\left(\sum_{i=1}^{p}x_i^2-1\right)=4X^2 \tag{4.14}$$

因为 $x_i^2\equiv x_i(\bmod 2)$,$\sum\limits_{i=1}^{n}x_i^2\equiv X(\bmod 2)$,方程(4.14)推

出 $\sum_{i=1}^{n} x_i^2$ 是奇数，因而 X 是奇数. 如果 $(a_1, a_2, \cdots, a_p)$ 是一组解，$(-a_1, -a_2, \cdots, -a_p)$ 也是解，所以可设

$$X \geqslant 0 \tag{4.15}$$

因为 x_i 都是整数

$$\sum_{i=1}^{p} x_i \leqslant \sum_{i=1}^{p} x_i^2$$

所以

$$X \leqslant \sum_{i=1}^{p} x_i^2 = \frac{4}{4p+1} X^2 + 1$$

即

$$X^2 - \frac{4p+1}{4} X + \frac{4p+1}{4} \geqslant 0 \tag{4.16}$$

一方面，因为

$$\sqrt{\left(\frac{4p+1}{4}\right)^2 - 4\left(\frac{4p+1}{4}\right)} > \frac{4p+1}{4} - 4$$

所以

$$X \leqslant \frac{1}{2}\left[\frac{4p+1}{4} - \sqrt{\left(\frac{4p+1}{4}\right)^2 - 4\left(\frac{4p+1}{4}\right)}\right] < 2$$

或者

$$X \geqslant \frac{1}{2}\left[\frac{4p+1}{4} + \sqrt{\left(\frac{4p+1}{4}\right)^2 - 4\left(\frac{4p+1}{4}\right)}\right] > p - 1 - \frac{3}{4}$$

即

$$X \leqslant 1 \text{ 或 } X \geqslant p-1 \tag{4.17}$$

另一方面，由柯西不等式得

$$X^2 = \left(\sum_{i=1}^{p} x_i\right)^2 \leqslant p \sum_{i=1}^{p} x_i^2 = p\left(1 + \frac{4}{4p+1} X^2\right)$$

即

$$X^2 \leqslant 4p^2 + p \leqslant \left(2p + \frac{1}{4}\right)^2$$

所以

$$-2p \leqslant X \leqslant 2p \tag{4.18}$$

由(4.15)，(4.17)及(4.18)，并因 X 是奇数，即得

$$X = 1 \text{ 或 } p-1 \leqslant X \leqslant 2p-1 \tag{4.19}$$

如果 $X=1$, $\sum_{i=1}^{p}x_i^2=1+\frac{4}{4p+1}$ 不是整数,那么 $X\neq 1$;如果 $X=p-1$, $\sum_{i=1}^{p}x_i^2=1+\frac{4(p-1)^2}{4p+1}=1+\left(n+\frac{n-2}{2n+1}\right)^2$ 不是整数,那么 $X\neq p-1$. 这样,由于 X 是奇数,式(4.19)可化为 $p+1\leqslant X\leqslant 2p-1$.

于是

$$1<\frac{X}{p}<2 \tag{4.20}$$

又因为

$$\sum_{i=1}^{p}\left(x_i-\frac{X}{p}\right)^2=\sum_{i=1}^{p}x_i^2-\frac{2X}{p}\sum_{i=1}^{p}x_i+p\cdot\frac{X^2}{p^2}=$$
$$\sum_{i=1}^{p}x_i^2-\frac{X^2}{p}=1+\frac{4X^2}{4p+1}-\frac{X^2}{p}=$$
$$1-\frac{X^2}{p(4p+1)}<1$$

对于每个 $i=1,2,\cdots,p$ 有 $-1<x_i-\frac{X}{p}<1$. 由式(4.20)得 $0<x_i<3$,因此 $x_i=1$ 或 2. 设 x_i 中等于 2 的数有 m 个,所给方程变为 $4m^2-(4p+3)m+3p+1=0$,即

$$p=m+\frac{1}{4m-3} \tag{4.21}$$

因为 $p>2$,所以方程(4.21)没有整数解.

例 16　(1989 年第 30 届 IMO 候选题)考虑多项式

$$p(x)=x^n+a_1x^{n-1}+a_2x^{n-2}+\cdots+a_n$$

$r_i(1\leqslant i\leqslant n)$ 为 $p(x)$ 的全部根,并且

$$|r_1|^{16}+|r_2|^{16}+\cdots+|r_n|^{16}=n$$

求这些根.

解　设 $a_1,a_2,\cdots,a_n,b_1,b_2,\cdots,b_n$ 为复数,则有柯西不等式

$$\left|\sum_{i=1}^{n}a_ib_i\right|^2\leqslant\sum_{i=1}^{n}|a_i|^2\cdot\sum_{i=1}^{n}|b_i|^2$$

当且仅当有常数 $k\in\mathbf{C}$,使 $a_i=kb_i(i=1,2,\cdots,n)$时,上式等号成立.

由这个不等式,得

$$n^2=|r_1+r_2+\cdots+r_n|^2\leqslant n(|r_1|^2+|r_2|^2+\cdots+|r_n|^2) \quad (4.22)$$

$$n^4=|r_1+r_2+\cdots+r_n|^4\leqslant n^2(|r_1|^2+|r_2|^2+\cdots+|r_n|^2)^2\leqslant n^3(|r_1|^4+|r_2|^4+\cdots+|r_n|^4) \quad (4.23)$$

$$n^8=|r_1+r_2+\cdots+r_n|^8\leqslant n^6(|r_1|^4+|r_2|^4+\cdots+|r_n|^4)^2\leqslant n^7(|r_1|^8+|r_2|^8+\cdots+|r_n|^8) \quad (4.24)$$

$$n^{16}=|r_1+r_2+\cdots+r_n|^{16}\leqslant n^{14}(|r_1|^8+|r_2|^8+\cdots+|r_n|^8)^2\leqslant n^{15}(|r_1|^{16}+|r_2|^{16}+\cdots+|r_n|^{16}) \quad (4.25)$$

但$|r_1|^{16}+|r_2|^{16}+\cdots+|r_n|^{16}=n$,所以在式(4.25)中等号成立,从而

$$|r_1|^8+|r_2|^8+\cdots+|r_n|^8=n$$

由式(4.24)同样可以推得

$$|r_1|^4+|r_2|^4+\cdots+|r_n|^4=n$$

再由式(4.23)得

$$|r_1|^2+|r_2|^2+\cdots+|r_n|^2=n$$

最后,由式(4.22)中等号成立,得 $r_1=r_2=\cdots=r_n$,但由韦达定理,得

$$r_1+r_2+\cdots+r_n=-n$$

所以

$$r_1=r_2=\cdots=r_n=-1$$

$$p(x)=(x+1)^n$$

例 17 (1989 年第 30 届 IMO 候选题)设 a,b,c,d,m,n 为正整数

$$a^2+b^2+c^2+d^2=1\ 989,a+b+c+d=m^2$$

并且 a,b,c,d 中最大的为 n^2.确定(并予以证明)m,n 的值.

解 由柯西不等式,得

$$a+b+c+d\leqslant 2\sqrt{1\ 989}<90$$

由于 $a^2+b^2+d^2+c^2$ 为奇数,所以 $a+b+c+d$ 也是奇数,$m^2\in\{1,9,25,49,81\}$.

由

$$(a+b+c+d)^2>a^2+b^2+c^2+d^2$$

推出 $m^2=49$ 或 81.

不妨设 $a\leqslant b\leqslant c\leqslant d=n^2$.若 $m^2=49$,则

$$(49-d)^2=(a+b+c)^2>a^2+b^2+c^2=1\ 989-d^2$$

从而

$$d^2-49d+206>0$$

$$d>44 \text{ 或 } d\leqslant 4$$

但

$$45^2>1\ 989>d^2\Rightarrow d<45$$

$$4d^2\geqslant a^2+b^2+c^2+d^2=1\ 989\Rightarrow d>22$$

所以 $m^2\neq 49$. 从而 $m^2=81$, $m=9$, 并且

$$d=n^2\in\{25,36\}$$

若 $d=n^2=25$, 令 $a=25-p$, $b=25-q$, $c=25-r$, $p,q,r\geqslant 0$, 则由已知条件导出

$$p+q+r=19,\ p^2+q^2+r^2=439$$

与 $(p+q+r)^2>p+q+r$ 矛盾.

所以 $n^2=36$, $n=6$.

例 18　(1988 年全国数学冬令营试题)设 $a_1,a_2,\cdots,a_n$ 是给定的不全为零的实数, $r_1,r_2,\cdots,r_n$ 是实数, 如果不等式

$$\sum_{i=1}^{n} r_i(x_i-a_i)\leqslant\sqrt{\sum_{i=1}^{n} x_i^2}-\sqrt{\sum_{i=1}^{n} a_i^2} \tag{4.26}$$

对任何实数 $x_1,x_2,\cdots,x_n$ 都成立, 求 $r_1,r_2,\cdots,r_n$ 的值.

解法一　令 $x_i=a_i(i=1,2,\cdots,n)$, $b_i^2=\sum_{i=2}^{n} a_i^2$, 则式(4.26)变成

$$\begin{aligned}r_1(x_1-a_1)\leqslant&\sqrt{x_1^2+b_1^2}-\sqrt{a_1^2+b_1^2}=\\&\frac{x_1^2-a_1^2}{\sqrt{x_1^2+b_1^2}+\sqrt{a_1^2+b_1^2}}=\\&\frac{(x_1+a_1)(x_1-a_1)}{\sqrt{x_1^2+b_1^2}+\sqrt{a_1^2+b_1^2}}\end{aligned} \tag{4.27}$$

当 $x_1>a_1$ 时, 由式(4.27)得

$$r_1\leqslant\frac{x_1+a_1}{\sqrt{x_1^2+b_1^2}+\sqrt{a_1^2+b_1^2}} \tag{4.28}$$

由于式(4.28)对所有大于 a_1 的 x_1 均成立, 所以

$$r_1\leqslant\lim_{x_1\to a_1^+}\frac{x_1+a_1}{\sqrt{x_1^2+b_1^2}+\sqrt{a_1^2+b_1^2}}=$$

$$\frac{a_1}{\sqrt{a_1^2+b_1^2}}=\frac{a_1}{\sqrt{\sum_{i=1}^{n}a_i^2}} \tag{4.29}$$

当 $x_1<a_1$ 时，由式(4.27)得

$$r_1\geqslant\frac{x_1+a_1}{\sqrt{x_1^2+b_1^2}+\sqrt{a_1^2+b_1^2}} \tag{4.30}$$

由于式(4.30)对所有小于 a_1 的 x_1 均成立，所以

$$r_1\geqslant\lim_{x_1\to a_1^-}\frac{x_1+a_1}{\sqrt{x_1^2+b_1^2}+\sqrt{a_1^2+b_1^2}}=$$

$$\frac{a_1}{\sqrt{a_1^2+b_1^2}}=\frac{a_1}{\sqrt{\sum_{i=1}^{n}a_i^2}} \tag{4.31}$$

由式(4.29)和式(4.31)得

$$r_1=\frac{a_1}{\sqrt{\sum_{i=1}^{n}a_i^2}}$$

类似地我们可以求得 $r_2,r_3,\cdots,r_n$ 的值.这样一来，我们有

$$r_i=\frac{a_i}{\sqrt{\sum_{i=1}^{n}a_i^2}}\quad(i=1,2,\cdots,n)$$

且 $\sum_{i=1}^{n}r_i^2=1$. 将求得的 $r_i(i=1,2,\cdots,n)$ 的值代入不等式(4.26)左边，利用柯西不等式，得

$$\sum_{i=1}^{n}r_i(x_i-a_i)=\sum_{i=1}^{n}r_ix_i-\sum_{i=1}^{n}r_ia_i\leqslant$$

$$\sqrt{\sum_{i=1}^{n}r_i^2}\sqrt{\sum_{i=1}^{n}x_i^2}-\sum_{i=1}^{n}\frac{a_i^2}{\sqrt{\sum_{j=1}^{n}a_j^2}}=$$

$$\sqrt{\sum_{i=1}^{n}x_i^2}-\frac{\sum_{i=1}^{n}a_i^2}{\sqrt{\sum_{j=1}^{n}a_j^2}}=$$

$$\sqrt{\sum_{i=1}^{n}x_i^2}-\sqrt{\sum_{i=1}^{n}a_i^2}$$

这就是说，我们求得的 $r_1, r_2, \cdots, r_n$ 的值确实能使不等式(4.26)对任何实数 $x_1, x_2, \cdots, x_n$ 都成立.

解法二 在式(4.26)中令 $x_i=0(i=1,2,\cdots,n)$，得

$$\sum_{i=1}^{n} r_i a_i \geqslant \sqrt{\sum_{i=1}^{n} a_i^2}$$

令 $x_i = 2a_i(i = 1,2,\cdots,n)$ 得

$$\sum_{i=1}^{n} r_i a_i \leqslant \sqrt{\sum_{i=1}^{n} a_i^2}$$

所以

$$\sum_{i=1}^{n} r_i a_i = \sqrt{\sum_{i=1}^{n} a_i^2} \tag{4.32}$$

又由柯西不等式得

$$\sum_{i=1}^{n} r_i a_i \leqslant \sqrt{\sum_{i=1}^{n} r_i^2}\sqrt{\sum_{i=1}^{n} a_i^2} \tag{4.33}$$

由式(4.32)和式(4.33)得

$$\sum_{i=1}^{n} r_i^2 \geqslant 1 \tag{4.34}$$

将式(4.32)代入式(4.26)，得

$$\sum_{i=1}^{n} r_i x_i \leqslant \sqrt{\sum_{i=1}^{n} x_i^2}$$

在这个不等式中令 $x_i = r_i(i = 1,2,\cdots,n)$

$$\sum_{i=1}^{n} r_i^2 \leqslant \sqrt{\sum_{i=1}^{n} r_i^2}$$

不难看出 $\sum_{i=1}^{n} r_i^2 \neq 0$，否则式(4.26)将不成立.

这样一来

$$\sum_{i=1}^{n} r_i^2 \leqslant 1 \tag{4.35}$$

由式(4.34)和式(4.35)得

$$\sum_{i=1}^{n} r_i^2 = 1 \tag{4.36}$$

又式(4.33)取等号的充分必要条件是 $r_i=ka_i$，其中 k 为常数，$i=1,2,\cdots,n$. 将它们代入式(4.36)，我们求得

$$k=\pm\frac{1}{\sqrt{\sum_{i=1}^{n}a_i^2}}$$

由于根号前取负号使式(4.32)不成立.故

$$k=\frac{1}{\sqrt{\sum_{i=1}^{n}a_i^2}}$$

于是,我们求得

$$r_i=\frac{a_i}{\sqrt{\sum_{i=1}^{n}a_i^2}}\quad(i=1,2,\cdots,n)$$

(以下同解法一,略)

将例 18 中的条件(4.26),推广到一般形式

$$\sum_{i=1}^{n}r_i(x_i-a_i)\leqslant\left(\sum_{i=1}^{n}x_i^m\right)^{\frac{1}{m}}-\left(\sum_{i=1}^{n}a_i^m\right)^{\frac{1}{m}}$$

其中 $m>1$ 为给定的常数.

利用赫尔德不等式(Hölder),可得

$$r_i=\left[\frac{a_i^m}{\sum_{i=1}^{n}a_i^m}\right]^{\frac{m-1}{m}}(i=1,2,\cdots,n)$$

例 19 求使不等式

$$\frac{1}{\sqrt{1+x}}+\frac{1}{\sqrt{1+y}}+\frac{1}{\sqrt{1+z}}\leqslant\frac{3}{\sqrt{1+\lambda}}\qquad(4.37)$$

对满足 $xyz=\lambda^3$ 的任意正实数 x,y,z 恒成立的正实数 λ 的取值范围.

解 在式(4.37)中,令 $x=y=t,z=\frac{1}{t^2}$.

当 $t\to0$ 时,有

$$\frac{1}{\sqrt{1+x}}+\frac{1}{\sqrt{1+y}}+\frac{1}{\sqrt{1+z}}=\frac{2}{\sqrt{1+t}}+\frac{t}{\sqrt{t^2+1}}\to2$$

则

$$2\leqslant\frac{3}{\sqrt{1+\lambda}}\Leftrightarrow0<\lambda\leqslant\frac{5}{4}$$

下面证明：当 $0<\lambda\leqslant\frac{5}{4}$ 时，式(4.37)成立.

首先证明：当 $x,y>0,r=\sqrt{xy}(0<r\leqslant2)$ 时

$$\frac{1}{\sqrt{1+x}}+\frac{1}{\sqrt{1+y}}\leqslant\frac{2}{\sqrt{1+r}} \tag{4.38}$$

令 $t=\sqrt{1+x}\cdot\sqrt{1+y}$. 则

$$t=\sqrt{1+x+y+xy}\geqslant\sqrt{1+2\sqrt{xy}+xy}=1+r$$

$$\begin{aligned}式(4.38)\Leftrightarrow&(1+r)(2+x+y+2\sqrt{1+x}\cdot\sqrt{1+y})\leqslant\\&4(1+x)(1+y)\Leftrightarrow\\&(1+r)(1+t^2-r^2+2t)\leqslant4t^2\Leftrightarrow\\&(r-3)t^2+(2+2r)t-(r+1)(r^2-1)\leqslant0\Leftrightarrow\\&(r-3)[t-(r+1)]\left(t-\frac{r^2-1}{3-r}\right)\leqslant0\end{aligned} \tag{4.39}$$

由

$$0<r\leqslant2\Rightarrow\frac{r^2-1}{3-r}\leqslant r+1$$

且 $t\geqslant r+1\Rightarrow t-(r+1)\geqslant0,t-\frac{r^2-1}{3-r}\geqslant0$ 及 $r-3<0$ 知式(4.39)显然成立，故式(4.38)成立.

不妨设 $x\leqslant y\leqslant z$. 由 $xyz=\lambda^3$，有

$$z\geqslant\lambda\Rightarrow0<xy\leqslant\lambda^2\Leftrightarrow$$

$$0<\sqrt{xy}\leqslant\lambda\leqslant\frac{5}{4}<2$$

应用式(4.38)并注意到 $z=\frac{\lambda^3}{xy}$，有

$$\frac{1}{\sqrt{1+x}}+\frac{1}{\sqrt{1+y}}+\frac{1}{\sqrt{1+z}}\leqslant\frac{2}{\sqrt{1+\sqrt{xy}}}+\frac{1}{\sqrt{1+\frac{\lambda^3}{xy}}}$$

于是，要证式(4.37)，只要证

$$\frac{2}{\sqrt{1+\sqrt{xy}}}+\frac{\sqrt{xy}}{\sqrt{xy+\lambda^3}}\leqslant\frac{3}{\sqrt{1+\lambda}} \tag{4.40}$$

令 $\sqrt{1+\sqrt{xy}}=u$. 则

$$1<u\leqslant\sqrt{1+\lambda},xy=(u^2-1)^2$$

故

$$\text{式}(4.40)\Leftrightarrow\frac{2}{u}+\frac{u^2-1}{\sqrt{(u^2-1)^2+\lambda^3}}\leqslant\frac{3}{\sqrt{1+\lambda}}\qquad(4.41)$$

由柯西不等式有

$$[(u^2-1)^2+\lambda^3](1+\lambda)\geqslant(u^2-1+\lambda^2)^2\Rightarrow$$

$$\frac{1}{\sqrt{(u^2-1)^2+\lambda^3}}\leqslant\frac{\sqrt{1+\lambda}}{u^2-1+\lambda^2}$$

因此,要证式(4.41)只需证

$$\frac{2}{u}+\frac{\sqrt{1+\lambda}(u^2-1)}{u^2-1+\lambda^2}\leqslant\frac{3}{\sqrt{1+\lambda}}\Leftrightarrow$$

$$2\sqrt{1+\lambda}(u^2-1+\lambda^2)+(1+\lambda)u(u^2-1)\leqslant$$

$$3u(u^2-1+\lambda^2)\Leftrightarrow$$

$$(\lambda-2)u^3+2\sqrt{\lambda+1}u^2-(3\lambda^2+\lambda-2)u+$$

$$2(\lambda^2-1)\sqrt{\lambda+1}\leqslant0\Leftrightarrow$$

$$(\lambda-2)(u-\sqrt{\lambda+1})^2\cdot\left[u+\frac{2(\lambda-1)\sqrt{\lambda+1}}{\lambda-2}\right]\leqslant0\qquad(4.42)$$

由 $0<\lambda\leqslant\frac{5}{4}$ 有

$$\left[\frac{2(\lambda-1)\sqrt{\lambda+1}}{\lambda-2}\right]^2-1=\frac{4\lambda^2\left(\lambda-\frac{5}{4}\right)}{(\lambda-2)^2}\leqslant0\Leftrightarrow$$

$$\left|\frac{2(\lambda-1)\sqrt{\lambda+1}}{\lambda-2}\right|\leqslant1$$

而 $u>1$,则 $u+\frac{2(\lambda-1)\sqrt{\lambda+1}}{\lambda-2}>0$.

又 $(u-\sqrt{\lambda+1})^2\geqslant0$,$\lambda-2<0$,故式(4.42)成立.

从而,式(4.37)成立.

因此,所求 λ 的取值范围为 $\left(0,\frac{5}{4}\right]$.

例 20 对于给定的自然数 $n(n>5)$,求出所有的实数 a,使得存在非负实数 $x_1,x_2,\cdots,x_n$,满足

$$\sum_{k=1}^{n}kx_k=a,\sum_{k=1}^{n}k^3x_k=a^2,\sum_{k=1}^{n}k^5x_k=a^3$$

解 假设$\{x_i\}$满足条件,那么

$$\sum_{k=1}^{n} kx_k = a, \sum_{k=1}^{n} k^3 x_k = a^2, \sum_{k=1}^{n} k^5 x_k = a^3$$

由柯西不等式得

$$aa^3 = \left(\sum_{k=1}^{n} kx_k\right)\left(\sum_{k=1}^{n} k^5 x_k\right) \geqslant \left(\sum_{k=1}^{n} k^3 x_k\right)^2 = (a^2) = a^4$$

因此,上述不等式等号成立.故应有:

(1) 若x_k均不为0,那么,$\frac{1}{k^4} = \frac{kx_k}{k^5 x_k}$为常数.由于$k$是变化的,这显然不可能.

(2) 若$x_k(1 \leqslant k \leqslant n)$中有0,不妨记$x_1 = 0$.那么

$$\sum_{k=2}^{n} kx_k = a, \sum_{k=2}^{n} k^3 x_k = a^2, \sum_{k=2}^{n} k^5 x_k = a^3$$

对于上述三个条件,再次利用柯西不等式,同样地分析得知$x_2, x_3, \cdots, x_n$中有0.

重复上述步骤,递归地得到结论:$\{x_k\}$中至多有一个数非零,设其为$x_i(x_i \neq 0, i$可以取$1,2,\cdots,n)$.那么$ix_i = a, i^3 x_i = a^2, i^5 x_i = a^3$.从而,$i^2 = a$.

可见,a的所有可能的值是$1, 2^2, 3^2, \cdots, n^2$.

例 21 (1973 年第 15 届 IMO 预选题)确定$a^2 + b^2$的最小值,其中a, b都是实数,且使得方程

$$x^4 + ax^3 + bx^2 + ax + 1 = 0$$

至少有一个实数解.

解法一 设$x + \frac{1}{x} = t$,则$x^2 + \frac{1}{x^2} = t^2 - 2$,而所给的方程就化为$t^2 + at + b - 2 = 0$.由于$x = \frac{t \pm \sqrt{t^2 - 4}}{2}$,因此当且仅当$|t| \geqslant 2, t \in \mathbf{R}$时,$x$是实数.那样,我们只需在条件$at + b = -(t^2 - 2), |t| \geqslant 2$下确定$a^2 + b^2$的最小值.

然而由柯西不等式,我们有

$$(a^2 + b^2)(t^2 + 1) \geqslant (at + b)^2 = (t^2 - 2)^2$$

由此得出

$$a^2 + b^2 \geqslant h(t) = \frac{(t^2 - 2)^2}{t^2 + 1}$$

由于 $h(t)=(t^2+1)+\dfrac{9}{t^2+1}-6$，当 $t\geqslant 2$ 时 $h(t)$ 是递增的，我们就得出 $a^2+b^2\geqslant h(2)=\dfrac{4}{5}$. 等号成立的情况是易于检验的：$a=\pm\dfrac{4}{5}$，$b=-\dfrac{2}{5}$.

解法二 事实上，没必要考虑 $x=\dfrac{t+1}{t}$，直接由柯西不等式就得出

$$(a^2+2b^2+a^2)\left(x^6+\frac{x^4}{2}+x^2\right)\geqslant$$
$$(ax^3+bx^2+ax)^2=(x^4+1)^2$$

因此

$$a^2+b^2\geqslant\frac{(x^4+1)^2}{2x^6+x^4+2x^2}\geqslant\frac{4}{5}$$

等号在 $x=1$ 时成立.

例 22 设 $p,q(p>q)$ 是两质数，满足 $p\equiv 3(\bmod 4)$，k 是给定大于 3 的正整数. 求证：方程 $x^4+ky^4=pq$ 最多只有一组正整数解.

证明 先证明一个引理.

引理 $p\equiv 3(\bmod 4)$，若两正整数 m,n 满足 $p\mid(m^2+n^2)$，则 $p\mid m$，$p\mid n$.

引理的证明 若 $p\mid m$，$p\mid n$ 有一个成立，则易知结论成立.

若不然，则 $(p,m)=1$，$(p,n)=1$.

设 $p=4t+3(t\in\mathbf{N}_+)$.

将 $m^2+n^2\equiv 0(\bmod p)$ 改写为 $m^2\equiv -n^2(\bmod p)$.

两边同时 $\dfrac{p-1}{2}$ 次方得

$$m^{p-1}\equiv(-1)^{\frac{p-1}{2}}n^{p-1}\equiv(-1)^{2t+1}n^{p-1}\equiv -n^{p-1}(\bmod p)$$

由费马小定理得

$$m^{p-1}\equiv n^{p-1}\equiv 1(\bmod p)$$

即

$$2m^{p-1}\equiv 0(\bmod p)$$

故 $p\mid 2$，矛盾.

回到原题.

假设方程有两组正整数解(x_1,y_1),(x_2,y_2).则

$$x_1^4+ky_1^4=x_2^4+ky_2^4=pq$$

故

$$\begin{aligned}p^2q^2&=(x_1^4+ky_1^4)(x_2^4+ky_2^4)=\\&(x_1^2x_2^2+ky_1^2y_2^2)^2+k(x_1^2y_2^2-x_2^2y_1^2)^2=\\&(x_1^2x_2^2-ky_1^2y_2^2)^2+k(x_1^2y_2^2+x_2^2y_1^2)^2\end{aligned}\qquad(4.43)$$

注意到

$$\begin{aligned}&(x_1^2x_2^2+ky_1^2y_2^2)(x_1^2y_2^2+x_2^2y_1^2)=\\&x_2^2y_2^2(x_1^4+ky_1^4)+x_1^2y_1^2(x_2^4+ky_2^4)=\\&pq(x_2^2y_2^2+x_1^2y_1^2)\end{aligned}$$

故 $pq\mid(x_1^2x_2^2+ky_1^2y_2^2)(x_1^2y_2^2+x_2^2y_1^2)$.

所以,$p\mid(x_1^2x_2^2+ky_1^2y_2^2)$ 或 $p\mid(x_1^2y_2^2+x_2^2y_1^2)$.

(1) 若 $p\mid(x_1^2x_2^2+ky_1^2y_2^2)$,由式(4.43)可知

$$p^2\mid k(x_1^2y_2^2-x_2^2y_1^2)^2$$

当 $k\geqslant p$ 时,如果 $p\mid k$,由 $x_1^4+ky_1^4=pq$,知 $p\mid x_1^4$,即 $p\mid x_1$.

而 $x_1^4+ky_1^4\geqslant p^4$,与等式矛盾.

故$(p,k)=1$.

当 $k<p$ 时,也有$(p,k)=1$.

所以,$p\mid(x_1^2y_2^2-x_2^2y_1^2)$.

此时,$p\mid(x_1y_2-x_2y_1)$ 或 $p\mid(x_1y_2+x_2y_1)$.

当 $p\mid(x_1y_2-x_2y_1)$ 时,若 $x_1y_2-x_2y_1\neq0$,则

$$p\leqslant\max\{x_1y_2,x_2y_1\}\leqslant\sqrt[4]{pq}\cdot\sqrt[4]{\frac{pq}{k}}$$

而 $p>q$,矛盾.故只能是 $x_1y_2-x_2y_1=0$.但代入式(4.43)得 $pq=x_1^2x_2^2+ky_1^2y_2^2$,所以

$$\begin{aligned}p^2q^2&=(x_1^2x_2^2-ky_1^2y_2^2)^2+k(x_1^2y_2^2+x_2^2y_1^2)^2=\\&(2x_1^2x_2^2-pq)^2+k(2x_1^2y_2^2)^2\end{aligned}$$

整理得 $4x_1^4x_2^4+4kx_1^4y_2^4-4pqx_1^2x_2^2=0$,即

$$4pqx_1^2(x_1^2-x_2^2)=0$$

此时，$x_1=x_2$，更有 $y_1=y_2$，与假设两解不同矛盾.

当 $p\mid(x_1y_2+x_2y_1)$ 时，由柯西不等式得

$$\begin{aligned}p^2q^2=&(x_1^4+ky_1^4)(x_2^4+ky_2^4)\geqslant\\&(\sqrt{k}x_1^2y_2^2+\sqrt{k}x_2^2y_1^2)^2\geqslant\\&\frac{k}{4}(x_1y_2+x_2y_1)^4\geqslant\\&\frac{k}{4}p^4\geqslant p^4(k>3)\end{aligned}$$

与 $p>q$ 矛盾.

(2) 若 $p\mid(x_1^2y_2^2+x_2^2y_1^2)$.

因为 $p\equiv 3(\bmod 4)$，由引理可知 $p\mid x_1y_2$，且 $p\mid x_2y_1$. 显然

$$p\leqslant\max\{x_1y_2,x_2y_1\}\leqslant\sqrt[4]{pq}\cdot\sqrt[4]{\frac{pq}{k}}\leqslant\sqrt{\frac{pq}{2}}$$

这与 $p>q$ 矛盾，所以，假设不成立.

综上，方程 $x^4+ky^4=pq$ 最多只有一组正整数解.

第5章 证明不等式

很多重要的不等式都可以由柯西不等式导出，而且利用柯西不等式很容易将一些简单的不等式加以推广.

例1 已知 a,b,c,d 是不全相等的正数.

求证：$\frac{1}{a^2}+\frac{1}{b^2}+\frac{1}{c^2}+\frac{1}{d^2}>\frac{1}{ab}+\frac{1}{bc}+\frac{1}{cd}+\frac{1}{da}$.

证明 因为

$$\left(\frac{1}{a^2}+\frac{1}{b^2}+\frac{1}{c^2}+\frac{1}{d^2}\right)\left(\frac{1}{b^2}+\frac{1}{c^2}+\frac{1}{d^2}+\frac{1}{a^2}\right)\geqslant\left(\frac{1}{ab}+\frac{1}{bc}+\frac{1}{cd}+\frac{1}{da}\right)^2$$

而 a,b,c,d 是不全等的正数，所以上式不可能成立等号.

所以

$$\frac{1}{a^2}+\frac{1}{b^2}+\frac{1}{c^2}+\frac{1}{d^2}>\frac{1}{ab}+\frac{1}{bc}+\frac{1}{cd}+\frac{1}{da}$$

利用这种证法可以把这个不等式推广为：

如果 $a_i\in\mathbf{R}_+(i=1,2,\cdots,n)$，那么

$$\sum_{i=1}^{n}\frac{1}{a_i^2}\geqslant\sum_{i=1}^{n}\frac{1}{a_ia_{i+1}}\quad(a_{n+1}=a_1)$$

例2 已知 $a,b,c\in\mathbf{R}_+$，求证

$$\frac{a^2}{b}+\frac{b^2}{c}+\frac{c^2}{a}\geqslant a+b+c$$

证明 根据柯西不等式，得

$$\left[\left(\frac{a}{\sqrt{b}}\right)^2+\left(\frac{b}{\sqrt{c}}\right)^2+\left(\frac{c}{\sqrt{a}}\right)^2\right]\cdot[(\sqrt{b})^2+(\sqrt{c})^2+(\sqrt{a})^2]\geqslant$$

$$\left(\frac{a}{\sqrt{b}}\cdot\sqrt{b}+\frac{b}{\sqrt{c}}\cdot\sqrt{c}+\frac{c}{\sqrt{a}}\cdot\sqrt{a}\right)^2=(a+b+c)^2$$

即

$$\left(\frac{a^2}{b}+\frac{b^2}{c}+\frac{c^2}{a}\right)(a+b+c)\geqslant(a+b+c)^2$$

因为 $a,b,c\in\mathbf{R}_+$，所以

$$\frac{a^2}{b}+\frac{b^2}{c}+\frac{c^2}{a}\geqslant a+b+c$$

等号成立的充要条件是 $a=b=c$.

例 3 求证

$$\sin^2\alpha+\sin^2\beta\geqslant\sin\alpha\sin\beta+\sin\alpha+\sin\beta-1$$

证明 利用柯西不等式有

$$(\sin^2\alpha+\sin^2\beta)(1^2+1^2)\geqslant(\sin\alpha+\sin\beta)^2=$$
$$\sin^2\alpha+\sin^2\beta+2\sin\alpha\sin\beta$$

所以

$$\sin^2\alpha+\sin^2\beta\geqslant2\sin\alpha\sin\beta \tag{5.1}$$

因为

$$(1-\sin\alpha)(1-\sin\beta)\geqslant0$$

展开移项得

$$\sin\alpha\sin\beta\geqslant\sin\alpha+\sin\beta-1$$

代入式(5.1)得

$$\sin^2\alpha+\sin^2\beta\geqslant\sin\alpha\sin\beta+\sin\alpha+\sin\beta-1$$

等号当且仅当 $\sin\alpha=\sin\beta=1$ 时成立.

例 4 若 $a,b,c,d\in\mathbf{R}_+$，则

$$(a^3+b^3+c^3+d^3)^2\leqslant4(a^6+b^6+c^6+d^6)$$

证明 由

$$4(a^6+b^6+c^6+d^6)=$$
$$(1^2+1^2+1^2+1^2)[(a^3)^2+(b^3)^2+(c^3)^2+(d^3)^2]\geqslant$$
$$(1\cdot a^3+1\cdot b^3+1\cdot c^3+1\cdot d^3)^2=$$
$$(a^3+b^3+c^3+d^3)^2$$

即

$$(a^3+b^3+c^3+d^3)^2\leqslant 4(a^6+b^6+c^6+d^6)$$

例 5　(2003 年全国高中数学联赛题)设 $\frac{3}{2}\leqslant x\leqslant 5$. 证明

$$2\sqrt{x+1}+\sqrt{2x-3}+\sqrt{15-3x}<2\sqrt{19}$$

证明　由柯西不等式,知

$$2\sqrt{x+1}+\sqrt{2x-3}+\sqrt{15-3x}=$$

$$\sqrt{x+1}+\sqrt{x+1}+\sqrt{2x-3}+\sqrt{15-3x}\leqslant$$

$$\sqrt{[(x+1)+(x+1)+(2x-3)+(15-3x)](1+1+1+1)}=$$

$$2\sqrt{x+14}\leqslant 2\sqrt{19}$$

等号要求在 $\sqrt{x+1}=\sqrt{2x-3}=\sqrt{15-3x}$ 且 $x=5$ 时才能成立,但这个条件不能满足,故 $2\sqrt{x+1}+\sqrt{2x-3}+\sqrt{15-3x}<2\sqrt{19}$.

评注　有一些同学作了下面的估计:$2\sqrt{x+1}+\sqrt{2x-3}+\sqrt{15-3x}\leqslant\sqrt{[(x+1)+(2x-3)+(15-3x)](2^2+1^2+1^2)}=\sqrt{78}$,但这个估计达不到证题的目的.

例 6　(2002 年首届中国女子数学奥林匹克试题)设 P_1, $P_2,\cdots,P_n(n\geqslant 2)$ 是 $1,2,\cdots,n$ 的任一排列,求证

$$\frac{1}{P_1+P_2}+\frac{1}{P_2+P_3}+\cdots+\frac{1}{P_{n-2}+P_{n-1}}+\frac{1}{P_{n-1}+P_n}>\frac{n-1}{n+2}$$

证明　由柯西不等式,得

$$[(P_1+P_2)+(P_2+P_3)+\cdots+(P_{n-1}+P_n)]\cdot$$

$$\left(\frac{1}{P_1+P_2}+\frac{1}{P_2+P_3}+\cdots+\frac{1}{P_{n-2}+P_{n-1}}+\frac{1}{P_{n-1}+P_n}\right)\geqslant$$

$$(n-1)^2$$

所以

$$\frac{1}{P_1+P_2}+\frac{1}{P_2+P_3}+\cdots+\frac{1}{P_{n-2}+P_{n-1}}+\frac{1}{P_{n-1}+P_n}\geqslant$$

$$\frac{(n-1)^2}{2(P_1+P_2+\cdots+P_n)-P_1-P_n}=\frac{(n-1)^2}{n(n+1)-P_1-P_n}\geqslant$$

$$\frac{(n-1)^2}{n(n+1)-1-2}=\frac{(n-1)^2}{(n-1)(n+2)-1}>$$

$$\frac{(n-1)^2}{(n-1)(n+2)}=\frac{n-1}{n+2}$$

例 7 (2004 年克罗地亚数学奥林匹克试题)证明:不等式 $\frac{a^2}{(a+b)(a+c)}+\frac{b^2}{(b+c)(b+a)}+\frac{c^2}{(c+b)(c+a)}\geqslant\frac{3}{4}$ 对所有正实数 a,b,c 成立.

证明 由柯西不等式得

$$\left[\frac{a^2}{(a+b)(a+c)}+\frac{b^2}{(b+c)(b+a)}+\frac{c^2}{(c+b)(c+a)}\right]\cdot$$
$$[(a+b)(a+c)+(b+c)(b+a)+(c+b)(c+a)]\geqslant$$
$$(a+b+c)^2$$

而

$$\begin{aligned}&(a+b)(a+c)+(b+c)(b+a)+(c+b)(c+a)=\\&a^2+b^2+c^2+3(ab+bc+ca)=\\&(a+b+c)^2+(ab+bc+ca)\leqslant\\&(a+b+c)^2+\frac{1}{3}(a+b+c)^2=\frac{4}{3}(a+b+c)^2\end{aligned}$$

所以

$$\frac{a^2}{(a+b)(a+c)}+\frac{b^2}{(b+c)(b+a)}+\frac{c^2}{(c+b)(c+a)}\geqslant\frac{3}{4}$$

例 8 (2010 年西班牙数学奥林匹克试题)已知 a,b,c 是正实数,证明:$\frac{a+b+3c}{3a+3b+2c}+\frac{a+3b+c}{3a+2b+3c}+\frac{3a+b+c}{2a+3b+3c}\geqslant\frac{18}{5}$.

证法一 由柯西不等式得

$$\left[\frac{a+b+3c}{3a+3b+2c}+\frac{a+3b+c}{3a+2b+3c}+\frac{3a+b+c}{2a+3b+3c}\right]\cdot$$
$$[(a+b+3c)(3a+3b+2c)+(a+3b+c)\cdot$$
$$(3a+2b+3c)+(3a+b+c)(2a+3b+3c)]\geqslant$$
$$[(a+b+3c)+(a+3b+c)+(3a+b+c)]^2$$

即

$$\frac{a+b+3c}{3a+3b+2c}+\frac{a+3b+c}{3a+2b+3c}+\frac{3a+b+c}{2a+3b+3c}\geqslant$$
$$\frac{25(a+b+c)^2}{12(a^2+b^2+c^2)+28(ab+bc+ca)}$$

则

$$\frac{25(a+b+c)^2}{12(a^2+b^2+c^2)+28(ab+bc+ca)}\geqslant\frac{15}{8}\Leftrightarrow$$

$$a^2+b^2+c^2-(ab+bc+ca)\geqslant 0$$

这是显然的.

证法二　不妨设 $a+b+c=1$,不等式化为

$$\frac{1+2a}{3-a}+\frac{1+2b}{3-b}+\frac{1+2c}{3-c}\geqslant\frac{15}{8}\Leftrightarrow$$

$$\frac{7}{3-a}-2+\frac{7}{3-b}-2+\frac{7}{3-c}-2\geqslant\frac{15}{8}\Leftrightarrow$$

$$\frac{1}{3-a}+\frac{1}{3-b}+\frac{1}{3-c}\geqslant\frac{9}{8}$$

由柯西不等式得

$$[(3-a)+(3-b)+(3-c)]\left(\frac{1}{3-a}+\frac{1}{3-b}+\frac{1}{3-c}\right)\geqslant 9$$

即

$$\frac{1}{3-a}+\frac{1}{3-b}+\frac{1}{3-c}\geqslant\frac{9}{8}$$

例 9　已知 $x\geqslant y\geqslant z>0$. 求证:$\frac{x^2y}{z}+\frac{y^2z}{x}+\frac{z^2x}{y}\geqslant x^2+y^2+z^2$.

这是第 31 届 IMO 的一道预选题,原解答较繁,且技巧性强,这里给出一个相对简洁的证法.

证明　由柯西不等式,有

$$\left(\frac{x^2y}{z}+\frac{y^2z}{x}+\frac{z^2x}{y}\right)\left(\frac{x^2z}{y}+\frac{y^2x}{z}+\frac{z^2y}{x}\right)\geqslant(x^2+y^2+z^2)^2$$

观察上式知,如有

$$\frac{x^2y}{z}+\frac{y^2z}{x}+\frac{z^2x}{y}\geqslant\frac{x^2z}{y}+\frac{y^2x}{z}+\frac{z^2y}{x}$$

则问题得证.

通分移项,有

$$x^3y^2-x^2y^3+y^3z^2-y^2z^3+x^2z^3-x^3z^2\geqslant 0 \qquad (5.2)$$

故只需证式(5.2)成立

$$x^3y^2-x^2y^3+y^3z^2-y^2z^3+x^2z^3-x^3z^2=$$

$$x^2y^2(x-y)+y^2z^2(y-z)+x^2z^2(z-x)=$$

$$x^2y^2(x-y)+y^2z^2(y-z)+x^2z^2\cdot(z-y+y-x)=$$

$$(x-y)(x^2y^2-x^2z^2)+(y-z)(y^2z^2-x^2z^2)=$$

$$x^2(x-y)(y-z)(y+z)+z^2(y-z)(y-x)(y+x)=$$

$$(y-z)(x-y)[y(x-z)(x+z)+xz(x-z)]=$$

$(y-z)(x-y)(x-z)(xy+yz+xz)$

由 $x\geqslant y\geqslant z>0$ 知上式大于零.故原不等式得证.

例 10 (2010 年日本数学奥林匹克试题)已知 x,y,z 均为正实数,证明:$\frac{1+xy+xz}{(1+y+z)^2}+\frac{1+yz+yx}{(1+z+x)^2}+\frac{1+zx+zy}{(1+x+y)^2}\geqslant 1$.

证明 由柯西不等式,得

$$\left(1+\frac{y}{x}+\frac{z}{x}\right)(1+xy+xz)\geqslant(1+y+z)^2$$

所以

$$\frac{1+xy+xz}{(1+y+z)^2}\geqslant\frac{x}{x+y+z}$$

同理

$$\frac{1+yz+yx}{(1+z+x)^2}\geqslant\frac{y}{x+y+z},\frac{1+zx+zy}{(1+x+y)^2}\geqslant\frac{z}{x+y+z}$$

将上述三个不等式相加,得

$$\frac{1+xy+xz}{(1+y+z)^2}+\frac{1+yz+yx}{(1+z+x)^2}+\frac{1+zx+zy}{(1+x+y)^2}\geqslant 1$$

例 11 求证:$\sum_{i=1}^{n}\frac{1}{n+i}\geqslant\frac{2n}{3n+1}$.

证明 因为

$$(n+1)+(n+2)+\cdots+(2n)=\frac{3n^2+n}{2}$$

所以

$$\frac{3n^2+n}{2}\left(\frac{1}{n+1}+\frac{1}{n+2}+\cdots+\frac{1}{2n}\right)=$$
$$[(n+1)+(n+2)+\cdots+2n]\cdot$$
$$\left(\frac{1}{n+1}+\frac{1}{n+2}+\cdots+\frac{1}{2n}\right)\geqslant$$
$$\left(\sqrt{n+1}\cdot\frac{1}{\sqrt{n+1}}+\sqrt{n+2}\cdot\frac{1}{\sqrt{n+2}}+\cdots+\right.$$
$$\left.\sqrt{2n}\cdot\frac{1}{\sqrt{2n}}\right)^2=n^2$$

所以

$$\sum_{i=1}^{n}\frac{1}{n+i}\geqslant\frac{n^2}{\frac{3n^2+n}{2}}=\frac{2n}{3n+1}$$

等号当且仅当 $n=1$ 时成立.

例 12　(1979 年第 20 届 IMO 试题)若 $a_1,a_2,\cdots,a_n$ 为两两不相等的正整数,则

$$\sum_{k=1}^{n}\frac{a_k}{k^2}\geqslant\sum_{k=1}^{n}\frac{1}{k}$$

证明　因为

$$\left(\sum_{k=1}^{n}\frac{1}{k}\right)^2=\left(\sum_{k=1}^{n}\frac{\sqrt{a_k}}{k}\cdot\frac{1}{\sqrt{a_k}}\right)^2\leqslant\left(\sum_{k=1}^{n}\frac{a_k}{k^2}\right)\left(\sum_{k=1}^{n}\frac{1}{a_k}\right)$$

而 $a_1,a_2,\cdots,a_n$ 是 n 个互不相同的正整数,所以

$$\sum_{k=1}^{n}\frac{1}{a_k}<\sum_{k=1}^{n}\frac{1}{k}$$

故

$$\sum_{k=1}^{n}\frac{a_k}{k^2}\geqslant\left(\sum_{k=1}^{n}\frac{1}{k}\right)\left(\frac{\sum\limits_{k=1}^{n}\frac{1}{k}}{\sum\limits_{k=1}^{n}\frac{1}{a_k}}\right)\geqslant\left(\sum_{k=1}^{n}\frac{1}{k}\right)\cdot 1=\sum_{k=1}^{n}\frac{1}{k}$$

即

$$\sum_{k=1}^{n}\frac{a_k}{k^2}\geqslant\sum_{k=1}^{n}\frac{1}{k}$$

例 13　(2005 年越南数学奥林匹克试题)已知 a,b,c 都是正数,证明:$\frac{a^3}{(a+b)^3}+\frac{b^3}{(b+c)^3}+\frac{c^3}{(c+a)^3}\geqslant\frac{3}{8}$.

证法一　由柯西不等式得

$$\left[\frac{a^3}{(a+b)^3}+\frac{b^3}{(b+c)^3}+\frac{c^3}{(c+a)^3}\right]\cdot$$
$$[c^3(a+b)^3+a^3(b+c)^3+b^3(c+a)^3]\geqslant$$
$$(\sqrt{(ca)^3}+\sqrt{(ab)^3}+\sqrt{(bc)^3})^2$$

于是,只需证明

$$8(\sqrt{(ca)^3}+\sqrt{(ab)^3}+\sqrt{(bc)^3})^2\geqslant$$
$$3[c^3(a+b)^3+a^3(b+c)^3+b^3(c+a)^3]\tag{5.3}$$

记 $\sqrt{ab}=x,\sqrt{bc}=y,\sqrt{ca}=z$,不等式(5.3)化为

$$8(x^3+y^3+z^3)^2\geqslant3[(x+y)^3+(y+z)^3+(z+x)^3]\tag{5.4}$$

要证明式(5.4),只要证明

$$8(x^6+y^6+z^6+2x^3y^3+2y^3z^3+2z^3x^3)\geqslant$$
$$3[2(x^6+y^6+z^6)+3(x^4y^2+x^2y^4)+$$
$$3(y^4z^2+y^2z^4)+3(x^4z^2+x^2z^4)]\Leftrightarrow$$
$$2(x^6+y^6+z^6)+16(x^3y^3+y^3z^3+z^3x^3)\geqslant$$
$$9(x^4y^2+x^2y^4)+9(y^4z^2+y^2z^4)+9(x^4z^2+x^2z^4)\quad(5.5)$$

由对称性,我们分开证明下列三个不等式

$$x^6+y^6+16x^3y^3\geqslant 9(x^4y^2+x^2y^4)\quad(5.6)$$
$$y^6+z^6+16y^3z^3\geqslant 9(y^4z^2+y^2z^4)\quad(5.7)$$
$$z^6+x^6+16z^3x^3\geqslant 9(x^4z^2+x^2z^4)\quad(5.8)$$

事实上

$$x^6+y^6+16x^3y^3-9(x^4y^2+x^2y^4)=$$
$$x^6+y^6-2x^3y^3-9(x^4y^2-2x^3y^3+x^2y^4)=$$
$$(x^3-y^3)^2-9x^2y^2(x-y)^2=$$
$$(x-y)^2[(x^2+xy+y^2)^2-(3xy)^2]=$$
$$(x-y)^4(x^2+4xy+y^2)\geqslant 0$$

所以,不等式(5.6)成立.同理,可证不等式(5.7),(5.8)成立.

式(5.6),(5.7),(5.8)相加得不等式(5.5).

证法二 由柯西不等式得

$$\left[\frac{a^3}{(a+b)^3}+\frac{b^3}{(b+c)^3}+\frac{c^3}{(c+a)^3}\right][a(a+b)^3+b(b+c)^3+c(c+a)^3]\geqslant$$
$$(a^2+b^2+c^2)^2$$

下面证明

$$8(a^2+b^2+c^2)^2\geqslant 3[a(a+b)^3+b(b+c)^3+c(c+a)^3]$$

即证

$$5(a^4+b^4+c^4)+7(a^2b^2+b^2c^2+c^2a^2)\geqslant$$
$$9(a^3b+b^3c+c^3a)+3(ab^3+bc^3+ca^3)$$

因为

$$4a^4+b^4+7a^2b^2-9a^3b-3ab^3=$$
$$a^4-2a^2b^2+b^4+3a^4-9a^3b+9a^2b^2-3ab^3=$$
$$(a^2-b^2)^2+3a(a-b)^3=$$
$$(a-b)^2(4a^2-ab+b^2)\geqslant 0$$

所以

$$4a^4+b^4+7a^2b^2\geqslant 9a^3b+3ab^3$$

同理

$$4b^4+c^4+7b^2c^2\geqslant 9b^3c+3bc^3, 4c^4+a^4+7c^2a^2\geqslant 9c^3a+3ca^3$$

将这三个不等式相加得

$$5(a^4+b^4+c^4)+7(a^2b^2+b^2c^2+c^2a^2)\geqslant$$
$$9(a^3b+b^3c+c^3a)+3(ab^3+bc^3+ca^3)$$

例 14　(1995 年第 34 届 IMO)设 a,b,c,d 都是正实数,求证

$$\frac{a}{b+2c+3d}+\frac{b}{c+2d+3a}+\frac{c}{d+2a+3b}+\frac{d}{a+2b+3c}\geqslant\frac{2}{3}$$

证明　当 x_1,x_2,x_3,x_4 和 y_1,y_2,y_3,y_4 都是正实数时,由柯西不等式有

$$\left(\sum_{i=1}^{4}\frac{x_i}{y_i}\right)\cdot\left(\sum_{i=1}^{4}x_iy_i\right)\geqslant\left(\sum_{i=1}^{4}x_i\right)^2$$

令 $(x_1,x_2,x_3,x_4)=(a,b,c,d)$,$(y_1,y_2,y_3,y_4)=(b+2c+3d,c+2d+3a,d+2a+3b,a+2b+3c)$,则由上述不等式化为

$$\frac{a}{b+2c+3d}+\frac{b}{c+2d+3a}+\frac{c}{d+2a+3b}+\frac{d}{a+2b+3c}\geqslant$$
$$\frac{(a+b+c+d)^2}{4(ab+ac+ad+bc+bd+cd)} \tag{5.9}$$

又因为

$$(a-b)^2+(a-c)^2+(a-d)^2+(b-c)^2+(b-d)^2+(c-d)^2\geqslant 0$$

所以

$$ab+ac+ad+bc+bd+cd\leqslant\frac{3}{8}(a+b+c+d)^2 \tag{5.10}$$

将式(5.9)与式(5.10)结合,即得所欲证.

例 15　(美国大学生数学竞赛试题)给定正实数 a,b,c,d,证明

$$\frac{a^3+b^3+c^3}{a+b+c}+\frac{b^3+c^3+d^3}{b+c+d}+\frac{c^3+d^3+a^3}{c+d+a}+\frac{d^3+a^3+b^3}{d+a+b}\geqslant$$
$$a^2+b^2+c^2+d^2$$

证明　由柯西不等式得

$$(a^3+b^3+c^3)(a+b+c)\geqslant(a^2+b^2+c^2)^2$$
$$(1+1+1)(a^2+b^2+c^2)\geqslant(a+b+c)^2$$

于是

$$(a^3+b^3+c^3)(a+b+c)\geqslant(a^2+b^2+c^2)^2\geqslant$$
$$(a^2+b^2+c^2)(a^2+b^2+c^2)\geqslant$$
$$(a^2+b^2+c^2)\cdot\frac{1}{3}(a+b+c)^2$$

即

$$\frac{a^3+b^3+c^3}{a+b+c}\geqslant\frac{a^2+b^2+c^2}{3}$$

同理

$$\frac{b^3+c^3+d^3}{b+c+d}\geqslant\frac{b^2+c^2+d^2}{3}$$
$$\frac{c^3+d^3+a^3}{c+d+a}\geqslant\frac{c^2+d^2+a^2}{3}$$
$$\frac{d^3+a^3+b^3}{d+a+b}\geqslant\frac{d^2+a^2+b^2}{3}$$

将上述四个不等式相加得

$$\frac{a^3+b^3+c^3}{a+b+c}+\frac{b^3+c^3+d^3}{b+c+d}+\frac{c^3+d^3+a^3}{c+d+a}+\frac{d^3+a^3+b^3}{d+a+b}\geqslant$$
$$a^2+b^2+c^2+d^2$$

例 16 (2011 年中国西部数学奥林匹克试题)设 $a,b,c>0$,求证

$$\frac{(a-b)^2}{(c+a)(c+b)}+\frac{(b-c)^2}{(a+b)(a+c)}+\frac{(c-a)^2}{(b+c)(b+a)}\geqslant\frac{(a-b)^2}{a^2+b^2+c^2}$$

证明 由柯西不等式,得

$$\left[\frac{(a-b)^2}{(c+a)(c+b)}+\frac{(b-c)^2}{(a+b)(a+c)}+\frac{(c-a)^2}{(b+c)(b+a)}\right]\cdot$$
$$[(c+a)(c+b)+(a+b)(a+c)+(b+c)(b+a)]\geqslant$$
$$(|a-b|+|b-c|+|c-a|)^2\geqslant$$
$$(|a-b|+|b-c+c-a|)^2=4(a-b)^2$$

又

$$(c+a)(c+b)+(a+b)(a+c)+(b+c)(b+a)=$$
$$(a^2+b^2+c^2)+3(ab+bc+ca)\leqslant4(a^2+b^2+c^2)$$

所以

$$\frac{(a-b)^2}{(c+a)(c+b)}+\frac{(b-c)^2}{(a+b)(a+c)}+\frac{(c-a)^2}{(b+c)(b+a)}\geqslant$$

$$\frac{4(a-b)^2}{(c+a)(c+b)+(a+b)(a+c)+(b+c)(b+a)}\geqslant$$

$$\frac{4(a-b)^2}{4(a^2+b^2+c^2)}=\frac{(a-b)^2}{a^2+b^2+c^2}$$

例 17　(2009 年土耳其第 17 届数学奥林匹克试题)已知 a,b,c 为正实数,证明

$$\sum\frac{(b+c)(a^4-b^2c^2)}{ab+2bc+ca}\geqslant 0$$

其中,$\sum$ 表示轮换对称和.

若 $\frac{(b+c)(a^4-b^2c^2)}{ab+2bc+ca}\geqslant\frac{a^3+abc-b^2c-bc^2}{2}$,则由舒尔不等式得

$$\sum\frac{(b+c)(a^4-b^2c^2)}{ab+2bc+ca}\geqslant\frac{1}{2}\sum(a^3+abc-b^2c-bc^2)\geqslant$$

$$\frac{1}{2}[a(a-b)(a-c)+b(b-c)(b-a)+c(c-a)(c-b)]\geqslant 0$$

接下来只需证明

$$\frac{(b+c)(a^4-b^2c^2)}{ab+2bc+ca}\geqslant\frac{a^3+abc-b^2c-bc^2}{2}\Leftrightarrow$$

$$(b+c)a^4-2bca^3-bc(b+c)a^2+abc(b^2+c^2)\geqslant 0$$

又

$$(b+c)a^3-2bca^2-bc(b+c)a+bc(b^2+c^2)\geqslant$$

$$\frac{4bc}{b+c}a^3-2bca^2-bc(b+c)a+bc(b^2+c^2)=$$

$$\frac{bc}{2(b+c)}(2a+b+c)(2a-b-c)^2\geqslant 0$$

于是所证不等式成立.

例 18　(2004 年中国国家队训练题,2003 年第 7 届巴尔干地区数学奥林匹克试题)设 x,y,z 是大于 -1 的实数,证明

$$\frac{1+x^2}{1+y+z^2}+\frac{1+y^2}{1+z+x^2}+\frac{1+z^2}{1+x+y^2}\geqslant 2$$

证法一　由柯西不等式可知

$$[(1+y+z^2)(1+x^2)+(1+z+x^2)(1+y^2)+(1+x+y^2)(1+z^2)]\cdot$$

$$\left[\frac{1+x^2}{1+y+z^2}+\frac{1+y^2}{1+z+x^2}+\frac{1+z^2}{1+x+y^2}\right]\geqslant$$

$$[(1+x^2)+(1+y^2)+(1+z^2)]^2 \tag{5.11}$$

而

$$(1+y+z^2)(1+x^2)+(1+z+x^2)(1+y^2)+(1+x+y^2)(1+z^2)=$$
$$3+(x+y+z)+2(x^2+y^2+z^2)+(x^2y+y^2z+z^2x)+$$
$$(x^2y^2+y^2z^2+z^2x^2)$$

$$[(1+x^2)+(1+y^2)+(1+z^2)]^2=$$
$$(3+x^2+y^2+z^2)^2=$$
$$9+6(x^2+y^2+z^2)+2(x^2y^2+y^2z^2+z^2x^2)+(x^4+y^4+z^4)$$

所以

$$[(1+x^2)+(1+y^2)+(1+z^2)]^2-2[(1+y+z^2)(1+x^2)+$$
$$(1+z+x^2)(1+y^2)+(1+x+y^2)(1+z^2)]=$$
$$3+2(x^2+y^2+z^2)+(x^4+y^4+z^4)-2(x+y+z)-$$
$$2(x^2y+y^2z+z^2x)$$

由于

$$3+(x^2+y^2+z^2)-2(x+y+z)=$$
$$(x-1)^2+(y-1)^2+(z-1)^2\geqslant 0$$

$$(x^4+y^4+z^4)+(x^2+y^2+z^2)-2(x^2y+y^2z+z^2x)=$$
$$(x^2-y)^2+(y^2-z)^2+(z^2-x)\geqslant 0$$

所以

$$[(1+x^2)+(1+y^2)+(1+z^2)]^2\geqslant$$
$$2[(1+y+z^2)(1+x^2)+(1+z+x^2)(1+y^2)+$$
$$(1+x+y^2)(1+z^2)]$$

结合式(5.11),有

$$\frac{1+x^2}{1+y+z^2}+\frac{1+y^2}{1+z+x^2}+\frac{1+z^2}{1+x+y^2}\geqslant 2$$

证法二 由于 $x,y,z>-1$,则

$$\frac{1+x^2}{1+y+z^2},\ \frac{1+y^2}{1+z+x^2},\ \frac{1+z^2}{1+x+y^2}$$

中每项分子、分母均为正.

所以

$$\frac{1+x^2}{1+y+z^2}+\frac{1+y^2}{1+z+x^2}+\frac{1+z^2}{1+x+y^2}\geqslant$$
$$\frac{1+x^2}{1+z^2+\frac{1+y^2}{2}}+\frac{1+y^2}{1+x^2+\frac{1+z^2}{2}}+\frac{1+z^2}{1+y^2+\frac{1+x^2}{2}}=$$

$$\frac{2a}{2c+b}+\frac{2b}{2a+c}+\frac{2c}{2b+a} \tag{5.12}$$

其中 $a=\frac{1+x^2}{2}, b=\frac{1+y^2}{2}, c=\frac{1+z^2}{2}$.

由柯西不等式得

$$\frac{a}{b+2c}+\frac{b}{c+2a}+\frac{c}{a+2b}\geqslant$$

$$\frac{(a+b+c)^2}{a(b+2c)+b(c+2a)+c(a+2b)}=$$

$$\frac{3(ab+bc+ca)+\frac{1}{2}[(b-c)^2+(c-a)^2+(a-b)^2]}{3(ab+bc+ca)}\geqslant 1 \tag{5.13}$$

由式(5.12),式(5.13)得

$$\frac{1+x^2}{1+y+z^2}+\frac{1+y^2}{1+z+x^2}+\frac{1+z^2}{1+x+y^2}\geqslant 2$$

例 19　若 n 是不小于 2 的正整数,试证:$\frac{4}{7}<1-\frac{1}{2}+\frac{1}{3}-\frac{1}{4}+\cdots+\frac{1}{2n-1}-\frac{1}{2n}<\frac{\sqrt{2}}{2}$.

证明　因为

$$1-\frac{1}{2}+\frac{1}{3}-\frac{1}{4}+\cdots+\frac{1}{2n-1}-\frac{1}{2n}=$$

$$\left(1+\frac{1}{2}+\frac{1}{3}+\cdots+\frac{1}{2n}\right)-2\left(\frac{1}{2}+\frac{1}{4}+\cdots+\frac{1}{2n}\right)=$$

$$\left(1+\frac{1}{2}+\frac{1}{3}+\cdots+\frac{1}{2n}\right)-\left(1+\frac{1}{2}+\cdots+\frac{1}{n}\right)=$$

$$\frac{1}{n+1}+\frac{1}{n+2}+\cdots+\frac{1}{2n}$$

所以原不等式等价于

$$\frac{4}{7}<\frac{1}{n+1}+\frac{1}{n+2}+\cdots+\frac{1}{2n}<\frac{\sqrt{2}}{2}$$

由柯西不等式,有

$$\left(\frac{1}{n+1}+\frac{1}{n+2}+\cdots+\frac{1}{2n}\right)[(n+1)+(n+2)+\cdots+2n]>n^2$$

于是

$$\frac{1}{n+1}+\frac{1}{n+2}+\cdots+\frac{1}{2n}>\frac{n^2}{(n+1)+(n+2)+\cdots+2n}=$$

$$\frac{2n}{3n+1}=\frac{2}{3+\frac{1}{n}}\geqslant\frac{2}{3+\frac{1}{2}}=\frac{4}{7}$$

又由柯西不等式,有

$$\frac{1}{n+1}+\frac{1}{n+2}+\cdots+\frac{1}{2n}<$$

$$\sqrt{(1^2+1^2+\cdots+1^2)\left[\frac{1}{(n+1)^2}+\frac{1}{(n+2)^2}+\cdots+\frac{1}{(2n)^2}\right]}<$$

$$\sqrt{n\left[\frac{1}{n(n+1)}+\frac{1}{(n+1)(n+2)}+\cdots+\frac{1}{(2n-1)\cdot 2n}\right]}=$$

$$\sqrt{n\left[\left(\frac{1}{n}-\frac{1}{n+1}\right)+\left(\frac{1}{n+1}-\frac{1}{n+2}\right)+\cdots+\left(\frac{1}{2n-1}-\frac{1}{2n}\right)\right]}=$$

$$\sqrt{n\left(\frac{1}{n}-\frac{1}{2n}\right)}=\frac{\sqrt{2}}{2}$$

故证原不等式成立.

例 20 已知 a,b,c,d 是不全相等的正数,求证:$\frac{1}{a+b+c}+\frac{1}{b+c+d}+\frac{1}{c+d+a}+\frac{1}{d+a+b}>\frac{16}{3(a+b+c+d)}$.

证明 由柯西不等式

$$\left(\frac{1}{a+b+c}+\frac{1}{b+c+d}+\frac{1}{c+d+a}+\frac{1}{d+a+b}\right)\cdot$$
$$[(a+b+c)+(b+c+d)+(c+d+a)+(d+a+b)]>$$
$$(1+1+1+1)^2$$

所以

$$\left(\frac{1}{a+b+c}+\frac{1}{b+c+d}+\frac{1}{c+d+a}+\frac{1}{d+a+b}\right)\cdot$$
$$3(a+b+c+d)>16$$

故

$$\frac{1}{a+b+c}+\frac{1}{b+c+d}+\frac{1}{c+d+a}+\frac{1}{d+a+b}>\frac{16}{3(a+b+c+d)}$$

我们可以把这个不等式推广为:

若 $a_i\in\mathbf{R}_+(i=1,2,\cdots,n)$,$A=\sum_{i=1}^{n}a_i$,则

$$\sum_{i=1}^{n}\frac{1}{A-a_i}\geqslant\frac{n^2}{(n-1)A}$$

证明　由柯西不等式得

$$\sum_{i=1}^{n}\frac{1}{A-a_i}=\frac{A}{A}\sum_{i=1}^{n}\frac{1}{A-a_i}=$$

$$\frac{\sum_{i=1}^{n}(A-a_i)}{(n-1)A}\sum_{i=1}^{n}\frac{1}{A-a_i}\geqslant\frac{n^2}{(n-1)A}$$

当且仅当 $A-a_1=A-a_2=\cdots=A-a_n$，即 $a_1=a_2=\cdots=a_n$ 时等号成立.

例 21　(2004 年中国西部数学奥林匹克试题)求证：对任意正实数 a,b,c，都有 $1<\frac{a}{\sqrt{a^2+b^2}}+\frac{b}{\sqrt{b^2+c^2}}+\frac{c}{\sqrt{c^2+a^2}}\leqslant\frac{3\sqrt{2}}{2}$.

证明　不等式的左边易证

$$\frac{a}{\sqrt{a^2+b^2}}+\frac{b}{\sqrt{b^2+c^2}}+\frac{c}{\sqrt{c^2+a^2}}>\frac{a}{a+b+c}+\frac{b}{a+b+c}+\frac{c}{a+b+c}=1$$

下面证明右边的不等式.

由柯西不等式得

$$\left(\frac{a}{\sqrt{a^2+b^2}}+\frac{b}{\sqrt{b^2+c^2}}+\frac{c}{\sqrt{c^2+a^2}}\right)^2=$$

$$\left[\sqrt{a^2+c^2}\cdot\frac{a}{\sqrt{(a^2+b^2)(a^2+c^2)}}+\right.$$

$$\sqrt{b^2+a^2}\cdot\frac{b}{\sqrt{(b^2+c^2)(b^2+a^2)}}+$$

$$\left.\sqrt{c^2+b^2}\cdot\frac{c}{\sqrt{(c^2+a^2)(c^2+b^2)}}\right]^2\leqslant$$

$$[(a^2+c^2)+(b^2+a^2)+(c^2+b^2)]\cdot$$

$$\left[\frac{a^2}{(a^2+b^2)(a^2+c^2)}+\frac{b^2}{(b^2+c^2)(b^2+a^2)}+\frac{c^2}{(c^2+a^2)(c^2+b^2)}\right]=$$

$$2(a^2+b^2+c^2)\left[\frac{a^2}{(a^2+b^2)(a^2+c^2)}+\right.$$

$$\left.\frac{b^2}{(b^2+c^2)(b^2+a^2)}+\frac{c^2}{(c^2+a^2)(c^2+b^2)}\right]$$

下面证明

$$\frac{a^2(a^2+b^2+c^2)}{(a^2+b^2)(a^2+c^2)}+\frac{b^2(a^2+b^2+c^2)}{(b^2+c^2)(b^2+a^2)}+\frac{c^2(a^2+b^2+c^2)}{(c^2+a^2)(c^2+b^2)}\leqslant\frac{9}{4} \tag{5.14}$$

式(5.14)$\Leftrightarrow 8(a^2+b^2+c^2)(a^2b^2+b^2c^2+c^2a^2)\leqslant$

$$9(a^2+b^2)(b^2+c^2)(c^2+a^2)\Leftrightarrow$$

$$a^4b^2+b^4c^2+c^4a^2+a^2b^4+b^2c^4+c^2a^4\geqslant 6a^2b^2c^2$$

这由均值不等式得到.

于是，$1<\frac{a}{\sqrt{a^2+b^2}}+\frac{b}{\sqrt{b^2+c^2}}+\frac{c}{\sqrt{c^2+a^2}}\leqslant\frac{3\sqrt{2}}{2}$.

例 22 设 $a,b,c\in\mathbf{R}_+$，则

$$\sum\frac{a}{\sqrt{a^2+2bc}}\leqslant\frac{\sum a}{\sqrt{\sum bc}}$$

当且仅当 $a=b=c$ 时等号成立.

证法一 由柯西不等式，有

$$\left(\sum\frac{a}{\sqrt{a^2+2bc}}\right)^2\leqslant\sum a\sum\frac{a}{a^2+2bc}$$

因此，只需证明

$$\sum\frac{a}{a^2+2bc}\leqslant\frac{a+b+c}{ab+bc+ca}\Leftrightarrow$$

$$\sum\frac{a(ab+bc+ca)}{a^2+2bc}\leqslant a+b+c$$

不失一般性，假设 $a\geqslant b\geqslant c$，有

$$\frac{c(c-a)(c-b)}{c^2+2ab}\geqslant 0$$

$$\frac{a(a-b)(a-c)}{a^2+2bc}+\frac{b(b-c)(b-a)}{b^2+2ca}=$$

$$\frac{c(a-b)^2[3ab+2a(a-c)+2b(b-c)]}{(a^2+2bc)(b^2+2ca)}\geqslant 0$$

因此

$$\sum\left(a-\frac{a(ab+bc+ca)}{a^2+2bc}\right)=\sum\frac{a(a-b)(a-c)}{a^2+2bc}\geqslant 0$$

故原不等式成立.

证法二 由于不等式关于 a,b,c 对称，不失一般性，可假

设$a\geqslant b\geqslant c$,则

$$(a-c)(b-c)\geqslant 0$$

从而

$$\frac{c}{\sqrt{c^2+2ab}}\leqslant\frac{c}{\sqrt{ab+bc+ca}}$$

下面不难证明

$$\frac{a}{\sqrt{a^2+2bc}}+\frac{b}{\sqrt{b^2+2ca}}\leqslant\frac{a+b}{\sqrt{ab+bc+ca}}$$

此不等式等价于

$$\frac{a(\sqrt{a^2+2bc}-\sqrt{ab+bc+ca})}{\sqrt{a^2+2bc}}\geqslant\frac{b(\sqrt{ab+bc+ca}-\sqrt{b^2+2ca})}{\sqrt{b^2+2ca}} \tag{5.15}$$

容易证明对于 $a\geqslant b\geqslant c$,有

$$\sqrt{a^2+2bc}-\sqrt{ab+bc+ca}\geqslant 0$$

$$\sqrt{ab+bc+ca}-\sqrt{b^2+2ca}\geqslant 0$$

$$\frac{a}{\sqrt{a^2+2bc}}\geqslant\frac{b}{\sqrt{b^2+2ca}} \tag{5.16}$$

另外有

$$\sqrt{a^2+2bc}-\sqrt{ab+bc+ca}\geqslant\sqrt{ab+bc+ca}-\sqrt{b^2+2ca}\Leftrightarrow$$

$$\sqrt{a^2+2bc}+\sqrt{b^2+2ca}\geqslant 2\sqrt{ab+bc+ca} \tag{5.17}$$

上式两边平方得

$$a^2+b^2+2\sqrt{(a^2+2bc)(b^2+2ca)}\geqslant 4ab+2bc+2ca$$

因为 $a^2+b^2\geqslant 2ab$,从而要证式(5.17)成立,则只需证

$$\sqrt{(a^2+2bc)(b^2+2ca)}\geqslant ab+bc+ca$$

上式等价于

$$c(2a^3+2b^3+2abc-a^2c-b^2c-2a^2b-2ab^2)=$$

$$c(2a+2b-c)(a-b)^2\geqslant 0$$

故式(5.17)成立,于是将式(5.16)与式(5.17)相乘,得式(5.15)成立,从而原不等式成立.

例 23　(2001 年第 42 届 IMO 试题)对所有正实数 a,b,c,证明

$$\frac{a}{\sqrt{a^2+8bc}}+\frac{b}{\sqrt{b^2+8ca}}+\frac{c}{\sqrt{c^2+8ab}}\geqslant 1$$

证明 由柯西不等式得

$$(a\sqrt{a^2+8bc}+b\sqrt{b^2+8ca}+c\sqrt{c^2+8ab})\cdot$$

$$\left(\frac{a}{\sqrt{a^2+8bc}}+\frac{b}{\sqrt{b^2+8ca}}+\frac{c}{\sqrt{c^2+8ab}}\right)\geqslant(a+b+c)^2$$

再由柯西不等式得

$$a\sqrt{a^2+8bc}+b\sqrt{b^2+8ca}+c\sqrt{c^2+8ab}=$$

$$\sqrt{a}\sqrt{a^3+8abc}+\sqrt{b}\sqrt{b^3+8abc}+\sqrt{c}\sqrt{c^3+8abc}\leqslant$$

$$\sqrt{a+b+c}\sqrt{a^3+b^3+c^3+24abc}$$

所以

$$\frac{a}{\sqrt{a^2+8bc}}+\frac{b}{\sqrt{b^2+8ca}}+\frac{c}{\sqrt{c^2+8ab}}\geqslant\frac{\sqrt{(a+b+c)^3}}{\sqrt{a^3+b^3+c^3+24abc}}$$

只要证

$$(a+b+c)^3\geqslant a^3+b^3+c^3+24abc\Leftrightarrow$$

$$a^2b+b^2c+c^2a+ab^2+bc^2+ca^2\geqslant 6abc$$

这由均值不等式得到.

所以 $\frac{a}{\sqrt{a^2+8bc}}+\frac{b}{\sqrt{b^2+8ca}}+\frac{c}{\sqrt{c^2+8ab}}\geqslant 1$.

例 24 (1989 年《数学教学》第 4 期问题 192)设 $a_i,b_i>0$ $(1\leqslant i\leqslant n)$,求证

$$\frac{1}{\sum_{i=1}^{n}\frac{1}{a_i}}+\frac{1}{\sum_{i=1}^{n}\frac{1}{b_i}}\leqslant\frac{1}{\sum_{i=1}^{n}\frac{1}{a_i+b_i}}$$

证明

$$\text{原不等式}\Leftrightarrow\sum_{i=1}^{n}\frac{1}{a_i+b_i}\leqslant\frac{1}{\frac{1}{\sum_{i=1}^{n}\frac{1}{a_i}}+\frac{1}{\sum_{i=1}^{n}\frac{1}{b_i}}}\Leftrightarrow$$

$$\sum_{i=1}^{n}\frac{(a_i+b_i)-b_i}{(a_i+b_i)a_i}\leqslant\frac{\sum_{i=1}^{n}\frac{1}{a_i}\cdot\sum_{i=1}^{n}\frac{1}{b_i}}{\sum_{i=1}^{n}\frac{1}{a_i}+\sum_{i=1}^{n}\frac{1}{b_i}}\Leftrightarrow$$

$$\sum_{i=1}^{n}\frac{1}{a_i}-\sum_{i=1}^{n}\frac{b_i}{(a_i+b_i)a_i}\leqslant$$

$$\sum_{i=1}^{n}\frac{1}{a_i}-\frac{\left(\sum\limits_{i=1}^{n}\frac{1}{a_i}\right)^2}{\sum\limits_{i=1}^{n}\frac{1}{a_i}+\sum\limits_{i=1}^{n}\frac{1}{b_i}}\Leftrightarrow$$

$$\sum_{i=1}^{n}\frac{b_i}{(a_i+b_i)a_i}\geqslant\frac{\left(\sum\limits_{i=1}^{n}\frac{1}{a_i}\right)^2}{\sum\limits_{i=1}^{n}\left(\frac{1}{a_i}+\frac{1}{b_i}\right)}\Leftrightarrow$$

$$\sum_{i=1}^{n}\frac{b_i}{(a_i+b_i)a_i}\sum_{i=1}^{n}\frac{a_i+b_i}{a_ib_i}\geqslant\left(\sum_{i=1}^{n}\frac{1}{a_i}\right)^2$$

由柯西不等式，得

$$\sum_{i=1}^{n}\frac{b_i}{(a_i+b_i)a_i}\cdot\sum_{i=1}^{n}\frac{a_i+b_i}{a_ib_i}=$$

$$\sum_{i=1}^{n}\left(\sqrt{\frac{b_i}{(a_i+b_i)a_i}}\right)^2\cdot\sum_{i=1}^{n}\left(\sqrt{\frac{a_i+b_i}{a_ib_i}}\right)^2\geqslant$$

$$\left[\sum_{i=1}^{n}\left(\sqrt{\frac{b_i}{(a_i+b_i)a_i}}\cdot\sqrt{\frac{a_i+b_i}{a_ib_i}}\right)\right]^2=\left(\sum_{i=1}^{n}\frac{1}{a_i}\right)^2$$

等号当且仅当

$$\frac{\sqrt{\frac{b_i}{(a_i+b_i)a_i}}}{\sqrt{\frac{a_i+b_i}{a_ib_i}}}=\frac{b_i}{a_i+b_i}=\text{常数}$$

即$\frac{a_1}{b_1}=\frac{a_2}{b_2}=\cdots=\frac{a_n}{b_n}$时成立.

故原不等式成立.

例 25　若 $x,y,z\in\mathbf{R}_+$，求证

$$\sqrt{3}\left(\frac{yz}{x}+\frac{zx}{y}+\frac{xy}{z}\right)\geqslant(yz+zx+xy)\sqrt{\frac{x+y+z}{xyz}}$$

当且仅当 $x=y=z$ 时上式等号成立.

证明　将欲证的不等式两边平方，得

$$3(y^2z^2+z^2x^2+x^2y^2)^2\geqslant$$
$$(xy\cdot xz+xy\cdot yz+xz\cdot zy)(yz+zx+xy)^2$$

令 $u=yz,v=zx,w=xy$，则上式变为

$$3(u^2+v^2+w^2)^2\geqslant(vw+wu+uv)(u+v+w)^2\quad(5.18)$$

由柯西不等式，得

$$(u+v+w)^2\leqslant(1^2+1^2+1^2)(u^2+v^2+w^2)$$

即

$$u^2+v^2+w^2\geqslant\frac{1}{3}(u+v+w)^2 \tag{5.19}$$

式中等号当且仅当 $u=v=w$ 时成立.

又由 $(v-w)^2+(w-u)^2+(u-v)^2\geqslant 0$，得

$$(u+v+w)^2\geqslant 3(uv+vw+wu) \tag{5.20}$$

式中等号当且仅当 $u=v=w$ 时成立.

再由式(5.19)，式(5.20)得

$$\begin{aligned}3(u^2+v^2+w^2)^2\geqslant\frac{1}{3}(u+v+w)^4=\\ \frac{1}{3}(u+v+w)^2(u+v+w)^2\geqslant\\ (vw+wu+uv)(u+v+w)^2\end{aligned}$$

从而原不等式成立，式中等号当且仅当 $x=y=z$ 时成立.

例 26 设 $x_i>0,b_i>0(i=1,2,\cdots,n)$，记

$$S=\sum_{i=1}^{n}x_i$$

则

$$S=\sum_{i=1}^{n}\frac{b_ix_i}{S-x_i}\geqslant\frac{1}{n-1}\left(\sum_{i=1}^{n}\sqrt{b_i}\right)^2-\sum_{i=1}^{n}b_i$$

证明

$$\begin{aligned}\sum_{i=1}^{n}\frac{b_ix_i}{S-x_i}&=\sum_{i=1}^{n}\frac{b_iS-b_i(S-x_i)}{S-x_i}=\\ &\sum_{i=1}^{n}\frac{b_iS}{S-x_i}-\sum_{i=1}^{n}b_i=S\sum_{i=1}^{n}\frac{b_i}{S-x_i}-\sum_{i=1}^{n}b_i=\\ &\frac{1}{n-1}\sum_{i=1}^{n}(S-x_i)\sum_{i=1}^{n}\frac{b_i}{S-x_i}-\sum_{i=1}^{n}b_i=\\ &\frac{1}{n-1}\sum_{i=1}^{n}(\sqrt{S-x_i})^2\sum_{i=1}^{n}\left(\sqrt{\frac{b_i}{S-x_i}}\right)^2-\sum_{i=1}^{n}b_i\geqslant\\ &\frac{1}{n-1}\left(\sum_{i=1}^{n}\sqrt{S-x_i}\cdot\frac{\sqrt{b_i}}{\sqrt{S-x_i}}\right)^2-\sum_{i=1}^{n}b_i=\end{aligned}$$

$$\frac{1}{n-1}\left(\sum_{i=1}^{n}\sqrt{b_i}\right)^2-\sum_{i=1}^{n}b_i$$

当且仅当$\frac{S-x_1}{\sqrt{b_1}}=\frac{S-x_2}{\sqrt{b_2}}=\cdots=\frac{S-x_n}{\sqrt{b_n}}$时等号成立.

例 27　设 $a_i(i=1,2,\cdots,n)\in\mathbf{R}_+$,则

$$\sqrt{a_1^3+a_1^2a_2+a_1a_2^2+a_2^3}+\sqrt{a_2^3+a_2^2a_3+a_2a_3^2+a_3^3}+\cdots+$$
$$\sqrt{a_n^3+a_n^2a_1+a_na_1^2+a_1^3}\geqslant 2(\sqrt{a_1^3}+\sqrt{a_2^3}+\cdots+\sqrt{a_n^3})$$

证明　因为 $a_1^3+a_1^2a_2+a_1a_2^2+a_2^3=(a_1+a_2)(a_1^2+a_2^2)$,由柯西不等式,得

$$[(\sqrt{a_1})^2+(\sqrt{a_2})^2](a_1^2+a_2^2)\geqslant(a_1\sqrt{a_1}+a_2\sqrt{a_2})^2$$

所以

$$\sqrt{a_1^3+a_1^2a_2+a_1a_2^2+a_2^3}\geqslant a_1\sqrt{a_1}+a_2\sqrt{a_2}=\sqrt{a_1^3}+\sqrt{a_2^3}$$

同理可得

$$\sqrt{a_2^3+a_2^2a_3+a_2a_3^2+a_3^3}\geqslant\sqrt{a_2^3}+\sqrt{a_3^3}$$
$$\vdots$$
$$\sqrt{a_n^3+a_n^2a_1+a_na_1^2+a_1^3}\geqslant\sqrt{a_n^3}+\sqrt{a_1^3}$$

将以上各式相加,得

$$\sqrt{a_1^3+a_1^2a_2+a_1a_2^2+a_2^3}+\sqrt{a_2^3+a_2^2a_3+a_2a_3^2+a_3^3}+\cdots+$$
$$\sqrt{a_n^3+a_n^2a_1+a_na_1^2+a_1^3}\geqslant 2(\sqrt{a_1^3}+\sqrt{a_2^3}+\cdots+\sqrt{a_n^3})$$

例 28　证明:$\mathrm{C}_n^0\frac{3^0}{3^0+1}+\mathrm{C}_n^1\frac{3^1}{3^1+1}+\mathrm{C}_n^2\frac{3^2}{3^2+1}+\cdots+\mathrm{C}_n^n\frac{3^n}{3^n+1}\geqslant\frac{3^n\cdot 2^n}{3^n+2^n}$.

证明　由柯西不等式得

$$\mathrm{C}_n^0\frac{3^0}{3^0+1}+\mathrm{C}_n^1\frac{3^1}{3^1+1}+\mathrm{C}_n^2\frac{3^2}{3^2+1}+\cdots+\mathrm{C}_n^n\frac{3^n}{3^n+1}=$$

$$\frac{(\mathrm{C}_n^0)^2}{\mathrm{C}_n^0[1+(\frac{1}{3})^0]}+\frac{(\mathrm{C}_n^1)^2}{\mathrm{C}_n^1[1+(\frac{1}{3})^1]}+\frac{(\mathrm{C}_n^2)^2}{\mathrm{C}_n^2[1+(\frac{1}{3})^2]}+\cdots+\frac{(\mathrm{C}_n^n)^2}{\mathrm{C}_n^n[1+(\frac{1}{3})^n]}\geqslant$$

$$\frac{(\mathrm{C}_n^0+\mathrm{C}_n^1+\mathrm{C}_n^2+\cdots+\mathrm{C}_n^n)^2}{\mathrm{C}_n^0[1+(\frac{1}{3})^0]+\mathrm{C}_n^1[1+(\frac{1}{3})^1]+\mathrm{C}_n^2[1+(\frac{1}{3})^2]+\cdots+\mathrm{C}_n^n[1+(\frac{1}{3})^n]}=$$

$$\frac{(C_n^0+C_n^1+C_n^2+\cdots+C_n^n)^2}{(C_n^0+C_n^1+C_n^2+\cdots+C_n^n)+[C_n^0(\frac{1}{3})^0+C_n^1(\frac{1}{3})^1+C_n^2(\frac{1}{3})^2+\cdots+C_n^n(\frac{1}{3})^n]}=$$

$$\frac{(2^n)^2}{2^n+(1+\frac{1}{3})^n}=\frac{(2^n)^2}{2^n+(\frac{4}{3})^n}=\frac{3^n\cdot 2^n}{3^n+2^n}$$

例 29 (1989 年《中学生数理化》数理化接力赛试题)已知 a_1,a_2 是实数,z_1,z_2 是复数,求证

$$2|a_1z_1+a_2z_2|^2\leqslant(a_1^2+a_2^2)(|z_1|^2+|z_2|^2+|z_1^2+z_2^2|)$$

证明 作代换 $a_1^2+a_2^2=R^2$,并设

$$a_1=R\cos\theta, a_2=R\sin\theta$$

则待证不等式变为

$$2|\cos\theta\cdot z_1+\sin\theta\cdot z_2|^2\leqslant|z_1|^2+|z_2|^2+|z_1^2+z_2^2|$$

又

$$2|\cos\theta\cdot z_1+\sin\theta\cdot z_2|^2=$$

$$2(\cos\theta\cdot z_1+\sin\theta\cdot z_2)(\cos\theta\cdot\overline{z_1}+\sin\theta\cdot\overline{z_2})=$$

$$2|z_1|^2\cos^2\theta+2|z_2|^2\sin^2\theta+(z_1\overline{z_2}+z_2\overline{z_1})\sin 2\theta$$

所以上述不等式变为

$$|z_1|^2(2\cos^2\theta-1)+|z_2|^2(2\sin^2\theta-1)+(z_1\overline{z_2}+z_2\overline{z_1})\sin 2\theta\leqslant|z_1^2+z_2^2|$$

即要证明

$$(|z_1|^2-|z_2|^2)\cos 2\theta+(\overline{z_1}z_2+\overline{z_2}z_1)\sin 2\theta\leqslant|z_1^2+z_2^2|$$

由柯西不等式得

(因为 $z_1\overline{z_2}+z_2\overline{z_1}\in\mathbf{R}$)

$$\text{不等式左边}\leqslant\sqrt{(|z_1|^2-|z_2|^2)^2+(z_1\overline{z_2}+\overline{z_1}z_2)^2}=$$

$$\sqrt{|z_1|^4+|z_2|^4+z_1^2\overline{z_2}^2+z_2^2\overline{z_1}^2}=$$

$$\sqrt{z_1^2\overline{z_1}^2+z_2^2\overline{z_2}^2+z_1^2\overline{z_2}^2+z_2^2\overline{z_1}^2}=$$

$$\sqrt{(z_1^2+z_2^2)(\overline{z_1}^2+\overline{z_2}^2)}=$$

$$\sqrt{|z_1^2+z_2^2|^2}=|z_1^2+z_2^2|$$

例 30 (2010 年第 49 届 IMO 预选题)证明:对于任意的正实数 a,b,c,d,都有

$$\frac{(a-b)(a-c)}{a+b+c}+\frac{(b-c)(b-d)}{b+c+d}+\frac{(c-d)(c-a)}{c+d+a}+$$

$$\frac{(d-a)(d-b)}{d+a+b}\geqslant 0$$

并确定等号成立的条件.

证明　设

$$A=\frac{(a-b)(a-c)}{a+b+c},B=\frac{(b-c)(b-d)}{b+c+d}$$

$$C=\frac{(c-d)(c-a)}{c+d+a},D=\frac{(d-a)(d-b)}{d+a+b}$$

则 $2A=A'+A''$,其中

$$A'=\frac{(a-c)^2}{a+b+c},\ A''=\frac{(a-c)(a-2b+c)}{a+b+c}$$

类似地,有 $2B=B'+B''$,$2C=C'+C''$, $2D=D'+D''$.

设 $S=a+b+c+d$,则 A,B,C,D 的分母分别为 $S-d$, $S-a$,$S-b$,$S-c$. 由柯西不等式,得

$$\left(\frac{|a-c|}{\sqrt{S-d}}\sqrt{S-d}+\frac{|b-d|}{\sqrt{S-a}}\sqrt{S-a}+\frac{|c-a|}{\sqrt{S-b}}\sqrt{S-b}+\frac{|d-b|}{\sqrt{S-c}}\sqrt{S-c}\right)^2\leqslant$$
$$\left[\frac{(a-c)^2}{S-d}+\frac{(b-d)^2}{S-a}+\frac{(c-a)^2}{S-b}+\frac{(d-b)^2}{S-c}\right](4S-S)=$$
$$3S(A'+B'+C'+D')$$

故

$$A'+B'+C'+D'\geqslant\frac{(2|a-c|+2|b-d|)^2}{3S}\geqslant \frac{16|a-c|\cdot|b-d|}{3S} \tag{5.21}$$

$$\begin{aligned}A''+C''&=\frac{(a-c)(a+c-2b)}{S-d}+\frac{(c-a)(c+a-2d)}{S-b}=\\&\frac{(a-c)(a+c-2b)(S-b)+(c-a)(c+a-2d)(S-d)}{(S-d)(S-b)}=\\&\frac{(a-c)[-2b(S-b)-b(a+c)+2d(S-d)+d(a+c)]}{S(a+c)+bd}=\\&\frac{3(a-c)(d-b)(a+c)}{M}\end{aligned}$$

其中,$M=S(a+c)+bd$.

同理

$$B''+D''=\frac{3(b-d)(a-c)(b+d)}{N}$$

其中，$N=S(b+d)+ca$.

故

$$A''+B''+C''+D''=3(a-c)(b-d)\left(\frac{b+d}{N}-\frac{a+c}{M}\right)=$$
$$\frac{3(a-c)(b-d)W}{MN} \tag{5.22}$$

其中，$W=(b+d)M-(a+c)N=(b+d)bd-(a+c)ac$.

又

$$MN=S^2(a+c)(b+d)+S(a+c)ac+S(b+d)bd+abcd>$$
$$S[(a+c)ac+(b+d)bd]\geqslant|W|S \tag{5.23}$$

则由式(5.22)，式(5.23)得

$$|A''+B''+C''+D''|\leqslant\frac{3|a-c|\cdot|b-d|}{S}$$

结合式(5.21)，得

$$2(A+B+C+D)=(A'+B'+C'+D')+(A''+B''+C''+D'')\geqslant$$
$$\frac{16|a-c|\cdot|b-d|}{3S}-\frac{3|a-c|\cdot|b-d|}{S}=$$
$$\frac{7|a-c|\cdot|b-d|}{3(a+b+c+d)}\geqslant 0$$

因此，原不等式成立，且等号成立的条件为 $a=c$，$b=d$.

例 31 （2009 年第 38 届美国数学奥林匹克）设 $n\geqslant 2$，a_1，a_2，…，a_n 是 n 个正实数，满足

$$(a_1+a_2+\cdots+a_n)\left(\frac{1}{a_1}+\frac{1}{a_2}+\cdots+\frac{1}{a_n}\right)\leqslant\left(n+\frac{1}{2}\right)^2$$

证明：$\max\{a_1,a_2,\cdots,a_n\}\leqslant 4\min\{a_1,a_2,\cdots,a_n\}$.

证明 记 $m=\min\{a_1,a_2,\cdots,a_n\}$，$M=\max\{a_1,a_2,\cdots,a_n\}$. 根据对称性，不妨设 $m=a_1\leqslant a_2\leqslant\cdots\leqslant a_n=M$，要证 $M\leqslant 4m$.

当 $n=2$ 时，条件为

$$(m+M)\left(\frac{1}{m}+\frac{1}{M}\right)\leqslant\frac{25}{4}$$

等价于

$$4(m+M)^2\leqslant 25mM$$

即

$$(4M-m)(M-4m)\leqslant 0$$

而

$$4M-m\geqslant 3M>0$$

所以

$$M\leqslant 4m$$

当 $n\geqslant 3$ 时，由柯西不等式，可知

$$\left(n+\frac{1}{2}\right)^2\geqslant(a_1+a_2+\cdots+a_n)\left(\frac{1}{a_1}+\frac{1}{a_2}+\cdots+\frac{1}{a_n}\right)=$$
$$(m+a_2+a_3+\cdots+a_{n-1}+M)\cdot$$
$$\left(\frac{1}{M}+\frac{1}{a_2}+\cdots+\frac{1}{a_{n-1}}+\frac{1}{m}\right)\geqslant$$
$$\left(\sqrt{\frac{m}{M}}+\underbrace{1+\cdots+1}_{(n-2)\text{个}}+\sqrt{\frac{M}{m}}\right)^2$$

故

$$n+\frac{1}{2}\geqslant\sqrt{\frac{m}{M}}+\sqrt{\frac{M}{m}}+n-2$$

所以

$$\sqrt{\frac{M}{m}}+\sqrt{\frac{m}{M}}\leqslant\frac{5}{2}$$

从而 $2(m+M)\leqslant 5\sqrt{mM}$.

同 $n=2$ 时的情形可得 $M\leqslant 4m$. 故命题得证.

例 32 (2006 年江苏省数学冬令营)证明对任意实数 x_0，$x_1,x_2,\cdots,x_{2n}$ 有不等式

$$\sum_{k=0}^{2n}x_k^2\geqslant\frac{1}{2n+1}\left(\sum_{k=0}^{2n}x_k\right)^2+\frac{3}{n(n+1)(2n+1)}\left(\sum_{k=0}^{2n}(k-n)x_k\right)^2$$

证明 将原不等式中的 x_k 换成 x_k-u，u 是常数，不等式两端不变. 这就是说不等式等价于证明

$$\sum_{k=0}^{2n}(x_k-u)^2\geqslant\frac{1}{2n+1}\left[\sum_{k=0}^{2n}(x_k-u)\right]^2+$$
$$\frac{3}{n(n+1)(2n+1)}\left[\sum_{k=0}^{2n}(k-n)(x_k-u)\right]^2$$

由 u 的任意性，为简单化，我们取 $u=\frac{1}{2n+1}\sum\limits_{k=0}^{2n}x_k$，则 $\sum\limits_{k=0}^{2n}(x_k-u)=0$，即证明

$$\sum_{k=0}^{2n}(x_k-u)^2 \geqslant \frac{3}{n(n+1)(2n+1)}\left[\sum_{k=0}^{2n}(k-n)(x_k-u)\right]^2$$

令 $y_k=x_k-u$,即证明

$$\sum_{k=0}^{2n}y_k^2 \geqslant \frac{3}{n(n+1)(2n+1)}\left[\sum_{k=0}^{2n}(k-n)y_k\right]^2$$

由柯西不等式得

$$\sum_{k=0}^{2n}(k-n)^2\sum_{k=0}^{2n}y_k^2 \geqslant \left[\sum_{k=0}^{2n}(k-n)y_k\right]^2$$

即

$$[n^2+(n-1)^2+\cdots+1^2+0^2+1^2+2^2+\cdots+(n-1)^2+n^2]\cdot$$
$$\sum_{k=0}^{2n}y_k^2 \geqslant \left[\sum_{k=0}^{2n}(k-n)y_k\right]^2$$

$$2(1^2+2^2+\cdots+(n-1)^2+n^2)\sum_{k=0}^{2n}y_k^2 \geqslant \left[\sum_{k=0}^{2n}(k-n)y_k\right]^2$$

而

$$1^2+2^2+\cdots+(n-1)^2+n^2=\frac{n(n+1)(2n+1)}{6}$$

所以

$$\sum_{k=0}^{2n}y_k^2 \geqslant \frac{3}{n(n+1)(2n+1)}\left[\sum_{k=0}^{2n}(k-n)y_k\right]^2$$

例 33 (1991 年第 32 届 IMO 备选题)设 $x_i>0, i=1,2,\cdots,n$.求证:对任何非负整数 k,有

$$\frac{x_1^k+x_2^k+\cdots+x_n^k}{n}\leqslant\frac{x_1^{k+1}+x_2^{k+1}+\cdots+x_n^{k+1}}{x_1+x_2+\cdots+x_n}$$

证明 不失一般性,设 $x_1+x_2+\cdots+x_n=1$.否则,只要用 $x_i'=\dfrac{x_i}{x_1+x_2+\cdots+x_n}$ 代替 x_i 即可.

当 $k=0$ 时,不等式成立.

设对于非负整数 k 不等式成立,即

$$\sum_{i=1}^{n}\frac{x_i^k}{n}\leqslant\sum_{i=1}^{n}x_i^{k+1}$$

则当 $k=k+1$ 时,由柯西不等式及归纳假设有

$$\sum_{i=1}^{n}\frac{x_i^{k+1}}{n}=\sum_{i=1}^{n}\left(x_i^{\frac{k+2}{2}}\cdot\frac{x_i^{\frac{k}{2}}}{n}\right)\leqslant$$

$$\left(\sum_{i=1}^{n} x_i^{k+2}\right)^{\frac{1}{2}} \cdot \left(\sum_{i=1}^{n} \frac{x_i^k}{n^2}\right)^{\frac{1}{2}} \leqslant$$

$$\left(\sum_{i=1}^{n} x_i^{k+2}\right)^{\frac{1}{2}} \cdot \left(\sum_{i=1}^{n} \frac{x_i^{k+1}}{n}\right)^{\frac{1}{2}}$$

所以

$$\left(\sum_{i=1}^{n} \frac{x_i^{k+1}}{n}\right)^{\frac{1}{2}} \leqslant \left(\sum_{i=1}^{n} x_i^{k+2}\right)^{\frac{1}{2}}$$

故

$$\sum_{i=1}^{n} \frac{x_i^{k+1}}{n} \leqslant \sum_{i=1}^{n} x_i^{k+2}$$

即当 $k=k+1$ 时，不等式也成立.

从而，对任意非负整数 k 不等式均成立.

例 34　设 $k\geqslant 1, a_i(i=1,2,\cdots,n)$ 为正实数. 求证

$$\left(\frac{a_1}{a_2+a_3+\cdots+a_n}\right)^k+\cdots+\left(\frac{a_n}{a_1+a_2+\cdots+a_{n-1}}\right)^k \geqslant \frac{n}{(n-1)^k} \tag{5.24}$$

证明　令 $s=a_1+a_2+\cdots+a_n$，当 $k=1$ 时

$$\frac{a_1}{a_2+\cdots+a_n}+\cdots+\frac{a_n}{a_1+\cdots+a_{n-1}}=\frac{s}{s-a_1}+\cdots+\frac{s}{s-a_n}-n$$

而由柯西不等式，得

$$\left(\frac{s}{s-a_1}+\cdots+\frac{s}{s-a_n}\right)\left(\frac{s-a_1}{s}+\cdots+\frac{s-a_n}{s}\right)\geqslant n^2$$

即

$$\frac{s}{s-a_1}+\cdots+\frac{s}{s-a_n}\geqslant \frac{n^2}{n-1}$$

于是

$$\frac{a_1}{a_2+\cdots+a_n}+\cdots+\frac{a_n}{a_1+\cdots+a_{n-1}}\geqslant \frac{n^2}{n-1}-n=\frac{n}{n-1}$$

当 $k>1$ 时，令

$$x_i=\left(\frac{a_i}{s-a_i}\right)^k \quad (i=1,2,\cdots,n)$$

则

$$\sum_{i=1}^{n} x_i^{\frac{1}{k}} = \sum_{i=1}^{n} \frac{a_i}{s-a_i} \geqslant \frac{n}{n-1} \tag{5.25}$$

又由幂平均不等式(因为 $k>1$),得

$$\left(\frac{\sum_{i=1}^{n} x_i^{\frac{1}{k}}}{n}\right)^k \leqslant \frac{x_1+x_2+\cdots+x_n}{n} \tag{5.26}$$

由式(5.25),式(5.26)推出

$$x_1+x_2+\cdots+x_k \geqslant \frac{1}{n^{k-1}}\left(\sum_{i=1}^{n} x_i^{\frac{1}{k}}\right)^k \geqslant$$
$$\left(\frac{n}{n-1}\right)^k \cdot \frac{1}{n^{k-1}} = \frac{n}{(n-1)^k}$$

即式(5.24)成立.

当 $k<1$ 时,式(5.24)不成立.例如令

$$a_1=a_2=1,\ a_3=\cdots=a_n=n^{-\frac{1}{k}}$$

则

$$\text{式(5.24)的左边}<1+1+(n-2)\cdot n^{-1}<3$$

而

$$\text{式(5.24)的右边}\to+\infty(n\to+\infty)$$

例 35 (2003 年第 44 届 IMO)设 n 为正整数,实数 x_1,x_2,$\cdots$,x_n 满足 $x_1\leqslant x_2\leqslant\cdots\leqslant x_n$.证明

$$\left(\sum_{i=1}^{n}\sum_{j=1}^{n}|x_i-x_j|\right)^2 \leqslant \frac{2(n^2-1)}{3}\sum_{i=1}^{n}\sum_{j=1}^{n}(x_i-x_j)^2$$

证明 注意到

$$\left(\sum_{i=1}^{n}\sum_{j=1}^{n}|x_i-x_j|\right)^2 = \left[2\sum_{1\leqslant i<j\leqslant n}(x_j-x_i)\right]^2$$

$$\frac{2(n^2-1)}{3}\sum_{i=1}^{n}\sum_{j=1}^{n}(x_i-x_j)^2 = \frac{4(n^2-1)}{3}\sum_{1\leqslant i<j\leqslant n}(x_j-x_i)^2$$

于是,只需证明

$$\left[\sum_{1\leqslant i<j\leqslant n}(x_j-x_i)\right]^2 \leqslant \frac{n^2-1}{3}\sum_{1\leqslant i<j\leqslant n}(x_j-x_i)^2$$

由上式结构自然会想到用柯西不等式

$$\sum_{1\leqslant i<j\leqslant n} a_{ij}^2 \sum_{1\leqslant i<j\leqslant n}(x_j-x_i)^2 = \frac{n(n-1)}{2}\sum_{1\leqslant i<j\leqslant n}(x_j-x_i)^2 \geqslant$$
$$\left[\sum_{1\leqslant i<j\leqslant n}(x_j-x_i)\right]^2$$

其中 $a_{ij}=1$.比较可知放缩失败(放过了).

下面调整思路. 因为

$$\left[\sum_{1\leqslant i<j\leqslant n}(x_j-x_i)\right]^2=\left[\sum_{i=1}^{n}(2i-n-1)x_i\right]^2\leqslant$$

$$\sum_{i=1}^{n}(2i-n-1)^2\sum_{i=1}^{n}x_i^2=$$

$$\frac{n(n^2-1)}{3}\sum_{i=1}^{n}x_i^2 \tag{5.27}$$

而

$$\frac{n^2-1}{3}\sum_{1\leqslant i<j\leqslant n}(x_j-x_i)^2=\frac{n^2-1}{3}\left[n\sum_{i=1}^{n}x_i^2-\left(\sum_{i=1}^{n}x_i\right)^2\right] \tag{5.28}$$

比较式(5.27),式(5.28)可知,若 $\sum_{i=1}^{n}x_i=0$,则原不等式得证. 观察要证明的原不等式,显然,若作变换 $x_i'=x_i-d$(d 为常数),则原不等式形式不变. 于是,可以“不妨设 $\sum_{i=1}^{n}x_i=0$(增设条件)”. 因此,原不等式得证.

例 36　设 $a,b,c\geqslant 0$,求证

$$\sqrt{a^2+b^2}+\sqrt{b^2+c^2}+\sqrt{c^2+a^2}\geqslant\sqrt{2}(a+b+c)$$

证明　根据柯西不等式,得

$$\sqrt{a^2+b^2}\cdot\sqrt{b^2+c^2}\geqslant ab+bc$$

$$\sqrt{b^2+c^2}\cdot\sqrt{c^2+a^2}\geqslant bc+ca$$

$$\sqrt{c^2+a^2}\cdot\sqrt{a^2+b^2}\geqslant ca+ab$$

所以

$$\sqrt{a^2+b^2}\cdot\sqrt{b^2+c^2}+\sqrt{b^2+c^2}\cdot\sqrt{c^2+a^2}+\sqrt{c^2+a^2}\cdot\sqrt{a^2+b^2}\geqslant 2(ab+bc+ca)$$

于是

$$(\sqrt{a^2+b^2}+\sqrt{b^2+c^2}+\sqrt{c^2+a^2})^2\geqslant 2(a+b+c)^2$$

即

$$\sqrt{a^2+b^2}+\sqrt{b^2+c^2}+\sqrt{c^2+a^2}\geqslant\sqrt{2}(a+b+c)$$

下面对这个不等式进行一些推广.

先证明几个引理:

引理 1 设 $a,b\in\mathbf{R}_+,m,n\in\mathbf{N}$,则

$$(a^m+b^m)(a^n+b^n)\leqslant 2(a^{m+n}+b^{m+n})$$

证明 因为

$$(a^m-b^m)(a^n-b^n)\geqslant 0$$

所以

$$a^{m+n}+b^{m+n}-a^mb^n-a^nb^m\geqslant 0$$

$$2(a^{m+n}+b^{m+n})\geqslant a^{m+n}+b^{m+n}+a^mb^n+a^nb^m=(a^m+b^m)(a^n+b^n)$$

引理 2 设 $a,b\geqslant 0,n\in\mathbf{N}$,则

$$(a+b)^n\leqslant 2^{n-1}(a^n+b^n)$$

证明 用数学归纳法.

当 $n=1$ 时,不等式显然成立;

假设 $n=k$ 时不等式成立,即

$$(a+b)^k\leqslant 2^{k-1}(a^k+b^k)$$

当 $n=k+1$ 时

$$(a+b)^{k+1}=(a+b)^k(a+b)\leqslant 2^{k-1}(a^k+b^k)(a+b)\leqslant 2^k(a^{k+1}+b^{k+1})$$

故对任意自然数 n,不等式均成立.

推广 1 设 $a,b,c\in\mathbf{R}_+,n\in\mathbf{N}$,则

$$\sqrt[n]{a^n+b^n}+\sqrt[n]{b^n+c^n}+\sqrt[n]{c^n+a^n}\geqslant\sqrt[n]{2}(a+b+c)$$

证明 由引理 2,有

$$a^n+b^n\geqslant\frac{1}{2^{n-1}}(a+b)^n$$

$$b^n+c^n\geqslant\frac{1}{2^{n-1}}(b+c)^n$$

$$c^n+a^n\geqslant\frac{1}{2^{n-1}}(c+a)^n$$

所以

$$\sqrt[n]{a^n+b^n}\geqslant\frac{\sqrt[n]{2}}{2}(a+b)$$

$$\sqrt[n]{b^n+c^n}\geqslant\frac{\sqrt[n]{2}}{2}(b+c)$$

$$\sqrt[n]{c^n+a^n}\geqslant\frac{\sqrt[n]{2}}{2}(c+a)$$

所以

$$\sqrt[n]{a^n+b^n}+\sqrt[n]{b^n+c^n}+\sqrt[n]{c^n+a^n}\geqslant\sqrt[n]{2}(a+b+c)$$

推广 2　设 $a_i\geqslant0(i=1,2,\cdots,n)$,则

$$\sum_{i=1}^{n}\sqrt{\left(\sum_{j=1}^{n}a_j^2\right)-a_i^2}\geqslant\sqrt{n-1}\left(\sum_{i=1}^{n}a_i\right)$$

证明　由柯西不等式,有

$$\sum_{i=1}^{n}x_i^2\geqslant\frac{1}{n}\left(\sum_{i=1}^{n}x_i\right)^2$$

于是

$$\sum_{i=1}^{n}\sqrt{\left(\sum_{j=1}^{n}a_j^2\right)-a_i^2}\geqslant\sum_{i=1}^{n}\sqrt{\frac{\left[\left(\sum_{j=1}^{n}a_j\right)-a_i\right]^2}{n-1}}=$$

$$\frac{1}{\sqrt{n-1}}\sum_{i=1}^{n}\left[\left(\sum_{j=1}^{n}a_j\right)-a_i\right]=$$

$$\frac{1}{\sqrt{n-1}}\cdot(n-1)\sum_{i=1}^{n}a_i=$$

$$\sqrt{n-1}(a_1+a_2+\cdots+a_n)$$

引理 3　设 $a_i\geqslant0(i=1,2,\cdots,m)$,$n\in\mathbf{N}$,则

$$\left(\sum_{i=1}^{m}a_i\right)^n\leqslant m^{n-1}\left(\sum_{i=1}^{m}a_i^n\right)$$

证明　由权方和不等式:若 $a_i\geqslant0,b_i\geqslant0(i=1,2,\cdots,n)$,$m$ 为自然数,则

$$\sum_{i=1}^{n}\frac{a_i^m}{b_i^{m-1}}\geqslant\frac{\left(\sum_{i=1}^{n}a_i\right)^m}{\left(\sum_{i=1}^{n}b_i\right)^{m-1}}$$

$$\sum_{i=1}^{m}a_i^n=\sum_{i=1}^{m}\frac{a_i^n}{1^{n-1}}\geqslant\frac{\left(\sum_{i=1}^{m}a_i\right)^n}{\left(\sum_{i=1}^{m}1\right)^{n-1}}=\frac{\left(\sum_{i=1}^{m}a_i\right)^n}{m^{n-1}}$$

所以

$$\left(\sum_{i=1}^{m} a_i\right)^n \leqslant m^{n-1}\left(\sum_{i=1}^{m} a_i^n\right)$$

推广 3 设 $a_i \geqslant 0(i=1,2,\cdots,m), n \in \mathbf{N}$,则

$$\sum_{i=1}^{m} \sqrt[n]{\left(\sum_{j=1}^{m} a_j^n\right)-a_i^n} \geqslant \sqrt[n]{m-1}(a_1+a_2+\cdots+a_m)$$

证明 由引理 3

$$\sum_{i=1}^{m} \sqrt[n]{\left(\sum_{j=1}^{m} a_j^n\right)-a_i^n} \geqslant \sum_{i=1}^{m} \sqrt[n]{\frac{\left[\left(\sum_{j=1}^{m} a_j\right)-a_i\right]^n}{(m-1)^{n-1}}}=$$

$$\frac{1}{\sqrt[n]{(m-1)^{n-1}}} \sum_{i=1}^{m}\left[\left(\sum_{j=1}^{m} a_j\right)-a_i\right]=$$

$$\frac{\sqrt[n]{m-1}}{m-1} \cdot (m-1) \sum_{i=1}^{m} a_i=$$

$$\sqrt[n]{m-1}(a_1+a_2+\cdots+a_m)$$

例 37 (1963 年第 26 届莫斯科数学奥林匹克试题)已知 $a, b, c \in \mathbf{R}_+$,求证

$$\frac{a}{b+c}+\frac{b}{c+a}+\frac{c}{a+b} \geqslant \frac{3}{2}$$

证明 因为

$$[(b+c)+(c+a)+(a+b)] \cdot\left(\frac{1}{b+c}+\frac{1}{c+a}+\frac{1}{a+b}\right) \geqslant$$

$$(1+1+1)^2=9$$

所以

$$(a+b+c)\left(\frac{1}{b+c}+\frac{1}{c+a}+\frac{1}{a+b}\right) \geqslant \frac{9}{2}$$

即

$$\left(1+\frac{a}{b+c}\right)+\left(1+\frac{b}{c+a}\right)+\left(1+\frac{c}{a+b}\right) \geqslant \frac{9}{2}$$

故

$$\frac{a}{b+c}+\frac{b}{c+a}+\frac{c}{a+b} \geqslant \frac{3}{2}$$

这个不等式可以推广为:

设 $x_i>0(i=1,2,\cdots,n)$,记 $s=x_1+x_2+\cdots+x_n$,则

$$\frac{x_1}{s-x_1}+\frac{x_2}{s-x_2}+\cdots+\frac{x_n}{s-x_n}\geqslant\frac{n}{n-1} \tag{5.29}$$

当且仅当 $x_1=x_2=\cdots=x_n$ 时等号成立.

证明　根据柯西不等式

$$\frac{x_1}{s-x_1}+\frac{x_2}{s-x_2}+\cdots+\frac{x_n}{s-x_n}=$$

$$\frac{s-(s-x_1)}{s-x_1}+\frac{s-(s-x_2)}{s-x_2}+\cdots+\frac{s-(s-x_n)}{s-x_n}=$$

$$s\left(\frac{1}{s-x_1}+\frac{1}{s-x_2}+\cdots+\frac{1}{s-x_n}\right)-n=$$

$$\frac{1}{n-1}[(s-x_1)+(s-x_2)+\cdots+(s-x_n)]\cdot$$

$$\left(\frac{1}{s-x_1}+\frac{1}{s-x_2}+\cdots+\frac{1}{s-x_n}\right)-n\geqslant$$

$$\frac{1}{n-1}\cdot n^2-n=\frac{n}{n-1}$$

当且仅当 $s-x_1=s-x_2=\cdots=s-x_n$ 时,即 $x_1=x_2=\cdots=x_n$ 时等号成立.

例 38　设 $a,b,c>0$,则

$$\frac{a}{b+c}+\frac{4b}{c+a}+\frac{5c}{a+b}\geqslant3(\sqrt{5}-1)$$

当且仅当 $a:b:c=(\sqrt{5}+1):(\sqrt{5}-1):(3-\sqrt{5})$时等号成立.

证明　令 $s=a+b+c$,由柯西不等式得

$$\frac{a}{b+c}+\frac{4b}{c+a}+\frac{5c}{a+b}=$$

$$\frac{s-(b+c)}{b+c}+\frac{4s-4(c+a)}{c+a}+\frac{5s-5(a+b)}{a+b}=$$

$$s\left(\frac{1}{b+c}+\frac{4}{c+a}+\frac{5}{a+b}\right)-10=$$

$$\frac{1}{2}[(b+c)+(c+a)+(a+b)]\cdot\left(\frac{1}{b+c}+\frac{4}{c+a}+\frac{5}{a+b}\right)-10\geqslant$$

$$\frac{1}{2}(1+2+\sqrt{5})^2-10=3(\sqrt{5}-1)$$

当且仅当 $b+c=\frac{c+a}{2}=\frac{a+b}{\sqrt{5}}$时,即$\frac{a}{\sqrt{5}+1}=\frac{b}{\sqrt{5}-1}=\frac{c}{3-\sqrt{5}}$时等号成立.

例 39 设 $a,b,c>0$,则

$$\frac{a}{b+3c}+\frac{b}{8c+4a}+\frac{9c}{3a+2b}\geqslant\frac{47}{48}$$

当且仅当 $a:b:c=10:21:1$ 时等号成立.

证明 令 $A=\frac{3a}{2},B=b,C=3c,s=a+b+c$,由柯西不等式,得

$$\frac{a}{b+3c}+\frac{b}{8c+4a}+\frac{9c}{3a+2b}=$$

$$\frac{\frac{2}{3}\cdot\frac{3}{2}a}{b+3c}+\frac{\frac{3}{8}b}{3c+\frac{3}{2}a}+\frac{\frac{3}{2}\cdot 3c}{\frac{3}{2}a+b}=$$

$$\frac{2}{3}\cdot\frac{A}{B+C}+\frac{3}{8}\cdot\frac{B}{C+A}+\frac{3}{2}\cdot\frac{C}{A+B}=$$

$$\frac{2}{3}\cdot\frac{s-(B+C)}{B+C}+\frac{3}{8}\cdot\frac{s-(C+A)}{C+A}+\frac{3}{2}\cdot\frac{s-(A+B)}{A+B}=$$

$$\frac{1}{2}[(B+C)+(C+A)+(A+B)]\cdot$$

$$\left(\frac{2}{3}\cdot\frac{1}{B+C}+\frac{3}{8}\cdot\frac{1}{C+A}+\frac{3}{2}\cdot\frac{1}{A+B}\right)-\left(\frac{2}{3}+\frac{3}{8}+\frac{3}{2}\right)\geqslant$$

$$\frac{3}{2}\left(\sqrt{\frac{2}{3}}+\sqrt{\frac{3}{8}}+\sqrt{\frac{3}{2}}\right)^2-\frac{61}{24}=\frac{47}{48}$$

当且仅当

$$\frac{(B+C)}{\sqrt{\frac{2}{3}}}=\frac{(C+A)}{\sqrt{\frac{3}{8}}}=\frac{(A+B)}{\sqrt{\frac{3}{2}}}$$

即 $a:b:c=10:21:1$ 时,等号成立.

事实上,例 38,例 39 也可以看作是例 37 在某种意义上的一种推广.

一般地,若记

$$s=x_1+x_2+\cdots+x_n$$
$$s_{k_1}=x_1+x_2+\cdots+x_k$$
$$s_{k_2}=x_2+x_3+\cdots+x_{k+1}$$
$$\vdots$$
$$s_{k_n}=x_n+x_1+\cdots+x_{k-1}\quad(1\leqslant k<n)$$

那么有

$$\frac{s_{k_1}}{s-s_{k_1}}+\frac{s_{k_2}}{s-s_{k_2}}+\cdots+\frac{s_{k_n}}{s-s_{k_n}}\geqslant\frac{nk}{n-k}\qquad(5.30)$$

当且仅当 $x_1=x_2=\cdots=x_n$ 时上式等号成立.

证明　根据柯西不等式

$$\frac{s_{k_1}}{s-s_{k_1}}+\frac{s_{k_2}}{s-s_{k_2}}+\cdots+\frac{s_{k_n}}{s-s_{k_n}}=$$

$$\frac{s-(s-s_{k_1})}{s-s_{k_1}}+\frac{s-(s-s_{k_2})}{s-s_{k_2}}+\cdots+\frac{s-(s-s_{k_n})}{s-s_{k_n}}=$$

$$s\left(\frac{1}{s-s_{k_1}}+\frac{1}{s-s_{k_2}}+\cdots+\frac{1}{s-s_{k_n}}\right)-n=$$

$$\frac{1}{n-k}[(s-s_{k_1})+(s-s_{k_2})+\cdots+(s-s_{k_n})]\cdot$$

$$\left(\frac{1}{s-s_{k_1}}+\frac{1}{s-s_{k_2}}+\cdots+\frac{1}{s-s_{k_n}}\right)-n\geqslant$$

$$\frac{1}{n-k}\cdot n^2-n=\frac{nk}{n-k}$$

当且仅当 $s-s_{k_1}=s-s_{k_2}=\cdots=s-s_{k_n}$ 时,即 $x_1=x_2=\cdots=x_n$ 时等号成立.

当 $k=1$ 时,不等式(5.30)即为不等式(5.29).

如果 n 为偶数,例如,$n=4$,若取 $k=2$,那么式(5.30)变为

$$\frac{x_1+x_2}{x_3+x_4}+\frac{x_2+x_3}{x_4+x_1}+\frac{x_3+x_4}{x_1+x_2}+\frac{x_4+x_1}{x_2+x_3}\geqslant4$$

有趣的是,若取 $k=n-1$,则有

$$\frac{x_1+x_2+\cdots+x_{n-1}}{x_n}+\frac{x_2+x_3+\cdots+x_n}{x_1}+\cdots+$$

$$\frac{x_n+x_1+\cdots+x_{n-2}}{x_{n-1}}\geqslant n(n-1)$$

这正是由式(5.29)左边各项的倒数和构成的不等式.

像例37中的(5.29),(5.30)这样的不等式我们常称之为循环不等式.下面介绍一下例37中的循环不等式的一些情况.

1954年,美国数学家H. S. Shapiro提出了一个猜想:当 $n\geqslant3$ 时,有循环不等式

$$f_n(x_1,x_2,\cdots,x_n)=\sum_{k=1}^{n}\frac{x_k}{x_{k+1}+x_{k+2}}\geqslant\frac{n}{2}\qquad(5.31)$$

这一猜想提出后,世界各国有许多专家、学者进行了不懈的研究.

1958 年英国剑桥大学教授莫尔捷洛首先提出了不等式(5.31)当 $n\leqslant 6$ 时成立,并猜测 $n=7$ 时,式(5.31)不成立.有趣的是,若能找到 $x_1,x_2,\cdots,x_7$ 使得式(5.31)不成立,那么对一切 $n\geqslant 7$,式(5.31)不成立.但是,1961 年贝尔格莱德的数学家德耶科维奇推翻了莫尔捷洛的猜测,并证明了 $n=8$ 时式(5.31)成立(证法也适用于 $n=7$ 的情形).1967 年巴西数学家诺沃萨德给出了 $n=10$ 时式(5.31)成立的证明.1974 年苏联数学家 B. И. 列维与 E. K. 可杜诺娃证明了 $n=12$ 时式(5.31)也是成立的.

早在 1956 年英国数学家赖特希尔认为,一般地说式(5.31)是不成立的.他还构造出一组由 20 个数组成的数组,使得 $f_{20}(x_1,x_2,\cdots,x_{20})<10$.1958 年苏联的数学家楚劳弗举出了 $n=14$时的反例,这些数是 50,5,48,3,48,1,50,0,52,1,54,4,53,6.同年,格拉斯哥的数学家拉金证明了对充分大的奇数 n,式(5.31)不成立.1959 年楚劳弗再次证明了对奇数 $n\geqslant 53$,式(5.31)不成立.1961 年新加坡的学者贾南大给出了 $n=27$ 时的反例.1971 年英国的学者捷金吕举出了 $n=25$ 时的反例.而列宁格勒大学数学寄宿学校的两位中学生 P. 阿列克赛也夫和 E. 霍斯京用 IBM 计算机独立地做出了 $n=25$ 时的反例,这些数是:32,0,37,0,43,0,50,0,59,8,62,21,55,29,44,32,33,31,24,30,16,29,10,29,4.

经过几十年的研究,目前只是证明了当 $n\leqslant 12$ 时,式(5.31)成立,而 n 为不小于 25 的奇数以及 n 为不小于 14 的偶数时,上式不成立.但在 1985 年,美国数学家 B. A. Troesch 证明 $n=13$ 时,式(5.31)也成立.在 1989 年 10 月 B. A. Troesch 又证明了余下的几个 n,即 $n=15,17,19,21,23$ 时,式(5.31)成立.对此,他给出了 $n=23$ 时的证明.至此,困惑数学界近 40 年的循环不等式的判定问题已经解决.但仍不能认为这个问题已经圆满解决,这是由于问题的初等形式,期望一个初等代数解法应是十分自然的,但除了 $n\leqslant 8$ 外,至今所见到的式(5.31)的证明($n\geqslant 9$)都是非代数的,或是间接的.因此,去寻找 $n=7,9,10,11$

等的代数证法，似乎更有意义一些. 下面是几个典型问题的初等证法.

$n=14$ 时，式(5.31)不成立.

若取 $\varepsilon=0.000\ 01$，$x_1=1+7\varepsilon$，$x_2=7\varepsilon$，$x_3=1+4\varepsilon$，$x_4=6\varepsilon$，$x_5=1+5\varepsilon$，$x_6=\varepsilon$，$x_7=1+2\varepsilon$，$x_8=\varepsilon$，$x_9=1$，$x_{10}=\varepsilon$，$x_{11}=1+\varepsilon$，$x_{12}=4\varepsilon$，$x_{13}=1+4\varepsilon$，$x_{14}=6\varepsilon$，则

$$f_{14}(x_1,x_2,\cdots,x_{14})\leqslant 6.999\ 983<\frac{14}{2}$$

这说明当 $n=14$ 时，式(5.31)不成立.

下面证明当 n 为偶数且 $n\geqslant 14$ 时式(5.31)不成立. 用数学归纳法予以证明.

由上可知，当 $n=14$ 时，式(5.31)不成立. 假设对某个 $m\geqslant 7$，当 $n=2m$ 时式(5.31)不成立. 即存在 $x_1,x_2,\cdots,x_{2m-1},x_{2m}$，使 $f_{2m}(x_1,x_2,\cdots,x_{2m})<m$. 取 $x_{2m+1}=x_{2m-1}$，$x_{2m+2}=x_{2m}$，则

$$\begin{aligned}
&f_{2m+2}(x_1,x_2,\cdots,x_{2m+2})=\\
&\frac{x_1}{x_2+x_3}+\frac{x_2}{x_3+x_4}+\cdots+\frac{x_{2m-1}}{x_{2m}+x_{2m+1}}+\\
&\frac{x_{2m}}{x_{2m+1}+x_{2m+2}}+\frac{x_{2m+1}}{x_{2m+2}+x_1}+\frac{x_{2m+2}}{x_1+x_2}=\\
&\frac{x_1}{x_2+x_3}+\frac{x_2}{x_3+x_4}+\cdots+\frac{x_{2m-1}}{x_{2m}+x_{2m+1}}+\\
&\frac{x_{2m}}{x_{2m+1}+x_{2m+2}}+\frac{x_{2m-1}}{x_{2m}+x_1}+\frac{x_{2m}}{x_1+x_2}=\\
&\frac{x_1}{x_2+x_3}+\frac{x_2}{x_3+x_4}+\cdots+\frac{x_{2m-1}}{x_{2m}+x_1}+\frac{x_{2m}}{x_1+x_2}+1=\\
&f_{2m}(x_1,x_2,\cdots,x_{2m})+1<m+1
\end{aligned}$$

所以当 $n=2(m+1)$ 时，式(5.31)是不成立的.

事实上，式(5.31)关于 $n=4,5,6$ 时的情形，福建杨学枝老师用柯西不等式给出了较为简捷的证明.

当 $n=4$ 时，由柯西不等式得

$$\begin{aligned}
&[x_1(x_2+x_3)+x_2(x_3+x_4)+x_3(x_4+x_1)+x_4(x_1+x_2)]\cdot\\
&\left(\frac{x_1}{x_2+x_3}+\frac{x_2}{x_3+x_4}+\frac{x_3}{x_4+x_1}+\frac{x_4}{x_1+x_2}\right)\geqslant\\
&(x_1+x_2+x_3+x_4)^2 \qquad (5.32)
\end{aligned}$$

另外,由于

$$(x_1+x_2+x_3+x_4)^2-2[x_1(x_2+x_3)+x_2(x_3+x_4)+x_3(x_4+x_1)+x_4(x_1+x_2)]=$$
$$x_1^2+x_2^2+x_3^2+x_4^2-2x_1x_3-2x_2x_4=$$
$$(x_1-x_3)^2+(x_2-x_4)^2\geqslant 0$$

所以

$$x_1(x_2+x_3)+x_2(x_3+x_4)+x_3(x_4+x_1)+x_4(x_1+x_2)\leqslant \frac{1}{2}(x_1+x_2+x_3+x_4)^2 \tag{5.33}$$

式(5.32)除以式(5.33)得

$$\frac{x_1}{x_2+x_3}+\frac{x_2}{x_3+x_4}+\frac{x_3}{x_4+x_1}+\frac{x_4}{x_1+x_2}\geqslant 2$$

由上面的证明过程可知,当且仅当 $x_1=x_3$,$x_2=x_4$ 时,上式中等号成立.

当 $n=5$ 时,由柯西不等式,得

$$[x_1(x_2+x_3)+x_2(x_3+x_4)+x_3(x_4+x_5)+x_4(x_5+x_1)+x_5(x_1+x_2)]\cdot$$
$$\left(\frac{x_1}{x_2+x_3}+\frac{x_2}{x_3+x_4}+\frac{x_3}{x_4+x_5}+\frac{x_4}{x_5+x_1}+\frac{x_5}{x_1+x_2}\right)\geqslant$$
$$(x_1+x_2+x_3+x_4+x_5)^2 \tag{5.34}$$

另外,由于

$$2(x_1+x_2+x_3+x_4+x_5)^2-5[x_1(x_2+x_3)+x_2(x_3+x_4)+x_3(x_4+x_5)+x_4(x_5+x_1)+x_5(x_1+x_2)]=$$
$$2(x_1+x_2+x_3+x_4+x_5)^2-$$
$$\frac{1}{2}\cdot 5[(x_1+x_2+x_3+x_4+x_5)^2-(x_1^2+x_2^2+x_3^2+x_4^2+x_5^2)]=$$
$$\frac{1}{2}[5(x_1^2+x_2^2+x_3^2+x_4^2+x_5^2)-(x_1+x_2+x_3+x_4+x_5)^2]\geqslant 0$$

所以

$$x_1(x_2+x_3)+x_2(x_3+x_4)+x_3(x_4+x_5)+x_4(x_5+x_1)+x_5(x_1+x_2)\leqslant \frac{2}{5}(x_1+x_2+x_3+x_4+x_5)^2 \tag{5.35}$$

式(5.34)除以式(5.35)即得

$$\frac{x_1}{x_2+x_3}+\frac{x_2}{x_3+x_4}+\frac{x_3}{x_4+x_5}+\frac{x_4}{x_5+x_1}+\frac{x_5}{x_1+x_2}\geqslant \frac{5}{2}$$

由以上证明过程知，当且仅当 $x_1=x_2=x_3=x_4=x_5$ 时，上式中等号成立.

当 $n=6$ 时，由柯西不等式，有

$$[x_1(x_2+x_3)+x_2(x_3+x_4)+x_3(x_4+x_5)+x_4(x_5+x_6)+x_5(x_6+x_1)+x_6(x_1+x_2)]\cdot\left(\frac{x_1}{x_2+x_3}+\frac{x_2}{x_3+x_4}+\frac{x_3}{x_4+x_5}+\frac{x_4}{x_5+x_6}+\frac{x_5}{x_6+x_1}+\frac{x_6}{x_1+x_2}\right)\geqslant(x_1+x_2+x_3+x_4+x_5+x_6)^2 \tag{5.36}$$

另外，由于

$$(x_1+x_2+x_3+x_4+x_5+x_6)^2-3[x_1(x_2+x_3)+x_2(x_3+x_4)+x_3(x_4+x_5)+x_4(x_5+x_6)+x_5(x_6+x_1)+x_6(x_1+x_2)]=$$
$$(x_1+x_4)^2+(x_2+x_5)^2+(x_3+x_6)^2-(x_1x_2+x_1x_3+x_2x_3+x_2x_4+x_3x_4+x_3x_5+x_4x_5+x_4x_6+x_5x_6+x_5x_1+x_6x_1+x_6x_2)=$$
$$\frac{1}{2}[(x_1+x_4-x_2-x_5)^2+(x_2+x_5-x_3-x_6)^2+(x_3+x_6-x_1-x_4)^2]\geqslant 0$$

$$3[x_1(x_2+x_3)+x_2(x_3+x_4)+x_3(x_4+x_5)+x_4(x_5+x_6)+x_5(x_6+x_1)+x_6(x_1+x_2)]\leqslant(x_1+x_2+x_3+x_4+x_5+x_6)^2 \tag{5.37}$$

式(5.36)除以式(5.37)，得

$$\frac{x_1}{x_2+x_3}+\frac{x_2}{x_3+x_4}+\frac{x_3}{x_4+x_5}+\frac{x_4}{x_5+x_6}+\frac{x_5}{x_6+x_1}+\frac{x_6}{x_1+x_2}\geqslant 3$$

当且仅当 $x_1=x_2=x_3=x_4=x_5=x_6$ 时，上式中等号成立.

值得注意的是，若用类似的方法证明 $n=7$ 时的循环不等式，是达不到目的的，读者可以举反例予以说明.

对不等式(5.31)，在原题设条件下，再增加某些条件，那么不等式(5.31)对所有 $n\in\mathbf{N}$ 成立.

(1) 当 $0<x_n\leqslant x_{n-1}\leqslant\cdots\leqslant x_1$ 时，有

$$f_n(x_1,x_2,\cdots,x_n)\geqslant\frac{n}{2}$$

证明　先证

$$f_n(x_1,x_2,\cdots,x_n)\geqslant f_{n-1}(x_1,x_2,\cdots,x_{n-1})+\frac{1}{2}$$

事实上，有如下恒等式

$f_n(x_1,x_2,\cdots,x_n)-f_{n-1}(x_1,x_2,\cdots,x_{n-1})=$

$\left(\frac{x_1}{x_2+x_3}+\frac{x_2}{x_3+x_4}+\cdots+\frac{x_{n-3}}{x_{n-2}+x_{n-1}}+\frac{x_{n-2}}{x_{n-1}+x_n}+\frac{x_{n-1}}{x_n+x_1}+\frac{x_n}{x_1+x_2}\right)-$

$\left(\frac{x_1}{x_2+x_3}+\frac{x_2}{x_3+x_4}+\cdots+\frac{x_{n-3}}{x_{n-2}+x_{n-1}}+\frac{x_{n-2}}{x_{n-1}+x_1}+\frac{x_{n-1}}{x_1+x_2}\right)=$

$\frac{(x_{n-2}-x_{n-1})(x_1-x_n)}{(x_{n-1}+x_n)(x_1+x_{n-1})}+\frac{(x_1-x_n)(x_{n-1}-x_n)(x_1-x_{n-1})}{2(x_{n-1}+x_n)(x_1+x_n)(x_1+x_{n-1})}+$

$\frac{(x_{n-1}-x_n)(x_2-x_n)}{(x_1+x_2)(x_1+x_n)}+\frac{1}{2}$

由数列 $x_1,x_2,\cdots,x_n$ 的单调性知，上述各项均非负，于是

$$\begin{aligned}f_n(x_1,x_2,\cdots,x_n)&\geqslant f_{n-1}(x_1,x_2,\cdots,x_{n-1})+\frac{1}{2}\geqslant\\&f_{n-2}(x_1,x_2,\cdots,x_{n-2})\geqslant\cdots\geqslant\\&f_2(x_1,x_2)+\frac{n-2}{2}=\\&\frac{x_1}{x_1+x_2}+\frac{x_2}{x_1+x_2}+\frac{n-2}{2}=\frac{n}{2}\end{aligned}$$

(2)当 $0<x_1\leqslant x_2\leqslant\cdots\leqslant x_n$ 时，有

$$f_n(x_1,x_2,\cdots,x_n)\geqslant\frac{n}{2}$$

证明 注意到

$$\begin{aligned}&f_n(x_1,x_2,\cdots,x_n)=\\&\frac{x_1+x_2}{x_2+x_3}+\frac{x_2+x_3}{x_3+x_4}+\cdots+\frac{x_{n-1}+x_n}{x_n+x_1}+\frac{x_n+x_1}{x_1+x_2}-\\&\frac{x_2+x_3}{x_2+x_3}-\frac{x_3+x_4}{x_3+x_4}-\cdots-\frac{x_n+x_1}{x_n+x_1}-\frac{x_1+x_2}{x_1+x_2}+\\&\frac{x_3}{x_2+x_3}+\frac{x_4}{x_3+x_4}+\cdots+\frac{x_1}{x_n+x_1}+\frac{x_2}{x_1+x_2}\end{aligned}$$

因为

$$\frac{x_1+x_2}{x_2+x_3}\cdot\frac{x_2+x_3}{x_3+x_4}\cdot\cdots\cdot\frac{x_{n-1}+x_n}{x_n+x_1}\cdot\frac{x_n+x_1}{x_1+x_2}=1$$

所以

$$\frac{x_1+x_2}{x_2+x_3}+\frac{x_2+x_3}{x_3+x_4}+\cdots+\frac{x_{n-1}+x_n}{x_n+x_1}+\frac{x_n+x_1}{x_1+x_2}\geqslant n$$

所以，只需证明

$$g_n(x_1,x_2,\cdots,x_n)=$$

$$\frac{x_2}{x_1+x_2}+\frac{x_3}{x_2+x_3}+\cdots+\frac{x_n}{x_{n-1}+x_n}+\frac{x_1}{x_n+x_1}\geqslant\frac{n}{2}$$

即只需证明

$$g_n(x_1,x_2,\cdots,x_n)-g_{n-1}(x_1,x_2,\cdots,x_{n-1})\geqslant\frac{1}{2}$$

事实上

$$g_n(x_1,x_2,\cdots,x_n)-g_{n-1}(x_1,x_2,\cdots,x_{n-1})-\frac{1}{2}=$$

$$\left(\frac{x_2}{x_1+x_2}+\frac{x_3}{x_2+x_3}+\cdots+\frac{x_{n-1}}{x_{n-2}+x_{n-1}}+\frac{x_n}{x_{n-1}+x_n}+\frac{x_1}{x_n+x_1}\right)-$$

$$\left(\frac{x_2}{x_1+x_2}+\frac{x_3}{x_2+x_3}+\cdots+\frac{x_{n-1}}{x_{n-2}+x_{n-1}}+\frac{x_1}{x_{n-1}+x_1}+\frac{1}{2}\right)=$$

$$\frac{(x_{n-1}-x_1)(x_n-x_{n-1})(x_n-x_1)}{2(x_{n-1}+x_n)(x_n+x_1)(x_{n-1}+x_1)}\geqslant 0$$

由数列 $x_1,x_2,\cdots,x_n$ 的单调性知，最后一式的分子中各因数均非负，于是

$$\begin{aligned}g_n(x_1,x_2,\cdots,x_n)&\geqslant g_{n-1}(x_1,x_2,\cdots,x_{n-1})+\frac{1}{2}\geqslant\\&g_{n-2}(x_1,x_2,\cdots,x_{n-2})+1\geqslant\cdots\geqslant\\&g_2(x_1,x_2)+\frac{n-2}{2}=\\&\frac{x_2}{x_1+x_2}+\frac{x_1}{x_2+x_1}+\frac{n-2}{2}=\frac{n}{2}\end{aligned}$$

(3)对于任意 n 个正数 $x_1,x_2,\cdots,x_n$，有

$$f_n(x_1,x_2,\cdots,x_n)+f_n(x_n,x_{n-1},\cdots,x_1)\geqslant n$$

证明　注意到

$$f_n(x_n,x_{n-1},x_{n-2},\cdots,x_1)=$$

$$\frac{x_n}{x_{n-1}+x_{n-2}}+\frac{x_{n-1}}{x_{n-2}+x_{n-3}}+\cdots+$$

$$\frac{x_3}{x_2+x_1}+\frac{x_2}{x_1+x_n}+\frac{x_1}{x_n+x_{n-1}}$$

所以

$$f_n(x_1,x_2,\cdots,x_n)+f_n(x_n,x_{n-1},\cdots,x_1)=$$

$$\frac{x_1+x_4}{x_2+x_3}+\frac{x_2+x_5}{x_3+x_4}+\cdots+\frac{x_{n-1}+x_2}{x_{n-2}+x_{n-1}}+\frac{x_n+x_3}{x_1+x_2}=$$

$$\sum_{i=1}^{n}\frac{x_i+x_{i+3}}{x_{i+1}+x_{i+2}}=$$

(其中 $x_{n+1}=x_1,x_{n+2}=x_2,x_{n+3}=x_3$)

$$\sum_{i=1}^{n}\frac{(x_i+x_{i+1})-(x_{i+1}+x_{i+2})+(x_{i+2}+x_{i+3})}{x_{i+1}+x_{i+2}}=$$

$$\sum_{i=1}^{n}\frac{x_i+x_{i+1}}{x_{i+1}+x_{i+2}}+\sum_{i=1}^{n}\frac{x_{i+2}+x_{i+3}}{x_{i+1}+x_{i+2}}-n\geqslant$$

$$n\left(\prod_{i=1}^{n}\frac{x_i+x_{i+1}}{x_{i+1}+x_{i+2}}\right)^{\frac{1}{n}}+n\left(\prod_{i=1}^{n}\frac{x_{i+2}+x_{i+3}}{x_{i+1}+x_{i+2}}\right)^{\frac{1}{n}}-n=$$

$$2n-n=n$$

(4)若对某个 n 有常数 C,使对于任意 $2n$ 个正数 x_1,$x_2,\cdots,x_{2n}$ 有 $f_{2n}(x_1,x_2,\cdots,x_{2n})\geqslant C$,则对于任意 $2n-1$ 个正数 $x_1,x_2,\cdots,x_{2n-1}$,有

$$f_{2n-1}(x_1,x_2,\cdots,x_{2n-1})\geqslant C-\frac{1}{2}$$

证明 任取 $2n-1$ 个正数 $x_1,x_2,\cdots,x_{2n-1}$,首先我们指出在 $(x_1-x_{2n-1})(x_2-x_1)$,$(x_2-x_1)(x_3-x_2)$,$\cdots$,$(x_{2n-2}-x_{2n-3})(x_{2n-1}-x_{2n-2})$,$(x_{2n-1}-x_{2n-2})(x_1-x_{2n-1})$ 这 $2n-1$ 个乘积中至少有一个不小于 0.若不然,上面 $2n-1$ 个乘积都小于 0,则

$$\frac{x_1-x_{2n-1}}{x_2-x_1},\frac{x_2-x_1}{x_3-x_2},\cdots,\frac{x_{2n-2}-x_{2n-3}}{x_{2n-1}-x_{2n-2}},\frac{x_{2n-1}-x_{2n-2}}{x_1-x_{2n-1}}$$

都小于 0.因此,这 $2n-1$ 个小于 0 的数的乘积小于 0,但是直接计算可知它们的乘积等于 1,从而产生矛盾.

根据循环性质,不妨假定 $(x_1-x_{2n-1})(x_2-x_1)\geqslant 0$,由原假设 $f_{2n}(x_1,x_2,\cdots,x_{2n-1})\geqslant C$,所以

$$f_{2n-1}(x_1,x_2,\cdots,x_{2n-1})-C+\frac{1}{2}\geqslant$$

$$f_{2n-1}(x_1,x_2,\cdots,x_{2n-1})-f_{2n}(x_1,x_2,\cdots,x_{2n-1})+\frac{1}{2}=$$

$$\frac{x_1}{x_2+x_3}+\frac{x_2}{x_3+x_4}+\cdots+\frac{x_{2n-2}}{x_{2n-1}+x_1}+\frac{x_{2n-1}}{x_1+x_2}-$$

$$\left(\frac{x_1}{x_1+x_2}+\frac{x_1}{x_2+x_3}+\frac{x_2}{x_3+x_4}+\cdots+\frac{x_{2n-2}}{x_{2n-1}+x_1}+\frac{x_{2n-1}}{2x_1}\right)+\frac{1}{2}=$$

$$\frac{x_{2n-1}}{x_1+x_2}-\frac{x_1}{x_1+x_2}-\frac{x_{2n-1}}{2x_1}+\frac{1}{2}=$$

$$\frac{x_1-x_{2n-1}}{2x_1}+\frac{x_{2n-1}-x_1}{x_1+x_2}=\frac{(x_1-x_{2n-1})(x_2-x_1)}{2x_1(x_1+x_2)}\geqslant 0$$

由此推出

$$f_{2n-1}(x_1,x_2,\cdots,x_{2n-1})\geqslant C-\frac{1}{2}$$

习题五

1.(1998 年波兰数学奥林匹克试题) 设 a,b,c,d 为实数,证明不等式:$(a+b+c+d)^2 \leqslant 3(a^2+b^2+c^2+d^2)+6ab$.

2.(2008 年印度尼西亚数学奥林匹克试题) 设 x,y 是正数,证明:$\frac{1}{(1+\sqrt{x})^2}+\frac{1}{(1+\sqrt{y})^2} \geqslant \frac{2}{x+y+2}$.

3. 已知 $x,y,z \in \mathbf{R}_+$,求证

$$\left(\frac{y}{x}+\frac{z}{y}+\frac{x}{z}-\frac{1}{2}\right)^2 \geqslant \frac{13}{4}+\frac{x}{y}+\frac{y}{z}+\frac{z}{x}$$

4.(1983 年英国数学奥林匹克试题) 设 $a,b,c \in \mathbf{R}_+$,证明

$$a^3+b^3+c^3 \geqslant a^2b+b^2c+c^2a$$

5.(2005 年北欧数学竞赛题) 设 a,b,c 是正实数,证明

$$\frac{2a^2}{b+c}+\frac{2b^2}{c+a}+\frac{2c^2}{a+b} \geqslant a+b+c$$

6.(2008 年克罗地亚数学竞赛题) 设 a,b,c 为大于 1 的实数,证明

$$\log_a bc+\log_b ca+\log_c ab \geqslant 4(\log_{ab} c+\log_{bc} a+\log_{ca} b) \quad (1)$$

7. 设 a_i,b_i,c_i,d_i 为正实数($i=1,2,\cdots,n$),求证

$$\left(\sum_{i=1}^{n} a_i b_i c_i d_i\right)^4 \leqslant \sum_{i=1}^{n} a_i^4 \sum_{i=1}^{n} b_i^4 \sum_{i=1}^{n} c_i^4 \sum_{i=1}^{n} d_i^4$$

8. 已知 a,b,c 为正实数,证明

$$\frac{9}{a+b+c} \leqslant 2\left(\frac{1}{a+b}+\frac{1}{b+c}+\frac{1}{c+a}\right)$$

9. 设 a,b,c,d 为正数,证明

$$\sqrt{\frac{a^2+b^2+c^2+d^2}{4}} \geqslant \sqrt[3]{\frac{abc+bcd+cda+dab}{4}}$$

10.(第三届中国数学奥林匹克命题比赛获奖题目) 设 a,b,c 为正实数.证明

$$(a^{2\,012}-a^{2\,010}+3)(b^{2\,012}-b^{2\,010}+3)(c^{2\,012}-c^{2\,010}+3) \geqslant 3(a+b+c)^2$$

11.(2008 年西班牙数学奥林匹克试题) 设实数 a,b 满足 $0<a,b<1$,证明

$$\sqrt{ab^2+a^2b}+\sqrt{(1-a)(1-b)^2+(1-a)^2(1-b)}<\sqrt{2}$$

12.(2010 年澳大利亚数学奥林匹克试题)设实数 a,b 满足 $0\leqslant a,b\leqslant 1$,证明:$\sqrt{a^3b^3}+\sqrt{(1-a^2)(1-ab)(1-b^2)}\leqslant 1$.

13.(2000 年越南数学奥林匹克试题)已知 a,b,c 是非负数,证明

$$\begin{aligned}a^2+b^2+c^2\leqslant &\sqrt{b^2-bc+c^2}\sqrt{c^2-ca+a^2}+\\&\sqrt{c^2-ca+a^2}\sqrt{a^2-ab+b^2}+\\&\sqrt{a^2-ab+b^2}\sqrt{b^2-bc+c^2}\end{aligned}$$

14.(2010 年哈萨克斯坦数学奥林匹克试题)设 $x,y\geqslant 0$,证明

$\sqrt{x^2-x+1}\cdot\sqrt{y^2-y+1}+\sqrt{x^2+x+1}\cdot\sqrt{y^2+y+1}\geqslant 2(x+y)$

15.(2004 年波兰数学奥林匹克试题)设 a,b,c 是正实数,求证

$$\sqrt{2(a^2+b^2)}+\sqrt{2(b^2+c^2)}+\sqrt{2(c^2+a^2)}\geqslant \sqrt{3(a+b)^2+3(b+c)^2+3(c+a)^2}$$

16.已知 $a,b,c\geqslant 0$,则

$$\sqrt{a^2+bc}+\sqrt{b^2+ca}+\sqrt{c^2+ab}\leqslant \frac{3}{2}(a+b+c)$$

17.(2002 年第 19 届希腊数学奥林匹克试题)设实数 α,β,γ 满足 $\beta\gamma\neq 0$,且 $\frac{1-\gamma^2}{\beta\gamma}\geqslant 0$. 证明:$10(\alpha^2+\beta^2+\gamma^2-\beta\gamma^3)\geqslant 2\alpha\beta+5\alpha\gamma$.

18.(2008 年印度尼西亚数学奥林匹克试题)设 x,y 是正数,证明:$\frac{1}{(1+\sqrt{x})^2}+\frac{1}{(1+\sqrt{y})^2}\geqslant \frac{2}{x+y+2}$.

19.设 $x,y,z,w,\lambda\in\mathbf{R}$,且 $xy>0,zw>0,|\lambda|\leqslant 2$,则

$$\sqrt{x^2+y^2+\lambda xy}+\sqrt{z^2+w^2-\lambda zw}\leqslant \sqrt{\frac{(xy+zw)(xz+yw)(xw+yz)}{xyzw}} \tag{1}$$

当且仅当 $\frac{\sqrt{x^2+y^2+\lambda xy}}{xy}=\frac{\sqrt{z^2+w^2-\lambda zw}}{zw}$ 时,式(1)取等号.

20. (2008 年波兰数学奥林匹克试题) 已知 a,b,c 都是正实数. 证明: $(a+b)^3+4c^3\geqslant 4(\sqrt{a^3b^3}+\sqrt{b^3c^3}+\sqrt{c^3a^3})$.

21. 已知 a,b,c 为非负实数. 证明

$$\sum \sqrt{a^2+ab+b^2}\leqslant \sqrt{5\sum a^2+4\sum ab}$$

其中 $\sum$ 表示轮换对称和.

22. 设 $a,b,c\in \mathbf{R}_+$, 证明

$$\sum a^3+3abc\geqslant \sum ab\sqrt{2a^2+2b^2}$$

23. (2003 年摩尔多瓦国家集训队试题) 设 x,y,z 都是正数, 且 $x+y+z\geqslant 1$. 证明

$$\frac{x\sqrt{x}}{y+z}+\frac{y\sqrt{y}}{z+x}+\frac{z\sqrt{z}}{x+y}\geqslant \frac{\sqrt{3}}{2}$$

24. (2007 年中国台湾数学奥林匹克选拔考试) (1) 已知 $0<a,b\leqslant 1$. 求证

$$\frac{1}{\sqrt{a^2+1}}+\frac{1}{\sqrt{b^2+1}}\leqslant \frac{2}{\sqrt{1+ab}}\tag{1}$$

(2) 已知 $ab\geqslant 3$, 求证

$$\frac{1}{\sqrt{a^2+1}}+\frac{1}{\sqrt{b^2+1}}\geqslant \frac{2}{\sqrt{1+ab}}\tag{2}$$

25. 设 $x\in\left(0,\frac{\pi}{2}\right)$, $n\in \mathbf{N}$, 求证

$$\left(\frac{1-\sin^{2^n}x}{\sin^{2^n}x}\right)\left(\frac{1-\cos^{2^n}x}{\cos^{2^n}x}\right)\geqslant (2^n-1)^2$$

26. (2005 年 Zhautykov 数学奥林匹克试题) 设 a,b,c,d 是正数, 证明: $\frac{c}{a+2b}+\frac{d}{b+2c}+\frac{a}{c+2d}+\frac{b}{d+2a}\geqslant \frac{4}{3}$.

27. (1971 年南斯拉夫数学奥林匹克试题) 设 a,b,c,d 是正数, 证明: $\frac{a+c}{a+b}+\frac{b+d}{b+c}+\frac{c+a}{c+d}+\frac{d+b}{d+a}\geqslant 4$.

28. (2009 年克罗地亚国家集训队试题) 设 a,b,c,d 是正数, 证明: $\frac{a-b}{b+c}+\frac{b-c}{c+d}+\frac{c-d}{d+a}+\frac{d-a}{a+b}\geqslant 0$.

29. 设 $a,b,c,d\geqslant 0$, 求证

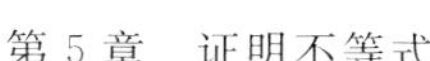

$$\frac{a-b}{a+2b+c}+\frac{b-c}{b+2c+d}+\frac{c-d}{c+2d+a}+\frac{d-a}{d+2a+b}\geqslant 0$$

30.(1)(2005 年罗马尼亚国家集训队试题) 设 x,y,z,a,b 是正数,证明:$\frac{x}{ay+bz}+\frac{y}{az+bx}+\frac{z}{ax+by}\geqslant\frac{3}{a+b}$.

(2)(1999 年捷克斯洛伐克数学奥林匹克试题) 设 a,b,c 是正数,证明:$\frac{a}{b+2c}+\frac{b}{c+2a}+\frac{c}{a+2b}\geqslant 1$.

31.(2005 年罗马尼亚数学奥林匹克试题) 设 $a,b,c,d\in\mathbf{R}_+$,证明不等式 $\frac{a}{b+2c+d}+\frac{b}{c+2d+a}+\frac{c}{d+2a+b}+\frac{d}{a+2b+c}\geqslant 1$.

32.(1989 年四川省数学竞赛题) 已知 a,b,c,d 是正实数,求证:$\frac{a}{b+c}+\frac{b}{c+d}+\frac{c}{d+a}+\frac{d}{a+b}\geqslant 2$.

33.(2004 年罗马尼亚数学奥林匹克试题) 已知 a,b,c,d 是正实数,且 $abcd=1$,求证

$$\frac{1}{a(b+1)}+\frac{1}{b(c+1)}+\frac{1}{c(d+1)}+\frac{1}{d(a+1)}\geqslant 2$$

34.(2006 年保加利亚国家集训队试题) 设 a,b,c 是正数,证明:$\frac{ab}{3a+4b+5c}+\frac{bc}{3b+4c+5a}+\frac{ca}{3c+4a+5b}\leqslant\frac{1}{12}(a+b+c)$.

35.已知 $a,b,c,d\in\mathbf{R}_+$,求证

$$\frac{1}{a^2+ab}+\frac{1}{b^2+bc}+\frac{1}{c^2+cd}+\frac{1}{d^2+da}\geqslant\frac{4}{ac+bd}$$

36.(1996 年乌克兰数学奥林匹克试题) 已知 $a,b,c>0$,证明:$\frac{a^3}{b+2c}+\frac{b^3}{c+2a}+\frac{c^3}{a+2b}\geqslant\frac{a^2+b^2+c^2}{3}$.

37.(2002 年地中海数学奥林匹克试题) 已知 $a,b,c>0$,且 $a^2+b^2+c^2=1$,证明:$\frac{a}{b^2+1}+\frac{b}{c^2+1}+\frac{c}{a^2+1}\geqslant\frac{3}{4}(a\sqrt{a}+b\sqrt{b}+c\sqrt{c})^2$.

38.(2006 巴尔干地区数学奥林匹克试题) 对任意正实数 a,b,c,均有

$$\frac{a^3}{b^2-bc+c^2}+\frac{b^3}{c^2-ca+a^2}+\frac{c^3}{a^2-ab+b^2}\geqslant a+b+c$$

39. 设 a,b,c 是正实数,证明

$$\frac{a^3}{(2a^2+b^2)(2a^2+c^2)}+\frac{b^3}{(2b^2+c^2)(2b^2+a^2)}+\frac{c^3}{(2c^2+a^2)(2c^2+b^2)}\leqslant\frac{1}{a+b+c}$$

40. 设 a,b,c 为非负实数. 求证

$$\sum\frac{1}{a^2+2bc+3a(b+c)}\leqslant\frac{1}{ab+bc+ca}$$

其中,"$\sum$"表示循环和.

41. 设 a,b,c 均为非负实数,则

$$\sum\sqrt[3]{\frac{a}{b+c}}\geqslant 2 \qquad (1)$$

当且仅当 a,b,c 中有一个为零,其余两个相等时,式(1)取等号.

42. 设 a,b,c 均为非负实数,则

$$\sum\sqrt[3]{\frac{a^2}{b+c}}\geqslant\sqrt[3]{4\sum a} \qquad (1)$$

当且仅当 a,b,c 中有一个为零,其余两个相等时,式(1)取等号.

43. 设 $a,b,c\in\mathbf{R}_+$,则

$$\sum\frac{a^3}{b^2-bc+c^2}\geqslant\sum a$$

当且仅当 $a=b=c$ 时,式(1)取等号.

44. 设 $a,b,c>-1$,求证

$$\sum\frac{1}{1+a^3}\geqslant\frac{4(6-\sum a)}{9}$$

并指出不等式取等号的条件.

45. (2010 年泰国数学奥林匹克试题) 设 $x,y,z\in\mathbf{R}_+$. 证明

$$\sum\frac{x}{\sqrt{2(x^2+y^2)}}<\sum\frac{4x^2+y^2}{x^2+4y^2}<9$$

其中,$\sum$ 表示轮换对称和.

46. 设 $a,b,c>0$,求证

$$\sum\sqrt{\frac{5a^2+8b^2+5c^2}{4ac}}\geqslant 3\sqrt[9]{\frac{8(a+b)^2(b+c)^2(c+a)^2}{(abc)^2}}$$

47. (1969 年第 11 届国际数学奥林匹克试题) 设 x_1,x_2,y_1,

y_2, z_1, z_2 都是实数且满足 $x_1>0, x_2>0, x_1y_1-z_1^2>0, x_2y_2-z_2^2>0$. 求证

$$\frac{8}{(x_1+x_2)(y_1+y_2)-(z_1+z_2)^2}\leqslant\frac{1}{x_1y_1-z_1^2}+\frac{1}{x_2y_2-z_2^2}$$

并且给出上式中等号成立的充分必要条件.

48.(2007年保加利亚数学竞赛试题)若 $x,y,z>0$. 证明

$$\frac{(x+1)(y+1)^2}{3\sqrt[3]{z^2x^2}+1}+\frac{(y+1)(z+1)^2}{3\sqrt[3]{x^2y^2}+1}+\frac{(z+1)(x+1)^2}{3\sqrt[3]{y^2z^2}+1}\geqslant x+y+z+3$$

49. 设实数 a,b,c,λ 满足 $a\geqslant\lambda>0, b>\lambda, c\geqslant\lambda$. 求证

$$\frac{a}{\sqrt{\lambda b-\lambda^2}+c}+\frac{b}{\sqrt{\lambda c-\lambda^2}+a}+\frac{c}{\sqrt{\lambda a-\lambda^2}+b}\geqslant 2$$

50. 已知 $a_i\in\mathbf{R}_+$, 且 $a_i\geqslant a_{i+1}, i=1,2,\cdots,n-1$. 求证

$$\frac{a_1}{a_1+a_2}+\frac{a_2}{a_2+a_3}+\cdots+\frac{a_n}{a_n+a_1}\geqslant\frac{n}{2}$$

51.(加拿大数学奥林匹克训练题)已知 $a_1,a_2,\cdots,a_n$ 是正实数. 证明

$$\frac{a_1+\cdots+a_n}{2(a_1^2+\cdots+a_n^2)}\leqslant\frac{a_1}{a_2+a_3}+\frac{a_2}{a_3+a_4}+\cdots+\frac{a_n}{a_1+a_2}$$

52. 已知 $a,b\in\mathbf{R}_+, n\geqslant 2, n\in\mathbf{N}_+$. 求证

$$\sum_{i=1}^{n}\frac{1}{a+ib}<\frac{n}{\sqrt{a(a+nb)}}$$

53. 设 $x_i,y_i\in\mathbf{R}, i=1,2,\cdots,n$, 且 $\sum\limits_{i=1}^{n}x_i\geqslant 0$, $\sum\limits_{i=1}^{n}y_i\geqslant 0$, $\sum\limits_{1\leqslant i<j\leqslant n}x_ix_j\geqslant 0$, $\sum\limits_{1\leqslant i<j\leqslant n}y_iy_j\geqslant 0$, $x=\sum\limits_{i=1}^{n}x_i$, 则

$$\sum_{i=1}^{n}(x-x_i)y_i\geqslant 2\sqrt{\sum_{1\leqslant i<j\leqslant n}x_ix_j}\cdot\sqrt{\sum_{1\leqslant i<j\leqslant n}y_iy_j}\qquad(1)$$

当且仅当 $\frac{x_1}{y_1}=\frac{x_2}{y_2}=\cdots=\frac{x_n}{y_n}$ 时, 式(1)取等号.

54.(第20届全苏数学奥林匹克试题)证明对于任意的正数 $a_1,a_2,\cdots,a_n$, 不等式 $\frac{1}{a_1}+\frac{2}{a_1+a_2}+\cdots+\frac{n}{a_1+a_2+\cdots+a_n}<4\left(\frac{1}{a_1}+\frac{1}{a_2}+\cdots+\frac{1}{a_n}\right)$.

55.(2005 年罗马尼亚数学奥林匹克试题)设 $x_1,x_2,\cdots,x_n$ 是正数,求证

$$\frac{1}{1+x_1}+\frac{1}{1+x_1+x_2}+\cdots+\frac{1}{1+x_1+x_2+\cdots+x_n}<\sqrt{\frac{1}{x_1}+\frac{1}{x_2}+\cdots+\frac{1}{x_n}}$$

56.已知 $a_i\in\left[\frac{1}{\sqrt{3}},\sqrt{3}\right)$,$i=1,2,\cdots,6$.求证

$$\frac{a_1-a_2}{a_2+a_3}+\frac{a_2-a_3}{a_3+a_4}+\cdots+\frac{a_6-a_1}{a_1+a_2}\geqslant 0$$

57.(2007 年波罗的海地区数学竞赛试题)设 $a_1,a_2,\cdots,a_n$ 是正实数,$S=\sum\limits_{i=1}^{n}a_i$.证明:$(2S+n)(2S+a_1a_2+a_2a_3+\cdots+a_na_1)\geqslant 9(\sqrt{a_1a_2}+\sqrt{a_2a_3}+\cdots+\sqrt{a_na_1})^2$.

58.设 $x_i,y_i,\cdots,z_i\in\mathbf{R}(i=1,2,\cdots,n)$,求证

$$\sum_{i=1}^{n}\sqrt{x_i^2+y_i^2+\cdots+z_i^2}\geqslant\sqrt{\left(\sum_{i=1}^{n}x_i\right)^2+\left(\sum_{i=1}^{n}y_i\right)^2+\cdots+\left(\sum_{i=1}^{n}z_i\right)^2}$$

59.(1998 年南斯拉夫数学奥林匹克试题)设 $a_1,a_2,\cdots,a_n$;$b_1,b_2,\cdots,b_n$ 是两组正数,证明

$$\left(\sum_{i\neq j}a_ib_j\right)^2\geqslant\left(\sum_{i\neq j}a_ia_j\right)\left(\sum_{i\neq j}b_ib_j\right)$$

60.设实数 x_i 满足 $|x_i|<1(i=1,2,\cdots,n)$,$n\geqslant 2$,求证

$$\sum_{i=1}^{n}\frac{1}{1-|x_i|^n}\geqslant\frac{n}{1-\prod\limits_{i=1}^{n}x_i}$$

61.(2001 年摩尔瓦多数学奥林匹克试题)设 $a_i\in\mathbf{R}_+$,$1\leqslant i\leqslant n$.证明

$$\frac{1}{\frac{1}{1+a_1}+\frac{1}{1+a_2}+\cdots+\frac{1}{1+a_n}}-\frac{1}{\frac{1}{a_1}+\frac{1}{a_2}+\cdots+\frac{1}{a_n}}\geqslant\frac{1}{n}$$

62.(1)(2005 年巴尔干数学奥林匹克试题)设 a,b,c 是正实数,求证:$\frac{a^2}{b}+\frac{b^2}{c}+\frac{c^2}{a}\geqslant a+b+c+\frac{4(a-b)^2}{a+b+c}$.

(2)(1984 年全国高中数学联赛试题的加强)设 $x_1,x_2,\cdots,x_n$ 是正实数,求证:$\frac{x_1^2}{x_2}+\frac{x_2^2}{x_3}+\cdots+\frac{x_{n-1}^2}{x_n}+\frac{x_n^2}{x_1}\geqslant x_1+x_2+\cdots+x_n+\frac{4(x_1-x_2)^2}{x_1+x_2+\cdots+x_n}$.

(3)(2009 年湖北省数学竞赛试题)设 a,b,c,d 是正实数,且 $a+b+c+d=4$,证明:$\frac{a^2}{b}+\frac{b^2}{c}+\frac{c^2}{d}+\frac{d^2}{a}\geqslant 4+(a-b)^2$.

63.(第 20 届全苏数学奥林匹克试题的加强)证明:对于任意的正数 $a_1,a_2,\cdots,a_n$,不等式

$$\frac{1}{a_1}+\frac{2}{a_1+a_2}+\cdots+\frac{n}{a_1+a_2+\cdots+a_n}<2\left(\frac{1}{a_1}+\frac{1}{a_2}+\cdots+\frac{1}{a_n}\right)$$

64.(1992 年陕西省数学奥林匹克夏令营试题)设 $a_1,a_2,\cdots,a_n$是正数,$\min\{a_1,a_2,\cdots,a_n\}=a_1$,$\max\{a_1,a_2,\cdots,a_n\}=a_n$,证明不等式

$$a_1^2+a_2^2+\cdots+a_n^2\geqslant\frac{1}{n}(a_1+a_2+\cdots+a_n)^2+\frac{1}{2}(a_1-a_n)^2$$

65.(1996 年罗马尼亚国家集训队考试题)设 $x_1,x_2,\cdots,x_n$ 为正实数,$x_{n+1}=x_1+x_2+\cdots+x_n$,证明

$$x_{n+1}\sum_{k=1}^{n}(x_{n+1}-x_k)\geqslant\left[\sum_{k=1}^{n}\sqrt{x_k(x_{n+1}-x_k)}\right]^2$$

66.(1993 年圣彼得堡市数学选拔试题)设 $a_1,a_2,\cdots,a_n$,$b_1,b_2,\cdots,b_n$ 都是正实数,求证

$$\sum_{k=1}^{n}\frac{a_kb_k}{a_k+b_k}\leqslant\frac{AB}{A+B}$$

其中 $A=\sum_{k=1}^{n}a_k$,$B=\sum_{k=1}^{n}b_k$.

67.(1989 年乌克兰数学奥林匹克试题)(1)设 a,b,c 和 x,y,z 是实数,证明

$$ax+by+cz+\sqrt{(a^2+b^2+c^2)(x^2+y^2+z^2)}\geqslant\frac{2}{3}(a+b+c)(x+y+z)$$

(2)设 $a_1,a_2,\cdots,a_n$ 和 $x_1,x_2,\cdots,x_n$ 是 $2n$ 个实数,证明

$$\sum_{i=1}^{n}a_ix_i+\sqrt{\left(\sum_{i=1}^{n}a_i^2\right)\left(\sum_{i=1}^{n}x_i^2\right)}\geqslant\frac{2}{n}\left(\sum_{i=1}^{n}a_i\right)\left(\sum_{i=1}^{n}x_i\right)$$

68.(第3届全国数学奥林匹克命题比赛获奖题目)设 a_1,a_2,…,a_n($n\geqslant 3$)是 1,2,…,n 的一个排列.证明

$$\sum_{k=1}^{n-2}\frac{1}{a_k^3+a_{k+1}^3+a_{k+2}^3}\geqslant\frac{4(n-2)^2}{3n^2(n+1)^2}$$

69.(2008年第58届白俄罗斯数学奥林匹克试题)证明

$$\frac{x_1(2x_1-x_2-x_3)}{x_2+x_3}+\frac{x_2(2x_2-x_3-x_4)}{x_3+x_4}+\cdots+$$

$$\frac{x_{n-1}(2x_{n-1}-x_n-x_1)}{x_n+x_1}+\frac{x_n(2x_n-x_1-x_2)}{x_1+x_2}\geqslant 0$$

70.已知 $n\in\mathbf{N}$,且 $n\geqslant 2$.求证:$\frac{2n}{n+3}<\frac{1}{2}+\frac{1}{3}+\cdots+\frac{1}{n+1}<\frac{2n}{\sqrt{3(2n+3)}}$.

71.(第42届IMO预选题)设 x_1,x_2,…,x_n 是任意实数.证明:$\frac{x_1}{1+x_1^2}+\frac{x_2}{1+x_1^2+x_2^2}+\cdots+\frac{x_n}{1+x_1^2+\cdots+x_n^2}<\sqrt{n}$.

72.(2005年罗马尼亚九年级数学奥林匹克试题)设 x_1,x_2,…,x_n 为正实数.求证:$\frac{1}{x_1}+\frac{1}{1+x_1+x_2}+\cdots+\frac{1}{1+x_1+\cdots+x_n}<\sqrt{\frac{1}{x_1}+\frac{1}{x_2}+\cdots+\frac{1}{x_n}}$.

73.设 n 为自然数.证明:$\sum_{k=0}^{n}\frac{4k+1}{\mathrm{C}_n^k}\geqslant\frac{(n+1)^2(2n+1)}{2^n}$.

74.设 n 是大于1的自然数,求证

$$\sqrt{\mathrm{C}_n^1}+2\cdot\sqrt{\mathrm{C}_n^2}+\cdots+n\cdot\sqrt{\mathrm{C}_n^n}<\sqrt{2^{n-1}\cdot n^3}$$

75.设 $a_i>0$,$b_i>0$,$a_ib_i-c_i^2>0$($i=1,2,\cdots,n$),则

$$\frac{n^3}{\left(\sum_{i=1}^{n}a_i\right)\left(\sum_{i=1}^{n}b_i\right)-\left(\sum_{i=1}^{n}c_i\right)^2}\leqslant\sum_{i=1}^{n}\frac{1}{a_ib_i-c_i^2}$$

第6章 证明条件不等式

由于柯西不等式中有三个因式 $\sum_{i=1}^{n}a_i^2$，$\sum_{i=1}^{n}b_i^2$，$\sum_{i=1}^{n}a_ib_i$，因此它在解决一些条件不等式中有很重要的作用.

例1 若 $a^2+b^2+c^2=1$，求证：$-\frac{1}{2}\leqslant ab+bc+ca\leqslant 1$.

证明 由柯西不等式，得

$$(a^2+b^2+c^2)^2=(a^2+b^2+c^2)(b^2+c^2+a^2)\geqslant (ab+bc+ca)^2$$

所以 $ab+bc+ca\leqslant a^2+b^2+c^2=1$.

由于 $(a+b+c)^2\geqslant 0$，即得

$$2(ab+bc+ca)\geqslant -(a^2+b^2+c^2)=-1$$

这道例题，利用柯西不等式可以推广为：

若 $\sum_{i=1}^{n}x_i^2=k(k>0)$，则

$$-\frac{k}{2}\leqslant \sum_{i=1}^{n}x_ix_{i+1}\leqslant k(\text{记 } x_{n+1}=x_1)$$

例2 （1977年第38届美国普特南数学竞赛题）设 $a_1,a_2,\cdots,a_n(n>1)$ 是实数，且

$$A+\sum_{i=1}^{n}a_i^2<\frac{1}{n-1}\left(\sum_{i=1}^{n}a_i\right)^2$$

求证：$A<2a_ia_j(1\leqslant i<j\leqslant n)$.

证明 由已知得

$$A < \frac{1}{n-1}\left(\sum_{i=1}^{n} a_i\right)^2 - \sum_{i=1}^{n} a_i^2$$

因此只要证

$$\frac{1}{n-1}\left(\sum_{i=1}^{n} a_i\right)^2 - \sum_{i=1}^{n} a_i^2 \leqslant 2a_i a_j \quad (1 \leqslant i < j \leqslant n) \quad (6.1)$$

即可.事实上,由柯西不等式得

$$\left(\sum_{i=1}^{n} a_i\right)^2 = [(a_1 + a_2) + a_3 + \cdots + a_n]^2 \leqslant$$
$$(n-1)[(a_1 + a_2)^2 + a_3^2 + \cdots + a_n^2] =$$
$$(n-1)\left[\sum_{i=1}^{n} a_i^2 + 2a_1 a_2\right]$$

故

$$\frac{1}{n-1}\left(\sum_{i=1}^{n} a_i\right)^2 - \sum_{i=1}^{n} a_i^2 \leqslant 2a_1 a_2$$

同理对于 $1 \leqslant i < j \leqslant n$,式(6.1)获证.

例 3 已知:$\sin^2 A + \sin^2 B + \sin^2 C = 1$.

求证:$|\sin 2A + \sin 2B + \sin 2C| \leqslant 2\sqrt{2}$.

分析 因为 $\sin^2 A + \sin^2 B + \sin^2 C = 1 \Leftrightarrow \cos^2 A + \cos^2 B + \cos^2 C = 2$.又

$$|\sin 2A + \sin 2B + \sin 2C| =$$
$$2|\sin A\cos A + \sin B\cos B + \sin C\cos C|$$

对照柯西不等式,可得到如下的证明.

证明 因为

$$(\sin A\cos A + \sin B\cos B + \sin C\cos C)^2 \leqslant$$
$$(\sin^2 A + \sin^2 B + \sin^2 C) \cdot (\cos^2 A + \cos^2 B + \cos^2 C)$$

即

$$\left[\frac{1}{2}(\sin 2A + \sin 2B + \sin 2C)\right]^2 \leqslant 2$$

所以

$$|\sin 2A + \sin 2B + \sin 2C| \leqslant 2\sqrt{2}$$

例 4 若 a,b,c,k 均为常数,α,β,γ 满足关系式

$$a\tan\alpha + b\tan\beta + c\tan\gamma = k$$

求证:$\tan^2\alpha + \tan^2\beta + \tan^2\gamma \geqslant \dfrac{k^2}{a^2 + b^2 + c^2}$.

分析　将上式变形为

$$(\tan^2\alpha+\tan^2\beta+\tan^2\gamma)(a^2+b^2+c^2)\geqslant k^2$$

再用柯西不等式证明即可.

证明　因为

$$(\tan^2\alpha+\tan^2\beta+\tan^2\gamma)(a^2+b^2+c^2)\geqslant$$
$$(a\tan\alpha+b\tan\beta+c\tan\gamma)^2=k^2$$

所以

$$\tan^2\alpha+\tan^2\beta+\tan^2\gamma\geqslant\frac{k^2}{a^2+b^2+c^2}$$

当且仅当 p 为常数,$a=p\tan\alpha,b=p\tan\beta,c=p\tan\gamma$ 时取等号,即 $a\tan\beta=b\tan\alpha,a\tan\gamma=c\tan\alpha,b\tan\gamma=c\tan\beta$时取等号.

例 5　(2008 年克罗地亚国家队训练题)设 a,b,c 均为正实数,且满足 $a^2+b^2+c^2=3$. 证明

$$\frac{1}{1+ab}+\frac{1}{1+bc}+\frac{1}{1+ca}\geqslant\frac{3}{2}$$

证明　由柯西不等式,得 $a^2+b^2+c^2\geqslant ab+bc+ca$,知

$$\frac{1}{1+ab}+\frac{1}{1+bc}+\frac{1}{1+ca}\geqslant\frac{9}{3+ab+bc+ca}\geqslant\frac{9}{3+a^2+b^2+c^2}=\frac{3}{2}$$

例 6　(2003 年伊朗数学奥林匹克试题)设 a,b,c 是正数,当 $a^2+b^2+c^2+abc=4$ 时,证明:$a+b+c\leqslant 3$.

证明　设 $a=2\sqrt{xy},b=2\sqrt{yz},c=2\sqrt{zx}$($x,y,z$ 是正实数),则已知条件化为 $4xy+4yz+4zx+8xyz=4$,即 $xy+yz+zx+2xyz=1$. 所以

$$(xyz+xy+xz+x)+(xyz+xy+yz+y)+(xyz+xz+yz+z)=$$
$$xyz+xy+yz+xz+x+y+z+1$$

即

$$x(y+1)(z+1)+y(z+1)(x+1)+z(x+1)(y+1)=$$
$$(x+1)(y+1)(z+1)$$

所以

$$\frac{x}{x+1}+\frac{y}{y+1}+\frac{z}{z+1}=1$$

因为 x,y,z 是正实数,所以由柯西不等式得

$$[(x+1)+(y+1)+(z+1)]\cdot\left(\frac{x}{x+1}+\frac{y}{y+1}+\frac{z}{z+1}\right)\geqslant$$

$$(\sqrt{x}+\sqrt{y}+\sqrt{z})^2$$

即

$$x+y+z+3\geqslant(\sqrt{x}+\sqrt{y}+\sqrt{z})^2, 2\sqrt{xy}+2\sqrt{yz}+2\sqrt{zx}\leqslant 3$$

也就是 $a+b+c\leqslant 3$.

例 7 (2000 年奥地利-波兰数学奥林匹克试题)已知非负实数 a,b,c 满足 $a+b+c=1$，证明

$$2\leqslant(1-a^2)^2+(1-b^2)^2+(1-c^2)^2\leqslant(1+a)(1+b)(1+c)$$

并求出等号成立的条件.

证明 设 $ab+bc+ca=M, abc=n$，则

$$(x-a)(x-b)(x-c)=x^3-(a+b+c)x^2+(ab+bc+ca)x-abc=$$
$$x^3-x^2+Mx-n$$

令 $x=a$，则有 $a^3=a^2-Ma+n$，于是

$$\sum a^3=\sum a^2-M\sum a+3n$$

$$\begin{aligned}\sum a^4 &= \sum a^3-M\sum a^2+n\sum a= \\ &(1-M)\sum a^2-M\sum a+n\sum a+3n= \\ &(1-M)(1-2M)-M+n+3n= \\ &1-4M+2M^2+4n\end{aligned}$$

所以

$$\begin{aligned}&\sum(1-a^2)^2=3-2\sum a^2+\sum a^4= \\ &3-2(1-2M)+1-4M+2M^2+4n= \\ &2M^2+4n+2\geqslant 2\end{aligned}$$

等号当 a,b,c 中有两个为 0 时取到. 又

$$(1+a)(1+b)(1+c)=2+M+n$$

则 $2M^2+4n+2\leqslant 2+M+n$ 相当于 $3n\leqslant M-2M^2$，即

$$3abc\leqslant M(1-2M)=(ab+bc+ca)(a^2+b^2+c^2)$$

即

$$3\leqslant\left(\frac{1}{a}+\frac{1}{b}+\frac{1}{c}\right)(a^2+b^2+c^2) \tag{6.2}$$

而由柯西不等式得

$$3(a^2+b^2+c^2)\geqslant(a+b+c)^2=a+b+c$$

于是

$$3(a^2+b^2+c^2)\left(\frac{1}{a}+\frac{1}{b}+\frac{1}{c}\right)\geqslant(a+b+c)\left(\frac{1}{a}+\frac{1}{b}+\frac{1}{c}\right)\geqslant 9$$

故式(6.2)成立，且等号当且仅当 $a=b=c=\frac{1}{3}$ 时成立.

例 8　(2002 年白俄罗斯国家集训队试题)设 a,b,c 是正实数，且 $a+b+c=2$，证明：$\frac{1}{1+bc}+\frac{1}{1+ca}+\frac{1}{1+ab}\geqslant\frac{27}{13}$.

证明　由柯西不等式得

$$[(1+bc)+(1+ca)+(1+ab)]\left(\frac{1}{1+bc}+\frac{1}{1+ca}+\frac{1}{1+ab}\right)\geqslant 9$$

因为 $a+b+c=2$，所以

$$\begin{aligned}\frac{1}{1+bc}+\frac{1}{1+ca}+\frac{1}{1+ab}&\geqslant\frac{9}{3+ab+bc+ca}=\\&\frac{27}{9+3(ab+bc+ca)}=\\&\frac{27}{13-4+3(ab+bc+ca)}=\\&\frac{27}{13-(a+b+c)^2+3(ab+bc+ca)}=\\&\frac{27}{13-\frac{1}{2}[(a+b)^2+(b+c)^2+(c+a)^2]}\geqslant\\&\frac{27}{13}\end{aligned}$$

例 9　(2009 年马其顿数学奥林匹克试题)设正实数 a,b,c 满足 $ab+bc+ca=\frac{1}{3}$. 证明

$$\frac{a}{a^2-bc+1}+\frac{b}{b^2-ca+1}+\frac{c}{c^2-ab+1}\geqslant\frac{1}{a+b+c}\quad(6.3)$$

证法一　由已知条件知，$a^2-bc+1\geqslant-\frac{1}{3}+1>0$，同理，$b^2-ca+1>0$，$c^2-ab+1>0$，所以不等式左边的分母为正数，由柯西不等式，得

$$\begin{aligned}\text{式(6.3)左边}&=\frac{a^2}{a^3-abc+a}+\frac{b^2}{b^3-abc+b}+\frac{c^2}{c^3-abc+c}\geqslant\\&\frac{(a+b+c)^2}{a^3+b^3+c^3+a+b+c-3abc}=\end{aligned}$$

$$\frac{(a+b+c)^2}{(a+b+c)(a^2+b^2+c^2-ab-bc-ca)+(a+b+c)}=$$

$$\frac{a+b+c}{a^2+b^2+c^2-ab-bc-ca+1}=$$

$$\frac{a+b+c}{a^2+b^2+c^2+2(ab+bc+ca)}=$$

$$\frac{1}{a+b+c}$$

命题得证.

证法二 令 $M=a+b+c, N=ab+bc+ca$，则

$$\text{原不等式}\Leftrightarrow \sum \frac{1}{a^2-bc+N+2N}\leqslant \frac{1}{N}\Leftrightarrow$$

$$\sum \frac{N}{aM+2N}\leqslant 1\Leftrightarrow$$

$$\sum \left(\frac{-N}{aM+2N}+\frac{1}{2}\right)\geqslant -1+\frac{3}{2}\Leftrightarrow$$

$$\sum \frac{aM}{aM+2N}\geqslant 1$$

由柯西不等式得

$$\sum \frac{aM}{aM+2N}\geqslant \frac{(\sum aM)^2}{\sum (a^2M^2+aM\cdot 2N)}=$$

$$\frac{M^4}{M^2\sum a^2+2M^2N}=\frac{M^4}{M^2\cdot M^2}=1$$

故原不等式成立.

例 10 (2010 年第一届陈省身杯全国高中数学奥林匹克试题)设正实数 a,b,c 满足 $a^3+b^3+c^3=3$. 证明

$$\frac{1}{a^2+a+1}+\frac{1}{b^2+b+1}+\frac{1}{c^2+c+1}\geqslant 1$$

证法一 因 $(a-1)^2(a+1)\geqslant 0$，所以，$a^3+2\geqslant a^2+a+1$.

同理

$$b^3+2\geqslant b^2+b+1,\ c^3+2\geqslant c^2+c+1$$

故 $\frac{1}{a^2+a+1}+\frac{1}{b^2+b+1}+\frac{1}{c^2+c+1}\geqslant \frac{1}{a^3+2}+\frac{1}{b^3+2}+\frac{1}{c^3+2}$.

由柯西不等式得

$$\frac{1}{a^3+2}+\frac{1}{b^3+2}+\frac{1}{c^3+2}\geqslant\frac{9}{(a^3+2)+(b^3+2)+(c^3+2)}=$$

$$\frac{9}{a^3+b^3+c^3+6}=\frac{9}{3+6}=1$$

故 $\frac{1}{a^2+a+1}+\frac{1}{b^2+b+1}+\frac{1}{c^2+c+1}\geqslant 1$.

证法二　由柯西不等式得

$$\frac{1}{a^2+a+1}+\frac{1}{b^2+b+1}+\frac{1}{c^2+c+1}\geqslant$$

$$\frac{9}{(a^2+a+1)+(b^2+b+1)+(c^2+c+1)}=$$

$$\frac{9}{(a^2+b^2+c^2)+(a+b+c)+3}$$

又由幂平均不等式得

$$\left(\frac{a^2+b^2+c^2}{3}\right)^{\frac{1}{2}}\leqslant\left(\frac{a^3+b^3+c^3}{3}\right)^{\frac{1}{3}}=1$$

即 $a^2+b^2+c^2\leqslant 3$.

类似地，由 $\frac{a+b+c}{3}\leqslant\left(\frac{a^3+b^3+c^3}{3}\right)^{\frac{1}{3}}=1$，得 $a+b+c\leqslant 3$.

则

$$\frac{9}{(a^2+b^2+c^2)+(a+b+c)+3}\geqslant\frac{9}{3+3+3}=1$$

故 $\frac{1}{a^2+a+1}+\frac{1}{b^2+b+1}+\frac{1}{c^2+c+1}\geqslant 1$.

证法三　设 $f(x)=\frac{1}{x^2+x+1}(x>0)$. 则

$$f'(x)=-\frac{2x+1}{(x^2+x+1)^2},\ f''(x)=\frac{6x(x+1)}{(x^2+x+1)^3}>0$$

因此，$f(x)$ 是凸函数.

由琴生不等式得

$$\frac{1}{a^2+a+1}+\frac{1}{b^2+b+1}+\frac{1}{c^2+c+1}\geqslant\frac{3}{\left(\frac{a+b+c}{3}\right)^2+\left(\frac{a+b+c}{3}\right)+1}$$

再由幂平均不等式得

$$\frac{a+b+c}{3}\leqslant\left(\frac{a^3+b^3+c^3}{3}\right)^{\frac{1}{3}}=1$$

则

$$\frac{3}{\left(\frac{a+b+c}{3}\right)^2+\left(\frac{a+b+c}{3}\right)+1}\geqslant\frac{3}{1+1+1}=1$$

故$\frac{1}{a^2+a+1}+\frac{1}{b^2+b+1}+\frac{1}{c^2+c+1}\geqslant 1$.

例 11 (2004 年中国国家队集训培训题)已知实数 a,b,c,x,y,z 满足$(a+b+c)(x+y+z)=3,(a^2+b^2+c^2)(x^2+y^2+z^2)=4$,求证:$ax+by+cz\geqslant 0$.

证明 显然 $a^2+b^2+c^2\neq 0,x^2+y^2+z^2\neq 0$.

设 $\alpha=\sqrt[4]{\frac{a^2+b^2+c^2}{x^2+y^2+z^2}}\neq 0$, $a_1=\frac{a}{\alpha}$, $b_1=\frac{b}{\alpha}$, $c_1=\frac{c}{\alpha}$, $x_1=x\alpha,y_1=y\alpha,z_1=z\alpha$,则

$$(a_1+b_1+c_1)(x_1+y_1+z_1)=(a+b+c)(x+y+z)=3$$

$$(a_1^2+b_1^2+c_1^2)(x_1^2+y_1^2+z_1^2)=(a^2+b^2+c^2)(x^2+y^2+z^2)=4$$

$$a_1x_1+b_1y_1+c_1z_1=ax+by+cz$$

且

$$a_1^2+b_1^2+c_1^2=\frac{a^2+b^2+c^2}{\alpha^2}=\sqrt{(a^2+b^2+c^2)(x^2+y^2+z^2)}=2 \tag{6.4}$$

$$x_1^2+y_1^2+z_1^2=(x^2+y^2+z^2)\alpha^2=\sqrt{(a^2+b^2+c^2)(x^2+y^2+z^2)}=2 \tag{6.5}$$

故我们只需证明 $a_1x_1+b_1y_1+c_1z_1\geqslant 0$.

由式(6.4),式(6.5)转为证明

$$(a_1+x_1)^2+(b_1+y_1)^2+(c_1+z_1)^2\geqslant 4$$

由柯西不等式得

$$(a_1+x_1)^2+(b_1+y_1)^2+(c_1+z_1)^2\geqslant\frac{1}{3}(a_1+b_1+c_1+x_1+y_1+z_1)^2 \tag{6.6}$$

对 $a_1+b_1+c_1$ 和 $x_1+y_1+z_1$ 利用平均不等式可得

$$\frac{1}{3}[(a_1+b_1+c_1)+(x_1+y_1+z_1)]^2\geqslant\frac{4}{3}(a_1+b_1+c_1)(x_1+y_1+z_1)=\frac{4}{3}\cdot 3=4 \tag{6.7}$$

由式(6.6),式(6.7)即得需证的不等式.

例 12　(2011 年克罗地亚国家队选拔考试题)已知正实数 a,b,c 满足 $a+b+c=3$. 证明

$$\frac{a^2}{a+b^2}+\frac{b^2}{b+c^2}+\frac{c^2}{c+a^2}\geqslant\frac{3}{2}$$

证明　由柯西不等式,得

$$\left(\frac{a^2}{a+b^2}+\frac{b^2}{b+c^2}+\frac{c^2}{c+a^2}\right)[a^2(a+b^2)+b^2(b+c^2)+c^2(c+a^2)]\geqslant (a^2+b^2+c^2)^2$$

所以

$$\frac{a^2}{a+b^2}+\frac{b^2}{b+c^2}+\frac{c^2}{c+a^2}\geqslant\frac{(a^2+b^2+c^2)^2}{a^3+b^3+c^3+a^2b^2+b^2c^2+c^2a^2}$$

因此,只需证明

$$\frac{(a^2+b^2+c^2)^2}{a^3+b^3+c^3+a^2b^2+b^2c^2+c^2a^2}\geqslant\frac{3}{2}\tag{6.8}$$

$$\begin{aligned}式(6.8)\Leftrightarrow&2(a^2+b^2+c^2)^2\geqslant3(a^3+b^3+c^3+a^2b^2+b^2c^2+c^2a^2)\Leftrightarrow\\&2(a^4+b^4+c^4)+a^2b^2+b^2c^2+c^2a^2\geqslant3(a^3+b^3+c^3)\Leftrightarrow\\&2(a^4+b^4+c^4)+a^2b^2+b^2c^2+c^2a^2\geqslant\\&(a+b+c)(a^3+b^3+c^3)\Leftrightarrow\\&a^4+b^4+c^4+a^2b^2+b^2c^2+c^2a^2\geqslant\\&ab^3+ac^3+ba^3+bc^3+ca^3+cb^3\end{aligned}\tag{6.9}$$

由算术-几何平均值不等式,得

$$a^4+a^2b^2\geqslant2a^3b,b^4+b^2c^2\geqslant2b^3c$$
$$c^4+c^2a^2\geqslant2c^3a,a^4+c^2a^2\geqslant2a^3c$$
$$b^4+a^2b^2\geqslant2b^3a,c^4+b^2c^2\geqslant2c^3b$$

将以上不等式相加,即得到式(6.9).

因此,式(6.8)成立.故原不等式成立.

例 13　若 $a_1>a_2>\cdots>a_n>a_{n+1}$,又 $b_1,b_2,\cdots,b_n$ 是任意实数,则

$$\frac{b_1^2}{a_1-a_2}+\frac{b_2^2}{a_2-a_3}+\cdots+\frac{b_n^2}{a_n-a_{n+1}}\geqslant\frac{(b_1+b_2+\cdots+b_n)^2}{a_1-a_{n+1}}\tag{6.10}$$

等号成立的充要条件是

$$\frac{b_1}{a_1-a_2}=\frac{b_2}{a_2-a_3}=\cdots=\frac{b_n}{a_n-a_{n+1}}$$

证明 由柯西不等式,得

$$\left(\sum_{i=1}^{n} b_i\right)^2 = \left[\sum_{i=1}^{n} \frac{b_i}{\sqrt{a_i - a_{i+1}}} \cdot \sqrt{a_i - a_{i+1}}\right]^2 \leqslant$$

$$\sum_{i=1}^{n} \frac{b_i^2}{a_i - a_{i+1}} \cdot \sum_{i=1}^{n} (a_i - a_{i+1}) =$$

$$(a_1 - a_{n+1}) \sum_{i=1}^{n} \frac{b_i^2}{a_i - a_{i+1}}$$

两边除以 $a_1 - a_{n+1}$ 即得不等式(6.10).

例 14 (第 24 届全苏数学奥林匹克试题)已知 $a_1, a_2, \cdots, a_n$ 都是正数,且其和为 1,求证

$$\frac{a_1^2}{a_1 + a_2} + \frac{a_2^2}{a_2 + a_3} + \cdots + \frac{a_{n-1}^2}{a_{n-1} + a_n} + \frac{a_n^2}{a_n + a_1} \geqslant \frac{1}{2}$$

证明 由柯西不等式,知

$$2\left(\frac{a_1^2}{a_1 + a_2} + \frac{a_2^2}{a_2 + a_3} + \cdots + \frac{a_{n-1}^2}{a_{n-1} + a_n} + \frac{a_n^2}{a_n + a_1}\right) =$$

$$[(a_1 + a_2) + (a_2 + a_3) + \cdots + (a_{n-1} + a_n) + (a_n + a_1)] \cdot$$

$$\left[\frac{a_1^2}{a_1 + a_2} + \frac{a_2^2}{a_2 + a_3} + \cdots + \frac{a_{n-1}^2}{a_{n-1} + a_n} + \frac{a_n^2}{a_n + a_1}\right] \geqslant$$

$$\left[\sqrt{a_1 + a_2} \cdot \frac{a_1}{\sqrt{a_1 + a_2}} + \sqrt{a_2 + a_3} \cdot \frac{a_2}{\sqrt{a_2 + a_3}} + \cdots + \right.$$

$$\left. \sqrt{a_{n-1} + a_n} \cdot \frac{a_{n-1}}{\sqrt{a_{n-1} + a_n}} + \sqrt{a_n + a_1} \cdot \frac{a_n}{\sqrt{a_n + a_1}}\right]^2 =$$

$$(a_1 + a_2 + \cdots + a_n)^2 = 1$$

例 15 (第 24 届全苏数学奥林匹克试题)已知二次三项式 $f(x) = ax^2 + bx + c$ 的所有系数都是正数,且 $a + b + c = 1$. 求证:对于任何正数 $x_1, x_2, \cdots, x_n$,只要 $x_1 x_2 \cdots x_n = 1$,就有 $f(x_1) f(x_2) \cdots f(x_n) \geqslant 1$.

证明 固定变量 $x_3, x_4, \cdots, x_n$,此时 x_1, x_2 在 $x_1 x_2 = 1$ 常量的条件上变动,由柯西不等式得

$$f(x_1) f(x_2) = (a x_1^2 + b x_1 + c)(a x_2^2 + b x_2 + c) \geqslant$$

$$[a(\sqrt{x_1 x_2})^2 + b\sqrt{x_1 x_2} + c]^2 =$$

$$f^2(\sqrt{x_1 x_2})(\text{常数})$$

等号当且仅当

$$\frac{\sqrt{ax_1}}{\sqrt{ax_2}}=\frac{\sqrt{bx_1}}{\sqrt{bx_2}}=\frac{\sqrt{c}}{\sqrt{c}}=1$$

时,即 $x_1=x_2$ 时成立.由对称性知,当且仅当 $x_1=x_2=\cdots=x_n=1$时,$f(x_1)f(x_2)\cdots f(x_n)$有最小值 $f^n(1)=(a+b+c)^n=1$,故$f(x_1)f(x_2)\cdots f(x_n)\geqslant 1$.

例 16 (2012 年第 20 届土耳其数学奥林匹试题)已知 x,y,z 为正数,证明

$$\frac{x(2x-y)}{y(2z+x)}+\frac{y(2y-z)}{z(2x+y)}+\frac{z(2z-x)}{x(2y+z)}\geqslant 1 \tag{6.11}$$

证明 注意到

$$\frac{x(2x-y)}{y(2z+x)}+1=\frac{2(x^2+yz)}{y(2z+x)}$$

$$\frac{y(2y-z)}{z(2x+y)}+1=\frac{2(y^2+zx)}{z(2x+y)}$$

$$\frac{z(2z-x)}{x(2y+z)}+1=\frac{2(z^2+xy)}{x(2y+z)}$$

则式(6.11)等价于

$$f(x,y,z)=\frac{x^2+yz}{y(2z+x)}+\frac{y^2+zx}{z(2x+y)}+\frac{z^2+xy}{x(2y+z)}\geqslant 2$$

对于正实数 $x_1,x_2,\cdots,x_n$,由柯西不等式得

$$\left(\sum_{i=1}^{n}x_i\right)\left(\sum_{i=1}^{n}\frac{a_i^2}{x_i}\right)\geqslant\left(\sum_{i=1}^{n}a_i\right)^2$$

则

$$g(x,y,z)=\frac{x^2}{y(2z+x)}+\frac{y^2}{z(2x+y)}+\frac{z^2}{x(2y+z)}\geqslant \frac{(x+y+z)^2}{3(xy+yz+zx)}$$

$$h(x,y,z)=\frac{z}{2z+x}+\frac{x}{2x+y}+\frac{y}{2y+z}\geqslant \frac{(x+y+z)^2}{2(x^2+y^2+z^2)+xy+yz+zx}$$

故

$$f=g+h\geqslant (x+y+z)^2\left[\frac{1}{3(xy+yz+zx)}+\frac{1}{2(x^2+y^2+z^2)+xy+yz+zx}\right]=$$

$$\frac{2(x+y+z)^4}{3(xy+yz+zx)[2(x^2+y^2+z^2)+xy+yz+zx]}=$$

$$\frac{2(x+y+z)^4}{3(xy+yz+zx)[2(x+y+z)^2-3(xy+yz+zx)]}\geqslant$$

$$\frac{2(x+y+z)^4}{\left[\dfrac{3(xy+yz+zx)+2(x+y+z)^2-3(xy+yz+zx)}{2}\right]^2}=2$$

其中最后一个不等式应用的是均值不等式.

例 17 (2009 年塞尔维亚数学奥林匹克)设 x,y,z 为正实数,满足 $xy+yz+zx=x+y+z$. 证明

$$\frac{1}{x^2+y+1}+\frac{1}{y^2+z+1}+\frac{1}{z^2+x+1}\leqslant 1$$

并确定等号成立的条件.

证明 由柯西不等式,得

$$\frac{1}{x^2+y+1}\leqslant\frac{1+y+z^2}{(x+y+z)^2},\ \frac{1}{y^2+z+1}\leqslant\frac{1+z+x^2}{(x+y+z)^2}$$

$$\frac{1}{z^2+x+1}\leqslant\frac{1+x+y^2}{(x+y+z)^2}$$

故

$$\frac{1}{x^2+y+1}+\frac{1}{y^2+z+1}+\frac{1}{z^2+x+1}\leqslant$$

$$\frac{3+x+y+z+x^2+y^2+z^2}{(x+y+z)^2}$$

记上述不等式右边为 S,只需证 $S\leqslant 1$.

事实上

$$S\leqslant 1\Leftrightarrow 3+x+y+z\leqslant 2(xy+yz+zx)$$

因为

$$x+y+z=xy+yz+zx$$

所以只需证 $x+y+z\geqslant 3$.

又

$$x+y+z=xy+yz+zx\leqslant\frac{(x+y+z)^2}{3}$$

所以 $x+y+z\geqslant 3$. 故原不等式得证.

当且仅当 $x=y=z=1$ 时,原不等式等号成立.

例 18 (2010 年美国国家队选拔考试题)已知正实数 $a,b,$

c 满足 $abc=1$. 证明

$$\frac{1}{a^5(b+2c)^2}+\frac{1}{b^5(c+2a)^2}+\frac{1}{c^5(a+2b)^2}\geqslant\frac{1}{3}$$

证明　设

$$S_1=\frac{1}{a^5(b+2c)^2}+\frac{1}{b^5(c+2a)^2}+\frac{1}{c^5(a+2b)^2}$$

$$S_2=\frac{1}{a^3(b+2c)}+\frac{1}{b^3(c+2a)}+\frac{1}{c^3(a+2b)}$$

由柯西不等式,得

$$S_2[a(b+2c)+b(c+2a)+c(a+2b)]\geqslant\left(\frac{1}{a}+\frac{1}{b}+\frac{1}{c}\right)^2$$

所以

$$S_2\geqslant\frac{1}{3}\cdot\frac{ab+bc+ca}{(abc)^2}=\frac{1}{3}\left(\frac{1}{a}+\frac{1}{b}+\frac{1}{c}\right)$$

再由柯西不等式,得

$$S_1\left(\frac{1}{a}+\frac{1}{b}+\frac{1}{c}\right)\geqslant S_2^2$$

所以

$$S_1\left(\frac{1}{a}+\frac{1}{b}+\frac{1}{c}\right)\geqslant\frac{1}{9}\left(\frac{1}{a}+\frac{1}{b}+\frac{1}{c}\right)^2$$

所以

$$S_1\geqslant\frac{1}{9}\left(\frac{1}{a}+\frac{1}{b}+\frac{1}{c}\right)=\frac{1}{9}(ab+bc+ca)\geqslant$$

$$\frac{1}{9}\times 3\sqrt[3]{a^2b^2c^2}=\frac{1}{3}$$

例 19　(2002 年波斯尼亚数学奥林匹克试题)已知 $a,b,c>0,a^2+b^2+c^2=1$,证明:$\frac{a^2}{1+2bc}+\frac{b^2}{1+2ca}+\frac{c^2}{1+2ab}\geqslant\frac{3}{5}$.

证法一　由柯西不等式得

$$\left(\frac{a^2}{1+2bc}+\frac{b^2}{1+2ca}+\frac{c^2}{1+2ab}\right)(a^2(1+2bc)+b^2(1+2ca)+c^2(1+2ab))\geqslant(a^2+b^2+c^2)^2=1$$

$$a^2(1+2bc)+b^2(1+2ca)+c^2(1+2ab)=(a^2+b^2+c^2)+2abc(a+b+c)=1+2abc(a+b+c)$$

因为

$$(a^2+b^2+c^2)^2\geqslant 3(a^2b^2+b^2c^2+c^2a^2)=$$
$$\frac{3}{2}[(a^2b^2+b^2c^2)+(b^2c^2+c^2a^2)+(a^2b^2+c^2a^2)]\geqslant$$
$$\frac{3}{2}(2ab^2c+2bc^2a+2a^2bc)=3abc(a+b+c)$$

所以

$$abc(a+b+c)\leqslant\frac{1}{3}(a^2+b^2+c^2)$$

即 $1+2abc(a+b+c)\leqslant\frac{5}{3}$,所以

$$\frac{a^2}{1+2bc}+\frac{b^2}{1+2ca}+\frac{c^2}{1+2ab}\geqslant\frac{3}{5}$$

证法二 有

$$\frac{a^2}{1+2bc}=\frac{a^2}{a^2+b^2+c^2+2bc}\geqslant$$
$$\frac{a^2}{a^2+b^2+c^2+b^2+c^2}=$$
$$\frac{a^2}{a^2+2b^2+2c^2}$$

同理

$$\frac{b^2}{1+2ca}\geqslant\frac{b^2}{b^2+2c^2+2a^2},\ \frac{c^2}{1+2ab}\geqslant\frac{c^2}{c^2+2a^2+2b^2}$$

由柯西不等式得

$$\frac{a^2}{a^2+2b^2+2c^2}+\frac{b^2}{b^2+2c^2+2a^2}+\frac{c^2}{c^2+2a^2+2b^2}\geqslant$$
$$\frac{(a^2+b^2+c^2)^2}{a^2(a^2+2b^2+2c^2)+b^2(b^2+2c^2+2a^2)+c^2(c^2+2a^2+2b^2)}$$

而

$$5(a^2+b^2+c^2)^2-3[a^2(a^2+2b^2+2c^2)+b^2(b^2+2c^2+2a^2)+$$
$$c^2(c^2+2a^2+2b^2)]=(a^2-b^2)^2+(b^2-c^2)^2+(a^2-c^2)^2\geqslant 0$$

所以

$$\frac{(a^2+b^2+c^2)^2}{a^2(a^2+2b^2+2c^2)+b^2(b^2+2c^2+2a^2)+c^2(c^2+2a^2+2b^2)}\geqslant\frac{3}{5}$$

例 20 (2010 年美国集训队试题)已知 a,b,c 是正实数,且满足 $abc=1$,证明:$\frac{1}{a^5(b+2c)^2}+\frac{1}{b^5(c+2a)^2}+\frac{1}{c^5(a+2b)^2}\geqslant$

$\frac{1}{3}$.

证明　因为 $abc=1$,所以

$$\frac{1}{a^5(b+2c)^2}+\frac{1}{b^5(c+2a)^2}+\frac{1}{c^5(a+2b)^2}=$$
$$\frac{b^4c^4}{a(b+2c)^2}+\frac{c^4a^4}{b(c+2a)^2}+\frac{a^4b^4}{c(a+2b)^2}$$

由柯西不等式得

$$[a(b+2c)^2+b(c+2a)^2+c(a+2b)^2]\cdot$$
$$\left(\frac{b^4c^4}{a(b+2c)^2}+\frac{c^4a^4}{b(c+2a)^2}+\frac{a^4b^4}{c(a+2b)^2}\right)\geqslant$$
$$(a^2b^2+b^2c^2+c^2a^2)^2$$

所以只要证明

$$3(a^2b^2+b^2c^2+c^2a^2)^2\geqslant$$
$$[a(b+2c)^2+b(c+2a)^2+c(a+2b)^2]\Leftrightarrow$$
$$3(a^4b^4+b^4c^4+c^4a^4)+6a^2b^2c^2(a^2+b^2+c^2)\geqslant$$
$$(ab^2+bc^2+ca^2)+4(a^2b+b^2c+c^2a)+12abc\Leftrightarrow$$
$$3(a^4b^4+b^4c^4+c^4a^4)+6(a^2+b^2+c^2)\geqslant$$
$$(ab^2+bc^2+ca^2)+4(a^2b+b^2c+c^2a)+12$$

由均值不等式得

$$3(a^4b^4+b^4c^4+c^4a^4)+6(a^2+b^2+c^2)=$$
$$3(a^4b^4+1+b^4c^4+1+c^4a^4+1)+6(a^2+b^2+c^2)-9\geqslant$$
$$6(a^2b^2+b^2c^2+c^2a^2)+6(a^2+b^2+c^2)-9=$$
$$\frac{5}{2}[(a^2b^2+b^2c^2+c^2a^2)+(a^2+b^2+c^2)]+$$
$$\frac{7}{2}[(a^2b^2+b^2c^2+c^2a^2)+(a^2+b^2+c^2)]-9\geqslant$$
$$\frac{5}{2}[(a^2b^2+b^2c^2+c^2a^2)+(a^2+b^2+c^2)]+$$
$$\frac{7}{2}[3(a^2b^2b^2c^2c^2a^2)^{\frac{1}{3}}+3(a^2b^2c^2)^{\frac{1}{3}}]-9=$$
$$\frac{5}{2}[(a^2b^2+b^2c^2+c^2a^2)+(a^2+b^2+c^2)]+21-9=$$
$$\frac{5}{2}[(a^2b^2+b^2c^2+c^2a^2)+(a^2+b^2+c^2)]+12$$

而

$$(ab^2+bc^2+ca^2)+4(a^2b+b^2c+c^2a)+12=$$
$$ab\cdot b+bc\cdot c+ca\cdot a+4(ab\cdot a+bc\cdot b+ca\cdot c)+12\leqslant$$
$$\frac{1}{2}[(a^2b^2+b^2)+(b^2c^2+c^2)+(c^2a^2+a^2)]+$$
$$2[(a^2b^2+a^2)+(b^2c^2+b^2)+(c^2a^2+c^2)]+12=$$
$$\frac{5}{2}[(a^2b^2+b^2c^2+c^2a^2)+(a^2+b^2+c^2)]+12$$

所以

$$3(a^4b^4+b^4c^4+c^4a^4)+6(a^2+b^2+c^2)\geqslant$$
$$(ab^2+bc^2+ca^2)+4(a^2b+b^2c+c^2a)+12$$

成立.

例 21 (1995 年第 36 届 IMO)设 a,b,c 为正实数且满足 $abc=1$,试证

$$\frac{1}{a^3(b+c)}+\frac{1}{b^3(c+a)}+\frac{1}{c^3(a+b)}\geqslant\frac{3}{2}$$

分析 这道看似容易的题目绝对不可等闲视之.在本次参赛的 412 名选手中,竟有 300 名选手在这道题上栽了跟头,仅得 0 分.之所以如此,往往是由于不善于将所给的条件 $abc=1$ 转换成其他形式,例如转换成

$$ab\cdot bc\cdot ca=1$$

或者$\frac{1}{a}\cdot\frac{1}{b}\cdot\frac{1}{c}=1$.

可见,解题时广开思路从不同的角度去考虑问题是何等重要.

证法一 利用条件 $abc=1$,易得

$$\frac{1}{a^3(b+c)}=\frac{a^2b^2c^2}{a^3(b+c)}=\frac{b^2c^2}{ab+ac}$$

题中的不等式等价于

$$\frac{b^2c^2}{ab+ac}+\frac{c^2a^2}{bc+ba}+\frac{a^2b^2}{ca+cb}\geqslant\frac{3}{2}$$

约定将此不等式左边的代数式记为 K.利用柯西不等式和算术平均-几何平均不等式得

$$((ab+ac)+(bc+ba)+(ca+cb))\cdot K\geqslant$$
$$\left(\sqrt{ab+ac}\cdot\frac{bc}{\sqrt{ab+ac}}+\sqrt{bc+ba}\cdot\frac{ca}{\sqrt{bc+ba}}+\right.$$

$$\sqrt{ca+cb}\cdot\frac{ab}{\sqrt{ca+cb}}\Big)^2=$$

$$(bc+ca+ab)^2\geqslant$$

$$3\sqrt[3]{(bc)\cdot(ca)\cdot(ab)}\cdot(bc+ca+ab)=$$

$$3(bc+ca+ab)$$

由此即得 $K\geqslant\frac{3}{2}$.

证法二　由条件 $abc=1$,可得

$$a^3(b+c)=a^2\left(\frac{1}{c}+\frac{1}{b}\right)$$

题目中的不等式等价于

$$\frac{1}{a^2\left(\frac{1}{b}+\frac{1}{c}\right)}+\frac{1}{b^2\left(\frac{1}{c}+\frac{1}{a}\right)}+\frac{1}{c^2\left(\frac{1}{a}+\frac{1}{b}\right)}\geqslant\frac{3}{2}$$

将此不等式左边的代数式记为 L,利用柯西不等式和算术平均-几何平均不等式,得

$$\left(\left(\frac{1}{b}+\frac{1}{c}\right)+\left(\frac{1}{c}+\frac{1}{a}\right)+\left(\frac{1}{a}+\frac{1}{b}\right)\right)\cdot L\geqslant$$

$$\left(\sqrt{\frac{1}{b}+\frac{1}{c}}\cdot\frac{1}{a\sqrt{\frac{1}{b}+\frac{1}{c}}}+\sqrt{\frac{1}{c}+\frac{1}{a}}\cdot\frac{1}{b\sqrt{\frac{1}{c}+\frac{1}{a}}}+\right.$$

$$\left.\sqrt{\frac{1}{a}+\frac{1}{b}}\cdot\frac{1}{c\sqrt{\frac{1}{a}+\frac{1}{b}}}\right)^2=$$

$$\left(\frac{1}{a}+\frac{1}{b}+\frac{1}{c}\right)^2\geqslant$$

$$3\sqrt[3]{\frac{1}{a}\cdot\frac{1}{b}\cdot\frac{1}{c}}\cdot\left(\frac{1}{a}+\frac{1}{b}+\frac{1}{c}\right)=$$

$$3\left(\frac{1}{a}+\frac{1}{b}+\frac{1}{c}\right)$$

由此即得 $L\geqslant\frac{3}{2}$.

证法三　巧妙地利用柯西不等式,即

$$(x_1y_1+x_2y_2+x_3y_3)^2\leqslant(x_1^2+x_2^2+x_3^2)(y_1^2+y_2^2+y_3^2)\quad(6.12)$$

其中,x_i,y_i 为实数.取

$$x_1=\sqrt{ab+ac},\ x_2=\sqrt{bc+ba},\ x_3=\sqrt{ca+cb}$$
$$y_1=(ax_1)^{-1},\ y_2=(bx_2)^{-1},\ y_3=(cx_3)^{-1}$$

利用不等式(6.12)及 $abc=1$,我们有

$$I=(y_1^2+y_2^2+y_3^2)\geqslant$$
$$(x_1^2+x_2^2+x_3^2)^{-1}(x_1y_1+x_2y_2+x_3y_3)^2=$$
$$(2ab+2bc+2ca)^{-1}\left(\frac{1}{a}+\frac{1}{b}+\frac{1}{c}\right)^2=$$
$$\frac{1}{2}\left(\frac{1}{a}+\frac{1}{b}+\frac{1}{c}\right)$$

由此及 $\left(\frac{1}{a}+\frac{1}{b}+\frac{1}{c}\right)\geqslant 3\sqrt[3]{\frac{1}{a}\cdot\frac{1}{b}\cdot\frac{1}{c}}$,即得 $I\geqslant\frac{3}{2}$.

证法四 利用柯西不等式

$$\left(\sum_{i=1}^{n}(a_ib_i)\right)^2\leqslant\left(\sum_{i=1}^{n}a_i^2\right)\left(\sum_{i=1}^{n}b_i^2\right)$$

的推论

$$\left(\sum_{i=1}^{n}(a_ib_i)\right)^2\leqslant\left(\sum_{i=1}^{n}a_i\right)\left(\sum_{i=1}^{n}(a_ib_i^2)\right)\quad(a_i\in\mathbf{R}_+,i=1,2,\cdots,n)$$

得

$$[a(b+c)+b(c+a)+c(a+b)]\cdot$$
$$\left(\frac{1}{a^3(b+c)}+\frac{1}{b^3(c+a)}+\frac{1}{c^3(a+b)}\right)\geqslant$$
$$\left(\frac{1}{a}+\frac{1}{b}+\frac{1}{c}\right)^2=(ab+bc+ca)^2$$

于是

$$\frac{1}{a^3(b+c)}+\frac{1}{b^3(c+a)}+\frac{1}{c^3(a+b)}\geqslant$$
$$\frac{(ab+bc+ca)^2}{2(ab+bc+ca)}=\frac{1}{2}(ab+bc+ca)\geqslant$$
$$\frac{1}{2}\cdot 3\sqrt[3]{a^2b^2c^2}=\frac{3}{2}$$

证法五 利用柯西不等式的推论

$$\sum_{i=1}^{n}\frac{a_i^2}{b_i}\geqslant\frac{\left(\sum_{i=1}^{n}a_i\right)^2}{\sum_{i=1}^{n}b_i}\quad(b_i\in\mathbf{R}_+,\ i=1,2,\cdots,n)$$

得

$$\frac{1}{a^3(b+c)}+\frac{1}{b^3(c+a)}+\frac{1}{c^3(a+b)}=$$

$$\frac{\left(\frac{1}{a}\right)^2}{\frac{1}{b}+\frac{1}{c}}+\frac{\left(\frac{1}{b}\right)^2}{\frac{1}{c}+\frac{1}{a}}+\frac{\left(\frac{1}{c}\right)^2}{\frac{1}{a}+\frac{1}{b}}\geqslant$$

$$\frac{\left(\frac{1}{a}+\frac{1}{b}+\frac{1}{c}\right)^2}{2\left(\frac{1}{a}+\frac{1}{b}+\frac{1}{c}\right)}=$$

$$\frac{1}{2}\left(\frac{1}{a}+\frac{1}{b}+\frac{1}{c}\right)\geqslant$$

$$\frac{1}{2}\cdot 3\sqrt[3]{\frac{1}{abc}}=\frac{3}{2}$$

证法六　利用著名的切比雪夫不等式. 若

$$a_1\geqslant a_2\geqslant\cdots\geqslant a_n>0,\ 0<b_1\leqslant b_2\leqslant\cdots\leqslant b_n$$

或

$$0<a_1\leqslant a_2\leqslant\cdots\leqslant a_n,\ b_1\geqslant b_2\geqslant\cdots\geqslant b_n>0$$

则

$$\sum_{i=1}^{n}\frac{a_i}{b_i}\geqslant\frac{n\left(\sum_{i=1}^{n}a_i\right)}{\sum_{i=1}^{n}b_i}$$

不妨设 $a\geqslant b\geqslant c$,则有

$$a^{-2}\leqslant b^{-2}\leqslant c^{-2},\ b^{-1}+c^{-1}\geqslant c^{-1}+a^{-1}\geqslant a^{-1}+b^{-1}$$

$$\frac{1}{a^3(b+c)}+\frac{1}{b^3(c+a)}+\frac{1}{c^3(a+b)}=$$

$$\frac{a^{-2}}{b^{-1}+c^{-1}}+\frac{b^{-2}}{c^{-1}+a^{-1}}+\frac{c^{-2}}{a^{-1}+b^{-1}}\geqslant$$

$$\frac{3(a^{-2}+b^{-2}+c^{-2})}{2(a^{-1}+b^{-1}+c^{-1})}\geqslant$$

$$\frac{(a^{-1}+b^{-1}+c^{-1})^2}{2(a^{-1}+b^{-1}+c^{-1})}=$$

$$\frac{1}{2}\left(\frac{1}{a}+\frac{1}{b}+\frac{1}{c}\right)\geqslant\frac{1}{2}\cdot 3\sqrt[3]{\frac{1}{abc}}=\frac{3}{2}$$

例 22　(2010 年瑞士数学奥林匹克试题)已知 $x,y,z>0$, $xyz=1$. 求证:$\frac{(x+y-1)^2}{z}+\frac{(y+z-1)^2}{x}+\frac{(z+x-1)^2}{y}\geqslant x+y+z$.

本题证法较多，下面提供几种：

证法一 (利用权方和不等式)因为 $x,y,z>0,xyz=1$，所以

$$\frac{(x+y-1)^2}{z}+\frac{(y+z-1)^2}{x}+\frac{(z+x-1)^2}{y}\geqslant$$

$$\frac{[(x+y+z)+(x+y+z-3)]^2}{x+y+z}\geqslant$$

$$\frac{[(x+y+z)+(3\sqrt[3]{xyz}-3)]^2}{x+y+z}=$$

$$\frac{(x+y+z)^2}{x+y+z}=x+y+z$$

故不等式得证.

证法二 (利用柯西不等式)因为 $x,y,z>0,xyz=1$，所以

$$\left[\frac{(x+y-1)^2}{z}+\frac{(y+z-1)^2}{x}+\frac{(z+x-1)^2}{y}\right](x+y+z)\geqslant$$

$$[(x+y+z)+(x+y+z-3)]^2\geqslant$$

$$[(x+y+z)+(3\sqrt[3]{xyz}-3)]^2=(x+y+z)^2$$

所以 $\frac{(x+y-1)^2}{z}+\frac{(y+z-1)^2}{x}+\frac{(z+x-1)^2}{y}\geqslant x+y+z$. 故不等式得证.

证法三 (利用切比雪夫不等式)根据对称性不妨设 $x\geqslant y\geqslant z$，又因为 $x,y,z>0,xyz=1$，所以 $\frac{1}{z}\geqslant\frac{1}{y}\geqslant\frac{1}{x}$，$x+y-1\geqslant z+x-1\geqslant y+z-1$，可得 $\frac{x+y-1}{z}\geqslant\frac{z+x-1}{y}\geqslant\frac{y+z-1}{x}$，所以

$$\frac{(x+y-1)^2}{z}+\frac{(z+x-1)^2}{y}+\frac{(y+z-1)^2}{x}=$$

$$\left(\frac{x+y-1}{z}\right)(x+y-1)+\left(\frac{z+x-1}{y}\right)(z+x-1)+$$

$$\left(\frac{y+z-1}{x}\right)(y+z-1)\geqslant$$

$$\frac{1}{3}\left(\frac{x+y-1}{z}+\frac{z+x-1}{y}+\frac{y+z-1}{x}\right)(2x+2y+2z-3)\geqslant$$

$$\frac{1}{9}\left(\frac{1}{z}+\frac{1}{y}+\frac{1}{x}\right)(2x+2y+2z-3)^2=$$

$$\frac{1}{9}\left(\frac{1}{z}+\frac{1}{y}+\frac{1}{x}\right)[(x+y+z)+(x+y+z-3)]^2 \geqslant$$

$$\frac{1}{9}\left(3\sqrt[3]{\frac{1}{z}\cdot\frac{1}{y}\cdot\frac{1}{x}}\right)[(x+y+z)+(3\sqrt[3]{xyz}-3)]^2=$$

$$\frac{(x+y+z)^2}{3} \geqslant \frac{3\sqrt[3]{xyz}}{3}(x+y+z)=x+y+z$$

故不等式得证.

本题可作如下推广：

若 $x_i>0$, $\prod\limits_{i=1}^{n} x_i=1$,其中 $i=1,2,3,\cdots,n$ 且 $n\geqslant 3$,则

$$\frac{\left(\sum\limits_{i=1}^{n} x_i-x_1-1\right)^2}{x_1}+\frac{\left(\sum\limits_{i=1}^{n} x_i-x_2-1\right)^2}{x_2}+\cdots+\frac{\left(\sum\limits_{i=1}^{n} x_i-x_n-1\right)^2}{x_n} \geqslant$$

$$(n-2)^2\cdot\sum_{i=1}^{n} x_i$$

证明方法参考证法一,由读者自己完成.

例 23　设 $a,b,c,d\in\mathbf{R}_+$,且 $a+b+c+d=1$,求证

$$\sqrt{7a+5}+\sqrt{7b+5}+\sqrt{7c+5}+\sqrt{7d+5}\leqslant 6\sqrt{3}$$

证明　由柯西不等式,得

$$4\times 27=4[(7a+5)+(7b+5)+(7c+5)+(7d+5)]\geqslant$$
$$(\sqrt{7a+5}+\sqrt{7b+5}+\sqrt{7c+5}+\sqrt{7d+5})^2$$

所以

$$\sqrt{7a+5}+\sqrt{7b+5}+\sqrt{7c+5}+\sqrt{7d+5}\leqslant 6\sqrt{3}$$

当且仅当 $\frac{1}{\sqrt{7a+5}}=\frac{1}{\sqrt{7b+5}}=\frac{1}{\sqrt{7c+5}}=\frac{1}{\sqrt{7d+5}}$ 时,即 $a=b=c=d$ 时等号成立.

例 24　已知 $a,b,c,d\in\mathbf{R}_+$,且 $S=a+b+c+d$,求证

$$\sqrt{(S+a+b)(S+c+d)}\geqslant$$
$$\sqrt{(a+b)(c+d)}+\sqrt{(a+c)(a+d)}+\sqrt{(b+c)(b+d)}$$

证明　因为 a,b,c,d 都为正数,且 $S=a+b+c+d$,所以

$$(S+a+b)(S+c+d)=$$
$$(2a+2b+c+d)(a+b+2c+2d)=$$
$$[(\sqrt{a+b})^2+(\sqrt{a+c})^2+(\sqrt{b+d})^2]\cdot$$

$$[(\sqrt{c+d})^2+(\sqrt{a+d})^2+(\sqrt{b+c})^2]\geqslant$$
$$(\sqrt{a+b}\cdot\sqrt{c+d}+\sqrt{a+c}\cdot\sqrt{a+d}+$$
$$\sqrt{b+d}\cdot\sqrt{b+c})^2$$

所以

$$\sqrt{(S+a+b)(S+c+d)}\geqslant$$
$$\sqrt{(a+b)(c+d)}+\sqrt{(a+c)(a+d)}+\sqrt{(b+c)(b+d)}$$

例 25 已知 $a_1,a_2,\cdots,a_n,b_1,b_2,\cdots,b_n$ 均为正数,且满足 $a_1^2+a_2^2+\cdots+a_n^2=(b_1^2+b_2^2+\cdots+b_n^2)^3$,求证

$$\frac{b_1^3}{a_1}+\frac{b_2^3}{a_2}+\cdots+\frac{b_n^3}{a_n}\geqslant 1$$

并确定等号成立的条件.

证明 由题设及柯西不等式,有

$$(a_1b_1+a_2b_2+\cdots+a_nb_n)\left(\frac{b_1^3}{a_1}+\frac{b_2^3}{a_2}+\cdots+\frac{b_n^3}{a_n}\right)=$$
$$[(\sqrt{a_1b_1})^2+(\sqrt{a_2b_2})^2+\cdots+(\sqrt{a_nb_n})^2]\cdot$$
$$\left[\left(\sqrt{\frac{b_1^3}{a_1}}\right)^2+\left(\sqrt{\frac{b_2^3}{a_2}}\right)^2+\cdots+\left(\sqrt{\frac{b_n^3}{a_n}}\right)^2\right]\geqslant$$
$$\left[\sqrt{a_1b_1}\cdot\sqrt{\frac{b_1^3}{a_1}}+\sqrt{a_2b_2}\cdot\sqrt{\frac{b_2^3}{a_2}}+\cdots+\sqrt{a_nb_n}\cdot\sqrt{\frac{b_n^3}{a_n}}\right]^2=$$
$$(b_1^2+b_2^2+\cdots+b_n^2)^2=$$
$$\sqrt{(b_1^2+b_2^2+\cdots+b_n^2)(b_1^2+b_2^2+\cdots+b_n^2)^3}=$$
$$\sqrt{(b_1^2+b_2^2+\cdots+b_n^2)(a_1^2+a_2^2+\cdots+a_n^2)}\geqslant$$
$$a_1b_1+a_2b_2+\cdots+a_nb_n$$

故

$$\frac{b_1^3}{a_1}+\frac{b_2^3}{a_2}+\cdots+\frac{b_n^3}{a_n}\geqslant 1$$

等号当且仅当 $\frac{a_1}{b_1}=\frac{a_2}{b_2}=\cdots=\frac{a_n}{b_n}$ 时成立.

例 26 (1)若 $\log_a xyz=9$,求证

$$\log_x a+\log_y a+\log_z a\geqslant 1\quad (a,x,y,z>1)$$

(2)在 $\triangle ABC$ 中,求证

$$\sqrt{\cot A\cot B+8}+\sqrt{\cot B\cot C+8}+\sqrt{\cot C\cot A+8}\leqslant 5\sqrt{3}$$

证明　(1)由柯西不等式,有

$$(\log_x a+\log_y a+\log_z a)(\log_a x+\log_a y+\log_a z)\geqslant$$
$$(\log_x a\log_a x+\log_y a\log_a y+\log_z a\log_a z)^2=(1+1+1)^2$$

即

$$(\log_x a+\log_y a+\log_z a)\log_a xyz\geqslant 9$$

故

$$\log_x a+\log_y a+\log_z a\geqslant 1$$

(2)因为

$$(\sqrt{\cot A\cot B+8}+\sqrt{\cot B\cot C+8}+\sqrt{\cot C\cot A+8})^2\leqslant$$
$$[(\sqrt{\cot A\cot B+8})^2+(\sqrt{\cot B\cot C+8})^2+$$
$$(\sqrt{\cot C\cot A+8})^2](1^2+1^2+1^2)=$$
$$3(\cot A\cot B+\cot B\cot C+\cot C\cot A+24)$$

在$\triangle ABC$中,易知

$$\cot A\cot B+\cot B\cot C+\cot C\cot A=1$$

故

$$\sqrt{\cot A\cot B+8}+\sqrt{\cot B\cot C+8}+\sqrt{\cot C\cot A+8}\leqslant 5\sqrt{3}$$

例 27　求证:$yz+zx+xy-9xyz\geqslant 0$,其中x,y,z为非负实数,满足$x+y+z=1$.

证明　因为$x+y+z=1$,由柯西不等式得

$$\frac{1}{x}+\frac{1}{y}+\frac{1}{z}=\left(\frac{1}{x}+\frac{1}{y}+\frac{1}{z}\right)(x+y+z)\geqslant$$
$$\left(\sqrt{\frac{1}{x}}\cdot\sqrt{x}+\sqrt{\frac{1}{y}}\cdot\sqrt{y}+\sqrt{\frac{1}{z}}\cdot\sqrt{z}\right)^2=9$$

去分母得

$$yz+zx+xy\geqslant 9xyz$$

即

$$yz+zx+xy-9xyz\geqslant 0$$

说明:这道题比 1984 年第 25 届 IMO 试题第一题稍微容易.原题是:

求证$0\leqslant yz+zx+xy-2xyz\leqslant\frac{7}{27}$,其中$x,y,z$为非负实数,满足$x+y+z=1$.

例 28　(2004 年中国台湾数学奥林匹克试题)设正实数a,

b,c 满足 $abc\geqslant 2^9$，证明

$$\frac{1}{\sqrt{1+a}}+\frac{1}{\sqrt{1+b}}+\frac{1}{\sqrt{1+c}}\geqslant\frac{3}{\sqrt{1+\sqrt[3]{abc}}}\tag{6.13}$$

证明 设 $abc=\lambda^3$，$a=\lambda\frac{yz}{x^2}$，$b=\lambda\frac{zx}{y^2}$，$c=\lambda\frac{xy}{z^2}$，x,y,z 是正数，则不等式(6.13)等价于

$$\frac{x}{\sqrt{x^2+\lambda yz}}+\frac{y}{\sqrt{y^2+\lambda zx}}+\frac{z}{\sqrt{z^2+\lambda xy}}\geqslant\frac{3}{\sqrt{1+\lambda}}\tag{6.14}$$

由柯西不等式得

$$\left(\frac{x}{\sqrt{x^2+\lambda yz}}+\frac{y}{\sqrt{y^2+\lambda zx}}+\frac{z}{\sqrt{z^2+\lambda xy}}\right)(x\sqrt{x^2+\lambda yz}+y\sqrt{y^2+\lambda zx}+z\sqrt{z^2+\lambda xy})\geqslant(x+y+z)^2$$

即

$$\frac{x}{\sqrt{x^2+\lambda yz}}+\frac{y}{\sqrt{y^2+\lambda zx}}+\frac{z}{\sqrt{z^2+\lambda xy}}\geqslant\frac{(x+y+z)^2}{x\sqrt{x^2+\lambda yz}+y\sqrt{y^2+\lambda zx}+z\sqrt{z^2+\lambda xy}}\tag{6.15}$$

又由柯西不等式得

$$x\sqrt{x^2+\lambda yz}+y\sqrt{y^2+\lambda zx}+z\sqrt{z^2+\lambda xy}=\sqrt{x}\sqrt{x^3+\lambda xyz}+\sqrt{y}\sqrt{y^3+\lambda xyz}+\sqrt{z}\sqrt{z^3+\lambda xyz}\leqslant\sqrt{(x+y+z)(x^3+y^3+z^3+3\lambda xyz)}$$

于是式(6.15)的右边大于等于

$$\frac{(x+y+z)^2}{\sqrt{(x+y+z)(x^3+y^3+z^3+3\lambda xyz)}}$$

只需证明

$$\frac{(x+y+z)^2}{\sqrt{(x+y+z)(x^3+y^3+z^3+3\lambda xyz)}}\geqslant\frac{3}{\sqrt{1+\lambda}}\tag{6.16}$$

$$\text{式(6.16)}\Leftrightarrow(1+\lambda)(x+y+z)^3\geqslant 9(x^3+y^3+z^3+3\lambda xyz)\tag{6.17}$$

将 $(x+y+z)^3$ 展开易得

$$(x+y+z)^3\geqslant x^3+y^3+z^3+24xyz\Leftrightarrow x^2y+y^2z+z^2x+xy^2+yz^2+zx^2\geqslant 6xyz$$

这由均值不等式易到.

要证明式(6.17)成立,只要证

$$(1+\lambda)(x^3+y^3+z^3+24xyz)\geqslant 9(x^3+y^3+z^3+3\lambda xyz)\Leftrightarrow$$

$$(\lambda-8)(x^3+y^3+z^3-3xyz)\geqslant 0$$

由题设 $\lambda\geqslant 8$,所以不等式(6.17)成立.

例 29　(2004 年第 45 届 IMO 预选题)设 $a,b,c>0$,且 $ab+bc+ca=1$.证明

$$\sqrt[3]{\frac{1}{a}+6b}+\sqrt[3]{\frac{1}{b}+6c}+\sqrt[3]{\frac{1}{c}+6a}\leqslant\frac{1}{abc}$$

证明　由琴生不等式,有 $\left(\frac{u+v+w}{3}\right)^3\leqslant\frac{u^3+v^3+w^3}{3}$,其中 u,v,w 均为正实数.

令 $u=\sqrt[3]{\frac{1}{a}+6b}$,$v=\sqrt[3]{\frac{1}{b}+6c}$,$w=\sqrt[3]{\frac{1}{c}+6a}$,则有

$$\sqrt[3]{\frac{1}{a}+6b}+\sqrt[3]{\frac{1}{b}+6c}+\sqrt[3]{\frac{1}{c}+6a}\leqslant$$

$$\frac{3}{\sqrt[3]{3}}\cdot\sqrt[3]{\frac{1}{a}+6b+\frac{1}{b}+6c+\frac{1}{c}+6a}\leqslant$$

$$\frac{3}{\sqrt[3]{3}}\cdot\sqrt[3]{\frac{ab+bc+ca}{abc}+6(a+b+c)}$$

由于

$$a+b=\frac{1-ab}{c}=\frac{ab-(ab)^2}{abc}$$

$$b+c=\frac{1-bc}{a}=\frac{bc-(bc)^2}{abc}$$

$$c+a=\frac{1-ca}{b}=\frac{ca-(ca)^2}{abc}$$

所以

$$\frac{ab+bc+ca}{abc}+6(a+b+c)=$$

$$\frac{1}{abc}+3[(a+b)+(b+c)+(c+a)]=$$

$$\frac{1}{abc}\{4-3[(ab)^2+(bc)^2+(ca)^2]\}$$

由柯西不等式,得

$$3[(ab)^2+(bc)^2+(ca)^2]\geqslant(ab+cb+ca)^2=1$$

所以

$$\frac{3}{\sqrt[3]{3}}\cdot\sqrt[3]{\frac{ab+bc+ca}{abc}+6(a+b+c)}\leqslant\frac{3}{\sqrt[3]{abc}}$$

于是只需证$\frac{3}{\sqrt[3]{abc}}\leqslant\frac{1}{abc}$,即证 $a^2b^2c^2\leqslant\frac{1}{27}$.

由平均值不等式,可得

$$a^2b^2c^2=(ab)(bc)(ca)\leqslant\left(\frac{ab+bc+ca}{3}\right)^3=\left(\frac{1}{3}\right)^3=\frac{1}{27}$$

所以结论成立.

当且仅当 $a=b=c=\frac{1}{\sqrt{3}}$ 时,等号成立.

例 30 (2008 年伊朗国家队选拔考试题)设正实数 a,b,c 满足 $ab+bc+ca=1$. 证明

$$\sqrt{a^3+a}+\sqrt{b^3+b}+\sqrt{c^3+c}\geqslant2\sqrt{a+b+c}$$

证明 由 $ab+bc+ca=1$,用 $\sum$ 表示循环和,得

$$\text{原式}\Leftrightarrow\sum\sqrt{a(a+b)(a+c)}\geqslant2\sqrt{(a+b+c)(ab+bc+ca)}\Leftrightarrow$$

$$\sum a(a+b)(a+c)+2\sum\sqrt{a(a+b)(a+c)}\cdot\sqrt{b(b+a)(b+c)}\geqslant4\sum a\cdot\sum ab\Leftrightarrow$$

$$\sum a^3+\sum ab(a+b)+3abc+2\sum\sqrt{a(a+b)(a+c)}\cdot\sqrt{b(b+a)(b+c)}\geqslant4\sum ab(a+b)+12abc\Leftrightarrow$$

$$\sum a^3-3\sum ab(a+b)-9abc+2\sum\sqrt{a(a+b)(a+c)}\cdot\sqrt{b(b+a)(b+c)}\geqslant0\qquad(6.18)$$

由柯西不等式,得

$$\sqrt{a(a+b)(a+c)}\cdot\sqrt{b(b+a)(b+c)}=\sqrt{a^3+a^2c+a^2b+abc}\cdot\sqrt{ab^2+b^2c+b^3+abc}\geqslant a^2b+abc+ab^2+abc$$

所以

$$\sum\sqrt{a(a+b)(a+c)}\cdot\sqrt{b(b+a)(b+c)}\geqslant\sum ab(a+b)+6abc$$

故

$$\sum a^3-3\sum ab(a+b)-9abc+$$
$$2\sum\sqrt{a(a+b)(a+c)}\cdot\sqrt{b(b+a)(b+c)}\geqslant$$
$$\sum a^3-3\sum ab(a+b)-9abc+2\sum ab(a+b)+12abc=$$
$$\sum a^3-\sum ab(a+b)+3abc=a(a-b)(a-c)\geqslant 0$$

最后一步是由舒尔不等式得到的.所以,式(6.18)得证,从而原不等式成立.

例 31　(2012 年第 51 届 IMO 预选题)已知六个正数 a,b,c,d,e,f 满足 $a<b<c<d<e<f$.设 $a+c+e=S,b+d+f=T$.

证明

$$2ST>\sqrt{3(S+T)[S(bd+bf+df)+T(ac+ae+ce)]}\tag{6.19}$$

证明　设

$$U=\frac{1}{2}[(e-a)^2+(c-a)^2+(e-c)^2]=S^2-3(ac+ae+ce)$$

$$V=\frac{1}{2}[(f-b)^2+(f-d)^2+(d-b)^2]=T^2-3(bd+bf+df)$$

则

式(6.19)$\Leftrightarrow$

$(2ST)^2>(S+T)[S\cdot 3(bd+bf+df)+T\cdot 3(ac+ae+ce)]\Leftrightarrow$

$4S^2T^2>(S+T)[S(T^2-V)+T(S^2-U)]\Leftrightarrow$

$$(S+T)(SV+TU)>ST(T-S)^2\tag{6.20}$$

由柯西不等式,得

$$(S+T)(TU+SV)\geqslant(\sqrt{S\cdot TU}+\sqrt{T\cdot SV})^2=ST(\sqrt{U}+\sqrt{V})^2\tag{6.21}$$

又

$$\sqrt{U}+\sqrt{V}>\sqrt{\frac{(e-a)^2+(c-a)^2}{2}}+\sqrt{\frac{(f-b)^2+(f-d)^2}{2}}>$$
$$\frac{(e-a)+(c-a)}{2}+\frac{(f-b)+(f-d)}{2}=$$
$$\left(f-\frac{d}{2}-\frac{b}{2}\right)+\left(\frac{e}{2}+\frac{c}{2}-a\right)=$$

$$T-S+\frac{3}{2}(e-d)+\frac{3}{2}(c-b)>T-S \quad (6.22)$$

则由式(6.21),式(6.22)知,式(6.20)成立.

例 32 (2011 年土耳其国家队选拔考试题)证明:对于所有满足 $a^2+b^2+c^2\geqslant 3$ 的正实数 a,b,c,有

$$\frac{(a+1)(b+2)}{(b+1)(b+5)}+\frac{(b+1)(c+2)}{(c+1)(c+5)}+\frac{(c+1)(a+2)}{(a+1)(a+5)}\geqslant\frac{3}{2}$$

证明 由 $4(x+2)^2-3(x+1)(x+5)=(x-1)^2\geqslant 0$,得

$$\frac{x+2}{(x+1)(x+5)}\geqslant\frac{3}{4(x+2)} \quad (x>0)$$

接下来,只需证明

$$\frac{a+1}{b+2}+\frac{b+1}{c+2}+\frac{c+1}{a+2}\geqslant 2$$

其中,正实数 a,b,c 满足 $a^2+b^2+c^2\geqslant 3$.

由柯西不等式,得

$$[(a+1)(b+2)+(b+1)(c+2)+(c+1)(a+2)]\cdot\left(\frac{a+1}{b+2}+\frac{b+1}{c+2}+\frac{c+1}{a+2}\right)\geqslant(a+b+c+3)^2$$

而

$$\begin{aligned}&(a+1)(b+2)+(b+1)(c+2)+(c+1)(a+2)=\\&ab+bc+ca+3(a+b+c)+6=\\&\frac{1}{2}[(a+b+c+3)^2-(a^2+b^2+c^2-3)]\leqslant\\&\frac{1}{2}(a+b+c+3)^2\end{aligned}$$

所以

$$\frac{a+1}{b+2}+\frac{b+1}{c+2}+\frac{c+1}{a+2}\geqslant 2$$

例 33 (2006 年国家集训队考试题)设 x,y,z 为正实数,且 $x+y+z=1$,求证

$$\frac{xy}{\sqrt{xy+yz}}+\frac{yz}{\sqrt{yz+xz}}+\frac{xz}{\sqrt{xz+xy}}\leqslant\frac{\sqrt{2}}{2}$$

证法一 由均值不等式得 $\frac{xy}{x+y}\leqslant\frac{x+y}{4}$,$\frac{xz}{x+z}\leqslant\frac{x+z}{4}$,$\frac{yz}{y+z}\leqslant\frac{y+z}{4}$ 及 $3(xy+yz+xz)\leqslant(x+y+z)^2$.

由柯西不等式得

$$\left(\frac{xy}{\sqrt{xy+yz}}+\frac{yz}{\sqrt{yz+xz}}+\frac{xz}{\sqrt{xz+xy}}\right)^2\leqslant$$

$$\left(\frac{xy}{xy+yz}+\frac{yz}{yz+xz}+\frac{xz}{xz+xy}\right)(xy+yz+xz)=$$

$$(xy+yz+xz)+\left(\frac{x^2yz}{xy+yz}+\frac{xy^2z}{yz+xz}+\frac{xyz^2}{xz+xy}\right)=$$

$$(xy+yz+xz)+\left(\frac{xz}{x+z}\cdot x+\frac{xy}{y+x}\cdot y+\frac{yz}{z+y}\cdot z\right)\leqslant$$

$$(xy+yz+xz)+\left(\frac{x+z}{4}\cdot x+\frac{x+y}{4}\cdot y+\frac{y+z}{4}\cdot z\right)=$$

$$\frac{x^2+y^2+z^2+2(xy+yz+xz)}{4}+\frac{3(xy+yz+xz)}{4}\leqslant$$

$$\frac{(x+y+z)^2}{4}+\frac{(x+y+z)^2}{4}=$$

$$\frac{(x+y+z)^2}{2}=\left(\frac{\sqrt{2}}{2}\right)^2$$

所以

$$\frac{xy}{\sqrt{xy+yz}}+\frac{yz}{\sqrt{yz+xz}}+\frac{xz}{\sqrt{xz+xy}}\leqslant\frac{\sqrt{2}}{2}$$

证法二　由柯西不等式得

$$\left(\frac{xy}{\sqrt{xy+yz}}+\frac{yz}{\sqrt{yz+xz}}+\frac{xz}{\sqrt{xz+xy}}\right)^2=$$

$$\left(\frac{x\sqrt{y}}{\sqrt{x+z}}+\frac{y\sqrt{z}}{\sqrt{y+x}}+\frac{z\sqrt{x}}{\sqrt{z+y}}\right)^2=$$

$$\left[\sqrt{x+y}\cdot\frac{x\sqrt{y}}{\sqrt{(x+y)(x+z)}}+\sqrt{y+z}\cdot\frac{y\sqrt{z}}{\sqrt{(x+y)(y+z)}}+\right.$$

$$\left.\sqrt{z+x}\cdot\frac{z\sqrt{x}}{\sqrt{(z+x)(y+z)}}\right]^2\leqslant$$

$$[(x+y)+(y+z)+(z+x)]\cdot$$

$$\left[\frac{x^2y}{(x+y)(x+z)}+\frac{y^2z}{(x+y)(y+z)}+\frac{z^2x}{(z+x)(y+z)}\right]=$$

$$2(x+y+z)\left[\frac{x^2y}{(x+y)(x+z)}+\frac{y^2z}{(x+y)(y+z)}+\frac{z^2x}{(z+x)(y+z)}\right]=$$

$$2\left[\frac{x^2y}{(x+y)(x+z)}+\frac{y^2z}{(x+y)(y+z)}+\frac{z^2x}{(z+x)(y+z)}\right]$$

要证明原不等式只需证明

$$\frac{x^2y}{(x+y)(x+z)}+\frac{y^2z}{(x+y)(y+z)}+\frac{z^2x}{(z+x)(y+z)}\leqslant\frac{1}{4} \quad (6.23)$$

式(6.23)$\Leftrightarrow 4[x^2y(y+z)+y^2z(z+x)+z^2x(x+y)]\leqslant$

$$(x+y)(y+z)(z+x)(x+y+z)\Leftrightarrow$$

$$x^3y+xy^3+y^3z+yz^3+z^3x+zx^3-$$

$$2(x^2y^2+y^2z^2+z^2x^2)\geqslant 0\Leftrightarrow$$

$$xy(x-y)^2+yz(y-z)^2+zx(z-x)^2\geqslant 0$$

这个不等式显然成立,从而,原不等式成立.

证法三 由均值不等式得

$$2\sum_{\text{cyc}}z\sqrt{\frac{2x}{y+z}}\leqslant\sum_{\text{cyc}}\left(\frac{z+x}{2}+\frac{4z^2x}{(z+x)(y+z)}\right)=$$

$$2\sum_{\text{cyc}}x-\frac{\sum_{\text{cyc}}yz(y-z)^2}{(x+y)(y+z)(z+x)}\leqslant 2\sum_{\text{cyc}}x$$

证法四 由柯西不等式得

$$\left(\frac{xy}{\sqrt{xy+yz}}+\frac{yz}{\sqrt{yz+xz}}+\frac{xz}{\sqrt{xz+xy}}\right)^2\leqslant$$

$$(xy+yz+zx)\left(\frac{xy}{xy+yz}+\frac{yz}{yz+xz}+\frac{xz}{xz+xy}\right)$$

只要证明

$$(xy+yz+zx)\left(\frac{xy}{xy+yz}+\frac{yz}{yz+xz}+\frac{xz}{xz+xy}\right)\leqslant\frac{1}{2}\Leftrightarrow$$

$$(xy+yz+zx)\left(\frac{x}{x+z}+\frac{y}{y+x}+\frac{z}{z+y}\right)\leqslant\frac{1}{2}\Leftrightarrow$$

$$[zx+y(x+z)]\frac{x}{x+z}+[xy+z(y+x)]\frac{y}{y+x}+$$

$$[yz+x(z+y)]\frac{z}{z+y}\leqslant\frac{1}{2}(x+y+z)^2\Leftrightarrow$$

$$\frac{x^2z}{x+z}+\frac{y^2x}{y+x}+\frac{z^2y}{z+y}+xy+yz+zx\leqslant\frac{1}{2}(x+y+z)^2\Leftrightarrow$$

$$\frac{x^2z}{x+z}+\frac{y^2x}{y+x}+\frac{z^2y}{z+y}\leqslant\frac{1}{2}(x^2+y^2+z^2)$$

因为$\frac{xz}{x+z}\leqslant\frac{1}{4}(x+z)$，所以$\frac{x^2z}{x+z}\leqslant\frac{1}{4}(x^2+xz)$，类似地$\frac{y^2x}{y+x}\leqslant\frac{1}{4}(y^2+xy)$，$\frac{z^2y}{z+y}\leqslant\frac{1}{4}(z^2+yz)$，由 $x^2+y^2+z^2\geqslant xy+yz+zx$知不等式成立.

例 34　(2007 年乌克兰国家集训队试题)设 $a,b,c\in\left(\frac{1}{\sqrt{6}},+\infty\right)$，且 $a^2+b^2+c^2=1$，证明

$$\frac{1+a^2}{\sqrt{2a^2+3ab-c^2}}+\frac{1+b^2}{\sqrt{2b^2+3bc-a^2}}+\frac{1+c^2}{\sqrt{2c^2+3ca-b^2}}\geqslant 5(a+b+c)$$

由柯西不等式得

$$(\sqrt{2a^2+3ab-c^2}+\sqrt{2b^2+3bc-a^2}+\sqrt{2c^2+3ca-b^2})\cdot\left(\frac{a^2}{\sqrt{2a^2+3ab-c^2}}+\frac{b^2}{\sqrt{2b^2+3bc-a^2}}+\frac{c^2}{\sqrt{2c^2+3ca-b^2}}\right)\geqslant(a+b+c)^2 \tag{6.24}$$

$$(\sqrt{2a^2+3ab-c^2}+\sqrt{2b^2+3bc-a^2}+\sqrt{2c^2+3ca-b^2})^2\leqslant(1+1+1)[(2a^2+3ab-c^2)+(2b^2+3bc-a^2)+(2c^2+3ca-b^2)]=3[(a^2+b^2+c^2)+3(ab+bc+ca)] \tag{6.25}$$

又由均值不等式得 $a^2+b^2+c^2\geqslant ab+bc+ca$. 所以

$$4(a+b+c)^2\geqslant 3(a^2+b^2+c^2)+9(ab+bc+ca) \tag{6.26}$$

由式(6.25)，式(6.26)得

$$\sqrt{2a^2+3ab-c^2}+\sqrt{2b^2+3bc-a^2}+\sqrt{2c^2+3ca-b^2}\leqslant 2(a+b+c) \tag{6.27}$$

由式(6.24)，式(6.27)得

$$\frac{a^2}{\sqrt{2a^2+3ab-c^2}}+\frac{b^2}{\sqrt{2b^2+3bc-a^2}}+\frac{c^2}{\sqrt{2c^2+3ca-b^2}}\geqslant\frac{1}{2}(a+b+c) \tag{6.28}$$

由柯西不等式得

$$(\sqrt{2a^2+3ab-c^2}+\sqrt{2b^2+3bc-a^2}+\sqrt{2c^2+3ca-b^2})\cdot\left(\frac{1}{\sqrt{2a^2+3ab-c^2}}+\frac{1}{\sqrt{2b^2+3bc-a^2}}+\frac{1}{\sqrt{2c^2+3ca-b^2}}\right)\geqslant(1+1+1)^2=9 \tag{6.29}$$

由已知 $a^2+b^2+c^2=1$,所以由柯西不等式得

$$9=9(a^2+b^2+c^2)\geqslant 3(a+b+c)^2 \tag{6.30}$$

由式(6.27),式(6.29),式(6.30)得

$$\frac{1}{\sqrt{2a^2+3ab-c^2}}+\frac{1}{\sqrt{2b^2+3bc-a^2}}+\frac{1}{\sqrt{2c^2+3ca-b^2}}\geqslant$$

$$\frac{9}{2(a+b+c)} \tag{6.31}$$

将不等式(6.28)和(6.31)相加得

$$\frac{1+a^2}{\sqrt{2a^2+3ab-c^2}}+\frac{1+b^2}{\sqrt{2b^2+3bc-a^2}}+\frac{1+c^2}{\sqrt{2c^2+3ca-b^2}}\geqslant$$

$$5(a+b+c)$$

例 35 (2007 年第 19 届亚太地区数学奥林匹克试题)已知正实数 x,y,z 满足 $\sqrt{x}+\sqrt{y}+\sqrt{z}=1$. 求证

$$\frac{x^2+yz}{\sqrt{2x^2(y+z)}}+\frac{y^2+zx}{\sqrt{2y^2(z+x)}}+\frac{z^2+xy}{\sqrt{2z^2(x+y)}}\geqslant 1$$

证法一 注意到

$$\frac{x^2+yz}{\sqrt{2x^2(y+z)}}=\frac{x^2-x(y+z)+yz}{\sqrt{2x^2(y+z)}}+\frac{x(y+z)}{\sqrt{2x^2(y+z)}}=$$

$$\frac{(x-y)(x-z)}{\sqrt{2x^2(y+z)}}+\sqrt{\frac{z+y}{2}}\geqslant$$

$$\frac{(x-y)(x-z)}{\sqrt{2x^2(y+z)}}+\frac{\sqrt{y}+\sqrt{z}}{2}$$

同理

$$\frac{y^2+zx}{\sqrt{2y^2(z+x)}}\geqslant\frac{(y-z)(y-x)}{\sqrt{2y^2(z+x)}}+\frac{\sqrt{z}+\sqrt{x}}{2}$$

$$\frac{z^2+xy}{\sqrt{2z^2(x+y)}}\geqslant\frac{(z-x)(z-y)}{\sqrt{2z^2(x+y)}}+\frac{\sqrt{x}+\sqrt{y}}{2}$$

以上三式相加得

$$\frac{x^2+yz}{\sqrt{2x^2(y+z)}}+\frac{y^2+zx}{\sqrt{2y^2(z+x)}}+\frac{z^2+xy}{\sqrt{2z^2(x+y)}}\geqslant$$

$$\frac{(x-y)(x-z)}{\sqrt{2x^2(y+z)}}+\frac{(y-z)(y-x)}{\sqrt{2y^2(z+x)}}+$$

$$\frac{(z-x)(z-y)}{\sqrt{2z^2(x+y)}}+\sqrt{x}+\sqrt{y}+\sqrt{z}=$$

$$\frac{(x-y)(x-z)}{\sqrt{2x^2(y+z)}}+\frac{(y-z)(y-x)}{\sqrt{2y^2(z+x)}}+\frac{(z-x)(z-y)}{\sqrt{2z^2(x+y)}}+1$$

从而，只需证明

$$\frac{(x-y)(x-z)}{\sqrt{2x^2(y+z)}}++\frac{(y-z)(y-x)}{\sqrt{2y^2(z+x)}}+\frac{(z-x)(z-y)}{\sqrt{2z^2(x+y)}}\geqslant 0$$

不失一般性，设 $x\geqslant y\geqslant z$. 于是

$$\frac{(x-y)(x-z)}{\sqrt{2x^2(y+z)}}\geqslant 0$$

且

$$\frac{(y-z)(y-x)}{\sqrt{2y^2(z+x)}}+\frac{(z-x)(z-y)}{\sqrt{2z^2(x+y)}}=$$

$$\frac{(y-z)(x-z)}{\sqrt{2z^2(x+y)}}-\frac{(y-z)(x-y)}{\sqrt{2y^2(z+x)}}\geqslant$$

$$\frac{(y-z)(x-y)}{\sqrt{2z^2(x+y)}}-\frac{(y-z)(x-y)}{\sqrt{2y^2(z+x)}}=$$

$$(y-z)(x-y)\cdot\left[\frac{1}{\sqrt{2z^2(x+y)}}-\frac{1}{\sqrt{2y^2(z+x)}}\right] \tag{6.32}$$

事实上，由

$$y^2(z+x)=y^2z+y^2x\geqslant yz^2+z^2x=z^2(x+y)$$

可知式(6.32)非负.

从而，题中不等式成立.

证法二　根据柯西不等式得

$$\left[\frac{x^2}{\sqrt{2x^2(y+z)}}+\frac{y^2}{\sqrt{2y^2(z+x)}}+\frac{z^2}{\sqrt{2z^2(x+y)}}\right]\cdot$$

$$\left[\sqrt{2(y+z)}+\sqrt{2(z+x)}+\sqrt{2(x+y)}\right]\geqslant$$

$$(\sqrt{x}+\sqrt{y}+\sqrt{z})^2=1$$

和

$$\left[\frac{yz}{\sqrt{2x^2(y+z)}}+\frac{zx}{\sqrt{2y^2(z+x)}}+\frac{xy}{\sqrt{2z^2(x+y)}}\right]\cdot$$

$$\left[\sqrt{2(y+z)}+\sqrt{2(z+x)}+\sqrt{2(x+y)}\right]\geqslant$$

$$\left(\sqrt{\frac{yz}{x}}+\sqrt{\frac{zx}{y}}+\sqrt{\frac{xy}{z}}\right)^2$$

以上两式相加得

$$\left[\frac{x^2+yz}{\sqrt{2x^2(y+z)}}+\frac{y^2+zx}{\sqrt{2y^2(z+x)}}+\frac{z^2+xy}{\sqrt{2z^2(x+y)}}\right]\cdot$$
$$\left[\sqrt{2(y+z)}+\sqrt{2(z+x)}+\sqrt{2(x+y)}\right]\geqslant$$
$$1+\left(\sqrt{\frac{yz}{x}}+\sqrt{\frac{zx}{y}}+\sqrt{\frac{xy}{z}}\right)^2\geqslant$$
$$2\left(\sqrt{\frac{yz}{x}}+\sqrt{\frac{zx}{y}}+\sqrt{\frac{xy}{z}}\right)$$

从而,只需证明

$$2\left(\sqrt{\frac{yz}{x}}+\sqrt{\frac{zx}{y}}+\sqrt{\frac{xy}{z}}\right)\geqslant$$
$$\left[\sqrt{2(y+z)}+\sqrt{2(z+x)}+\sqrt{2(x+y)}\right]$$

根据均值不等式得

$$\left[\sqrt{\frac{yz}{x}}+\left(\frac{1}{2}\sqrt{\frac{zx}{y}}+\frac{1}{2}\sqrt{\frac{xy}{z}}\right)\right]^2\geqslant$$
$$4\sqrt{\frac{yz}{x}}\left(\frac{1}{2}\sqrt{\frac{zx}{y}}+\frac{1}{2}\sqrt{\frac{xy}{z}}\right)=2(y+z)$$

即

$$\sqrt{\frac{yz}{x}}+\left(\frac{1}{2}\sqrt{\frac{zx}{y}}+\frac{1}{2}\sqrt{\frac{xy}{z}}\right)\geqslant\sqrt{2(y+z)}$$

同理

$$\sqrt{\frac{zx}{y}}+\left(\frac{1}{2}\sqrt{\frac{xy}{z}}+\frac{1}{2}\sqrt{\frac{yz}{x}}\right)\geqslant\sqrt{2(z+x)}$$
$$\sqrt{\frac{xy}{z}}+\left(\frac{1}{2}\sqrt{\frac{yz}{x}}+\frac{1}{2}\sqrt{\frac{zx}{y}}\right)\geqslant\sqrt{2(x+y)}$$

以上三式相加得

$$2\left(\sqrt{\frac{yz}{x}}+\sqrt{\frac{zx}{y}}+\sqrt{\frac{xy}{z}}\right)\geqslant$$
$$\sqrt{2(y+z)}+\sqrt{2(z+x)}+\sqrt{2(x+y)}$$

从而,题中不等式成立.

例 36 设 x,y,z 均为大于 1 的实数,满足 $\sqrt{xy}+\sqrt{z}=$

$\sqrt{z(x-1)(y-1)}$. 证明

$$\frac{\sqrt{x}}{3x+(y-1)(z-1)}+\frac{\sqrt{y}}{3y+(z-1)(x-1)}+$$

$$\frac{\sqrt{z}}{3z+(x-1)(y-1)}\leqslant\frac{2}{7} \tag{6.33}$$

证明　由题设,可令

$$\sqrt{x-1}=\tan A,\ \sqrt{y-1}=\tan B$$

其中,$\angle A$,$\angle B$ 为锐角$\triangle ABC$ 的两内角. 则

$$x=\sec^2 A,\ y=\sec^2 B$$

而

$$\sqrt{z}=\frac{\sqrt{xy}}{\sqrt{(x-1)(y-1)}-1}=\frac{\sec A\cdot\sec B}{\tan A\cdot\tan B-1}=$$

$$\frac{1}{\sin A\cdot\sin B-\cos A\cdot\cos B}=-\frac{1}{\cos(A+B)}=\sec C$$

故 $z=\sec^2 C$.

于是,式(6.33)化为

$$\sum\frac{\sec A}{3\sec^2 A+\tan^2 B\cdot\tan^2 C}\leqslant\frac{2}{7}$$

其中,"$\sum$"表示轮换对称和,即

$$\sum\frac{1}{3\sec A+\cos A\cdot\tan^2 B\cdot\tan^2 C}\leqslant\frac{2}{7} \tag{6.34}$$

由算术-几何平均不等式得

$$3\sec A+\cos A\cdot\tan^2 B\cdot\tan^2 C=$$

$$\frac{3}{4}\sec A+\frac{9}{4}\sec A+\cos A\cdot\tan^2 B\cdot\tan^2 C\geqslant$$

$$\frac{3}{4}\sec A+3\tan B\cdot\tan C$$

由柯西不等式得

$$\sum\frac{1}{3\sec A+\cos A\cdot\tan^2 B\cdot\tan^2 C}\leqslant$$

$$\sum\frac{1}{\frac{3}{4}\sec A+3\tan B\cdot\tan C}=$$

$$\sum \frac{1}{7^2} \frac{(1+6)^2}{\frac{3}{4}\sec A + 3\tan B \cdot \tan C} \leqslant$$

$$\sum \frac{1}{7^2}\left(\frac{1^2}{\frac{3}{4}\sec A} + \frac{6^2}{3\tan B \cdot \tan C}\right) =$$

$$\sum \frac{1}{7^2}\left(\frac{4}{3}\cos A + 12\cot B \cdot \cot C\right)$$

再由熟知的恒等式 $\sum \cot B \cdot \cot C = 1$ 及熟知的不等式 $\sum \cos A \leqslant \frac{3}{2}$,知式(6.34)成立.

从而,式(6.33)成立.

例 37 已知正数 x,y,z 满足 $xy^2z^3=1$.对任意的 $\lambda\geqslant 2\mu>0$ 和正奇数 $n\geqslant 3$,求证

$$\frac{1}{(\lambda\sqrt[6]{x}+\mu)^n}+\frac{1}{(\lambda\sqrt[3]{y}+\mu)^n}+\frac{1}{(\lambda\sqrt{z}+\mu)^n}\geqslant\frac{3}{(\lambda+\mu)^n}$$

证法一 令 $x=\frac{a^6}{b^6}, y=\frac{b^3}{c^3}, z=\frac{c^2}{a^2}$($a,b,c$ 均为正数).

原不等式等价于

$$\frac{b^n}{(\lambda a+\mu b)^n}+\frac{c^n}{(\lambda b+\mu c)^n}+\frac{a^n}{(\lambda c+\mu a)^n}\geqslant\frac{3}{(\lambda+\mu)^n}$$

由柯西不等式得

$$[b(\lambda a+\mu b)+c(\lambda b+\mu c)+a(\lambda c+\mu a)]\cdot$$
$$\left[\frac{b^n}{(\lambda a+\mu b)^n}+\frac{c^n}{(\lambda b+\mu c)^n}+\frac{a^n}{(\lambda c+\mu a)^n}\right]\geqslant$$
$$\left[\frac{b^{\frac{n+1}{2}}}{(\lambda a+\mu b)^{\frac{n-1}{2}}}+\frac{c^{\frac{n+1}{2}}}{(\lambda b+\mu c)^{\frac{n-1}{2}}}+\frac{a^{\frac{n+1}{2}}}{(\lambda c+\mu a)^{\frac{n-1}{2}}}\right]^2$$

且

$$b(\lambda a+\mu b)+c(\lambda b+\mu c)+a(\lambda c+\mu a)=$$
$$\mu(a^2+b^2+c^2)+\lambda(ab+bc+ca)=$$
$$\mu(a+b+c)^2+(\lambda-2\mu)(ab+bc+ca)\leqslant$$
$$\mu(a+b+c)^2+\frac{1}{3}(\lambda-2\mu)(a+b+c)^2=$$
$$\frac{\lambda+\mu}{3}(a+b+c)^2$$

证法二　下面用数学归纳法证明:对任意的 $m\in\mathbf{N}_+$ 有

$$\frac{b^{m+1}}{(\lambda a+\mu b)^m}+\frac{c^{m+1}}{(\lambda b+\mu c)^m}+\frac{a^{m+1}}{(\lambda c+\mu a)^m}\geqslant\frac{a+b+c}{(\lambda+\mu)^m}$$

当 $m=1$ 时

$$\frac{b^2}{\lambda a+\mu b}+\frac{c^2}{\lambda b+\mu c}+\frac{a^2}{\lambda c+\mu a}\geqslant\frac{(a+b+c)^2}{\lambda a+\mu b+\lambda b+\mu c+\lambda c+\mu a}=\frac{a+b+c}{\lambda+\mu}$$

设 $m\leqslant k-1,k\geqslant 2$ 时不等式均成立.

当 $m=k$ 时,有:

(1)若 k 为奇数

$$\left[\frac{b^{k+1}}{(\lambda a+\mu b)^k}+\frac{c^{k+1}}{(\lambda b+\mu c)^k}+\frac{a^{k+1}}{(\lambda c+\mu a)^k}\right]\cdot$$
$$[(\lambda a+\mu b)+(\lambda b+\mu c)+(\lambda c+\mu a)]\geqslant$$
$$\left[\frac{b^{\frac{k+1}{2}}}{(\lambda a+\mu b)^{\frac{k-1}{2}}}+\frac{c^{\frac{k+1}{2}}}{(\lambda b+\mu c)^{\frac{k-1}{2}}}+\frac{a^{\frac{k+1}{2}}}{(\lambda c+\mu a)^{\frac{k-1}{2}}}\right]^2\geqslant$$
$$\left[\frac{a+b+c}{(\lambda+\mu)^{\frac{k-1}{2}}}\right]^2$$

则

$$\frac{b^{k+1}}{(\lambda a+\mu b)^k}+\frac{c^{k+1}}{(\lambda b+\mu c)^k}+\frac{a^{k+1}}{(\lambda c+\mu a)^k}\geqslant\frac{a+b+c}{(\lambda+\mu)^k}$$

(2)若 k 为偶数

$$\left[\frac{b^{k+1}}{(\lambda a+\mu b)^k}+\frac{c^{k+1}}{(\lambda b+\mu c)^k}+\frac{a^{k+1}}{(\lambda c+\mu a)^k}\right](b+c+a)\geqslant$$
$$\left[\frac{b^{\frac{k+2}{2}}}{(\lambda a+\mu b)^{\frac{k}{2}}}+\frac{c^{\frac{k+2}{2}}}{(\lambda b+\mu c)^{\frac{k}{2}}}+\frac{a^{\frac{k+2}{2}}}{(\lambda c+\mu a)^{\frac{k}{2}}}\right]^2\geqslant$$
$$\left[\frac{a+b+c}{(\lambda+\mu)^{\frac{k}{2}}}\right]^2$$

则

$$\frac{b^{k+1}}{(\lambda a+\mu b)^k}+\frac{c^{k+1}}{(\lambda b+\mu c)^k}+\frac{a^{k+1}}{(\lambda c+\mu a)^k}\geqslant\frac{a+b+c}{(\lambda+\mu)^k}$$

因此,由归纳法可知,对任意的 $m\in\mathbf{N}_+$,$\frac{b^{m+1}}{(\lambda a+\mu b)^m}+\frac{c^{m+1}}{(\lambda b+\mu c)^m}+\frac{a^{m+1}}{(\lambda c+\mu a)^m}\geqslant\frac{a+b+c}{(\lambda+\mu)^m}$成立.

故

$$\frac{b^n}{(\lambda a+\mu b)^n}+\frac{c^n}{(\lambda b+\mu c)^n}+\frac{a^n}{(\lambda c+\mu a)^n}\geqslant$$

$$\frac{\left[\frac{b^{\frac{n+1}{2}}}{(\lambda a+\mu b)^{\frac{n-1}{2}}}+\frac{c^{\frac{n+1}{2}}}{(\lambda b+\mu c)^{\frac{n-1}{2}}}+\frac{a^{\frac{n+1}{2}}}{(\lambda c+\mu a)^{\frac{n-1}{2}}}\right]^2}{b(\lambda a+\mu b)+c(\lambda b+\mu c)+a(\lambda c+\mu a)}\geqslant$$

$$\frac{\left[\frac{a+b+c}{(\lambda+\mu)^{\frac{n-1}{2}}}\right]^2}{\frac{\lambda+\mu}{3}(a+b+c)^2}=\frac{3}{(\lambda+\mu)^n}$$

所以，原不等式成立.

例 38 （2009 年福建高中数学奥林匹克试题）设正数 a,b,c 满足 $a+b+c\leqslant 3$，求证

$$\frac{a+1}{a(a+2)}+\frac{b+1}{b(b+2)}+\frac{c+1}{c(c+2)}\geqslant 2 \tag{6.35}$$

用两种方法证明式(6.35).

证法一 由于式(6.35)是分式对称型不等式，于是可设

$a\geqslant b\geqslant c>0\Rightarrow$

$$\begin{cases}1+\frac{1}{a}\leqslant 1+\frac{1}{b}\leqslant 1+\frac{1}{c}\\ a+2\geqslant b+2\geqslant c+2\end{cases}\Rightarrow$$

$$\begin{cases}\frac{a+1}{a}\leqslant\frac{b+1}{b}\leqslant\frac{c+1}{c}\\ \frac{1}{a+2}\leqslant\frac{1}{b+2}\leqslant\frac{1}{c+2}\end{cases}\Rightarrow$$

（应用切比雪夫不等式）

$$P=\frac{a+1}{a(a+2)}+\frac{b+1}{b(b+2)}+\frac{c+1}{c(c+2)}\geqslant$$

$$\frac{1}{3}\left(\frac{a+1}{a}+\frac{b+1}{b}+\frac{c+1}{c}\right)\left(\frac{1}{a+2}+\frac{1}{b+2}+\frac{1}{c+2}\right)=$$

$$\frac{1}{3}\left(3+\frac{1}{a}+\frac{1}{b}+\frac{1}{c}\right)\left(\frac{1}{a+2}+\frac{1}{b+2}+\frac{1}{c+2}\right)\geqslant$$

（应用柯西不等式）

$$\frac{1}{3}\left(3+\frac{9}{a+b+c}\right)\left(\frac{9}{a+b+c+6}\right)\geqslant$$

（应用已知 $a+b+c\leqslant 3$）

$$\frac{1}{3}\times\left(3+\frac{9}{3}\right)\times\left(\frac{9}{3+6}\right)=2\Rightarrow$$

$$\frac{a+1}{a(a+2)}+\frac{b+1}{b(b+2)}+\frac{c+1}{c(c+2)}\geqslant 2$$

等号成立当且仅当 $a=b=c=1$.

证法二　由柯西不等式有

$$a+b+c\leqslant 3\Rightarrow(a+1)+(b+1)+(c+1)\leqslant 6\Rightarrow$$

$$6\left(\frac{1}{a+1}+\frac{1}{b+1}+\frac{1}{c+1}\right)\geqslant$$

$$[(a+1)+(b+1)+(c+1)]\left(\frac{1}{a+1}+\frac{1}{b+1}+\frac{1}{c+1}\right)\geqslant 9\Rightarrow$$

$$\frac{1}{a+1}+\frac{1}{b+1}+\frac{1}{c+1}\geqslant\frac{3}{2}\Rightarrow$$

$$\frac{a(a+2)}{a+1}+\frac{b(b+2)}{b+1}+\frac{c(c+2)}{c+1}=$$

$$\frac{(a+1)^2-1}{a+1}+\frac{(b+1)^2-1}{b+1}+\frac{(c+1)^2-1}{c+1}=$$

$$a+b+c+3-\left(\frac{1}{a+1}+\frac{1}{b+1}+\frac{1}{c+1}\right)\leqslant$$

$$3+3-\frac{3}{2}=\frac{9}{2}\Rightarrow$$

$$\frac{9}{2}\left[\frac{a+1}{a(a+2)}+\frac{b+1}{b(b+2)}+\frac{c+1}{c(c+2)}\right]\geqslant$$

$$\left[\frac{a(a+2)}{a+1}+\frac{b(b+2)}{b+1}+\frac{c(c+2)}{c+1}\right]\cdot$$

$$\left[\frac{a+1}{a(a+2)}+\frac{b+1}{b(b+2)}+\frac{c+1}{c(c+2)}\right]\geqslant 9\Rightarrow$$

$$\frac{a+1}{a(a+2)}+\frac{b+1}{b(b+2)}+\frac{c+1}{c(c+2)}\geqslant 2$$

等号成立当且仅当 $a=b=c$.

例 39　(2011 年甘肃省高中数学联赛题)设 $a_i>0(i=1,2,\cdots,n)$,且 $\sum\limits_{i=1}^{n}a_i=1$,求证:$\sum\limits_{i=1}^{n}\left(a_i+\frac{1}{a_i}\right)^2\geqslant\frac{(1+n^2)^2}{n}$.

证明　因为

$$(1^2+1^2+\cdots+1^2)\sum_{i=1}^{n}\left(a_i+\frac{1}{a_i}\right)^2\geqslant$$

$$\left[\left(a_1+\frac{1}{a_1}\right)+\left(a_2+\frac{1}{a_2}\right)+\cdots+\left(a_n+\frac{1}{a_n}\right)\right]^2=$$

$$\left[\sum_{i=1}^{n}a_i+\sum_{i=1}^{n}\frac{1}{a_i}\right]^2$$

因为

$$\sum_{i=1}^{n}a_i=1$$

又

$$\sum_{i=1}^{n}a_i\cdot\sum_{i=1}^{n}\frac{1}{a_i}\geqslant n^2$$

所以

$$\sum_{i=1}^{n}\left(a_i+\frac{1}{a_i}\right)^2\geqslant\frac{(1+n^2)^2}{n}$$

本例中,当 $n=2,3$ 时,便是常见的习题:

(1)设 $a,b\in\mathbf{R}_+$,且 $a+b=1$,则

$$\left(a+\frac{1}{a}\right)^2+\left(b+\frac{1}{b}\right)^2\geqslant\frac{25}{2}$$

(2)设 $a,b,c\in\mathbf{R}_+$,且 $a+b+c=1$,则

$$\left(a+\frac{1}{a}\right)^2+\left(b+\frac{1}{b}\right)^2+\left(c+\frac{1}{c}\right)^2\geqslant\frac{100}{3}$$

则本例题可加强为:设 $a_i>0(i=1,2,\cdots,n)$,且 $\sum\limits_{i=1}^{n}a_i=k$,则 $\sum\limits_{i=1}^{n}\left(a_i+\frac{1}{a_i}\right)^2\geqslant n\left(\frac{n^2+k^2}{nk}\right)^2$.

例 40 (1988 年全国高中数学联赛试题)已知 a,b 为正实数,且 $\frac{1}{a}+\frac{1}{b}=1$,证明:对每一个 $n\in\mathbf{N}$,有

$$(a+b)^n-a^n-b^n\geqslant 2^{2n}-2^{n+1}$$

证明 因为

$$\frac{1}{a}+\frac{1}{b}=1(a,b\in\mathbf{R}_+)$$

所以

$$ab=a+b\geqslant 2\sqrt{ab}$$

所以

$$a+b=ab\geqslant 4 \tag{6.36}$$

又

$$(a-1)(b-1)=ab-(a+b)+1=1 \tag{6.37}$$

由式(6.36),式(6.37)及柯西不等式得

$$\begin{aligned}
&(a+b)^n-a^n-b^n=\\
&(ab)^n-a^n-b^n+1-1=(a^n-1)(b^n-1)-1=\\
&(a-1)(b-1)(a^{n-1}+a^{n-2}+\cdots+\\
&a+1)(b^{n-1}+b^{n-2}+\cdots+b+1)-1=\\
&[(a^{\frac{n-1}{2}})^2+(a^{\frac{n-2}{2}})^2+\cdots+(a^{\frac{1}{2}})^2+1][(b^{\frac{n-1}{2}})^2+\\
&(b^{\frac{n-2}{2}})^2+\cdots+(b^{\frac{1}{2}})^2+1]-1\geqslant\\
&[(ab)^{\frac{n-1}{2}}+(ab)^{\frac{n-2}{2}}+\cdots+(ab)^{\frac{1}{2}}+1]^2-1\geqslant\\
&(4^{\frac{n-1}{2}}+4^{\frac{n-2}{2}}+\cdots+4^{\frac{1}{2}}+1)^2-1=\\
&(2^{n-1}+2^{n-2}+\cdots+2+1)^2-1=(2^n-1)^2-1=2^{2n}-2^{n+1}
\end{aligned}$$

所以

$$(a+b)^n-a^n-b^n\geqslant 2^{2n}-2^{n+1}$$

例 41 (1989年第30届IMO备选题)n 为正整数,a,b 为给定实数,$x_0,x_1,x_2,\cdots,x_n$ 为实数,已知

$$\sum_{i=0}^{n}x_i=a,\sum_{i=0}^{n}x_i^2=b$$

确定 x_0 的变化范围.

解 由柯西不等式,得

$$\left(\sum_{i=1}^{n}x_i\right)^2\leqslant n\left(\sum_{i=1}^{n}x_i^2\right)$$

因此

$$(a-x_0)^2\leqslant n(b-x_0^2)$$

即

$$(n+1)x_0^2-2ax_0+a^2-nb\leqslant 0$$

这个二次三项式的判别式

$$D=4n(n+1)\left(b-\frac{a^2}{n+1}\right)$$

(1)若 $b<\frac{a^2}{n+1}$,则 $D<0$,x_0 不存在.

(2) 若 $b=\frac{a^2}{n+1}$,则 $D=0, x_0=\frac{a}{n+1}$.

(3) 若 $b>\frac{a^2}{n+1}$,则

$$\frac{a-\sqrt{\frac{D}{A}}}{n+1}\leqslant x_0\leqslant\frac{a+\sqrt{\frac{D}{A}}}{n+1}$$

例 42 已知 $a_i>0, i=1,2,\cdots,n$,且 $a_1+a_2+\cdots+a_n=1$,则有

$$n-1+\sqrt{5}<\sqrt{4a_1+1}+\sqrt{4a_2+1}+\cdots+\sqrt{4a_n+1}\leqslant \sqrt{n(n+4)}$$

证明 由柯西不等式,得

$$\begin{aligned}&\sqrt{4a_1+1}+\sqrt{4a_2+1}+\cdots+\sqrt{4a_n+1}\leqslant\\&\sqrt{(4a_1+1+4a_2+1+\cdots+4a_n+1)}\cdot\\&\sqrt{1^2+1^2+\cdots+1^2}=\\&\sqrt{[4(a_1+a_2+\cdots+a_n)+n]n}=\\&\sqrt{n(n+4)}\end{aligned}$$

又由已知有 $0<a_i<1(i=1,2,\cdots,n)$,所以

$$0<a_i^2<a_i<1$$

设 $1+4a_1=1+2ka_1+k^2a_1$,得

$$k_{1,2}=-1\pm\sqrt{5}$$

又

$$\sqrt{1+4a_1}=\sqrt{1+2ka_1+k^2a_1}>\sqrt{1+2ka_1+k^2a_1^2}=|1+ka_1|$$

取 $k=\sqrt{5}-1$,则有

$$\sqrt{1+4a_1}>1+(\sqrt{5}-1)a_1$$

同理

$$\sqrt{1+4a_2}>1+(\sqrt{5}-1)a_2$$

$$\vdots$$

$$\sqrt{1+4a_n}>1+(\sqrt{5}-1)a_n$$

将上述 n 个式子相加得

$$\sqrt{1+4a_1}+\sqrt{1+4a_2}+\cdots+\sqrt{1+4a_n}>$$

$$n+(\sqrt{5}-1)(a_1+a_2+\cdots+a_n)=n-1+\sqrt{5}$$

例 43　(第 31 届 IMO 预选题)设 a,b,c,d 是满足 $ab+bc+cd+da=1$ 的非负实数,求证

$$\frac{a^3}{b+c+d}+\frac{b^3}{c+d+a}+\frac{c^3}{d+a+b}+\frac{d^3}{a+b+c}\geqslant\frac{1}{3}$$

证法一　设不等式的左边为 S,则由柯西不等式得

$$[a(b+c+d)+b(c+d+a)+c(d+a+b)+d(a+b+c)]S\geqslant(a^2+b^2+c^2+d^2)^2$$

所以

$$S\geqslant\frac{(a^2+b^2+c^2+d^2)^2}{2[(ab+bc+cd+da)+ac+bd]}\geqslant$$

$$\frac{\frac{1}{9}[(a^2+b^2)+(c^2+b^2)+(c^2+d^2)+(d^2+a^2)+(a^2+b^2+c^2+d^2)]^2}{2(1+ac+bd)}\geqslant$$

$$\frac{[2(ab+bc+cd+da)+(a^2+c^2)+(b^2+d^2)]^2}{18(1+ac+bd)}=$$

$$\frac{[2+(a^2+c^2)+(b^2+d^2)][2+a^2+b^2+c^2+d^2]}{18(1+ac+bd)}\geqslant$$

$$\frac{[2+2ac+2bd][2+a^2+b^2+c^2+d^2]}{18(1+ac+bd)}=$$

$$\frac{2+a^2+b^2+c^2+d^2}{9}$$

显然,$a^2+b^2+c^2+d^2\geqslant ab+bc+cd+da=1$,所以 $S\geqslant\frac{2+1}{9}=\frac{1}{3}$.

证法二　由 $(a-b)^2+(a-c)^2+(a-d)^2+(b-c)^2+(b-d)^2+(c-d)^2\geqslant 0$ 得

$$3(a^2+b^2+c^2+d^2)\geqslant 2(ab+ac+bc+bd+cd+da)$$

设原不等式的左边为 S,由柯西不等式得

$$[a(b+c+d)+b(c+d+a)+c(d+a+b)+d(a+b+c)]S\geqslant(a^2+b^2+c^2+d^2)^2$$

所以

$$S\geqslant\frac{(a^2+b^2+c^2+d^2)^2}{2(ab+ac+ad+bc+bd+cd)}\geqslant$$

$$\frac{(a^2+b^2+c^2+d^2)^2}{3(a^2+b^2+c^2+d^2)}=\frac{a^2+b^2+c^2+d^2}{3}=$$

$$\frac{\frac{1}{2}(a^2+b^2)+\frac{1}{2}(b^2+c^2)+\frac{1}{2}(c^2+d^2)+\frac{1}{2}(d^2+a^2)}{3}\geqslant$$

$$\frac{ab+bc+cd+da}{3}=\frac{1}{3}$$

例 44 (2012 年中国国家队集训测试题)设 $x_1,x_2,\cdots,x_n,y_1,y_2,\cdots,y_n$ 均为模等于 1 的复数,且

$$z_i=xy_i+yx_i-x_iy_i\quad(i=1,2,\cdots,n)$$

其中 $x=\frac{1}{n}\sum_{i=1}^{n}x_i,y=\frac{1}{n}\sum_{i=1}^{n}y_i$.

证明:$\sum_{i=1}^{n}|z_i|\leqslant n$.

证明 因为

$$\begin{aligned}2\sum_{i=1}^{n}|z_i|=&\sum_{i=1}^{n}|(2xy_i-x_iy_i)+(2yx_i-x_iy_i)|\leqslant\\&\sum_{i=1}^{n}|2xy_i-x_iy_i|+\sum_{i=1}^{n}|2yx_i-x_iy_i|=\\&\sum_{i=1}^{n}|2x-x_i|+\sum_{i=1}^{n}|2y-y_i|\end{aligned}\tag{6.38}$$

由柯西不等式,得

$$\begin{aligned}(\sum_{i=1}^{n}|2x-x_i|)^2\leqslant&n\sum_{i=1}^{n}|2x-x_i|^2=\\&n\sum_{i=1}^{n}(2x-x_i)(2\overline{x}-\overline{x_i})=\\&n(4n|x|^2+n-2x\sum_{i=1}^{n}\overline{x_i}-2\overline{x}\sum_{i=1}^{n}x_i)=n^2\end{aligned}$$

即

$$\sum_{i=1}^{n}|2x-x_i|\leqslant n\tag{6.39}$$

同理

$$\sum_{i=1}^{n}|2y-y_i|\leqslant n\tag{6.40}$$

由式(6.38),(6.39),(6.40)即得$\sum\limits_{i=1}^{n}|z_i|\leqslant n$.

例 45　(2008 年中国国家队培训题)n 元实数数组$(a_1, a_2, \cdots, a_n)$,$(b_1, b_2, \cdots, b_n)$,$(c_1, c_2, \cdots, c_n)$满足

$$\begin{cases}a_1^2+a_2^2+\cdots+a_n^2=1\\ b_1^2+b_2^2+\cdots+b_n^2=1\\ c_1^2+c_2^2+\cdots+c_n^2=1\\ b_1c_1+b_2c_2+\cdots+b_nc_n=0\end{cases}$$

求证:$(a_1b_1+\cdots+a_nb_n)^2+(a_1c_1+\cdots+a_nc_n)^2\leqslant 1$.

证明　先证一个引理.

引理　设 $a_1, a_2, \cdots, a_n\in\mathbf{R}$,$z_1, z_2, \cdots, z_n\in\mathbf{C}$,则

$$|a_1z_1+\cdots+a_nz_n|^2\leqslant\frac{1}{2}(a_1^2+\cdots+a_n^2)(|z_1|^2+\cdots+|z_n|^2+|z_1+\cdots+z_n|^2)$$

引理的证明　如果 $a_1z_1+a_2z_2+\cdots+a_nz_n=0$,命题显然成立.

如果 $a_1z_1+a_2z_2+\cdots+a_nz_n\neq 0$,则总能选取 $\theta\in[0,2\pi]$,使数$(a_1z_1+\cdots+a_nz_n)\mathrm{e}^{\mathrm{i}\theta}$为实数.

我们用 $z_1\mathrm{e}^{\mathrm{i}\theta}, z_2\mathrm{e}^{\mathrm{i}\theta}, \cdots, z_n\mathrm{e}^{\mathrm{i}\theta}$ 取代 $z_1, z_2, \cdots, z_n$ 讨论,命题不改变.此时,设新的 $z_j=x_j+y_j\mathrm{i}(1\leqslant j\leqslant n)$,则

$$\begin{aligned}&a_1z_1+a_2z_2+\cdots+a_nz_n=a_1x_1+a_2x_2+\cdots+a_nx_n\Rightarrow\\ &|a_1z_1+a_2z_2+\cdots+a_nz_n|^2=\\ &(a_1x_1+a_2x_2+\cdots+a_nx_n)^2\leqslant\\ &(a_1^2+a_2^2+\cdots+a_n^2)(x_1^2+x_2^2+\cdots+x_n^2)\end{aligned}\tag{6.41}$$

(柯西不等式)

又因为$|z_j|^2=x_j^2+y_j^2$,而

$$\left|\sum_{j=1}^{n}z_j^2\right|=\left|\sum_{j=1}^{n}(x_j^2-y_j^2)+\mathrm{i}\sum_{j=1}^{n}2x_jy_j\right|\geqslant\sum_{j=1}^{n}(x_j^2-y_j^2)$$

故

$$\begin{aligned}&|z_1|^2+|z_2|^2+\cdots+|z_n|^2+|z_1+z_2+\cdots+z_n|^2\geqslant\\ &\sum_{j=1}^{n}(x_j^2+y_j^2)+\sum_{j=1}^{n}(x_j^2-y_j^2)=2\sum_{j=1}^{n}x_j^2\end{aligned}\tag{6.42}$$

结合(6.41)知引理成立.

回到原题. 令 $z_j = b_j + c_j\mathrm{i}(1 \leqslant j \leqslant n)$，则由条件知

$$\sum_{j=1}^{n} z_j^2 = \sum_{j=1}^{n}(b_j^2 - c_j^2) + \mathrm{i}\sum_{j=1}^{n} b_j c_j = 0$$

及

$$\sum_{j=1}^{n} |z_j|^2 = \sum_{j=1}^{n}(b_j^2 + c_j^2) = \sum_{j=1}^{n} b_j^2 + \sum_{j=1}^{n} c_j^2 = 2$$

因此，由引理知

$$|a_1 z_1 + \cdots + a_n z_n|^2 \leqslant \frac{1}{2}(a_1^2 + \cdots + a_n^2)(\sum_{j=1}^{n} |z_j|^2 + |\sum_{j=1}^{n} z_j^2|) = \frac{1}{2} \times 1 \times (2+0) = 1$$

又

$$a_1 z_1 + \cdots + a_n z_n = (a_1 b_1 + \cdots + a_n b_n) + (a_1 c_1 + \cdots + a_n c_n)\mathrm{i}$$

因此上面的模长不等式即等价于

$$(a_1 b_1 + a_2 b_2 + \cdots + a_n b_n)^2 + (a_1 c_1 + a_2 c_2 + \cdots + a_n c_n)^2 \leqslant 1$$

例 46 （2006 年中国数学奥林匹克试题）已知实数 $a_1, a_2, \cdots, a_n$ 满足 $\sum_{i=1}^{n} a_i = 0$. 求证

$$\max_{1 \leqslant k \leqslant n}(a_k^2) \leqslant \frac{n}{3}\sum_{i=1}^{n}(a_i - a_{i+1})^2$$

证明 只需对任意 $1 \leqslant k \leqslant n$，证明不等式成立即可.

记 $d_k = a_k - a_{k+1}$，$k = 1, 2, 3, \cdots, n-1$. 则

$$a_k = a_k$$

$$a_{k+1} = a_k - d_k$$

$$a_{k+2} = a_k - d_k - d_{k+1}$$

$$\vdots$$

$$a_n = a_k - d_k - d_{k+1} - \cdots - d_{n-1}$$

$$a_{k-1} = a_k + d_{k-1}$$

$$a_{k-2} = a_k + d_{k-1} + d_{k-2}$$

$$\vdots$$

$$a_1 = a_k + d_{k-1} + d_{k-2} + \cdots + d_1$$

将上面几个等式相加，并利用 $\sum_{i=1}^{n} a_i = 0$，可得

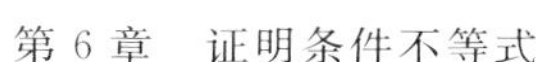

$na_k-(n-k)d_k-(n-k-1)d_{k+1}-\cdots-d_{n-1}+(k-1)d_{k-1}+(k-2)d_{k-2}+\cdots+d_1=0$

由柯西不等式可得

$$(na_k)^2=[(n-k)d_k+(n-k-1)d_{k+1}+\cdots+d_{n-1}-(k-1)d_{k-1}-(k-2)d_{k-2}-\cdots-d_1]^2\leqslant$$

$$\left(\sum_{i=1}^{k-1}i^2+\sum_{i=1}^{n-k}i^2\right)\left(\sum_{i=1}^{n-1}d_i^2\right)\leqslant\left(\sum_{i=1}^{n-1}i^2\right)\left(\sum_{i=1}^{n-1}d_i^2\right)=$$

$$\frac{n(n-1)(2n-1)}{6}\left(\sum_{i=1}^{n-1}d_i^2\right)\leqslant\frac{n^3}{3}\left(\sum_{i=1}^{n-1}d_i^2\right)$$

所以 $a_k^2\leqslant\frac{n}{3}\sum_{i=1}^{n-1}(a_i-a_{i+1})^2$.

例 47 （2009年第48届IMO预选题）已知非负实数 a_1，a_2，$\cdots$，a_{100} 满足 $a_1^2+a_2^2+\cdots+a_{100}^2=1$，证明

$$a_1^2a_2+a_2^2a_3+\cdots+a_{100}^2a_1<\frac{12}{25}$$

证明 设 $S=\sum_{k=1}^{100}a_k^2a_{k+1}$，其中定义 $a_{101}=a_1$，$a_{102}=a_2$. 由柯西不等式及均值不等式得

$$(3S)^2=\left[\sum_{k=1}^{100}a_{k+1}(a_k^2+2a_{k+1}a_{k+2})\right]^2\leqslant$$

$$\left(\sum_{k=1}^{100}a_{k+1}^2\right)\sum_{k=1}^{100}(a_k^2+2a_{k+1}a_{k+2})^2=$$

$$1\cdot\sum_{k=1}^{100}(a_k^2+2a_{k+1}a_{k+2})^2=$$

$$\sum_{k=1}^{100}(a_k^4+4a_k^2a_{k+1}a_{k+2}+4a_{k+1}^2a_{k+2}^2)\leqslant$$

$$\sum_{k=1}^{100}[a_k^4+2a_k^2(a_{k+1}^2+a_{k+2}^2)+4a_{k+1}^2a_{k+2}^2]=$$

$$\sum_{k=1}^{100}(a_k^4+6a_k^2a_{k+1}^2+2a_k^2a_{k+2}^2)$$

又

$$\sum_{k=1}^{100}(a_k^4+2a_k^2a_{k+1}^2+2a_k^2a_{k+2}^2)\leqslant\left(\sum_{k=1}^{100}a_k^2\right)^2$$

$$\sum_{k=1}^{100}a_k^2a_{k+1}^2\leqslant\left(\sum_{i=1}^{50}a_{2i-1}^2\right)\left(\sum_{j=1}^{50}a_{2j}^2\right)$$

所以

$$(3S)^2\leqslant\left(\sum_{k=1}^{100}a_k^2\right)^2+4\left(\sum_{i=1}^{50}a_{2i-1}^2\right)\left(\sum_{j=1}^{50}a_{2j}^2\right)\leqslant$$

$$1+\left(\sum_{i=1}^{50}a_{2i-1}^2+\sum_{j=1}^{50}a_{2j}^2\right)^2=2$$

所以

$$S\leqslant\frac{\sqrt{2}}{3}\approx 0.471\ 4<0.48=\frac{12}{25}$$

例 48 (2010 年地中海地区数学奥林匹克试题)已知正数 $a_1,a_2,\cdots,a_n(n>2)$满足 $a_1+a_2+\cdots+a_n=1$. 证明

$$\frac{a_2a_3\cdots a_n}{a_1+n-2}+\frac{a_1a_3\cdots a_n}{a_2+n-2}+\cdots+\frac{a_1a_2\cdots a_{n-1}}{a_n+n-2}\leqslant\frac{1}{(n-1)^2}$$

证明 由柯西不等式知,对于正数 $x_1,x_2,\cdots,x_n$,有

$$\frac{1}{\sum\limits_{i=1}^{n}x_i}\leqslant\frac{1}{n^2}\sum_{i=1}^{n}\frac{1}{x_i}$$

又因为 $a_1+a_2+\cdots+a_n=1(n>2)$,则

$$\sum_{i=1}^{n}\frac{1}{a_i(a_i+n-2)}=\sum_{i=1}^{n}\frac{1}{a_i\sum\limits_{\substack{j=1\\j\neq i}}^{n}(1-a_j)}\leqslant$$

$$\sum_{i=1}^{n}\frac{1}{(n-1)^2}\sum_{\substack{j=1\\j\neq i}}^{n}\frac{1}{a_i(1-a_j)}=$$

$$\frac{1}{(n-1)^2}\sum_{j=1}^{n}\sum_{\substack{i=1\\j\neq i}}^{n}\frac{1}{a_i(1-a_j)}$$

由已知得 $a_i\in(0,1)(i=1,2,\cdots,n)$,于是,对任意的 $j\in\{1,2,\cdots,n\}$,有

$$a_i\geqslant\frac{\prod\limits_{k=1}^{n}a_k}{a_{i-1}a_j},\ a_{j+1}\geqslant\frac{\prod\limits_{k=1}^{n}a_k}{a_{j-1}a_j}$$

其中，$i=1,2,\cdots,n,i\neq j,i\neq j+1,a_0=a_n$.

故

$$\sum_{\substack{i=1\\j\neq i}}^{n}a_i\geqslant\sum_{\substack{i=1\\i\neq j}}^{n}\frac{\prod\limits_{k=1}^{n}a_k}{a_ia_j}$$

所以

$$(1-a_j)\frac{a_j}{\prod\limits_{k=1}^{n}a_k}\geqslant\sum_{\substack{i=1\\i\neq j}}^{n}\frac{1}{a_i}$$

即

$$\sum_{\substack{i=1\\i\neq j}}^{n}\frac{1}{a_i(1-a_j)}\leqslant\frac{1}{\prod\limits_{\substack{k=1\\k\neq j}}^{n}a_k}$$

所以

$$\sum_{i=1}^{n}\frac{1}{a_i(a_i+n-2)}\leqslant\frac{1}{(n-1)^2}\sum_{j=1}^{n}\frac{1}{\prod\limits_{\substack{k=1\\k\neq j}}^{n}a_k}$$

故

$$\sum_{i=1}^{n}\frac{\prod\limits_{\substack{k=1\\k\neq j}}^{n}a_k}{a_i+n-2}\leqslant\frac{1}{(n-1)^2}\sum_{j=1}^{n}a_j=\frac{1}{(n-1)^2}$$

例 49 （1999 年罗马尼亚试题，2008 年新加坡国家集训队选拔试题）设 $x_1,x_2,\cdots,x_n$ 为正实数，满足 $x_1x_2\cdots x_n=1$，证明：$\frac{1}{n-1+x_1}+\frac{1}{n-1+x_2}+\cdots+\frac{1}{n-1+x_n}\leqslant 1$.

证法一 令 $y_i=\frac{1}{x_i}(i=1,2,\cdots,n)$，则

$$\frac{1}{n-1+x_1}+\frac{1}{n-1+x_2}+\cdots+\frac{1}{n-1+x_n}\leqslant 1\Leftrightarrow$$

$$\frac{n-1}{n-1+x_1}+\frac{n-1}{n-1+x_2}+\cdots+\frac{n-1}{n-1+x_n}\leqslant n-1\Leftrightarrow$$

$$\frac{x_1}{n-1+x_1}+\frac{x_2}{n-1+x_2}+\cdots+\frac{x_n}{n-1+x_n}\geqslant 1\Leftrightarrow$$

$$\frac{1}{(n-1)y_1+1}+\frac{1}{(n-1)y_2+1}+\cdots+\frac{1}{(n-1)y_n+1}\geqslant 1$$

令 $y_i=\frac{a_1a_2\cdots a_n}{a_i^n}(i=1,2,\cdots,n)$，则上面不等式等价于

$$\sum_{i=1}^{n}\frac{a_i^n}{a_i^n+(n-1)a_1a_2\cdots a_n}\geqslant 1$$

由柯西不等式和均值不等式得

$$\sum_{i=1}^{n}[a_i^n+(n-1)a_1a_2\cdots a_n]\sum_{i=1}^{n}\frac{a_i^n}{a_i^n+(n-1)a_1a_2\cdots a_n}\geqslant$$

$$\left(\sum_{i=1}^{n}a_i^{\frac{n}{2}}\right)^2=\sum_{i=1}^{n}a_i^n+2\sum_{1\leqslant i<j\leqslant n}a_i^{\frac{n}{2}}a_j^{\frac{n}{2}}\geqslant$$

$$\sum_{i=1}^{n}a_i^n+n(n-1)a_1a_2\cdots a_n$$

所以

$$\sum_{i=1}^{n}\frac{a_i^n}{a_i^n+(n-1)a_1a_2\cdots a_n}\geqslant 1$$

证法二 由

$$\frac{1}{n-1+x_1}+\frac{1}{n-1+x_2}+\cdots+\frac{1}{n-1+x_n}\leqslant 1\Leftrightarrow$$

$$\frac{n-1}{n-1+x_1}+\frac{n-1}{n-1+x_2}+\cdots+\frac{n-1}{n-1+x_n}\leqslant n-1\Leftrightarrow$$

$$\frac{x_1}{n-1+x_1}+\frac{x_2}{n-1+x_2}+\cdots+\frac{x_n}{n-1+x_n}\geqslant 1\Leftrightarrow$$

$$\frac{x_1}{(n-1)(x_1x_2\cdots x_n)^{\frac{1}{n}}+x_1}+\frac{x_2}{(n-1)(x_1x_2\cdots x_n)^{\frac{1}{n}}+x_2}+\cdots+$$

$$\frac{x_n}{(n-1)(x_1x_2\cdots x_n)^{\frac{1}{n}}+x_n}\geqslant 1 \tag{6.43}$$

由均值不等式得

$$\frac{x_i}{(n-1)(x_1x_2\cdots x_n)^{\frac{1}{n}}+x_i}=\frac{(x_i)^{\frac{n-1}{n}}}{(n-1)(\sum\limits_{\substack{j=1\\ j\neq i}}^{n}x_j)^{\frac{1}{n}}+(x_i)^{\frac{n-1}{n}}}\geqslant$$

$$\frac{(x_i)^{\frac{n-1}{n}}}{(\sum\limits_{\substack{j=1\\ j\neq i}}^{n}x_j^{\frac{n-1}{n}})+(x_i)^{\frac{n-1}{n}}}=$$

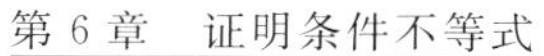

$$\frac{(x_i)^{\frac{n-1}{n}}}{\sum\limits_{j=1}^{n} x_j^{\frac{n-1}{n}}} \quad (i=1,2,\cdots,n)$$

将这 n 个不等式相加即得式(6.43).

证法三　只要证明

$$\frac{x_1}{n-1+x_1}+\frac{x_2}{n-1+x_2}+\cdots+\frac{x_n}{n-1+x_n}\geqslant 1$$

由 $x_1x_2\cdots x_n=1$，故令 $x_i=\frac{y_i^2}{T_n}$，$T_n=\sqrt[n]{(y_1y_2\cdots y_n)^2}$，$y_i>0(i=1,2,\cdots,n)$，由柯西不等式得

$$\sum_{i=1}^{n}\frac{x_i}{n-1+x_i}=\sum_{i=1}^{n}\frac{y_i^2}{(n-1)T_n+y_i^2}\geqslant\frac{\left(\sum\limits_{i=1}^{n}y_i\right)^2}{n(n-1)T_n+\sum\limits_{i=1}^{n}y_i^2}$$

于是只要证明 $\left(\sum\limits_{i=1}^{n}y_i\right)^2\geqslant n(n-1)T_n+\sum\limits_{i=1}^{n}y_i^2\Leftrightarrow 2\sum\limits_{1\leqslant i<j\leqslant n}y_iy_j\geqslant n(n-1)T_n$，由于每个字母 y_i 均出现 C_n^2 次，所以由均值不等式容易得到

$$2\sum_{1\leqslant i<j\leqslant n}y_iy_j\geqslant n(n-1)T_n$$

例 50　(2004 年中国数学奥林匹克试题) 给定正整数 $n(n\geqslant 2)$，设正整数 $a_i(i=1,2,\cdots,n)$ 满足 $a_1<a_2<\cdots<a_n$ 及 $\sum\limits_{i=1}^{n}\frac{1}{a_i}\leqslant 1$. 求证：对任意实数 x，有

$$\left(\sum_{i=1}^{n}\frac{1}{a_i^2+x^2}\right)^2\leqslant\frac{1}{2}\cdot\frac{1}{a_1(a_1-1)+x^2}$$

解　根据已知条件 $\sum\limits_{i=1}^{n}\frac{1}{a_i}\leqslant 1$ 及所求证不等式的结构，不难想到先运用柯西不等式进行放缩，得到

$$\left(\sum_{i=1}^{n}\frac{1}{a_i^2+x^2}\right)^2\leqslant\sum_{i=1}^{n}\frac{a_i}{(a_i^2+x^2)^2}$$

再通过构造递推关系证明原不等式的加强不等式.

由柯西不等式及 $\sum\limits_{i=1}^{n}\frac{1}{a_i}\leqslant 1$，得

$$\left(\sum_{i=1}^{n}\frac{1}{a_i^2+x^2}\right)^2\leqslant\left(\sum_{i=1}^{n}\frac{1}{a_i}\right)\left[\sum_{i=1}^{n}\frac{a_i}{(a_i^2+x^2)^2}\right]\leqslant$$

$$\sum_{i=1}^{n}\frac{a_i}{(a_i^2+x^2)^2}$$

于是,要证原不等式,只要证

$$\sum_{i=1}^{n}\frac{a_i}{(a_i^2+x^2)^2}\leqslant\frac{1}{2}\cdot\frac{1}{a_1(a_1-1)+x^2}$$

为此,可证明更强的不等式

$$\sum_{i=1}^{n}\frac{a_i}{(a_i^2+x^2)^2}\leqslant\frac{1}{2}\left[\frac{1}{a_1(a_1-1)+x^2}-\frac{1}{a_{n+1}(a_{n+1}-1)+x^2}\right]$$

其中,$a_{n+1}>a_n$ 为正整数.

令

$$b_k=\frac{1}{2}\left[\frac{1}{a_1(a_1-1)+x^2}-\frac{1}{a_{k+1}(a_{k+1}-1)+x^2}\right]$$

由 $a_{k+1}\geqslant a_k+1$,得

$$\begin{aligned}b_k-b_{k-1}=&\frac{1}{2}\left[\frac{1}{a_1(a_1-1)+x^2}-\frac{1}{a_{k+1}(a_{k+1}-1)+x^2}\right]-\\&\frac{1}{2}\left[\frac{1}{a_1(a_1-1)+x^2}-\frac{1}{a_k(a_k-1)+x^2}\right]=\\&\frac{1}{2}\left[\frac{1}{a_k(a_k-1)+x^2}-\frac{1}{a_{k+1}(a_{k+1}-1)+x^2}\right]\geqslant\\&\frac{1}{2}\left[\frac{1}{a_k(a_k-1)+x^2}-\frac{1}{(a_k+1)a_k+x^2}\right]=\\&\frac{a_k}{(a_k^2+x^2)^2-a_k^2}\geqslant\frac{a_k}{(a_k^2+x^2)^2}\quad(k\geqslant 2)\end{aligned}$$

又

$$\begin{aligned}b_1=&\frac{1}{2}\left[\frac{1}{a_1(a_1-1)+x^2}-\frac{1}{a_2(a_2-1)+x^2}\right]\geqslant\\&\frac{1}{2}\left[\frac{1}{a_1(a_1-1)+x^2}-\frac{1}{(a_1+1)a_1+x^2}\right]=\\&\frac{a_1}{(a_1^2+x^2)^2-a_1^2}\geqslant\frac{a_1}{(a_1^2+x^2)^2}\end{aligned}$$

则

$$b_n=b_1+\sum_{k=2}^{n}(b_k-b_{k-1})\geqslant$$

$$\frac{a_1}{(a_1^2+x^2)^2}+\sum_{k=2}^{n}\frac{a_k}{(a_k^2+x^2)^2}=\sum_{k=1}^{n}\frac{a_k}{(a_k^2+x^2)^2}$$

故

$$\sum_{i=1}^{n}\frac{a_i}{(a_i^2+x^2)^2}\leqslant\frac{1}{2}\left[\frac{1}{a_1(a_1-1)+x^2}-\frac{1}{a_{n+1}(a_{n+1}-1)+x^2}\right]\leqslant \frac{1}{2}\cdot\frac{1}{a_1(a_1-1)+x^2}$$

例 51 (2010 年浙江大学自主招生试题)有小于 1 的正数 $x_1,x_2,\cdots,x_n$ 满足 $x_1+x_2+\cdots+x_n=1$. 证明

$$\sum_{i=1}^{n}\frac{1}{x_i-x_i^3}>4$$

此题可推广为:

若 $x_1,x_2,\cdots,x_n$ 为小于 1 的正数,且 $x_1+x_2+\cdots+x_n=1$, $n,m\in\mathbf{N},n\geqslant 2,m\geqslant 3$,则

$$\sum_{i=1}^{n}\frac{1}{x_i-x_i^m}\geqslant\frac{n^{m+1}}{n^{m-1}-1}$$

证明 先证一个引理.

引理 设 $0<x_i<1(i=1,2,\cdots,n)$,令 $S_n=\sum\limits_{i=1}^{n}x_i$. 则

$$\sum_{i=1}^{n}x_i^m\geqslant\frac{S_n^m}{n^{m-1}}\quad(m\in\mathbf{N}_+)\tag{6.44}$$

引理的证明 用数学归纳法:

当 $m=1$ 时,显然式(6.44)成立;

当 $m=2$ 时,由柯西不等式,知

$$\sum_{i=1}^{n}x_i^2\geqslant\frac{\left(\sum\limits_{i=1}^{n}x_i\right)^2}{n}=\frac{S_n^2}{n}$$

当且仅当 $x_1=x_2=\cdots=x_n$ 时,上式等号成立.

假设当 $m\leqslant k(k\geqslant 2)$ 时,不等式(6.44)都成立. 则当 $m=k+1$时,分两种情形讨论:

(1)若 $k=2p(p\in\mathbf{N}_+)$,则由柯西不等式及归纳假设,得

$$\sum_{i=1}^{n} x_i^{k+1} = \sum_{i=1}^{n} \frac{x_i^{2(p+1)}}{x_i} \geqslant \frac{\left(\sum\limits_{i=1}^{n} x_i^{p+1}\right)^2}{\sum\limits_{i=1}^{n} x_i} \geqslant \frac{1}{S_n}\left(\frac{S_n^{p+1}}{n^p}\right)^2 = \frac{S_n^{k+1}}{n^k}$$

(2)若 $k=2p+1(p\in\mathbf{N}_+)$，则由柯西不等式及归纳假设得

$$\sum_{i=1}^{n} x_i^{k+1} \geqslant \sum_{i=1}^{n} x_i^{2(p+1)} \geqslant \frac{1}{n}\left(\sum_{i=1}^{n} x_i^{p+1}\right)^2 \geqslant \frac{1}{n}\left(\frac{S_n^{p+1}}{n^p}\right)^2 = \frac{S_n^{k+1}}{n^k}$$

所以当 $m=k+1$ 时，不等式(6.44)都成立.

综上，不等式(6.44)对任意 $m\in\mathbf{N}_+$ 都成立，当且仅当 $x_1=x_2=\cdots=x_n$ 时，取等号.

回到推广的命题：

由柯西不等式及引理得

$$\sum_{i=1}^{n} \frac{1}{x_i - x_i^m} \geqslant \frac{n^2}{\sum\limits_{i=1}^{n} x_i - \sum\limits_{i=1}^{n} x_i^m} \geqslant \frac{n^2}{1-\frac{1}{n^{m-1}}} = \frac{n^{m+1}}{n^{m-1}-1}$$

故命题得证.

例 52 (2002 年罗马尼亚为 IMO 和巴尔干地区数学奥林匹克选拔考试供题(第三轮))设整数 $n\geqslant 4$，$a_1,a_2,\cdots,a_n$ 是正实数，使得 $a_1^2+a_2^2+\cdots+a_n^2=1$. 证明

$$\frac{a_1}{a_2^2+1}+\frac{a_2}{a_3^2+1}+\cdots+\frac{a_{n-1}}{a_n^2+1}+\frac{a_n}{a_1^2+1}\geqslant$$
$$\frac{4}{5}(a_1\sqrt{a_1}+a_2\sqrt{a_2}+\cdots+a_n\sqrt{a_n})^2$$

证明 由柯西不等式，得

$$\frac{a_1^2}{x_1}+\frac{a_2^2}{x_2}+\cdots+\frac{a_n^2}{x_n}\geqslant\frac{(a_1+a_2+\cdots+a_n)^2}{x_1+x_2+\cdots+x_n}$$

其中 $x_1,x_2,\cdots,x_n$ 为任意正实数. 于是，有

$$\frac{a_1}{a_2^2+1}+\frac{a_2}{a_3^2+1}+\cdots+\frac{a_{n-1}}{a_n^2+1}+\frac{a_n}{a_1^2+1}=$$
$$\frac{a_1^3}{a_1^2a_2^2+a_1^2}+\frac{a_2^3}{a_2^2a_3^2+a_2^2}+\cdots+\frac{a_n^3}{a_n^2a_1^2+a_n^2}\geqslant$$
$$\frac{(a_1\sqrt{a_1}+a_2\sqrt{a_2}+\cdots+a_n\sqrt{a_n})^2}{a_1^2a_2^2+a_2^2a_3^2+\cdots+a_n^2a_1^2+1}$$

因此，只需证明 $a_1^2a_2^2+a_2^2a_3^2+\cdots+a_n^2a_1^2\leqslant\frac{1}{4}$，其中 $n\geqslant 4$，且

$a_1^2+a_2^2+\cdots+a_n^2=1$.

一般地，对于正数 $x_1,x_2,\cdots,x_n$，当 $n\geqslant 4$，且 $x_1+x_2+\cdots+x_n=1$ 时，有

$$x_1x_2+x_2x_3+\cdots+x_nx_1\leqslant\frac{1}{4}$$

当 n 为偶数时，有

$$x_1x_2+x_2x_3+\cdots+x_nx_1\leqslant$$
$$(x_1+x_3+\cdots+x_{n-1})(x_2+x_4+\cdots+x_n)\leqslant\frac{1}{4}$$

当 n 为奇数时，且 $n\geqslant 5$ 时，不妨假设 $x_1\geqslant x_2$. 因为 $x_1x_2+x_2x_3+x_3x_4\leqslant x_1(x_2+x_3)+(x_2+x_3)x_4$，用 $x_1,x_2+x_3,x_4,\cdots,x_n$ 代替 $x_1,x_2,\cdots,x_n$，所证不等式的左边变大，利用项数为偶数时的情形即知结论成立.

例 53 若 $a_1,a_2,a_3,a_4\in\mathbf{R}_+$，求证

$$\frac{a_1^3}{a_2+a_3+a_4}+\frac{a_2^3}{a_1+a_3+a_4}+\frac{a_3^3}{a_1+a_2+a_4}+\frac{a_4^3}{a_1+a_2+a_3}\geqslant\frac{(a_1+a_2+a_3+a_4)^2}{12}\quad(6.45)$$

式(6.45)可作如下加强：

若 $a_1,a_2,a_3,a_4\in\mathbf{R}_+$，则

$$\frac{a_1^3}{a_2+a_3+a_4}+\frac{a_2^3}{a_1+a_3+a_4}+\frac{a_3^3}{a_1+a_2+a_4}+\frac{a_4^3}{a_1+a_2+a_3}\geqslant\frac{a_1^2+a_2^2+a_3^2+a_4^2}{3}\quad(6.46)$$

证明 因为

$$\frac{a^2}{b}\geqslant 2a-b\quad(a,b\in\mathbf{R}_+)$$

所以

$$\frac{(3a_1)^2}{a_2+a_3+a_4}\geqslant 2(3a_1)-(a_2+a_3+a_4)$$

即

$$\frac{a_1^3}{a_2+a_3+a_4}\geqslant\frac{2}{3}a_1^2-\frac{1}{9}(a_1a_2+a_1a_3+a_1a_4)$$

同理可得

$$\frac{a_2^3}{a_1+a_3+a_4}\geqslant\frac{2}{3}a_2^2-\frac{1}{9}(a_1a_2+a_2a_3+a_2a_4)$$

$$\frac{a_3^3}{a_1+a_2+a_4}\geqslant\frac{2}{3}a_3^2-\frac{1}{9}(a_1a_3+a_2a_3+a_3a_4)$$

$$\frac{a_4^3}{a_1+a_2+a_3}\geqslant\frac{2}{3}a_4^2-\frac{1}{9}(a_1a_4+a_2a_4+a_3a_4)$$

将上述四式叠加,并应用 $2xy\leqslant x^2+y^2(x,y\in\mathbf{R})$,得

$$\frac{a_1^3}{a_2+a_3+a_4}+\frac{a_2^3}{a_1+a_3+a_4}+\frac{a_3^3}{a_1+a_2+a_4}+\frac{a_4^3}{a_1+a_2+a_3}\geqslant$$

$$\frac{2}{3}(a_1^2+a_2^2+a_3^2+a_4^2)-\frac{1}{9}(2a_1a_2+2a_1a_3+2a_1a_4+$$

$$2a_2a_3+2a_2a_4+2a_3a_4)\geqslant$$

$$\frac{2}{3}(a_1^2+a_2^2+a_3^2+a_4^2)-\frac{1}{3}(a_1^2+a_2^2+a_3^2+a_4^2)=$$

$$\frac{a_1^2+a_2^2+a_3^2+a_4^2}{3}$$

上面加强的不等式,可作如下推广:

推广 1 若 $a_i\in\mathbf{R}_+(i=1,2,3,\cdots,n)$, $s=\sum\limits_{i=1}^{n}a_i$,且 $2\leqslant n\in\mathbf{N}$,求证

$$\sum_{i=1}^{n}\frac{a_i^3}{s-a_i}\geqslant\frac{1}{n-1}\sum_{i=1}^{n}a_i^2\tag{6.47}$$

证明 由柯西不等式,得

$$(s-a_i)^2\leqslant(n-1)\left[\sum_{j=1}^{n}a_j^2-a_i^2\right]$$

因为

$$\frac{a_i^3}{s-a_i}+\frac{a_i^3}{s-a_i}+\frac{(s-a_i)^2}{(n-1)^3}\geqslant3\sqrt[3]{\left(\frac{a_i^3}{s-a_i}\right)^2\cdot\frac{(s-a_i)^2}{(n-1)^3}}=$$

$$\frac{3a_i^2}{n-1}$$

所以

$$\frac{a_i^3}{s-a_i}\geqslant\frac{1}{2}\left[\frac{3a_i^2}{n-1}-\frac{(s-a_i)^2}{(n-1)^3}\right]\geqslant$$

$$\frac{1}{2}\left[\frac{3a_i^2}{n-1}-\frac{\sum\limits_{j=1}^{n}a_j^2-a_i^2}{(n-1)^2}\right]=$$

$$\frac{1}{2}\left[\frac{3(n-1)a_i^2-\sum_{j=1}^{n}a_j^2+a_i^2}{(n-1)^2}\right]=$$

$$\frac{1}{2}\left[\frac{(3n-2)a_i^2-\sum_{j=1}^{n}a_j^2}{(n-1)^2}\right]$$

故

$$\sum_{i=1}^{n}\frac{a_i^3}{s-a_i}\geqslant\frac{1}{2}\left[\frac{(3n-2)\sum_{i=1}^{n}a_i^2-n\sum_{j=1}^{n}a_j^2}{(n-1)^2}\right]=\frac{1}{n-1}\sum_{i=1}^{n}a_i^2$$

推广2 若 $a_i\in\mathbf{R}_+$ $(i=1,2,3,\cdots,n)$，$2\leqslant n(n\in\mathbf{N})$，且 $s=\sum_{i=1}^{n}a_i$，$m\in\mathbf{N}$，求证

$$\sum_{i=1}^{n}\frac{a_i^m}{s-a_i}\geqslant\frac{1}{n-1}\sum_{i=1}^{n}a_i^{m-1}\tag{6.48}$$

为证明式(6.48)，需用到下面的结论：

若 $a_i\in\mathbf{R}_+$ $(i=1,2,\cdots,n)$，$m\in\mathbf{N}$，则 $\left(\sum_{i=1}^{n}a_i\right)^m\leqslant n^{m-1}\sum_{i=1}^{n}a_i^m$.

下面证明式(6.48).

证明 由柯西不等式，得

$$(s-a_i)^2\leqslant(n-1)\left[\sum_{j=1}^{n}a_j^2-a_i{}^2\right]\Rightarrow$$

$$(s-a_i)^{m-1}\leqslant(n-1)^{\frac{m-1}{2}}\left(\sum_{j=1}^{n}a_j^2-a_i^2\right)^{\frac{m-1}{2}}$$

因为

$$\underbrace{\frac{a_i^m}{s-a_i}+\cdots+\frac{a_i^m}{s-a_i}}_{(m-1)\text{个}}+\frac{(s-a_i)^{m-1}}{(n-1)^m}\geqslant$$

$$m\cdot\sqrt[m]{\left(\frac{a_i^m}{s-a_i}\right)^{m-1}\cdot\frac{(s-a_i)^{m-1}}{(n-1)^m}}=\frac{ma_i^{m-1}}{n-1}$$

所以

$$\frac{a_i^m}{s-a_i}\geqslant\frac{1}{m-1}\left[\frac{ma_i^{m-1}}{n-1}-\frac{(s-a_i)^{m-1}}{(n-1)^m}\right]\geqslant$$

$$\frac{1}{m-1}\left[\frac{ma_i^{m-1}}{n-1}-\frac{(n-1)^{\frac{m-1}{2}}\left(\sum_{j=1}^{n}a_j^2-a_i^2\right)^{\frac{m-1}{2}}}{(n-1)^m}\right]=$$

$$\frac{1}{m-1}\left[\frac{ma_i^{m-1}}{n-1}-\frac{\left(\sum_{j=1}^{n}a_j^2-a_i^2\right)^{\frac{m-1}{2}}}{(n-1)^{\frac{m+1}{2}}}\right]\geqslant$$

$$\frac{1}{m-1}\left[\frac{ma_i^{m-1}}{n-1}-\frac{(n-1)^{\frac{m-3}{2}}\left(\sum_{j=1}^{n}a_j^{m-1}-a_i^{m-1}\right)}{(n-1)^{\frac{m+1}{2}}}\right]=$$

$$\frac{1}{m-1}\left[\frac{m(n-1)a_i^{m-1}-\sum_{j=1}^{n}a_j^{m-1}+a_i^{m-1}}{(n-1)^2}\right]$$

所以

$$\sum_{i=1}^{n}\frac{a_i^m}{s-a_i}\geqslant\frac{1}{m-1}\left[\frac{m(n-1)\sum_{i=1}^{n}a_i^{m-1}-n\sum_{j=1}^{n}a_j^{m-1}+\sum_{i=1}^{n}a_i^{m-1}}{(n-1)^2}\right]=$$

$$\frac{1}{n-1}\sum_{i=1}^{n}a_i^{m-1}$$

例 54 （2006 年中国国家集训队考试题）设 $x_1,x_2,\cdots,x_n$ 是正数，且 $\sum_{i=1}^{n}x_i=1$，求证

$$\left(\sum_{i=1}^{n}\sqrt{x_i}\right)\left(\sum_{i=1}^{n}\frac{1}{\sqrt{1+x_i}}\right)\leqslant\frac{n^2}{\sqrt{n+1}}\tag{6.49}$$

证法一 由柯西不等式得

$$\frac{1}{\sqrt{n}}\cdot\sqrt{x_1}+\sqrt{x_2}\cdot\frac{1}{\sqrt{n}}+\cdots+\sqrt{x_n}\cdot\frac{1}{\sqrt{n}}\leqslant$$

$$\sqrt{\frac{1}{n}+x_2+x_3+\cdots+x_n}\cdot\sqrt{x_1+\frac{n-1}{n}}$$

从而

$$\frac{\sqrt{x_1}+\sqrt{x_2}+\cdots+\sqrt{x_n}}{\sqrt{1+x_1}}\leqslant\sqrt{\frac{(n+1-nx_1)(nx_1+n-1)}{n(1+x_1)}}=$$

$$\sqrt{n+2-nx_1-\frac{2n+1}{n(1+x_1)}}$$

同理

$$\frac{\sqrt{x_1}+\sqrt{x_2}+\cdots+\sqrt{x_n}}{\sqrt{1+x_2}}\leqslant\sqrt{n+2-nx_2-\frac{2n+1}{n(1+x_2)}}$$

$$\vdots$$

$$\frac{\sqrt{x_1}+\sqrt{x_2}+\cdots+\sqrt{x_n}}{\sqrt{1+x_n}}\leqslant\sqrt{n+2-nx_n-\frac{2n+1}{n(1+x_n)}}$$

将上面 n 个不等式相加得

$$\left(\sum_{i=1}^{n}\sqrt{x_i}\right)\left(\sum_{i=1}^{n}\frac{1}{\sqrt{1+x_i}}\right)\leqslant\sum_{i=1}^{n}\sqrt{n+2-nx_i-\frac{2n+1}{n(1+x_i)}}$$

又由柯西不等式得

$$\sum_{i=1}^{n}\sqrt{n+2-nx_i-\frac{2n+1}{n(1+x_i)}}\leqslant$$

$$\sqrt{n}\sqrt{n^2+2n-n-\frac{2n+1}{n}\sum_{i=1}^{n}\frac{1}{1+x_i}}$$

由柯西不等式得

$$\sum_{i=1}^{n}\frac{1}{1+x_i}\sum_{i=1}^{n}(1+x_i)\geqslant n^2$$

又 $\sum_{i=1}^{n}x_i=1$，所以

$$\sum_{i=1}^{n}\frac{1}{1+x_i}\geqslant\frac{n^2}{n+1}$$

综上，得

$$\sqrt{n^2+2n-n-\frac{2n+1}{n}\sum_{i=1}^{n}\frac{1}{1+x_i}}\leqslant\sqrt{n^2+2n-n-\frac{2n+1}{n}\cdot\frac{n^2}{n+1}}=$$

$$\sqrt{\frac{n^3}{n+1}}$$

$$\sum_{i=1}^{n}\sqrt{n+2-nx_i-\frac{2n+1}{n(1+x_i)}}\leqslant\frac{n^2}{\sqrt{n+1}}$$

所以

$$\left(\sum_{i=1}^{n}\sqrt{x_i}\right)\left(\sum_{i=1}^{n}\frac{1}{\sqrt{1+x_i}}\right)\leqslant\frac{n^2}{\sqrt{n+1}}$$

证法二

$$\left(\sum_{i=1}^{n}\sqrt{x_i}\right)\left(\sum_{i=1}^{n}\frac{1}{\sqrt{1+x_i}}\right)=$$

$$\left(\sum_{i=1}^{n}\sqrt{x_i}\right)\left[\sum_{i=1}^{n}\sqrt{1+x_i}-\sum_{i=1}^{n}\frac{x_i}{\sqrt{1+x_i}}\right]\leqslant$$

$$\left(\sum_{i=1}^{n}\sqrt{x_i}\right)\left[\sum_{i=1}^{n}\sqrt{1+x_i}-\frac{\left(\sum\limits_{i=1}^{n}\sqrt{x_i}\right)^2}{\sum\limits_{i=1}^{n}\sqrt{1+x_i}}\right]\leqslant$$

$$\left(\sum_{i=1}^{n}\sqrt{x_i}\right)\left[\sqrt{n\sum_{i=1}^{n}(1+x_i)}-\frac{\left(\sum\limits_{i=1}^{n}\sqrt{x_i}\right)^2}{\sqrt{n\sum\limits_{i=1}^{n}(1+x_i)}}\right]=$$

$$\left(\sum_{i=1}^{n}\sqrt{x_i}\right)\left[\sqrt{n(n+1)}-\frac{\left(\sum\limits_{i=1}^{n}\sqrt{x_i}\right)^2}{\sqrt{n(n+1)}}\right]$$

令 $y=\sum\limits_{i=1}^{n}\sqrt{x_i}$，则 $y\leqslant\sqrt{n\sum\limits_{i=1}^{n}x_i}=\sqrt{n}$，于是只要证明

$$y\left[\sqrt{n(n+1)}-\frac{y^2}{\sqrt{n(n+1)}}\right]\leqslant\frac{n^2}{\sqrt{n+1}}\Leftrightarrow$$

$$y^3-n(n+1)y+n^2\sqrt{n}\geqslant 0\Leftrightarrow$$

$$(y-\sqrt{n})(y^2+\sqrt{n}y-n^2)\geqslant 0 \tag{6.50}$$

因为 $y-\sqrt{n}\leqslant 0$，$y^2+\sqrt{n}y-n^2\leqslant n+n-n^2=2n-n^2\leqslant 0$，从而式(6.49)成立.

证法三 由柯西不等式得

$$\left(\sum_{i=1}^{n}\sqrt{x_i}\right)^2\leqslant\left[\sum_{i=1}^{n}(1+x_i)\right]\sum_{i=1}^{n}\frac{x_i}{1+x_i}=$$

$$(n+1)\sum_{i=1}^{n}\frac{x_i}{1+x_i}=$$

$$(n+1)\left[\sum_{i=1}^{n}\left(1-\frac{1}{1+x_i}\right)\right]=$$

$$(n+1)\left(n-\sum_{i=1}^{n}\frac{1}{1+x_i}\right)$$

又由柯西不等式得 $\sum\limits_{i=1}^{n}\frac{1}{\sqrt{1+x_i}}\leqslant\sqrt{n\sum\limits_{i=1}^{n}\frac{1}{1+x_i}}$，所以

$$\left(\sum_{i=1}^{n}\sqrt{x_i}\right)\left(\sum_{i=1}^{n}\frac{1}{\sqrt{1+x_i}}\right)\leqslant\sqrt{(n+1)\left(n-\sum_{i=1}^{n}\frac{1}{1+x_i}\right)}\sqrt{n\sum_{i=1}^{n}\frac{1}{1+x_i}}=$$

$$\sqrt{(n+1)n\sum_{i=1}^{n}\frac{1}{1+x_i}\left(n-\sum_{i=1}^{n}\frac{1}{1+x_i}\right)}$$

下面求 $\sum\limits_{i=1}^{n}\frac{1}{1+x_i}\left(n-\sum\limits_{i=1}^{n}\frac{1}{1+x_i}\right)$ 的最大值. 记 $A=\sum\limits_{i=1}^{n}\frac{1}{1+x_i}$，由柯西不等式得 $\sum\limits_{i=1}^{n}\frac{1}{1+x_i}\sum\limits_{i=1}^{n}(1+x_i)\geqslant n^2$，所以 $\sum\limits_{i=1}^{n}\frac{1}{1+x_i}\geqslant\frac{n^2}{n+1}\geqslant\frac{n}{2}$，所以 $f(A)=A(n-A)=-\left(A-\frac{n}{2}\right)^2+\frac{n^2}{4}$ 在 $\left[\frac{n^2}{n+1},+\infty\right)$ 上单调递减，所以

$$f(A)\leqslant f\left(\frac{n^2}{n+1}\right)=\frac{n^2}{n+1}\left(n-\frac{n^2}{n+1}\right)=\frac{n^3}{(n+1)^2}$$

即

$$\sum_{i=1}^{n}\frac{1}{1+x_i}\left(n-\sum_{i=1}^{n}\frac{1}{1+x_i}\right)\leqslant\frac{n^3}{(n+1)^2}$$

所以

$$\left(\sum_{i=1}^{n}\sqrt{x_i}\right)\left(\sum_{i=1}^{n}\frac{1}{\sqrt{1+x_i}}\right)\leqslant\sqrt{(n+1)n\sum_{i=1}^{n}\frac{1}{1+x_i}\left(n-\sum_{i=1}^{n}\frac{1}{1+x_i}\right)}\leqslant\frac{n^2}{\sqrt{n+1}}$$

证法四　由均值不等式得

$$2\sqrt{\left(n\sum_{i=1}^{n}\sqrt{x_i}\right)\sqrt{n+1}\left(\sum_{i=1}^{n}\frac{1}{\sqrt{1+x_i}}\right)}\leqslant$$

$$n\left(\sum_{i=1}^{n}\sqrt{x_i}\right)+\sqrt{n+1}\left(\sum_{i=1}^{n}\frac{1}{\sqrt{1+x_i}}\right)$$

令 $f(t)=n\sqrt{t}+\frac{\sqrt{n+1}}{\sqrt{1+t}}$，其中 $0<t\leqslant 1$. 从而

$$f''(t)=-\frac{1}{4}\left(\frac{n}{t^{\frac{3}{2}}}-\frac{3\sqrt{n+1}}{(1+t)^{\frac{5}{2}}}\right)\leqslant-\frac{1}{4}\left(\frac{n}{t^{\frac{3}{2}}}-\frac{3\sqrt{n+1}}{4\sqrt{2}(1+t)^{\frac{3}{2}}}\right)=$$

$$-\frac{1}{16\sqrt{2}t^{\frac{3}{2}}}(4\sqrt{2}n-3\sqrt{n+1})<0\quad(0<t\leqslant 1)$$

(以上用到不等式$(1+t)^{\frac{3}{2}}\geqslant\frac{(1+t)^3}{\sqrt{2}}\geqslant\frac{(2\sqrt{t})^3}{\sqrt{2}}=4\sqrt{2}t^{\frac{3}{2}}$)

从而函数 $f(t)$ 为$(0,1]$上的上凸函数,所以由琴生不等式得到

$$n\left(\sum_{i=1}^{n}\sqrt{x_i}\right)+\sqrt{n+1}\left(\sum_{i=1}^{n}\frac{1}{\sqrt{1+x_i}}\right)=$$

$$\sum_{i=1}^{n}f(x_i)\leqslant nf\left(\frac{x_1+x_2+\cdots+x_n}{n}\right)=$$

$$nf\left(\frac{1}{n}\right)=2n\sqrt{n}$$

于是

$$\left(\sum_{i=1}^{n}\sqrt{x_i}\right)\left(\sum_{i=1}^{n}\frac{1}{\sqrt{1+x_i}}\right)\leqslant\frac{n^2}{\sqrt{n+1}}$$

证法五 令

$$x_i=\tan^2\theta_i,s=\sum_{i=1}^{n}\frac{1}{\cos\theta_i},t=\sum_{i=1}^{n}\tan\theta_i$$

式(6.49)的左边 $=\left(\sum_{i=1}^{n}\tan\theta_i\right)\left(\sum_{i=1}^{n}\cos\theta_i\right)=$

$$\left[\sum_{i=1}^{n}\frac{1}{\cos\theta_i}-\sum_{i=1}^{n}\frac{\tan^2\theta_i}{\frac{1}{\cos\theta_i}}\right]\left(\sum_{i=1}^{n}\tan\theta_i\right)\leqslant$$

$$\left[\sum_{i=1}^{n}\frac{1}{\cos\theta_i}-\frac{\left(\sum_{i=1}^{n}\tan\theta_i\right)^2}{\sum_{i=1}^{n}\frac{1}{\cos\theta_i}}\right]\left(\sum_{i=1}^{n}\tan\theta_i\right)=$$

$$\left(s-\frac{t^2}{s}\right)t=(s^2-t^2)\frac{t}{s}$$

故只须证明

$$(s^2-t^2)\frac{t}{s}\leqslant\frac{n^2}{\sqrt{n+1}}\tag{6.51}$$

由柯西不等式得

$$(n+1)(1+\tan^2\theta_i)=$$

$$(n+1)(2\tan^2\theta_i+\sum_{j\neq i}\tan^2\theta_j)\geqslant$$

$$\Big[\sum_{i=1}^{n}\tan\theta_i+\tan\theta_i\Big]^2\Rightarrow$$

$$\frac{1}{\cos\theta_i}\geqslant\frac{1}{\sqrt{n+1}}\Big(\sum_{i=1}^{n}\tan\theta_i+\tan\theta_i\Big)\Rightarrow$$

$$s\geqslant\sqrt{n+1}\,t \tag{6.52}$$

又 $(s^2-t^2)\dfrac{t}{s}=st-\dfrac{t^3}{s}$ 关于 s 单调递增，且

$$s=\sum_{i=1}^{n}\sqrt{1+\tan^2\theta_i}\leqslant\Big[\sum_{i=1}^{n}(1+\tan^2\theta_i)\Big]^{\frac{1}{2}}\sqrt{n}=\sqrt{n(n+1)}$$

所以

$$(s^2-t^2)\frac{t}{s}\leqslant\sqrt{n(n+1)}\,t-\frac{t^3}{\sqrt{n(n+1)}}$$

下只需证明

$$n(n+1)t-t^3\leqslant n^2\sqrt{n}\Leftrightarrow(t-\sqrt{n})(t^2+\sqrt{n}t-n^2)\geqslant0 \tag{6.53}$$

而由式(6.52)知

$$t\leqslant\frac{s}{\sqrt{n+1}}\leqslant\sqrt{n}$$

要证式(6.53)只需证

$$t^2+\sqrt{n}t-n^2\leqslant0$$

事实上，$t^2+\sqrt{n}t\leqslant n+n=2n\leqslant n^2$.

例 55　(2006 年印度国家队选拔考试题)设 $u_{jk}(1\leqslant j\leqslant3,1\leqslant k\leqslant2)$ 是实数，N 是整数，使得

$$\max_{1\leqslant k\leqslant2}\sum_{j=1}^{3}|u_{jk}|\leqslant N$$

若 M 和 l 是正整数，使得 $l^2<(M+1)^3$，证明：存在不全为零的整数 ξ_1,ξ_2,ξ_3 使得：

(1) $\max\limits_{1\leqslant j\leqslant3}|\xi_j|\leqslant M$；

(2) $\Big|\sum\limits_{j=1}^{3}u_{jk}\xi_j\Big|\leqslant\dfrac{MN}{l}$ 对 $k=1,2$ 成立.

证明　设 a_1,a_2,a_3 是整数，且满足 $0\leqslant a_1,a_2,a_3\leqslant M$.

令

$$S_k=\sum_{j=1}^{3}u_{jk}a_j\quad(k=1,2)$$

由柯西-施瓦兹不等式得

$$|S_k|\leqslant\sqrt{\sum_{j=1}^{3}a_j^2}\cdot\sqrt{\sum_{j=1}^{3}u_{jk}^2}\leqslant\sqrt{3M^2}\cdot\sqrt{N^2}=\sqrt{3}MN$$

这里用到了 $a_j^2\leqslant M^2$ 和 $\sum\limits_{j=1}^{3}u_{jk}^2\leqslant\left(\sum\limits_{j=1}^{3}|u_{jk}|\right)^2\leqslant N^2$.

当 $M=1$ 时,由 $l^2<(M+1)^3$ 及 $l\in\mathbf{N}_+$,知 $l\leqslant 2$.

不妨设 $u_{1k}=\min\limits_{1\leqslant j\leqslant 3}|u_{jk}|$,则取 $\xi_1=1,\xi_2=\xi_3=0$,得

$$\left|\sum_{j=1}^{3}u_{jk}\xi_i\right|=|u_{1k}|\leqslant\frac{1}{3}\sum_{j=1}^{3}|u_{jk}|\leqslant\frac{N}{3}<\frac{N}{2}\leqslant\frac{MN}{l}$$

当 $M\geqslant 2$ 时,有

$$\sqrt{(M+1)^3-1}\geqslant 2\sqrt{3}$$

故

$$0\leqslant|S_k|\leqslant\frac{MN\sqrt{(M+1)^3-1}}{2}\quad(k=1,2)$$

将区间

$$\left[-\frac{MN\sqrt{(M+1)^3-1}}{2},\frac{MN\sqrt{(M+1)^3-1}}{2}\right]$$

分为 $(M+1)^3-1$ 等份,每份的长度为

$$\frac{MN}{\sqrt{(M+1)^3-1}}$$

若考虑有序三元整数组 (a_1,a_2,a_3),使得 $0\leqslant a_1,a_2,a_3\leqslant M$,存在 $(M+1)^3$ 个这样的三元组,这就得到了 S_k 的 $(M+1)^3$ 个值. 于是,由抽屉原理知,可得到 2 个三元组 (A_1,A_2,A_3) 和 (B_1,B_2,B_3),使得 $0\leqslant A_1,A_2,A_3,B_1,B_2,B_3\leqslant M$,且相应的 S 值位于相同的子区间. 所以

$$|S_k(A_1,A_2,A_3)-S_k(B_1,B_2,B_3)|\leqslant\frac{MN}{\sqrt{(M+1)^3-1}}\leqslant\frac{MN}{l}$$

后一个不等式是因为 $l^2<(M+1)^3$,即

$$l^2\leqslant(M+1)^3-1$$

取 $\xi_j=A_j-B_j(j=1,2,3)$,得

$$|\xi_j|\leqslant M$$

$$\left|\sum_{j=1}^{3}u_{jk}\xi_j\right|=|S_k(A_1,A_2,A_3)-S_k(B_1,B_2,B_3)|\leqslant\frac{MN}{l}$$

注意到，上式不依赖于 k，因而，对 $k=1,2$ 结论成立.

例 56　(1987 年第 28 届 IMO 试题)设 n 个实数 x_1，x_2，…，x_n 满足 $x_1^2+x_2^2+\cdots+x_n^2=1$，求证：对任意整数 $k\geqslant 2$，存在 n 个不全为零的整数 a_i，$|a_i|\leqslant k-1(i=1,2,\cdots,n)$，使得

$$|a_1x_1+a_2x_2+\cdots+a_nx_n|\leqslant\frac{(k-1)\sqrt{n}}{k^n-1}$$

证明　由柯西不等式易证

$$(|x_1|+|x_2|+\cdots+|x_n|)^2\leqslant$$
$$(1^2+1^2+\cdots+1^2)(|x_1|^2+|x_2|^2+\cdots+|x_n|^2)=$$
$$n\cdot 1=n$$

所以

$$|x_1|+|x_2|+\cdots+|x_n|\leqslant\sqrt{n}$$

$$|a_1x_1+a_2x_2+\cdots+a_nx_n|\leqslant(k-1)(|x_1|+|x_2|+\cdots+|x_n|)\leqslant (k-1)\sqrt{n}$$

把区间 $[0,(k-1)\sqrt{n}]$ 等分成 k^n-1 份，每一小区间长度为 $\frac{(k-1)\sqrt{n}}{k^n-1}$.

由于 $a_i=0,1,\cdots,k-1(i=1,2,\cdots,n)$，所以一共有 k^n-1 个数 $a_1x_1+a_2x_2+\cdots+a_nx_n$.

根据抽屉原则，总有两个数 $a_1'x_1+a_2'x_2+\cdots+a_n'x_n$ 和 $a_1''x_1+a_2''x_2+\cdots+a_n''x_n$ 落在同一区间内. 令

$$a_i=|a_i'-a_i''|\quad(i=1,2,\cdots,n)$$

则

$$|a_1x_1+a_2x_2+\cdots+a_nx_n|\leqslant\frac{(k-1)\sqrt{n}}{k^n-1}$$

例 57　设 $x+y+z=a(a>0)$，$x^2+y^2+z^2+w^2=\frac{a^2}{3}$，求证

$$0\leqslant x,y,z,w\leqslant\frac{a}{2}\tag{6.54}$$

下面介绍证明式(6.54)的几种推广形式：

推广 1 (1988 年四川省高中数学联赛题)设 $x_1+x_2+\cdots+x_n=a$,且

$$x_1^2+x_2^2+\cdots+x_n^2=\frac{a^2}{n-1}(a>0)$$

求证:$x_1,x_2,\cdots,x_n$ 都不能是负数,也都不能大于$\frac{2a}{n}$.

证明 由柯西不等式,可得

$$(n-1)(x_1^2+x_2^2+\cdots+x_{n-1}^2)\geqslant(x_1+x_2+\cdots+x_{n-1})^2 \tag{6.55}$$

由题设,得

$$x_1+x_2+\cdots+x_{n-1}=a-x_n, x_1^2+x_2^2+\cdots+x_{n-1}^2=\frac{a^2}{n-1}-x_n^2$$

代入式(6.55)得

$$(n-1)\left(\frac{a^2}{n-1}-x_n^2\right)\geqslant(a-x_n)^2$$

即

$$a^2-(n-1)x_n^2\geqslant a^2-2ax_n+x_n^2$$

所以 $nx_n^2-2ax_n\leqslant 0$,所以 $0\leqslant x_n\leqslant\frac{2a}{n}$.

因为题中条件关于 $x_i(i=1,2,\cdots,n)$是对称的,故有

$$0\leqslant x_i\leqslant\frac{2a}{n}$$

而且可以证明 $x_1,x_2,\cdots,x_n$ 不全相等.若 $x_1=x_2=\cdots=x_n$,则

$$x_1=x_2=\cdots=x_n=\frac{a}{n}$$

$$x_1^2+x_2^2+\cdots+x_n^2=n\left(\frac{a}{n}\right)^2$$

但

$$n\left(\frac{a}{n}\right)^2\neq\frac{a^2}{n-1}$$

故 $x_1,x_2,\cdots,x_n$ 不全相等.

更一般地,还可以推广为:

推广 2 设 $x_1+x_2+\cdots+x_n=y_1+y_2+\cdots+y_n=a(a>0)$. $x_1^2+x_2^2+\cdots+x_n^2=y_1^2+y_2^2+\cdots+y_n^2=\lambda a^2\left(\lambda\geqslant\frac{2}{n}\right)$,则有

$$\frac{a}{n}[1-\sqrt{(n-1)(n\lambda-2)}]\leqslant x_i$$

$$y_i \leqslant \frac{a}{n}\left[1+\sqrt{(n-1)(n\lambda-2)}\right]$$

特别地，当 $\lambda=\dfrac{2n-1}{n(n-1)}$ 时，有

$$0 \leqslant x_i \leqslant \frac{2a}{n}, 0 \leqslant y_i \leqslant \frac{2a}{n}$$

证明　由对称性，不妨设 $i=n$，则由柯西不等式得

$$\begin{aligned}(a-x_n)^2=(x_1+x_2+\cdots+x_{n-1})^2 \leqslant \\ (|x_1|+|x_2|+\cdots+|x_{n-1}|)^2 \leqslant \\ (n-1)(x_1^2+x_2^2+\cdots+x_{n-1}^2)\end{aligned}$$

同理

$$(a-y_n)^2 \leqslant (n-1)(y_1^2+y_2^2+\cdots+y_{n-1}^2)$$

两式相加得

$$\begin{aligned}&(a-x_n)^2+(a-y_n)^2 \leqslant \\ &(n-1)(x_1^2+x_2^2+\cdots+x_{n-1}^2+y_1^2+y_2^2+\cdots+y_{n-1}^2) \leqslant \\ &(n-1)(2\lambda a^2-x_n^2-y_n^2)\end{aligned}$$

移项、配方，整理得

$$(nx_n-a)^2+(ny_n-a)^2 \leqslant a^2(n-1)(n\lambda-2)$$

$$|nx_n-a| \leqslant a\sqrt{(n-1)(n\lambda-2)}$$

$$|ny_n-a| \leqslant a\sqrt{(n-1)(n\lambda-2)}$$

由此即可推得结论.

推广 3　设 $x_1+x_2+\cdots+x_n=a(a>0)$，$x_1^2+x_2^2+\cdots+x_n^2=b^2$，且 $nb^2 \geqslant a^2$，则

$$\frac{a-\sqrt{(n-1)(nb^2-a^2)}}{n} \leqslant x_i \leqslant \frac{a+\sqrt{(n-1)(nb^2-a^2)}}{n}$$

特别地，当 $b^2=\dfrac{a^2}{n-1}$ 时，推广 3 即变成推广 1.

利用推广 2 的证明方法还可以得到更普遍的结论（证明略）：

推广 4　设 $\boldsymbol{X}$ 是 m 行 n 列矩阵

$$\boldsymbol{X}=\begin{pmatrix} x_{11} & x_{12} & \cdots & x_{1n} \\ x_{21} & x_{22} & \cdots & x_{2n} \\ \vdots & \vdots & & \vdots \\ x_{m1} & x_{m2} & \cdots & x_{mn}\end{pmatrix}$$

如果矩阵 $\boldsymbol{X}$ 每一行的元素之和都等于 $a(a>0)$,且 $\boldsymbol{X}$ 的所有元素的平方和等于 $\lambda a^2\left(\lambda\geqslant\frac{m}{n}\right)$,则有

$$\frac{a}{n}[1-\sqrt{(n-1)(n\lambda-m)}]\leqslant$$
$$x_{ij}\leqslant\frac{a}{n}[1+\sqrt{(n-1)(n\lambda-m)}]$$
$$(i=1,2,\cdots,m,j=1,2,\cdots,n)$$

特别地,当 $\lambda=\frac{mn-(m-1)}{n(n-1)}$ 时,有

$$0\leqslant x_{ij}\leqslant\frac{2a}{n}$$

在这里取 $m=2$ 即可得到推广 2.

例 58 若 $\sum_{i=1}^{n}a_ix_i+d=0$,则有

$$\sqrt{\sum_{i=1}^{n}(x_i-y_i)^2}\geqslant\frac{\left|\sum_{i=1}^{n}a_iy_i+d\right|}{\sqrt{\sum_{i=1}^{n}a_i^2}}\tag{6.56}$$

证明 在柯西不等式

$$(a_1^2+a_2^2+\cdots+a_n^2)(b_1^2+b_2^2+\cdots+b_n^2)\geqslant$$
$$(a_1b_1+a_2b_2+\cdots+a_nb_n)^2$$

中,令 $b_i=x_i-y_i(i=1,2,\cdots,n)$,则

$$\sqrt{(x_1-y_1)^2+(x_2-y_2)^2+\cdots+(x_n-y_n)^2}\geqslant$$
$$\frac{|a_1(x_1-y_1)+a_2(x_2-y_2)+\cdots+a_n(x_n-y_n)|}{\sqrt{a_1^2+a_2^2+\cdots+a_n^2}}=$$
$$\frac{|a_1x_1+a_2x_2+\cdots+a_nx_n+d-(a_1y_1+a_2y_2+\cdots+a_ny_n+d)|}{\sqrt{a_1^2+a_2^2+\cdots+a_n^2}}$$

因为

$$a_1x_1+a_2x_2+\cdots+a_nx_n+d=0$$

所以

$$\sqrt{\sum_{i=1}^{n}(x_i-y_i)^2}\geqslant\frac{\left|\sum_{i=1}^{n}a_iy_i+d\right|}{\sqrt{\sum_{i=1}^{n}a_i^2}}$$

下面给出这一不等式的几何解释.

当 $n=2$ 时,式(6.56)即为:

设 $a_1x_2+a_2x_2+d=0$,则

$$\sqrt{(x_1-y_1)^2+(x_2-y_2)^2}\geqslant\frac{|a_1y_1+a_2y_2+d|}{\sqrt{a_1^2+a_2^2}}$$

它等价于:

若 $Ax+By+C=0$,则

$$\sqrt{(x-x_0)^2+(y-y_0)^2}\geqslant\frac{|Ax_0+By_0+C|}{\sqrt{A^2+B^2}}\qquad(6.57)$$

其几何解释如图 1,设 $P(x_0,y_0)$是直线 l:$Ax+By+C=0$ 外一点,$M(x,y)$是 l 上一点,PN 为 P 到 l 的距离,显然 $|PM|\geqslant|PN|$,当 $PM\perp l$时取等号,故式(6.57)成立.

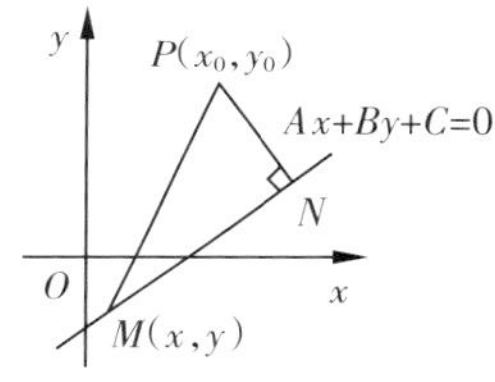

图 1

下面举三个例子说明式(6.56)的应用.

1.设 $x+y+z=1$,求证:$x^2+y^2+z^2\geqslant\frac{1}{3}$.

证明　因为 $x+y+z-1=0$,令 $y_i=0(i=1,2,3)$,由不等式(6.56),有

$$\sqrt{x^2+y^2+z^2}\geqslant\frac{|-1|}{\sqrt{1^2+1^2+1^2}}=\frac{1}{\sqrt{3}}$$

所以

$$x^2+y^2+z^2\geqslant\frac{1}{3}$$

2.已知 $x_1+y_1=1$,$x_2+y_2=3$,求两点 $P_1(x_1,y_1)$,$P_2(x_2,y_2)$之间的距离最小值.

解　因为 $x_1+y_1-1=0$,$x_2+y_2=3$,由不等式(6.56)有

$$\sqrt{(x_1-x_2)^2+(y_1-y_2)^2}\geqslant\frac{|x_2+y_2-1|}{\sqrt{1^2+1^2}}=\frac{|3-1|}{\sqrt{2}}=\sqrt{2}$$

故 P_1,P_2 间距离的最小值为$\sqrt{2}$.

3.若实数 $x_1,x_2,\cdots,x_n$ 满足 $\sum_{i=1}^{n}x_i=m$,求证:$\sum_{i=1}^{n}x_i^2\geqslant\frac{m^2}{n}$.

证明 由不等式(6.56)知 $d=-m,a_i=1$,令 $y_i=0(i=1,2,\cdots,n)$,则

$$\sqrt{\sum_{i=1}^{n}x_i^2}\geqslant\frac{|-m|}{\sqrt{\sum_{i=1}^{n}1^2}}=\frac{|m|}{\sqrt{n}}$$

所以

$$\sum_{i=1}^{n}x_i^2\geqslant\frac{m^2}{n}$$

例 59 (1992年江苏省数学夏令营选拔赛试题)已知三角形的三边长分别为 a,b,c,求证

$$\sqrt{2}\leqslant\frac{\sqrt{a^2+b^2}+\sqrt{b^2+c^2}+\sqrt{c^2+a^2}}{a+b+c}<\sqrt{3}$$

证明 因为

$$(a-b)^2<c^2\Rightarrow a^2+b^2<c^2+2ab$$

同理

$$b^2+c^2<a^2+2bc,c^2+a^2<b^2+2ac$$

所以

$$2(a^2+b^2+c^2)<(a+b+c)^2$$

由柯西不等式,得

$$(\sqrt{a^2+b^2}+\sqrt{b^2+c^2}+\sqrt{c^2+a^2})^2\leqslant$$
$$[(a^2+b^2)+(b^2+c^2)+(c^2+a^2)](1+1+1)=$$
$$2(a^2+b^2+c^2)\cdot 3<3(a+b+c)^2$$

所以

$$\frac{\sqrt{a^2+b^2}+\sqrt{b^2+c^2}+\sqrt{c^2+a^2}}{a+b+c}<\sqrt{3}$$

上面的结论可以加强为:

已知三角形的三边长分别为 a,b,c,求证

$$A=\frac{\sqrt{a^2+b^2}+\sqrt{b^2+c^2}+\sqrt{c^2+a^2}}{a+b+c}<1+\frac{\sqrt{2}}{2}$$

证法一 分段讨论:

(1)原命题等价于

$$(\sqrt{a^2+b^2}+\sqrt{b^2+c^2}+\sqrt{c^2+a^2})^2<\left(1+\frac{\sqrt{2}}{2}\right)^2(a+b+c)^2 \tag{6.58}$$

由柯西不等式,得

$$(\sqrt{a^2+b^2}+\sqrt{b^2+c^2}+\sqrt{c^2+a^2})^2\leqslant$$

$$\left[\frac{1}{\sqrt{2}}(\sqrt{a^2+b^2})^2+(\sqrt{b^2+c^2})^2+(\sqrt{c^2+a^2})^2\right](\sqrt{2}+1+1)$$

即

$$(\sqrt{a^2+b^2}+\sqrt{b^2+c^2}+\sqrt{c^2+a^2})^2\leqslant$$

$$\left(\frac{2+\sqrt{2}}{2}a^2+\frac{2+\sqrt{2}}{2}b^2+2c^2\right)\cdot\left[\left(1+\frac{\sqrt{2}}{2}\right)\cdot 2\right] \quad (6.59)$$

比较式(6.58)和式(6.59)知,只需证明

$$2\cdot\left(\frac{2+\sqrt{2}}{2}a^2+\frac{2+\sqrt{2}}{2}b^2+2c^2\right)<\left(1+\frac{\sqrt{2}}{2}\right)(a+b+c)^2$$

即

$$(2+\sqrt{2})a^2+(2+\sqrt{2})b^2+4c^2<$$

$$\left(1+\frac{\sqrt{2}}{2}\right)[a^2+(b+c)^2]+(2+\sqrt{2})a(b+c) \quad (6.60)$$

(2)下面证明式(6.60).

(i)若 $c\leqslant\frac{2+\sqrt{2}}{4}a$,即

$$(2+\sqrt{2})a\geqslant 4c$$

则有

$$(2+\sqrt{2})a(b+c)=(2+\sqrt{2})ab+(2+\sqrt{2})ac\geqslant$$

$$(2+\sqrt{2})b^2+4c^2 \quad (6.61)$$

$$\left(1+\frac{\sqrt{2}}{2}\right)[a^2+(b+c)^2]>\left(1+\frac{\sqrt{2}}{2}\right)\cdot 2a^2=(2+\sqrt{2})a^2$$

$$(6.62)$$

由式(6.61),(6.62)知:当 $c\leqslant\frac{2+\sqrt{2}}{4}a$ 时,式(6.60)成立.

(ii)若 $c>\frac{2+\sqrt{2}}{4}a$,因为 $b\geqslant c$,所以

$$b+c\geqslant 2c>\frac{2+\sqrt{2}}{2}a=\left(1+\frac{\sqrt{2}}{2}\right)a$$

现令式(6.60)右边为 B,则

$$B=\left(1+\frac{\sqrt{2}}{2}\right)[a^2+(b+c)^2]+(2+\sqrt{2})ab+(2+\sqrt{2})ac>$$

$$\left(1+\frac{\sqrt{2}}{2}\right)\left\{a^2+\left[\left(1+\frac{\sqrt{2}}{2}\right)a\right]^2\right\}+(2+\sqrt{2})ab+(2+\sqrt{2})ac=$$

$$(2+\sqrt{2})a^2+\left(\frac{3}{2}+\frac{5\sqrt{2}}{4}\right)a^2+(2+\sqrt{2})ab+(2+\sqrt{2})ac$$

因为

$$a\geqslant b\geqslant c$$

所以

$$(2+\sqrt{2})ab\geqslant(2+\sqrt{2})b^2 \tag{6.63}$$

$$\left(\frac{3}{2}+\frac{5\sqrt{2}}{4}\right)a^2\geqslant 2c^2 \tag{6.64}$$

$$(2+\sqrt{2})ac>2c^2 \tag{6.65}$$

由式(6.63),(6.64),(6.65)知:当 $c>\frac{2+\sqrt{2}}{4}a$ 时,式(6.60)成立.

证法二 应用柯西不等式,结合放缩、配方等手段来证明问题. 不妨设 $a\geqslant b\geqslant c$,因为

$$a<b+c,b<c+a,(7-4\sqrt{2})c<2c\leqslant a+b$$

所以

$$(\sqrt{a^2+b^2}+\sqrt{b^2+c^2}+\sqrt{c^2+a^2})^2=$$

$$\left(\sqrt[4]{2}\cdot\sqrt{\frac{a^2+b^2}{\sqrt{2}}}+1\cdot\sqrt{b^2+c^2}+1\cdot\sqrt{c^2+a^2}\right)^2<$$

$$\left(\frac{a^2+b^2}{\sqrt{2}}+b^2+c^2+c^2+a^2\right)\cdot(\sqrt{2}+1+1)$$

这里不用"$\leqslant$"是因为等号仅在 $a=b,c=0$ 时才能成立,这在三角形中是不可能的.

而

$$\left(\frac{a^2+b^2}{\sqrt{2}}+b^2+c^2+c^2+a^2\right)(\sqrt{2}+1+1)=$$

$$\left(1+\frac{\sqrt{2}}{2}\right)^2[2a^2+2b^2+(8-4\sqrt{2})c^2]=$$

$$\left(1+\frac{\sqrt{2}}{2}\right)^2[a^2+b^2+c^2+a^2+b^2+(7-4\sqrt{2})c^2]<$$

$$\left(1+\frac{\sqrt{2}}{2}\right)^2[a^2+b^2+c^2+a(b+c)+b(c+a)+c(a+b)]=$$

$$\left(1+\frac{\sqrt{2}}{2}\right)^2(a+b+c)^2$$

所以

$$(\sqrt{a^2+b^2}+\sqrt{b^2+c^2}+\sqrt{c^2+a^2})^2<\left(1+\frac{\sqrt{2}}{2}\right)^2(a+b+c)^2$$

即

$$\frac{\sqrt{a^2+b^2}+\sqrt{b^2+c^2}+\sqrt{c^2+a^2}}{a+b+c}<1+\frac{\sqrt{2}}{2}$$

从上面证明过程来看，结论似乎还可加强，其实不然，$1+\frac{\sqrt{2}}{2}$已是最强结论. 下面用初等方法给予证明：

反证法：若结论可以加强为

$$1+\frac{\sqrt{2}}{2}-\varepsilon\quad\left(0<\varepsilon<1+\frac{\sqrt{2}}{2}\right)$$

则对任意三角形有

$$\frac{\sqrt{a^2+b^2}+\sqrt{b^2+c^2}+\sqrt{c^2+a^2}}{a+b+c}<1+\frac{\sqrt{2}}{2}-\varepsilon \tag{6.66}$$

我们可以构造这样一个三角形，使 $a=b=1, 0<c<\varepsilon$，显然这样的三角形是存在的. 将其代入式(6.66)得

$$\frac{\sqrt{2}+\sqrt{1+c^2}+\sqrt{1+c^2}}{2+c}<1+\frac{\sqrt{2}}{2}-\varepsilon \tag{6.67}$$

但是

$$\frac{\sqrt{2}+\sqrt{1+c^2}+\sqrt{1+c^2}}{2+c}>\frac{\sqrt{2}+1+1}{2+c}=\frac{2+\sqrt{2}}{2+c}=$$

$$\frac{2+\sqrt{2}}{2}\cdot\frac{2}{2+c}>\frac{2+\sqrt{2}}{2}\cdot\frac{2-c}{2}=$$

$$1+\frac{\sqrt{2}}{2}-\frac{2+\sqrt{2}}{4}c>$$

$$1+\frac{\sqrt{2}}{2}-c>1+\frac{\sqrt{2}}{2}-\varepsilon \tag{6.68}$$

可见式(6.67)和(6.68)相矛盾.

所以结论不能再加强，即 $1+\frac{\sqrt{2}}{2}$为最强结论.

习题六

1.(2002年英国数学奥林匹克试题)已知:正实数 x,y,z 满足 $x^2+y^2+z^2=1$. 证明:$x^2yz+xy^2z+xyz^2\leqslant\frac{1}{3}$.

2.(2008年印度国家队选拔考试题)设实数 a,b,c 满足 $a^2+b^2+c^2<2(a+b+c)$. 证明:$3abc<4(a+b+c)$.

3.(2004年首届中国东南地区数学奥林匹克试题)设实数 a,b,c 满足 $a^2+2b^2+3c^2=\frac{3}{2}$. 求证:$3^{-a}+9^{-b}+27^{-c}\geqslant1$.

4.(2002年越南数学奥林匹克试题)设 x,y,z 是实数,且 $x^2+y^2+z^2=9$,证明:$2(x+y+z)-xyz\leqslant10$.

5.(1996年奥地利-波兰数学奥林匹克试题)实数 x,y,z,t 满足 $x+y+z+t=0,x^2+y^2+z^2+t^2=1$,证明:$-1\leqslant xy+yz+zt+tx\leqslant0$.

6.(2006年波兰捷克斯洛伐克联合竞赛试题)已知 a,b,c 是正实数,且满足 $a^2+b^2+c^2=3$,证明:$(a+bc+c)^2+(b+ca+a)^2+(c+ab+b)^2\leqslant27$.

7.设 a,b,c,d 为大于或等于零的实数,且 $a^2+b^2+c^2+d^2=4$,则

$$\sqrt{2}(4-ab-bc-cd-da)\geqslant(\sqrt{2}+1)(4-a-b-c-d)$$

8.(2002年日本数学奥林匹克试题,2005年德国国家集训队试题)设 $a_1,a_2,\cdots,a_n$ 和 $b_1,b_2,\cdots,b_n$ 都是正数,且 $a_1+a_2+\cdots+a_n=1,b_1^2+b_2^2+\cdots+b_n^2=1$,证明不等式:$a_1(b_1+a_2)+a_2(b_2+a_3)+\cdots+a_n(b_n+a_1)<1$.

9.(2002年匈牙利数学奥林匹克试题)已知 $x,y>0$,且 $x^3+y^4\leqslant x^2+y^3$,证明:$x^3+y^3\leqslant2$.

10.(2007年匈牙利数学奥林匹克试题)设 a,b,c,d 是实数,且满足 $a^2\leqslant1,a^2+b^2\leqslant5,a^2+b^2+c^2\leqslant14,a^2+b^2+c^2+d^2\leqslant30$,求证:$a+b+c+d\leqslant10$.

11.(第11届日本数学奥林匹克试题)设非负实数 a,b,c 满足 $a^2\leqslant b^2+c^2,b^2\leqslant c^2+a^2,c^2\leqslant a^2+b^2$,证明:$(a+b+c)(a^2+b^2+c^2)(a^3+b^3+c^3)\geqslant4(a^6+b^6+c^6)$.

12.(2003 年爱沙尼亚国家队选拔赛试题)设 a,b,c 是正实数,且满足 $a^2+b^2+c^2=3$. 证明

$$\frac{1}{1+2ab}+\frac{1}{1+2bc}+\frac{1}{1+2ca}\geqslant 1$$

13. 设 $a,b,c\in \mathbf{R}_+$,且 $abc=1$,求证:$\frac{1}{1+2a}+\frac{1}{1+2b}+\frac{1}{1+2c}\geqslant 1$.

14.(2007 年中国女子数学奥林匹克试题)已知 $a,b,c\geqslant 0$,且 $a+b+c=1$. 求证:$\sqrt{a+\frac{1}{4}(b-c)^2}+\sqrt{b}+\sqrt{c}\leqslant\sqrt{3}$.

15.(1998 年希腊国家队训练题)设 $x,y,z\in \mathbf{R}_+$,且 $k\geqslant 1$,$a=x+ky+kz$,$b=kx+y+kz$,$c=kx+ky+z$. 证明:$\frac{x}{a}+\frac{y}{b}+\frac{z}{c}\geqslant\frac{3}{2k+1}$.

16. 设 $a,b,c,d>0$ 且 $a+b+c+d=1$,求证:$\frac{1}{4a+3b+c}+\frac{1}{3a+b+4d}+\frac{1}{a+4c+3d}+\frac{1}{4b+3c+d}\geqslant 2$.

17.(2005 年伊朗数学奥林匹克试题)已知 a,b,c 是正数,且 $\frac{1}{a^2+1}+\frac{1}{b^2+1}+\frac{1}{c^2+1}=2$,求证:$ab+bc+ca\leqslant\frac{3}{2}$.

18. 已知 $a,b,c\in \mathbf{R}_+$,且 $a+b+c=1$. 求证:$\frac{1}{1-a}+\frac{1}{1-b}+\frac{1}{1-c}\geqslant\frac{2}{1+a}+\frac{2}{1+b}+\frac{2}{1+c}$.

19.(第 15 届全俄数学奥林匹克试题)设 $a\geqslant 0,b\geqslant 0,c\geqslant 0$,且 $a+b+c\leqslant 3$,求证:$\frac{a}{1+a^2}+\frac{b}{1+b^2}+\frac{c}{1+c^2}\leqslant\frac{3}{2}\leqslant\frac{1}{1+a}+\frac{1}{1+b}+\frac{1}{1+c}$.

20.(1997 年印度国家集训队试题)设 a,b,c 是正实数,且 $a+b+c=1$,证明:$\frac{a}{1+bc}+\frac{b}{1+ca}+\frac{c}{1+ab}\geqslant\frac{9}{10}$.

21.(2005 年 IMO 国家集训队试题)设 a,b,c,d 是正实数,

且满足 $abcd=1$，求证：$\frac{1}{(1+a)^2}+\frac{1}{(1+b)^2}+\frac{1}{(1+c)^2}+\frac{1}{(1+d)^2}\geqslant 1$.

22.(2010 年克罗地亚国家队选拔考试题）设 $a,b,c\in\mathbf{R}_+$，且 $a+b+c=3$. 证明：$\sum\frac{a^4}{b^2+c}\geqslant\frac{3}{2}$，其中 $\sum$ 表示轮换对称和.

23.(2006 年中国国家队集训训练题）设 $a,b,c,\lambda>0$，$a^{n-1}+b^{n-1}+c^{n-1}=1(n\geqslant 2)$，证明：$\frac{a^n}{b+\lambda c}+\frac{b^n}{c+\lambda a}+\frac{c^n}{a+\lambda b}\geqslant\frac{1}{1+\lambda}$.

24. 已知 $x,y,z>0$，且 $xyz=1$. 求证：$\frac{(x+y-1)^2}{z}+\frac{(y+z-1)^2}{x}+\frac{(z+x-1)^2}{y}\geqslant 4(x+y+z)-12+\frac{9}{x+y+z}$.

25. 证明：对任意满足 $x+y+z=0$ 的实数 x,y,z 都有 $\frac{x(x+2)}{2x^2+1}+\frac{y(y+2)}{2y^2+1}+\frac{z(z+2)}{2z^2+1}\geqslant 0$.

26.(2009 年伊朗国家队选拔考试题）设正实数 a,b,c 满足 $a+b+c=3$. 证明：$\frac{1}{2+a^2+b^2}+\frac{1}{2+b^2+c^2}+\frac{1}{2+c^2+a^2}\leqslant\frac{3}{4}$.

27.(2008 年第 15 届土耳其数学奥林匹克试题）设实数 $a,b,c>0$，且满足 $a+b+c=3$. 证明：$\frac{a^2+3b^2}{ab^2(4-ab)}+\frac{b^2+3c^2}{bc^2(4-bc)}+\frac{c^2+3a^2}{ca^2(4-ca)}\geqslant 4$.

28. 已知正实数 a,b,c 满足 $ab+bc+ca=1$. 证明：$\frac{1}{\sqrt{a^2+1}}+\frac{2}{\sqrt{b^2+1}}+\frac{3}{\sqrt{c^2+1}}<\frac{3\sqrt{14}}{2}$.

29. 已知正实数 a,b,c 满足 $a+b+c=3$. 证明：

$\sum \frac{a}{1+(b+c)^2} \leqslant \frac{3(a^2+b^2+c^2)}{a^2+b^2+c^2+12abc}$，其中，$\sum$ 表示轮换对称和.

30. 设 $x,y,z \geqslant 0$，且 $x^2+y^2+z^2=1$，求证：$\frac{x}{1-yz}+\frac{y}{1-xz}+\frac{z}{1-xy} \leqslant \frac{3\sqrt{3}}{2}$.

31.（2009 年土耳其数学奥林匹克试题）已知 a,b,c 为任意实数，且满足 $a+b+c=1$. 证明：$\sum \frac{a^2b^2}{c^3(a^2-ab+b^2)} \geqslant \frac{3}{ab+bc+ca}$，其中，$\sum$ 表示循环和.

32.（1998 年伊朗数学奥林匹克试题）如果 $x,y,z \geqslant 1$，且 $\frac{1}{x}+\frac{1}{y}+\frac{1}{z}=2$，证明：$\sqrt{x+y+z} \geqslant \sqrt{x-1}+\sqrt{y-1}+\sqrt{z-1}$.

33.（2005 年 Srpska 数学奥林匹克试题）已知 $x,y,z \in \mathbf{R}_+$，且 $x+y+z=1$，证明：$\sqrt{xy(1-z)}+\sqrt{yz(1-x)}+\sqrt{zx(1-y)} \leqslant \sqrt{\frac{2}{3}}$.

34.（2001 年乌克兰数学奥林匹克试题）已知 a,b,c,x,y,z 是正实数，且 $x+y+z=1$，证明

$$ax+by+cz+2\sqrt{(xy+yz+zx)(ab+bc+ca)} \leqslant a+b+c$$

35.（2002 年亚太地区数学奥林匹克试题）设 x,y,z 是正数，且 $\frac{1}{x}+\frac{1}{y}+\frac{1}{z}=1$，求证：$\sqrt{x+yz}+\sqrt{y+zx}+\sqrt{z+xy} \geqslant \sqrt{xyz}+\sqrt{x}+\sqrt{y}+\sqrt{z}$.

36.（2008 年波罗的海数学奥林匹克试题）设实数 a,b,c 满足 $a^2+b^2+c^2=3$，证明不等式 $\frac{a^2}{2+b+c^2}+\frac{b^2}{2+c+a^2}+\frac{c^2}{2+a+b^2} \geqslant \frac{(a+b+c)^2}{12}$，并指出等号何时成立？

37.（1995 年第 36 届国际数学奥林匹克试题）设 a,b,c 为正实数且满足 $abc=1$. 试证：$\frac{1}{a^3(b+c)}+\frac{1}{b^3(c+a)}+\frac{1}{c^3(a+b)} \geqslant$

$\frac{3}{2}$.

38. 设 $A_n=\frac{a_1+a_2+\cdots+a_n}{n}$，$a_i>0$，$i=1,2,\cdots,n$. 求证

$$\left(A_n-\frac{1}{A_n}\right)^2\leqslant\frac{1}{n}\sum_{i=1}^{n}\left(a_i-\frac{1}{a_i}\right)^2$$

39.（2006 年塞尔维亚和黑山数学奥林匹克试题）设 x,y,z 是正数，且 $x+y+z=1$，证明：$\frac{x}{y^2+z}+\frac{y}{z^2+x}+\frac{z}{x^2+y}\geqslant\frac{9}{4}$.

40. 设非负数 x,y,z 满足 $\sum yz=1$，则

$$\sum\frac{1}{yz+x}\geqslant 3 \qquad (1)$$

当且仅当 x,y,z 中有一个为零，另外两个都等于 1 时，式(1) 取等号.

41. 设 $x,y,z\in\mathbf{R}$，且 $x+y+z=0$. 证明：$\frac{x(x+2)}{2x^2+1}+\frac{y(y+2)}{2y^2+1}+\frac{z(z+2)}{2z^2+1}\geqslant 0$.

42.（2003 年地中海数学奥林匹克试题，2005 年塞尔维亚数学奥林匹克试题）已知 $a,b,c\geqslant 0$，$a+b+c=3$，证明：$\frac{a^2}{b^2+1}+\frac{b^2}{c^2+1}+\frac{c^2}{a^2+1}\geqslant\frac{3}{2}$.

43.（第 39 届 IMO 预选题）设 x,y,z 是正实数，且 $xyz=1$，证明：$\frac{x^3}{(1+y)(1+z)}+\frac{y^3}{(1+z)(1+x)}+\frac{z^3}{(1+x)(1+y)}\geqslant\frac{3}{4}$.

44.（2007 年土耳其国家集训队试题）设 a,b,c 是正实数，且 $a+b+c=1$，证明：$\frac{1}{ab+2c^2+2c}+\frac{1}{bc+2a^2+2a}+\frac{1}{ca+2b^2+2b}\geqslant\frac{1}{ab+bc+ca}$.

45.（2007 年巴尔干 Junior 数学奥林匹克试题）已知 a,b,

$c>0$，且 $\frac{1}{a+b+1}+\frac{1}{b+c+1}+\frac{1}{c+a+1}\geqslant 1$，证明：$a+b+c\geqslant ab+bc+ca$.

46.（加拿大 Crux 问题 2023）已知 a,b,c,d,e 为正数且 $abcde=1$，求证

$$\frac{a+abc}{1+ab+abcd}+\frac{b+bcd}{1+bc+bcde}+\frac{c+cde}{1+cd+cdea}+\frac{d+dea}{1+de+deab}+\frac{e+eab}{1+ea+eabc}\geqslant\frac{10}{3}$$

47.（2008 年乌克兰数学奥林匹克试题）设 x,y,z 是非负数，且 $x^2+y^2+z^2=3$，证明

$$\frac{x}{\sqrt{x^2+y+z}}+\frac{y}{\sqrt{y^2+z+x}}+\frac{z}{\sqrt{z^2+x+y}}\leqslant\sqrt{3}$$

48.（2007 年波兰数学奥林匹克试题）设 x,y,z 为正实数，且 $x+y+z+xyz=4$，证明

$$\frac{x}{\sqrt{y+z}}+\frac{y}{\sqrt{z+x}}+\frac{z}{\sqrt{x+y}}\geqslant\frac{\sqrt{2}}{2}(x+y+z)$$

49.（2006 年土耳其数学奥林匹克试题）设 $x_1,x_2,\cdots,x_n$ 是正实数，满足 $\sum_{i=1}^{n}x_i=\sum_{i=1}^{n}x_i^2=t$，证明：$\sum_{i\neq j}\frac{x_i}{x_j}\geqslant\frac{(n-1)^2t}{t-1}$.

50.（2001 年韩国数学奥林匹克试题，2004，2005 年法国数学奥林匹克试题）已知 $\sum_{i=1}^{n}x_i^2=\sum_{i=1}^{n}y_i^2=1$，证明：不等式

$$(x_1y_2-x_2y_1)^2\leqslant 2\left|1-\sum_{i=1}^{n}x_iy_i\right|$$

51. 已知正数 $a_1,a_2,\cdots,a_n(n\geqslant 2)$ 满足 $\sum_{i=1}^{n}a_i=1$，求证

$$\sum_{i=1}^{n}\frac{a_i}{2-a_i}\geqslant\frac{n}{2n-1}$$

52.（2004 年中国国家队培训题）设 $a_1,a_2,\cdots,a_n,b_1,b_2,\cdots,b_n$ 为实数，且 $(a_1^2+a_2^2+\cdots+a_n^2-1)(b_1^2+b_2^2+\cdots+b_n^2-1)>(a_1b_1+a_2b_2+\cdots+a_nb_n-1)^2$. 证明：$a_1^2+a_2^2+\cdots+a_n^2>1$，

$b_1^2+b_2^2+\cdots+b_n^2>1$.

53. 设 $x_i, i=1,2,\cdots,n$ 为正数,且满足 $\sum_{i=1}^{n} x_i=a, a\in\mathbf{R}_+$, $m,n\in\mathbf{N}_+, n\geqslant 2$,求证:$\sum_{i=1}^{n}\frac{x_i^m}{a-x_i}\geqslant\frac{a^{m-1}}{(n-1)n^{m-2}}$.

54. 已知正数 x_i 满足 $\sum_{i=1}^{n}\frac{1}{1+x_i}=1$,证明:$\prod_{i=1}^{n}x_i\geqslant(n-1)^n$.

55.(2002 年美国 MOP 竞赛试题,2008 年新加坡国家队选拔考试)已知 $x_1,x_2,\cdots,x_n$ 是正实数,满足 $\sum_{i=1}^{n}x_i=\sum_{i=1}^{n}\frac{1}{x_i}$,证明:$\sum_{i=1}^{n}\frac{1}{n-1+x_i}\leqslant 1$.

56.(2002 年乌克兰数学奥林匹克试题)设 $a_1,a_2,\cdots,a_n$ 为大于等于1的实数,$n\geqslant 1$,$A=1+a_1+a_2+\cdots+a_n$,定义 $x_0=1$,$x_k=\frac{1}{1+a_kx_{k-1}}$,$1\leqslant k\leqslant n$. 证明

$$x_1+x_2+\cdots+x_n>\frac{n^2A}{n^2+A^2}$$

57.(2008 年第 21 届爱尔兰数学奥林匹克试题)设 x,y,z 是正实数,满足 $xyz\geqslant 1$. 证明:

(1)$27\leqslant(1+x+y)^2+(1+y+z)^2+(1+z+x)^2$,当且仅当 $x=y=z=1$ 时,上式等号成立;

(2)$(1+x+y)^2+(1+y+z)^2+(1+z+x)^2\leqslant 3(x+y+z)^2$,当且仅当 $x=y=z=1$ 时,上式等号成立.

58.(2005 年第 22 届伊朗数学奥林匹克试题)设正实数 $a_1,a_2,\cdots,a_n$,且 $a_1\leqslant a_2\leqslant\cdots\leqslant a_n$,满足条件$\frac{a_1+a_2+\cdots+a_n}{n}=m$,$\frac{a_1^2+a_2^2+\cdots+a_n^2}{n}=1$. 证明:对于任意的 $i(1\leqslant i\leqslant n)$,如果满足条件 $a_i\leqslant m$,则有 $n-i\geqslant n(m-a_i)^2$.

59.(2002 年巴尔干地区数学奥林匹克试题)设整数 $n\geqslant 4$,$a_1,a_2,\cdots,a_n$ 是正实数,使得 $a_1^2+a_2^2+\cdots+a_n^2=1$,证明

$$\frac{a_1}{a_2^2+1}+\frac{a_2}{a_3^2+1}+\cdots+\frac{a_{n-1}}{a_n^2+1}+\frac{a_n}{a_1^2+1}\geqslant$$

$$\frac{4}{5}(a_1\sqrt{a_1}+a_2\sqrt{a_2}+\cdots+a_n\sqrt{a_n})^2$$

60. 设 $a_i\in\mathbf{R}_+$，$(i=1,2,\cdots,n)$，$a_1+a_2+\cdots+a_n=1$. 证明：$\frac{a_1^4}{a_1^3+a_1^2a_2+a_1a_2^2+a_2^3}+\frac{a_2^4}{a_2^3+a_2^2a_3+a_2a_3^2+a_3^3}+\cdots+\frac{a_n^4}{a_n^3+a_n^2a_1+a_na_1^2+a_1^3}\geqslant\frac{1}{4}$.

61.（1990 年亚太地区数学奥林匹克试题）设 $a_1,a_2,\cdots,a_n$ 都是正数，S_k 是从 $a_1,a_2,\cdots,a_n$ 中每次取 k 个所得乘积的和. 证明：$S_kS_{n-k}\geqslant(C_n^k)^2a_1a_2\cdots a_n(k=1,2,\cdots,n-1)$.

62. 已给两个大于 1 的自然数 n 和 m，求所有的自然数 l，使得对任意正数 $a_1,a_2,\cdots,a_n$，都有 $\sum\limits_{k=1}^{n}\frac{1}{S_k}\left(lk+\frac{1}{4}l^2\right)<m^2\sum\limits_{k=1}^{n}\frac{1}{a_k}$，其中，$S_k=\sum\limits_{i=1}^{k}a_i$.

63. 设 $x_1,x_2,\cdots,x_n$ 为正实数，$x_{n+1}=x_1+x_2+\cdots+x_n$，证明：$x_{n+1}\sum\limits_{i=1}^{n}(x_{n+1}-x_i)\geqslant\left(\sum\limits_{i=1}^{n}\sqrt{x_i(x_{n+1}-x_i)}\right)^2$.

64.（2010 年 IMC 试题）设实数 $a,b,c\in[-1,1]$，且满足 $1+2abc\geqslant a^2+b^2+c^2$，证明：$1+2(abc)^n\geqslant a^{2n}+b^{2n}+c^{2n}$，这里 n 是任意正整数.

65.（第 3 届中国数学奥林匹克命题比赛获奖题目）已知非负实数 x,y,z，满足 $x^2+y^2+z^2=1$. 证明

$$\frac{x+y}{z^2(x+y)+x^3+y^3}+\frac{y+z}{x^2(y+z)+y^3+z^3}+\frac{z+x}{y^2(z+x)+z^3+x^3}\leqslant\frac{9}{2}\tag{1}$$

66.（1979 年美国普特南数学竞赛试题）设复数 $z_k=x_k+\mathrm{i}y_k$，$k=1,2,\cdots,n$，x_i 和 y_i 为实数，$\mathrm{i}=\sqrt{-1}$. 令 r 表示 $\sqrt{z_1^2+z_2^2+\cdots+z_n^2}$ 的实部的绝对值，求证：$r\leqslant|x_1|+|x_2|+\cdots+|x_n|$.

67.(2010 年中国国家队集训测试题)求所有的正实数 λ,使得对任意整数 $n \geqslant 2$,及满足 $\sum_{i=1}^{n} a_i = n$ 的正实数 $a_1, a_2, \cdots, a_n$,总有 $\sum_{i=1}^{n} \frac{1}{a_i} - \lambda \prod_{i=1}^{n} \frac{1}{a_i} \leqslant n - \lambda$.

68.设 $x_1, x_2, \cdots, x_n \in \mathbf{R}, n \geqslant 2$,且 $\sum_{i=1}^{n} x_i^2 = 1$.记 $k_n = 2 - 2\sqrt{1 + \frac{1}{n-1}}$.证明

$$\sum_{i=1}^{n} \sqrt{1 - x_i^2} + k_n \sum_{1 \leqslant j < k \leqslant n} x_j x_k \geqslant n - 1$$

求函数的极值

第7章

有些极值问题，特别是含有多个字母式子的极值或带有约束条件的极值问题，运用柯西不等式往往容易奏效.

例 1 若 $x,y,z\in\mathbf{R}_{+}$，且 $3x+2y+z=39$，求$\sqrt{x}+\sqrt{2y}+\sqrt{3z}$的最大值.

解 因为

$$x,y,z>0$$

所以

$$(3x+2y+z)\left[\left(\frac{1}{\sqrt{3}}\right)^2+1^2+(\sqrt{3})^2\right]\geqslant$$
$$\left(\sqrt{3x}\cdot\frac{1}{\sqrt{3}}+\sqrt{2y}\cdot 1+\sqrt{z}\cdot\sqrt{3}\right)^2=$$
$$(\sqrt{x}+\sqrt{2y}+\sqrt{3z})^2$$

即

$$39\cdot\frac{13}{3}\geqslant(\sqrt{x}+\sqrt{2y}+\sqrt{3z})^2$$
$$(\sqrt{x}+\sqrt{2y}+\sqrt{3z})^2\leqslant 13^2$$

所以

$$\sqrt{x}+\sqrt{2y}+\sqrt{3z}\leqslant 13$$

因为$\begin{cases}3x+2y+z=39\\ \dfrac{\sqrt{3x}}{\frac{1}{\sqrt{3}}}=\dfrac{\sqrt{2y}}{1}=\dfrac{\sqrt{z}}{\sqrt{3}}\end{cases}$有解，所以
$\sqrt{x}+\sqrt{2y}+\sqrt{3z}$的最大值为 13.

例 2 若 $2x-3y=1$,求 x^2+y^2 的最小值,并计算出这时 x,y 的值.

解 因为

$$(x^2+y^2)[2^2+(-3)^2]\geqslant(2x-3y)^2$$

所以

$$13(x^2+y^2)\geqslant1,x^2+y^2\geqslant\frac{1}{13}$$

其中等号当且仅当$\frac{x}{2}=\frac{y}{-3}$时成立.

由$\begin{cases}\frac{x}{2}=\frac{y}{-3}\\2x-3y=1\end{cases}$解得 $x=\frac{2}{13},y=-\frac{3}{13}$.

故当 $x=\frac{2}{13},y=-\frac{3}{13}$时,$x^2+y^2$ 取得最小值,最小值为 $\frac{1}{13}$.

例 3 已知不等式$(x+y)\left(\frac{1}{x}+\frac{a}{y}\right)\geqslant9$ 对任意的正实数 x,y 恒成立.则正实数 a 的最小值为( ).

(A)2 (B)4 (C)6 (D)8

解 由柯西不等式可求出

$$(x+y)\left(\frac{1}{x}+\frac{a}{y}\right)\geqslant\left(\sqrt{x}\cdot\frac{1}{\sqrt{x}}+\sqrt{y}\cdot\frac{\sqrt{a}}{\sqrt{y}}\right)^2=(1+\sqrt{a})^2 \tag{7.1}$$

当 $x=1,y=\sqrt{a}$时,$(x+y)\left(\frac{1}{x}+\frac{a}{y}\right)$可以取到最小值.

又不等式$(x+y)\left(\frac{1}{x}+\frac{a}{y}\right)\geqslant9$ 对任意的正实数 x,y 恒成立,故对$(x+y)\left(\frac{1}{x}+\frac{a}{y}\right)$的最小值也成立,有

$$(1+\sqrt{a})^2\geqslant9 \tag{7.2}$$

解得 $a\geqslant4$.

当 $x=1,y=2$ 时,a 取到最小值 4.

说明:此题应用柯西不等式的一个关键是,找出两组数

$\sqrt{x}$，$\sqrt{y}$与$\frac{1}{\sqrt{x}}$，$\frac{\sqrt{a}}{\sqrt{y}}$，并缩小为定值$(1+\sqrt{a})^2$，目的是建立关于 a 的不等式，再解该不等式找出 a 的最小值. 其中，式(7.1)，(7.2)的两次缩小，必须保证等号可以同时取到，而用 $x=1$，$y=2$，$a=4$ 就是保证式(7.1)，(7.2)同时成立.

由以上几例可以看出，运用柯西不等式求最值，关键是注意以下两点：

(1)放缩为常数，此时又回到用柯西不等式证明的关键，即找出适当的两组实数.

(2)确保等号可以取到. 这主要是验证"$a_i=kb_i$(k 为常数)"，若求解中经过多次放缩，那么，还必须保证等号可以同时取到.

例 4　(1990 年第 53 届莫斯科数学奥林匹克)试求如下表达式的最大值

$$x\sqrt{1-y^2}+y\sqrt{1-x^2}$$

解　由柯西不等式可得

$$|x\sqrt{1-y^2}+y\sqrt{1-x^2}|^2\leqslant(x^2+y^2)(2-x^2-y^2)$$

再用均值不等式得到

$$|x\sqrt{1-y^2}+y\sqrt{1-x^2}|\leqslant\frac{x^2+y^2+2-x^2-y^2}{2}=1$$

若 $x=\frac{1}{2}$，$y=\frac{\sqrt{3}}{2}$，则

$$x\sqrt{1-y^2}+y\sqrt{1-x^2}=1$$

于是所求的最大值为 1.

例 5　求函数 $y=\sqrt{x-6}+\sqrt{12-x}$ 的最大值，并问当 x 为何值时，函数 y 有最大值?

解　因为

$$(\sqrt{x-6}+\sqrt{12-x})^2\leqslant[(\sqrt{x-6})^2+(\sqrt{12-x})^2](1^2+1^2)=12$$

所以

$$\sqrt{x-6}+\sqrt{12-x}\leqslant2\sqrt{3}$$

所以当$\frac{\sqrt{x-6}}{1}=\frac{\sqrt{12-x}}{1}$即 $x=9$ 时，函数 y 有最大值$2\sqrt{3}$.

例 6 (2009 年全国高中数学联赛题)求函数 $y=\sqrt{x+27}+\sqrt{13-x}+\sqrt{x}$ 的最大值和最小值.

解 函数的定义域为$[0,13]$. 因为

$$y=\sqrt{x}+\sqrt{x+27}+\sqrt{13-x}=\sqrt{x+27}+\sqrt{13+2\sqrt{x(13-x)}}\geqslant\sqrt{27}+\sqrt{13}=3\sqrt{3}+\sqrt{13}$$

当 $x=0$ 时等号成立. 故 y 的最小值为 $3\sqrt{3}+\sqrt{13}$.

又由柯西不等式得

$$y^2=(\sqrt{x}+\sqrt{x+27}+\sqrt{13-x})^2\leqslant\left(\frac{1}{2}+1+\frac{1}{3}\right)[2x+(x+27)+3(13-x)]=121$$

所以 $y\leqslant 11$.

由柯西不等式等号成立的条件,得 $4x=9(13-x)=x+27$,解得 $x=9$. 故当 $x=9$ 时等号成立. 因此 y 的最大值为 11.

例 7 (2015 年天津市高中数学竞赛预赛试题)设 a,b,c,d 均为实数,满足 $a+2b+3c+4d=\sqrt{10}$,则 $a^2+b^2+c^2+d^2+(a+b+c+d)^2$ 的最小值为________.

解 1. 由已知等式得

$$(1-t)a+(2-t)b+(3-t)c+(4-t)d+t(a+b+c+d)=\sqrt{10}$$

再由柯西不等式,得

$$[(1-t)^2+(2-t)^2+(3-t)^2+(4-t)^2+t^2]\cdot[a^2+b^2+c^2+d^2+(a+b+c+d)^2]\geqslant 10\Rightarrow$$

$$a^2+b^2+c^2+d^2+(a+b+c+d)^2\geqslant\frac{10}{5t^2-20t+30}=\frac{10}{5(t-2)^2+10}=1$$

当且仅当 $t=2,a=-\dfrac{\sqrt{10}}{10},b=0,c=\dfrac{\sqrt{10}}{10},d=\dfrac{\sqrt{10}}{5}$ 时,上式等号成立.

故所求的最小值为 1.

例 8 设实数 $a_1,a_2,\cdots,a_n$ 满足 $a_1+a_2+\cdots+a_n=k$,求 $a_1,a_2,\cdots,a_n$ 中每两个数之积的和的最大值.

解 因为

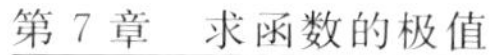

$$\left(\sum_{i=1}^{n}a_i\right)^2=\left(\sum_{i=1}^{n}a_i\cdot 1\right)^2\leqslant$$

$$\left(\sum_{i=1}^{n}a_i^2\right)(1^2+1^2+\cdots+1^2)=n\sum_{i=1}^{n}a_i^2$$

$$\sum_{i=1}^{n}a_i^2\geqslant\frac{k^2}{n}$$

而

$$\left(\sum_{i=1}^{n}a_i\right)^2=\sum_{i=1}^{n}a_i^2+2\sum_{1\leqslant i<j\leqslant n}a_ia_j$$

$$k^2=\sum_{i=1}^{n}a_i^2+2\sum_{1\leqslant i<j\leqslant n}a_ia_j$$

所以

$$\sum_{1\leqslant i<j\leqslant n}a_ia_j=\frac{k^2-\sum\limits_{i=1}^{n}a_i^2}{2}\leqslant\frac{k^2-\frac{k^2}{n}}{2}=\frac{(n-1)k^2}{2n}$$

当且仅当 $a_1=a_2=\cdots=a_n$ 时，$\sum\limits_{1\leqslant i<j\leqslant n}a_ia_j$ 有最大值 $\frac{(n-1)k^2}{2n}$.

作为特例，当 $n=3$，即 $a_1+a_2+a_3=k$ 时，$a_1a_2+a_2a_3+a_3a_1$ 有最大值 $\frac{k^2}{3}$. 它的几何意义是：长、宽、高之和为定值 k 的长方体中，正方体的表面积最大，其最大值为 $\frac{2}{3}k^2$.

例 9 若 $A,B,C,D>0$，且 $ax+by+cz+dw=e$，则 $Ax^2+By^2+Cz^2+Dw^2$ 的极小值为

$$m=\frac{e^2}{\left(\frac{a^2}{A}+\frac{b^2}{B}+\frac{c^2}{C}+\frac{d^2}{D}\right)}$$

证明 由柯西不等式，得

$$e^2=(ax+by+cz+dw)^2=$$

$$\left(\frac{a}{\sqrt{A}}\cdot\sqrt{A}x+\frac{b}{\sqrt{B}}\cdot\sqrt{B}y+\frac{c}{\sqrt{C}}\cdot\sqrt{C}z+\frac{d}{\sqrt{D}}\cdot\sqrt{D}y\right)^2\leqslant$$

$$\left(\frac{a^2}{A}+\frac{b^2}{B}+\frac{c^2}{C}+\frac{d^2}{D}\right)(Ax^2+By^2+Cz^2+Dw^2)$$

所以

$$Ax^2+By^2+Cz^2+Dw^2\geqslant\frac{e^2}{\left(\frac{a^2}{A}+\frac{b^2}{B}+\frac{c^2}{C}+\frac{d^2}{D}\right)}$$

要求出使 $Ax^2+By^2+Cz^2+Dw^2$ 取得最小值的点，只需联立 $\frac{A}{a}x=\frac{B}{b}y=\frac{C}{c}z=\frac{D}{d}w$ 及 $ax+by+cz+dw=e$ 解出 (x,y,z,w) 即可.

类似地，可以得到下面的结论.

已知非零常数 $a_1,a_2,\cdots,a_n$ 和正的常数 $b_1,b_2,\cdots,b_n$，又 $x_1,x_2,\cdots,x_n$ 是实的变量，且令

$$P=a_1x_1+a_2x_2+\cdots+a_nx_n$$

$$S=b_1x_1^2+b_2x_2^2+\cdots+b_nx_n^2$$

则有：(1)当 P 为定值时，S 有最小值，当且仅当

$$x_i=\frac{a_iP}{b_i\left(\frac{a_1^2}{b_1}+\frac{a_2^2}{b_2}+\cdots+\frac{a_n^2}{b_n}\right)}\quad(i=1,2,\cdots,n)$$

时，S 取最小值，且最小值为

$$S_{\min}=\frac{P^2}{\frac{a_1^2}{b_1}+\frac{a_2^2}{b_2}+\cdots+\frac{a_n^2}{b_n}}$$

(2)当 S 为定值时，P 有最大值与最小值，当且仅当

$$x_i=\frac{b_i}{a_i}\sqrt{\frac{S}{\frac{a_1^2}{b_1}+\frac{a_2^2}{b_2}+\cdots+\frac{a_n^2}{b_n}}}\quad(i=1,2,\cdots,n)$$

时，P 取最大值，且最大值为

$$P_{\max}=\sqrt{\frac{S}{\frac{a_1^2}{b_1}+\frac{a_2^2}{b_2}+\cdots+\frac{a_n^2}{b_n}}}$$

当且仅当

$$x_i=-\frac{b_i}{a_i}\sqrt{\frac{S}{\frac{a_1^2}{b_1}+\frac{a_2^2}{b_2}+\cdots+\frac{a_n^2}{b_n}}}\quad(i=1,2,\cdots,n)$$

时，P 取最小值，且最小值为

$$P_{\min}=-\sqrt{\frac{S}{\frac{a_1^2}{b_1}+\frac{a_2^2}{b_2}+\cdots+\frac{a_n^2}{b_n}}}$$

证明　为了方便起见，记

$$M=\frac{a_1^2}{b_1}+\frac{a_2^2}{b_2}+\cdots+\frac{a_n^2}{b_n}$$

则由柯西不等式，得

$$P^2=\left(\sum_{i=1}^{n}a_ix_i\right)^2=\left(\sum_{i=1}^{n}\frac{a_i}{\sqrt{b_i}}\cdot\sqrt{b_i}x_i\right)^2\leqslant$$

$$\left(\sum_{i=1}^{n}\frac{a_i^2}{b_i}\right)\left(\sum_{i=1}^{n}b_ix_i^2\right)=MS$$

等号当且仅当$\frac{b_1x_1}{a_1}=\frac{b_2x_2}{a_2}=\cdots=\frac{b_nx_n}{a_n}$时成立.

(1)当 P 为定值时，$S\geqslant\frac{P^2}{M}$，等号当且仅当

$$\frac{b_1x_1}{a_1}=\frac{b_2x_2}{a_2}=\cdots=\frac{b_nx_n}{a_n}=k$$

时，亦即 $x_i=\frac{a_i}{b_i}k(i=1,2,\cdots,n)$时成立. 但由

$$P=\sum_{i=1}^{n}a_ix_i=\sum_{i=1}^{n}a_i\cdot\frac{a_i}{b_i}k=kM$$

所以

$$k=\frac{P}{M}$$

故 $x_i=\frac{a_iP}{b_iM}$时，S 才取最小值，且 $S_{\min}=\frac{P^2}{M}$.

(2)当 S 为定值时，$P^2\leqslant SM$，等号当且仅当

$$\frac{b_1x_1}{a_1}=\frac{b_2x_2}{a_2}=\cdots=\frac{b_nx_n}{a_n}=k$$

时，亦即 $x_i=\frac{a_i}{b_i}k(i=1,2,\cdots,n)$时成立. 但由

$$S=\sum_{i=1}^{n}b_ix_i^2=\sum_{i=1}^{n}b_i\cdot\frac{a_i^2}{b_i^2}k^2=k^2\cdot M$$

所以

$$k^2=\frac{S}{M},k=\pm\sqrt{\frac{S}{M}}$$

故当且仅当 $x_i=\frac{a_i}{b_i}\sqrt{\frac{S}{M}}(i=1,2,\cdots,n)$时，$P$ 取最大值

$$P_{\max}=\sqrt{SM}$$

当且仅当 $x_i=-\frac{a_i}{b_i}\sqrt{\frac{S}{M}}(i=1,2,\cdots,n)$时,$P$ 取最小值

$$P_{\min}=-\sqrt{SM}$$

上面这个结论可以解决许多问题.

例 10 已知 $3x^2+2y^2+4z^2=24$,试求 $W=7x+y-5z$ 的最大值与最小值.

解 因为

$$W^2=(7x+y-5z)^2=$$

$$\left[\frac{7}{\sqrt{3}}\cdot\sqrt{3}x+\frac{1}{\sqrt{2}}\cdot\sqrt{2}y+\frac{-5}{2}\cdot 2z\right]^2\leqslant$$

$$\left(\frac{49}{3}+\frac{1}{2}+\frac{25}{4}\right)(3x^2+2y^2+4z^2)=$$

$$\frac{277}{12}\cdot 24=554$$

所以

$$-\sqrt{554}\leqslant W\leqslant\sqrt{554}$$

W 的最大值为 $\sqrt{554}$,最小值为 $-\sqrt{554}$.

例 11 已知 $5x_1+6x_2-7x_3+4x_4=1$,试求 $y=3x_1^2+2x_2^2+5x_3^2+x_4^2$ 的最小值.

解 因为

$$1^2=(5x_1+6x_2-7x_3+4x_4)^2=$$

$$\left[\frac{5}{\sqrt{3}}\cdot\sqrt{3}x_1+\frac{6}{\sqrt{2}}\cdot\sqrt{2}x_2+\frac{-7}{\sqrt{5}}\cdot\sqrt{5}x_3+4x_4\right]^2\leqslant$$

$$\left(\frac{25}{3}+\frac{36}{2}+\frac{49}{5}+16\right)(3x_1^2+2x_2^2+5x_3^2+x_4^2)=\frac{782}{15}y$$

所以 $y\geqslant\frac{15}{782}$,故 y 的最小值为$\frac{15}{782}$.

例 12 已知 $2x+y-3z+w=8$,试求 $u=5(x-y)^2+4(y-z)^2+3w^2$ 的最小值,以及何时达到这个最小值?

解 因为

$$2(x-y)+3(y-z)+w=2x+y-3z+w=8$$

所以

$$8^2=[2(x-y)+3(y-z)+w]^2=$$

$$\left[\frac{2}{\sqrt{5}}\cdot\sqrt{5}(x-y)+\frac{3}{2}\cdot 2(y-z)+\frac{1}{\sqrt{3}}\cdot\sqrt{3}w\right]^2\leqslant$$

$$\left(\frac{4}{5}+\frac{9}{4}+\frac{1}{3}\right)\cdot[5(x-y)^2+4(y-z)^2+3w^2]=$$

$$\frac{203}{60}u$$

所以

$$u\geqslant\frac{60\times 64}{203}=\frac{3\ 840}{203}$$

当$\frac{5(x-y)}{2}=\frac{4(y-z)}{3}=3w$时，即 $x-y=\frac{6w}{5}$，$y-z=\frac{9w}{4}$时，u 达到最小值.

又因为

$$2(x-y)+3(y-z)+w=8$$

所以$\frac{12}{5}w+\frac{27}{4}w+w=8$，所以 $w=\frac{160}{203}$.

所以 $x-y=\frac{960}{1\ 015}$，$y-z=\frac{360}{203}$时，u 取最小值$\frac{3\ 840}{203}$.

例 13　已知 $x_1^2+x_2^2+\cdots+x_n^2=1$，求

$$y=-x_1+\sqrt{2}x_2-\sqrt{3}x_3+\cdots+(-1)^n\sqrt{n}x_n$$

的最大值与最小值.

解　因为

$$y^2=[-x_1+\sqrt{2}x_2-\sqrt{3}x_3+\cdots+(-1)^n\sqrt{n}x_n]^2\leqslant$$

$$(1+2+\cdots+n)(x_1^2+x_2^2+\cdots+x_n^2)=\frac{n(n+1)}{2}$$

所以

$$-\sqrt{\frac{n(n+1)}{2}}\leqslant y\leqslant\sqrt{\frac{n(n+1)}{2}}$$

故 y 的最小值为$-\sqrt{\frac{n(n+1)}{2}}$，最大值为$\sqrt{\frac{n(n+1)}{2}}$.

例 14　(1978 年第 7 届美国数学奥林匹克试题)已知 a,b,c,d,e 是满足

$$a+b+c+d+e=8, a^2+b^2+c^2+d^2+e^2=16$$

的实数,试确定 e 的最大值.

解 由已知及柯西不等式,得

$$8-e=(1\cdot a+1\cdot b+1\cdot c+1\cdot d)\leqslant$$
$$(1+1+1+1)^{\frac{1}{2}}(a^2+b^2+c^2+d^2)^{\frac{1}{2}}=$$
$$2(16-e^2)^{\frac{1}{2}}$$

即

$$(8-e)^2\leqslant 4(16-e^2)$$

所以 $e(5e-16)\leqslant 0$,所以 $0\leqslant e\leqslant\frac{16}{5}$.

故当且仅当 $a=b=c=d=\frac{6}{5}$ 时,e 有最大值 $\frac{16}{5}$.

说明:用类似的方法可以证明下面的命题.

设 $n(\geqslant 3)$ 为正整数,a,b 为给定的实数,实数 $x_0,x_1,x_2,\cdots,x_n$ 满足

$$x_0+x_1+x_2+\cdots+x_n=a$$
$$x_0^2+x_1^2+x_2^2+\cdots+x_n^2=b$$

则当 $b<\frac{a^2}{n+1}$ 时,x_0 不存在;当 $b=\frac{a^2}{n+1}$ 时,$x_0=\frac{a}{n+1}$;当 $b>\frac{a^2}{n+1}$ 时,x_0 满足

$$\frac{a-\frac{1}{2}\sqrt{\delta}}{n+1}\leqslant x_0\leqslant\frac{a+\frac{1}{2}\sqrt{\delta}}{n+1}$$

其中 δ 为二次方程 $(n+1)x_0^2-2ax_0+a^2-nb=0$ 的判别式.

例 15 已知实数 a,b,c,d,e 满足

$$3a+2b-c+4d+\sqrt{133}e=\sqrt{133}$$
$$2a^2+3b^2+3c^2+d^2+6e^2=60$$

试确定 e 的最大值和最小值.

解 将已知条件改写为

$$3a+2b-c+4d=\sqrt{133}-\sqrt{133}e$$
$$2a^2+3b^2+3c^2+d^2=60-6e^2$$

因为

$$(\sqrt{133}-\sqrt{133}e)^2=(3a+2b-c+4d)^2=$$

$$\left[\frac{3}{\sqrt{2}}\cdot\sqrt{2}a+\frac{2}{\sqrt{3}}\cdot\sqrt{3}b+\frac{-1}{\sqrt{3}}\cdot\sqrt{3}c+4d\right]^2\leqslant$$

$$\left(\frac{9}{2}+\frac{4}{3}+\frac{1}{3}+16\right)(2a^2+3b^2+3c^2+d^2)=$$

$$\frac{133}{6}(60-6e^2)=133(10-e^2)$$

所以

$$(\sqrt{133}-\sqrt{133}e)^2\leqslant 133(10-e^2)$$

即 $2e^2-2e-9\leqslant 0$，解之得 $\frac{1-\sqrt{19}}{2}\leqslant e\leqslant\frac{1+\sqrt{19}}{2}$，当且仅当 $\frac{2a}{3}=\frac{3b}{2}=-3c=\frac{d}{4}$ 时，不等式 $2e^2-2e-9\leqslant 0$ 中的等号才成立，也只有这时 e 才取得最大值与最小值.

由 $\frac{2a}{3}=\frac{3b}{2}=-3c=\frac{d}{4}$，可得

$$a=\frac{3d}{8},b=\frac{d}{6},c=-\frac{d}{12}$$

将它们分别代入

$$3a+2b-c+4d=\sqrt{133}-\sqrt{133}e$$

与

$$2a^2+3b^2+3c^2+d^2=60-6e^2$$

可得

$$d=\frac{24(1-e)}{\sqrt{133}}\text{ 及 }d^2=\frac{96(60-6e^2)}{133}$$

解得

$$d_1=\frac{12(\sqrt{133}+19\sqrt{7})}{133},e_1=\frac{1-\sqrt{19}}{2}$$

$$d_2=\frac{12(\sqrt{133}-19\sqrt{7})}{133},e_2=\frac{1+\sqrt{19}}{2}$$

所以当 $a=\frac{3}{8}d_1,b=\frac{1}{6}d_1,c=-\frac{1}{12}d_1,d=d_1$ 时，e 取最小值 $\frac{1-\sqrt{19}}{2}$.

当 $a=\frac{3}{8}d_2, b=\frac{1}{6}d_2, c=-\frac{1}{12}d_2, d=d_2$ 时，e 取最大值 $\frac{1+\sqrt{19}}{2}$.

例 16 (1989 年第 30 届加拿大 IMO 训练题)四个正数之和为 4，平方和为 8，确定这四个数中最大的那个数的最大值.

解 设 $a\geqslant b\geqslant c\geqslant d>0$，有

$$a+b+c+d=4, a^2+b^2+c^2+d^2=8$$

则

$$b+c+d=4-a, b^2+c^2+d^2=8-a^2$$

由柯西不等式，得

$$3(b^2+c^2+d^2)\geqslant(b+c+d)^2$$

即

$$3(8-a^2)\geqslant(4-a)^2$$

上式等价于

$$a^2-2a-2\leqslant 0$$

从而

$$a\leqslant\sqrt{3}+1$$

因此，a 的最大值为 $\sqrt{3}+1$，取这最大值时

$$b=c=d=1-\frac{\sqrt{3}}{3}$$

例 17 (2008 年中国西部数学奥林匹克试题)设 $x,y,z\in(0,1)$，满足

$$\sqrt{\frac{1-x}{yz}}+\sqrt{\frac{1-y}{zx}}+\sqrt{\frac{1-z}{xy}}=2 \tag{7.3}$$

求 xyz 的最大值.

解 当 $x=y=z=\frac{3}{4}$ 时，$xyz=\frac{27}{64}$. 如果 $xyz>\frac{27}{64}$，那么由已知条件得

$$\sqrt{x(1-x)}+\sqrt{y(1-y)}+\sqrt{z(1-z)}=2\sqrt{xyz}>\frac{3\sqrt{3}}{4}$$

由柯西不等式，得

$$3[x(1-x)+y(1-y)+z(1-z)]\geqslant$$

$$\left[\sqrt{x(1-x)}+\sqrt{y(1-y)}+\sqrt{z(1-z)}\right]^2>\left(\frac{3\sqrt{3}}{4}\right)^2$$

所以

$$x(1-x)+y(1-y)+z(1-z)>\frac{9}{16} \tag{7.4}$$

另外

$$xyz>\frac{27}{64}\Rightarrow x+y+z\geqslant 3\sqrt[3]{xyz}>3\sqrt[3]{\frac{27}{64}}$$

所以

$$x+y+z>\frac{9}{4}$$

所以

$$\begin{aligned}&x(1-x)+y(1-y)+z(1-z)=\\&(x+y+z)-(x^2+y^2+z^2)\leqslant\\&(x+y+z)-\frac{1}{3}(x+y+z)^2=\\&\frac{9}{16}-\frac{1}{3}\left(x+y+z-\frac{3}{4}\right)\left(x+y+z-\frac{9}{4}\right)<\frac{9}{16}\end{aligned}$$

这与式(7.4)矛盾，因此，假设 $xyz>\frac{27}{64}$ 不成立. 从而只能有 $xyz\leqslant\frac{27}{64}$.

所以 xyz 的最大值是 $\frac{27}{64}$.

若将上题的条件作变换，则有下面的问题.

设 $k\in(0,1)$，$x,y,z\in(0,1)$，且满足

$$\frac{\sqrt{1-x}+\sqrt{1-y}+\sqrt{1-z}}{\sqrt{yz}+\sqrt{zx}+\sqrt{xy}}=\frac{\sqrt{1-k}}{k}$$

求证：$xyz\leqslant k^3$.

证明　令 $m=\frac{\sqrt{1-k}}{k}$，$p=\sqrt[3]{xyz}$，应用柯西不等式和平均值不等式，有

$$3\sum(1-x)\geqslant\left(\sum\sqrt{1-x}\right)^2=\left(m\sum\sqrt{yz}\right)^2\geqslant$$

$$(3m\sqrt[3]{xyz})^2=(3mp)^2$$

所以

$$9-3\sum x\geqslant(3mp)^2$$

所以

$$3\geqslant 3m^2p^2+\sum x\geqslant 3m^2p^2+3p$$

$$1\geqslant m^2p^2+p=\frac{1-k}{k^2}\cdot p^2+p$$

即

$$(1-k)p^2+k^2p-k^2\leqslant 0$$

亦即

$$(p-k)[(1-k)p+k]\leqslant 0$$

所以

$$p-k\leqslant 0,p\leqslant k$$

即

$$xyz=p^3\leqslant k^3$$

等号当且仅当 $x=y=z=k$ 时成立.

例 18 (2011 年第 28 届伊朗数学奥林匹克试题)求最小的实数 k,使得对于任意的 $a,b,c,d\in\mathbf{R}$,有

$$\sqrt{(a^2+1)(b^2+1)(c^2+1)}+\sqrt{(b^2+1)(c^2+1)(d^2+1)}+\sqrt{(c^2+1)(d^2+1)(a^2+1)}+\sqrt{(d^2+1)(a^2+1)(b^2+1)}\geqslant 2(ab+bc+cd+da+ac+bd)-k$$

解 由柯西不等式,有

$$\sqrt{(a^2+1)(b^2+1)(c^2+1)}\geqslant\sqrt{[(a+b)^2+(ab-1)^2](c^2+1)}\geqslant (a+b)c+ab-1$$

类似地,有

$$\sqrt{(b^2+1)(c^2+1)(d^2+1)}\geqslant(b+c)d+bc-1$$

$$\sqrt{(c^2+1)(d^2+1)(a^2+1)}\geqslant(c+d)a+cd-1$$

$$\sqrt{(d^2+1)(a^2+1)(b^2+1)}\geqslant(d+a)b+da-1$$

故

$$\sum\sqrt{(a^2+1)(b^2+1)(c^2+1)}\geqslant 2(ab+bc+cd+da+ac+bd)-4$$

当 $a=b=c=d=\sqrt{3}$ 时，上式等号成立.

于是，k 的最小值为 4.

例 19　(2007 年伊朗数学奥林匹克试题)设 a,b,c,d,e 是非负实数，且 $a+b=c+d+e$，求最大的正实数 T，使得不等式 $\sqrt{a^2+b^2+c^2+d^2+e^2}\geqslant T(\sqrt{a}+\sqrt{b}+\sqrt{c}+\sqrt{d}+\sqrt{e})^2$ 成立.

解　取 $a=b=3,c=d=e=2$，我们得 $T\leqslant\dfrac{\sqrt{30}}{6(\sqrt{3}+\sqrt{2})^2}$.

下面我们证明

$$\sqrt{a^2+b^2+c^2+d^2+e^2}\geqslant\frac{\sqrt{30}}{6(\sqrt{3}+\sqrt{2})^2}(\sqrt{a}+\sqrt{b}+\sqrt{c}+\sqrt{d}+\sqrt{e})^2$$

记 $X=a+b=c+d+e$，由柯西不等式得 $a^2+b^2\geqslant\dfrac{(a+b)^2}{2}=\dfrac{X^2}{2}$，$c^2+d^2+e^2\geqslant\dfrac{(c+d+e)^2}{3}=\dfrac{X^2}{3}$，相加得

$$a^2+b^2+c^2+d^2+e^2\geqslant\frac{5X^2}{6}\tag{7.5}$$

又由柯西不等式得 $\sqrt{a}+\sqrt{b}\leqslant\sqrt{2(a+b)}=\sqrt{2X}$，$\sqrt{c}+\sqrt{d}+\sqrt{e}\leqslant\sqrt{3(c+d+e)}=\sqrt{3X}$，相加得

$$\sqrt{a}+\sqrt{b}+\sqrt{c}+\sqrt{d}+\sqrt{e}\leqslant(\sqrt{3}+\sqrt{2})\sqrt{X}$$

即

$$(\sqrt{a}+\sqrt{b}+\sqrt{c}+\sqrt{d}+\sqrt{e})^2\leqslant(\sqrt{3}+\sqrt{2})^2X\tag{7.6}$$

由式(7.5)，(7.6)得

$$\sqrt{a^2+b^2+c^2+d^2+e^2}\geqslant\frac{\sqrt{30}}{6(\sqrt{3}+\sqrt{2})^2}(\sqrt{a}+\sqrt{b}+\sqrt{c}+\sqrt{d}+\sqrt{e})^2$$

当且仅当 $\dfrac{2a}{3}=\dfrac{2b}{3}=c=d=e$ 时等号成立.

例 20　(2010 年中欧数学奥林匹克试题)设 $n\geqslant2$，$a_1,a_2,\cdots,a_n$ 为正实数，确定最大的实数 C_n，使得不等式 $\dfrac{a_1^2+a_2^2+\cdots+a_n^2}{n}\geqslant\left(\dfrac{a_1+a_2+\cdots+a_n}{n}\right)^2+C_n(a_1-a_n)^2$.

解　当 $a_1=a_n$ 时，C_n 可以取任意实数，下面设 $a_1\neq a_n$，记 $a_1=a,a_n=c,a_2=\cdots=a_{n-1}=b$，则由柯西不等式得

$$f(a_1,a_2,\cdots,a_n)=\frac{\frac{a_1^2+a_2^2+\cdots+a_n^2}{n}-\left(\frac{a_1+a_2+\cdots+a_n}{n}\right)^2}{(a_1-a_n)^2}\geqslant$$

$$\frac{\frac{a^2+(n-2)b^2+c^2}{n}-\left(\frac{a+(n-2)b+c}{n}\right)^2}{(a-c)^2}=$$

$$\frac{(n-2)(a+c-2b)^2+n(a-c)^2}{2n^2(a-c)^2}\geqslant\frac{1}{2n}$$

当 $a_2=\cdots=a_{n-1}=\frac{a_1+a_n}{2}$ 时等号成立，因此所求的最大 $C_n=\frac{1}{2n}$.

例 21 (2013 年第 3 期《数学通报》问题)设正数 a,b,c,d 满足 $a+b+c+d=4$，$f(a,b,c,d)=\frac{1}{3+a^2+b^2+c^2}+\frac{1}{3+b^2+c^2+d^2}+\frac{1}{3+c^2+d^2+a^2}+\frac{1}{3+d^2+a^2+b^2}$，求 $f(a,b,c,d)$ 的最大值.

解 记 $m=a^2+b^2+c^2+d^2$，则 $m\geqslant\frac{1}{4}(a+b+c+d)^2=4$，且

$$f(a,b,c,d)=\frac{1}{3}\left(\frac{3}{3+m-d^2}+\frac{3}{3+m-a^2}+\frac{3}{3+m-b^2}+\frac{3}{3+m-c^2}\right)=$$

$$\frac{1}{3}\left[4-\left(\frac{m-d^2}{3+m-d^2}+\frac{m-a^2}{3+m-a^2}+\frac{m-b^2}{3+m-b^2}+\frac{m-c^2}{3+m-c^2}\right)\right]$$

又记

$$S=\frac{m-d^2}{3+m-d^2}+\frac{m-a^2}{3+m-a^2}+\frac{m-b^2}{3+m-b^2}+\frac{m-c^2}{3+m-c^2}$$

由柯西不等式得

$$[(3+m-d^2)+(3+m-a^2)+(3+m-b^2)+(3+m-c^2)]S\geqslant$$

$$(\sqrt{m-d^2}+\sqrt{m-a^2}+\sqrt{m-b^2}+\sqrt{m-c^2})^2=$$

$$3m+2[\sqrt{(m-d^2)(m-a^2)}+\sqrt{(m-a^2)(m-b^2)}+$$

$\sqrt{(m-d^2)(m-c^2)}+\sqrt{(m-d^2)(m-b^2)}+$
$\sqrt{(m-a^2)(m-c^2)}+\sqrt{(m-b^2)(m-c^2)}]$

由于

$$(m-d^2)(m-a^2)=$$
$$(b^2+c^2+a^2)(b^2+c^2+d^2)=$$
$$(b^2+c^2)^2+(b^2+c^2)(a^2+d^2)+a^2d^2\geqslant$$
$$(b^2+c^2)^2+2ad(b^2+c^2)+a^2d^2=(b^2+c^2+ad)^2$$

从而

$$\sqrt{(m-d^2)(m-a^2)}\geqslant b^2+c^2+ad$$

同理

$$\sqrt{(m-d^2)(m-b^2)}\geqslant c^2+a^2+bd$$
$$\sqrt{(m-d^2)(m-c^2)}\geqslant a^2+b^2+cd$$
$$\sqrt{(m-a^2)(m-b^2)}\geqslant c^2+d^2+ab$$
$$\sqrt{(m-a^2)(m-c^2)}\geqslant b^2+d^2+ac$$
$$\sqrt{(m-b^2)(m-c^2)}\geqslant a^2+d^2+bc$$

因此，$S\geqslant\frac{8m+(a+b+c+d)^2}{3m+12}=\frac{6m+2m+16}{3m+12}\geqslant\frac{6m+24}{3m+12}=2$，等号成立当且仅当 $a=b=c=d=1$.

所以 $f(a,b,c,d)$ 的最大值是 $\frac{2}{3}$.

例 22　(1999 年中国国家集训队试题)设 a,b,c 是正的常数，且 $x^2+y^2+z^2=1$，求 $f(x,y,z)=\sqrt{a^2x^2+b^2y^2+c^2z^2}+\sqrt{a^2y^2+b^2z^2+c^2x^2}+\sqrt{a^2z^2+b^2x^2+c^2y^2}$ 的最大值和最小值.

解　由柯西不等式得

$$(a^2x^2+b^2y^2+c^2z^2)(x^2+y^2+z^2)\geqslant(ax^2+by^2+cz^2)^2$$

所以

$$\sqrt{a^2x^2+b^2y^2+c^2z^2}\geqslant ax^2+by^2+cz^2$$

同理

$$\sqrt{a^2y^2+b^2z^2+c^2x^2}\geqslant ay^2+bz^2+cx^2$$
$$\sqrt{a^2z^2+b^2x^2+c^2y^2}\geqslant az^2+bx^2+cy^2$$

三式相加得

$$\sqrt{a^2x^2+b^2y^2+c^2z^2}+\sqrt{a^2y^2+b^2z^2+c^2x^2}+\sqrt{a^2z^2+b^2x^2+c^2y^2}\geqslant a+b+c$$

由均值不等式得

$$2\sqrt{a^2x^2+b^2y^2+c^2z^2}\sqrt{a^2y^2+b^2z^2+c^2x^2}\leqslant a^2(x^2+y^2)+b^2(y^2+z^2)+c^2(z^2+x^2)$$

$$2\sqrt{a^2y^2+b^2z^2+c^2x^2}\sqrt{a^2z^2+b^2x^2+c^2y^2}\leqslant a^2(y^2+z^2)+b^2(z^2+x^2)+c^2(x^2+y^2)$$

$$2\sqrt{a^2z^2+b^2x^2+c^2y^2}\sqrt{a^2x^2+b^2y^2+c^2z^2}\leqslant a^2(z^2+x^2)+b^2(x^2+y^2)+c^2(y^2+z^2)$$

$$(a^2x^2+b^2y^2+c^2z^2)+(a^2y^2+b^2z^2+c^2x^2)+(a^2z^2+b^2x^2+c^2y^2)=(a^2+b^2+c^2)(x^2+y^2+z^2)$$

将上述四式相加,并注意到 $x^2+y^2+z^2=1$,得

$$f^2(x,y,z)\leqslant 3(a^2+b^2+c^2)$$

所以

$$\sqrt{a^2x^2+b^2y^2+c^2z^2}+\sqrt{a^2y^2+b^2z^2+c^2x^2}+\sqrt{a^2z^2+b^2x^2+c^2y^2}\leqslant\sqrt{3(a^2+b^2+c^2)}$$

即 $f(x,y,z)$的最大值是 $\sqrt{3(a^2+b^2+c^2)}$,最小值是 $a+b+c$.

例 23 (2013 年福建省高中数学竞赛预选赛试题)已知 $f(x)=2\ln(x+1)+\dfrac{1}{x(x+1)}-1$.

(1)求 $f(x)$在区间$[1,+\infty)$上的最小值;

(2)利用函数 $f(x)$的性质,求证

$$\ln 1+\ln 2+\ln 3+\cdots+\ln n>\frac{(n-1)^2}{2n}\quad(n\in\mathbf{N}^*,\text{且 } n\geqslant 2)$$

(3)求证

$$\ln^2 1+\ln^2 2+\ln^2 3+\cdots+\ln^2 n>\frac{(n-1)^4}{4n^3}\quad(n\in\mathbf{N}^*,\text{且 } n\geqslant 2)$$

解 (1)因为

$$f'(x)=\frac{2}{x+1}-\frac{2x+1}{x^2(x+1)^2}=\frac{2x^3+2x^2-2x-1}{x^2(x+1)^2}=$$

$$\frac{(2x^3-1)+2x(x-1)}{x^2(x+1)^2}$$

所以 $x\geqslant 1$ 时，$f'(x)>0$，即 $f(x)$ 在区间 $[1,+\infty)$ 上为增函数.

所以，$f(x)$ 在区间 $[1,+\infty)$ 上的最小值为 $f(1)=2\ln 2-\frac{1}{2}$.

(2)由(1)知，对任意的实数 $x\geqslant 1$，有

$$2\ln(x+1)+\frac{1}{x(x+1)}-1\geqslant 2\ln 2-\frac{1}{2}>0$$

恒成立.

所以，对任意的正整数 k，有

$$2\ln(k+1)+\frac{1}{k(k+1)}-1>0$$

即 $2\ln(k+1)>1-\left(\frac{1}{k}-\frac{1}{k+1}\right)$ 恒成立.

所以 $2\ln 2>1-\left(\frac{1}{1}-\frac{1}{2}\right)$，$2\ln 3>1-\left(\frac{1}{2}-\frac{1}{3}\right)$，…，

$2\ln n>1-\left(\frac{1}{n-1}-\frac{1}{n}\right)$. 所以

$$\begin{aligned}&2\ln 2+2\ln 3+\cdots+2\ln n>\\&\left[1-\left(\frac{1}{1}-\frac{1}{2}\right)\right]+\left[1-\left(\frac{1}{2}-\frac{1}{3}\right)\right]+\cdots+\\&\left[1-\left(\frac{1}{n-1}-\frac{1}{n}\right)\right]>\\&n-1-\left(1-\frac{1}{n}\right)=\frac{(n-1)^2}{n}\end{aligned}$$

所以 $n\in\mathbf{N}^*$，且 $n\geqslant 2$ 时

$$\ln 1+\ln 2+\ln 3+\cdots+\ln n>\frac{(n-1)^2}{2n}$$

(3)由柯西不等式知

$$(\ln^2 1+\ln^2 2+\ln^2 3+\cdots+\ln^2 n)(1^2+1^2+1^2+\cdots+1^2)\geqslant$$
$$(\ln 1+\ln 2+\ln 3+\cdots+\ln n)^2$$

结合(2)的结论可知，当 $n\in\mathbf{N}^*$，且 $n\geqslant 2$ 时

$$\ln^2 1+\ln^2 2+\ln^2 3+\cdots+\ln^2 n>\frac{1}{n}\cdot\frac{(n-1)^4}{4n^2}=\frac{(n-1)^4}{4n^3}$$

例 24　已知实数 a,b,c 满足

$$a+b+c=6, a^2+b^2+c^2=18$$

试求 $6(a^3+b^3+c^3)-(a^4+b^4+c^4)$ 的最大可能值与最小可能值.

解 利用 $6x^3-x^4\leqslant 9x^2$，得

$$6(a^3+b^3+c^3)-(a^4+b^4+c^4)\leqslant 9(a^2+b^2+c^2)=162$$

即得最大值.

此时，令 $(a,b,c)=(0,3,3)$ 可取得等号.

由柯西不等式，得

$$(b+c)^2\leqslant(b^2+c^2)(1+1)\Rightarrow(6-a)^2\leqslant 2(18-a^2)\Rightarrow 0\leqslant a\leqslant 4$$

在这一范围内，考虑

$$(4-x)(x-1)^2x\geqslant 0$$

展开得

$$6x^3-x^4\geqslant 9x^2-4x$$

故

$$6(a^3+b^3+c^3)-(a^4+b^4+c^4)\geqslant$$
$$9(a^2+b^2+c^2)-4(a+b+c)=138$$

此时，令 $(a,b,c)=(4,1,1)$ 可取得等号.

例 25 (1995 年中国数学奥林匹克国家集训队试题) 正整数 $n\geqslant 3$，$x_1,x_2,\cdots,x_n$ 是正实数，$x_{n+j}=x_j(1\leqslant j\leqslant n-1)$，求 $\sum\limits_{i=1}^{n}\dfrac{x_j}{x_{j+1}+2x_{j+2}+\cdots+(n-1)x_{j+n-1}}$ 的最小值.

解 设 $a_j^2=\dfrac{x_j}{x_{j+1}+2x_{j+2}+\cdots+(n-1)x_{j+n-1}}$，$b_j^2=x_j[x_{j+1}+2x_{j+2}+\cdots+(n-1)x_{j+n-1}]$，$a_j,b_j$ 是正数，则 $a_jb_j=x_j$，由柯西不等式，得

$$\sum_{j=1}^{n}a_j^2\cdot\sum_{j=1}^{n}b_j^2\geqslant\left(\sum_{j=1}^{n}a_jb_j\right)^2$$

本题就是要求 $S=\sum\limits_{j=1}^{n}a_j^2$ 的最小值，下面计算 $\sum\limits_{j=1}^{n}b_j^2$

$$\begin{aligned}\sum_{j=1}^{n}b_j^2=&\sum_{j=1}^{n}x_j(x_{j+1}+2x_{j+2}+\cdots+(n-1)x_{j+n-1})=\\&x_1[x_2+2x_3+3x_4+\cdots+(n-1)x_n]+\\&x_2[x_3+2x_4+3x_5+\cdots+(n-1)x_1]+\cdots+\\&x_{n-1}[x_n+2x_1+3x_2+\cdots+(n-1)x_{n-2}]+\end{aligned}$$

$$x_n[x_1+2x_2+3x_3+\cdots+(n-1)x_{n-1}]=$$
$$[1+(n-1)]x_1x_2+[2+(n-2)]x_1x_3+\cdots+$$
$$[(n-1)+1]x_1x_n+[1+(n-1)]x_2x_3+$$
$$[2+(n-2)]x_2x_4+\cdots+[(n-2)+2]x_2x_n+\cdots+$$
$$[1+(n-1)]x_{n-1}x_n=n\sum_{1\leqslant i<j\leqslant n}x_ix_j \tag{7.7}$$

于是

$$nS\sum_{1\leqslant i<j\leqslant n}x_ix_j\geqslant\left(\sum_{i=1}^{n}x_j\right)^2 \tag{7.8}$$

下面比较 $\sum\limits_{1\leqslant i<j\leqslant n}x_ix_j$ 与 $\left(\sum\limits_{i=1}^{n}x_j\right)^2$ 的大小，由于

$$0\leqslant\sum_{1\leqslant i<j\leqslant n}(x_i-x_j)^2=(n-1)\sum_{i=1}^{n}x_i^2-2\sum_{1\leqslant i<j\leqslant n}x_ix_j$$

从上式有

$$\frac{2}{n-1}\sum_{1\leqslant i<j\leqslant n}x_ix_j\leqslant\sum_{i=1}^{n}x_i^2=\left(\sum_{i=1}^{n}x_i\right)^2-2\sum_{1\leqslant i<j\leqslant n}x_ix_j$$

于是有

$$\frac{2n}{n-1}\sum_{1\leqslant i<j\leqslant n}x_ix_j\leqslant\left(\sum_{i=1}^{n}x_i\right)^2 \tag{7.9}$$

由式(7.8)，(7.9)得 $S\geqslant\frac{2}{n-1}$，当 $x_1=x_2=\cdots=x_n$ 时 S 的值确实是 $\frac{2}{n-1}$，所以 S 的最小值是 $\frac{2}{n-1}$.

注　$n=4$，本题就是第 34 届 IMO 预选题：

对所有正实数 a,b,c,d，求证：$\frac{a}{b+2c+3d}+\frac{b}{c+2d+3a}+\frac{c}{d+2a+3b}+\frac{d}{a+2b+3c}\geqslant\frac{2}{3}$.

例 26　(2003 年中国西部数学奥林匹克试题) 设 $2n$ 个实数 $a_1,a_2,\cdots,a_{2n}$ 满足条件 $\sum\limits_{i=1}^{2n-1}(a_{i+1}-a_i)^2=1$. 求 $(a_{n+1}+a_{n+2}+\cdots+a_{2n})-(a_1+a_2+\cdots+a_n)$ 的最大值.

解　当 $n=1$ 时，$(a_2-a_1)^2=1$，故 $a_2-a_1=\pm 1$. 易知此时欲求的最大值为 1.

当 $n\geqslant 2$ 时，设 $x_1=a_1$，$x_{i+1}=a_{i+1}-a_i$，$i=1,2,\cdots,2n-$

1. 则 $\sum_{i=2}^{2n} x_i^2 = 1$，且 $a_k = x_1 + x_2 + \cdots + x_k, k = 1,2,\cdots,2n$.

由柯西不等式得

$$(a_{n+1}+a_{n+2}+\cdots+a_{2n})-(a_1+a_2+\cdots+a_n)=$$
$$n(x_1+x_2+\cdots+x_n)+nx_{n+1}+(n-1)x_{n+2}+\cdots+$$
$$x_{2n}-[nx_1+(n-1)x_2+\cdots+x_n]=$$
$$x_2+2x_3+\cdots+(n-1)x_n+nx_{n+1}+(n-1)x_{n+2}+\cdots+x_{2n}\leqslant$$
$$[1^2+2^2+\cdots+(n-1)^2+n^2+(n-1)^2+\cdots+1^2]^{\frac{1}{2}}\cdot$$
$$(x_2^2+x_3^2+\cdots+x_{2n}^2)^{\frac{1}{2}}=$$
$$\left[n^2+2\cdot\frac{1}{6}(n-1)n(2(n-1)+1)\right]^{\frac{1}{2}}=$$
$$\sqrt{\frac{n(2n^2+1)}{3}}$$

当 $a_k = a_1 + \frac{\sqrt{3}k(k-1)}{2\sqrt{n(2n^2+1)}}, k=1,2,\cdots,n+1, a_{n+k+1} = a_1 + \frac{\sqrt{3}[2n^2-(n-k)(n-k-1)]}{2\sqrt{n(2n^2+1)}}, k=1,2,\cdots,n-1$ 时，上述不等式等号成立. 所以

$$(a_{n+1}+a_{n+2}+\cdots+a_{2n})-(a_1+a_2+\cdots+a_n)$$

的最大值为 $\sqrt{\frac{n(2n^2+1)}{3}}$.

例 27 (2005 年全国高中数学联赛试题)设正数 a,b,c,x,y,z 满足 $cy+bz=a, az+cx=b, bx+ay=c$. 求函数 $f(x,y,z)=\frac{x^2}{1+x}+\frac{y^2}{1+y}+\frac{z^2}{1+z}$ 的最小值.

解 由已知条件可得

$$b(az+cx-b)+c(bx+ay-c)-a(cy+bz-a)=0$$

即

$$2bcx+a^2-b^2-c^2=0$$

解得

$$x=\frac{b^2+c^2-a^2}{2bc}$$

同理

$$y=\frac{a^2+c^2-b^2}{2ac},z=\frac{a^2+b^2-c^2}{2ab}$$

故

$$f(x,y,z)=\frac{(b^2+c^2-a^2)^2}{2bc(b^2+c^2+2bc-a^2)}+\frac{(a^2+c^2-b^2)^2}{2ac(a^2+c^2+2ac-b^2)}+\frac{(a^2+b^2-c^2)^2}{2ab(a^2+b^2+2ab-c^2)}$$

由柯西不等式得

$$f(x,y,z)\cdot[2bc(b^2+c^2+2bc-a^2)+2ac(a^2+c^2+2ac-b^2)+2ab(a^2+b^2+2ab-c^2)]\geqslant[(b^2+c^2-a^2)+(a^2+c^2-b^2)+(a^2+b^2-c^2)]^2=(a^2+b^2+c^2)^2$$

即

$$f(x,y,z)\geqslant\frac{(a^2+b^2+c^2)^2}{4(b^2c^2+a^2c^2+b^2a^2)-2M} \tag{7.10}$$

其中 $M=a^2bc+b^2ac+c^2ab-b^3c-bc^3-a^3c-ac^3-a^3b-ab^3$.

下面先证明

$$a^2(a-b)(a-c)+b^2(b-a)(b-c)+c^2(c-a)(c-b)\geqslant0\quad(a,b,c\in\mathbf{R}_+) \tag{7.11}$$

因为 $a,b,c\in\mathbf{R}_+$,且为轮换式,故不妨设 $a\geqslant b\geqslant c>0$,则

$$c^2(c-a)(c-b)\geqslant0$$
$$a^2(a-b)(a-c)\geqslant0$$

于是,有

$$a^2(a-b)(a-c)+b^2(b-a)(b-c)+c^2(c-a)(c-b)\geqslant b^2(a-b)(a-c)+b^2(b-a)(b-c)=b^2(a-b)^2\geqslant0$$

将式(7.11)展开得

$$a^4+b^4+c^4+a^2bc+ab^2c+abc^2\geqslant a^3b+a^3c+b^3c+b^3a+c^3a+c^3b \tag{7.12}$$

由式(7.10),(7.12)可得

$$f(x,y,z)\geqslant\frac{(a^2+b^2+c^2)^2}{4(b^2c^2+a^2c^2+b^2a^2)-2M}\geqslant\frac{(a^2+b^2+c^2)^2}{4(b^2c^2+a^2c^2+b^2a^2)-2(-a^4-b^4-c^4)}=\frac{(a^2+b^2+c^2)^2}{2(a^4+b^4+c^4+2b^2c^2+2a^2c^2+2b^2a^2)}=\frac{1}{2}$$

当且仅当 $a=b=c$ 时,即 $x=y=z=\frac{1}{2}$ 时,上式等号成立.

例 28 (2009 年第 6 届中国东南地区数学奥林匹克试题)设 $f(x,y,z)=\sum\frac{x(2y-z)}{1+x+3y}(x,y,z>0)$ 且 $x+y+z=1$.求 $f(x,y,z)$ 的最大值和最小值.

解 首先证明:$f\leqslant\frac{1}{7}$,当且仅当 $x=y=z=\frac{1}{3}$ 时,等号成立.

证明:注意到

$$f=\sum\frac{x(x+3y-1)}{1+x+3y}=1-2\sum\frac{x}{1+x+3y}\tag{7.13}$$

由柯西不等式得

$$\sum\frac{x}{1+x+3y}\geqslant\frac{\left(\sum x\right)^2}{\sum x(1+x+3y)}=\frac{1}{\sum x(1+x+3y)}$$

又

$$\sum x(1+x+3y)=\sum x(2x+4y+z)=2+\sum xy\leqslant\frac{7}{3}$$

则

$$\sum\frac{x}{1+x+3y}\geqslant\frac{3}{7},f\leqslant 1-2\times\frac{3}{7}=\frac{1}{7}$$

故 $f_{\max}=\frac{1}{7}$,当且仅当 $x=y=z=\frac{1}{3}$ 时,等号成立.

其次证明:$f\geqslant 0$,当且仅当 $x=1,y=z=0$ 时,等号成立.

证法一:事实上

$$\begin{aligned}f(x,y,z)=&\sum\frac{x(2y-z)}{1+x+3y}=\\&\sum xy\left(\frac{2}{1+x+3y}-\frac{1}{1+y+3z}\right)=\\&\sum\frac{7xyz}{(1+x+3y)(1+y+3z)}\geqslant 0\end{aligned}$$

故 $f_{\min}=0$,当且仅当 $x=1,y=z=0$ 时,等号成立.

证法二:设 $z=\min\{x,y,z\}$.若 $z=0$,则

$$f(x,y,0)=\frac{2xy}{1+x+3y}-\frac{xy}{1+y}=\frac{2xy}{2x+4y}-\frac{xy}{x+2y}=0$$

下设 $x,y\geqslant z>0$.

由式(7.13)要证 $f\geqslant 0$,只要证

$$\sum \frac{x}{1+x+3y}\leqslant \frac{1}{2} \tag{7.14}$$

注意到

$$\frac{1}{2}=\frac{x}{2x+4y}+\frac{y}{x+2y}$$

于是,式(7.14)等价于

$$\frac{z}{1+z+3x}\leqslant\left(\frac{x}{2x+4y}-\frac{x}{1+x+3y}\right)+\left(\frac{y}{x+2y}-\frac{y}{1+y+3z}\right)=$$
$$\frac{z}{2x+4y}\left(\frac{x}{1+x+3y}+\frac{8y}{1+y+3z}\right)$$

即

$$\frac{2x+4y}{1+z+3x}\leqslant\frac{x}{1+x+3y}+\frac{8y}{1+y+3z} \tag{7.15}$$

而由柯西不等式得

$$\frac{x}{1+x+3y}+\frac{8y}{1+y+3z}=\frac{x^2}{x(1+x+3y)}+\frac{(2y)^2}{\frac{1}{2}y(1+y+3z)}\geqslant$$
$$\frac{(x+2y)^2}{(x+x^2+3xy)+\frac{1}{2}(y+y^2+3yz)}=$$
$$\frac{2x+4y}{1+z+3x}$$

即式(7.15)成立,从而,$f\geqslant 0$.

故 $f_{\min}=0$,当且仅当 $x=1,y=z=0$ 时,等号成立.

例 29 设 $S=\{a_1,a_2,\cdots,a_n\},a_i\in\mathbf{Z}_+$,且对任意 $S_1,S_2\subseteq S,S_1\neq S_2$,有 $\sum\limits_{i\in S_1}i\neq\sum\limits_{j\in S_2}j$. 求 $\sqrt{a_1}+\sqrt{a_2}+\cdots+\sqrt{a_n}$ 的最小值.

解法一 不妨设 $a_1<a_2<\cdots<a_n$. 记 $T_i=\{a_1,a_2,\cdots,a_i\}$ $(1\leqslant i\leqslant n)$. 则 T_i 所有子集元素之和不同. 故 $a_1+a_2+\cdots+a_i\geqslant 2^i-1(1\leqslant i\leqslant n)$. 由阿贝尔(Abel)恒等式

$$\sum_{k=1}^{n}\sqrt{a_k}=\sum_{k=1}^{n}a_k\frac{1}{\sqrt{a_k}}=$$

$$\sum_{i=1}^{n} a_i \frac{1}{\sqrt{a_n}} + \sum_{k=1}^{n-1}\left(\sum_{i=1}^{k} a_i\right)\left(\frac{1}{\sqrt{a_k}} - \frac{1}{\sqrt{a_{k+1}}}\right) \geqslant$$

$$\frac{1}{\sqrt{a_n}}(2^n - 1) + \sum_{k=1}^{n-1}(2^k - 1)\left(\frac{1}{\sqrt{a_k}} - \frac{1}{\sqrt{a_{k+1}}}\right) =$$

$$\sum_{k=1}^{n} \frac{2^{k-1}}{\sqrt{a_k}}$$

由柯西不等式,得

$$\left(\sum_{k=1}^{n} \frac{2^{k-1}}{\sqrt{a_k}}\right)\left(\sum_{k=1}^{n} \sqrt{a_k}\right) \geqslant \left(\sum_{k=1}^{n} 2^{\frac{k-1}{2}}\right)^2$$

于是

$$\sum_{k=1}^{n} \sqrt{a_k} \geqslant \sum_{k=1}^{n} 2^{\frac{k-1}{2}} = (\sqrt{2}+1)(\sqrt{2}^n - 1)$$

当 $\{a_1, a_2, \cdots, a_n\} = \{1, 2, 4, \cdots, 2^{n-1}\}$ 时

$$\sum_{k=1}^{n} \sqrt{a_k} = \sum_{k=1}^{n} 2^{\frac{k-1}{2}} = (\sqrt{2}+1)(\sqrt{2}^n - 1)$$

故 $\sqrt{a_1} + \sqrt{a_2} + \cdots + \sqrt{a_n}$ 的最小值为 $(\sqrt{2}+1)(\sqrt{2}^n - 1)$.

解法二 记 $b_1 = 1, b_2 = 2, \cdots, b_n = 2^{n-1}$,则 $b_1 < b_2 < \cdots < b_n$,且 $a_1 + a_2 + \cdots + a_i \geqslant b_1 + b_2 + \cdots + b_i (1 \leqslant i \leqslant n)$.

首先容易证明下面的结论.

引理 设 $x, y \in \mathbf{R}_+$,则 $\frac{x-y}{2\sqrt{x}} \leqslant \sqrt{x} - \sqrt{y}$,当且仅当 $x = y$ 时等号成立.

利用上述引理,得

$$\sum_{i=1}^{n} \sqrt{a_i} - \sum_{i=1}^{n} \sqrt{b_i} =$$

$$\sum_{i=1}^{n} (\sqrt{a_i} - \sqrt{b_i}) \geqslant \sum_{i=1}^{n} \frac{a_i - b_i}{2\sqrt{a_i}} =$$

$$\left(\frac{1}{2\sqrt{a_1}} - \frac{1}{2\sqrt{a_2}}\right)(a_1 - b_1) + \left(\frac{1}{2\sqrt{a_2}} - \frac{1}{2\sqrt{a_3}}\right)(a_1 + a_2 - b_1 - b_2) + \cdots + \left(\frac{1}{2\sqrt{a_{n-1}}} - \frac{1}{2\sqrt{a_n}}\right)(a_1 + a_2 + \cdots + a_{n-1} - b_1 - b_2 - \cdots - b_{n-1}) + \left(\frac{1}{2\sqrt{a_n}}\right)(a_1 + a_2 + \cdots + a_n - b_1 -$$

$b_2 - \cdots - b_n) \geqslant 0$

当且仅当 $a_i = b_i(1 \leqslant i \leqslant n)$ 时等号成立，从而 $\sqrt{a_1} + \sqrt{a_2} + \cdots + \sqrt{a_n}$ 的最小值为 $\sum\limits_{i=1}^{n}\sqrt{b_i} = (\sqrt{2}+1)(\sqrt{2}^n - 1)$.

例 30　(2001 年全国高中数学联赛题)设 $x_i \geqslant 0(i=1,2,\cdots,n)$，且

$$\sum_{i=1}^{n} x_i^2 + 2\sum_{1 \leqslant k < j \leqslant n}\sqrt{\frac{k}{j}}x_k x_j = 1$$

求 $\sum\limits_{i=1}^{n} x_i$ 的最大值与最小值.

解　先求最小值. 因为

$$\left(\sum_{i=1}^{n} x_i\right)^2 = \sum_{i=1}^{n} x_i^2 + 2\sum_{1 \leqslant k < j \leqslant n} x_k x_j \geqslant 1 \Rightarrow \sum_{i=1}^{n} x_i \geqslant 1$$

等号成立当且仅当存在 i,j 使得 $x_i = 1, x_j = 0, j \neq i$.

所以 $\sum\limits_{i=1}^{n} x_i$ 的最小值为 1.

再求最大值. 令 $x_k = \sqrt{k}y_k$. 有

$$\sum_{k=1}^{n} k y_k^2 + 2\sum_{1 \leqslant k < j \leqslant n} k y_k y_j = 1 \tag{7.16}$$

设

$$M = \sum_{k=1}^{n} x_k = \sum_{k=1}^{n}\sqrt{k}y_k$$

令

$$\begin{cases} y_1 + y_2 + \cdots + y_n = a_1 \\ y_2 + \cdots + y_n = a_2 \\ \vdots \\ y_n = a_n \end{cases}$$

则式(7.16)$\Leftrightarrow a_1^2 + a_2^2 + \cdots + a_n^2 = 1$.

令 $a_{n+1} = 0$. 则

$$M = \sum_{k=1}^{n}\sqrt{k}(a_k - a_{k+1}) = \sum_{k=1}^{n}\sqrt{k}a_k - \sum_{k=1}^{n}\sqrt{k}a_{k+1} = \sum_{k=1}^{n}\sqrt{k}a_k - \sum_{k=1}^{n}\sqrt{k-1}a_k = \sum_{k=1}^{n}(\sqrt{k} - \sqrt{k-1})a_k$$

由柯西不等式得

$$M \leqslant \left[\sum_{k=1}^{n}(\sqrt{k}-\sqrt{k-1})^2\right]^{\frac{1}{2}}\left(\sum_{k=1}^{n}a_k^2\right)^{\frac{1}{2}}=$$

$$\left[\sum_{k=1}^{n}(\sqrt{k}-\sqrt{k-1})^2\right]^{\frac{1}{2}}$$

等号成立 $\Leftrightarrow \frac{a_1^2}{1}=\cdots=\frac{a_k^2}{(\sqrt{k}-\sqrt{k-1})^2}=\cdots=$

$$\frac{a_n^2}{(\sqrt{n}-\sqrt{n-1})^2}\Leftrightarrow$$

$$\frac{a_1^2+a_2^2+\cdots+a_n^2}{1+(\sqrt{2}-\sqrt{1})^2+\cdots+(\sqrt{n}-\sqrt{n-1})^2}=$$

$$\frac{a_k^2}{(\sqrt{k}-\sqrt{k-1})^2}\Leftrightarrow$$

$$a_k=\frac{\sqrt{k}-\sqrt{k-1}}{\left[\sum_{k=1}^{n}(\sqrt{k}-\sqrt{k-1})^2\right]^{\frac{1}{2}}}$$

$$(k=1,2,\cdots,n)$$

由于 $a_1 \geqslant a_2 \geqslant \cdots \geqslant a_n$，从而

$$y_k=a_k-a_{k+1}=\frac{2\sqrt{k}-(\sqrt{k+1}+\sqrt{k-1})}{\left[\sum_{k=1}^{n}(\sqrt{k}-\sqrt{k-1})^2\right]^{\frac{1}{2}}}\geqslant 0$$

即 $x_k \geqslant 0$. 所求最大值为 $\left[\sum_{k=1}^{n}(\sqrt{k}-\sqrt{k-1})^2\right]^{\frac{1}{2}}$.

例 31 设 n 是给定的大于 1 的正整数. 对于任意 d_1, $d_2,\cdots,d_n>1$，当

$$\sum_{1\leqslant i<j\leqslant n}d_id_j=(n-1)\sum_{i=1}^{n}d_i$$

时，试求

$$S=\sum_{i=1}^{n}\left[d_i\sum_{j=1}^{n}d_j-nd_i+n(n-2)\right]^{-1}$$

的最大值为

$$S_{\max}=\frac{1}{n}$$

解 首先，令 $d_1=d_2=\cdots=d_n=2$. 显然，有

$$\sum_{1\leqslant i<j\leqslant n}d_id_j=(n-1)\sum_{i=1}^{n}d_i$$

此时，$S=\frac{1}{n}$.

其次证明

$$S\leqslant\frac{1}{n}\tag{7.17}$$

事实上，取

$$a_i=d_i-1\quad(i=1,2,\cdots,n)$$

由已知条件得

$$\sum_{1\leqslant i<j\leqslant n}d_id_j=(n-1)\sum_{i=1}^{n}d_i\Leftrightarrow$$

$$\sum_{1\leqslant i<j\leqslant n}(d_id_j-d_i-d_j+1)=\frac{n(n-1)}{2}\Leftrightarrow$$

$$\sum_{1\leqslant i<j\leqslant n}a_ia_j=\frac{n(n-1)}{2}$$

因为 $a_i>0(i=1,2,\cdots,n)$，所以

$$\sum_{i=1}^{n}a_i\geqslant n\sqrt{\frac{\sum\limits_{1\leqslant i<j\leqslant n}a_ia_j}{\mathrm{C}_n^2}}=n$$

则

$$\begin{aligned}S=&\sum_{i=1}^{n}\left[d_i\sum_{j=1}^{n}d_j-nd_i+n(n-2)\right]^{-1}=\\&\sum_{i=1}^{n}\left[d_i\sum_{j=1}^{n}(d_j-1)+n(n-2)\right]^{-1}=\\&\sum_{i=1}^{n}\left[(a_i+1)\sum_{j=1}^{n}a_j+n(n-2)\right]^{-1}\leqslant\\&\sum_{i=1}^{n}\left[a_i\sum_{j=1}^{n}a_j+n(n-1)\right]^{-1}=\\&\sum_{i=1}^{n}\frac{2\sum\limits_{1\leqslant s<t\leqslant n}a_sa_t}{n(n-1)\left(a_i\sum\limits_{j=1}^{n}a_j+2\sum\limits_{1\leqslant s<t\leqslant n}a_sa_t\right)}=\\&\frac{1}{(n-1)}\left[1-\frac{1}{n}\sum_{i=1}^{n}\frac{a_i\sum\limits_{j=1}^{n}a_j}{a_i\sum\limits_{j=1}^{n}a_j+2\sum\limits_{1\leqslant s<t\leqslant n}a_sa_t}\right]\end{aligned}$$

欲证式(7.17)成立，只需证

$$\sum_{i=1}^{n}\frac{a_i\sum_{j=1}^{n}a_j}{a_i\sum_{j=1}^{n}a_j+2\sum_{1\leqslant s<t\leqslant n}a_sa_t}\geqslant 1 \qquad (7.18)$$

由柯西不等式得

$$\sum_{i=1}^{n}\left[a_i\left(a_i\sum_{j=1}^{n}a_j+2\sum_{1\leqslant s<t\leqslant n}a_sa_t\right)\right]\cdot\sum_{i=1}^{n}\frac{a_i}{a_i\sum_{j=1}^{n}a_j+2\sum_{1\leqslant s<t\leqslant n}a_sa_t}\geqslant$$

$$\left(\sum_{i=1}^{n}a_i\right)^2$$

注意到

$$\sum_{i=1}^{n}a_i\left(a_i\sum_{j=1}^{n}a_j+2\sum_{1\leqslant s<t\leqslant n}a_sa_t\right)=\left(\sum_{i=1}^{n}a_i\right)^3$$

则

$$\sum_{i=1}^{n}\frac{a_i}{a_i\sum_{j=1}^{n}a_j+2\sum_{1\leqslant s<t\leqslant n}a_sa_t}\geqslant\frac{1}{\sum_{i=1}^{n}a_i}$$

故式(7.18)成立.从而式(7.17)成立.

例 32 (2001 年中国数学奥林匹克国家队选拔考试题)给定大于 3 的整数 n,设实数 $x_1,x_2,\cdots,x_n,x_{n+1},x_{n+2}$ 满足条件

$$0<x_1<x_2<\cdots<x_n<x_{n+1}<x_{n+2}$$

试求

$$\frac{\left(\sum_{i=1}^{n}\frac{x_{i+1}}{x_i}\right)\left(\sum_{j=1}^{n}\frac{x_{j+2}}{x_{j+1}}\right)}{\left(\sum_{k=1}^{n}\frac{x_{k+1}x_{k+2}}{x_{k+1}^2+x_kx_{k+2}}\right)\left(\sum_{l=1}^{n}\frac{x_{l+1}^2+x_lx_{l+2}}{x_lx_{l+1}}\right)}$$

的最小值,并求出使该式达到最小值的所有满足条件的实数组 $x_1,x_2,\cdots,x_n,x_{n+1},x_{n+2}$.

解 (1) 记 $t_i=\frac{x_{i+1}}{x_i}(>1)$,$1\leqslant i\leqslant n+1$.题中的式子可以写成

$$\frac{\left(\sum_{i=1}^{n}t_i\right)\left(\sum_{i=1}^{n}t_{i+1}\right)}{\left(\sum_{i=1}^{n}\frac{t_it_{i+1}}{t_i+t_{i+1}}\right)\left(\sum_{i=1}^{n}(t_i+t_{i+1})\right)}$$

我们看到

$$\left(\sum_{i=1}^{n}\frac{t_it_{i+1}}{t_i+t_{i+1}}\right)\left(\sum_{i=1}^{n}(t_i+t_{i+1})\right)=$$

$$\left(\sum_{i=1}^{n}t_i-\sum_{i=1}^{n}\frac{t_i^2}{t_i+t_{i+1}}\right)\left(\sum_{i=1}^{n}(t_i+t_{i+1})\right)=$$

$$\left(\sum_{i=1}^{n}t_i\right)\left(\sum_{i=1}^{n}(t_i+t_{i+1})\right)-\left(\sum_{i=1}^{n}\frac{t_i^2}{t_i+t_{i+1}}\right)\left(\sum_{i=1}^{n}(t_i+t_{i+1})\right)\leqslant$$

$$\left(\sum_{i=1}^{n}t_i\right)\left(\sum_{i=1}^{n}(t_i+t_{i+1})\right)-\left(\sum_{i=1}^{n}\frac{t_i}{\sqrt{t_i+t_{i+1}}}\sqrt{t_i+t_{i+1}}\right)^2=$$

$$\left(\sum_{i=1}^{n}t_i\right)^2+\left(\sum_{i=1}^{n}t_i\right)\left(\sum_{i=1}^{n}t_{i+1}\right)-\left(\sum_{i=1}^{n}t_i\right)^2=$$

$$\left(\sum_{i=1}^{n}t_i\right)\left(\sum_{i=1}^{n}t_{i+1}\right)$$

因此，对于符合条件的实数组 $0<x_1<x_2<\cdots<x_n<x_{n+1}<x_{n+2}$，题中的式子不小于 1.

(2)上面推演中用到柯西不等式，等号成立的充分必要条件是

$$\frac{\sqrt{t_i+t_{i+1}}}{\dfrac{t_i}{\sqrt{t_i+t_{i+1}}}}=d(\text{常数})\quad(1\leqslant i\leqslant n)$$

也就是$\frac{t_{i+1}}{t_i}=d-1=c$，$1\leqslant i\leqslant n$.

记 $t_1=b$，有

$$t_j=bc^{j-1}\quad(1\leqslant j\leqslant n+1)$$

相应地有$\frac{x_{j+1}}{x_j}=t_j=bc^{j-1}$，$1\leqslant j\leqslant n+1$.

记 $x_1=a>0$，有

$$x_k=t_{k-1}t_{k-2}\cdots t_1a=ab^{k-1}c^{\frac{(k-1)(k-2)}{2}}\quad(2\leqslant k\leqslant n+2)$$

因为 $x_2>x_1$，所以 $b=\frac{x_2}{x_1}>1$.

又因为

$$t_j=bc^{j-1}>1\quad(1\leqslant j\leqslant n+1)$$

所以 $c>\sqrt[n]{\frac{1}{b}}\left(\geqslant\sqrt[j-1]{\frac{1}{b}}\right)$，$1\leqslant j\leqslant n+1$.

(3)得到结论：

①对于符合条件的实数组 $x_1,x_2,\cdots,x_n,x_{n+1},x_{n+2}$，题中式子的最小值是1.

②能使该式达到最小值的符合条件 $0<x_1<x_2<\cdots<x_n<x_{n+1}<x_{n+2}$ 的实数组 $x_1,x_2,\cdots,x_n,x_{n+1},x_{n+2}$ 应该是

$$x_1=a,x_k=ab^{k-1}c^{\frac{(k-1)(k-2)}{2}}\quad(2\leqslant k\leqslant n+2)$$

其中 $a>0,b>1,c>\sqrt[n]{\frac{1}{b}}$.

例 33 (2010年中国国家队选拔考试题)给定整数 $n\geqslant 2$ 和正实数 a，正实数 $x_1,x_2,\cdots,x_n$ 满足 $x_1x_2\cdots x_n=1$. 求最小的实数 $M=M(n,a)$，使得

$$\sum_{i=1}^{n}\frac{1}{a+S-x_i}\leqslant M$$

恒成立，其中 $S=x_1+x_2+\cdots+x_n$.

解 首先考虑 $a\geqslant 1$ 的情况，令 $x_i=y_i^n$，$y_i>0$，于是 $y_1y_2\cdots y_n=1$，我们有

$$S-x_i=\sum_{j\neq i}y_j^n\geqslant(n-1)\left(\frac{\sum_{j\neq i}y_j}{n-1}\right)^n\text{(幂平均不等式)}\geqslant$$

$$(n-1)\left(\frac{\sum_{j\neq i}y_j}{n-1}\right)\cdot\prod_{j\neq i}y_j=$$

$$\text{(算术平均不等式}\geqslant\text{几何平均不等式)}\ \frac{\sum_{j\neq i}y_j}{y_i}$$

于是

$$\sum_{i=1}^{n}\frac{1}{a+S-x_i}\leqslant\sum_{i=1}^{n}\frac{y_i}{ay_i+\sum_{j\neq i}y_j}\tag{7.19}$$

当 $a=1$ 时

$$\sum_{i=1}^{n}\frac{y_i}{ay_i+\sum_{j\neq i}y_j}=\sum_{i=1}^{n}\frac{y_i}{\sum_{j=1}^{n}y_j}=1$$

当且仅当 $x_1=x_2=\cdots=x_n=1$ 时，$\sum_{i=1}^{n}\frac{1}{a+S-x_i}=1$，此时

$M=1$.

下面假设 $a>1$. 令 $z_i=\dfrac{y_i}{\sum\limits_{j=1}^{n}y_j}$, $i=1,2,\cdots,n$, 有 $\sum\limits_{i=1}^{n}z_i=1$

$$\frac{y_i}{ay_i+\sum\limits_{j\neq i}y_j}=\frac{y_i}{(a-1)y_i+\sum\limits_{j=1}^{n}y_j}=\frac{z_i}{(a-1)z_i+1}=$$

$$\frac{1}{a-1}\left[1-\frac{1}{(a-1)z_i+1}\right] \tag{7.20}$$

由柯西不等式

$$\left\{\sum_{i=1}^{n}[(a-1)z_i+1]\right\}\left[\sum_{i=1}^{n}\frac{1}{(a-1)z_i+1}\right]\geqslant n^2$$

而

$$\sum_{i=1}^{n}[(a-1)z_i+1]=a-1+n$$

故

$$\sum_{i=1}^{n}\frac{1}{(a-1)z_i+1}\geqslant\frac{n^2}{a-1+n} \tag{7.21}$$

结合式(7.19), 式(7.20), 式(7.21), 我们有

$$\sum_{i=1}^{n}\frac{1}{a+S-x_i}\leqslant\sum_{i=1}^{n}\left[\frac{1}{a-1}\left(1-\frac{1}{(a-1)z_i+1}\right)\right]\leqslant$$

$$\frac{n}{a-1}-\frac{1}{a-1}\cdot\frac{n^2}{a-1+n}=$$

$$\frac{n}{a-1+n}$$

当 $x_1=x_2=\cdots=x_n=1$ 时, 有

$$\sum_{i=1}^{n}\frac{1}{a+S-x_i}=\frac{n}{a-1+n}$$

故

$$M=\frac{n}{a-1+n}$$

下面考虑 $a<1$ 的情况. 对任何常数 $\lambda>0$, 函数

$$f(x)=\frac{x}{x+\lambda}=1-\frac{\lambda}{x+\lambda}$$

在区间 $(0,+\infty)$ 上严格单调递增, 故 $f(a)<f(1)$, 即 $\dfrac{a}{a+\lambda}<$

$\frac{1}{1+\lambda}$. 于是由 $a=1$ 时的结论

$$\sum_{i=1}^{n}\frac{1}{a+S-x_i}=\frac{1}{a}\sum_{i=1}^{n}\frac{a}{a+S-x_i}<\frac{1}{a}\sum_{i=1}^{n}\frac{1}{1+S-x_i}\leqslant\frac{1}{a}$$

当 $x_1=x_2=\cdots=x_{n-1}=\varepsilon\to 0^+$, 而 $x_n=\varepsilon^{1-n}\to+\infty$ 时

$$\lim_{\varepsilon\to 0^+}\sum_{i=1}^{n}\frac{1}{a+S-x_i}=\lim_{\varepsilon\to 0^+}\left[\frac{n-1}{a+\varepsilon^{1-n}+(n-2)\varepsilon}+\frac{1}{a+(n-1)\varepsilon}\right]=\frac{1}{a}$$

故 $M=\frac{1}{a}$, 综上所述

$$M=\begin{cases}\frac{n}{a-1+n}, 若\ a\geqslant 1\\ \frac{1}{a}, 若\ 0<a<1\end{cases}$$

例 34 (1989 年第 30 届加拿大 IMO 训练题)设 u,v 为正实数, 求 u,v 所需满足的充分必要条件, 使得对给定 n, 存在实数满足

$$a_1\geqslant a_2\geqslant\cdots\geqslant a_n\geqslant 0$$

$$a_1+a_2+\cdots+a_n=u$$

$$a_1^2+a_2^2+\cdots+a_n^2=v$$

当这些数存在时, 求 a_1 的最大值与最小值.

解 若有满足条件的 $a_1,a_2,\cdots,a_n$, 则由柯西不等式, 得

$$n(a_1^2+a_2^2+\cdots+a_n^2)\geqslant(a_1+a_2+\cdots+a_n)^2$$

又显然有

$$(a_1+a_2+\cdots+a_n)^2\geqslant a_1^2+a_2^2+\cdots+a_n^2$$

因此

$$nv\geqslant u^2\geqslant v \tag{7.22}$$

式(7.22)是必要条件, 也是充分条件. 事实上, 在式(7.22)成立时, 可取

$$a_1=\frac{u+\sqrt{(n-1)(nv-u^2)}}{n}\left(<\frac{u+(n-1)u}{n}=u\right)$$

$$a_2=a_3=\cdots=a_n=\frac{u-a_1}{n-1}$$

a_1 的最大值就是 $\frac{u+\sqrt{(n-1)(nv-u^2)}}{n}$，因为 a_1 若比这个值大，则

$$na_1^2-2ua_1+u^2-(n-1)v>0 \tag{7.23}$$

即

$$(n-1)(v-a_1^2)<(u-a_1)^2 \tag{7.24}$$

而由柯西不等式，得

$$(n-1)(a_2^2+a_3^2+\cdots+a_n^2)\geqslant(a_2+a_3+\cdots+a_n)^2 \tag{7.25}$$

式(7.24)与式(7.25)矛盾.

现在考虑 a_1 的最小值，显然 $a_1\geqslant\frac{u}{n}$，当且仅当 $nv=u^2$ 时等号成立.

设

$$\frac{u}{k}\geqslant a_1\geqslant\frac{u}{k+1}\quad(\text{整数 } k\in[1,n-1])$$

由于

$$a_i^2+a_j^2\leqslant(a_i+a_j)^2 \tag{7.26}$$

$$a_i^2+a_j^2\leqslant a_1^2+(a_i+a_j-a_1)^2 \tag{7.27}$$

所以经过有限多次使用式(7.26)(如果 $a_i+a_j\leqslant a_1$)与式(7.27)(如果 $a_i+a_j>a_1$)，即得

$$a_1^2+a_2^2+\cdots+a_n^2\leqslant ka_1^2+(u-ka_1)^2 \tag{7.28}$$

即

$$v\leqslant ka_1^2+(u-ka_1)^2 \tag{7.29}$$

或写成 a_1 的二次不等式

$$k(k+1)a_1^2-2kua_1+u^2-v\geqslant 0 \tag{7.30}$$

若 $v\leqslant\frac{u^2}{k+1}$，则式(7.30)恒成立，这时 a_1 最小为 $\frac{u}{k+1}$；

若 $v>\frac{u^2}{k+1}$，则式(7.30)当且仅当

$$a_1\geqslant\frac{ku+\sqrt{k[(k+1)v-u^2]}}{k(k+1)} \tag{7.31}$$

时成立. 由于 $a_1\leqslant\frac{u}{k}$，所以

$$\frac{ku+\sqrt{k[(k+1)v-u^2]}}{k(k+1)}\leqslant\frac{u}{k} \tag{7.32}$$

从而

$$v\leqslant\frac{u^2}{k}$$

于是当$\frac{u^2}{k}\geqslant v>\frac{u}{k+1}$时，$a_1$ 的最小值为

$$\frac{ku+\sqrt{k[(k+1)v-u^2]}}{k(k+1)}\quad(k=1,2,\cdots,n-1)$$

例 35 如图 1，求边长为 a,b,c,d 的凸四边形的最大面积和取到最大面积时的条件.

解 联结 BD，记 $BD=x$，$a+b+c+d=2p$，$a+d+x=2m$，$b+c+x=2n$，四边形 $ABCD$ 的面积为

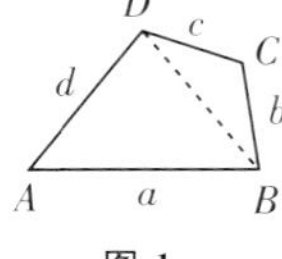

图 1

$$S=\sqrt{m(m-x)(m-a)(m-d)}+\sqrt{n(n-x)(n-b)(n-c)}$$

令

$$\sqrt{m(m-x)}=a_1,\ \sqrt{(m-a)(m-d)}=b_1$$
$$\sqrt{(n-b)(n-c)}=a_2,\ \sqrt{n(n-x)}=b_2$$

由柯西不等式得

$$S^2\leqslant[m(m-x)+(n-b)(n-c)]\cdot[(m-a)(m-d)+n(n-x)]$$

不等式右边经整理，可化为$(p-a)(p-b)(p-c)(p-d)$. 于是

$$S^2\leqslant(p-a)(p-b)(p-c)(p-d)$$

当且仅当

$$\frac{m(m-x)}{(m-a)(m-d)}=\frac{(n-b)(n-c)}{n(n-x)}\tag{7.33}$$

时，等号才成立，这时 S 取最大值

$$S_{\max}=\sqrt{(p-a)(p-b)(p-c)(p-d)}$$

式(7.33)经整理得

$$x^2=\frac{(ac+bd)(ab+cd)}{ad+bc}$$

设 $AC=y$，同样可推得 S 取最大值时

$$y^2=\frac{(ac+bd)(ad+bc)}{ab+cd}$$

于是 $xy=ac+bd$. 这表示四边形 $ABCD$ 取最大面积的条件是

$ABCD$ 内接于圆.

将上述内容归结为如下命题：

边长依次为 a,b,c,d 的凸四边形中，面积最大的为内接于圆的四边形

$$S_{\max}=\sqrt{(p-a)(p-b)(p-c)(p-d)}$$

由此可得以下推论：

周长为定值 $2p$ 的四边形中面积最大者为正方形，其面积为 $S=\frac{p^2}{4}$.

证明　设该四边形的边长依次为 a,b,c,d，则

$$2p=a+b+c+d$$

由上述命题，其面积最大者为圆内接四边形，最大面积为

$$S=\sqrt{(p-a)(p-b)(p-c)(p-d)}$$

由均值不等式，得

$$\sqrt{(p-a)(p-b)(p-c)(p-d)}\leqslant \frac{(p-a)+(p-b)+(p-c)+(p-d)}{4}$$

即

$$\sqrt{S}\leqslant\frac{p}{2},\ S\leqslant\frac{p^2}{4}$$

当且仅当

$$p-a=p-b=p-c=p-d$$

时，即 $a=b=c=d$ 时，$S_{\max}=\frac{p^2}{4}$. 该四边形各边相等又内接于圆，故必为正方形.

例 36　如图 2，在直角边为 1 的等腰直角三角形 AOB 中任取一点 P，过 P 分别引三边的平行线，与各边围成以 P 为顶点的三个三角形，求这三个三角形面积和的最小值，以及达到最小值时 P 的位置.

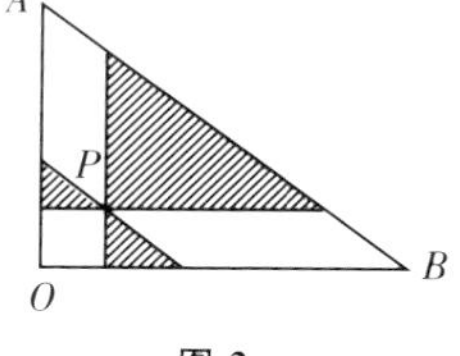

图 2

解　分别取 OB,OA 为 x 轴和 y 轴，则 AB 的方程为 $x+y=1$. 记点 P 坐标为 $P(x_P,y_P)$，则以 P 为公共顶点的三个三角形的面积和 S 为

$$S=\frac{1}{2}x_P^2+\frac{1}{2}y_P^2+\frac{1}{2}(1-x_P-y_P)^2$$

$$2S=x_P^2+y_P^2+(1-x_P-y_P)^2$$

由柯西不等式,得

$$[x_P^2+y_P^2+(1-x_P-y_P)^2]\cdot(1^2+1^2+1^2)\geqslant$$
$$[x_P+y_P+(1-x_P-y_P)]^2$$

即 $$6S\geqslant 1$$

当且仅当 $\frac{x_P}{1}=\frac{y_P}{1}=\frac{1-x_P-y_P}{1}$ 时,即 $x_P=y_P=\frac{1}{3}$ 时

$$S_{\min}=\frac{1}{6}$$

例 37 如图 3,光线由点 A 到点 B,在介质面 l 上折射,Q 为 l 上的一点,θ_1,θ_2 是光线经 Q 折射时的入射角和折射角,v_1,v_2 是光线在两种不同介质中的速度,且

$$\frac{\sin\theta_1}{\sin\theta_2}=\frac{v_1}{v_2}$$

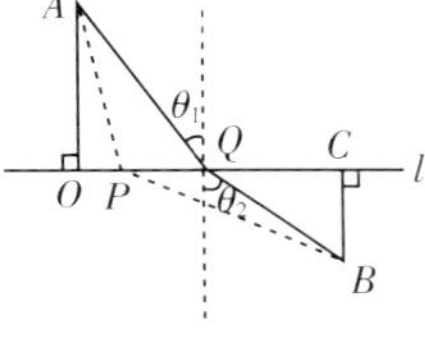

图 3

试求光线由点 A 到点 B 所需时间最少的路径.

解 过点 A,B 分别作介质面 l 的垂线 AO,BC,设 $AO=a$,$BC=b$,$OC=c$,$OQ=d$,在 OC 上任取一点 P,记 $OP=x(0<x<c)$,于是

$$\sin\theta_1=\frac{d}{\sqrt{d^2+a^2}},\ \sin\theta_2=\frac{c-d}{\sqrt{(c-d)^2+b^2}}$$

光线由点 A 经点 P 到点 B 的所需时间 T_x 为

$$T_x=\frac{\sqrt{x^2+a^2}}{v_1}+\frac{\sqrt{(c-x)^2+b^2}}{v_2}$$

由柯西不等式,得

$$\sqrt{x^2+a^2}=\sqrt{x^2+a^2}\cdot\sqrt{\sin^2\theta_1+\cos^2\theta_1}\geqslant x\sin\theta_1+a\cos\theta_1$$

$$\sqrt{(c-x)^2+b^2}=\sqrt{(c-x)^2+b^2}\cdot\sqrt{\sin^2\theta_2+\cos^2\theta_2}\geqslant$$
$$(c-x)\sin\theta_2+b\cos\theta_2$$

当且仅当

$$\frac{x}{\sin\theta_1}=\frac{a}{\cos\theta_1},\ \frac{c-x}{\sin\theta_2}=\frac{b}{\cos\theta_2} \tag{7.34}$$

同时成立时上述两式中的等号同时成立. 于是将 $x=a\tan\theta_1$, $c-x=b\tan\theta_2$ 代入,得

$$T_x\geqslant\frac{a}{v_1\cos\theta_1}+\frac{b}{v_2\cos\theta_2}$$

但

$$\cos\theta_1=\frac{a}{\sqrt{d^2+a^2}},\cos\theta_2=\frac{b}{\sqrt{(c-d)^2+b^2}}$$

所以

$$T_x\geqslant\frac{\sqrt{d^2+a^2}}{v_1}+\frac{\sqrt{(c-d)^2+b^2}}{v_2}$$

当且仅当式(7.34)成立时取等号. 即当 $x=d$ 时, T_x 取到最小值

$$\min\ T_x=\frac{\sqrt{d^2+a^2}}{v_1}+\frac{\sqrt{(c-d)^2+b^2}}{v_2}$$

由此可知光线由点 A 经点 Q 到点 B 所需时间为最小.

例 37 就是著名的费马(Fermat)光行最速原理. 这个问题的提出,虽然已有三百多年了,但直到近代,有好几位数学家还认为用初等数学(即不用微积分)来证明它是很困难的. 这一原理在解数学题中也有着重要的应用.

例 38　海中有一岛 A,距海岸 BC 的最近点 C 处 4 km,海岸有一城 B,距点 C 6 km,渔民由岛 A 去城 B,已知他划船每小时 6 km,步行每小时 10 km,问他在何处登岸到达城 B 所需时间最短?

分析　此题常用微积分法或判别式法求解,但这两种方法都比较复杂,而利用光行最速原理来解,则比较简单.

解　如图 4,设点 A, B 位于以平面分开的不同光介质中,且光在第一介质中的传播速度为 v_1,在第二介质中的传播速度为 v_2,则从点 A 发出的光线传到点 B 所需要的时间为

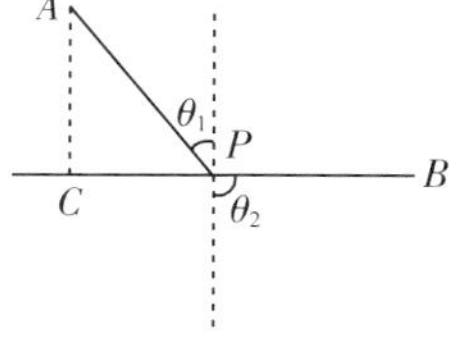

图 4

$$T=\frac{AP}{v_1}+\frac{PB}{v_2}$$

由光行最速原理知,当且仅当$\frac{\sin\theta_1}{\sin\theta_2}=\frac{v_1}{v_2}$时,$T$ 取最小值.

设渔民应在 P 处登岸,令 $PC=x$,则

$$AP=\sqrt{x^2+16},BP=6-x$$

于是

$$T=\frac{\sqrt{x^2+16}}{6}+\frac{6-x}{10} \tag{7.35}$$

式(7.35)在$\frac{\sin\theta_1}{\sin\theta_2}=\frac{v_1}{v_2}=\frac{6}{10}$时,$T$ 取最小值,而 $\theta_2=90°$,所以

$$\sin\theta_1=\frac{3}{5}$$

又

$$\sin\theta_1=\frac{CP}{AP}=\frac{x}{\sqrt{x^2+16}}$$

即

$$\frac{x}{\sqrt{x^2+16}}=\frac{3}{5}$$

所以 $x=3$.

因此,划船登岸处 P 离点 C 3 km 时,渔民从岛 A 到城 B 所需的时间最短.

例 39 (1989 年第一期《数学通讯》第 19 页例 4)如图 5,由沿河的城市 A 运货到 B,B 离河岸最近点 C 为 30 km,C 和 A 的距离为 40 km. 如果每吨每千米的运费水路比公路便宜一半,应该怎样从 B 筑一条公路到河岸,才能使 A 到 B 的运费最省?

图 5

解 设 $DC=x$,则

$$AD=40-x,BD=\sqrt{x^2+30^2}$$

如果水路每吨每千米运费为 1 个价格单位,则公路每吨每千米运费为 2 个价格单位. 设每吨货物从 A 运到 B 的总运费为 y 个价格单位,则

$$y=1\cdot(40-x)+2\cdot\sqrt{x^2+900}=\frac{40-x}{1}+\frac{\sqrt{x^2+900}}{1/2}$$

当$\frac{\sin\theta_1}{\sin\theta_2}=\frac{1}{2}$时，$y$有最小值，而$\theta_2=90°$，则

$$\sin\theta_1=\frac{1}{2}$$

又易知

$$\sin\theta_1=\frac{x}{\sqrt{x^2+900}}$$

所以

$$\frac{x}{\sqrt{x^2+900}}=\frac{1}{2}$$

解之得

$$x=10\sqrt{3}\approx 17\ (\text{km})$$

所以，公路应筑在A，C之间距C约 17 km 处的河岸上，才使运费最省.

例 40　设动点$M(x,y)$在双曲线$\frac{x^2}{4}-\frac{y^2}{9}=1$上运动，求函数

$$F(x,y)=\frac{15}{2}|x|+3|10-y|$$

的最小值.

解　由已知条件可得

$$|x|=\frac{2}{3}\sqrt{y^2+9}$$

故即为求

$$F(x,y)=5\sqrt{y^2+9}+3|10-y|$$

的最小值.

在直角坐标系中，设P_1，P_2，Q的坐标分别为$(3,0)$，$(0,10)$，$(0,y)$，则可变为求

$$5|P_1Q|+3|QP_2|=\frac{|P_1Q|}{\frac{1}{5}}+\frac{|QP_2|}{\frac{1}{3}}$$

的最小值.

如图 6,由光行最速原理知,当 $\frac{\sin\theta_1}{\sin\theta_2}=\frac{3}{5}$ 时,$5|P_1Q|+3|QP_2|$ 有最小值.又

$$\sin\theta_1=\sin\angle OP_1Q=\frac{OQ}{P_1Q}=\frac{y}{\sqrt{y^2+3^2}}$$

即有 $\frac{y}{\sqrt{y^2+9}}=\frac{3}{5}$,所以 $y=\frac{9}{4}$.

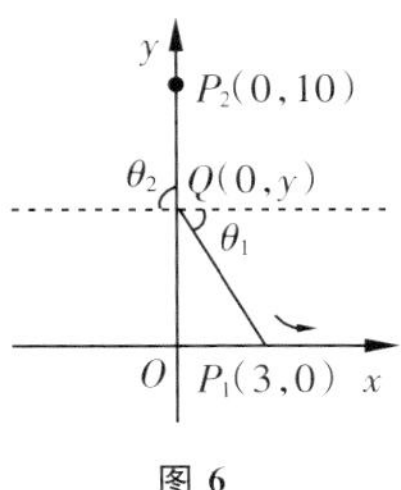

图 6

所以当 $y=\frac{9}{4}$ 时,$F(x,y)=\frac{15}{2}|x|+3|10-y|$ 有最小值

$$5\sqrt{\left(\frac{9}{4}\right)^2+9}+3\left|10-\frac{9}{4}\right|=\frac{75}{4}+\frac{93}{4}=42$$

下列几题可供读者练习用:

1. 某乡 A 位于铁路线一边 m km 的地方.为了向城市 B 供应粮食,需要筹建一个火车站.乡里的粮食,先用汽车沿公路运到火车站,然后用火车经铁路运到城市去.已知乡 A 与城市 B,沿铁路方向的距离为 l km,汽车、火车的速度分别为每小时 u km,v km,欲使运粮时间最短,火车站应建在何处?

2. 江的一岸有一发电站,要向下岸对岸一工厂区供电,输电路线先由发电站沿平直的江堤装设,然后转入水下通向工厂区.已知每单位距离的装设费,水下是陆上的 m 倍.试设计最经济的路线.

在本章的最后,我们利用柯西不等式来求形如 $y=\sin\theta(a+\cos\theta)$ 和形如 $y=\sin\theta(a-\cos\theta)(a\neq0)$ 的极值问题.

定理 1 设 $y=\sin\theta(a+\cos\theta)(a\neq0)$,则:

(1) 当 $a>0$,当且仅当 $\cos\theta=\frac{\sqrt{a^2+8}-a}{4}$,$\sin\theta=\sqrt{1-\cos^2\theta}$ 时,或当 $a<0$,当且仅当 $\cos\theta=\frac{-\sqrt{a^2+8}-a}{4}$,$\sin\theta=-\sqrt{1-\cos^2\theta}$ 时

$$y_{\max}=\frac{\sqrt{a^4+8a^2}-a^2+4}{8}\cdot\sqrt{\frac{\sqrt{a^4+8a^2}+a^2+2}{2}}$$

(2) 当 $a>0$,当且仅当 $\cos\theta=\frac{\sqrt{a^2+8}-a}{4}$,$\sin\theta=$

$-\sqrt{1-\cos^2\theta}$时，或当 $a<0$，当且仅当 $\cos\theta=\dfrac{-\sqrt{a^2+8}-a}{4}$，$\sin\theta=\sqrt{1-\cos^2\theta}$时

$$y_{\min}=-\frac{\sqrt{a^4+8a^2}-a^2+4}{8}\cdot\sqrt{\frac{\sqrt{a^4+8a^2}+a^2+2}{2}}$$

证明　考虑 $y^2=\sin^2\theta(a+\cos\theta)^2$，引入正数 λ，得

$$y^2=\frac{1}{\lambda^2}\sin^2\theta(a\lambda+\lambda\cos\theta)^2\leqslant$$

$$\frac{1}{\lambda^2}\sin^2\theta(\lambda^2+\cos^2\theta)(a^2+\lambda^2)\text{（由柯西不等式）}\leqslant \tag{7.36}$$

$$\frac{1}{\lambda^2}\left(\frac{\sin^2\theta+\lambda^2+\cos^2\theta}{2}\right)^2(a^2+\lambda^2)\text{（由算术平均-几何平均不等式）}= \tag{7.37}$$

$$\frac{1}{\lambda^2}\left(\frac{\lambda^2+1}{2}\right)^2(a^2+\lambda^2) \tag{7.38}$$

式(7.36)处等号当且仅当$\dfrac{a}{\lambda}=\dfrac{\lambda}{\cos\theta}$，即 $\lambda^2=a\cos\theta$ 时成立；式(7.37)处等号当且仅当 $\sin^2\theta=\lambda^2+\cos^2\theta$ 时成立.

故得

$$\begin{cases}\lambda^2=a\cos\theta & (7.39)\\ \sin^2\theta=\lambda^2+\cos^2\theta & (7.40)\end{cases}$$

由式(7.39)，(7.40)消去 θ，可得

$$2\lambda^4+a^2\lambda^2-a^2=0$$

解得

$$\lambda^2=\frac{\sqrt{a^4+8a^2}-a^2}{4}$$

将它代入式(7.39)，得

$$\cos\theta=\frac{\sqrt{a^4+8a^2}-a^2}{4a} \tag{7.41}$$

易知

$$|\cos\theta|=\frac{|a|\sqrt{a^2+8}-|a|^2}{4|a|}=\frac{\sqrt{a^2+8}-|a|}{4}=\frac{2}{\sqrt{a^2+8}+|a|}<\frac{\sqrt{2}}{2}$$

故 $\cos\theta$ 有意义. 再由式(7.38)及式(7.41)可得结论.

定理 2　设 $y=\sin\theta(a-\cos\theta)(a\neq0)$，则

(1)当 $a>0$,当且仅当 $\cos\theta=\frac{-\sqrt{a^2+8}+a}{4}$, $\sin\theta=\sqrt{1-\cos^2\theta}$时,或 $a<0$,当且仅当 $\cos\theta=\frac{\sqrt{a^2+8}+a}{4}$, $\sin\theta=-\sqrt{1-\cos^2\theta}$时

$$y_{\max}=\frac{\sqrt{a^4+8a^2}-a^2+4}{8}\cdot\sqrt{\frac{\sqrt{a^4+8a^2}+a^2+2}{2}}$$

(2)当 $a>0$,当且仅当 $\cos\theta=\frac{-\sqrt{a^2+8}+a}{4}$, $\sin\theta=-\sqrt{1-\cos^2\theta}$时,或 $a<0$,当且仅当 $\cos\theta=\frac{\sqrt{a^2+8}+a}{4}$, $\sin\theta=\sqrt{1-\cos^2\theta}$时

$$y_{\min}=-\frac{\sqrt{a^4+8a^2}-a^2+4}{8}\cdot\sqrt{\frac{\sqrt{a^4+8a^2}+a^2+2}{2}}$$

证明 因为 $y=\sin\theta(a-\cos\theta)=-\sin\theta(-a+\cos\theta)$,令 $y'=\sin\theta(-a+\cos\theta)$. 利用定理 1 中(2)得:当 $a>0$ 即 $-a<0$,当且仅当 $\cos\theta=\frac{\sqrt{a^2+8}+a}{4}$, $\sin\theta=-\sqrt{1-\cos^2\theta}$时

$$y'_{\min}=-\frac{\sqrt{a^4+8a^2}-a^2+4}{8}\cdot\sqrt{\frac{\sqrt{a^4+8a^2}+a^2+2}{2}}$$

即 $$y_{\max}=\frac{\sqrt{a^4+8a^2}-a^2+4}{8}\cdot\sqrt{\frac{\sqrt{a^4+8a^2}+a^2+2}{2}}$$

这就证明了定理 2 中(1),同理可证(2).

下面列举几例说明上述定理的应用.

例 41 (1)求 $y=(1+\cos\alpha)(1-\cos\alpha)^3$ 的最大值;

(2)$\triangle ABC$ 中,求函数 $l=\sin 3A+\sin 3B+\sin 3C$ 的最大值.

解 (1)得

$$\begin{aligned}y&=(1+\cos\alpha)(1-\cos\alpha)^3=\\&(1-\cos^2\alpha)(1-\cos\alpha)^2=\\&\sin^2\alpha(1-\cos\alpha)^2=\\&[\sin\alpha(1-\cos\alpha)]^2\end{aligned}$$

应用定理 2(取 $a=1$),当

$$\cos\alpha=-\frac{1}{2},\sin\alpha=\frac{\sqrt{3}}{2}$$

时,$\sin\alpha(1-\cos\alpha)$有最大值$\frac{3\sqrt{3}}{4}$,当

$$\cos\alpha=-\frac{1}{2},\sin\alpha=-\frac{\sqrt{3}}{2}$$

时,$\sin\alpha(1-\cos\alpha)$有最小值$\frac{-3\sqrt{3}}{4}$,故得

$$y_{\max}=\frac{27}{16}$$

(2)$\sin 3A+\sin 3B=2\sin\frac{3}{2}(A+B)\cos\frac{3}{2}(A-B)$,不妨设 $A\leqslant B\leqslant C$. 显然 $A+B\leqslant\frac{2\pi}{3}$,令

$$\alpha=\frac{3}{2}(A+B)\leqslant\pi$$

即 $\sin\alpha\geqslant 0$. 又根据函数的有界性,有 $\cos\frac{3}{2}(A-B)\leqslant 1$(其中等号当且仅当 $A=B$ 时成立). 于是 $\sin 3A+\sin 3B\leqslant 2\sin\alpha$,其中等号当且仅当 $A=B$ 时成立.

另外

$$\sin 3C=\sin 3(A+B)=\sin 2\alpha$$

所以

$$l=\sin 3A+\sin 3B+\sin 3C\leqslant 2\sin\alpha+\sin 2\alpha=2\sin\alpha(1+\cos\alpha)$$

利用定理 1(取 $a=1$)得:当 $\cos\alpha=\frac{1}{2},\sin\alpha=\frac{\sqrt{3}}{2}$时,即 $\alpha=\frac{\pi}{3}$时,$\sin\alpha(1+\cos\alpha)$的最大值为$\frac{3\sqrt{3}}{4}$,即

$$l_{\max}=\frac{3\sqrt{3}}{2}$$

进一步可推得

$$\frac{3}{2}(A+B)=\frac{\pi}{3}$$

即

$$A+B=\frac{2\pi}{9}$$

所以 $A=B=\frac{\pi}{9}$,$C=\frac{7\pi}{9}$,$l_{\max}=\frac{3\sqrt{3}}{2}$.

例 42 已知 $4x^2+9y^2-32x-54y+109=0$,求 $w=3x+11y-xy$ 的最大值和最小值.

解 条件等式可变形为

$$\frac{(x-4)^2}{3^2}+\frac{(y-3)^2}{2^2}=1$$

故可令

$$\begin{cases}x=4+3\cos\theta\\ y=3+2\sin\theta\end{cases}$$

代入 $w=3x+11y-xy$,得

$$w=3(4+3\cos\theta)+11(3+2\sin\theta)-(4+3\cos\theta)(3+2\sin\theta)=$$
$$33+14\sin\theta-6\sin\theta\cos\theta=33+6\sin\theta\left(\frac{7}{3}-\cos\theta\right)$$

利用定理 2$\left(取\ a=\frac{7}{3}\right)$,得:

当且仅当

$$\cos\theta=\frac{-\sqrt{\left(\frac{7}{3}\right)^2+8}+\frac{7}{3}}{4}=-\frac{1}{3},\sin\theta=\frac{2\sqrt{2}}{3}$$

时,$\sin\theta\left(\frac{7}{3}-\cos\theta\right)$ 的最大值为 $\frac{16\sqrt{2}}{9}$,即得

$$w_{\max}=33+\frac{32\sqrt{2}}{3}$$

当 $\cos\theta=-\frac{1}{3}$,$\sin\theta=-\frac{2\sqrt{2}}{3}$ 时

$$w_{\min}=33-\frac{32\sqrt{2}}{3}$$

例 43 在实数范围内解方程

$$15\sqrt{15}x^4-288x^3+120\sqrt{15}x^2-640x+240\sqrt{15}=0$$

解 原方程可变形为

$$32x(-20-9x^2)=-15\sqrt{15}(4+x^2)^2$$

进一步变形得

$$\frac{4x}{4+x^2}\left(\frac{-7}{2}+\frac{4-x^2}{4+x^2}\right)=-\frac{15\sqrt{15}}{16}$$

令 $x=2\tan\frac{\theta}{2}$，则得

$$\sin\theta\left(-\frac{7}{2}+\cos\theta\right)=-\frac{15\sqrt{15}}{16} \tag{7.42}$$

令

$$y=\sin\theta\left(-\frac{7}{2}+\cos\theta\right)$$

利用定理 1，取 $a=-\frac{7}{2}$，得：

当且仅当

$$\cos\theta=\frac{-\sqrt{\left(-\frac{7}{2}\right)^2+8}-\left(-\frac{7}{2}\right)}{4}=-\frac{1}{4}, \sin\theta=\frac{\sqrt{15}}{4}$$

时，$y_{\min}=-\frac{15\sqrt{15}}{16}$与方程(7.42)的右边相等.

故得原方程的实数解为

$$x=2\tan\frac{\theta}{2}=2\cdot\frac{1-\cos\theta}{\sin\theta}=2\cdot\frac{1+\frac{1}{4}}{\frac{\sqrt{15}}{4}}=\frac{2}{3}\sqrt{15}$$

用综合除法可知 $x=\frac{2}{3}\sqrt{15}$是二重根，其余两根为虚数根.

习题七

1. 设正实数 a,b,c 满足 $\frac{2}{a}+\frac{1}{b}=\frac{\sqrt{3}}{c}$,求 $\frac{2a^2+b^2}{c^2}$ 的最小值.

2. 设 $x+y+z=1$,求函数 $u=2x^2+3y^2+z^2$ 的最小值.

3. 给定正实数 a,b,变量 x,y 满足 $x,y\geqslant 0,x+y=a+b$. 求函数 $f(x,y)=a\sqrt{a^2+x^2}+b\sqrt{b^2+y^2}$ 的最小值.

4. (2003 年匈牙利数学奥林匹克试题)已知非负实数 x,y,z 满足 $x^2+y^2+z^2+x+2y+3z=\frac{13}{4}$.

(1) 求 $x+y+z$ 的最大值;

(2) 证明:$x+y+z\geqslant\frac{\sqrt{22}-3}{2}$.

5. 对满足 $1\leqslant r\leqslant s\leqslant t$ 的一切实数 r,s,t. 求 $w=(r-1)^2+\left(\frac{s}{r}-1\right)^2+\left(\frac{t}{s}-1\right)^2+\left(\frac{4}{t}-1\right)^2$ 的最小值.

6. 设 $x\geqslant 0,y\geqslant 0,z\geqslant 0,a,b,c,l,m,n$ 是给定的正数,并且 $ax+by+cz=\delta$ 为常数,求

$$w=\frac{l}{x}+\frac{m}{y}+\frac{n}{z}$$

的最小值.

7. (2004 年四川省数学竞赛试题)若 $0<a,b,c<1$ 满足 $ab+bc+ca=1$,求 $\frac{1}{1-a}+\frac{1}{1-b}+\frac{1}{1-c}$ 的最小值.

8. (2004 年吉林省数学竞赛试题)设 $a_i\in\mathbf{R}(i=1,2,3,4,5)$,求 $\frac{a_1}{a_2+3a_3+5a_4+7a_5}+\frac{a_2}{a_3+3a_4+5a_5+7a_1}+\cdots+\frac{a_5}{a_1+3a_2+5a_3+7a_4}$ 的最小值.

9. (2004 年中国女子数学奥林匹克试题,2009 年克罗地亚国家数学竞赛题)已知 λ 为正实数. 求 λ 的最大值,使得对于所有满足条件

$$u\sqrt{vw}+v\sqrt{wu}+w\sqrt{uv}\geqslant 1 \tag{1}$$

的正实数 u,v,w,均有 $u+v+w\geqslant\lambda$.

10.(加拿大数学奥林匹克训练题)对满足 $x^2+y^2+z^2=1$ 的正数 x,y,z,求 $\frac{x}{1-x^2}+\frac{y}{1-y^2}+\frac{z}{1-z^2}$ 的最小值.

11.(2003 年白俄罗斯数学奥林匹克试题)n 是一个正整数,$a_1,a_2,\cdots,a_n,b_1,b_2,\cdots,b_n$ 是 $2n$ 个正实数,满足 $a_1+a_2+\cdots+a_n=1,b_1+b_2+\cdots+b_n=1$,求 $\frac{a_1^2}{a_1+b_1}+\frac{a_2^2}{a_2+b_2}+\cdots+\frac{a_n^2}{a_n+b_n}$ 的最小值.

12.设 $a,b,c\in\mathbf{R}_+$,且 $abc=1$,求 $M=\frac{1}{2a+1}+\frac{1}{2b+1}+\frac{1}{2c+1}$ 的最小值.

13.(2010 年第 10 届捷克和斯洛伐克、波兰数学奥林匹克试题)设 $x,y,z\in\mathbf{R}_+$,且 $x+y+z\geqslant 6$.求 $M=\sum x^2+\sum\frac{x}{y^2+z+1}$ 的最小值,其中,“$\sum$”表示轮换对称和.

14.(2008 年巴西数学奥林匹克试题)已知 x,y,z 是实数,且满足 $x+y+z=xy+yz+zx$.求 $\frac{x}{x^2+1}+\frac{y}{y^2+1}+\frac{z}{z^2+1}$ 的最小值.

15.设 $x,y,z\in(0,1)$,且 $x^2+y^2+z^2=1$.试确定 $f=x+y+z-xyz$ 的最大值.

16.设 $x_i\in\mathbf{R}_+(i=1,2,\cdots,5)$.求

$$f=\frac{x_1+x_3}{x_5+2x_2+3x_4}+\frac{x_2+x_4}{x_1+2x_3+3x_5}+\frac{x_3+x_5}{x_2+2x_4+3x_1}+\frac{x_4+x_1}{x_3+2x_5+3x_2}+\frac{x_5+x_2}{x_4+2x_1+3x_3}$$

的最小值.

17.已知 $0<a_1<a_2<\cdots<a_n$,对于 $a_1,a_2,\cdots,a_n$ 的任意排列 $b_1,b_2,\cdots,b_n$.令 $M=\prod_{i=1}^{n}\left(a_i+\frac{1}{b_i}\right)$,求使 M 取值最大的排列 $b_1,b_2,\cdots,b_n$.

18.(2007 年保加利亚国家队选拔考试题)设正整数 $n\geqslant 2$.

求常数 $C(n)$ 的最大值,使得对于所有满足 $x_i \in (0,1)(i=1,2,\cdots,n)$,且 $(1-x_i)(1-x_j) \geqslant \frac{1}{4}(1 \leqslant i < j \leqslant n)$ 的实数 x_1,x_2,$\cdots$,x_n,均有

$$\sum_{i=1}^{n} x_i \geqslant C(n) \sum_{1 \leqslant i < j \leqslant n} (2x_ix_j + \sqrt{x_ix_j}) \tag{1}$$

第8章 解几何问题

在这一章中,我们将讨论柯西不等式在解几何极值和几何不等式中的应用.

例1 (2013年第二期《数学通报》问题2103)设 a,b,c 是 $\triangle ABC$ 的三边,x,y,z 是正数.证明

$$\frac{x^2a}{b+c-a}+\frac{y^2b}{c+a-b}+\frac{z^2c}{a+b-c}\geqslant xy+yz+zx$$

当且仅当 $\frac{x}{b+c-a}=\frac{y}{c+a-b}=\frac{z}{a+b-c}$ 时,等号成立.

证明 由柯西不等式,得

$$\frac{2x^2a}{b+c-a}+\frac{2y^2b}{c+a-b}+\frac{2z^2c}{a+b-c}=$$

$$\frac{(a+b+c)x^2}{b+c-a}+\frac{(a+b+c)y^2}{c+a-b}+\frac{(a+b+c)z^2}{a+b-c}-(x^2+y^2+z^2)=$$

$$(a+b+c)\left(\frac{x^2}{b+c-a}+\frac{y^2}{c+a-b}+\frac{z^2}{a+b-c}\right)-(x^2+y^2+z^2)=$$

$$[(b+c-a)+(c+a-b)+(a+b-c)]\cdot$$

$$\left(\frac{x^2}{b+c-a}+\frac{y^2}{c+a-b}+\frac{z^2}{a+b-c}\right)-(x^2+y^2+z^2)\geqslant$$

$$(x+y+z)^2-(x^2+y^2+z^2)=2(xy+yz+zx)$$

即 $\frac{x^2a}{b+c-a}+\frac{y^2b}{c+a-b}+\frac{z^2c}{a+b-c}\geqslant xy+yz+zx$,当且仅当 $\frac{x}{b+c-a}=\frac{y}{c+a-b}=\frac{z}{a+b-c}$ 时等号成立.

特别地,当 $x=y=z$ 时,得到常见的三角形不等式

$$\frac{a}{b+c-a}+\frac{b}{c+a-b}+\frac{c}{a+b-c}\geqslant 3$$

例 2 设 $a,b,c>0,\lambda_1,\lambda_2,\lambda_3>0$ 且 $\lambda_1,\lambda_2,\lambda_3$ 符合三角形边长的条件,则

$$\frac{\lambda_1^2 a}{b+c}+\frac{\lambda_2^2 b}{c+a}+\frac{\lambda_3^2 c}{a+b}\geqslant\frac{1}{2}(\lambda_1+\lambda_2+\lambda_3)^2-(\lambda_1^2+\lambda_2^2+\lambda_3^2)$$

当且仅当$\frac{a}{\lambda_2+\lambda_3-\lambda_1}=\frac{b}{\lambda_3+\lambda_1-\lambda_2}=\frac{c}{\lambda_1+\lambda_2-\lambda_3}$时等号成立.

证明 令 $S=a+b+c$,根据柯西不等式

$$\begin{aligned}&\frac{\lambda_1^2 a}{b+c}+\frac{\lambda_2^2 b}{c+a}+\frac{\lambda_3^2 c}{a+b}=\\&\frac{\lambda_1^2[S-(b+c)]}{b+c}+\frac{\lambda_2^2[S-(c+a)]}{c+a}+\frac{\lambda_3^2[S-(a+b)]}{a+b}=\\&\frac{1}{2}[(b+c)+(c+a)+(a+b)]\left(\frac{\lambda_1^2}{b+c}+\frac{\lambda_2^2}{c+a}+\frac{\lambda_3^2}{a+b}\right)-\\&(\lambda_1^2+\lambda_2^2+\lambda_3^2)\geqslant\\&\frac{1}{2}(\lambda_1+\lambda_2+\lambda_3)^2-(\lambda_1^2+\lambda_2^2+\lambda_3^2)\end{aligned}$$

当且仅当$\frac{b+c}{\lambda_1}=\frac{c+a}{\lambda_2}=\frac{a+b}{\lambda_3}$,即

$$\frac{a}{\lambda_2+\lambda_3-\lambda_1}=\frac{b}{\lambda_3+\lambda_1-\lambda_2}=\frac{c}{\lambda_1+\lambda_2-\lambda_3}$$

时等号成立.

例 3 (2007 年第 47 届 IMO 预选题)设 a,b,c 是一个三角形的三边长,证明:$\frac{\sqrt{b+c-a}}{\sqrt{b}+\sqrt{c}-\sqrt{a}}+\frac{\sqrt{c+a-b}}{\sqrt{c}+\sqrt{a}-\sqrt{b}}+\frac{\sqrt{a+b-c}}{\sqrt{a}+\sqrt{b}-\sqrt{c}}\leqslant 3$.

证法一 不妨设 $a\geqslant b\geqslant c$. 于是, $\sqrt{a+b-c}-\sqrt{a}=\frac{(a+b-c)-a}{\sqrt{a+b-c}+\sqrt{a}}\leqslant\frac{b-c}{\sqrt{b}+\sqrt{c}}=\sqrt{b}-\sqrt{c}$.

因此

$$\frac{\sqrt{a+b-c}}{\sqrt{a}+\sqrt{b}-\sqrt{c}}\leqslant 1\tag{8.1}$$

设 $p=\sqrt{a}+\sqrt{b},q=\sqrt{a}-\sqrt{b}$. 则

$$a-b=pq,p\geqslant 2\sqrt{c}$$

由柯西不等式有

$$\left(\frac{\sqrt{b+c-a}}{\sqrt{b}+\sqrt{c}-\sqrt{a}}+\frac{\sqrt{c+a-b}}{\sqrt{c}+\sqrt{a}-\sqrt{b}}\right)^2=$$

$$\left(\frac{\sqrt{c-pq}}{\sqrt{c}-q}+\frac{\sqrt{c+pq}}{\sqrt{c}+q}\right)^2\leqslant$$

$$\left(\frac{c-pq}{\sqrt{c}-q}+\frac{c+pq}{\sqrt{c}+q}\right)\left(\frac{1}{\sqrt{c}-q}+\frac{1}{\sqrt{c}+q}\right)=$$

$$\frac{2(c\sqrt{c}-pq^2)}{c-q^2}\cdot\frac{2\sqrt{c}}{c-q^2}=4\cdot\frac{c^2-\sqrt{c}pq^2}{(c-q^2)^2}\leqslant$$

$$4\cdot\frac{c^2-2cq^2}{(c-q^2)^2}\leqslant 4$$

从而

$$\frac{\sqrt{b+c-a}}{\sqrt{b}+\sqrt{c}-\sqrt{a}}+\frac{\sqrt{c+a-b}}{\sqrt{c}+\sqrt{a}-\sqrt{b}}\leqslant 2$$

结合式(8.1)即得所证不等式.

证法二　不妨设 $a\geqslant b\geqslant c$. 于是

$$\sqrt{a+b-c}-\sqrt{a}=\frac{(a+b-c)-a}{\sqrt{a+b-c}+\sqrt{a}}\leqslant\frac{b-c}{\sqrt{b}+\sqrt{c}}=\sqrt{b}-\sqrt{c}$$

$$\sqrt{c}+\sqrt{a}>\sqrt{b}$$

设

$$x=\sqrt{b}+\sqrt{c}-\sqrt{a}$$

$$y=\sqrt{c}+\sqrt{a}-\sqrt{b}$$

$$z=\sqrt{a}+\sqrt{b}-\sqrt{c}$$

则 $x,y,z>0$，有

$$b+c-a=\left(\frac{z+x}{2}\right)^2+\left(\frac{x+y}{2}\right)^2-\left(\frac{y+z}{2}\right)^2=$$

$$\frac{x^2+xy+xz-yz}{2}=x^2-\frac{1}{2}(x-y)(x-z)$$

故

$$\frac{\sqrt{b+c-a}}{\sqrt{b}+\sqrt{c}-\sqrt{a}}=\sqrt{1-\frac{(x-y)(x-z)}{2x^2}}\leqslant 1-\frac{(x-y)(x-z)}{4x^2}$$

其中，最后一步用到了不等式 $\sqrt{1+2u}\leqslant 1+u$.

同理

$$\frac{\sqrt{c+a-b}}{\sqrt{c}+\sqrt{a}-\sqrt{b}}\leqslant 1-\frac{(y-z)(y-x)}{4y^2}$$

$$\frac{\sqrt{a+b-c}}{\sqrt{a}+\sqrt{b}-\sqrt{c}}\leqslant 1-\frac{(z-x)(z-y)}{4z^2}$$

将上面三式相加,只需证明

$$\frac{(x-y)(x-z)}{x^2}+\frac{(y-z)(y-x)}{y^2}+\frac{(z-x)(z-y)}{z^2}\geqslant 0 \quad (8.2)$$

不妨设 $x\leqslant y\leqslant z$. 于是

$$\frac{(x-y)(x-z)}{x^2}=\frac{(y-x)(z-x)}{x^2}\geqslant\frac{(y-x)(z-y)}{y^2}=$$

$$-\frac{(y-z)(y-x)}{y^2}$$

$$\frac{(z-x)(z-y)}{z^2}\geqslant 0$$

从而,式(8.2)成立.

例 4 (2011 年第 7 届北方数学奥林匹克邀请赛试题)在 $\triangle ABC$ 中,证明:$\frac{1}{1+\cos^2 A\cos^2 B}+\frac{1}{1+\cos^2 B\cos^2 C}+\frac{1}{1+\cos^2 C\cos^2 A}<2$.

证法一 由柯西不等式得

$$\sin^2 C=\sin^2(A+B)=(\sin A\cdot\cos B+\cos A\cdot\sin B)^2\leqslant (\sin^2 A+\sin^2 B)(\cos^2 A+\cos^2 B)$$

则 $\cos^2 A+\cos^2 B\geqslant\frac{\sin^2 C}{\sin^2 A+\sin^2 B}$,即

$$1+\cos^2 A+\cos^2 B\geqslant\frac{\sin^2 A+\sin^2 B+\sin^2 C}{\sin^2 A+\sin^2 B}$$

故

$$\frac{1}{1+\cos^2 A+\cos^2 B}\leqslant\frac{\sin^2 A+\sin^2 B}{\sin^2 A+\sin^2 B+\sin^2 C}$$

同理

$$\frac{1}{1+\cos^2 B+\cos^2 C}\leqslant\frac{\sin^2 B+\sin^2 C}{\sin^2 A+\sin^2 B+\sin^2 C}$$

$$\frac{1}{1+\cos^2 C+\cos^2 A}\leqslant\frac{\sin^2 C+\sin^2 A}{\sin^2 A+\sin^2 B+\sin^2 C}$$

以上三个式子相加即得所证不等式.

证法二　由射影定理和柯西不等式得

$$c^2=(a\cos B+b\cos A)^2\leqslant(a^2+b^2)(\cos^2 B+\cos^2 A)$$

则 $\cos^2 A+\cos^2 B\geqslant\dfrac{c^2}{a^2+b^2}$，即

$$1+\cos^2 A+\cos^2 B\geqslant\frac{a^2+b^2+c^2}{a^2+b^2}$$

故

$$\frac{1}{1+\cos^2 A+\cos^2 B}\leqslant\frac{a^2+b^2}{a^2+b^2+c^2}$$

同理

$$\frac{1}{1+\cos^2 B+\cos^2 C}\leqslant\frac{b^2+c^2}{a^2+b^2+c^2}$$

$$\frac{1}{1+\cos^2 C+\cos^2 A}\leqslant\frac{c^2+a^2}{a^2+b^2+c^2}$$

以上三个式子相加即得所证不等式.

例 4 可以作进一步推广：

(1)在$\triangle ABC$中，若$0<\lambda\leqslant 1$，证明

$$\frac{1}{\lambda+\cos^2 B+\cos^2 C}+\frac{1}{\lambda+\cos^2 C+\cos^2 A}+\frac{1}{\lambda+\cos^2 A+\cos^2 B}\leqslant\frac{2}{\lambda}$$

证明　先给出一个结论：

若$\triangle ABC$的三个内角A,B,C的对边分别是a,b,c，则

$$a=b\cos C+c\cos B, b=c\cos A+a\cos C, c=a\cos B+b\cos A$$

上面的结论，由余弦定理易证得. 这里不妨称为三角形射影定理.

下面来证明(1)：

由三角形射影定理和柯西不等式，可得

$$a^2=(b\cos C+c\cos B)^2\leqslant(b^2+c^2)+(\cos^2 C+\cos^2 B)$$

则 $\cos^2 C+\cos^2 B\geqslant\dfrac{a^2}{b^2+c^2}$，从而

$$\lambda+\cos^2 C+\cos^2 B\geqslant\frac{a^2+\lambda(b^2+c^2)}{b^2+c^2}\geqslant\frac{\lambda a^2+\lambda(b^2+c^2)}{b^2+c^2}=$$

$$\frac{\lambda(a^2+b^2+c^2)}{b^2+c^2}$$

故

$$\frac{1}{\lambda+\cos^2 B+\cos^2 C}\leqslant\frac{b^2+c^2}{\lambda(a^2+b^2+c^2)}$$

同理可得

$$\frac{1}{\lambda+\cos^2 C+\cos^2 A}\leqslant\frac{c^2+a^2}{\lambda(a^2+b^2+c^2)}$$

$$\frac{1}{\lambda+\cos^2 A+\cos^2 B}\leqslant\frac{a^2+b^2}{\lambda(a^2+b^2+c^2)}$$

将以上三式两边分别相加,得

$$\frac{1}{\lambda\cos^2 B+\cos^2 C}+\frac{1}{\lambda+\cos^2 C+\cos^2 A}+\frac{1}{\lambda+\cos^2 A+\cos^2 B}\leqslant\frac{2}{\lambda}$$

将(1)中的 λ 的取值范围推广到 $\lambda\geqslant 1$,则可以得到下面的结论:

(2)在 $\triangle ABC$ 中,若 $\lambda\geqslant 1$,则

$$\frac{1}{\lambda+\cos^2 B+\cos^2 C}+\frac{1}{\lambda+\cos^2 C+\cos^2 A}+\frac{1}{\lambda+\cos^2 A+\cos^2 B}\leqslant\frac{6}{2\lambda+1}$$

证明 设 $\triangle ABC$ 的三边分别为 a,b,c.则

$$a^2=(b\cos C+c\cos B)^2\leqslant(b^2+c^2)(\cos^2 C+\cos^2 B)\Rightarrow$$

$$\cos^2 B+\cos^2 C\geqslant\frac{a^2}{b^2+c^2}\Rightarrow$$

$$\frac{1}{\lambda+\cos^2 B+\cos^2 C}\leqslant\frac{b^2+c^2}{a^2+\lambda(b^2+c^2)}$$

类似地

$$\frac{1}{\lambda+\cos^2 C+\cos^2 A}\leqslant\frac{c^2+a^2}{b^2+\lambda(c^2+a^2)}$$

$$\frac{1}{\lambda+\cos^2 A+\cos^2 B}\leqslant\frac{a^2+b^2}{c^2+\lambda(a^2+b^2)}$$

由上述三式知欲证原不等式,只要证

$$\frac{b^2+c^2}{a^2+\lambda(b^2+c^2)}+\frac{c^2+a^2}{b^2+\lambda(c^2+a^2)}+\frac{a^2+b^2}{c^2+\lambda(a^2+b^2)}\leqslant\frac{6}{2\lambda+1}\Leftrightarrow$$

$$\frac{a^2}{a^2+\lambda(b^2+c^2)}+\frac{b^2}{b^2+\lambda(c^2+a^2)}+\frac{c^2}{c^2+\lambda(a^2+b^2)}\geqslant\frac{3}{2\lambda+1}\tag{8.3}$$

由柯西不等式得

$$[a^4+\lambda a^2(b^2+c^2)+b^4+\lambda b^2(c^2+a^2)+c^4+\lambda c^2(a^2+b^2)]\cdot$$

$$\left[\frac{a^2}{a^2+\lambda(b^2+c^2)}+\frac{b^2}{b^2+\lambda(c^2+a^2)}+\frac{c^2}{c^2+\lambda(a^2+b^2)}\right]\geqslant$$

$(a^2+b^2+c^2)^2$

故

$$\frac{a^2}{a^2+\lambda(b^2+c^2)}+\frac{b^2}{b^2+\lambda(c^2+a^2)}+\frac{c^2}{c^2+\lambda(a^2+b^2)}\geqslant$$

$$\frac{(a^2+b^2+c^2)^2}{a^4+b^4+c^4+2\lambda(a^2b^2+b^2c^2+c^2a^2)} \tag{8.4}$$

又易知

$$\frac{(a^2+b^2+c^2)^2}{a^4+b^4+c^4+2\lambda(a^2b^2+b^2c^2+c^2a^2)}\geqslant\frac{3}{2\lambda+1}\Leftrightarrow$$

$$(\lambda-1)[(a^2-b^2)^2+(b^2-c^2)^2+(c^2-a^2)^2]\geqslant 0 \tag{8.5}$$

上式显然成立.

由式(8.4),(8.5)即知式(8.3)成立.故原不等式成立.

在(2)中,作变换

$$\angle A\to\frac{\pi-\angle A}{2},\angle B\to\frac{\pi-\angle B}{2},\angle C\to\frac{\pi-\angle C}{2}$$

可以得到:

(3)在$\triangle ABC$中,若$\lambda\geqslant 1$,则

$$\frac{1}{2\lambda+2-\cos B-\cos C}+\frac{1}{2\lambda+2-\cos C-\cos A}+$$

$$\frac{1}{2\lambda+2-\cos A-\cos B}\leqslant\frac{1}{2\lambda+1}$$

(4)设$\triangle ABC$的内角A,B,C所对的边长分别为a,b,c,若x,y,z是任意非零实数,求证

$$x^2\sin^2 A+y^2\sin^2 B+z^2\sin^2 C\leqslant\frac{1}{4}\left(\frac{yz}{x}+\frac{zx}{y}+\frac{xy}{z}\right)^2$$

证明　由三角形射影定理和柯西不等式,可得

$$a^2=(b\cos C+c\cos B)^2\leqslant$$

$$\left(\frac{b^2}{x^2y^2}+\frac{c^2}{x^2z^2}\right)\cdot(x^2y^2\cos^2 C+x^2z^2\cos^2 B)$$

则

$$x^2y^2\cos^2 C+x^2z^2\cos^2 B\geqslant\frac{a^2}{\frac{b^2}{x^2y^2}+\frac{c^2}{x^2z^2}}$$

即

$$x^2y^2\cos^2C+x^2z^2\cos^2B\geqslant\frac{\frac{a^2}{x^2}}{\frac{b^2}{y^2}+\frac{c^2}{z^2}}\cdot x^4$$

同理可得

$$y^2z^2\cos^2A+x^2y^2\cos^2C\geqslant\frac{\frac{b^2}{y^2}}{\frac{a^2}{x^2}+\frac{c^2}{z^2}}\cdot y^4$$

$$y^2z^2\cos^2A+z^2x^2\cos^2B\geqslant\frac{\frac{c^2}{z^2}}{\frac{a^2}{x^2}+\frac{b^2}{y^2}}\cdot z^4$$

将以上三式两边分别相加,并再次利用柯西不等式,可得

$$2(y^2z^2\cos^2A+za^2x^2\cos^2B+x^2y^2\cos^2C)\geqslant$$

$$\frac{\frac{a^2}{x^2}}{\frac{b^2}{y^2}+\frac{c^2}{z^2}}\cdot x^4+\frac{\frac{b^2}{y^2}}{\frac{c^2}{z^2}+\frac{a^2}{x^2}}\cdot y^4+\frac{\frac{c^2}{z^2}}{\frac{a^2}{x^2}+\frac{b^2}{y^2}}\cdot z^4=$$

$$\frac{1}{2}\left[\left(\frac{b^2}{y^2}+\frac{c^2}{z^2}\right)+\left(\frac{c^2}{z^2}+\frac{a^2}{x^2}\right)+\left(\frac{a^2}{x^2}+\frac{b^2}{y^2}\right)\right]\cdot$$

$$\left(\frac{x^4}{\frac{b^2}{y^2}+\frac{c^2}{z^2}}+\frac{y^4}{\frac{c^2}{z^2}+\frac{a^2}{x^2}}+\frac{z^4}{\frac{a^2}{x^2}+\frac{b^2}{y^2}}\right)-(x^4+y^4+z^4)\geqslant$$

$$\frac{1}{2}(x^2+y^2+z^2)^2-(x^4+y^4+z^4)$$

即

$$2(y^2z^2\cos^2A+z^2x^2\cos^2B+x^2y^2\cos^2C)\geqslant$$
$$\frac{1}{2}(x^2+y^2+z^2)^2-(x^4+y^4+z^4)$$

将 $\cos^2A=1-\sin^2A$ 等代入上式,并整理得

$$y^2z^2\sin^2A+z^2x^2\sin^2B+x^2y^2\sin^2C\leqslant\frac{1}{4}(x^2+y^2+z^2)^2$$

对上式作变换:$yz\to x,zx\to y,xy\to z$,可得

$$x^2\sin^2A+y^2\sin^2B+z^2\sin^2C\leqslant\frac{1}{4}\left(\frac{yz}{x}+\frac{zx}{y}+\frac{xy}{z}\right)^2$$

说明:①在上述证明过程中,其实我们还证明了:设$\triangle ABC$

的内角 A,B,C 所对的边长分别为 a,b,c，且 x,y,z 是任意非零实数，则有

$$y^2z^2\sin^2A+z^2x^2\sin^2B+x^2y^2\sin^2C\leqslant\frac{1}{4}(x^2+y^2+z^2)^2$$

②由柯西不等式得 $(\alpha+\beta+\gamma)^2\leqslant3(\alpha^2+\beta^2+\gamma^2)$，知 $x^2\sin^2A+y^2\sin^2B+z^2\sin^2C\leqslant\frac{1}{4}\left(\frac{yz}{x}+\frac{zx}{y}+\frac{xy}{z}\right)^2$，加强了 Vasic在 1964 年提出的如下不等式：

设$\triangle ABC$的内角 A,B,C 所对的边长分别为 a,b,c，且 x,y,z 是任意正实数，则 $x\sin A+y\sin B+z\sin C\leqslant\frac{\sqrt{3}}{2}\left(\frac{yz}{x}+\frac{zx}{y}+\frac{xy}{z}\right)$.

例 5　(2007 年陕西省高考数学(理科)试题)已知椭圆 C：$\frac{x^2}{a^2}+\frac{y^2}{b^2}=1(a>b>0)$的离心率为$\frac{\sqrt{6}}{3}$，短轴一个端点到右焦点的距离为$\sqrt{3}$.

(1)求椭圆 C 的方程；

(2)设直线 l 与椭圆 C 交于点 A,B，原点 O 到 l 的距离为$\frac{\sqrt{3}}{2}$，求$\triangle AOB$面积的最大值.

解　(1)设椭圆的半焦距为 c. 依题意

$$\begin{cases}\dfrac{c}{a}=\dfrac{\sqrt{6}}{3}\\a=\sqrt{3}\end{cases}$$

解得 $c=\sqrt{2}$，$b=1$.

故所求椭圆方程为$\frac{x^2}{3}+y^2=1$.

(2)设 $A(x_1,y_1)$，$B(x_2,y_2)$. 则直线 l 的方程为

$$(y_1-y_2)(x-x_2)-(x_1-x_2)(y-y_2)=0\Leftrightarrow$$
$$(y_1-y_2)x-(x_1-x_2)y+(x_1y_2-x_2y_1)=0$$

由原点 O 到直线 l 的距离为$\frac{\sqrt{3}}{2}$，得

$$\frac{|x_1y_2-x_2y_1|}{\sqrt{(x_1-x_2)^2+(y_1-y_2)^2}}=\frac{\sqrt{3}}{2}$$

故

$$S_{\triangle AOB}=\frac{1}{2}|AB|\cdot\frac{\sqrt{3}}{2}=$$
$$\frac{1}{2}|x_1y_2-x_2y_1|=$$
$$\frac{\sqrt{3}}{2}\sqrt{\left(\frac{x_1}{\sqrt{3}}\cdot y_2+y_1\cdot\frac{-x_2}{\sqrt{3}}\right)^2}\leqslant$$
$$\frac{\sqrt{3}}{2}\sqrt{\left(\frac{x_1^2}{3}+y_1^2\right)\left(\frac{x_2^2}{3}+y_2^2\right)}=\frac{\sqrt{3}}{2}$$

当且仅当$\frac{x_1}{\sqrt{3}}=ky_2, y_1=-k\cdot\frac{x_2}{\sqrt{3}}$时，上式等号成立.

取点 $A(\sqrt{3},0)$，$B(0,1)$（$y_1=x_2=0$），故$\triangle AOB$ 面积取最大值$\frac{\sqrt{3}}{2}$.

说明：此题应用柯西不等式的一个关键是，找出两组数$\frac{x_1}{\sqrt{3}}$，y_1 与 y_2，$-\frac{x_2}{\sqrt{3}}$，不仅使$\frac{x_1^2}{3}+y_1^2=1$，$\frac{x_2^2}{3}+y_2^2=1$，将面积 $S_{\triangle AOB}$ 放大为常数，而且能使等号可以取到.

例 6 设 x, y, z 为正实数，矩形 $ABCD$ 内部有一点 P，满足 $PA=x$，$PB=y$，$PC=z$，求矩形 $ABCD$ 面积的最大值.

解 建立如图 1 所示直角坐标系，原点为 $D(0,0)$，$A(a,0)$，$B(a,c)$，$C(0,c)$，$P(t,s)$（$0<t<a$，$0<s<c$）. 由柯西不等式，有

$$|PA|\cdot|PC|+|PB|\cdot|PD|=$$
$$\sqrt{(a-t)^2+s^2}\cdot\sqrt{t^2+(c-s)^2}+$$
$$\sqrt{(a-t)^2+(c-s)^2}\cdot\sqrt{t^2+s^2}=$$
$$\sqrt{(a-t)^2+s^2}\cdot\sqrt{(c-s)^2+t^2}+\sqrt{(c-s)^2+(a-t)^2}\cdot\sqrt{t^2+s^2}\geqslant$$
$$(a-t)(c-s)+st+(c-s)t+(a-t)s=ac$$

图 1

当且仅当$\frac{a-t}{c-s}=\frac{s}{t}$时，上式取等号.

另外,易知有

$$PA^2+PC^2=PB^2+PD^2$$

求得

$$PD=\sqrt{x^2+z^2-y^2}$$

所以

$$|PA|\cdot|PC|+|PB|\cdot|PD|=xz+y\sqrt{x^2+z^2-y^2}$$

即矩形 $ABCD$ 的面积最大值为 $xz+y\sqrt{x^2+z^2-y^2}$.

由柯西不等式的取等号条件有

$$\frac{a-t}{c-s}=\frac{s}{t}$$

即$\frac{MA}{NC}=\frac{MP}{NP}$,由此可知$\triangle PMA\backsim\triangle PNC$,因此,又有

$$\frac{s}{t}=\frac{x}{z} \tag{8.6}$$

另外,由 $PB^2+PD^2=PA^2+PC^2$,得

$$y^2+t^2+s^2=x^2+z^2$$

即

$$s^2+t^2=x^2+z^2-y^2 \tag{8.7}$$

由两式(8.6),(8.7)可求得

$$\begin{cases} t=\sqrt{\dfrac{z^2(x^2+z^2-y^2)}{x^2+z^2}} \\ s=\sqrt{\dfrac{x^2(x^2+z^2-y^2)}{x^2+z^2}} \end{cases}$$

于是可求得

$$a-t=MA=\sqrt{PA^2-PM^2}=\sqrt{x^2-\frac{x^2(x^2+z^2-y^2)}{x^2+z^2}}=\frac{xy}{\sqrt{x^2+z^2}}$$

$$c-s=NC=\sqrt{PC^2-PN^2}=\sqrt{z^2-\frac{z^2(x^2+z^2-y^2)}{x^2+z^2}}=\frac{yz}{\sqrt{x^2+z^2}}$$

因此,矩形边长

$$DA=a=\frac{\sqrt{z^2(x^2+z^2-y^2)}+xy}{\sqrt{x^2+z^2}}$$

$$DC=c=\frac{\sqrt{x^2(x^2+z^2-y^2)}+yz}{\sqrt{x^2+z^2}}$$

例 7　(1987 年第 28 届 IMO 候选题)在锐角$\triangle ABC$ 中,求出

(并需加以证明)点 P 使 $BL^2+CM^2+AN^2$ 达到极小,其中 L,M,N 分别是 P 到 BC,CA,AB 的垂足.

解 记 $BC=a,CA=b,AB=c,BL=x,CM=y,AN=z$,由勾股定理得

$$(a-x)^2+(b-y)^2+(c-z)^2=x^2+y^2+z^2$$

即

$$ax+by+cz=\frac{1}{2}(a^2+b^2+c^2) \tag{8.8}$$

由柯西不等式,得

$$ax+by+cz\leqslant\sqrt{a^2+b^2+c^2}\cdot\sqrt{x^2+y^2+z^2} \tag{8.9}$$

由式(8.8)和式(8.9),得

$$x^2+y^2+z^2\geqslant\frac{1}{4}(a^2+b^2+c^2) \tag{8.10}$$

式(8.9)中等号成立的充要条件是存在 $\lambda>0$ 使 $x=\lambda a,y=\lambda b,z=\lambda c$. 把它们代入式(8.8)得 $\lambda=\frac{1}{2}$.

因此当且仅当 $x=\frac{a}{2},y=\frac{b}{2},z=\frac{c}{2}$,即 P 为 $\triangle ABC$ 的外心时,$x^2+y^2+z^2$ 达到最小值 $\frac{1}{4}(a^2+b^2+c^2)$.

例 8 (1989 年第 30 届 IMO 加拿大训练题)在 $\triangle ABC$ 中,a,b,c 分别为顶点 A,B,C 所对边的长,A,B,C 到内切圆的切线长分别为 u,v,w. 求证:$\frac{u}{a}+\frac{v}{b}+\frac{w}{c}\geqslant\frac{3}{2}$.

证明 令 $p=\frac{1}{2}(a+b+c)$,则由柯西不等式得

$$2p\left(\frac{1}{a}+\frac{1}{b}+\frac{1}{c}\right)\geqslant 9$$

因此

$$\sum\frac{u}{a}=\sum\frac{p-a}{a}=\sum\frac{p}{a}-3\geqslant\frac{9}{2}-3=\frac{3}{2}$$

例 9 (1990 年第 31 届 IMO 备选题)如图 2,过 $\triangle ABC$ 内一点 O 引三边的平行线 $DE/\!/BC,FG/\!/CA,HI/\!/AB$,点 D,E,F,G,H,I 都在 $\triangle ABC$ 的边上. S_1 表示六边形 $DGHEFI$ 的面积,S_2 表示 $\triangle ABC$ 的面积. 求证:$S_1\geqslant\frac{2}{3}S_2$.

证明　设 $BC=a,CA=b,AB=c,IF=x,EH=y,GD=z$，则由于 OE,OH 分别与 BC,AB 平行，则

$$\triangle OEH\backsim\triangle BCA$$

$$\frac{y}{b}=\frac{OE}{a}=\frac{CF}{a}$$

同理

$$\frac{z}{c}=\frac{BI}{a}$$

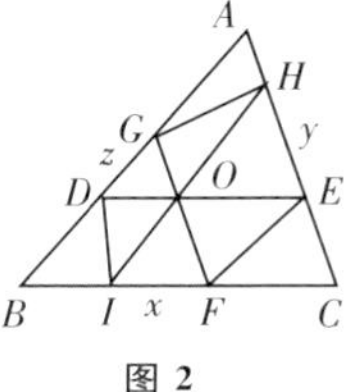

图 2

所以 $\frac{x}{a}+\frac{y}{b}+\frac{z}{c}=\frac{IF+CF+BI}{a}=1$.

由柯西不等式，得

$$\frac{x^2}{a^2}+\frac{y^2}{b^2}+\frac{z^2}{c^2}\geqslant\frac{1}{3}\left(\frac{x}{a}\cdot 1+\frac{y}{b}\cdot 1+\frac{z}{c}\cdot 1\right)^2=\frac{1}{3}$$

即

$$\frac{S_{OIF}+S_{OEH}+S_{OGD}}{S_2}\geqslant\frac{1}{3}$$

从而

$$S_{OHAG}+S_{ODBI}+S_{OFCE}\leqslant\frac{2}{3}S_2$$

$$S_{AGH}+S_{DBI}+S_{EFC}\leqslant\frac{S_2}{3}$$

所以

$$S_1\geqslant\frac{2}{3}S_2$$

例 10　(2003 年伊朗数学奥林匹克试题)设与△ABC 的外接圆内切并与边 AB,AC 相切的圆为 C_a，记 r_a 为圆 C_a 的半径，r 是△ABC 的内切圆半径. 类似地定义 r_b,r_c. 证明：$r_a+r_b+r_c\geqslant 4r$.

证明　设 O_a,O_b,O_c 为圆 C_a，圆 C_b，圆 C_c 的圆心. 记 M,N 为点 O_a 在 AB,AC 上的投影，则△ABC 的内心 I 为 MN 的中点.

设 X,Y 为 I 在 AB,AC 上的投影. 有

$$\frac{r_a}{r}=\frac{O_aM}{IX}=\frac{AM}{AX}=\frac{\dfrac{AI}{\cos\dfrac{A}{2}}}{AI\cdot\cos\dfrac{A}{2}}=\frac{1}{\cos^2\dfrac{A}{2}}$$

同理

$$\frac{r_b}{r}=\frac{1}{\cos^2\dfrac{B}{2}},\frac{r_c}{r}=\frac{1}{\cos^2\dfrac{C}{2}}$$

令

$$\alpha=\frac{A}{2},\beta=\frac{B}{2},\gamma=\frac{C}{2}$$

只需证当 $\alpha+\beta+\gamma=\frac{\pi}{2}$ 时,有

$$\frac{1}{\cos^2\alpha}+\frac{1}{\cos^2\beta}+\frac{1}{\cos^2\gamma}\geqslant 4$$

即 $\tan^2\alpha+\tan^2\beta+\tan^2\gamma\geqslant 1$.

由柯西-许瓦兹不等式,有

$$3(\tan^2\alpha+\tan^2\beta+\tan^2\gamma)\geqslant(\tan\alpha+\tan\beta+\tan\gamma)^2$$

故只须证

$$\tan\alpha+\tan\beta+\tan\gamma\geqslant\sqrt{3}$$

因为 $\tan x$ 在 $\left[0,\frac{\pi}{2}\right]$ 上是凸函数,故由琴生不等式得

$$\tan\alpha+\tan\beta+\tan\gamma\geqslant 3\tan\frac{\pi}{6}=\sqrt{3}$$

因此,$r_a+r_b+r_c\geqslant 4r$.

例 11 (1996 年第 37 届 IMO 预选题)在平面上给定一点 O 和一个多边形 F,F 不一定是凸的. p 为 F 的周长,D 为点 O 到 F 的各顶点的距离之和,H 为点 O 到 F 的各边所在直线的距离之和. 证明:$D^2-H^2\geqslant\frac{p^2}{4}$.

证明 设 F 各顶点依次为 $A_1,A_2,\cdots,A_n$,点 O 到边 A_kA_{k+1} 所在直线的垂线的垂足为 H_k,$k=1,2,\cdots,n$(视 $A_{n+1}=A_1$). 由勾股定理,有

$$OA_k^2-OH_k^2=A_kH_k^2,OA_{k+1}^2-OH_k^2=A_{k+1}H_k^2$$

所以

$4(D^2-H^2)=$

$[(D+H)+(D+H)]\cdot[(D-H)+(D-H)]=$

$\left[\left(\sum_{k=1}^{n}OA_k+\sum_{k=1}^{n}OH_k\right)+\left(\sum_{k=1}^{n}OA_{k+1}+\sum_{k=1}^{n}OH_k\right)\right]\cdot$

$\left[\left(\sum_{k=1}^{n}OA_k-\sum_{k=1}^{n}OH_k\right)+\left(\sum_{k=1}^{n}OA_{k+1}-\sum_{k=1}^{n}OH_k\right)\right]=$

$\left[\sum_{k=1}^{n}(OA_k+OH_k)+\sum_{k=1}^{n}(OA_{k+1}+OH_k)\right]\cdot$

$\left[\sum_{k=1}^{n}(OA_k-OH_k)+\sum_{k=1}^{n}(OA_{k+1}-OH_k)\right]\geqslant$

$\left[\sum_{k=1}^{n}\sqrt{(OA_k+OH_k)(OA_k-OH_k)}+\right.$

$\left.\sum_{k=1}^{n}\sqrt{(OA_{k+1}+OH_k)(OA_{k+1}-OH_k)}\right]^2$（柯西不等式）$=$

$\left(\sum_{k=1}^{n}A_kH_k+\sum_{k=1}^{n}A_{k+1}H_k\right)^2\geqslant$

$\left(\sum_{k=1}^{n}A_kA_{k+1}\right)^2=p^2$

即 $D^2-H^2\geqslant\frac{p^2}{4}$.

例 12　设$\triangle ABC$的三边长为 a,b,c. 记 $f(\lambda)=\frac{a}{\lambda a+b+c}+\frac{b}{\lambda b+c+a}+\frac{c}{\lambda c+a+b}$，试证：当 $-1<\lambda<1$ 时，有 $\frac{3}{\lambda+2}\leqslant f(\lambda)<\frac{2}{\lambda+1}$；当 $\lambda>1$ 时，有 $\frac{2}{\lambda+1}<f(\lambda)\leqslant\frac{3}{\lambda+2}$.

证明　当 $-1<\lambda<1$ 时，由柯西不等式，有

$$[a(\lambda a+b+c)+b(\lambda b+c+a)+c(\lambda c+a+b)]f(\lambda)\geqslant(a+b+c)^2$$

（由已知，$\lambda a+b+c>\lambda a+a>0$，其余类同）

即

$$f(\lambda)\geqslant\frac{(a+b+c)^2}{\lambda(a^2+b^2+c^2)+2(ab+bc+ca)}\tag{8.11}$$

又易知

$$\frac{(a+b+c)^2}{\lambda(a^2+b^2+c^2)+2(ab+bc+ca)}\geqslant\frac{3}{\lambda+2}\Leftrightarrow$$

$$(1-\lambda)(a^2+b^2+c^2)\geqslant(1-\lambda)(ab+bc+ca) \tag{8.12}$$

此式由 $1-\lambda>0$ 及 $a^2+b^2+c^2\geqslant ab+bc+ca$ 获证.

比较式(8.11)与式(8.12),即得 $f(\lambda)\geqslant\frac{3}{\lambda+2}$.

又由 $b+c>a$ 及 $-1<\lambda<1$,得

$$\frac{a}{\lambda a+b+c}<\frac{2a}{(\lambda+1)(a+b+c)}$$

同理

$$\frac{b}{\lambda b+c+a}<\frac{2b}{(\lambda+1)(a+b+c)}$$

$$\frac{c}{\lambda c+a+b}<\frac{2c}{(\lambda+1)(a+b+c)}$$

三式相加,即得 $f(\lambda)<\frac{2}{\lambda+1}$.

当 $\lambda>1$ 时,由 $b+c>a$,得

$$\frac{a}{\lambda a+b+c}>\frac{2a}{(\lambda+1)(a+b+c)}$$

同理

$$\frac{b}{\lambda b+c+a}>\frac{2b}{(\lambda+1)(a+b+c)}$$

$$\frac{c}{\lambda c+a+b}>\frac{2c}{(\lambda+1)(a+b+c)}$$

三式相加,即得 $f(\lambda)>\frac{2}{\lambda+1}$.

设 $B=\frac{b+c}{\lambda a+b+c}+\frac{c+a}{\lambda b+c+a}+\frac{a+b}{\lambda c+a+b}$,由柯西不等式,有

$$[(b+c)(\lambda a+b+c)+(c+a)(\lambda b+c+a)+(a+b)(\lambda c+a+b)]B\geqslant[(b+c)+(c+a)+(a+b)]^2$$

即

$$B\geqslant\frac{2(a+b+c)^2}{(a^2+b^2+c^2)+(\lambda+1)(ab+bc+ca)} \tag{8.13}$$

又由 $\lambda>1$ 及 $a^2+b^2+c^2\geqslant ab+bc+ca$,得

$$\frac{2(a+b+c)^2}{(a^2+b^2+c^2)+(\lambda+1)(ab+bc+ca)}\geqslant\frac{6}{\lambda+2} \tag{8.14}$$

比较式(8.13),式(8.14),即得

$$B \geqslant \frac{6}{\lambda+2} \tag{8.15}$$

易知 $\lambda f(\lambda)+B=3$，则由式(8.15)得

$$f(\lambda)=\frac{1}{\lambda}(3-B) \leqslant \frac{3}{\lambda+2}$$

注　此题系常见几何不等式：$\frac{3}{2} \leqslant \frac{a}{b+c}+\frac{b}{c+a}+\frac{c}{a+b}<2$ 的推广，见《几何不等式》(单墫译，北京大学出版社，1991，P6)．

例 13　设 a,b,c 均为大于 1 的实数，且满足

$$\sqrt{a}+\sqrt{bc}=\sqrt{a(b-1)(c-1)}$$

求 $M=\sum \frac{\sqrt{a}}{3a+(b-1)(c-1)}$ 的最大值．

解　当 $a=b=c=4$ 时，$M=\frac{2}{7}$．

下面证明：对任意的 $a,b,c>1$，均有 $M \leqslant \frac{2}{7}$．

由 $b>1, c>1$，令

$$\sqrt{b-1}=\tan B, \sqrt{c-1}=\tan C$$

其中，$\angle B$，$\angle C$ 为锐角 $\triangle ABC$ 的两个内角．则 $b=\sec^2 B$，$c=\sec^2 C$，且由已知得

$$\sqrt{a}=\frac{\sqrt{bc}}{\sqrt{(b-c)(c-1)}-1}=\frac{\sec B \cdot \sec C}{\tan B \cdot \tan C-1}=$$

$$\frac{1}{\sin B \cdot \sin C-\cos B \cdot \cos C}=\frac{1}{-\cos(B+C)}=\sec A$$

所以，$a=\sec^2 A$．

从而，不等式 $M \leqslant \frac{2}{7}$ 等价于

$$\sum \frac{\sec A}{3\sec^2 A+\tan^2 B \cdot \tan^2 C} \leqslant \frac{2}{7}$$

即

$$\sum \frac{1}{3\sec A+\cos A \cdot \tan^2 B \cdot \tan^2 C} \leqslant \frac{2}{7}$$

由均值不等式得

$$3\sec A+\cos A \cdot \tan^2 B \cdot \tan^2 C=$$

$$\frac{3}{4}\sec A+\frac{9}{4}\sec A+\cos A\cdot\tan^2 B\cdot\tan^2 C\geqslant$$
$$\frac{3}{4}\sec A+3\tan B\cdot\tan C$$

又由柯西不等式得

$$\frac{1}{3\sec A+\cos A\cdot\tan^2 B\cdot\tan^2 C}\leqslant$$
$$\frac{1}{\frac{3}{4}\sec A+3\tan B\cdot\tan C}=$$
$$\frac{1}{7^2}\cdot\frac{(1+6)^2}{\frac{3}{4}\sec A+3\tan B\cdot\tan C}\leqslant$$
$$\frac{1}{7^2}\left(\frac{1^2}{\frac{3}{4}\sec A}+\frac{6^2}{3\tan B\cdot\tan C}\right)=$$
$$\frac{1}{7^2}\left(\frac{4}{3}\cos A+12\cot B\cdot\cot C\right)$$

故

$$\sum\frac{1}{3\sec A+\cos A\cdot\tan^2 B\cdot\tan^2 C}\leqslant$$
$$\frac{1}{7^2}\left(\frac{4}{3}\sum\cos A+12\sum\cot A\cdot\cot B\right)$$

在$\triangle ABC$中,有

$$\sum\cos A\leqslant\frac{3}{2},\sum\cot A\cdot\cot B=1$$

故

$$\sum\frac{1}{3\sec A+\cos A\cdot\tan^2 B\cdot\tan^2 C}\leqslant$$
$$\frac{1}{7^2}\left(\frac{4}{3}\cdot\frac{3}{2}+12\cdot 1\right)=\frac{2}{7}$$

所以,欲证不等式成立.

因此,对任意的 $a,b,c>1$,均有 $M\leqslant\frac{2}{7}$.

综上,当 $a=b=c=4$ 时,$M_{\max}=\frac{2}{7}$.

例 14 (中国数学奥林匹克命题比赛获奖题目)设 x,y,z,

$w\in\mathbf{R}_+$，$\alpha+\beta+\gamma+\theta=(2k+1)\pi(k\in\mathbf{Z})$.

证明

$$x\sin\alpha+y\sin\beta+z\sin\gamma+w\sin\theta\leqslant\sqrt{\frac{(xy+zw)(xz+yw)(xw+yz)}{xyzw}}$$

当且仅当 $x\cos\alpha=y\cos\beta=z\cos\gamma=w\cos\theta$ 时，上式等号成立.

证明　设 $u=x\sin\alpha+y\sin\beta$，$v=z\sin\gamma+w\sin\theta$. 则

$$u^2=(x\sin\alpha+y\sin\beta)^2\leqslant(x\sin\alpha+y\sin\beta)^2+(x\cos\alpha-y\cos\beta)^2=x^2+y^2-2xy\cos(\alpha+\beta)$$

由于 $x,y\in\mathbf{R}_+$，因此

$$\cos(\alpha+\beta)\leqslant\frac{x^2+y^2-u^2}{2xy}\qquad(8.16)$$

同理

$$\cos(\gamma+\theta)\leqslant\frac{z^2+w^2-v^2}{2zw}\qquad(8.17)$$

由题设得

$$\cos(\alpha+\beta)+\cos(\gamma+\theta)=0$$

将不等式(8.16)，(8.17)左右两边分别相加，同时注意到上式，得到

$$0\leqslant\frac{x^2+y^2-u^2}{2xy}+\frac{z^2+w^2-v^2}{2zw}\Rightarrow$$

$$\frac{u^2}{xy}+\frac{v^2}{zw}\leqslant\frac{x^2+y^2}{xy}+\frac{z^2+w^2}{zw}\Rightarrow$$

$$\frac{u^2}{xy}+\frac{v^2}{zw}\leqslant\frac{(xz+yw)(xw+yz)}{xyzw}\qquad(8.18)$$

另外，由柯西不等式有

$$(u+v)^2\leqslant\left(\frac{u^2}{xy}+\frac{v^2}{zw}\right)(xy+zw)\qquad(8.19)$$

由不等式(8.18)，(8.19)得

$$u+v\leqslant\sqrt{\frac{(xy+zw)(xz+yw)(xw+yz)}{xyzw}}$$

这就是要证的不等式.

由不等式(8.16)～(8.19)知原不等式等号成立当且仅当

$$x\cos\alpha=y\cos\beta, z\cos\gamma=w\cos\theta, \frac{u}{xy}=\frac{v}{zw}$$

同时成立，即

$$x\cos\alpha=y\cos\beta=z\cos\gamma=w\cos\theta$$

事实上，由 $x\cos\alpha=y\cos\beta$，有

$$\begin{aligned}\sin(\alpha+\beta)=&\sin\alpha\cdot\cos\beta+\cos\alpha\cdot\sin\beta=\\&\sin\alpha\frac{y\cos\beta}{y}+\frac{x\cos\alpha}{x}\sin\beta=\\&\sin\alpha\frac{x\cos\alpha}{y}+\frac{x\cos\alpha}{x}\sin\beta=\\&x\cos\alpha\frac{x\sin\alpha+y\sin\beta}{xy}=\\&x\cos\alpha\frac{u}{xy}\end{aligned}$$

同理 $$\sin(\gamma+\theta)=z\cos\gamma\frac{v}{zw}$$

由题设得

$$\sin(\alpha+\beta)=\sin(\gamma+\theta)$$

又由于 $\frac{u}{xy}=\frac{v}{zw}\neq0$，故

$$x\cos\alpha=z\cos\gamma$$

所以，$x\cos\alpha=y\cos\beta=z\cos\gamma=w\cos\theta$.

例 15 （1988 年 CMO 试题）设 n 个正数 $a_1,a_2,\cdots,a_n$ 满足不等式

$$\left(\sum_{i=1}^{n}a_i^2\right)^2>(n-1)\sum_{i=1}^{n}a_i^4\quad(3\leqslant n\in\mathbf{N})$$

则这些数中的任何 3 个一定是某个三角形的 3 条边长.

证法一 当 $n=3$ 时我们在前面已证. 因此下面我们只需证明当 $n>3$ 时的情形.

应用柯西不等式，得

$$\left(\sum_{i=1}^{n}a_i^2\right)^2=$$

$$\left[\left(\frac{a_1^2+a_2^2+a_3^2}{2}\right)+\left(\frac{a_1^2+a_2^2+a_3^2}{2}\right)+\sum_{i=4}^{n}a_i^2\right]^2\text{（共 } n-1 \text{ 项）}\leqslant$$

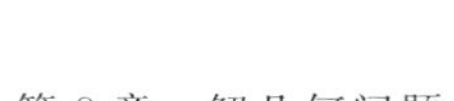

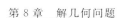

$$(1^2+1^2+\cdots+1^2)\left[\left(\frac{a_1^2+a_2^2+a_3^2}{2}\right)^2+\left(\frac{a_1^2+a_2^2+a_3^2}{2}\right)^2+\sum_{i=4}^{n}a_i^4\right]=$$

$$\left.\begin{aligned}&(n-1)\left[\frac{1}{2}(a_1^2+a_2^2+a_3^2)^2+\sum_{i=4}^{n}a_i^4\right]\\&(n-1)\sum_{i=1}^{n}a_i^4<\left(\sum_{i=1}^{n}a_i^2\right)^2\end{aligned}\right\}\Rightarrow$$

$$(n-1)\left[\frac{1}{2}(a_1^2+a_2^2+a_3^2)^2+\sum_{i=4}^{n}a_i^4\right]>(n-1)\sum_{i=1}^{n}a_i^4=$$

$$(n-1)(a_1^4+a_2^4+a_3^4+\sum_{i=4}^{n}a_i^4)\Rightarrow$$

$$(a_1^2+a_2^2+a_3^2)^2>2(a_1^4+a_2^4+a_3^4)$$

由此可知，以 a_1,a_2,a_3 为边的三角形存在.

同理可证：以 $a_i,a_j,a_k(1\leqslant i<j<k\leqslant n)$ 为边的三角形存在.

证法二　我们设参数 $1>\lambda>0$，应用柯西不等式有

$$\left(\sum_{i=1}^{n}a_i^2\right)^2=$$

$$\left[\lambda(a_1^2+a_2^2+a_3^2)+(1-\lambda)(a_1^2+a_2^2+a_3^2)+\sum_{i=4}^{n}a_i^2\right]^2\leqslant$$

$$(n-1)\left[\lambda^2(a_1^2+a_2^2+a_3^2)^2+(1-\lambda)^2(a_1^2+a_2^2+a_3^2)^2+\sum_{i=4}^{n}a_i^4\right]=$$

$$\left.\begin{aligned}&(n-1)\{[\lambda^2+(1-\lambda)^2](a_1^2+a_2^2+a_3^2)^2+\sum_{i=4}^{n}a_i^4\}\\&(n-1)\sum_{i=1}^{n}a_i^4<\left(\sum_{i=1}^{n}a_i^2\right)^2\end{aligned}\right\}\Rightarrow$$

$$[\lambda^2+(1-\lambda)^2](a_1^2+a_2^2+a_3^2)^2>\sum_{i=1}^{n}a_i^4-\sum_{i=4}^{n}a_i^4=$$

$$a_1^4+a_2^4+a_3^4$$

观察上式知，欲使 a_1,a_2,a_3 为三边的三角形存在，必须且只需

$$\left.\begin{aligned}&2\lambda^2-2\lambda+1=\frac{1}{2}\\&0<\lambda<1\end{aligned}\right\}\Rightarrow\lambda=\frac{1}{2}$$

同理，以 $a_i,a_j,a_k(1\leqslant i<j<k\leqslant n)$ 为边的三角形存在.

证法三 (1)当 $n=3$ 时,已证命题成立.

(2)假设当 $n=k+1$ 时命题成立,即有不等式

$$\left(\sum_{i=1}^{k+1} a_i^2\right)^2 > k\sum_{i=1}^{k+1} a_i^4$$

且以 $a_1,a_2,\cdots,a_{k+1}$ 中任意三个 $a_i,a_j,a_k(1\leqslant i<j<k\leqslant n)$ 为边可以构成三角形,现记 $\sum_{i=1}^{k} a_i^2=P$,$\sum_{i=1}^{k} a_i^4=Q$,则应用柯西不等式有

$$k(Q+a_{k+1}^4)<(P+a_{k+1}^2)^2=$$

$$\left[(k-1)\left(\frac{P}{k-1}\right)+a_{k+1}^2\right]^2\leqslant$$

$$[(k-1)+1]\left[(k-1)\left(\frac{P}{k-1}\right)^2+a_{k+1}^4\right]=k\left(\frac{P^2}{k-1}+a_{k+1}^4\right)\Rightarrow$$

$$Q+a_{k+1}^4<\frac{P^2}{k-1}+a_{k+1}^4\Rightarrow$$

$$P^2>(k-1)Q\Rightarrow$$

$$\left(\sum_{i=1}^{k} a_i^2\right)^2>(k-1)\sum_{i=1}^{k} a_i^4$$

即当 $n=k$ 时命题也成立.

综合上述,对任意 $3\leqslant n(n\in\mathbf{N})$命题成立.

例 16 设正六边形 $A_1A_2\cdots A_6$ 的中心为 O. 联结点 O 与各顶点 $A_i(i=1,2,\cdots,6)$得六个正$\triangle_i$,取$\triangle_i$ 中任一点 $M_i(i=1,2,\cdots,6)$,记 D_i,d_i 为 M_i 到$\triangle_i$ 边界上各点的最长、最短距离,试求变量 $\delta=\dfrac{\sum_{i=1}^{6} D_i^2}{\sqrt[3]{\prod_{i=1}^{6} d_i}}$ 的最小值.

解 如图 3,不妨令$\triangle_1$ 为$\triangle OA_1A_2$,则

$$D_1=\max\{M_1O,M_1A_1,M_1A_2\},$$
$$d_1=\min\{M_1O',M_1A_1',M_1A_2'\} \tag{8.20}$$

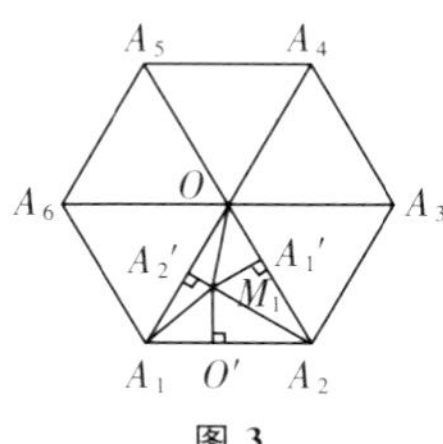

图 3

易知,在公共顶点 M_1 处的六个顶角中,至少有一个小于 $60°$. 不失一般性,

令$\angle O'M_1A_2 \geqslant 60^\circ$，则

$$M_1A_2\cos\angle O'M_1A_2 \leqslant M_1A_2\cos 60^\circ$$

所以

$$M_1O' \leqslant \frac{1}{2}M_1A_2 \tag{8.21}$$

综上，由式(8.20)，(8.21)知

$$d_1 \leqslant M_1O' \leqslant \frac{1}{2}M_1A_2 \leqslant \frac{1}{2}D_1$$

当且仅当M_1为正$\triangle_1$的内心时，$d_1=\frac{1}{2}D_1$.

同理可得

$$d_i \leqslant \frac{1}{2}D_i \quad (i=2,3,\cdots,6)$$

所以

$$\sum_{i=1}^{6}D_i \geqslant 2\sum_{i=1}^{6}d_i$$

所以

$$\left(\sum_{i=1}^{6}D_i\right)^2 \geqslant 4\left(\sum_{i=1}^{6}d_i\right)^2$$

再由柯西不等式，得

$$(1^2+1^2+1^2+1^2+1^2+1^2)\sum_{i=1}^{6}D_i^2 \geqslant$$

$$\left(\sum_{i=1}^{6}D_i\right)^2 \geqslant 4\cdot 36\sqrt[3]{\prod_{i=1}^{6}d_i}$$

所以

$$\delta=\frac{\sum\limits_{i=1}^{6}D_i^2}{\sqrt[3]{\prod\limits_{i=1}^{6}d_i}} \geqslant 24$$

即M_i都为正$\triangle_i(i=1,2,\cdots,6)$的内心时，$\delta_{\min}=24$.

例 17　(1981 年第 22 届 IMO 试题)P为$\triangle ABC$内一点，D,E,F分别为P到BC,CA,AB各边所引垂线的垂足，求所有使$\frac{BC}{PD}+\frac{CA}{PE}+\frac{AB}{PF}$为最小的点$P$.

解　记 $BC=a$，$AC=b$，$AB=c$，且 $PD=d_1$，$PE=d_2$，$PF=d_3$（图 4），则

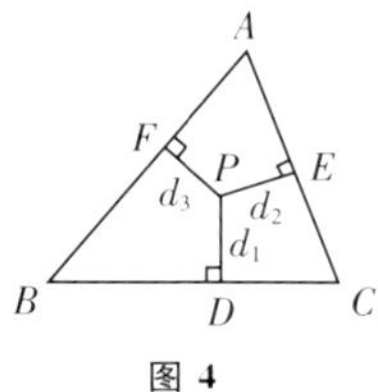

图 4

$\left(\frac{a}{d_1}+\frac{b}{d_2}+\frac{c}{d_3}\right)(ad_1+bd_2+cd_3)=$

$\left(\frac{a^2}{ad_1}+\frac{b^2}{bd_2}+\frac{c^2}{cd_3}\right)(ad_1+bd_2+cd_3)\geqslant$

$\left(\frac{a}{\sqrt{ad_1}}\cdot\sqrt{ad_1}+\frac{b}{\sqrt{bd_2}}\cdot\sqrt{bd_2}+\right.$

$\left.\frac{c}{\sqrt{cd_3}}\cdot\sqrt{cd_3}\right)^2=(a+b+c)^2$

所以

$$\frac{a}{d_1}+\frac{b}{d_2}+\frac{c}{d_3}\geqslant\frac{(a+b+c)^2}{ad_1+bd_2+cd_3}=\frac{(a+b+c)^2}{2S_{\triangle ABC}}$$

其中等号当且仅当

$$\frac{\frac{a^2}{ad_1}}{ad_1}=\frac{\frac{b^2}{bd_2}}{bd_2}=\frac{\frac{c^2}{cd_3}}{cd_3}\Rightarrow\frac{a^2}{a^2d_1^2}=\frac{b^2}{b^2d_2^2}=\frac{c^2}{c^2d_3^2}\Rightarrow d_1=d_2=d_3$$

时成立. 即当 P 为 $\triangle ABC$ 的内心时，$\frac{a}{d_1}+\frac{b}{d_2}+\frac{c}{d_3}$ 有极小值 $\frac{(a+b+c)^2}{2S_{\triangle ABC}}$.

由以上证明，归结出如下命题：

命题 1　P 为 $\triangle ABC$ 内一点，$BC=a$，$AC=b$，$AB=c$，点 P 到 $\triangle ABC$ 三边 BC，CA，AB 的距离分别为 d_1，d_2，d_3，当 P 为 $\triangle ABC$ 的内心时，$\frac{a}{d_1}+\frac{b}{d_2}+\frac{c}{d_3}$ 达到最小值，其最小值为 $\frac{(a+b+c)^2}{2S_{\triangle ABC}}$.

命题 1 在空间可以推广如下：

命题 2　P 为四面体 $A\text{-}BCD$ 内一点，P 到面 BCD，ABD，ACD，ABC 的距离分别为 d_1，d_2，d_3，d_4，设 $\triangle BCD$，$\triangle ABD$，$\triangle ACD$，$\triangle ABC$ 的面积分别为 S_1，S_2，S_3，S_4. 当 P 为四面体 $A\text{-}BCD$ 的内切球的球心时，$\frac{S_1}{d_1}+\frac{S_2}{d_2}+\frac{S_3}{d_3}+\frac{S_4}{d_4}$ 达到最小，最小值为 $\frac{(S_1+S_2+S_3+S_4)^2}{3V}$，其中 V 为四面体的体积.

证明:由读者自己完成.

这个命题还可以进一步推广为:

命题3 P 为 n 面体内切球内的一点,它的各面的面积分别为 $S_1,S_2,\cdots,S_n$. P 到相应面的距离为 $d_1,d_2,\cdots,d_n$,则当 P 为此多面体的内切球的球心时,$\sum\limits_{i=1}^{n}\frac{S_i}{d_i}$ 达到最小,其最小值为 $\frac{\left(\sum\limits_{i=1}^{n}S_i\right)^2}{3V}$($V$ 为 n 面体的体积).

证明 由柯西不等式,得

$$\left(\sum_{i=1}^{n}x_i^2\right)\left(\sum_{i=1}^{n}y_i^2\right)\geqslant\left(\sum_{i=1}^{n}x_iy_i\right)^2$$

令

$$x_i^2=\frac{a_i^2}{b_i},y_i^2=b_i\quad(b_i>0,i=1,2,\cdots,n)$$

得

$$\left(\sum_{i=1}^{n}b_i\right)\left(\sum_{i=1}^{n}\frac{a_i^2}{b_i}\right)\geqslant\left(\sum_{i=1}^{n}a_i\right)^2$$

于是

$$\left(\sum_{i=1}^{n}S_id_i\right)\left(\sum_{i=1}^{n}\frac{S_i^2}{S_id_i}\right)\geqslant\left(\sum_{i=1}^{n}S_i\right)^2$$

即

$$\sum_{i=1}^{n}\frac{S_i}{d_i}\geqslant\frac{\left(\sum\limits_{i=1}^{n}S_i\right)^2}{\sum\limits_{i=1}^{n}S_id_i}=\frac{\left(\sum\limits_{i=1}^{n}S_i\right)^2}{3V}$$

当 $d_1=d_2=\cdots=d_n$ 时,即 P 为这 n 面体内切球的球心时,$\sum\limits_{i=1}^{n}\frac{S_i}{d_i}$ 达到最小,最小值为 $\frac{\left(\sum\limits_{i=1}^{n}S_i\right)^2}{3V}$.

例18 在四面体 $A_1A_2A_3A_4$ 中,A_1 所对的 $\triangle A_2A_3A_4$ 的面积为 S_1,以 A_1A_2 为棱的二面角为 α_{12},其余类推.求证

$$\sum\cos^2\alpha_{ij}\geqslant\frac{4}{3}\quad(1\leqslant i\leqslant j\leqslant 4,i\neq j)$$

分析:为寻求其证明,先找平面上类似问题的证明:在$\triangle ABC$中,求证:$\cos^2 A+\cos^2 B+\cos^2 C\geqslant\frac{3}{4}$. 此例子可以通过三角形的射影定理结合柯西不等式获证. 将此证法推广到空间即可获证.

证明 由四面体的面积射影定理,有

$$S_1=S_2\cos\alpha_{34}+S_3\cos\alpha_{24}+S_4\cos\alpha_{23}$$

据柯西不等式有

$$S_1^2=(S_2\cos\alpha_{34}+S_3\cos\alpha_{24}+S_4\cos\alpha_{23})^2\leqslant (S_2^2+S_3^2+S_4^2)(\cos^2\alpha_{34}+\cos^2\alpha_{24}+\cos^2\alpha_{23})$$

所以

$$\cos^2\alpha_{34}+\cos^2\alpha_{24}+\cos^2\alpha_{23}\geqslant\frac{S_1^2}{S_2^2+S_3^2+S_4^2}$$

同理还有其他三个式子. 这四式相加,得

$$2\sum\cos^2\alpha_{ij}\geqslant\sum\frac{S_i^2}{S^2-S_i^2}\quad \left(S^2=\sum_{i=1}^{4}S_i^2\right)$$

记$x_i=\frac{S_i^2}{S^2}(i=1,2,3,4)$,有$x_1+x_2+x_3+x_4=1$. 则

$$\begin{aligned}2\sum\cos^2\alpha_{ij}&\geqslant\sum\frac{S_i^2}{S^2-S_i^2}=\sum_{i=1}^{4}\frac{x_i}{1-x_i}=\\&-4+\sum_{i=1}^{4}\left(\frac{x_i}{1-x_i}+1\right)=\\&-4+(x_1+x_2+x_3+x_4)\sum_{i=1}^{4}\frac{1}{1-x_i}=\\&-4+\frac{1}{3}\left[\sum_{i=1}^{4}(1-x_i)\right]\left[\sum_{i=1}^{4}\frac{1}{1-x_i}\right]\geqslant\\&-4+\frac{16}{3}=\frac{4}{3}\end{aligned}$$

整理即得要证的不等式.

例 19 $\triangle ABC$为锐角三角形,H为垂心. 射线AH,BH,CH分别交$\triangle ABC$的外接圆于点A',B',C'. 证明

$$\frac{3}{2}\leqslant\frac{AH}{AA'}+\frac{BH}{BB'}+\frac{CH}{CC'}<2$$

证明　如图 5，联结 $A'B'$，$B'C'$，$C'A'$，AB'. 设 $B'C'$ 交 AA' 于点 K. 易证 $\angle AA'B'=\angle ABB'=\angle ACC'=\angle AA'C'$ 所以，$A'A$ 平分 $\angle B'A'C'$.

图 5

同理，$B'B$ 平分 $\angle A'B'C'$.

故点 H 必是 $\triangle A'B'C'$ 的内心.

由内心性质知 $AB'=AH$.

设 $B'C'=a$，$C'A'=b$，$A'B'=c$.

易证 $\triangle AA'B'\backsim\triangle C'A'K$. 于是

$$\frac{AB'}{AA'}=\frac{C'K}{C'A'}=\frac{KH}{HA'}=\frac{B'K}{A'B'}=\frac{C'K+B'K}{C'A'+A'B'}=\frac{B'C'}{C'A'+A'B'}=\frac{a}{b+c}$$

但 $AB'=AH$，所以，$\frac{AH}{AA'}=\frac{a}{b+c}$.

同理

$$\frac{BH}{BB'}=\frac{b}{c+a},\frac{CH}{CC'}=\frac{c}{a+b}$$

故

$$\frac{AH}{AA'}+\frac{BH}{BB'}+\frac{CH}{CC'}=\frac{a}{b+c}+\frac{b}{c+a}+\frac{c}{a+b} \tag{8.22}$$

由柯西不等式

$$[(b+c)+(c+a)+(a+b)]\cdot\left(\frac{1}{b+c}+\frac{1}{c+a}+\frac{1}{a+b}\right)\geqslant(1+1+1)^2$$

即

$$\frac{2(a+b+c)}{b+c}+\frac{2(a+b+c)}{c+a}+\frac{2(a+b+c)}{a+b}\geqslant 9$$

从而，$\frac{a}{b+c}+\frac{b}{c+a}+\frac{c}{a+b}\geqslant\frac{3}{2}$.

在 $\triangle A'B'C'$ 中，因为

$$b+c>a,c+a>b,a+b>c$$

所以，$2(b+c)>a+b+c$，有

$$2a(b+c)>a(a+b+c)$$

从而

$$\frac{a}{b+c}<\frac{2a}{a+b+c}$$

同理

$$\frac{b}{c+a}<\frac{2b}{a+b+c},\frac{c}{a+b}<\frac{2c}{a+b+c}$$

故
$$\frac{a}{b+c}+\frac{b}{c+a}+\frac{c}{a+b}<\frac{2a+2b+2c}{a+b+c}=2$$

代入式(8.22)立得

$$\frac{3}{2}\leqslant\frac{AH}{AA'}+\frac{BH}{BB'}+\frac{CH}{CC'}<2$$

例 20 已知一个四面体四个面的面积都相等,求证:隶属于各棱的二面角的余弦的平方和不小于$\frac{2}{3}$.

证明 设四面体 $ABCD$ 的各顶点 A,B,C,D 其相对面面积分别记为 S_A,S_B,S_C,S_D,隶属于各棱 AB,AC,AD,BC,BD,DC 的二面角的余弦分别记为 $\cos\overline{AB},\cos\overline{AC},\cos\overline{AD},\cos\overline{BC},\cos\overline{BD},\cos\overline{DC}$.

我们先证明一个预备命题

$$\cos\overline{AB}+\cos\overline{AC}+\cos\overline{AD}+\cos\overline{BC}+\cos\overline{BD}+\cos\overline{DC}=2 \tag{8.23}$$

事实上,我们知道,当面积为 S 的平面 π_1 和平面 π_2 夹角为 α 时,S 在平面 π_2 上的射影面积 $S'=S\cos\alpha$.应用此公式,容易证明

$$\begin{cases}S_A=S_B\cos\overline{DC}+S_C\cos\overline{BD}+S_D\cos\overline{BC}\\S_B=S_C\cos\overline{AD}+S_D\cos\overline{AC}+S_A\cos\overline{DC}\\S_C=S_D\cos\overline{AB}+S_A\cos\overline{BD}+S_B\cos\overline{AD}\\S_D=S_A\cos\overline{BC}+S_B\cos\overline{AC}+S_C\cos\overline{AB}\end{cases} \tag{8.24}$$

注意到 $S_A=S_B=S_C=S_D$,上述四个等式相加,立即可以证明式(8.23).

由柯西不等式和式(8.23)得

$$2^2\leqslant(1^2+1^2+1^2+1^2+1^2+1^2)(\cos^2\overline{AB}+\cos^2\overline{AC}+\cos^2\overline{AD}+\cos^2\overline{BC}+\cos^2\overline{BD}+\cos^2\overline{DC})$$

即

$$\cos^2\overline{AB}+\cos^2\overline{AC}+\cos^2\overline{AD}+\cos^2\overline{BC}+\cos^2\overline{BD}+\cos^2\overline{DC}\geqslant\frac{2}{3}$$

其中等号当且仅当 $S_A=S_B=S_C=S_D$,且 $\cos\overline{AB}=\cos\overline{AC}=$

$\cos\overline{AD}=\cos\overline{BC}=\cos\overline{BD}=\cos\overline{DC}$时成立.

例 20 中的条件"四个面的面积都相等"是多余的.

由式(8.24)及柯西不等式,得

$$S_A^2\leqslant(S_B^2+S_C^2+S_D^2)(\cos^2\overline{DC}+\cos^2\overline{BD}+\cos^2\overline{BC})$$

$$S_B^2\leqslant(S_C^2+S_D^2+S_A^2)(\cos^2\overline{AD}+\cos^2\overline{AC}+\cos^2\overline{DC})$$

$$S_C^2\leqslant(S_D^2+S_A^2+S_B^2)(\cos^2\overline{AB}+\cos^2\overline{BD}+\cos^2\overline{AD})$$

$$S_D^2\leqslant(S_A^2+S_B^2+S_C^2)(\cos^2\overline{BC}+\cos^2\overline{AC}+\cos^2\overline{AB})$$

因为

$$2(\cos^2\overline{DC}+\cos^2\overline{BD}+\cos^2\overline{BC}+\cos^2\overline{AD})\geqslant$$
$$\frac{S_A^2}{S_B^2+S_C^2+S_D^2}+\frac{S_B^2}{S_C^2+S_D^2+S_A^2}+\frac{S_C^2}{S_D^2+S_A^2+S_B^2}+\frac{S_D^2}{S_A^2+S_B^2+S_C^2}\tag{8.25}$$

记 $x_1=S_A^2,x_2=S_B^2,x_3=S_C^2,x_4=S_D^2$,不妨设 $x_1+x_2+x_3+x_4=1$,则

$$\sum_{i=1}^{4}\frac{x_i}{1-x_i}=\sum_{i=1}^{4}\sum_{k=1}^{\infty}x_i^k=\sum_{k=1}^{\infty}\sum_{i=1}^{4}x_i^k\geqslant$$
$$\sum_{k=1}^{\infty}4^{1-k}\left(\sum_{i=1}^{4}x_i\right)^k=\sum_{k=1}^{\infty}4^{1-k}=\frac{4}{3}$$

所以

$$\cos^2\overline{AB}+\cos^2\overline{AC}+\cos^2\overline{AD}+\cos^2\overline{BC}+\cos^2\overline{BD}+\cos^2\overline{DC}\geqslant\frac{2}{3}$$

在证得式(8.25)后,也可以利用切比雪夫不等式来证明.

不妨设 $S_A^2\geqslant S_B^2\geqslant S_C^2\geqslant S_D^2$,则

$$S_A^2+S_B^2+S_C^2\geqslant S_A^2+S_B^2+S_D^2\geqslant S_A^2+S_C^2+S_D^2\geqslant S_B^2+S_C^2+S_D^2$$

$$\frac{S_D^2}{S_A^2+S_B^2+S_C^2}\leqslant\frac{S_C^2}{S_A^2+S_B^2+S_D^2}\leqslant\frac{S_B^2}{S_A^2+S_C^2+S_D^2}\leqslant\frac{S_A^2}{S_B^2+S_C^2+S_D^2}$$

则

$$[(S_A^2+S_B^2+S_C^2)+(S_B^2+S_C^2+S_D^2)+(S_A^2+S_C^2+S_D^2)+(S_B^2+S_C^2+S_D^2)]\cdot\left(\frac{S_D^2}{S_A^2+S_B^2+S_C^2}+\frac{S_C^2}{S_A^2+S_B^2+S_D^2}+\frac{S_B^2}{S_A^2+S_C^2+S_D^2}+\frac{S_A^2}{S_B^2+S_C^2+S_D^2}\right)\geqslant4(S_A^2+S_B^2+S_C^2+S_D^2)$$

即

$$\frac{S_D^2}{S_A^2+S_B^2+S_C^2}+\frac{S_C^2}{S_A^2+S_B^2+S_D^2}+\frac{S_B^2}{S_A^2+S_C^2+S_D^2}+\frac{S_A^2}{S_B^2+S_C^2+S_D^2}\geqslant\frac{4}{3} \tag{8.26}$$

由两式(8.25)及(8.26)即得所证结论．

由以上各式知，等号当且仅当 $S_A=S_B=S_C=S_D$ 且 $\cos\overline{AB}=\cos\overline{AC}=\cos\overline{AD}=\cos\overline{BC}=\cos\overline{BD}=\cos\overline{CD}$ 时成立．

例 21 （1988 年中国国家队集训班选拔赛试题）如图 6，在梯形 $ABCD$ 的下底 AB 上有两定点 M,N，上底 CD 上有一动点 P．记 $E=DN\cap AP$，$F=DN\cap MC$，$G=MC\cap PB$，$DP=\lambda DC$．问当 λ 为何值时，四边形 $PEFG$ 的面积最大？

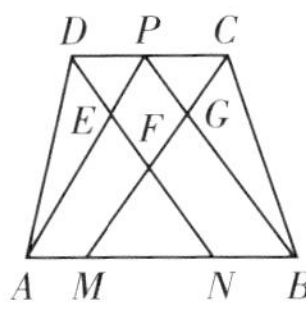

图 6

解 因为

$$S_{PEFG}=S_{ABP}-S_{ANE}-S_{MBG}+S_{MNF}$$

而其中 S_{ABP} 与 S_{MNF} 为定值，所以 S_{PEFG} 最大时，当且仅当 $S_{ANE}+S_{MBG}$ 取最小值．

记 $AB=a,CD=b,MN=c$，设 $AN=\mu(a+c)$，于是 $MB=(1-\mu)(a+c)$．设梯形的高为 1，容易看出

$$S_{ANE}=\frac{1}{2}\cdot\frac{AN^2}{AN+DP}=\frac{1}{2}\cdot\frac{\mu^2(a+c)^2}{\mu(a+c)+\lambda b}$$

$$S_{MBG}=\frac{1}{2}\cdot\frac{MB^2}{MB+PC}=\frac{1}{2}\cdot\frac{(1-\mu)^2(a+c)^2}{(1-\mu)(a+c)+(1-\lambda)b}$$

从而有

$$S_{ANE}+S_{MBG}=\frac{1}{2}(a+c)^2\left[\frac{\mu^2}{\mu(a+c)+\lambda b}+\frac{(1-\mu)^2}{(1-\mu)(a+c)+(1-\lambda)b}\right] \tag{8.27}$$

由柯西不等式，得

$$\frac{\mu^2}{\mu(a+c)+\lambda b}+\frac{(1-\mu)^2}{(1-\mu)(a+c)+(1-\lambda)b}=$$

$$\left[\frac{\mu^2}{\mu(a+c)+\lambda b}+\frac{(1-\mu)^2}{(1-\mu)(a+c)+(1-\lambda)b}\right]\cdot$$

$$[\mu(a+c)+\lambda b+(1-\mu)(a+c)+(1-\lambda)b]\cdot\frac{1}{a+b+c}\geqslant$$

$$(\mu+1-\mu)\frac{1}{a+b+c}=\frac{1}{a+b+c} \tag{8.28}$$

将式(8.27)与式(8.28)结合起来,即得

$$S_{ANE}+S_{MBG}\geqslant\frac{1}{2}\cdot\frac{(a+c)^2}{a+b+c}(\text{定值})$$

其中等号成立当且仅当式(8.28)中等号成立,而这又相当于

$$\frac{\mu}{\mu(a+c)+\lambda b}=\frac{1-\mu}{(1-\mu)(a+c)+(1-\lambda)b}$$

由此解得 $\lambda=\mu$,即当 $\lambda=\mu=AN/(AB+MN)$ 时,S_{PEFG} 取最大值.

例 22　设 t_a,t_b,t_c 分别为 $\triangle ABC$ 的边 a,b,c 上的内角平分线长,求证

$$(t_a+t_b+t_c)^2\leqslant\frac{9}{4}(ab+bc+ca) \tag{8.29}$$

其中等号当且仅当 $\triangle ABC$ 为正三角形时成立.

证明　由内角平分线长的公式知

$$t_a=\frac{2bc}{b+c}\cos\frac{A}{2}$$

利用柯西不等式,得

$$\begin{aligned}2\sqrt{bc}=&\sqrt{b}\cdot\sqrt{c}+\sqrt{b}\cdot\sqrt{c}\leqslant\\&[(\sqrt{b})^2+(\sqrt{c})^2]^{\frac{1}{2}}[(\sqrt{c})^2+(\sqrt{b})^2]^{\frac{1}{2}}=\\&b+c\end{aligned}$$

其中等号当且仅当 $\frac{\sqrt{b}}{\sqrt{c}}=\frac{\sqrt{c}}{\sqrt{b}}$,即 $b=c$ 时成立.

所以

$$t_a\leqslant\sqrt{bc}\cos\frac{A}{2}$$

同理可得

$$t_b\leqslant\sqrt{ca}\cos\frac{B}{2},t_c\leqslant\sqrt{ab}\cos\frac{C}{2}$$

由此可得

$$(t_a+t_b+t_c)^2\leqslant\left(\sqrt{bc}\cos\frac{A}{2}+\sqrt{ca}\cos\frac{B}{2}+\sqrt{ab}\cos\frac{C}{2}\right)^2$$

其中等号当且仅当 $a=b=c$ 即 $\triangle ABC$ 为正三角形时成立.

对上式右端再次运用柯西不等式,得

$$\left(\sqrt{bc}\cos\frac{A}{2}+\sqrt{ca}\cos\frac{B}{2}+\sqrt{ab}\cos\frac{C}{2}\right)^2\leqslant$$
$$(ab+bc+ca)\left(\cos^2\frac{A}{2}+\cos^2\frac{B}{2}+\cos^2\frac{C}{2}\right)$$

但

$$\cos^2\frac{A}{2}+\cos^2\frac{B}{2}+\cos^2\frac{C}{2}=2+2\sin\frac{A}{2}\sin\frac{B}{2}\sin\frac{C}{2}$$

而

$$\sin\frac{A}{2}\sin\frac{B}{2}\sin\frac{C}{2}\leqslant\frac{1}{8}$$

故有

$$(t_a+t_b+t_c)^2\leqslant\frac{9}{4}(ab+bc+ca) \tag{8.30}$$

显然,式(8.30)中等号当且仅当$\triangle ABC$为正三角形时成立.

由于

$$(t_a+t_b+t_c)^2\geqslant 3(t_at_b+t_bt_c+t_ct_a)$$

及$(a+b+c)^2\geqslant 3(ab+bc+ca)$,因而又可得

$$t_a+t_b+t_c\leqslant\frac{\sqrt{3}}{2}(a+b+c) \tag{8.31}$$

$$t_at_b+t_bt_c+t_ct_a\leqslant\frac{3}{4}(ab+bc+ca) \tag{8.32}$$

例 23 若a,b,c,R,r与a',b',c',R',r'分别表示$\triangle ABC$与$\triangle A'B'C'$的三边、外接圆半径及内切圆半径,求证:$36rr'\leqslant aa'+bb'+cc'\leqslant 9RR'$,当且仅当$\triangle ABC$与$\triangle A'B'C'$都是正三角形时取等号.

证明 由柯西不等式及正弦定理得

$$\begin{aligned}(aa'+bb'+cc')^2\leqslant(a^2+b^2+c^2)(a'^2+b'^2+c'^2)=&\\16R^2R'^2(\sin^2A+\sin^2B+\sin^2C)\cdot&\\(\sin^2A'+\sin^2B'+\sin^2C')=&\\16R^2R'^2(2+2\cos A\cos B\cos C)\cdot&\\(2+2\cos A'\cos B'\cos C')&\end{aligned}$$

因为

$$\cos A\cos B\cos C\leqslant\frac{1}{8}$$

$$\cos A'\cos B'\cos C'\leqslant\frac{1}{8}$$

所以

$$aa'+bb'+cc'\leqslant 9RR'$$

又由不等式 $x+y+z\geqslant 3\sqrt[3]{xyz}$，知

$$aa'+bb'+cc'\geqslant 3\sqrt[3]{abc\cdot a'b'c'}$$

因为

$$abc=r^3\cot\frac{A}{2}\cot\frac{B}{2}\cot\frac{C}{2}\cdot\frac{1}{\sin\frac{A}{2}\sin\frac{B}{2}\sin\frac{C}{2}}\quad(8.33)$$

$$\cot\frac{A}{2}+\cot\frac{B}{2}+\cot\frac{C}{2}=\cot\frac{A}{2}\cot\frac{B}{2}\cot\frac{C}{2}\geqslant 3\sqrt[3]{\cot\frac{A}{2}\cot\frac{B}{2}\cot\frac{C}{2}}$$

所以

$$\cot\frac{A}{2}\cot\frac{B}{2}\cot\frac{C}{2}\geqslant 3\sqrt{3}\quad(8.34)$$

又因为

$$\sin\frac{A}{2}\sin\frac{B}{2}\sin\frac{C}{2}=\frac{1}{2}\left[\cos\frac{A-B}{2}-\cos\frac{A+B}{2}\right]\cos\frac{A+B}{2}=-\frac{1}{2}\left[\cos\frac{A+B}{2}-\frac{1}{2}\cos\frac{A-B}{2}\right]^2+\frac{1}{8}\cos^2\frac{A-B}{2}\leqslant\frac{1}{8}\cos^2\frac{A-B}{2}\leqslant\frac{1}{8}\quad(8.35)$$

由式(8.33)，(8.34)，(8.35)，得

$$abc>24\sqrt{3}r^3 \text{ 或 } a'b'c'\geqslant 24\sqrt{3}r'^3\quad(8.36)$$

所以

$$aa'+bb'+cc'\geqslant 36rr'$$

故 $36rr'\leqslant aa'+bb'+cc'\leqslant 9RR'$ 成立．显然 $\triangle ABC$ 与 $\triangle A'B'C'$ 都是正三角形是不等式取等号的充分与必要条件．

例 24　设 $\triangle ABC$ 与 $\triangle A'B'C'$ 的三条中线长分别为 m_a，m_b，m_c 与 m'_a，m'_b，m'_c，它们的外接圆半径、内切圆半径分别为 R，r 与 R'，r'．求证

$$\frac{1}{3rr'}\geqslant\frac{1}{m_am'_a}+\frac{1}{m_bm'_b}+\frac{1}{m_cm'_c}\geqslant\frac{4}{3RR'}$$

其中等号均当且仅当$\triangle ABC$与$\triangle A'B'C'$为正三角形时成立.

证明 先证

$$\frac{1}{m_a^2}+\frac{1}{m_b^2}+\frac{1}{m_c^2}\leqslant\frac{1}{3r^2}\tag{8.37}$$

由 Jovanoric 不等式

$$m_a^2\geqslant s(s-a)\tag{8.38}$$

及代数不等式

$$\frac{1}{x+y+z}\left(\frac{1}{x}+\frac{1}{y}+\frac{1}{z}\right)\leqslant\frac{x+y+z}{3xyz}$$

得

$$\frac{1}{m_a^2}+\frac{1}{m_b^2}+\frac{1}{m_c^2}\leqslant\frac{1}{s(s-a)}+\frac{1}{s(s-b)}+\frac{1}{s(s-c)}\leqslant$$

$$\frac{s}{3(s-a)(s-b)(s-c)}=\frac{1}{3r^2}\tag{8.39}$$

由柯西不等式,得

$$\frac{1}{3rr'}\geqslant\left(\frac{1}{m_a^2}+\frac{1}{m_b^2}+\frac{1}{m_c^2}\right)^{\frac{1}{2}}+\left(\frac{1}{m_a'^2}+\frac{1}{m_b'^2}+\frac{1}{m_c'^2}\right)^{\frac{1}{2}}\geqslant$$

$$\frac{1}{m_am'_a}+\frac{1}{m_bm'_b}+\frac{1}{m_cm'_c}\tag{8.40}$$

另外,由 Neuberg 不等式

$$a^2+b^2+c^2\leqslant 9R^2\tag{8.41}$$

及恒等式 $m_a^2+m_b^2+m_c^2=\frac{3}{4}(a^2+b^2+c^2)$,得

$$m_a^2+m_b^2+m_c^2\leqslant\frac{27}{4}a^2\tag{8.42}$$

再由代数不等式,得

$$\frac{1}{m_am'_a}+\frac{1}{m_bm'_b}+\frac{1}{m_cm'_c}\geqslant$$

$$\frac{9}{m_am'_a+m_bm'_b+m_cm'_c}\geqslant$$

$$\frac{9}{(m_a^2+m_b^2+m_c^2)^{\frac{1}{2}}(m_a'^2+m_b'^2+m_c'^2)^{\frac{1}{2}}}\geqslant\frac{4}{3RR'}$$

易知不等式(8.37)和(8.42)中,等号成立均当且仅当$\triangle ABC$为

正三角形，所以原式中等号成立当且仅当$\triangle ABC$和$\triangle A'B'C'$都为正三角形.

例 25　设$\triangle A_iB_iC_i$的三边长，半周长，面积分别为a_i，b_i，c_i，p_i，$\Delta_i(i=1,2)$，证明

$$a_1(p_1-a_1)(p_2-b_2)(p_2-c_2)+b_1(p_1-b_1)(p_2-c_2)(p_2-a_2)+c_1(p_1-c_1)(p_2-a_2)(p_2-b_2)\geqslant 2\Delta_1\Delta_2$$

式中等号当且仅当$\triangle A_1B_1C_1\backsim\triangle A_2B_2C_2$时成立.

证明　根据半角公式

$$\tan\frac{A_1}{2}=\frac{1}{\Delta_1}(p_1-b_1)(p_1-c_1)$$

等六式，易知所证不等式等价于

$$Q=\tan\frac{A_1}{2}\left(\tan\frac{B_2}{2}+\tan\frac{C_2}{2}\right)+\tan\frac{B_1}{2}\left(\tan\frac{C_2}{2}+\tan\frac{A_2}{2}\right)+\tan\frac{C_1}{2}\left(\tan\frac{A_2}{2}+\tan\frac{B_2}{2}\right)\geqslant 2$$

因为

$$Q=\left(\tan\frac{A_1}{2}+\tan\frac{B_1}{2}+\tan\frac{C_1}{2}\right)\left(\tan\frac{A_2}{2}+\tan\frac{B_2}{2}+\tan\frac{C_2}{2}\right)-\left(\tan\frac{A_1}{2}\tan\frac{A_2}{2}+\tan\frac{B_1}{2}\tan\frac{B_2}{2}+\tan\frac{C_1}{2}\tan\frac{C_2}{2}\right)$$

所以，由柯西不等式及恒等式

$$\tan\frac{A}{2}\tan\frac{B}{2}+\tan\frac{B}{2}\tan\frac{C}{2}+\tan\frac{C}{2}\tan\frac{A}{2}=1$$

得

$$2+\left(\tan\frac{A_1}{2}+\tan\frac{B_1}{2}+\tan\frac{C_1}{2}\right)\left(\tan\frac{A_2}{2}+\tan\frac{B_2}{2}+\tan\frac{C_2}{2}\right)-Q=$$

$$2+\left(\tan\frac{A_1}{2}\tan\frac{A_2}{2}+\tan\frac{B_1}{2}\tan\frac{B_2}{2}+\tan\frac{C_1}{2}\tan\frac{C_2}{2}\right)=$$

$$\sqrt{2}\cdot\sqrt{2}+\tan\frac{A_1}{2}\tan\frac{A_2}{2}+\tan\frac{B_1}{2}\tan\frac{B_2}{2}+\tan\frac{C_1}{2}\tan\frac{C_2}{2}\leqslant$$

$$\sqrt{2+\tan^2\frac{A_1}{2}+\tan^2\frac{B_1}{2}+\tan^2\frac{C_1}{2}}\cdot$$

$$\sqrt{2+\tan^2\frac{A_2}{2}+\tan^2\frac{B_2}{2}+\tan^2\frac{C_2}{2}}=$$

$$\sqrt{\tan^2\frac{A_1}{2}+\tan^2\frac{B_1}{2}+\tan^2\frac{C_1}{2}+2\tan\frac{A_1}{2}\tan\frac{B_1}{2}+2\tan\frac{B_1}{2}\tan\frac{C_1}{2}+2\tan\frac{C_1}{2}\tan\frac{A_1}{2}}\cdot$$

$$\sqrt{\tan^2\frac{A_2}{2}+\tan^2\frac{B_2}{2}+\tan^2\frac{C_2}{2}+2\tan\frac{A_2}{2}\tan\frac{B_2}{2}+2\tan\frac{B_2}{2}\tan\frac{C_2}{2}+2\tan\frac{C_2}{2}\tan\frac{A_2}{2}}=$$

$$\left(\tan\frac{A_1}{2}+\tan\frac{B_1}{2}+\tan\frac{C_1}{2}\right)\left(\tan\frac{A_2}{2}+\tan\frac{B_2}{2}+\tan\frac{C_2}{2}\right)$$

所以 $Q\geqslant 2$.

等号当且仅当 $\tan\frac{A_1}{2}:\tan\frac{A_2}{2}=\tan\frac{B_1}{2}:\tan\frac{B_2}{2}=\tan\frac{C_1}{2}:\tan\frac{C_2}{2}=\sqrt{2}:\sqrt{2}$ 时,即 $\triangle A_1B_1C_1\backsim\triangle A_2B_2C_2$ 时成立.

例 26 已知凸 n 边形 $A_1A_2\cdots A_n$ 内有一点 P,使得

$$\angle PA_1A_2=\angle PA_2A_3=\cdots=\angle PA_nA_1=\theta_n\quad(n\geqslant 3)$$

求证:$\theta_n\leqslant\frac{n-2}{2n}\pi$,并指出等号成立的充要条件.

证明 如图 7,设凸 n 边形的边长为 $a_1,a_2,\cdots,a_n$,其面积为 S_n,$PA_i=x_i$ $(i=1,2,\cdots,n)$.

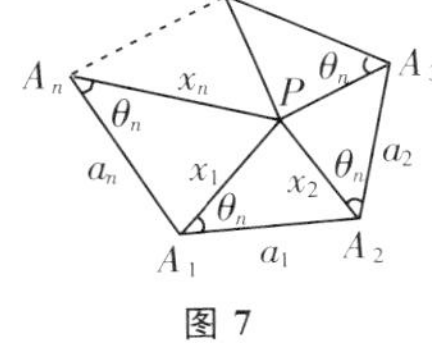

图 7

在 $\triangle PA_iA_{i+1}$ 中,由余弦定理得

$$x_{i+1}^2=x_i^2+a_i^2-2x_ia_i\cos\theta_n$$

又因为

$$2S_{\triangle PA_iA_{i+2}}=x_ia_i\sin\theta_n$$

所以

$$x_{i+1}^2=x_i^2+a_i^2-4S_{\triangle PA_iA_{i+1}}\cot\theta_n$$

其中 $i=1,2,\cdots,n$,$x_{n+1}=x_1$,$A_{n+1}=A_1$.

所以

$$\sum_{i=1}^n x_{i+1}^2=\sum_{i=1}^n x_i^2+\sum_{i=1}^n a_i^2-4\cot\theta_n\sum_{i=1}^n S_{\triangle PA_iA_{i+1}}$$

所以

$$\cot\theta_n=\frac{\sum\limits_{i=1}^n a_i^2}{4S_n}$$

又由著名的等周定理知,周长一定的 n 边形中以正 n 边形的面积最大,即有

$$S_n \leqslant \frac{1}{4} n\cot\frac{\pi}{n}\left[\frac{\sum_{i=1}^{n} a_i}{n}\right]^2$$

即

$$\left(\sum_{i=1}^{n} a_i\right)^2 \geqslant 4n\tan\frac{\pi}{n}\cdot S_n$$

又由柯西不等式,得

$$\left(\sum_{i=1}^{n} a_i\right)^2 \leqslant n\sum_{i=1}^{n} a_i^2$$

所以

$$\sum_{i=1}^{n} a_i^2 \geqslant \frac{1}{n}\left(\sum_{i=1}^{n} a_i\right)^2 \geqslant 4S_n\tan\frac{\pi}{n}$$

所以

$$\cot\theta_n \geqslant \tan\frac{\pi}{n} = \cot\left(\frac{\pi}{2}-\frac{\pi}{n}\right)$$

即

$$\theta_n \leqslant \frac{\pi}{2}-\frac{\pi}{n} = \frac{n-2}{2n}\cdot\pi$$

由等周定理和柯西不等式知,等号当且仅当凸 n 边形为正 n 边形时成立.

例 27　(1987 年第 28 届 IMO 备选题)若 a,b,c 为某三角形的三条边长,$2s=a+b+c$,则

$$\frac{a^n}{b+c}+\frac{b^n}{c+a}+\frac{c^n}{a+b} \geqslant \left(\frac{2}{3}\right)^{n-2} s^{n-1} \quad (n\geqslant 1)$$

证明　为书写方便,记

$$\sum\frac{b+c}{a+b+c} = \frac{b+c}{a+b+c}+\frac{c+a}{a+b+c}+\frac{a+b}{a+b+c}$$

$$\sum\frac{a}{b+c} = \frac{a}{b+c}+\frac{b}{c+a}+\frac{c}{a+b}$$

$$\sum\frac{a+b+c}{b+c} = \frac{a+b+c}{b+c}+\frac{a+b+c}{c+a}+\frac{a+b+c}{a+b}$$

其他情况类似.

(1)当 $n=1$ 时,由柯西不等式得

$$\sum\frac{b+c}{a+b+c}\cdot\sum\frac{a+b+c}{b+c} \geqslant 9$$

由于$\sum \frac{b+c}{a+b+c}=2$，故$\sum \frac{a+b+c}{b+c} \geqslant \frac{9}{2}$，$\sum \frac{a}{b+c} \geqslant \frac{3}{2}$.
因此当$n=1$时，欲证不等式成立.

（2）当$n>1$时，原不等式变为

$$\frac{2(a+b+c)a^n}{(b+c)(a+b+c)^n}+\frac{2(a+b+c)b^n}{(c+a)(a+b+c)^n}+\frac{2(a+b+c)c^n}{(a+b)(a+b+c)^n} \geqslant \frac{1}{3^{n-2}}$$

即

$$\sum \frac{2(a+b+c)}{b+c}\left(\frac{a}{a+b+c}\right)^n \geqslant \frac{1}{3^{n-2}}$$

由柯西不等式得

$$\sum \frac{2(a+b+c)}{b+c}\left(\frac{a}{a+b+c}\right)^n=$$

$$\sum \frac{b+c}{2(a+b+c)} \cdot \sum \frac{2(a+b+c)}{b+c} \cdot \left(\frac{a}{a+b+c}\right)^n \geqslant$$

$$\left[\sum\left(\frac{a}{a+b+c}\right)^{\frac{n}{2}}\right]^2$$

再由$\frac{n}{2}$次幂平均不小于算术平均得

$$\left[\sum\left(\frac{a}{a+b+c}\right)^{\frac{n}{2}}\right]^2 \geqslant\left[3\left(\frac{\sum \frac{a}{a+b+c}}{3}\right)^{\frac{n}{2}}\right]^2=\frac{1}{3^{n-2}}$$

故原不等式获证.

例 28 设h_a, h_b, h_c及h_a', h_b', h_c'分别是$\triangle ABC$和$\triangle A'B'C'$的三边a, b, c及a', b', c'对应的高，求证

$$h_a h_a'+h_b h_b'+h_c h_c' \leqslant \frac{3}{4}(aa'+bb'+cc')$$

证明 由熟知的不等式$\cos A \cos B \cos C \leqslant \frac{1}{8}$，得

$$\sin^2 A+\sin^2 B+\sin^2 C=2+2\cos A \cos B \cos C \leqslant \frac{9}{4}$$

同理，得

$$\sin^2 A'+\sin^2 B'+\sin^2 C' \leqslant \frac{9}{4}$$

由柯西不等式，得

$$\sin A\sin A'+\sin B\sin B'+\sin C\sin C'\leqslant$$
$$[(\sin^2 A+\sin^2 B+\sin^2 C)(\sin^2 A'+\sin^2 B'+\sin^2 C')]^{\frac{1}{2}}=$$
$$\frac{9}{4} \tag{8.44}$$

又

$$\sin A\sin A'\sin B\sin B'+\sin B\sin B'\sin C\sin C'+\sin C\sin C'\sin A\sin A'\leqslant$$
$$\frac{1}{3}(\sin A\sin A'+\sin B\sin B'+\sin C\sin C')^2$$

由式(8.44)得

$$\sin A\sin A'\sin B\sin B'+\sin B\sin B'\sin C\sin C'+$$
$$\sin C\sin C'\sin A\sin A'\leqslant$$
$$\frac{3}{4}(\sin A\sin A'+\sin B\sin B'+\sin C\sin C') \tag{8.45}$$

式(8.45)乘以 $4RR'$ 得

$$h_ah'_a+h_bh'_b+h_ch'_c\leqslant\frac{3}{4}(aa'+bb'+cc')$$

例 29　a,b,c 与 a',b',c' 分别表示△ABC 与△$A'B'C'$ 的三边长. s,R,r 与 s',R',r' 分别表示它们的周长之半,外接圆半径与内切圆半径,求证

$$\frac{1}{RR'}\leqslant\frac{27}{4ss'}\leqslant\frac{1}{aa'}+\frac{1}{bb'}+\frac{1}{cc'}\leqslant\frac{1}{4rr'}$$

其中所有的等号当且仅当△ABC 与△$A'B'C'$ 均为正三角形时成立.

证明　因为

$$(s-b)(s-c)\leqslant\left(\frac{s-b+s-c}{2}\right)^2=\frac{a^2}{4}$$

所以

$$h_a=\frac{2}{a}\sqrt{s(s-a)(s-b)(s-c)}\leqslant\sqrt{s(s-a)}$$

h_a 表示△ABC 边 BC 上高的长.

同理

$$h_b\leqslant\sqrt{s(s-b)},h_c\leqslant\sqrt{s(s-c)}$$

所以

$$h_a^2+h_b^2+h_c^2\leqslant s(s-a+s-b+s-c)=s^2$$

两边同除以 $4\Delta^2$（Δ 表示$\triangle ABC$ 的面积），得

$$\frac{1}{a^2}+\frac{1}{b^2}+\frac{1}{c^2}\leqslant\frac{1}{4r^2} \tag{8.46}$$

同理

$$\frac{1}{a'^2}+\frac{1}{b'^2}+\frac{1}{c'^2}\leqslant\frac{1}{4r'^2} \tag{8.47}$$

利用柯西不等式，得

$$\left(\frac{1}{aa'}+\frac{1}{bb'}+\frac{1}{cc'}\right)^2\leqslant\left(\frac{1}{a^2}+\frac{1}{b^2}+\frac{1}{c^2}\right)\cdot\left(\frac{1}{a'^2}+\frac{1}{b'^2}+\frac{1}{c'^2}\right)$$

所以

$$\frac{1}{aa'}+\frac{1}{bb'}+\frac{1}{cc'}\leqslant\frac{1}{4rr'} \tag{8.48}$$

因为

$$2s=a+b+c\geqslant 3\sqrt[3]{abc} \tag{8.49}$$

$$2s'=a'+b'+c'\geqslant 3\sqrt[3]{a'b'c'} \tag{8.50}$$

$$\frac{1}{aa'}+\frac{1}{bb'}+\frac{1}{cc'}\geqslant 3\sqrt[3]{\frac{1}{abca'b'c'}} \tag{8.51}$$

三式(8.49)～(8.51)相乘得

$$4ss'\left(\frac{1}{aa'}+\frac{1}{bb'}+\frac{1}{cc'}\right)\geqslant 27$$

所以

$$\frac{1}{aa'}+\frac{1}{bb'}+\frac{1}{cc'}\geqslant\frac{27}{4ss'} \tag{8.52}$$

因为

$$s=4R\cos\frac{A}{2}\cos\frac{B}{2}\cos\frac{C}{2}\leqslant\frac{3\sqrt{3}}{2}R$$

$$s'\leqslant\frac{3\sqrt{3}}{2}R'$$

所以

$$\frac{27}{4ss'}\geqslant\frac{27}{4}\cdot\frac{4}{27RR'}=\frac{1}{RR'} \tag{8.53}$$

由式(8.48)，(8.52)，(8.53)，得

$$\frac{1}{RR'}\leqslant\frac{27}{4ss'}\leqslant\frac{1}{aa'}+\frac{1}{bb'}+\frac{1}{cc'}\leqslant\frac{1}{4rr'}$$

同时显然式中的所有等号当且仅当$\triangle ABC$ 与$\triangle A'B'C'$均为正

三角形时成立.

由上面的不等式可导出另一关于两个三角形的不等式

$$ss'\geqslant h_ah'_a+h_bh'_b+h_ch'_c\geqslant 27rr' \tag{8.54}$$

例 30 A,B,C 为任意三角形的三个内角,且 n 为自然数,求证

$$\frac{1}{A^n}+\frac{1}{B^n}+\frac{1}{C^n}\geqslant\frac{3^{n+1}}{\pi^n}$$

证明 上式可改为证

$$\left(\frac{1}{A^n}+\frac{1}{B^n}+\frac{1}{C^n}\right)\cdot\pi^n\geqslant 3^{n+1}$$

或

$$\left(\frac{1}{A^n}+\frac{1}{B^n}+\frac{1}{C^n}\right)(A+B+C)^n\geqslant 3^{n+1} \tag{8.55}$$

而由熟知性质"若 $a_1,a_2,\cdots,a_m$ 均为非负数时,则有 $\sqrt[n]{\frac{a_1^n+a_2^n+\cdots+a_m^n}{m}}\geqslant\frac{a_1+a_2+\cdots+a_m}{m}$"得

$$\sqrt[3]{\frac{\frac{1}{A^n}+\frac{1}{B^n}+\frac{1}{C^n}}{3}}\geqslant\frac{\frac{1}{A}+\frac{1}{B}+\frac{1}{C}}{3}$$

即

$$\frac{1}{A^n}+\frac{1}{B^n}+\frac{1}{C^n}\geqslant 3\left(\frac{\frac{1}{A}+\frac{1}{B}+\frac{1}{C}}{3}\right)^n$$

所以

$$\left(\frac{1}{A^n}+\frac{1}{B^n}+\frac{1}{C^n}\right)(A+B+C)^n\geqslant$$

$$3\left(\frac{\frac{1}{A}+\frac{1}{B}+\frac{1}{C}}{3}\right)^n(A+B+C)^n=$$

$$\frac{1}{3^{n-1}}\left[\left(\frac{1}{A}+\frac{1}{B}+\frac{1}{C}\right)(A+B+C)\right]^n \tag{8.56}$$

由柯西不等式,可知

$$\left(\frac{1}{A}+\frac{1}{B}+\frac{1}{C}\right)(A+B+C)\geqslant$$

$$\left(\frac{1}{A}\cdot A+\frac{1}{B}\cdot B+\frac{1}{C}\cdot C\right)^2=9$$

代入式(8.56)得

$$\left(\frac{1}{A^n}+\frac{1}{B^n}+\frac{1}{C^n}\right)(A+B+C)^n\geqslant\frac{1}{3^{n-1}}\cdot 9^n=3^{n+1}$$

此即为式(8.55),因此可得

$$\frac{1}{A^n}+\frac{1}{B^n}+\frac{1}{C^n}\geqslant\frac{3^{n+1}}{\pi^n}$$

相应地,对凸 m 边形 $A_1A_2\cdots A_m$ 可以得到一系列有趣的不等式:

(1) $\frac{1}{A_1}+\frac{1}{A_2}+\cdots+\frac{1}{A_m}\geqslant\frac{m^2}{(m-2)\pi}$;

(2) $\frac{1}{A_1^2}+\frac{1}{A_2^2}+\cdots+\frac{1}{A_m^2}\geqslant\frac{m^3}{(m-2)^2\pi^2}$.

证明 因为

$$A_1+A_2+\cdots+A_m=(m-2)\pi$$

应用柯西不等式,得:

(1)有

$$\begin{aligned}&\frac{1}{A_1}+\frac{1}{A_2}+\cdots+\frac{1}{A_m}=\\&\frac{1}{(m-2)\pi}(A_1+A_2+\cdots+A_m)\cdot\left(\frac{1}{A_1}+\frac{1}{A_2}+\cdots+\frac{1}{A_m}\right)\geqslant\\&\frac{1}{(m-2)\pi}(\underbrace{1+1+\cdots+1}_{m个})^2=\\&\frac{m^2}{(m-2)\pi}\end{aligned}$$

(2)有

$$\begin{aligned}&\frac{1}{A_1^2}+\frac{1}{A_2^2}+\cdots+\frac{1}{A_m^2}=\\&\left(\underbrace{\frac{1}{m}+\frac{1}{m}+\cdots+\frac{1}{m}}_{m个}\right)\cdot\left(\frac{1}{A_1^2}+\frac{1}{A_2^2}+\cdots+\frac{1}{A_m^2}\right)\geqslant\\&\left(\frac{1}{\sqrt{m}}\cdot\frac{1}{A_1}+\frac{1}{\sqrt{m}}\cdot\frac{1}{A_2}+\cdots+\frac{1}{\sqrt{m}}\cdot\frac{1}{A_m}\right)^2=\\&\frac{1}{m}\left(\frac{1}{A_1}+\frac{1}{A_2}+\cdots+\frac{1}{A_m}\right)^2\geqslant\\&\frac{1}{m}\left[\frac{m^2}{(m-2)\pi}\right]^2=\frac{m^3}{(m-2)^2\pi^2}\end{aligned}$$

这个不等式还可以进一步推广为

$$\frac{1}{A_1^n}+\frac{1}{A_2^n}+\cdots+\frac{1}{A_m^n}\geqslant\frac{m^{n+1}}{(m-2)^n\pi^n}$$

证明 利用柯西不等式的推广式,易得

$$m^{n-1}\left(\frac{1}{A_1^n}+\frac{1}{A_2^n}+\cdots+\frac{1}{A_m^n}\right)\geqslant\left(\frac{1}{A_1}+\frac{1}{A_2}+\cdots+\frac{1}{A_m}\right)^n$$

由柯西不等式得

$$(A_1+A_2+\cdots+A_m)^n\left(\frac{1}{A_1}+\frac{1}{A_2}+\cdots+\frac{1}{A_m}\right)^n\geqslant m^{2n}$$

两式相乘即得

$$\left(\frac{1}{A_1^n}+\frac{1}{A_2^n}+\cdots+\frac{1}{A_m^n}\right)(A_1+A_2+\cdots+A_m)^n\geqslant m^{n+1}$$

因为

$$(A_1+A_2+\cdots+A_m)^n=(m-2)^n\pi^n$$

所以

$$\frac{1}{A_1^n}+\frac{1}{A_2^n}+\cdots+\frac{1}{A_m^n}\geqslant\frac{m^{n+1}}{(m-2)^n\pi^n}$$

同理可证:

设 $B_1,B_2,\cdots,B_m$ 为凸 m 边形的 m 个外角,则

$$\frac{1}{B_1^n}+\frac{1}{B_2^n}+\cdots+\frac{1}{B_m^n}\geqslant\frac{m^{n+1}}{(2\pi)^m}$$

例 31 对任一$\triangle ABC$,有

$$3\left(\frac{R}{2r}\right)^{\frac{1}{6}}\leqslant\sqrt{\frac{r_a}{h_a}}+\sqrt{\frac{r_b}{h_b}}+\sqrt{\frac{r_c}{h_c}}\leqslant\sqrt{\frac{4R}{r}+1}$$

当且仅当 $a=b=c$ 时,等式成立.

证明 由三角形面积的关系及

$$r_a=\frac{rp}{p-a},r_b=\frac{rp}{p-b},r_c=\frac{rp}{p-c}$$

$$S^2=(rp)^2=p(p-a)(p-b)(p-c)$$

得

$$r_a+r_b+r_c=S\left(\frac{1}{p-a}+\frac{1}{p-b}+\frac{1}{p-c}\right)=4R+r\quad(8.57)$$

$$r_ar_br_c=S^3[(p-a)(p-b)(p-c)]^{-1}=pS\quad(8.58)$$

$$\frac{1}{h_a}+\frac{1}{h_b}+\frac{1}{h_c}=\frac{1}{2S}(a+b+c)=\frac{p}{S}=\frac{1}{r}\quad(8.59)$$

$$h_ah_bh_c=\frac{8S^3}{abc}=\frac{2S^3}{R}\quad(8.60)$$

利用柯西不等式和式(8.57),(8.59),有

$$\left(\sqrt{r_a}\cdot\sqrt{\frac{1}{h_a}}+\sqrt{r_b}\cdot\sqrt{\frac{1}{h_b}}+\sqrt{r_c}\cdot\sqrt{\frac{1}{h_c}}\right)^2\leqslant$$

$$(r_a+r_b+r_c)\left(\frac{1}{h_a}+\frac{1}{h_b}+\frac{1}{h_c}\right)=$$

$$(4R+r)\cdot\frac{1}{r}=\frac{4R}{r}+1$$

两边开方即得所证不等式的右半部分. 又由算术-几何平均值不等式及式(8.58),(8.60),得

$$\sqrt{\frac{r_a}{h_a}}+\sqrt{\frac{r_b}{h_b}}+\sqrt{\frac{r_c}{h_c}}\geqslant 3\left(\frac{r_ar_br_c}{h_ah_bh_c}\right)^{\frac{1}{6}}=3\left(\frac{R}{2r}\right)^{\frac{1}{6}}$$

当且仅当 $a=b=c$ 时,$r_a=r_b=r_c=h_a=h_b=h_c=\frac{\sqrt{3}a}{2}$,$R=2r$,等式成立,且和为 3.

例 32 对任一$\triangle ABC$,有

$$at_A+bt_B+ct_C\leqslant\frac{9\sqrt{6}R}{4}\sqrt{3R^2-4r^2}$$

其中 t_A,t_B,t_C 分别为角 A,B,C 的平分线长. 当且仅当 $a=b=c$ 时,等号成立.

证明 利用角平分线性质及余弦定理,有

$$t_A^2=b^2+\left(\frac{ab}{b+c}\right)^2-\frac{2ab^2}{b+c}\cos C=$$

$$b^2+\frac{a^2b^2}{(b+c)^2}-\frac{b}{b+c}(a^2+b^2-c^2)=$$

$$\frac{4bcp(p-a)}{(b+c)^2}$$

$$t_B^2=\frac{4cap(p-b)}{(c+a)^2},t_C^2=\frac{4abp(p-c)}{(a+b)^2}$$

由此得

$$t_A=\frac{2}{b+c}\sqrt{bcp(p-a)}$$

$$t_B=\frac{2}{c+a}\sqrt{cap(p-b)}$$

$$t_C=\frac{2}{a+b}\sqrt{abp(p-c)}$$

利用算术-几何平均值不等式，得

$$t_A \leqslant \sqrt{p(p-a)}, t_B \leqslant \sqrt{p(p-b)}$$

$$t_C \leqslant \sqrt{p(p-c)}$$

由上式及柯西不等式，并利用

$$a^2+b^2+c^2=2(p^2-r^2-4Rr)$$

$$p \leqslant \frac{3\sqrt{3}}{2}R, R \geqslant 2r$$

得

$$\begin{aligned}
&(at_A+bt_B+ct_C)^2 \leqslant \\
&[a\sqrt{p(p-a)}+b\sqrt{p(p-b)}+c\sqrt{p(p-c)}]^2 \leqslant \\
&(a^2+b^2+c^2)[p(p-a)+p(p-b)+p(p-c)]= \\
&(a^2+b^2+c^2)[3p^2-(a+b+c)p]= \\
&2p^2(p^2-r^2-4Rr) \leqslant \\
&\frac{27}{2}R^2\left(\frac{27}{4}R^2-r^2-8r^2\right)= \\
&\frac{243}{8}R^2(3R^2-4r^2)
\end{aligned}$$

两边开平方即得所证不等式. 当且仅当 $a=b=c$，且 $t_A=t_B=t_C=\frac{\sqrt{3}a}{2}$，$R=2r=\frac{\sqrt{3}a}{3}$时，等号成立，其和为$\frac{3\sqrt{3}a}{2}$.

例 33　(第 43 届普特南数学竞赛题)若以 $K(x,y,z)$记边长分别为 x,y,z 的三角形的面积，求证对于任意两个边长分别为 a,b,c 以及 a',b',c'的三角形来说，有不等式

$$\sqrt{K(a,b,c)}+\sqrt{K(a',b',c')} \leqslant \sqrt{K(a+a',b+b',c+c')} \tag{8.61}$$

并确定式中等号成立的条件.

证明　令 $s=\frac{1}{2}(a+b+c)$，$t=s-a$，$u=s-b$，$v=s-c$，$s'=\frac{1}{2}(a'+b'+c')$，$t'=s'-a'$，$u'=s'-b'$，$v'=s'-c'$，利用海伦公式，则不等式(8.61)变为

$$\sqrt{stuv}+\sqrt{s't'u'v'} \leqslant \sqrt{(s+s')(t+t')(u+u')(v+v')} \tag{8.62}$$

注意到对于任意正数 x,y,x',y',应用柯西不等式可得

$$\sqrt{xy}+\sqrt{x'y'}\leqslant\sqrt{(x+x')(y+y')} \tag{8.63}$$

且式中等号成立的充要条件为$\sqrt{x}:\sqrt{x'}=\sqrt{y}:\sqrt{y'}$,亦即 $x:x'=y:y'$. 现在取 $x=\sqrt{st}$,$y=\sqrt{uv}$,$x'=\sqrt{s't'}$,$y'=\sqrt{u'v'}$,代入不等式(8.63),得

$$\sqrt[4]{stuv}+\sqrt[4]{s't'u'v'}\leqslant\sqrt{(\sqrt{st}+\sqrt{s't'})(\sqrt{uv}+\sqrt{u'v'})} \tag{8.64}$$

对于不等式(8.64)的右端再次应用不等式(8.63)便得

$$\sqrt[4]{stuv}+\sqrt[4]{s't'u'v'}\leqslant\sqrt{(\sqrt{st}+\sqrt{s't'})(\sqrt{uv}+\sqrt{u'v'})}\leqslant\sqrt[4]{(s+s')(t+t')(u+u')(v+v')}$$

于是

$$\sqrt{stuv}+\sqrt{s't'u'v'}\leqslant(\sqrt[4]{stuv}+\sqrt[4]{s't'u'v'})^2\leqslant\sqrt{(s+s')(t+t')(u+u')(v+v')}$$

这就证明了不等式(8.62),从而也就证明了不等式(8.61).

至于式(8.61)中等号成立的充要条件,由式(8.63)中的 $x:x'=y:y'$可以推得 $s:t:u:v=s':t':u':v'$,也就是 a,b,c 与 a',b',c' 成比例. 所以说式(8.61)中等号成立的充要条件是这两个三角形相似.

第 7 章中利用例 35 的结论解决了"周长一定的四边形中以正方形的面积为最大". 下面我们应用例 33 的结论来解决"周长一定的三角形中,以正三角形的面积为最大."

首先,不难看出,对任意的三角形有

$$K(a,b,c)=K(b,c,a)=K(c,a,b)$$

$$K\left(\frac{x}{3},\frac{y}{3},\frac{z}{3}\right)=\frac{1}{3^2}K(x,y,z)$$

另外由不等式(8.61)不难推得

$$\sqrt{K(a,b,c)}+\sqrt{K(a',b',c')}+\sqrt{K(a'',b'',c'')}\leqslant\sqrt{K(a+a'+a'',b+b'+b'',c+c'+c'')} \tag{8.65}$$

由此我们容易推出

$$\sqrt{K\left(\frac{a}{3},\frac{b}{3},\frac{c}{3}\right)}+\sqrt{K\left(\frac{b}{3},\frac{c}{3},\frac{a}{3}\right)}+\sqrt{K\left(\frac{c}{3},\frac{a}{3},\frac{b}{3}\right)}\leqslant$$

$$\sqrt{K\left(\frac{a+b+c}{3},\frac{a+b+c}{3},\frac{a+b+c}{3}\right)}$$

或

$$\frac{1}{3}\sqrt{K(a,b,c)}+\frac{1}{3}\sqrt{K(b,c,a)}+\frac{1}{3}\sqrt{K(c,a,b)}\leqslant \sqrt{K\left(\frac{a+b+c}{3},\frac{a+b+c}{3},\frac{a+b+c}{3}\right)}$$

亦即

$$\sqrt{K(a,b,c)}\leqslant\sqrt{K\left(\frac{a+b+c}{3},\frac{a+b+c}{3},\frac{a+b+c}{3}\right)}$$

最后得

$$K(a,b,c)\leqslant K\left(\frac{a+b+c}{3},\frac{a+b+c}{3},\frac{a+b+c}{3}\right) \quad (8.66)$$

这说明，对边长为 a,b,c 的任意三角形来说(此时 $2S=a+b+c$ 为定值)以等边三角形，即正三角形的面积为最大.

例 34　在四面体 $ABCD$ 中，设顶点 A,B,C,D 到所对面的距离分别为 h_A,h_B,h_C,h_D，其内切球的半径为 r，求证：四面体的四面是全等三角形的充要条件是

$$h_A+h_B+h_C+h_D=16r$$

证明　设四面体的顶点 A,B,C,D 所对的面的面积分别为 S_A,S_B,S_C,S_D，体积为 V.

必要性：因为四面体的四面是全等三角形，所以

$$S_A=S_B=S_C=S_D$$

从而

$$h_A=h_B=h_C=h_D$$

又

$$V=\frac{1}{3}S_Ah_A$$

$$V=\frac{1}{3}(S_A+S_B+S_C+S_D)r=\frac{4}{3}S_Ar$$

所以 $h_A=4r$，所以 $h_A+h_B+h_C+h_D=16r$.

充分性：因为

$$h_A=\frac{3V}{S_A},h_B=\frac{3V}{S_B},h_C=\frac{3V}{S_C},h_D=\frac{3V}{S_D}$$

所以

$$h_A+h_B+h_C+h_D=3V\left(\frac{1}{S_A}+\frac{1}{S_B}+\frac{1}{S_C}+\frac{1}{S_D}\right)$$

即

$$3V\left(\frac{1}{S_A}+\frac{1}{S_B}+\frac{1}{S_C}+\frac{1}{S_D}\right)=16r \tag{8.67}$$

又

$$V=\frac{1}{3}(S_A+S_B+S_C+S_D)r \tag{8.68}$$

式(8.68)代入式(8.67),得

$$(S_A+S_B+S_C+S_D)\left(\frac{1}{S_A}+\frac{1}{S_B}+\frac{1}{S_C}+\frac{1}{S_D}\right)=16 \tag{8.69}$$

因为

$$S_A>0,S_B>0,S_C>0,S_D>0$$

所以

$$(S_A+S_B+S_C+S_D)\left(\frac{1}{S_A}+\frac{1}{S_B}+\frac{1}{S_C}+\frac{1}{S_D}\right)\geqslant 16 \tag{8.70}$$

由式(8.69)和式(8.70)取等号的条件可知

$$S_A=S_B=S_C=S_D \tag{8.71}$$

如图 8,设棱 AB,AC,AD,CD,DB,BC 所对应的二面角的平面角分别为 $x,y,z,\alpha,\beta,\gamma$,则由面积射影定理可得

$$S_A=S_B\cos\alpha+S_C\cos\beta+S_D\cos\gamma$$

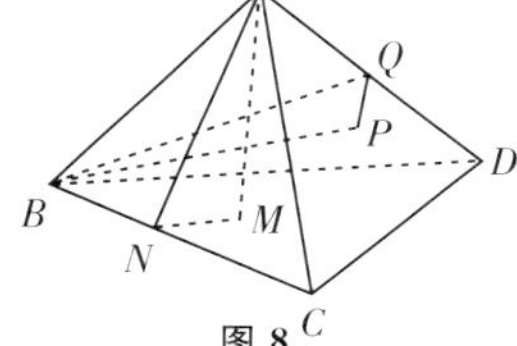

图 8

由式(8.71),得

$$\cos\alpha+\cos\beta+\cos\gamma=1 \tag{8.72}$$

同理有

$$\cos x+\cos y+\cos\gamma=1 \tag{8.73}$$

$$\cos x+\cos z+\cos\beta=1 \tag{8.74}$$

$$\cos y+\cos z+\cos\alpha=1 \tag{8.75}$$

由式(8.72)～(8.75)易知

$$\cos x=\cos\alpha,\cos y=\cos\beta,\cos z=\cos\gamma$$

因为 $0<x,y,z,\alpha,\beta,\gamma<\pi$,所以 $\alpha=x,y=\beta,z=\gamma$.

作 $AM\perp$ 平面 BCD 于点 M,过点 M 作 $MN\perp BC$ 于点 N,

联结 AN. 作 $BP\perp$平面 ACD 于点 P，过点 P 作 $PQ\perp AD$ 于点 Q，联结 BQ，据三垂线定理知：$AN\perp BC$，$BQ\perp AD$.

在 $\mathrm{Rt}\triangle AMN$ 与 $\mathrm{Rt}\triangle BPQ$ 中，由式(8.71)知 $AM=BP$，又

$$\angle ANM=\gamma=z=\angle BQP$$

所以

$$\triangle AMN\cong\triangle BPQ$$

从而 $AN=BQ$. 又由式(8.71)知 $BC\cdot AN=AD\cdot BQ$，故

$$BC=AD$$

同理可证

$$AC=BD,\ AB=CD$$

由此可知，四面的三角形三边对应相等，故四面是全等三角形.

例 35　(1961 年第 3 届 IMO 试题)证明：若 a,b,c 为三角形的三边，面积为 S，则

$$a^2+b^2+c^2\geqslant 4\sqrt{3}S$$

当且仅当三角形为正三角形时等号成立.

证明　设 $p=\frac{1}{2}(b+a+c)$，则

$$S^2=p(p-a)(p-b)(p-c)$$

所以

$$\begin{aligned}16S^2=&(a+b+c)(b+c-a)(c+a-b)(a+b-c)=\\&2(b^2c^2+c^2a^2+a^2b^2)-a^4-b^4-c^4\end{aligned}$$

所以

$$\begin{aligned}16\cdot 3S^2=&6(b^2c^2+c^2a^2+a^2b^2)-3(a^4+b^4+c^4)=\\&4(b^2c^2+c^2a^2+a^2b^2)-3(a^4+b^4+c^4)+\\&2(b^2c^2+c^2a^2+a^2b^2)\leqslant\\&4\sqrt{b^4+c^4+a^4}\cdot\sqrt{c^4+b^4+a^4}-\\&3(a^4+b^4+c^4)+2(b^2c^2+c^2a^2+a^2b^2)=\\&a^4+b^4+c^4+2a^2b^2+2b^2c^2+2c^2a^2=\\&(a^2+b^2+c^2)^2\end{aligned}$$

所以

$$a^2+b^2+c^2\geqslant 4\sqrt{3}S$$

当且仅当$\frac{b^2}{c^2}=\frac{c^2}{a^2}=\frac{a^2}{b^2}$，即$a=b=c$(三角形为正三角形)时等号成立.

此例就是著名的外森比克(Weitzenboeck)不等式.下面是它在三维空间中的推广：

设四面体$ABCD$的体积为V，各顶点A,B,C,D所对面的面积分别为S_A,S_B,S_C,S_D，则

$$S_A^3+S_B^3+S_C^3+S_D^3\geqslant\frac{27}{2}\sqrt{3}V^2$$

等号当且仅当四面体$ABCD$为正四面体时成立.

证明 记二面角$A\text{-}CD\text{-}B$为ϕ_{AB}，其余类推，易证得

$$a=\frac{2}{3V}AD\sin\phi_{AB},\ b=\frac{2}{3V}BD\sin\phi_{BD}$$

$$c=\frac{2}{3V}CD\sin\phi_{CD}$$

代入不等式$a^2+b^2+c^2\geqslant 4\sqrt{3}V$中，得

$$S_A^2\sin^2\phi_{AD}+S_B^2\sin^2\phi_{BD}+S_C^2\sin^2\phi_{CD}\geqslant\frac{9\sqrt{3}}{S_D}V^2\qquad(8.76)$$

由面积射影定理

$$S_D=S_A\cos\phi_{AD}+S_B\cos\phi_{BD}+S_C\cos\phi_{CD}$$

再由柯西不等式得

$$S_A^2\cos^2\phi_{AD}+S_B^2\cos^2\phi_{BD}+S_C^2\cos^2\phi_{CD}\geqslant\frac{1}{3}S_D^2\qquad(8.77)$$

(8.76)+(8.77)，得

$$3(S_A^2+S_B^2+S_C^2)\geqslant S_D^2+\frac{27\sqrt{3}}{S_D}V^2\qquad(8.78)$$

同理得

$$3(S_A^2+S_B^2+S_D^2)\geqslant S_C^2+\frac{27\sqrt{3}}{S_C}V^2\qquad(8.79)$$

$$3(S_A^2+S_C^2+S_D^2)\geqslant S_B^2+\frac{27\sqrt{3}}{S_B}V^2\qquad(8.80)$$

$$3(S_B^2+S_C^2+S_D^2)\geqslant S_A^2+\frac{27\sqrt{3}}{S_A}V^2\qquad(8.81)$$

将以上四式相加，得

$$8(S_A^2+S_B^2+S_C^2+S_D^2)\geqslant 27\sqrt{3}\left(\frac{1}{S_A}+\frac{1}{S_B}+\frac{1}{S_C}+\frac{1}{S_D}\right)V^2 \tag{8.82}$$

不妨假定 $S_A^3\geqslant S_B^3\geqslant S_C^3\geqslant S_D^3$，于是

$$\frac{1}{S_A}\leqslant\frac{1}{S_B}\leqslant\frac{1}{S_C}\leqslant\frac{1}{S_D}$$

应用切比雪夫不等式得

$$(S_A^3+S_B^3+S_C^3+S_D^3)\left(\frac{1}{S_A}+\frac{1}{S_B}+\frac{1}{S_C}+\frac{1}{S_D}\right)\geqslant 4(S_A^2+S_B^2+S_C^2+S_D^2) \tag{8.83}$$

由式(8.82)，(8.83)即得

$$S_A^3+S_B^3+S_C^3+S_D^3\geqslant\frac{27\sqrt{3}}{2}V^2$$

综述不等式(8.76)～(8.83)中等号成立的条件可得：在上述推广中，等号当且仅当四面体 $ABCD$ 为正四面体时成立.

例 36　已知四面体 $ABCD$ 的每个面都是锐角三角形，它的外接球的球心为 O，半径为 R，直线 AO，BO，CO，DO 分别交平面 BCD，CDA，DAB，ABC 于点 A_1，B_1，C_1，D_1，求证

$$OA_1+OB_1+OC_1+OD_1\geqslant\frac{4}{3}R$$

证明　因为四面体 $ABCD$ 的每个面都是锐角三角形，所以它的外接球球心 O 在它的内部.

由体积法易证

$$\frac{AO}{AA_1}+\frac{BO}{BB_1}+\frac{CO}{CC_1}+\frac{DO}{DD_1}=3$$

即

$$\frac{R}{R+OA_1}+\frac{R}{R+OB_1}+\frac{R}{R+OC_1}+\frac{R}{R+OD_1}=3$$

由柯西不等式，得

$$\left(\frac{R+OA_1}{R}+\frac{R+OB_1}{R}+\frac{R+OC_1}{R}+\frac{R+OD_1}{R}\right)\cdot\left(\frac{R}{R+OA_1}+\frac{R}{R+OB_1}+\frac{R}{R+OC_1}+\frac{R}{R+OD_1}\right)\geqslant 16$$

即

$$3\left(4+\frac{OA_1+OB_1+OC_1+OD_1}{R}\right)\geqslant 16$$

所以

$$OA_1+OB_1+OC_1+OD_1\geqslant\frac{4}{3}R$$

例 36 是 1986 年中国数学奥林匹克国家集训队试题"已知$\triangle ABC$为锐角三角形,外心为 O,直线 AO,BO,CO 分别交对边于 A_1,B_1,C_1,求证:$OA_1+OB_1+OC_1\geqslant\frac{3R}{2}$,其中 R 为$\triangle ABC$外接圆的半径"的一个推广.

例 37 已知 P 为四面体 $ABCD$ 内任意一点,直线 AP,BP,CP,DP 分别交平面 BCD,CDA,DAB,ABC 于点 A_1,B_1,C_1,D_1,求证

$$\frac{AP}{PA_1}+\frac{BP}{PB_1}+\frac{CP}{PC_1}+\frac{DP}{PD_1}\geqslant 12$$

证明 由柯西不等式,得

$$\left(\frac{PA_1}{AA_1}+\frac{PB_1}{BB_1}+\frac{PC_1}{CC_1}+\frac{PD_1}{DD_1}\right)\cdot$$
$$\left(\frac{AA_1}{PA_1}+\frac{BB_1}{PB_1}+\frac{CC_1}{PC_1}+\frac{DD_1}{PD_1}\right)\geqslant 16$$

易证

$$\frac{PA_1}{AA_1}+\frac{PB_1}{BB_1}+\frac{PC_1}{CC_1}+\frac{PD_1}{DD_1}=1$$

所以

$$\frac{AA_1}{PA_1}+\frac{BB_1}{PB_1}+\frac{CC_1}{PC_1}+\frac{DD_1}{PD_1}\geqslant 16$$

即

$$\frac{AP+PA_1}{PA_1}+\frac{BP+PB_1}{PB_1}+\frac{CP+PC_1}{PC_1}+\frac{DP+PD_1}{PD_1}\geqslant 16$$

所以

$$\frac{AP}{PA_1}+\frac{BP}{PB_1}+\frac{CP}{PC_1}+\frac{DP}{PD_1}\geqslant 12$$

本例是"P 为$\triangle ABC$内任意一点,直线 AP,BP,CP 分别交 BC,CA,AB 于 D,E,F,求证:$\frac{AP}{PD}+\frac{BP}{PE}+\frac{CP}{PF}\geqslant 6$"的一个推

广.

下面再介绍四面体中的一个重要不等式.

例 38　设 P 为四面体 $A_1A_2A_3A_4$ 内任意一点，顶点 $A_i(i=1,2,3,4)$ 的对面三角形为 $\triangle_i$，P 点在 $\triangle_i$ 上的正投影为 H_i，四面体的外接球半径为 R，则有不等式

$$\frac{1}{PH_1}+\frac{1}{PH_2}+\frac{1}{PH_3}+\frac{1}{PH_4}\geqslant\frac{12}{R} \tag{8.84}$$

证明　为证式(8.84)，先给出下述引理：

引理 1　在例 38 中的条件下，记 $\triangle_i$ 上的四面体的高为 h_i，则

$$\frac{PH_1}{h_1}+\frac{PH_2}{h_2}+\frac{PH_3}{h_3}+\frac{PH_4}{h_4}=1 \tag{8.85}$$

引理 1 的证明　(略).

引理 2　条件同上，则在四面体中有

$$h_1+h_2+h_3+h_4\leqslant\frac{16}{3}R \tag{8.86}$$

当且仅当四面体为正四面体时式(8.86)取等号.

引理 2 的证明　设 G 是四面体 $A_1A_2A_3A_4$ 的重心，则对四面体内任一点 P，可证

$$\sum_{i=1}^{4}PA_i^2\geqslant\sum_{i=1}^{4}GA_i^2$$

取 P 为外心有

$$\sum_{i=1}^{4}GA_i^2\leqslant 4R^2 \tag{8.87}$$

又延长 A_iG 交 $\triangle_i$ 于点 G_i，则 G_i 为 $\triangle_i$ 的重心，设 $m_i=A_iG_i$，则

$$m_i=\frac{4}{3}GA_i$$

于是

$$GA_i^2=\frac{9}{16}m_i^2$$

由此式(8.87)可化为

$$\sum_{i=1}^{4}m_i^2\leqslant\frac{64}{9}R^2\Rightarrow\left(\sum_{i=1}^{4}m_i\right)^2\leqslant 4\left(\sum_{i=1}^{4}m_i^2\right)\leqslant\frac{4\times 64}{9}R^2 \tag{8.88}$$

而

$$h_i \leqslant m_i \tag{8.89}$$

所以

$$\sum_{i=1}^{4} h_i \leqslant \sum_{i=1}^{4} m_i$$

利用式(8.88)得

$$\left(\sum_{i=1}^{4} h_i\right)^2 \leqslant \frac{4 \times 64}{9} R^2$$

故 $\sum_{i=1}^{4} h_i \leqslant \frac{16}{3} R$,即式(8.86)成立.

式(8.87)中取等号当且仅当四面体的外心与重心重合,式(8.88)中取等号当且仅当各 m_i 相等,式(8.89)中取等号当且仅当 $h_i = m_i$,结合式(8.88),(8.89)知取等号当且仅当各 h_i 相等且重心与垂心(重心在四条高线上即垂心存在)重合,而各 h_i 相等的四面体为等面四面体,综上得:

当且仅当四面体 $A_1A_2A_3A_4$ 为等面四面体且四面体的重心、外心、垂心重合时式(8.86)取等号,即当且仅当四面体为正四面体时式(8.86)中取等号.

下面再来证明式(8.84).利用式(8.85)得

$$\sum_{i=1}^{4} \frac{1}{PH_i} = \left(\sum_{i=1}^{4} \frac{1}{PH_i}\right)\left(\sum_{i=1}^{4} PH_i / h_i\right) \tag{8.90}$$

由柯西不等式,有

$$\left(\sum_{i=1}^{4} \frac{1}{PH_i}\right)\left(\sum_{i=1}^{4} \frac{PH_i}{h_i}\right) \geqslant \left(\sum_{i=1}^{4} \frac{1}{\sqrt{h_i}}\right)^2 \tag{8.91}$$

再由算术-几何平均不等式,有

$$\left(\sum_{i=1}^{4} \frac{1}{\sqrt{h_i}}\right)^2 \geqslant 16\left(\frac{1}{h_1 h_2 h_3 h_4}\right)^{\frac{1}{4}} \tag{8.92}$$

从而由式(8.90),(8.91),(8.92),有

$$\sum_{i=1}^{4} \frac{1}{PH_i} \geqslant 16\left(\frac{1}{h_1 h_2 h_3 h_4}\right)^{\frac{1}{4}} \tag{8.93}$$

在式(8.91)中,当且仅当各 $\frac{h_i}{PH_i^2}$ 相等时取等号,在式(8.92)中当且仅当各 h_i 相等时取等号,故知式(8.93)中取等

号当且仅当四面体为等面四面体且 P 既为内心又为垂心时.

再由式(8.86)并利用算术－几何平均不等式有

$$\frac{16}{3}R \geqslant \sum_{i=1}^{4} h_i \geqslant 4(h_1 h_2 h_3 h_4)^{\frac{1}{4}}$$

所以

$$\left(\frac{1}{h_1 h_2 h_3 h_4}\right)^{\frac{1}{4}} \geqslant \frac{3}{4R} \tag{8.94}$$

式(8.94)中取等号的条件同式(8.86).

由式(8.94)代入式(8.93)有 $\sum_{i=1}^{4} \frac{1}{PH_i} \geqslant \frac{12}{R}$，即式(8.84)成立. 并由式(8.93)，(8.94)中取等号的条件知：当且仅当四面体为正四面体且点 P 为正四面体的中心（内心、外心、重心、垂心重合）时，式(8.84)等号成立.

此题是下面问题的一种推广：

$\triangle ABC$ 中，设 P 为其内部任一点，P 在 BC，CA，AB 上的正投影分别为 D，E，F，$\triangle ABC$ 的外接圆半径为 R，则有

$$\frac{1}{PD}+\frac{1}{PE}+\frac{1}{PF} \geqslant \frac{6}{R}$$

当且仅当 $\triangle ABC$ 为正三角形且点 P 为正三角形的中心时上式取等号.

习题八

1.（2009 年韩国数学奥林匹克试题）设 a,b,c 为三角形的三边长，记

$$A=\frac{a^2+bc}{b+c}+\frac{b^2+ca}{c+a}+\frac{c^2+ab}{a+b}$$

$$B=\frac{1}{\sqrt{(a+b-c)(b+c-a)}}+\frac{1}{\sqrt{(b+c-a)(c+a-b)}}+\frac{1}{\sqrt{(c+a-b)(a+b-c)}}$$

2.（2005 年波罗的海数学奥林匹克试题）已知 $\sin\alpha+\sin\beta+\sin\gamma=1$，证明：$\tan^2\alpha+\tan^2\beta+\tan^2\gamma\geqslant\frac{3}{8}$.

3.（2002 年匈牙利数学奥林匹克试题）已知 $\triangle ABC$ 的外接圆半径为 R. 若 $\frac{a\cos\alpha+b\cos\beta+c\cos\gamma}{a\sin\beta+b\sin\gamma+c\sin\alpha}=\frac{a+b+c}{9R}$，其中 a,b,c 为 $\triangle ABC$ 的三边长，α,β,γ 分别为 $\angle A,\angle B,\angle C$ 的度数，求 α,β,γ 的值.

4. 设 $\triangle ABC$ 的内角 A,B,C 所对的边长分别为 a,b,c，求证：$\frac{a+b+c}{2}<b\cos\frac{C}{2}+c\cos\frac{B}{2}<\sqrt{\frac{(a+b+c)(b+c)}{2}}<\frac{a+b+c}{\sqrt{2}}$.

5. 设 $\triangle ABC$ 的内角 A,B,C 所对的边长分别为 a,b,c，求证 $\cos^2A+\cos^2B+\cos^2C\geqslant\frac{1}{2}\left(\frac{a^2}{b^2+c^2}+\frac{b^2}{c^2+a^2}+\frac{c^2}{a^2+b^2}\right)\geqslant\frac{3}{4}$.

6. 设 $x,y,z,w\in\mathbf{R}_+$，$\alpha,\beta,\gamma,\theta$ 满足 $\alpha+\beta+\gamma+\theta=(2k+1)\pi$，$k\in\mathbf{Z}$. 求证：$(x\sin\alpha+y\sin\beta+z\sin\gamma+w\sin\theta)^2\leqslant\frac{(xy+zw)(xz+yw)(xw+yz)}{xyzw}$，当且仅当 $x\cos\alpha=y\cos\beta=z\cos\gamma=w\cos\theta$ 时等号成立.

7. 设 $s,t,u,v\in\left(0,\frac{\pi}{2}\right)$，满足 $s+t+u+v=\pi$，证明

$$\frac{\sqrt{2}\sin s-1}{\cos s}+\frac{\sqrt{2}\sin t-1}{\cos t}+\frac{\sqrt{2}\sin u-1}{\cos u}+\frac{\sqrt{2}\sin v-1}{\cos v}\geqslant 0$$

8. 已知：在锐角 $\triangle ABC$ 中，记 $S=\cos A\cdot\cos B\cdot\cos C$，证明

$$\sum\frac{S+\sin^2 A}{(2S+\sin 2A)^2}\geqslant\frac{1}{4S} \tag{1}$$

其中，$\sum$ 表示轮换对称和.

9. 求椭圆 $\frac{x^2}{a^2}+\frac{y^2}{b^2}=1$ 上夹在两个坐标轴之间的切线长的最小值.

10.（2010 年印度国家队选拔考试题）在 $\triangle ABC$ 中，已知 AD,BE,CF 交于点 Q，且满足 $\angle BAD=\angle CBE=\angle ACF$. 证明：$\frac{AQ^2}{BC^2}+\frac{BQ^2}{CA^2}+\frac{CQ^2}{AB^2}\geqslant 1$.

注　满足条件的点Q称为布罗卡尔点，这样的点Q在任意三角形中均存在.

11.（2009 年土耳其国家队选拔考试题）已知 A_1,B_1,C_1 分别为 $\triangle ABC$ 的内切圆与边 BC,AC,AB 的切点. 证明

$$\sqrt{\frac{AB_1}{AB}}+\sqrt{\frac{BC_1}{BC}}+\sqrt{\frac{CA_1}{CA}}\leqslant\frac{3}{\sqrt{2}} \tag{1}$$

12.（2004 年罗马尼亚国家选拔考试试题）已知 a_1,a_2,a_3,a_4 是周长为 $2s$ 的四边形的四条边，证明

$$\sum_{i=1}^{4}\frac{1}{a_i+s}\leqslant\frac{2}{9}\sum_{1\leqslant i<j\leqslant 4}\frac{1}{\sqrt{(s-a_i)(s-a_j)}}$$

第9章 解决组合计数或估算问题

在研究组合计数或估算问题时，常常需要由给定的条件，对一些不等式进行估计. 如果能灵活地应用柯西不等式，在解决这类问题中常常能发挥它很好的作用.

例 1 （2006年第38届加拿大数学奥林匹克试题）一次循环赛中有 $2n+1$ 支参赛队，其中每队与其他队都只打一场比赛，且比赛结果中没有平局. 若三个队 X,Y,Z 满足：X 击败 Y，Y 击败 Z，Z 击败 X，则称他们形成一个环形三元组.

（1）求环形三元组的最小可能数目；

（2）求环形三元组的最大可能数目.

解 （1）最小值为0，如果在比赛中两支参赛队 T_i 与 T_j，当且仅当 $i>j$ 时，有 T_i 击败 T_j，此时环形三元组数最小.

（2）任何三支队要么组成一个环形三元组，要么组成一个“支配型”三元组（某队击败了其余两队）. 设前者有 c 组，后者有 d 组，则 $c+d=\mathrm{C}_{2n+1}^{3}$. 假设某队 T_i 击败 x_i 支其他队，则获胜组必在 $\mathrm{C}_{x_i}^{2}$ 个“支配型”三元组中. 注意到所有的比赛场次为 $\sum\limits_{i=1}^{2n+1}x_i=\mathrm{C}_{2n+1}^{2}$，因此

$$d=\sum_{i=1}^{2n+1}\mathrm{C}_{x_i}^{2}=\frac{1}{2}\sum_{i=1}^{2n+1}x_i^2-\frac{1}{2}\mathrm{C}_{2n+1}^{2}$$

由柯西不等式得

$$(2n+1)\sum_{i=1}^{2n+1} x_i^2 \geqslant \left(\sum_{i=1}^{2n+1} x_i\right)^2 = n^2(2n+1)^2$$

因此

$$\begin{aligned} c = &\mathrm{C}_{2n+1}^3 - \sum_{i=1}^{2n+1}\mathrm{C}_{x_i}^2 \leqslant \\ &\mathrm{C}_{2n-1}^3 - \frac{n^2(2n+1)}{2} + \frac{1}{2}\mathrm{C}_{2n+1}^2 = \\ &\frac{n(n+1)(2n+1)}{6} \end{aligned}$$

以下说明上式等号能够取到.

设参赛队 $T_i = T_{i-2n-1}(i > 2n+1)$，对每一个 i，设 T_i 队击败 $T_{i+1}, T_{i+2}, \cdots, T_{i+n}$，且输给 $T_{i-n-1}, T_{i-n-2}, \cdots, T_{i-2n}$. 我们需要检验这是一个能取到等号的胜、负结果.

考虑含有 T_i 的环形三元组，若环形三元组中含有 $T_{i-j}(1 \leqslant j \leqslant n)$，则第三个队可为 T_{i-n-1} 到 T_{i-n-j}，共 j 种取法. 即对每一个 i，共有 $\sum_{j=1}^{n} j = \frac{n(n+1)}{2}$(个)环形三元组. 当我们安排完所有 i 之后，每一个环形三元组被计算了三次，因此环形三元组的数目为

$$\frac{2n+1}{3} \cdot \frac{n(n+1)}{2} = \frac{n(n+1)(2n+1)}{6}$$

综上，环形三元组最多可能有 $\frac{n(n+1)(2n+1)}{6}$ 个.

例 2　(2003 年中国西部数学奥林匹克试题)已知 1 650 个学生排成 22 行、75 列. 其中任意两列处于同一行的两个人中，性别相同的学生都不超过 11 对. 证明：男生的个数不超过 928.

解　设第 i 行的男生数为 a_i 人，则女生数为 $75 - a_i$ 人，依题意，可知

$$\sum_{i=1}^{22}(\mathrm{C}_{a_i}^2 + \mathrm{C}_{75-a_i}^2) \leqslant 11 \times \mathrm{C}_{75}^2$$

因为任意给定的两列处于同一行的两个人中，性别相同的学生不超过 11 对，所以，所有性别相同的两人对的个数不大于 $11 \times \mathrm{C}_{75}^2$.

所以

$$\sum_{i=1}^{22}(a_i^2-75a_i)\leqslant -30\ 525$$

即

$$\sum_{i=1}^{22}(2a_i-75)^2\leqslant 1\ 650$$

由柯西不等式,得

$$\left[\sum_{i=1}^{22}(2a_i-75)\right]^2\leqslant 22\sum_{i=1}^{22}(2a_i-75)^2\leqslant 36\ 300$$

所以

$$\sum_{i=1}^{22}(2a_i-75)<191$$

所以

$$\sum_{i=1}^{22}a_i<\frac{191+1\ 650}{2}<921$$

则男生的个数不超过 928.

说明:本题的一般情形是:

在一个 n 行、m 列的方格表中,标有 $+1$ 或 -1,已知其中任意两列处于同一行的两个数相乘之和小于零,求表格中标有 $+1$的个数的上界.

本题中,由于共有 22 支代表队,所以取 $n=22$,且 $m=75$ 时,所求的上界小于 928.

例 3 在一群数学家中,每一个人都有一些朋友(关系是互相的).证明:存在一个数学家他所有的朋友的平均值不小于这群人的朋友的平均数.

证明 记 M 为这群数学家的集合,$n=|M|$,$F(m)$表示数学家 m 的朋友的集合,$f(m)$表示数学家 m 的朋友数($f(m)=|F(m)|$).即命题等价于证明:必有一个 m_0 使

$$\frac{1}{f(m_0)}\sum_{m\in F(m_0)}f(m)\geqslant\frac{1}{n}\sum_{m\in M}f(m)$$

我们用反证法来证明这个命题,如果不存在这样的数学家 m_0.则对任意的 m_0,有

$$n\cdot\sum_{m\in F(m_0)}f(m)<f(m_0)\sum_{m\in M}f(m)$$

对一切 m_0 求和,得

$$n\cdot\sum_{m_0}\sum_{m\in F(m_0)}f(m)=n\sum_{m}\sum_{m\in F(m_0)}f(m)=$$
$$n\sum_{m\in M}f^2(m)<\left(\sum_{m\in M}f(m)\right)^2$$

这与柯西不等式矛盾,故命题成立.

例 4　(2013 年浙江省高中数学联赛预选赛试题)一次考试共有 m 道试题,n 个学生参加,其中 $m,n\geqslant 2$ 为给定的整数.每道题的得分规则是:若该题恰有 x 个学生没有答对,则每个答对该题的学生得 x 分,未答对的学生得零分.每个学生的总分为其 m 道题的得分总和.将所有学生总分从高到低排列为 $p_1\geqslant p_2\geqslant\cdots\geqslant p_n$,求 p_1+p_n 的最大可能值.

解　对任意的 $k=1,2,\cdots,m$,设第 k 题没有答对者有 x_k 人,则第 k 题答对者有 $n-x_k$ 人,由得分规则知,这 $n-x_k$ 个人在第 k 题均得到 x_k 分.设 n 个学生的得分之和为 S,则有

$$\sum_{i=1}^{n}p_i=S=\sum_{k=1}^{m}x_k(n-x_k)=n\sum_{k=1}^{m}x_k-\sum_{k=1}^{m}x_k^2$$

因为每一个人在第 k 道题上至多得 x_k 分,故

$$p_1\leqslant\sum_{k=1}^{m}x_k$$

由于 $p_2\geqslant\cdots\geqslant p_n$,故有 $p_n\leqslant\dfrac{p_2+p_3+\cdots+p_n}{n-1}=\dfrac{S-p_1}{n-1}$.所以

$$p_1+p_n\leqslant p_1+\frac{S-p_1}{n-1}=\frac{n-2}{n-1}p_1+\frac{S}{n-1}\leqslant$$
$$\frac{n-2}{n-1}\cdot\sum_{k=1}^{m}x_k+\frac{1}{n-1}\cdot\left(n\sum_{k=1}^{m}x_k-\sum_{k=1}^{m}x_k^2\right)=$$
$$2\sum_{k=1}^{m}x_k-\frac{1}{n-1}\cdot\sum_{k=1}^{m}x_k^2$$

由柯西不等式得

$$\sum_{k=1}^{m}x_k^2\geqslant\frac{1}{m}\left(\sum_{k=1}^{m}x_k\right)^2$$

于是

$$p_1+p_n\leqslant 2\sum_{k=1}^{m}x_k-\frac{1}{m(n-1)}\cdot\left(\sum_{k=1}^{m}x_k\right)^2=$$
$$-\frac{1}{m(n-1)}\cdot\left[\sum_{k=1}^{m}x_k-m(n-1)\right]^2+m(n-1)\leqslant$$

$m(n-1)$

另外,若有一个学生全部答对,其他 $n-1$ 个学生全部答错,则

$$p_1+p_n=p_1=\sum_{k=1}^{m}(n-1)=m(n-1)$$

综上所述,p_1+p_n 的最大值为 $m(n-1)$.

例 5 能被 5 整除的 m 个不同的正偶数与能被 3 整除的 n 个不同的正奇数的总和为 M. 对于所有这样的 m,n,$5m+3n$ 的最大值为 123. 问 M 的最大值为多少? 请证明你的结论.

解 由题意,知

$$M\geqslant 5(2+4+\cdots+2m)+3[1+3+5+\cdots+(2n-1)]=$$
$$5m(m+1)+3n^2$$

即

$$5(m^2+m)+3n^2\leqslant M$$

$$5\left(m+\frac{1}{2}\right)^2+3n^2\leqslant M+\frac{5}{4}$$

由柯西不等式,知

$$5\left(m+\frac{1}{2}\right)+3n\leqslant$$

$$\sqrt{(\sqrt{5})^2+(\sqrt{3})^2}\cdot\sqrt{\left[\sqrt{5}\left(m+\frac{1}{2}\right)\right]^2+(\sqrt{3}n)^2}\leqslant$$

$$\sqrt{8}\cdot\sqrt{M+\frac{5}{4}}=\sqrt{8M+10}$$

故 $5m+3n\leqslant\sqrt{8M+10}-\frac{5}{2}$.

因为 $5m+3n$ 的最大值为 123,所以 $123\leqslant\sqrt{8M+10}-\frac{5}{2}<124$. 所以 $1\ 967.531\ 2\leqslant M<1\ 999.031\ 2$.

所以 M 的最大值不超过 1 999.

当 $5m+3n=123$ 时,$m=3k$,$n=41-5k$ $(k\in\mathbf{N})$.

因为 $5m^2\leqslant M<2\ 000$,$3n^2\leqslant M<2\ 000$,所以 $m<20$,$n<26$. 所以 $3k<20$,$41-5k<26$.

解之得 $3<k<\frac{20}{3}$.

所以 k 为 4,5,6.

则(m,n)的三组值为(12,21),(15,16),(18,11).

容易验证,(12,21),(18,11)两组值均不满足关系式

$$5m(m+1)+3n^2\leqslant M<2\ 000$$

只有(15,16)满足

$$5\times15(15+1)+3\times16^2=1\ 968<2\ 000$$

且可适当选取 15 个能被 5 整除的正偶数和 16 个被 3 整除的正奇数,使这些数之和为 1 998.例如

$$5(2+4+\cdots+28+30)+3(1+3+\cdots+29+31)=1\ 968$$

$$5(2+4+\cdots+28+30)+3(1+3+\cdots+29+41)=1\ 998$$

不存在整数 m,n 使得 M 为 1 999.否则出现

$$5\cdot2m_0+3\cdot2n_0=1\ 999-1\ 968=31$$

此方程无(解)整数解.

故 M 的最大值为 1 998.

例 6 设空间中有 $2n(n\geqslant2)$个点,其中任何 4 点都不共面.在它们之间任意联结 N 条线段,这些线段都至少构成一个三角形.求 N 的最小值.

解 将 $2n$ 个已知点均分为 A 和 B 两组

$$A=\{A_1,A_2,\cdots,A_n\},B=\{B_1,B_2,\cdots,B_n\}$$

现将每对点 A_i 和 B_i 之间都联结一条线段 A_iB_i,而同组的任意两点之间不连线,则共有 n^2 条线段.这时,$2n$ 个已知点中的任何 3 点中至少有两点属于同一组,两者之间没有连线,因而这 n^2 条线段不能构成任何三角形.这表明 N 的最小值必大于 n^2.由于 $2n$ 个点之间连有 n^2+1 条线段,平均每点引出 n 条线段还多,故可以猜想由一条线段的两个端点引出的线段之和不小于 $2n+1$.下面证明 N 的最小值为 $2n+1$.

设从 $A_1,A_2,\cdots,A_{2n}$引出的线段条数分别为 $a_1,a_2,\cdots,a_{2n}$,且对于任一线段 A_iA_j 都有 $a_i+a_j\leqslant2n$.于是,所有线段的两端点所引出的线段条数之和不超过 $2n(n^2+1)$.但在此计数中,点 A_i 恰被计算了 a_i 次,故有

$$\sum_{i=1}^{2n} a_i^2 \leqslant 2n(n^2+1)$$

另外,显然有

$$\sum_{i=1}^{2n} a_i = 2(n^2+1)$$

故由柯西不等式,得

$$\left(\sum_{i=1}^{2n} a_i\right)^2 \leqslant 2n\left(\sum_{i=1}^{2n} a_i^2\right)$$

即

$$\sum_{i=1}^{2n} a_i^2 \geqslant \frac{1}{2n} \cdot 4(n^2+1)^2 > 2n(n^2+1)$$

于是矛盾,从而证明了必有一条线段,从它的两端点引出的线段数之和不小于 $2n+1$. 不妨设 A_1A_2 是一条这样的线段,从而又有 $A_k(k\geqslant 3)$,使线段 A_1A_k,A_2A_k 都存在,于是$\triangle A_1A_2A_k$ 即为所求.

例 7 (1988 年第 29 届 IMO 备选题)在三维空间中给定一点 O 及由总长等于 1 988 的线段组成的有限集 A,求证:存在一个平面与集 A 不相交,到 O 的距离不超过 574.

证明 将给定的线段向 x,y,z 轴投影. 设在三个轴上的射影的总长分别为 $2a$,$2b$,$2c$,各线段在三个轴上的射影分别为 a_i,b_i,c_i,则

$$\begin{aligned}
&(2a)^2+(2b)^2+(2c)^2= \\
&\left(\sum a_i\right)^2+\left(\sum b_i\right)^2+\left(\sum c_i\right)^2= \\
&\sum_i \sum_j (a_ia_j+b_ib_j+c_ic_j) \leqslant \\
&\sum_i \sum_j \sqrt{(a_i^2+b_i^2+c_i^2)(a_j^2+b_j^2+c_j^2)}= \\
&\left(\sum_i \sqrt{a_i^2+b_i^2+c_i^2}\right)^2
\end{aligned}$$

于是

$$a^2+b^2+c^2 \leqslant 994^2 \tag{9.1}$$

设 a 为 a,b,c 中最小的,则式(9.1)表明

$$a \leqslant \frac{994}{\sqrt{3}} \leqslant 574$$

所以，x 轴上的区间$[-574,574]$中必有点不属于给定线段的投影. 过这样的点作与 x 轴垂直的平面，它与原点 O 的距离$\leqslant 574$，并且与点集 A 不相交.

例 8　(1992 年第 33 届 IMO 试题)设 Oxy 是空间直角坐标系，S 是空间中的一个由有限个点所形成的集合，S_x，S_y，S_z 分别是 S 中所有的点在 Oyz 平面，Ozx 平面，Oxy 平面上的正交投影所成的集合. 求证

$$|S|^2\leqslant |S_x|\cdot|S_y|\cdot|S_z|$$

其中$|A|$表示有限集合 A 中的元素数目.

证明　设共有 n 个平行于 Oxy 平面的平面上有 S 中的点，这些平面记为 $\alpha_1,\alpha_2,\cdots,\alpha_n$，任取一 $\alpha_i(1\leqslant i\leqslant n)$，设它与 Oyz，Ozx 平面交成直线 y'，x'，并设 α_i 上有 c_i 个 S 中的点，则显然有 $c_i\leqslant|S_z|$.

记 α_1 上的点在 x'上的正交投影集合为 A_i，在 y'上的正交投影集合为 B_i，并记 $b_i=|B_i|$，$a_i=|A_i|$，那么 α_i 上 S 中的点数 c_i 不超过 a_ib_i，即 $c_i\leqslant a_ib_i$.

又

$$\sum_{i=1}^{n}a_i=|S_y|,\sum_{i=1}^{n}b_i=|S_x|,\sum_{i=1}^{n}c_i=|S|$$

所以

$$\begin{aligned}&|S_x|\cdot|S_y|\cdot|S_z|=\\&(b_1+b_2+\cdots+b_n)(a_1+a_2+\cdots+a_n)\cdot|S_z|\end{aligned}$$

由柯西不等式得

$$\begin{aligned}&(b_1+b_2+\cdots+b_n)(a_1+a_2+\cdots+a_n)\cdot|S_z|\geqslant\\&(\sqrt{a_1b_1}+\sqrt{a_2b_2}+\cdots+\sqrt{a_nb_n})^2\cdot|S_z|\geqslant\\&(\sqrt{a_1b_1|S_z|}+\sqrt{a_2b_2|S_z|}+\cdots+\sqrt{a_nb_n|S_z|})^2\geqslant\\&(\sqrt{c_1\cdot c_1}+\sqrt{c_2\cdot c_2}+\cdots+\sqrt{c_n\cdot c_n})^2=\\&(c_1+c_2+\cdots+c_n)^2=|S|^2\end{aligned}$$

即

$$|S|^2\leqslant|S_x|\cdot|S_y|\cdot|S_z|$$

例 9　有一个 5×5 棋盘，用黑、白二色去染棋盘上的方格，每格染且只染一种颜色. 求证：棋盘上必有一个单色矩形.

证明 二色 5×5 棋盘共有 25 个方格,两种颜色,其中必至少有 13 个方格同色,不妨设有 13 个黑色方格,设第 i 列上有 d_i 个黑色方格,$i=1,2,\cdots,5$. 则 $r=\sum_{i=1}^{5}d_i\geqslant13$,且第 i 列上首尾两端为黑色方格的长方形有 $C_{d_i}^2$ 个. 把它们投影到第 1 列上. 如果二色 5×5 棋盘上没有单色矩形,则投影到第 1 列上的长方形两两不同,因此,第 1 列上共有 $\sum_{i=1}^{5}C_{d_i}^2$ 个首尾黑色的长方形. 另外,第 1 列上有 5 个方格,因此共有 $C_5^2=10$(个)长方形. 于是,有

$$\sum_{i=1}^{5}C_{d_i}^2\leqslant C_5^2=10,\ 即\ \sum_{i=1}^{5}d_i^2-\sum_{i=1}^{5}d_i\leqslant20$$

由柯西不等式,得

$$\frac{1}{5}\left(\sum_{i=1}^{5}d_i\right)^2-\sum_{i=1}^{5}d_i\leqslant20$$

因此

$$100\geqslant r^2-5r=\left(r-\frac{5}{2}\right)^2-\left(\frac{5}{2}\right)^2\geqslant$$

$$\left(13-\frac{5}{2}\right)^2-\left(\frac{5}{2}\right)^2=104$$

矛盾. 所以,二色 5×5 棋盘上必有单色矩形.

例 10 (2007 年上海市高中数学竞赛试题)求满足如下条件的最小正整数 n:在圆 O 的圆周上任取 n 个点 $A_1,A_2,\cdots,A_n$,则在 C_n^2 个 $\angle A_iOA_j\,(1\leqslant i<j\leqslant n)$ 中,至少有 2 007 个不超过 120°.

解 首先,当 $n=90$ 时,如图 1,设 AB 是圆 O 的直径,在点 A 和 B 的附近分别取 45 个点,此时,只有 $2C_{45}^2=45\times44=1\ 980$ 个角不超过 120°. 所以,$n=90$ 不满足题意.

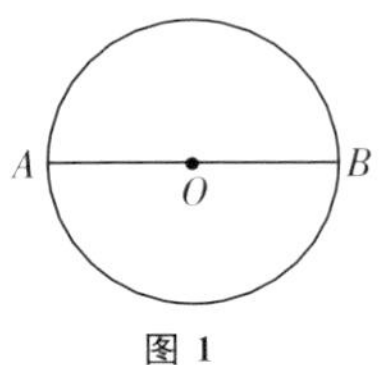

图 1

其次,当 $n=91$ 时,接下来证明:至少有 2 007 个角不超过 120°.

对圆周上的 91 个点 $A_1,A_2,\cdots,A_{91}$,若 $\angle A_iOA_j>120^\circ$,则联结 A_iA_j,这样就得到一个图 G. 设图 G 中有 e 条边.

当$\angle A_iOA_j>120°$，$\angle A_jOA_k>120°$时，$\angle A_iOA_k<120°$，故图 G 中没有三角形.

若 $e=0$，则有 $C_{91}^2=4\ 095>2\ 007$ 个角不超过 $120°$，命题得证.

若 $e\geqslant 1$，不妨设 A_1，A_2 之间有边相连，因为图中没有三角形，所以，对于点 $A_i(3\leqslant i\leqslant 91)$，它至多与 A_1，A_2 中的一个有边相连. 从而

$$d(A_1)+d(A_2)\leqslant 89+2=91$$

其中，$d(A)$表示从 A 处引出的边数.

又 $d(A_1)+d(A_2)+\cdots+d(A_{91})=2e$，而对图 G 中每一条边的两个顶点 A_i，A_j，都有 $d(A_i)+d(A_j)\leqslant 91$.

于是，上式对每一条边求和可得

$$(d(A_1))^2+(d(A_2))^2+\cdots+(d(A_{91}))^2\leqslant 91e$$

由柯西不等式得

$$91[(d(A_1))^2+(d(A_2))^2+\cdots+(d(A_{91}))^2]\geqslant$$
$$[d(A_1)+d(A_2)+\cdots+d(A_{91})]^2=4e^2$$

故

$$\frac{4e^2}{91}\leqslant(d(A_1))^2+(d(A_2))^2+\cdots+(d(A_{91}))^2\leqslant 91e$$

$$e\leqslant\frac{91^2}{4}<2\ 071$$

因此，91 个顶点中，至少有

$$C_{91}^2-2\ 071=2\ 024>2\ 007$$

个点对，它们之间没有边相连. 从而，对应的顶点所对应的角不超过 $120°$.

综上所述，n 的最小值为 91.

例 11　(1989 年第 30 届 IMO 试题)平面点集 S 由 n 个点组成，并且有：

(1)S 中每三点不共线；

(2)对 S 中任一点 P，至少有 k 个 S 中的点到 P 的距离相等.

证明：$k\leqslant\frac{1}{2}+\sqrt{2n}$.

证法一　对每一点 $P\in S$，由(2)知至少有 k 点在以 P 为中

心的某一圆上，这 k 个点的每两点 (A,B) 组成的点对的中垂线都通过 P 点. 即至少有 C_k^2 个点对 (A,B) 的中垂线通过 P 点. 因此，对 S 的 n 个点，至少应有 nC_k^2 个点对 (A,B) 的中垂线通过 S 的点. 并且 (A,B) 的中垂线同时通过 S 的几个点则计算几次.

但由条件(1)，任一点对的中垂线不可能同时通过 S 的 3 个点. S 中共有点对 C_n^2 个，于是这些点对通过 S 的点的次数不超过 $2C_n^2$. 于是有

$$nC_k^2 \leqslant 2C_n^2$$

或

$$nk(k-1) \leqslant 2n(n-1)$$

$$k^2-k \leqslant 2n-2 < 2n-\frac{1}{4}$$

即

$$k^2-k-2n+\frac{1}{4}<0 \tag{9.2}$$

方程 $k^2-k-2n+\frac{1}{4}=0$ 的二根为 $\frac{1}{2}\pm\sqrt{2n}$，即知当 $\frac{1}{2}-\sqrt{2n}<k<\frac{1}{2}+\sqrt{2n}$ 时，不等式(9.2)成立. 因为 k 为正整数，即

$$k<\frac{1}{2}+\sqrt{2n}$$

证法二 对 S 的每一点 P，一定有一个以 P 为圆心的圆，其上有 S 的另外 k 个点. 假设 $S=\{P_1,P_2,\cdots,P_n\}$，P_i 在 m_i 个圆周上出现，$i=1,2,\cdots,n$. 于是

$$nk \leqslant m_1+m_2+\cdots+m_n=\sum_{i=1}^{n} m_i \tag{9.3}$$

因为每两个圆 C_i，C_j 至多有 2 个交点. 因此，它们至多共有 $2C_n^2$ 个交点. 如果有 m 个圆同时交于某一点，则这个交点被计算了 $C_m^2=\frac{1}{2}m(m-1)$ 次. 因此，P_i 计算了 $\frac{1}{2}m_i(m_i-1)$ 次，$i=1,2,\cdots,n$(注意，如果 P_i 只出现在一个圆上或不在任何一个圆上，即 $m_i=1$ 或 $m_i=0$，它就未被计算在内，这时 $\frac{1}{2}m_i(m_i-1)=0$). 于是

$$\frac{1}{2}\sum_{i=1}^{n} m_i(m_i-1) \leqslant 2\mathrm{C}_n^2$$

或

$$n-1 \geqslant \frac{1}{2n}\sum_{i=1}^{n} m_i^2 - \frac{1}{2n}\sum_{i=1}^{n} m_i \tag{9.4}$$

令 $m=\frac{1}{n}\sum_{i=1}^{n} m_i$，利用柯西不等式，可得

$$\frac{1}{n}\sum_{i=1}^{n} m_i^2 \geqslant \left(\frac{1}{n}\sum_{i=1}^{n} m_i\right)^2 = m^2$$

代入式(9.4)，即得

$$n-1\geqslant\frac{1}{2}(m^2-m)$$

又由于式(9.3)，$k\leqslant m$，于是

$$n-1\geqslant\frac{1}{2}(k^2-k)$$

以下同证法一.

注　证法二没有用到条件(1)，(1)是多余的条件.

例 12　最近的一次数学竞赛共 6 道试题，每题答对得 7 分，答错(或不答)得 0 分. 赛后某参赛代表队获团体总分 161 分，且统计分数时，发现：该队任两名选手至多答对两道相同的题目，没有三名选手都答对两道相同的题目. 试问该队选手至少有多少人？

解　设该队有 n 名选手，分别记为 $a_1, a_2, \cdots, a_n$，记 6 道题的编号依次为 1，2，…，6. 以编号为行、选手为列作一个 $6\times n$ 的方格表. 如果选手 $a_i(i=1,2,\cdots,n)$ 答对第 $j(j=1,2,\cdots,6)$ 题，就将方格表中第 j 行第 i 列的小方格(j,i)的中心染成红点. 我们的问题就是在 $6\times n$ 的方格表中，不存在“横”6 点矩形 和“纵”6 点矩形 的情况，且至少有 23 个红点时，求 n 的最小值.

如第 1 列有 6 个红点，那么，后面各列至多有 2 个红点. 因为 $\mathrm{C}_6^2=15>9$，于是，取第 2 列至第 10 列，其中第 2 至 9 列每列有 2 个红点，第 10 列有 1 个红点（如图 2）满足题设. 这说明 n 的最小值不大于 10.

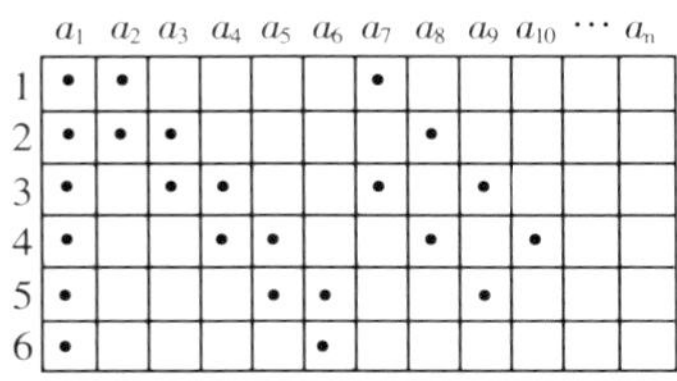

图 2

我们发现，可通过将第 1 列中某点移到此点所在行的其他列中来减少图 2 的列数，如作移动(6,1)→(6,2)，可同时作移动(4,10)→(6,3)，(3,9)→(6,4)，(5,9)→(6,7)，这样便得到有 23 个红点的图 3. 类似地可得图 4. 这说明 n 的最小值不大于 7.

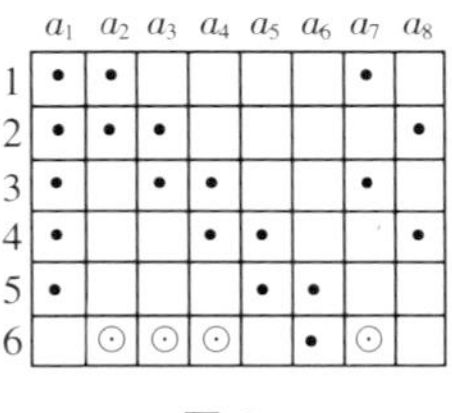

图 3

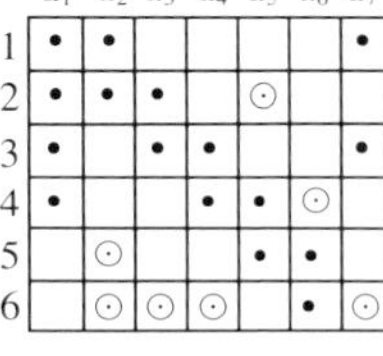

图 4

下面证明：n 的最小值大于 6.

对于一个恰有 6 列的方格表，由抽屉原理知至少有一列红点数不少于 4，不妨设第 1 列，且第 1 列的前 4 行的小方格的中心是红点. 如果某列有 2 个红点，则称其为某列上的一个红点"行对". 这样在前 4 行中，除第 1 列外的 5 列中每列只能有一个行对. 于是，前 4 行中总共有 $C_4^2+5=11$(个)行对. 考虑最后两行：若第 1 列还有红点，那么，有红点的这一行不能再有其他的红点. 如第 1 列还有 2 个红点，这时能增加 9 个行对，6×6 方格表中共有 $11+9=20$(个)行对；如第 1 列还有 1 个红点，不妨设第 1 列第 5 行的小方格有红点，这时即使第 6 行除第 1 列外的其他小方格都有红点，那么，可增加 $C_4^1+5\times 2=14$(个)行对，6×6 方格表中共有 $11+14=25$(个)行对；如第 1 列没有其他的红点，那么，在最后两行中最多还有两个行对，这两个行对占

去了两列，在余下的三列中，每列最多有 1 个红点，于是，可增加行对 $2\times5+3\times2=16$(个)，这时，6×6 方格表中最多有 $11+16=27$(个)行对. 这说明 27 是可能的行对总数的最大值.

设第 i 列的红点数为 $x_i(i=1,2,\cdots,6)$，且 $\sum\limits_{i=1}^{6}x_i=k$. 则所有行对的总数 $\sum\limits_{i=1}^{6}C_{x_i}^2\leqslant27$，即

$$\sum_{i=1}^{6}x_i^2-\sum_{i=1}^{6}x_i\leqslant54$$

由柯西不等式有

$$\sum_{i=1}^{6}x_i^2\geqslant\frac{1}{6}\left(\sum_{i=1}^{6}x_i\right)^2=\frac{1}{6}k^2$$

所以

$$\frac{k^2}{6}\leqslant k+54$$

解得 $3-3\sqrt{37}\leqslant k\leqslant3+3\sqrt{37}$.

由 k 为正整数知 $k\leqslant21$. 这说明 6×6 方格表中红点个数最多为 21 个.

又当 $n\leqslant5$ 时，方格表中红点总数不大于 $4\times5=20$(个). 这说明 n 的最小值不小于 7.

综上，该代表队至少有 7 名选手.

例 13　在 $m\times m$ 方格纸中，至少要挑出多少个小方格，才能使得这些小方格中存在四个小方格，它们的中心组成一个矩形的 4 个顶点，而矩形的边平行于原正方形的边.

解　所求的最小值为 $\left[\frac{m}{2}(1+\sqrt{4m-3})-1\right]+1$([ ]表示取整). 设最多能挑出 k 个小方格，使得这些小方格中不存在任何四个小方格，它们的中点组成一个矩形的 4 个顶点(矩形的边平行于原正方形的边). 并假设位于第 i 行的有 $k_i(i=1,2,\cdots,m)$个，则

$$\sum_{i=1}^{m}k_i=k$$

设第 i 行的 k_i 个小方格位于这行的第 $j_1,j_2,\cdots,j_{k_i}$ 列，$1\leqslant$

$j_1<j_2<\cdots<j_{k_i}\leqslant m$. 如果第 r 行的第 j_p, j_q 列的两个方格已经挑出,则任意的第 $s(s\neq r)$ 行的 j_p, j_q 列的两个方格不能同时挑出,否则将组成一个矩形的 4 个顶点. 所以对于每个 i,考虑 j_1, j_2, $\cdots$, j_{k_i} 中每两个的组合,可得到 $C_{k_i}^2$ 个组合,对 $i=1,2,\cdots,m$,可得 $\sum_{i=1}^{m}C_{k_i}^2$ 个组合,且其中任意两个不相同(即无重复),这些组合都是 $1,2,\cdots,m$ 中取两个组合,总数为 C_m^2. 所以

$$\sum_{i=1}^{m}C_{k_i}^2\leqslant C_m^2$$

即

$$\frac{1}{2}\sum_{i=1}^{m}k_i(k_i-1)\leqslant\frac{1}{2}m(m-1)$$

由 $\sum_{i=1}^{m}k_i=k$,得到 $\sum_{i=1}^{m}k_i^2\leqslant m(m-1)+k$. 由柯西不等式,得

$$\sum_{i=1}^{m}k_i^2\geqslant\frac{\left(\sum_{i=1}^{m}k_i\right)^2}{m}=\frac{k^2}{m}$$

所以 $\frac{k^2}{m}\leqslant m(m-1)+k$,故 $k\leqslant\frac{m}{2}(1+\sqrt{4m-3})$.

因此,至少要挑出 $\left[\frac{m}{2}(1+\sqrt{4m-3})-1\right]+1$ 个小方格.

例 14 (1976 年美国数学竞赛试题)有一个 3×7 棋盘,用黑、白色两种颜色去染棋盘上的方格,每个方格染且只染一种颜色. 求证:不论怎样染色,棋盘上由方格组成的矩形中总有这样的矩形,其边与棋盘相应的边平行,而四个角上的方格颜色相同. 如果棋盘是 4×6 的,则存在一种染法,使棋盘上不含有这样的矩形.

证明 用黑、白二色去染棋盘上的方格,每个方格染且只染一种颜色,得到的棋盘叫作二色棋盘. 题目中所说的四角同色的矩形简称为单色矩形. 于是,问题即是要证明:任意一个二色 3×7 棋盘上总有单色矩形,而且存在一个二色 4×6 棋盘,它不含单色矩形.

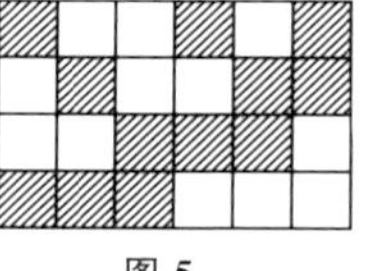

图 5

首先,图 5 给出了一个二色 4×6 棋盘,它不含单色矩形.

下面证明:任意一个二色 3×7 棋盘上总有单色矩形.

二色 3×7 棋盘上共有 $3\times 7=21$(个)方格,两种颜色,必至少有 11 个方格同色,不妨设它们都是黑色的,设第 i 列上有 d_i 个黑色方格,$i=1,2,\cdots,7$,则 $r=\sum\limits_{i=1}^{n} d_i \geqslant 11$. 在第 i 列上取两个黑色方格. 它们连同它们之间的方格组成首尾两端都是黑色方格的长方形. 这样的长方形共有 $C_{d_i}^2$ 个. 将这些长方形投影到第 1 列,则第 1 列上共有 $\sum\limits_{i=1}^{7} C_{d_i}^2$ 个首尾两端都是黑色方格的长方形. 如果二色 3×7 棋盘上不含单色矩形,则这首尾两端都是黑色方格的长方形两两不同,而第 1 列上长方形的总数为 $C_3^2=3$. 因此

$$\sum_{i=1}^{7} C_{d_i}^2 \leqslant C_3^2$$

所以

$$\sum_{i=1}^{7} d_i^2 - \sum_{i=1}^{7} d_i \leqslant 6$$

由柯西不等式得

$$\frac{1}{7}\left(\sum_{i=1}^{7} d_i\right)^2 - \sum_{i=1}^{7} d_i = \frac{1}{7}r^2 - r \leqslant 6$$

即

$$42 \geqslant r^2 - 7r = \left(r-\frac{7}{2}\right)^2 - \left(\frac{7}{2}\right)^2 \geqslant$$

$$\left(11-\frac{7}{2}\right)^2 - \left(\frac{7}{2}\right)^2 = 44$$

矛盾. 因此,二色 3×7 棋盘上必有单色矩形.

例 15　(1983 年瑞士数学竞赛试题)用红、蓝、黄三种颜色去染 12×12 棋盘上的方格,每格染且只染一种颜色. 求证:不论怎样染法,棋盘上一定含有单色矩形.

证明　将题目中条件 12 改成 11,即证明任意一个三色 11×11 棋盘上必有单色矩形. 证明如下:

三色 11×11 棋盘上共有 121 个方格,三种颜色,必有 41 个

方格同色，不妨设它们为红色. 设第 i 列上有 d_i 个红色方格，$i=1,2,\cdots,11$，则 $r=\sum_{i=1}^{11} d_i \geqslant 41$，且第 i 列上首尾两端为红色的长方形共有 $C_{d_i}^2$ 个，把它们投影到第 1 列上，如果三色 11×11 棋盘上不含单色矩形，则第 1 列上将有 $\sum_{i=1}^{11} C_{d_i}^2$ 个首尾两端都是红色的长方形. 另外，第 1 列上长方形个数为 $C_{11}^2=55$. 因此

$$\sum_{i=1}^{11} C_{d_i}^2 \leqslant C_{11}^2=55$$

即有

$$\sum_{i=1}^{11} d_i^2-\sum_{i=1}^{11} d_i \leqslant 110$$

由柯西不等式，有

$$\frac{1}{11}\left(\sum_{i=1}^{11} d_i\right)^2-\sum_{i=1}^{11} d_i \leqslant 110$$

因此

$$1\ 210 \geqslant r^2-11r=\left(r-\frac{11}{2}\right)^2-\left(\frac{11}{2}\right)^2 \geqslant \left(41-\frac{11}{2}\right)^2-\left(\frac{11}{2}\right)^2=1\ 230$$

矛盾. 所以三色 11×11 棋盘必有单色矩形.

例 16 （1988 年加拿大集训队试题）六个人参加一个宴会，其中任意两人要么相互认识，要么相互不认识. 求证：其中必有两个三人组，使得每个组中任意两人都互相认识，或者都相互不认识（这两个三人组允许有公共成员）.

证明 视六个人为六个顶点，其集合记作 V，V 中任意两个顶点间都连一线段，得到 6 阶完全图 K_6. 用红、蓝两种颜色去染 K_6 的边，当且仅当顶点 u 与 v 所代表的两个人相互认识时，顶点 u 与 v 之间的边染红色，得到二色完全图 K_6. 在二色 K_6 中，如果 $\triangle uvw$ 的三边 uv，vw，wu 都是红色（或蓝色）的，则 $\triangle uvw$ 称为单色三角形. 于是所要证明的命题是：任意一个二色完全图 K_6 中至少有两个单色三角形.

设二色完全图 K_6 中分别具有 x 与 y 个单色与非单色三角形，则

$$x+y=C_6^3 \tag{9.5}$$

由于图 K_6 有 $C_6^2=15$(条)边,二种颜色,因此至少有 8 条边同色,不妨设它们是红色的.设二色完全图中有 r 条红边,则 $r\geqslant 8$.设 $v=\{v_1,v_2,\cdots,v_6\}$,且设顶点 v_i 连有 d_i 条红边,$i=1,2,\cdots,6$,则有

$$d_1+d_2+\cdots+d_6=2r \tag{9.6}$$

在 K_6 中以 v_i 为顶点的两条边同色的三角形个数为 $C_{d_i}^2+C_{5-d_i}^2$ 个($i=1,2,\cdots,6$),其和为 $\sum\limits_{i=1}^{6}C_{d_i}^2+\sum\limits_{i=1}^{6}C_{5-d_i}^2$.注意,在此和中,$K_6$ 中每个单色三角形重复算了 3 次,而非单色三角形只算了一次,因此得到

$$\sum_{i=1}^{6}C_{d_i}^2+\sum_{i=1}^{6}C_{5-d_i}^2=3x+y \tag{9.7}$$

解联立方程(9.5),(9.7)得

$$2x=\sum_{i=1}^{6}C_{d_i}^2+\sum_{i=1}^{6}C_{5-d_i}^2-C_6^3=\sum_{i=1}^{6}d_i^2-5\sum_{i=1}^{6}d_i+40$$

由柯西不等式得到

$$2x\geqslant\frac{1}{6}\left(\sum_{i=1}^{6}d_i\right)^2-5\sum_{i=1}^{6}d_i+40$$

由式(9.6)得

$$2x\geqslant\frac{2}{3}r^2-10r+40$$

即

$$x\geqslant r\left(\frac{1}{3}r-5\right)+20\geqslant 8\left(\frac{1}{3}\times 8-5\right)+20=\frac{4}{3}$$

由于 x 为整数,所以 $x\geqslant 2$.

例 17　(1989 年首届亚太地区数学奥林匹克试题)S 为 m 个正整数对$(a,b)(1\leqslant a<b\leqslant n)$所成的集,求证:至少有 $4m\cdot\dfrac{m-\frac{n^2}{4}}{3n}$ 个三元数组(a,b,c)使得(a,b),(a,c)与(b,c)都属于 S((a,b)与(b,a)被认为是相同的).

证明　考虑 n 个点 $1,2,\cdots,n$.如果$(i,j)\in S$,则在 i 与 j 之间连一条线.我们来求这个题中的三角形的个数(也就是具有所述性质的三元组(a,b,c)的个数)T.

设$(i,j)\in S$,自 i 引出的线有 $d_{(i)}$ 条,则以(i,j)为边的三角形至少有 $d_{(i)}+d_{(j)}-n$ 个.由于每个三角形有三条边,所以 S 中至少有

$$\frac{1}{3}\sum_{(i,j)\in S}(d_{(i)}+d_{(j)}-n) \tag{9.8}$$

个三角形.

$$\sum_{(i,j)\in S}n=n\sum_{(i,j)\in S}1=nm \tag{9.9}$$

对于每个固定的 i,恰有 $d_{(i)}$ 个 j 使得$(i,j)\in S$,所以在式(9.8)中的$d_{(i)}$出现了$d_{(i)}$次.注意(i,j)既可作为自i引出的边,又可作为自 j 引出的边,被计算了 2 次.因此

$$\sum_{(i,j)\in S}(d_{(i)}+d_{(j)})^2\sum_{(i,j)}d_{(i)}=\sum_{i=1}^{n}d_{(i)}^2$$

由柯西不等式得

$$\sum_{i=1}^{n}d_{(i)}^2\geqslant\frac{1}{n}\Big(\sum_{i=1}^{n}d_{(i)}\Big)^2=\frac{1}{n}(2m)^2=\frac{4m^2}{n}$$

由式(9.8),(9.9)及上式得

$$T\geqslant\frac{1}{3}\left(\frac{4m^2}{n}-nm\right)=4m\cdot\frac{m-\frac{n^2}{4}}{3n}$$

例 18 (1988 年第 29 届 IMO 备选题)$A_1,A_2,\cdots,A_{29}$ 是 29 个不同的正整数数列.对于$1\leqslant i<j\leqslant 29$及自然数 x,定义

$N_i(x)=$数列 A_i 中小于 x 的数的个数

$N_{ij}(x)=A_i\cap A_j$ 中小于 x 的数的个数

已知对所有的 $1\leqslant i\leqslant 29$ 及每一个自然数 x

$$N_i(x)\geqslant\frac{x}{\mathrm{e}}\quad(\mathrm{e}=2.718\ 28\cdots)$$

证明:至少存在一对 $i,j(1\leqslant i<j\leqslant 29)$,使得

$$N_{ij}(1\ 988)>200$$

解 不妨假设 $A_i(1\leqslant i\leqslant 29)$中元素均不超过 1 988,每个集合中元素个数

$$N_i(1\ 988)\geqslant\frac{1\ 988}{\mathrm{e}}=731.3\cdots$$

即$|A_i|\geqslant 732$,不妨设$|A_i|=732$(否则在这集合中去掉若干元

素)，$1\leqslant i\leqslant 29$.

考虑元素与集合的表 1.

表 1

元素 集合	1	2	3	…	1 988
A_1	n_{11}	n_{12}	n_{13}	…	$n_{1,1\,988}$
A_2	n_{21}	n_{22}	n_{23}	…	$n_{2,1\,988}$
⋮	⋮	⋮	⋮		⋮
A_{29}	$n_{29,1}$	$n_{29,2}$	$n_{29,3}$	…	$n_{29,1\,988}$

其中

$$n_{ij}=\begin{cases}1,\text{如果 } j\in A_i\\ 0,\text{如果 } j\notin A_i\end{cases}$$

表中每一行的和为 732，因此总和为 732×29.

另外，设第 j 列的和为 $b_j(1\leqslant j\leqslant 1\,988)$，则

$$\sum_{j=1}^{1\,988} b_j = 732\times 29$$

而

$$\sum_{j=1}^{1\,988} \mathrm{C}_{b_j}^2 = \sum_{1\leqslant i<j\leqslant 29} |A_i\cap A_j|$$

由于柯西不等式

$$\begin{aligned}\sum_{j=1}^{1\,988} \mathrm{C}_{b_j}^2 &= \frac{1}{2}\Big(\sum_{j=1}^{1\,988} b_j^2-\sum_{j=1}^{1\,988} b_j\Big)\geqslant\\ &\frac{1}{2}\left(\frac{1}{1\,988}\Big(\sum_{j=1}^{1\,988} b_j\Big)^2-\sum_{j=1}^{1\,988} b_j\right)=\\ &\frac{1}{2}\Big(\sum_{j=1}^{1\,988} b_j\Big)\times\left[\frac{\sum\limits_{j=1}^{1\,988} b_j}{1\,988}-1\right]=\\ &\frac{1}{2}\times 732\times 29\times\left(\frac{732\times 29}{1\,988}-1\right)>\\ &\frac{1}{2}\times 29\times 28\times 200\end{aligned}$$

即

$$\sum_{1\leqslant i<j\leqslant 29}|A_i\cap A_j|>\frac{1}{2}\times 29\times 28\times 200\qquad(9.10)$$

式(9.10)的左边有 $C_{29}^2=\frac{1}{2}\times 29\times 28$(项),其中至少有一项

$$|A_i\cap A_j|>200$$

这就是所要证明的结论.

例 19 (1989 年第 30 届 IMO 备选题)n 为自然数,不大于 44.求证:对每个定义在 $\mathbf{N}^2$ 上,值在集$\{1,2,\cdots,n\}$中的函数 f,存在四个有序数对$(i,j),(i,k),(l,j),(l,k)$,满足

$$f(i,j)=f(i,k)=f(l,j)=f(l,k)$$

其中 i,j,l,k 是这样的自然数:存在自然数 m,p 使

$$1\ 989m\leqslant i<l<1\ 989+1\ 989m$$

$$1\ 989p\leqslant j<k<1\ 989+1\ 989p$$

证明 将函数值为 $t(1\leqslant t\leqslant n)$的点染上第 t 种颜色.问题即将正方形

$\{(x,y)\mid 1\ 989m\leqslant x<1\ 989(m+1),1\ 989p\leqslant y<1\ 989(p+1)\}$

中的整点染上颜色,证明在颜色种数$\leqslant 44$ 时,必有一个边与坐标轴平行的矩形,四个顶点是同一种颜色.

由于正方形中有 $1\ 989^2$ 个整点,因而至少有$\left[\frac{1\ 989^2}{44}\right]+1=q$(个)点涂上同一种颜色,所以,只需证明将正方形中 q 个点染上红色时,必有一个顶点为红色的矩形,它的边平行于坐标轴.

设第 i 列中有 a_i 个点染上红色,则

$$\sum_{i=1}^{1\ 989}a_i=q=\left[\frac{1\ 989^2}{44}\right]+1$$

在第 i 列,有 $C_{a_i}^2$ 对点,每一对由两个红点组成.如果

$$\sum_{i=1}^{1\ 989}C_{a_i}^2>C_{1\ 989}^2\qquad(9.11)$$

那么必有两列,这两列中有一对红点在相同的两行上,也就是四个点构成一个合乎要求的矩形.由柯西不等式,得

$$\sum_{i=1}^{1\ 989}C_{a_i}^2=\frac{1}{2}\sum_{i=1}^{1\ 989}(a_i^2-a_i)=\frac{1}{2}\left(\sum_{i=1}^{1\ 989}a_i^2-q\right)\geqslant$$

$$\frac{1}{2}\left[\frac{\left(\sum_{i=1}^{1\,989}a_i\right)^2}{1\,989}-q\right]=\frac{1}{2}\left(\frac{q^2}{1\,989}-q\right)=$$

$$\frac{q}{2\times 1\,989}(q-1\,989)\geqslant$$

$$\frac{1\,989}{2\times 44}\times\left(\frac{1\,989^2}{44}-1\,989\right)=$$

$$\frac{1\,989^2}{2\times 44^2}\times 1\,945>$$

$$\frac{1\,989^2}{2}>C_{1\,989}^2$$

则式(9.11)成立,因此结论成立.

例 20　(1987 年第 16 届美国数学奥林匹克试题)已知一个由 0,1 组成的数列 $x_1,x_2,\cdots,x_n$,A 为等于(0,1,0)或(1,0,1)的三元数组$(x_i,x_j,x_k)(i<j<k)$的个数,对 $1\leqslant i\leqslant n$,令 d_i 为满足 $j<k$,并且 $x_j=x_i$,或者 $j>i$,并且$x_j\neq x_i$的 j 的个数.

(1)求证:$A=C_n^3-C_{d_1}^2-C_{d_2}^2-\cdots-C_{d_n}^2$;

(2)给定奇数 n,A 的最大值是多少?

证明　(1)略.

(2)设 $n=2k+1$ 为给定的奇数.

又设在 $x_1,x_2,\cdots,x_{2k+1}$ 中有 s 个 0,t 个 1,其中 $s+t=n$.若 $x_i=1$,设这个 1 是第 j 个 1,则在它前面有 $j-1$ 个 1,$i-j$ 个 0,后面有 $t-j$ 个 1,$s-(i-j)$个 0,于是

$$d_i=(j-1)+[s-(i-j)]=s-i+2j-1$$

同样,若 $x_i=0$,设这个 0 是第 j 个 0,则在它前面有 $j-1$ 个 0,在它后面有 $t-(i-j)$个 1,于是

$$d_i=(j-1)+[t-(i-j)]=t-i+2j-1$$

所以

$$\sum_{i=1}^{n}d_i=\sum_{x_i=1}d_i+\sum_{x_i=0}d_i=$$

$$2st-\sum_{i=1}^{n}i+s(s+1)+t(t+1)-n=$$

$$(s+t)^2+(s+t)-\frac{1}{2}n(n+1)-n=$$

$$\frac{1}{2}n(n-1)$$

$$\sum_{i=1}^{n}C_{d_i}^2=\sum_{i=1}^{n}\frac{d_i(d_i-1)}{2}=\frac{1}{2}\left(\sum_{i=1}^{n}d_i^2-\sum_{i=1}^{n}d_i\right)$$

由柯西不等式,得

$$\sum_{i=1}^{n}C_{d_i}^2\geqslant\frac{1}{2}\left[\frac{1}{n}\left(\sum_{i=1}^{n}d_i\right)^2-\sum_{i=1}^{n}d_i\right]=$$

$$\frac{1}{2}\sum_{i=1}^{n}d_i\left(\frac{1}{n}\sum_{i=1}^{n}d_i-1\right)=$$

$$\frac{1}{4}n(n-1)\left[\frac{1}{2}(n-1)-1\right]=$$

$$\frac{1}{8}n(n-1)(n-3)$$

因为 $n=2k+1$,所以 $n-1=2k$,$n-3=2k-2$,则

$$\sum_{i=1}^{n}C_{d_i}^2\geqslant\frac{1}{8}n(n-1)(n-3)=\frac{n}{2}k(k-1)=nC_k^2$$

当且仅当所有的 $d_i=\frac{1}{2}(n-1)=k$ 时,等号成立.这就是说,对于每个 x_i,d_i 都相同.

若 $x_i=1$,则 $d_i=k$,从而 $s=k$,$t=k+1$,设第 j 个位置是 x_i,则

$$k=d_i=s-i+2j-1=k-i+2j-1$$

即

$$i=2j-1$$

于是所有的奇数位都是1,得到数列

$$1,0,1,0,\cdots,0,1$$

若 $x_i=0$,同样得到数列 $0,1,0,1,\cdots,0,1,0$.此时

$$A\geqslant C_{2k+1}^3-nC_k^2$$

A 的最小值为 $C_{2k+1}^3-nC_k^2$.

例 21 (2011年中国国家队集训测试题)设 S 是平面上任何四点不共线的 n 个点的集合,$\{d_1,d_2,\cdots,d_k\}$ 是 S 中的点两两之间所有不同距离的集合,以 m_i 表示 d_i 的重数($i=1,2,\cdots,k$),即满足 $|PQ|=d_i$ 的无序对 $\{P,Q\}\subseteq S$ 的个数.证明

$$\sum_{i=1}^{k} m_i^2 \leqslant n^3 - n^2$$

证明　首先注意到 $\sum_{i=1}^{k} m_i = \mathrm{C}_n^2$. 以 $\Delta(S)$ 表示 S 中三个点的三元组组成的等腰三角形(包括两点及其中点组成退化情形的三元组)的个数，其中一个正三角形被计算三次. 因为点 D 位于 PQ 的垂直平分线上当且仅当 $|DP|=|DQ|$. 对点 $D\in S$，用 $m_i(D)$ 表示 S 中与点 D 的距离为 d_i 的点的个数($i=1,2,\cdots,k$)，则

$$\Delta(S) = \sum_{D\in S}\sum_{i=1}^{k} \mathrm{C}_{m_i(D)}^2 = \sum_{i=1}^{k}\sum_{D\in S} \mathrm{C}_{m_i(D)}^2$$

注意到 $\sum_{D\in S} m_i(D) = 2m_i$，对右边应用柯西不等式有

$$\Delta(S) = \sum_{i=1}^{k}\sum_{D\in S} \frac{m_i^2(D) - m_i(D)}{2} \geqslant$$
$$\frac{2}{n}\sum_{i=1}^{k} m_i^2 - \sum_{i=1}^{k} m_i = \frac{2}{n}\sum_{i=1}^{k} m_i^2 - \mathrm{C}_n^2$$

这样

$$\sum_{i=1}^{k} m_i^2 \leqslant \frac{n}{2}(\Delta(S) + \mathrm{C}_n^2) \tag{9.12}$$

另外，每一条线段 PQ 至多是 S 所确定的三个等腰三角形的底边，否则，PQ 的垂直平分线将通过 S 中至少四个点，矛盾. 故

$$\Delta(S) \leqslant 3\mathrm{C}_n^2 \tag{9.13}$$

由式(9.12)和式(9.13)便得所证的结果.

例 22　(1987 年第 2 届全国数学冬令营试题)m 个互不相同的正偶数与 n 个互不相同的正奇数的总和为 1 987，对于所有这样的 m 与 n，问 $3m+4n$ 的最大值是多少？请证明你的结论.

解　$3m+4n$ 的最大值为 221.

下面进行证明：设

$$a_1 + a_2 + \cdots + a_m + b_1 + b_2 + \cdots + b_n = 1\ 987$$

其中 $a_i(1\leqslant i\leqslant m)$ 是互不相同的正偶数，$b_j(1\leqslant j\leqslant n)$ 是互不相同的正奇数.

显然，n 一定是奇数，且

$$a_1+a_2+\cdots+a_m\geqslant 2+4+\cdots+2m=m(m+1)$$
$$b_1+b_2+\cdots+b_n\geqslant 1+3+\cdots+(2n-1)=n^2$$

所以 $m^2+m+n^2\leqslant 1\ 987$，其中 n 为奇数，即

$$\left(m+\frac{1}{2}\right)^2+n^2\leqslant 1\ 987+\frac{1}{4}$$

由柯西不等式，得

$$3\left(m+\frac{1}{2}\right)+4n\leqslant\sqrt{3^2+4^2}\cdot\sqrt{\left(m+\frac{1}{2}\right)^2+n^2}\leqslant$$
$$5\sqrt{1\ 987+\frac{1}{4}}$$
$$3m+4n\leqslant 5\sqrt{1\ 987+\frac{1}{4}}-\frac{3}{2}$$

由于 $3m+4n$ 是整数，所以

$$3m+4n\leqslant\left[5\sqrt{1\ 987+\frac{1}{4}}-\frac{3}{2}\right]$$

即

$$3m+4n\leqslant 221$$

易证，方程 $3m+4n=221$ 的整数解的一般形式是

$$\begin{cases}m=71-4k\\ n=2+3k\end{cases}\quad(k\text{ 是整数})\tag{9.14}$$

因为 n 是奇数，所以式(9.14)中的 k 必须是奇数，设 $k=2t+1$，t 为整数，则

$$\begin{cases}m=67-8t\\ n=5+6t\end{cases}\quad(t\text{ 是整数})\tag{9.15}$$

因为 m^2，$n^2\leqslant 1\ 987$，所以

$$m,n\leqslant[\sqrt{1\ 987}]=44$$

代入式(9.15)得出

$$4\leqslant t\leqslant 6$$

例 23 给定平面上 $n(n\geqslant 2)$ 个相异的点. 证明：其中距离为 1 的点对不超过 $\frac{1}{4}n+\frac{1}{\sqrt{2}}n^{\frac{3}{2}}$.

证明 设 n 个点为 $P_i(i=1,2,\cdots,n)$.

记 $S_i=\{P_j\mid |P_iP_j|=1\}$，$x_i=|S_i|$，其中 $|S_i|$ 表示集合 S_i

中元素的个数，则相距为 1 的点对数为

$$x=\frac{1}{2}(x_1+x_2+\cdots+x_n)$$

另外，令 C_i 表示以 P_i 为圆心，半径为 1 的圆. 因每两个圆最多有两个交点，所以，所有的圆 C_i 最多有 $2C_n^2=n(n-1)$（个）交点.

又因为若 $P_j,P_R\in S_i$，则圆 C_j,C_R 必交于点 P_i，即 P_i 是 S_i 中任两点为圆心的两圆的交点. 而 $|S_i|=x_i$，故 P_i 作为两圆交点出现 $C_{x_i}^2$ 次. 于是

$$C_{x_1}^2+C_{x_2}^2+\cdots+C_{x_n}^2\leqslant n(n-1)$$

因为

$$\sum_{i=1}^{n}C_{x_i}^2=\sum_{i=1}^{n}\frac{x_i(x_i-1)}{2}=$$

$$\frac{1}{2}(x_1^2+x_2^2+\cdots+x_n^2)-\frac{1}{2}(x_1+x_2+\cdots+x_n)=$$

$$\frac{1}{2}(x_1^2+x_2^2+\cdots+x_n^2)-x$$

由柯西不等式，有

$$n(x_1^2+x_2^2+\cdots+x_n^2)\geqslant(x_1+x_2+\cdots+x_n)^2$$

所以

$$\frac{1}{2}(x_1^2+x_2^2+\cdots+x_n^2)-x\geqslant$$

$$\frac{1}{2n}(x_1+x_2+\cdots+x_n)^2-x=$$

$$\frac{2}{n}x^2-x$$

由 $\frac{2}{n}x^2-x\leqslant n(n-1)$，得

$$2x^2-nx-n^2(n-1)\leqslant 0$$

解得

$$x\leqslant\frac{n+\sqrt{8n^3-7n^2}}{4}<\frac{1}{4}n+\frac{1}{4}\sqrt{8n^3}=\frac{1}{4}n+\frac{\sqrt{2}}{2}n^{\frac{3}{2}}$$

用 $t=4,5,6$ 分别代入式(9.15)中可知，(m,n) 只能是(35，29)，(27，35)及(19，41)三组值.

不难验证(35，29)，(19，41)两组值不满足关系式

$$m(m+1)+n^2\leqslant 1\ 987$$

对于(27,35),由于

$$27(27+1)+35^2=1\ 981<1\ 987$$

所以适当选取 27 个正偶数和 35 个正奇数的值,就可使这些数的和恰为 1 987.

例如,由

$$2+4+\cdots+54+1+3+\cdots+67+69=1\ 981$$

则

$$2+4+\cdots+54+1+3+\cdots+67+75=1\ 987$$

综上讨论,$3m+4n$ 的最大值是 221,而且只能在 $m=27$,$n=35$时才能达到最大值.

例 24 设平面上有 212 个点都位于单位圆内或圆周上,将其中任意两点连成线段.证明:长不大于 1 的线段至少有 1 996 条.

我们将问题一般化:设单位圆内或圆周上有 n 个不同的点,将其中任意两点连成线段,设长度不大于 1 的线段至少有 a_n 条.问 a_n 的下界是多少?若设 a_n 的下确界为 A_n,则 A_n 的确切值是多少?A_n 的上、下界的估计又是怎样的?A_n 的渐近阶是多少?本文就这些问题进行讨论,并得出几个初步结论.

命题 $A_n\geqslant\frac{1}{12}(n^2-4n-5)$,$n\geqslant 6$.

证明 通过其中的一个定点作直径,再作另外两条直径,将单位圆剖分成六个全等的闭扇形.在每个闭扇形中,任意两个点之间的距离都不大于 1.在这三条直径上的点可以看作分别属于两个扇形的点,设每个扇形中各有 n_i 个点,$i=1,2,\cdots,6$.由剖分法知 $\sum_{i=1}^{6}n_i\geqslant n+1$.在每个扇形内的 n_i 个点可以连成 $C_{n_i}^2$ 条线段,它们的长度都不大于 1.运用柯西不等式可得

$$a_n=\sum_{i=1}^{6}C_{n_i}^2=\frac{1}{2}\sum_{i=1}^{6}n_i^2-\frac{1}{2}\sum_{i=1}^{6}n_i\geqslant$$

$$\frac{1}{12}\left(\sum_{i=1}^{6}n_i\right)^2-\frac{1}{2}\sum_{i=1}^{6}n_i$$

因为在 $x\geqslant 6$ 时,$\frac{1}{12}x^2-\frac{1}{2}x=\frac{1}{12}x(x-6)$ 是单调递增的,

所以

$$a_n \geqslant \frac{1}{12}(n+1)^2 - \frac{1}{2}(n+1) =$$

$$\frac{1}{12}(n^2 - 4n - 5)$$

再由下确界的定义即得

$$A_n \geqslant \frac{1}{12}(n^2 - 4n - 5)$$

在 $n=212$ 时，由命题可得 $a_{212} \geqslant 3\ 675$. 要使 $a_n \geqslant 1\ 996$ 成立，只需取 $n=157$ 即可，这时有 $a_{157} \geqslant 2\ 002$. 结论比原奥林匹克问题要强得多. 因为在证明中我们还未考虑到在相邻的两个扇形中可能有长度不大于 1 的线段的计数问题.

例 25　(2010 年中国国家集训队测试题)设 A 是有限集，且 $|A| \geqslant 2$，$A_1, A_2, \cdots, A_n$ 是 A 的子集且满足下述条件：

(1) $|A_1| = |A_2| = \cdots = |A_n| = k$，$k > \frac{|A|}{2}$；

(2) 对任意 $a, b \in A$，存在 3 个集合 A_r, A_s, A_t $(1 \leqslant r < s < t \leqslant n)$，使得 $a, b \in A_r \cap A_s \cap A_t$；

(3) 对任意整数 i, j，$1 \leqslant i < j \leqslant n$，有 $|A_i \cap A_j| \leqslant 3$.

求当 k 取最大值时正整数 n 的所有可能值.

解　不妨设 $A = \{1, 2, \cdots, m\}$，由条件(1)，(2)知 $m \geqslant k \geqslant 2$，$n \geqslant 3$.

假设 i 属于 $A_1, A_2, \cdots, A_n$ 中 r_i 个集合$(i = 1, 2, \cdots, m)$. 如果 $i \in A_j$，那么将(i, A_j)配成一对，并设这样的点对共有 X 个. 于是对任意 i，可形成 r_i 个含 i 的对子，又 $i = 1, 2, \cdots, m$，所以

$$X = \sum_{i=1}^{m} r_i$$

另外，对任意 A_j，可形成 $|A_j| = k$(个)含 A_j 的点对，又因为 $j = 1, 2, \cdots, n$，所以 $X = \sum_{j=1}^{n} |A_j| = nk$，于是我们得到

$$\sum_{i=1}^{m} r_i = nk \tag{9.16}$$

如果 $i \neq j$ 都属于 A_t，那么将$(i, j; A_t)$组成一个第一类三元组(前两个元不考虑顺序)，并设第一类三元组有 Y 个. 于是

由已知条件(2)知:对任意 $i \neq j$,至少可形成三个含 i,j 的第一类三元组,而 $i,j(i \neq j)$ 有 C_m^2 种不同的取法,故 $Y \geqslant 3C_m^2$.

另外,由 $|A_t| = k$ 知:对任意 A_t 可形成 C_k^2 个含 A_t 的第一类三元组,而 A_t 有 n 种不同取法,故 $Y = nC_k^2$,于是我们有 $nC_k^2 \geqslant 3C_m^2$,即

$$n \geqslant \frac{3m(m-1)}{k(k-1)} \tag{9.17}$$

如果 t 是 A_i 和 A_j 的公共元,那么将 $(t;A_i,A_j)$ 组成一个第二类三元组(后两个元不考虑顺序),并设第二类三元组有 Z 个.因为 t 属于 $A_1,A_2,\cdots,A_n$ 中 r_t 个集合,故对任意 t,可形成 $C_{r_t}^2$ 个含 t 的第二类三元组,而 $t = 1,2,\cdots,m$,所以 $Z = \sum\limits_{t=1}^{m} C_{r_t}^2$.

另外,对任意 A_i 和 $A_j(i \neq j)$,可形成 $|A_i \cup A_j| \leqslant 3$(个)含 A_i 和 A_j 的第二类三元组,又 $1 \leqslant i < j \leqslant n$,所以

$$Z = \sum_{1 \leqslant i < j \leqslant n} |A_i \cap A_j| \leqslant 3C_n^2 = \frac{3}{2}n(n-1)$$

$$\frac{3}{2}n(n-1) \geqslant \sum_{t=1}^{m} C_{r_t}^2 = \frac{1}{2}\left(\sum_{t=1}^{m} r_t^2 - \sum_{t=1}^{m} r_t\right)$$

由柯西不等式及式(9.16),我们得到

$$\begin{aligned}\frac{3}{2}n(n-1) &\geqslant \frac{1}{2}\left(\frac{1}{m}\left(\sum_{t=1}^{m} r_t\right)^2 - \sum_{t=1}^{m} r_t\right) = \\ &\frac{1}{2m}\left(\sum_{t=1}^{m} r_t\right)\left[\left(\sum_{t=1}^{m} r_t\right) - m\right] = \\ &\frac{1}{2m}(nk)(nk-m)\end{aligned}$$

整理得

$$(k^2 - 3m)n \leqslant (k-3)m \tag{9.18}$$

考虑以下两种情形:

(1)若 $m \geqslant \frac{k^2}{3}$,则结合已知条件 $m \leqslant 2k-1$,解得

$$3-\sqrt{6} \leqslant k \leqslant 3+\sqrt{6}$$

即 $1 \leqslant k \leqslant 5$.

(2)若 $m < \frac{k^2}{3}$,由式(9.17)及(9.18)得

$$\frac{3m(m-1)}{k(k-1)}\leqslant n\leqslant\frac{(k-3)m}{k^2-3m} \tag{9.19}$$

去分母，整理得

$$9m^2-3(k^2+3)m+k(k^2-k+3)\geqslant 0$$

即

$$(3m-k)[3m-(k^2-k+3)]\geqslant 0$$

由于 $k^2-k+3>k$，所以 $m\leqslant\frac{k}{3}$（舍去，因为 $m\geqslant k$），或者

$$m\geqslant\frac{1}{3}(k^2-k+3)$$

又由已知条件(1)，有 $m\leqslant 2k-1$，故

$$2k-1\geqslant m\geqslant\frac{1}{3}(k^2-k+3) \tag{9.20}$$

由此解出 $1\leqslant k\leqslant 6$.

由(1)，(2)，我们得到 $1\leqslant k\leqslant 6$. 故所求 k 的最大值不大于 6，并且由不等式(9.20)知 $k=6$ 当且仅当 $m=11$，再由式(9.19)知 $k=6$ 且 $m=11$ 时，必有 $n=11$.

其次，当 $k=6, m=11, n=11$ 时，存在满足条件(1)，(2)，(3)的实例如下.

令

$$A_t=\{t,t+1,t+2,t+6,t+8,t+9\}\quad (t=1,2,\cdots,11)$$

且约定如果集合中的元素大于 11，那么表示该数减去 11，即

$$A_1=\{1,2,3,7,9,10\},A_2=\{2,3,4,8,10,11\}$$
$$A_3=\{3,4,5,9,11,1\},A_4=\{4,5,6,10,1,2\}$$
$$A_5=\{5,6,7,11,2,3\},A_6=\{6,7,8,1,3,4\}$$
$$A_7=\{7,8,9,2,4,5\},A_8=\{8,9,10,3,5,6\}$$
$$A_9=\{9,10,11,4,6,7\},A_{10}=\{10,11,1,5,7,8\}$$
$$A_{11}=\{11,1,2,6,8,9\}$$

于是 $|A_i|=k=6, i=1,2,\cdots,11$，并且 $m=2k-1=11$.

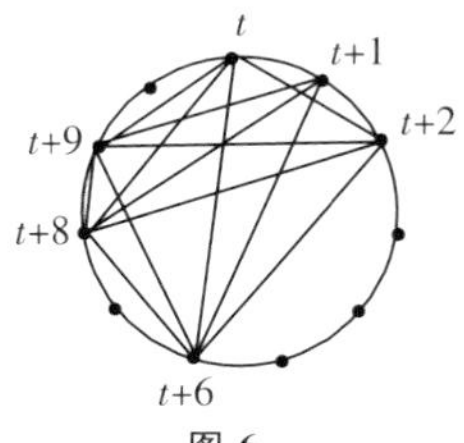

图 6

如图 6 所示，$t,t+1,t+2,t+6,t+8,t+9$ 这 6 个点之间共有 $C_6^2=15$（个）劣弧距离，其中距离为 1，2，3，4，5 的各有 3 个，因此，对任意 $i,j\in$

$\{1,2,\cdots,11\}$, $i\neq j$,有且仅有三个集合同时包含i与j.

假设将周长为 11 的圆周分为 11 等份,将 11 个等分点按顺时针方向标记为 $1,2,\cdots,11$.假设在这个圆周上按顺时针方向从点 i 到 j 的距离为 $d(i,j)$,于是,对于圆周上的点集 A_i 可得下表 2.

表 2

j \ i	i	$i+1$	$i+2$	$i+6$	$i+8$	$i+9$
i	11	1	2	6	8	9
$i+1$	10	11	1	5	7	8
$i+2$	9	10	11	4	6	7
$i+6$	5	6	7	11	2	3
$i+8$	3	4	5	9	11	1
$i+9$	2	3	4	8	10	11

由表 2 可知在 $A_i=\{i,i+1,i+2,i+6,i+8,i+9\}$中,按顺时针方向距离为 $1,2,\cdots,10$ 的点对各有 3 对.因为在圆周上将点集 A_i 按逆时针方向旋转长为 $j-i$ 的距离后便得到点集 A_j,故旋转后,A_i 中有且仅有三个点到达的位置正是 A_j 中的三个点,从而$|A_i\cap A_j|=3(1\leqslant i<j\leqslant 11)$(直接验证这点亦可).

综上可得,k 的最大值为 6,这时 $n=11$.

其他方面的应用

这一章,我们讲柯西不等式在其他方面的一些应用.

例1 (2003年新加坡数学奥林匹克试题)求

$$\frac{1}{\sqrt{1}+\sqrt{2}}+\frac{1}{\sqrt{3}+\sqrt{4}}+\cdots+\frac{1}{\sqrt{99}+\sqrt{100}}$$

的整数部分.

解 记 $S=\frac{1}{\sqrt{1}+\sqrt{2}}+\frac{1}{\sqrt{3}+\sqrt{4}}+\cdots+\frac{1}{\sqrt{99}+\sqrt{100}}$.

由柯西不等式,得

$$\frac{1}{\sqrt{n}+\sqrt{n+1}}<\frac{1}{4}\left(\frac{1}{\sqrt{n}}+\frac{1}{\sqrt{n+1}}\right)$$

所以

$$S<\frac{1}{4}\left(\frac{1}{\sqrt{1}}+\frac{1}{\sqrt{2}}+\cdots+\frac{1}{\sqrt{100}}\right)<$$
$$\frac{1}{2}\left(\frac{1}{\sqrt{0}+\sqrt{1}}+\frac{1}{\sqrt{1}+\sqrt{2}}+\cdots+\frac{1}{\sqrt{99}+\sqrt{100}}\right)=$$
$$-\frac{1}{2}(\sqrt{0}-\sqrt{1}+\sqrt{1}-\sqrt{2}+\cdots+\sqrt{99}-\sqrt{100})=$$
$$\frac{1}{2}\times\sqrt{100}=5$$

记

$$S'=\frac{1}{\sqrt{2}+\sqrt{3}}+\frac{1}{\sqrt{4}+\sqrt{5}}+\cdots+\frac{1}{\sqrt{98}+\sqrt{99}}$$

分母有理化,得

$$S=-\sqrt{1}+\sqrt{2}-\sqrt{3}+\sqrt{4}-\cdots-\sqrt{99}+\sqrt{100}$$
$$S'=-\sqrt{2}+\sqrt{3}-\sqrt{4}+\sqrt{5}-\cdots-\sqrt{98}+\sqrt{99}$$

所以 $S+S'=\sqrt{100}-\sqrt{1}=9$.

因为 $S'<S$,所以 $S>4.5$,所以 S 的整数部分为 4.

例 2 设 n 为正整数.证明

$$\sum_{k=1}^{n}\frac{2k-1}{(2k+1)(2k+3)}\geqslant\frac{n^3}{(n+2)(2n^2+4n-1)}$$

证明 设 $b_k=(2k-1)(2k+1)(2k+3)(2k+5)$,其中 $k\in\mathbf{N}_+$.则

$$\begin{aligned}b_k-b_{k-1}=&(2k-1)(2k+1)(2k+3)(2k+5)-\\&(2k-3)(2k-1)(2k+1)(2k+3)=\\&8(2k-1)(2k+1)(2k+3)\end{aligned}$$

令 $k=1,2,\cdots,n$,叠加,得

$$b_n-b_0=8\sum_{k=1}^{n}(2k-1)(2k+1)(2k+3)$$

所以

$$\begin{aligned}&\sum_{k=1}^{n}(2k-1)(2k+1)(2k+3)=\frac{b_n-b_0}{8}=\\&\frac{(2n-1)(2n+1)(2n+3)(2n+5)-(-1)\times1\times3\times5}{8}=\\&\frac{(4n^2+8n-5)(4n^2+8n+3)+15}{8}=\\&n(n+2)(2n^2+4n-1)\end{aligned}$$

由柯西不等式与等差数列的求和公式,得

$$\begin{aligned}\sum_{k=1}^{n}\frac{2k-1}{(2k+1)(2k+3)}=\sum_{k=1}^{n}\frac{(2k-1)^2}{(2k-1)(2k+1)(2k+3)}\geqslant&\\\frac{\left[\sum_{k=1}^{n}(2k-1)\right]^2}{\sum_{k=1}^{n}(2k-1)(2k+1)(2k+3)}=&\\\frac{(n^2)^2}{n(n+2)(2n^2+4n-1)}=&\\\frac{n^3}{(n+2)(2n^2+4n-1)}&\end{aligned}$$

当 $n=1$ 时,上式等号成立.

例 3　将 8 128 的小于自身的全体正约数从小到大排列成 $a_1, a_2, \cdots, a_n$. 求证

$$\sum_{k=2}^{n} \frac{a_k}{k(a_1^2 + a_2^2 + \cdots + a_k^2)} < \frac{8\ 127}{8\ 128}$$

证明　由柯西不等式有

$$n\sum_{k=1}^{n} a_k^2 = \sum_{k=1}^{n} 1^2 \cdot \sum_{k=1}^{n} a_k^2 > \left(\sum_{k=1}^{n} a_k\right)^2$$

所以,可考虑从确定 8128 的小于自身的全体正约数之和入手.

由 $8\ 128 = 2^6 \times 127$,知 8 128 的小于自身的正约数共有 $(6+1)(1+1)-1=13$(个),依次为 $1, 2, 2^2, 2^3, 2^4, 2^5, 2^6, 127, 2\times 127, 2^2\times 127, 2^3\times 127, 2^4\times 127, 2^5\times 127$.

注意到 $2^m \times 127 = 2^{m+7} - 2^m (m = 0, 1, \cdots, 5)$. 则

$$\begin{aligned}\sum_{k=1}^{13} a_k &= 1 + 2 + 2^2 + \cdots + 2^6 + (2^7 - 1) + \\ &\quad (2^8 - 2) + \cdots + (2^{12} - 2^5) = \\ &\quad 2^6 + 2^7 + \cdots + 2^{12} = \\ &\quad 2^6(2^7 - 1) = 8\ 128\end{aligned}$$

又

$$\begin{aligned}&\sum_{k=2}^{13} \frac{a_k}{k(a_1^2 + a_2^2 + \cdots + a_k^2)} < \\ &\sum_{k=2}^{13} \frac{a_k}{(a_1 + a_2 + \cdots + a_k)^2} < \\ &\sum_{k=2}^{13} \frac{a_k}{(a_1 + a_2 + \cdots + a_{k-1})(a_1 + a_2 + \cdots + a_k)} = \\ &\sum_{k=2}^{13} \left(\frac{1}{a_1 + a_2 + \cdots + a_{k-1}} - \frac{1}{a_1 + a_2 + \cdots + a_k}\right) = \\ &\frac{1}{a_1} - \frac{1}{a_1 + a_2 + \cdots + a_{13}} = \\ &1 - \frac{1}{8\ 128} = \frac{8\ 127}{8\ 128}\end{aligned}$$

故

$$\sum_{k=2}^{n} \frac{a_k}{k(a_1^2 + a_2^2 + \cdots + a_k^2)} < \frac{8\ 127}{8\ 128}$$

说明:此题中的 8 128 实质上是一个完全数. 事实上,满足

$\delta(n)=2n$ 的正整数 n 称为"完全数"(又称"完满数").这里,$\delta(n)$表示正整数 n 的所有正约数之和.

关于偶完全数欧拉给出了如下一个重要的结论:

偶完全数定理 正偶数 n 是一个完全数的充分必要条件是 $n=2^{p-1}(2^p-1)$,其中,p 和 2^p-1 都是质数.

例 4 (2004 年全国高中数学联赛试题)已知 α,β 是方程 $4x^2-4tx-1=0(t\in\mathbf{R})$的两个不等实根,函数 $f(x)=\dfrac{2x-t}{x^2+1}$的定义域为$[\alpha,\beta]$.

(1)求 $g(t)=\max f(x)-\min f(x)$;

(2)证明:对于 $u_i\in\left(0,\dfrac{\pi}{2}\right)(i=1,2,3)$,若 $\sin u_1+\sin u_2+\sin u_3=1$,则$\dfrac{1}{g(\tan u_1)}+\dfrac{1}{g(\tan u_2)}+\dfrac{1}{g(\tan u_3)}<\dfrac{3}{4}\sqrt{6}$.

解 (1)设 $\alpha\leqslant x_1<x_2\leqslant\beta$,则 $4x_1^2-4tx_1-1\leqslant0,4x_2^2-4tx_2-1\leqslant0$,所以 $4(x_1^2+x_2^2)-4t(x_1+x_2)-2\leqslant0$,所以 $2x_1x_2-t(x_1+x_2)-\dfrac{1}{2}\leqslant0$,则

$$f(x_2)-f(x_1)=\frac{2x_2-t}{x_2^2+1}-\frac{2x_1-t}{x_1^2+1}=\frac{(x_2-x_1)[t(x_1+x_2)-2x_1x_2+2]}{(x_1^2+1)(x_2^2+1)}$$

又

$$t(x_1+x_2)-2x_1x_2+2>t(x_1+x_2)-2x_1x_2+\frac{1}{2}>0$$

所以 $f(x_2)-f(x_1)>0$,故 $f(x)$在区间$[\alpha,\beta]$上是增函数.

因为

$$\alpha+\beta=t,\alpha\beta=-\frac{1}{4},\beta-\alpha=\sqrt{(\alpha+\beta)^2-4\alpha\beta}=\sqrt{t^2+1}$$

所以

$$g(t)=\max f(x)-\min f(x)=f(\beta)-f(\alpha)=\frac{2\beta-t}{\beta^2+1}-\frac{2\alpha-t}{\alpha^2+1}=$$

$$\frac{(2\beta-t)(\alpha^2+1)-(2\alpha-t)(\beta^2+1)}{(\alpha^2+1)(\beta^2+1)}=\frac{(\beta-\alpha)[t(\alpha+\beta)-2\alpha\beta+2]}{\alpha^2\beta^2+\alpha^2+\beta^2+1}=$$

$$\frac{\sqrt{t^2+1}\left(t^2+\frac{5}{2}\right)}{t^2+\frac{25}{16}}=\frac{8\sqrt{t^2+1}(2t^2+5)}{16t^2+25}$$

(2)证明

$$g(\tan u_i)=\frac{\frac{8}{\cos u_i}\left(\frac{2}{\cos^2 u_i}+3\right)}{\frac{16}{\cos^2 u_i}+9}=\frac{\frac{16}{\cos u_i}+24\cos u_i}{16+9\cos^2 u_i}\geqslant$$

$$\frac{16\sqrt{6}}{16+9\cos^2 u_i}\quad (i=1,2,3)$$

$$\frac{1}{g(\tan u_1)}+\frac{1}{g(\tan u_2)}+\frac{1}{g(\tan u_3)}\leqslant$$

$$\frac{16+9\cos^2 u_1}{16\sqrt{6}}+\frac{16+9\cos^2 u_2}{16\sqrt{6}}+\frac{16+9\cos^2 u_3}{16\sqrt{6}}\leqslant$$

$$\frac{48+9(\cos^2 u_1+\cos^2 u_2+\cos^2 u_3)}{16\sqrt{6}}=$$

$$\frac{48+9\times 3-9(\sin^2 u_1+\sin^2 u_2+\sin^2 u_3)}{16\sqrt{6}}$$

因为 $\sin u_1+\sin u_2+\sin u_3=1$，且 $u_i\in\left(0,\frac{\pi}{2}\right)(i=1,2,3)$，所以

$$3(\sin^2 u_1+\sin^2 u_2+\sin^2 u_3)\geqslant(\sin u_1+\sin u_2+\sin u_3)^2=1$$

而在均值不等式与柯西不等式中，等号不能同时成立，即

$$\frac{1}{g(\tan u_1)}+\frac{1}{g(\tan u_2)}+\frac{1}{g(\tan u_3)}<\frac{75-9\times\frac{1}{3}}{16\sqrt{6}}=\frac{3}{4}\sqrt{6}$$

例 5　(1979 年第 8 届美国数学奥林匹克试题)给定三个全等的 n 面骰子，它们的对应面上标有同样的任意整数，证明：如果随机地投掷它们，那么向上的三个面上的数字之和能被 3 整除的概率大于或等于 $\frac{1}{4}$.

证明　设在一个骰子的 n 个面上的 n 个整数中，是 3 的倍数的有 n_0 个，除以 3 余 1 的有 n_1 个，除以 3 余 2 的有 n_2 个. 那么

$$n_0+n_1+n_2=n\quad (n_0,n_1,n_2\geqslant 0)$$

向上三个面的整数之和能被 3 整除有两种情形：一种是三个数全是 3 的倍数，有 n_0^3 种，或全是 3 的倍数加 1，有 n_1^3 种，或全是 3 的倍数加 2，有 n_2^3 种；另一种是三个数有一个是 3 的倍数，一个是 3 的倍数加 1，一个是 3 的倍数加 2，共有 $3!n_0n_1n_2$ 种. 所以，向上的三个面上的数字之和能被 3 整除的概率为

$$P=\frac{n_0^3+n_1^3+n_2^3+6n_0n_1n_2}{n^3}$$

令

$$\frac{n_0}{n}=x,\ \frac{n_1}{n}=y,\ \frac{n_2}{n}=z$$

那么

$$P=x^3+y^3+z^3+6xyz$$

其中 $x+y+z=1$. 下面用两种方法证明 $P\geqslant\frac{1}{4}$.

(1)因为

$$\begin{aligned}P=&(x^3+y^3+z^3-3xyz)+9xyz=\\&(x+y+z)[(x+y+z)^2-3(yz+zx+xy)]+9xyz=\\&1-3(yz+zx+xy)+9xyz\end{aligned}$$

$P\geqslant\frac{1}{4}$ 等价于

$$1+12xyz\geqslant4(yz+zx+xy)$$

不失一般性，设 $x\geqslant y\geqslant z$，则 $x\geqslant\frac{1}{3}$，$3x-1\geqslant0$，$4x(1-x)\leqslant1$，故

$$1+4yz(3x-1)\geqslant4x(1-x)\Leftrightarrow1+12xyz\geqslant4(yz+zx+xy)$$

所以 $P\geqslant\frac{1}{4}$. 等号当且仅当 x,y,z 中有一个为 0，另两个相等时成立.

(2)在 $x+y+z=1$ 条件下，$x^3+y^3+z^3+6xyz\geqslant\frac{1}{4}$ 等价于

$$4(x^3+y^3+z^3+6xyz)\geqslant(x+y+z)^3$$

展开整理得

$$\sum x^3+6xyz\geqslant\sum x^2y \tag{10.1}$$

其中 $\sum$ 是对 x,y,z 对称地求和.

由舒尔(Schur)不等式,知

$$\sum x(x-y)(x-z)=\sum x^3+3xyz-\sum x^2y\geqslant 0$$

故式(10.1)成立.

说明:第二种证法中用到了舒尔不等式,下面给出舒尔不等式:

设 x,y,z 是实数,$n\geqslant 0$,那么

$$x^n(x-y)(x-z)+y^n(y-z)(y-x)+z^n(z-x)(z-y)\geqslant 0$$

例 6　(1989 年加拿大数学奥林匹克训练题)设 $a_1,a_2,\cdots,a_n$ 是给定的不全为零的实数,$r_1,r_2,\cdots,r_n$ 是实数,如果不等式

$$\sum_{i=1}^{n}r_i(x_i-a_i)\leqslant\sqrt{\sum_{i=1}^{n}x_i^2}-\sqrt{\sum_{i=1}^{n}a_i^2}$$

对任何实数 $x_1,x_2,\cdots,x_n$ 成立.求 $r_1,r_2,\cdots,r_n$ 的值.

解　令 $x_i=0(i=1,2,\cdots,n)$,则

$$-\sum_{i=1}^{n}r_ia_i\leqslant-\sqrt{\sum_{i=1}^{n}a_i^2}$$

$$\sum_{i=1}^{n}r_ia_i\geqslant\sqrt{\sum_{i=1}^{n}a_i^2}\qquad(10.2)$$

令 $x_i=2a_i(i=1,2,\cdots,n)$,则

$$\sum_{i=1}^{n}r_ia_i\leqslant\sqrt{\sum_{i=1}^{n}a_i^2}\qquad(10.3)$$

由式(10.2),(10.3)可得

$$\sum_{i=1}^{n}r_ia_i=\sqrt{\sum_{i=1}^{n}a_i^2}\qquad(10.4)$$

由柯西不等式得

$$\sum_{i=1}^{n}r_ia_i\leqslant\sqrt{\sum_{i=1}^{n}r_i^2}\sqrt{\sum_{i=1}^{n}a_i^2}\qquad(10.5)$$

由式(10.4),(10.5)可知

$$\sum_{i=1}^{n}r_i^2\geqslant 1\qquad(10.6)$$

将等式(10.4)代入原不等式可得

$$\sum_{i=1}^{n}r_ix_i-\sum_{i=1}^{n}r_ia_i\leqslant\sqrt{\sum_{i=1}^{n}x_i^2}-\sum_{i=1}^{n}r_ia_i$$

即

$$\sum_{i=1}^{n} r_i x_i \leqslant \sqrt{\sum_{i=1}^{n} x_i^2} \tag{10.7}$$

令 $x_i = r_i (i = 1,2,\cdots,n)$ 则式(10.7)化为

$$\sum_{i=1}^{n} r_i^2 \leqslant 1 \tag{10.8}$$

由式(10.6)和式(10.8)得

$$\sum_{i=1}^{n} r_i^2 = 1 \tag{10.9}$$

又由式(10.5),可知柯西不等式的等号成立的条件为

$$\frac{r_i}{a_i} = k \quad (i = 1,2,\cdots,n)$$

于是

$$r_i = a_i k \quad (i = 1,2,\cdots,n)$$

代入式(10.9)得

$$1 = \sum_{i=1}^{n} r_i^2 = k^2 \sum_{i=1}^{n} a_i^2$$

$$k = \frac{1}{\sqrt{\sum_{i=1}^{n} a_i^2}}$$

$$r_i = \frac{a_i}{\sqrt{\sum_{i=1}^{n} a_i^2}} \quad (i = 1,2,\cdots,n)$$

将求得的结果代入已知不等式,则有

$$\sum_{i=1}^{n} r_i (x_i - a_i) = \sum_{i=1}^{n} r_i x_i - \sum_{i=1}^{n} r_i a_i \leqslant$$

$$\sqrt{\sum_{i=1}^{n} r_i^2} \sqrt{\sum_{i=1}^{n} x_i^2} - \sum_{i=1}^{n} \frac{a_i^2}{\sqrt{\sum_{i=1}^{n} a_i^2}} =$$

$$\sqrt{\sum_{i=1}^{n} x_i^2} - \sqrt{\sum_{i=1}^{n} a_i^2}$$

即所求的 r_i 使已知不等式对任何实数 $x_i (i=1,2,\cdots,n)$ 都成立.

例 7　(2003 年中国数学奥林匹克试题)设 a,b,c,d 为正实数,满足 $ab+cd=1$,点 $P_i(x_i,y_i)(i=1,2,3,4)$ 是以原点为圆心的单位圆周上的四个点.求证:$(ay_1+by_2+cy_3+dy_4)^2+(ax_4+bx_3+cx_2+dx_1)^2\leqslant 2\left(\frac{a^2+b^2}{ab}+\frac{c^2+d^2}{cd}\right)$.

证法一　令 $u=ay_1+by_2,v=cy_3+dy_4,u_1=ax_4+bx_3,v_1=cx_2+dx_1$,则

$$u^2\leqslant(ay_1+by_2)^2+(ax_1-bx_2)^2=a^2+b^2+2ab(y_1y_2-x_1x_2)$$

即

$$x_1x_2-y_1y_2\leqslant\frac{a^2+b^2-u^2}{2ab} \tag{10.10}$$

$$v_1^2\leqslant(cx_2+dx_1)^2+(cy_2-dy_1)^2=c^2+d^2+2cd(x_1x_2-y_1y_2)$$

即

$$y_1y_2-x_1x_2\leqslant\frac{c^2+d^2-v_1^2}{2cd} \tag{10.11}$$

(10.10)+(10.11)得

$$0\leqslant\frac{a^2+b^2-u^2}{2ab}+\frac{c^2+d^2-v_1^2}{2cd}$$

即

$$\frac{u^2}{ab}+\frac{v_1^2}{cd}\leqslant\frac{a^2+b^2}{ab}+\frac{c^2+d^2}{cd}$$

同理

$$\frac{v^2}{cd}+\frac{u_1^2}{ab}\leqslant\frac{c^2+d^2}{cd}+\frac{a^2+b^2}{ab}$$

由柯西不等式,有

$$(u+v)^2+(u_1+v_1)^2\leqslant$$
$$(ab+cd)\left(\frac{u^2}{ab}+\frac{v^2}{cd}\right)+(ab+cd)\left(\frac{u_1^2}{ab}+\frac{v_1^2}{cd}\right)=$$
$$\frac{u^2}{ab}+\frac{v^2}{cd}+\frac{u_1^2}{ab}+\frac{v_1^2}{cd}\leqslant 2\left(\frac{a^2+b^2}{ab}+\frac{c^2+d^2}{cd}\right)$$

证法二　由柯西不等式,可知

$$(ay_1+by_2+cy_3+dy_4)^2\leqslant$$

$$(ab+cd)\left(\frac{(ay_1+by_2)^2}{ab}+\frac{(cy_3+dy_4)^2}{cd}\right)=$$

$$\frac{a}{b}y_1^2+\frac{b}{a}y_2^2+\frac{c}{d}y_3^2+\frac{d}{c}y_4^2+2(y_1y_2+y_3y_4)$$

同理

$$(ax_4+bx_3+cx_2+dx_1)^2\leqslant$$

$$\frac{a}{b}x_4^2+\frac{b}{a}x_3^2+\frac{c}{d}x_2^2+\frac{d}{c}x_1^2+2(x_1x_2+x_3x_4)$$

所以,原不等式中有

不等式左边－不等式右边$\leqslant$

$$\frac{a}{b}y_1^2+\frac{b}{a}y_2^2+\frac{c}{d}y_3^2+\frac{d}{c}y_4^2+2y_1y_2+2y_3y_4+\frac{a}{b}x_4^2+\frac{b}{a}x_3^2+$$

$$\frac{c}{d}x_2^2+\frac{d}{c}x_1^2+2x_1x_2+2x_3x_4-2\left(\frac{a}{b}+\frac{b}{a}+\frac{c}{d}+\frac{d}{c}\right)=$$

$$-\frac{a}{b}x_1^2-\frac{b}{a}x_2^2-\frac{c}{d}x_3^2-\frac{d}{c}x_4^2-\frac{a}{b}y_4^2-\frac{b}{a}y_3^2-\frac{c}{d}y_2^2-$$

$$\frac{d}{c}y_1^2+2(x_1x_2+x_3x_4+y_1y_2+y_3y_4)\leqslant$$

$$-2x_1x_2-2x_3x_4-2y_3y_4-2y_1y_2+2(x_1x_2+x_3x_4+$$

$$y_1y_2+y_3y_4)=0$$

命题获证.

证法三

$$(ay_1+by_2+cy_3+dy_4)^2+(ax_4+bx_3+cx_2+dx_1)^2\leqslant$$

$$(ay_1+by_2+cy_3+dy_4)^2+(ax_4+bx_3+cx_2+dx_1)^2+$$

$$(ax_1-bx_2+cx_3-dx_4)^2+(ay_4-by_3+cy_2-dy_1)^2=$$

$$\left(\sqrt{ab}\cdot\frac{ay_1+by_2}{\sqrt{ab}}+\sqrt{cd}\cdot\frac{cy_3+dy_4}{\sqrt{cd}}\right)^2+$$

$$\left(\sqrt{ab}\cdot\frac{ax_4+bx_3}{\sqrt{ab}}+\sqrt{cd}\cdot\frac{cx_2+dx_1}{\sqrt{cd}}\right)^2+$$

$$\left(\sqrt{ab}\cdot\frac{ax_1-bx_2}{\sqrt{ab}}+\sqrt{cd}\cdot\frac{cx_3-dx_4}{\sqrt{cd}}\right)^2+$$

$$\left(\sqrt{ab}\cdot\frac{ay_4-by_3}{\sqrt{ab}}+\sqrt{cd}\cdot\frac{cy_2-dy_1}{\sqrt{cd}}\right)^2\leqslant$$

$$(ab+cd)\left[\left(\frac{ay_1+by_2}{\sqrt{ab}}\right)^2+\left(\frac{cy_3+dy_4}{\sqrt{cd}}\right)^2\right]+$$

$$(ab+cd)\left[\left(\frac{ax_4+bx_3}{\sqrt{ab}}\right)^2+\left(\frac{cx_2+dx_1}{\sqrt{cd}}\right)^2\right]+$$
$$(ab+cd)\left[\left(\frac{ax_1-bx_2}{\sqrt{ab}}\right)^2+\left(\frac{cx_3-dx_4}{\sqrt{cd}}\right)^2\right]+$$
$$(ab+cd)\left[\left(\frac{ay_4-by_3}{\sqrt{ab}}\right)^2+\left(\frac{cy_2-dy_1}{\sqrt{cd}}\right)^2\right]=$$
$$\frac{a^2+b^2+2ab(y_1y_2-x_1x_2)}{ab}+\frac{c^2+d^2+2cd(y_3y_4-x_3x_4)}{cd}+$$
$$\frac{a^2+b^2+2ab(x_3x_4-y_3y_4)}{ab}+\frac{c^2+d^2+2cd(x_1x_2-y_1y_2)}{cd}=$$
$$2\left(\frac{a^2+b^2}{ab}+\frac{c^2+d^2}{cd}\right)$$

例 8　(1989 年第 30 届 IMO 备选题)记闭区间$[0,1]$为 I. 设函数 $f:I\to I$ 是单调连续函数,且 $f(0)=0,f(1)=1$. 求证:f 的图像能被 n 个面积为$\frac{1}{n^2}$的矩形所覆盖.

证明　因为 $f(1)>f(0)$,故 $f(x)$在 I 上单调递增. 设 $x_0\in[0,1)$,则$(f(x)-f(x_0))(x-x_0)$在$[x_0,1]$上单调递增且连续. 又 $f(x)$在$[x_0,x_1]$上的图像被以点$(x_0,f(x_0))$,$(x_1,f(x_0))$,$(x_1,f(x_1))$,$(x_0,f(x_1))$为顶点的矩形覆盖.

取 $x_0=0$,并且取 $x_1,x_2,\cdots,x_{n-1}$,使得

$$(x_i-x_{i-1})(f(x_i)-f(x_{i-1}))=\frac{1}{n^2}$$

若对于某个 $j\leqslant n-2$,有$(1-x_j)(1-f(x_j))<\frac{1}{n^2}$,那么只需用 $j+1\leqslant n-1$ 个面积为$\frac{1}{n^2}$的矩形就能覆盖 $f(x)$在 I 上的图像.

下面只需证明

$$(1-x_{n-1})(1-f(x_{n-1}))\leqslant\frac{1}{n^2}$$

因为

$$(x_1-x_0)+(x_2-x_1)+\cdots+(x_{n-1}-x_{n-2})+(1-x_{n-1})=1$$
$$(f(x_1)-f(x_0))+(f(x_2)-f(x_1))+\cdots+(1-f(x_{n-1}))=1$$

由柯西不等式,得

$$\begin{aligned}1 &= \sum_{i=1}^{n}(x_i - x_{i-1})\sum_{i=1}^{n}(f(x_i) - f(x_{i-1})) \geqslant \\ &\left(\sum_{i=1}^{n}\sqrt{(x_i - x_{i-1})[f(x_i) - f(x_{i-1})]}\right)^2 = \\ &\left(\sqrt{(1 - x_{n-1})(1 - f(x_{n-1}))} + \frac{n-1}{n}\right)^2\end{aligned}$$

其中 $x_n = 1, f(x_n) = 1$,则

$$(1 - x_{n-1})(1 - f(x_{n-1})) \leqslant \frac{1}{n^2}$$

例 9 (1997 年全国高中数学联赛试题)试问:当且仅当实数 $x_0, x_1, \cdots, x_n (n \geqslant 2)$ 满足什么条件时,存在实数 $y_0, y_1, \cdots, y_n$ 使得

$$z_0^2 = z_1^2 + z_2^2 + \cdots + z_n^2$$

成立,其中 $z_k = x_k + \mathrm{i} y_k$,i 为虚数单位,$k = 0, 1, \cdots, n$. 证明你的结论.

解 由上式易知

$$\begin{cases}\sum_{k=1}^{n} x_k^2 - x_0^2 = \sum_{k=1}^{n} y_k^2 - y_0^2 \\ \sum_{k=1}^{n} x_k y_k = x_0 y_0\end{cases} \tag{10.12}$$

若存在实数 $y_0, y_1, \cdots, y_n$ 使式(10.12)成立,则

$$x_0^2 y_0^2 = \left(\sum_{k=1}^{n} x_k y_k\right)^2$$

由柯西不等式可得

$$x_0^2 y_0^2 \leqslant \left(\sum_{k=1}^{n} x_k^2\right)\left(\sum_{k=1}^{n} y_k^2\right) \tag{10.13}$$

如果 $x_0^2 > \sum_{k=1}^{n} x_k^2$,则由式(10.12)可得

$$y_0^2 > \sum_{k=1}^{n} y_k^2$$

从而,$x_0^2 y_0^2 > \left(\sum_{k=1}^{n} x_k^2\right)\left(\sum_{k=1}^{n} y_k^2\right)$,与式(10.13)矛盾. 于是得

$$x_0^2 \leqslant \sum_{k=1}^{n} x_k^2 \tag{10.14}$$

反之，若式(10.14)成立，有两种情况：

(1)$x_0^2=\sum\limits_{k=1}^{n}x_k^2$，则取 $y_k=x_k,k=0,1,2,\cdots,n$，显然式(10.12)成立.

(2)$x_0^2<\sum\limits_{k=1}^{n}x_k^2$，记 $a^2=\sum\limits_{k=1}^{n}x_k^2-x_0^2>0$，从而 $x_1,\cdots,x_n$ 不全为 0，不妨设 $x_n\neq 0$，取 $y_k=0,k=0,1,\cdots,n-2$，有

$$y_{n-1}=\frac{ax_n}{\sqrt{x_{n-1}^2+x_n^2}},\ y_n=\frac{-ax_{n-1}}{\sqrt{x_{n-1}^2+x_n^2}}$$

易知式(10.12)也成立.

综上可知，所求的条件为 $x_0^2\leqslant\sum\limits_{k=1}^{n}x_k^2$.

例 10　(1993 年哈尔滨市高中数学竞赛试题)设 $x_1,x_2,\cdots,x_n$ 与 $y_1,y_2,\cdots,y_n$ 均是实数，且 $x_1^2+x_2^2+\cdots+x_n^2=1,y_1^2+y_2^2+\cdots+y_n^2=1$. 证明：存在不全为 0 的、取值于$\{-1,0,1\}$上的数 $a_1,a_2,\cdots,a_n$，使得

$$|a_1x_1y_1+a_2x_2y_2+\cdots+a_nx_ny_n|\leqslant\frac{1}{2^n-1}$$

证明　由柯西不等式，得

$$(|x_1|\cdot|y_1|+\cdots+|x_n|\cdot|y_n|)^2\leqslant$$
$$(|x_1|^2+\cdots+|x_n|^2)(|y_1|^2+\cdots+|y_n|^2)=1$$

故 $|x_1y_1|+\cdots+|x_ny_n|\leqslant 1$.

当 $b_1,\cdots,b_n\in\{0,1\}$时，显然 $0\leqslant b_1|x_1y_1|+\cdots+b_n|x_ny_n|\leqslant 1$. 将区间$[0,1]$等分成 2^n-1 个小区间，每个小区间长度为 $\frac{1}{2^n-1}$. 由每个 b_i 只能取 0 与 1，故共有 2^n 个数 $b_1|x_1y_1|+\cdots+b_n|x_ny_n|$ 落在区间$[0,1]$中. 由抽屉原理，必有两个数落在同一小区间中，设这两个数分别为

$$b_1'|x_1y_1|+\cdots+b_n'|x_ny_n|$$

与

$$b_1''|x_1y_1|+\cdots+b_n''|x_ny_n|$$

此处 $|b_i'-b_i''|$ 不全为 0. 则有

$$\left|\sum_{i=1}^{n}[(b_i'-b_i'')|x_iy_i|]\right|\leqslant\frac{1}{2^n-1}\qquad(10.15)$$

显然 $|b_i'-b_i''|\leqslant 1(i=1,2,\cdots,n)$,取

$$a_i=\begin{cases}b_i'-b_i'',\text{当 } x_iy_i\geqslant 0\\ b_i''-b_i',\text{当 } x_iy_i<0\end{cases}$$

则 $a_i\in\{-1,0,1\}$,a_i 不全为 0,且由式(10.15)得

$$\left|\sum_{i=1}^{n}a_ix_iy_i\right|\leqslant\frac{1}{2^n-1}$$

例 11 设 $p,q(p>q)$ 是两个质数,满足 $p\equiv 3(\bmod 4)$,k 是给定大于 3 的正整数.求证:方程 $x^4+ky^4=pq$ 最多只有一组正整数解.

证明 先证明一个引理.

引理 $p\equiv 3(\bmod 4)$,若两正整数 m,n 满足 $p\mid(m^2+n^2)$,则 $p\mid m,p\mid n$.

引理的证明 若 $p\mid m,p\mid n$ 有一个成立,则易知结论成立.

若不然,则 $(p,m)=1,(p,n)=1$.

设
$$p=4t+3\quad(t\in\mathbf{N}_+)$$

将 $m^2+n^2\equiv 0(\bmod p)$ 改写为

$$m^2=-n^2(\bmod p)$$

两边 $\frac{p-1}{2}$ 次方得

$$m^{p-1}\equiv(-1)^{\frac{p-1}{2}}n^{p-1}\equiv(-1)^{2t+1}n^{p-1}\equiv -n^{p-1}(\bmod p)$$

由费马小定理得

$$m^{p-1}\equiv n^{p-1}\equiv 1(\bmod p)$$

即
$$2m^{p-1}\equiv 0(\bmod p)$$

故 $p\mid 2$,矛盾.

回到原题.

假设方程有两组正整数解 $(x_1,y_1),(x_2,y_2)$.则

$$x_1^4+ky_1^4=x_2^4+ky_2^4=pq$$

故

$$\begin{aligned}p^2q^2=&(x_1^4+ky_1^4)(x_2^4+ky_2^4)=\\&(x_1^2x_2^2+ky_1^2y_2^2)^2+k(x_1^2y_2^2-x_2^2y_1^2)^2=\\&(x_1^2x_2^2-ky_1^2y_2^2)^2+k(x_1^2y_2^2+x_2^2y_1^2)^2\end{aligned}\tag{10.16}$$

注意到

$$(x_1^2x_2^2+ky_1^2y_2^2)(x_1^2y_2^2+x_2^2y_1^2)=$$

$$x_2^2y_2^2(x_1^4+ky_1^4)+x_1^2y_1^2(x_2^4+ky_2^4)=$$
$$pq(x_2^2y_2^2+x_1^2y_1^2)$$

故 $$pq\mid(x_1^2x_2^2+ky_1^2y_2^2)(x_1^2y_2^2+x_2^2y_1^2)$$

所以，$p\mid(x_1^2x_2^2+ky_1^2y_2^2)$或 $p\mid(x_1^2y_2^2+x_2^2y_1^2)$.

(1)若 $p\mid(x_1^2x_2^2+ky_1^2y_2^2)$，由式(10.16)可知 $p^2\mid k(x_1^2y_2^2-x_2^2y_1^2)^2$.

当 $k\geqslant p$ 时，如果 $p\mid k$，由 $x_1^4+ky_1^4=pq$，知 $p\mid x_1^4$，即 $p\mid x_1$，而 $x_1^4+ky_1^4\geqslant p^4$，与等式矛盾. 故$(p,k)=1$.

当 $k<p$ 时，也有$(p,k)=1$. 所以，$p\mid(x_1^2y_2^2-x_2^2y_1^2)$. 此时，$p\mid(x_1y_2-x_2y_1)$或 $p\mid(x_1y_2+x_2y_1)$.

当 $p\mid(x_1y_2-x_2y_1)$时，若 $x_1y_2-x_2y_1\neq0$，则

$$p\leqslant\max\{x_1y_2,x_2y_1\}\leqslant\sqrt[4]{pq}\cdot\sqrt[4]{\frac{pq}{k}}$$

而 $p>q$，矛盾. 故只能是 $x_1y_2-x_2y_1=0$. 但代入式(10.16)得 $pq=x_1^2x_2^2+ky_1^2y_2^2$，所以

$$p^2q^2=(x_1^2x_2^2-ky_1^2y_2^2)^2+k(x_1^2y_2^2+x_2^2y_1^2)^2=$$
$$(2x_1^2x_2^2-pq)^2+k(2x_1^2y_2^2)^2$$

整理得 $4x_1^4x_2^4+4kx_1^4y_2^4-4pqx_1^2x_2^2=0$，即

$$4pqx_1^2(x_1^2-x_2^2)=0$$

此时，$x_1=x_2$，更有 $y_1=y_2$，与假设两解不同矛盾.

当 $p\mid(x_1y_2+x_2y_1)$时，由柯西不等式得

$$p^2q^2=(x_1^4+ky_1^4)(x_2^4+ky_2^4)\geqslant$$
$$(\sqrt{k}x_1^2y_2^2+\sqrt{k}x_2^2y_1^2)^2\geqslant$$
$$\frac{k}{4}(x_1y_2+x_2y_1)^4\geqslant$$
$$\frac{k}{4}p^4\geqslant p^4\quad(k>3)$$

与 $p>q$ 矛盾.

(2)若 $p\mid(x_1^2y_2^2+x_2^2y_1^2)$，因 $p\equiv3\pmod 4$，由引理可知 $p\mid x_1y_2$且 $p\mid x_2y_1$. 显然

$$p\leqslant\max\{x_1y_2,x_2y_1\}\leqslant\sqrt[4]{pq}\cdot\sqrt[4]{\frac{pq}{k}}\leqslant\sqrt{\frac{pq}{2}}$$

与 $p>q$ 矛盾.

所以假设不成立.

综上所述,方程 $x^4+ky^4=pq$ 最多只有一组正整数解.

例 12 (第 15 届韩国数学奥林匹克试题)若 $n\geqslant 3$,对正实数 $a_1,a_2,\cdots,a_n,b_1,b_2,\cdots,b_n$,记 $S=a_1+a_2+\cdots+a_n$,$T=b_1b_2\cdots b_n$,其中 b_i 互不相等.

(1)求多项式

$$f(x)=(x-b_1)(x-b_2)\cdots(x-b_n)\sum_{j=1}^{n}\frac{a_j}{x-b_j}$$

不同实数根的个数;

(2)证明:$\dfrac{1}{n-1}\sum\limits_{j=1}^{n}\left(1-\dfrac{a_j}{S}\right)b_j>\left(\dfrac{T}{S}\sum\limits_{j=1}^{n}\dfrac{a_j}{b_j}\right)^{\frac{1}{n-1}}$.

解 (1)将 b_i 重排,不妨设为 $b'_1<b'_2<\cdots<b'_n$,则对所有 $i=1,2,\cdots,n-1$,有

$$f(b'_i)f(b'_{i+1})<0$$

易知在每个开区间 (b'_i,b'_{i+1}) 内有一个根.又因为 $f(x)$ 是 $n-1$ 次多项式,故不同实数根的个数为 $n-1$.

(2)注意到 $f(x)$ 的 $n-1$ 个不同实数根均为正数,则其算术平均值 A 与几何平均值 G 分别为

$$\begin{aligned}A=&\frac{1}{n-1}\cdot\frac{1}{S}\sum_{j=1}^{n}a_j\sum_{i\neq j}b_i=\\&\frac{1}{n-1}\cdot\frac{1}{S}\sum_{j=1}^{n}a_j(\sum_{i=1}^{n}b_i-b_j)=\\&\frac{1}{n-1}(\sum_{i=1}^{n}b_i-\frac{1}{S}\sum_{j=1}^{n}a_jb_j)=\\&\frac{1}{n-1}\sum_{j=1}^{n}\left(1-\frac{a_j}{S}\right)b_j\end{aligned}$$

$$G=\left(\frac{(-1)^{n-1}f(0)}{S}\right)^{\frac{1}{n-1}}=\left(\frac{T}{S}\sum_{j=1}^{n}\frac{a_j}{b_j}\right)^{\frac{1}{n-1}}$$

由于 $f(x)$ 的 $n-1$ 个实数根互不相同,故 $A>G$.结论成立.

若 $1<c<k$,由 $(c-1)(k-c)>0$ 得 $c(k+1-c)>k$.故 $G(c)=0$.所以,$G(x)$ 有根 $2,3,\cdots,k-1$.于是,存在整系数多项式 $H(x)$ 使得

$$F(x)-F(0)=x(x-2)(x-3)\cdots(x-k+1)(x-k-1)H(x)$$

当 $c=1$ 和 $c=k$ 时，有

$$k\geqslant|F(c)-F(0)|=k|G(c)|=k(k-2)!\ |H(c)|$$

因为 $k\geqslant 4$ 时，$(k-2)!>1$，所以，必有 $H(c)=0$. 从而，$F(c)-F(0)=0, c=1,2,\cdots,k+1$.

例 13　（第三届中国数学奥林匹克命题比赛获奖题）对于任意正实数 a,b,c，求使得不等式

$$1\leqslant\frac{a}{\sqrt{a^2+\lambda bc}}+\frac{b}{\sqrt{b^2+\lambda ca}}+\frac{c}{\sqrt{c^2+\lambda ab}}\leqslant 2 \quad (10.17)$$

恒成立的正常数 λ 的取值范围，并分别求出不等式(10.17)左、右两边取等号的条件.

解　令 $x=\frac{bc}{a^2}, y=\frac{ca}{b^2}, z=\frac{ab}{c^2}$. 易知，$x,y,z>0, xyz=1$. 则不等式(10.17)等价于

$$1\leqslant\frac{1}{\sqrt{1+\lambda x}}+\frac{1}{\sqrt{1+\lambda y}}+\frac{1}{\sqrt{1+\lambda z}}\leqslant 2 \quad (10.18)$$

在式(10.18)中令 $x=y=z=1$，有

$$1\leqslant\frac{3}{\sqrt{1+\lambda}}\leqslant 2\Leftrightarrow\frac{5}{4}\leqslant\lambda\leqslant 8$$

下面证明：当 $\frac{5}{4}\leqslant\lambda\leqslant 8$ 时，不等式(10.18)成立.

(1)当 $\lambda=8$ 时，有

$$\frac{1}{\sqrt{1+8x}}+\frac{1}{\sqrt{1+8y}}+\frac{1}{\sqrt{1+8z}}\geqslant 1 \quad (10.19)$$

当且仅当 $x=y=z=1$ 时，不等式(10.19)取等号.

事实上，由柯西不等式得

$$\frac{1}{\sqrt{1+8x}}+\frac{1}{\sqrt{1+8y}}+\frac{1}{\sqrt{1+8z}}=$$

$$\frac{a}{\sqrt{a^2+8bc}}+\frac{b}{\sqrt{b^2+8ca}}+\frac{c}{\sqrt{c^2+8ab}}=$$

$$\frac{a^2}{a\sqrt{a^2+8bc}}+\frac{b^2}{b\sqrt{b^2+8ca}}+\frac{c^2}{c\sqrt{c^2+8ab}}\geqslant$$

$$\frac{(a+b+c)^2}{a\sqrt{a^2+8bc}+b\sqrt{b^2+8ca}+c\sqrt{c^2+8ab}}$$

又由柯西不等式有

$$a\sqrt{a^2+8bc}+b\sqrt{b^2+8ca}+c\sqrt{c^2+8ab}\leqslant$$
$$(a+b+c)^{\frac{1}{2}}(a^3+b^3+c^3+24abc)^{\frac{1}{2}}$$

则

$$\frac{1}{\sqrt{1+8x}}+\frac{1}{\sqrt{1+8y}}+\frac{1}{\sqrt{1+8z}}\geqslant$$
$$\frac{(a+b+c)^2}{(a+b+c)^{\frac{1}{2}}(a^3+b^3+c^3+24abc)^{\frac{1}{2}}}$$

而

$$(a+b+c)^3=$$
$$a^3+b^3+c^3+3(a^2b+b^2c+c^2a)+3(ab^2+bc^2+ca^2)+6abc\geqslant$$
$$a^3+b^3+c^3+24abc$$

故

$$\frac{1}{\sqrt{1+8x}}+\frac{1}{\sqrt{1+8y}}+\frac{1}{\sqrt{1+8z}}\geqslant\frac{(a+b+c)^{\frac{3}{2}}}{(a^3+b^3+c^3+24abc)^{\frac{1}{2}}}\geqslant 1$$

当且仅当 $a=b=c$,即 $x=y=z=1$ 时,不等式(10.19)等号成立.

(2)当 $\lambda=\frac{5}{4}$ 时,有

$$\frac{1}{\sqrt{1+\frac{5}{4}x}}+\frac{1}{\sqrt{1+\frac{5}{4}y}}+\frac{1}{\sqrt{1+\frac{5}{4}z}}\leqslant 2 \qquad (10.20)$$

当且仅当 $x=y=z=1$ 时,不等式(10.20)等号成立.

不妨设 $x\leqslant y\leqslant z$. 则

$$\frac{1}{z}\leqslant\frac{1}{y}\leqslant\frac{1}{x}\Leftrightarrow xy\leqslant zx\leqslant yz$$

由 $(xy)(yz)(zx)=1$,知

$$xy\leqslant 1\Rightarrow\left(\frac{5}{4}x\right)\left(\frac{5}{4}y\right)\leqslant\frac{25}{16}<2$$

下面证明

$$\frac{1}{\sqrt{1+x}}+\frac{1}{\sqrt{1+y}}\leqslant\frac{2}{\sqrt{1+r}} \quad (x,y>0,r=\sqrt{xy},0<r\leqslant 2) \qquad (10.21)$$

令 $t=\sqrt{1+x}\sqrt{1+y}$. 则

$$t=\sqrt{1+x+y+xy}\geqslant\sqrt{1+2\sqrt{xy}+xy}=1+r$$

故

不等式(10.21)$\Leftrightarrow$

$(1+r)(2+x+y+2\sqrt{1+x}\sqrt{1+y})\leqslant 4(1+x)(1+y)\Leftrightarrow$

$(1+r)(1+t^2-r^2+2t)\leqslant 4t^2\Leftrightarrow$

$(r-3)t^2+(2+2r)t-(r+1)(r^2-1)\leqslant 0\Leftrightarrow$

$(r-3)[t-(r+1)]\left(t-\dfrac{r^2-1}{3-r}\right)\leqslant 0$

由

$$0<r\leqslant 2\Rightarrow\frac{r^2-1}{3-r}\leqslant r+1$$

而 $t\geqslant r+1\Rightarrow t-(r+1)\geqslant 0\Rightarrow t-\dfrac{r^2-1}{3-r}\geqslant 0$, 再结合 $r-3<0$, 知最后一式显然成立. 故不等式(10.21)成立. 当且仅当 $x=y$ 时, 不等式(10.21)等号成立.

回到不等式(10.20)的证明.

应用不等式(10.21)并注意到 $z=\dfrac{1}{xy}$, 则要证不等式(10.20)只需证

$$\frac{2}{\sqrt{1+\sqrt{\frac{5}{4}x\cdot\frac{5}{4}y}}}+\frac{1}{\sqrt{1+\frac{5}{4xy}}}\leqslant 2\Leftrightarrow$$

$$\frac{1}{\sqrt{1+\frac{5}{4}\sqrt{xy}}}+\frac{\sqrt{xy}}{\sqrt{4xy+5}}\leqslant 1 \tag{10.22}$$

令 $u=\sqrt{1+\frac{5}{4}\sqrt{xy}}$. 则

$$1<u\leqslant\frac{3}{2}, xy=\frac{16}{25}(u^2-1)^2$$

故

不等式(10.22)$\Leftrightarrow\dfrac{1}{u}+\dfrac{4(u^2-1)}{\sqrt{125+64(u^2-1)^2}}\leqslant 1\Leftrightarrow$

$$\frac{4(u^2-1)}{\sqrt{125+64(u^2-1)^2}}\leqslant\frac{u-1}{u}\Leftrightarrow$$
$$\frac{4(u+1)}{\sqrt{125+64(u^2-1)^2}}\leqslant\frac{1}{u}\Leftrightarrow$$
$$16u^2(u+1)^2\leqslant125+64(u^2-1)^2\Leftrightarrow$$
$$48u^4-32u^3-144u^2+189\geqslant0\Leftrightarrow$$
$$(2u-3)^2(12u^2+28u+21)\geqslant0$$

显然,最后一式成立.则不等式(10.22)成立.

从而,不等式(10.20)成立,当且仅当 $x=y=z=1$ 时,不等式(10.20)等号成立.

(3)当 $\frac{5}{4}<\lambda<8$ 时,分别由式(10.19),(10.20)有

$$\frac{1}{\sqrt{1+\lambda x}}+\frac{1}{\sqrt{1+\lambda y}}+\frac{1}{\sqrt{1+\lambda z}}>$$
$$\frac{1}{\sqrt{1+8x}}+\frac{1}{\sqrt{1+8y}}+\frac{1}{\sqrt{1+8z}}>1$$
$$\frac{1}{\sqrt{1+\lambda x}}+\frac{1}{\sqrt{1+\lambda y}}+\frac{1}{\sqrt{1+\lambda z}}<$$
$$\frac{1}{\sqrt{1+\frac{5}{4}x}}+\frac{1}{\sqrt{1+\frac{5}{4}y}}+\frac{1}{\sqrt{1+\frac{5}{4}z}}\leqslant2$$

综上,使不等式(10.18)对满足 $xyz=1$ 的任意正实数 x,y,z 都成立的正实数 λ 的取值范围为 $\lambda\in\left[\frac{5}{4},8\right]$. 当且仅当 $\lambda=8$,$x=y=z=1$时,不等式(10.18)的左边取得等号;当且仅当 $\lambda=\frac{5}{4}$,$x=y=z=1$时,不等式(10.18)的右边取得等号.

故使不等式(10.17)对于任意正实数 a,b,c 都成立的正实数 λ 的取值范围为 $\lambda\in\left[\frac{5}{4},8\right]$. 当且仅当 $\lambda=8$,$a=b=c$ 时,不等式(10.17)的左边取等号;当且仅当 $\lambda=\frac{5}{4}$,$a=b=c$ 时,不等式(10.17)的右边取得等号.

本题的命题背景是 2008 年江西高考数学理科最后一题.

已知函数

$$f(x)=\frac{1}{\sqrt{1+x}}+\frac{1}{\sqrt{1+a}}+\sqrt{\frac{ax}{ax+8}}\quad (x\in(0,+\infty))$$

(1)当 $a=8$ 时,求 $f(x)$ 的单调区间;

(2)对任意正数 a,证明:$1<f(x)<2$.

第(2)问显然等价于

$$1<\frac{a}{\sqrt{a^2+2bc}}+\frac{b}{\sqrt{b^2+2ca}}+\frac{c}{\sqrt{c^2+2ab}}<2$$

将上式的系数 2 换成参数 λ,两边加上等号即得不等式(10.17).

例 14　(2002 年第 43 届 IMO 预选题)设 $a_1,a_2,\cdots$ 是一个有无穷项的实数列,对于所有正整数 i,存在一个实数 c,使得 $0\leqslant a_i\leqslant c$,且 $|a_i-a_j|\geqslant\frac{1}{i+j}$,对所有正整数 $i,j(i\neq j)$ 成立. 证明:$c\geqslant 1$.

证明　对于 $n\geqslant 2$,设 $\sigma(1),\sigma(2),\cdots,\sigma(n)$ 是 $1,2,\cdots,n$ 的一个排列,且满足

$$0\leqslant a_{\sigma(1)}\leqslant a_{\sigma(2)}<\cdots<a_{\sigma(n)}\leqslant c$$

则

$$\begin{aligned}&c\geqslant a_{\sigma(n)}-a_{\sigma(1)}=\\&(a_{\sigma(n)}-a_{\sigma(n-1)})+(a_{\sigma(n-1)}-a_{\sigma(n-2)})+\cdots+(a_{\sigma(2)}-a_{\sigma(1)})\geqslant\\&\frac{1}{\sigma(n)+\sigma(n-1)}+\frac{1}{\sigma(n-1)+\sigma(n-2)}+\cdots+\frac{1}{\sigma(2)+\sigma(1)}\end{aligned}$$

由柯西不等式,得

$$\begin{aligned}&\left[\frac{1}{\sigma(n)+\sigma(n-1)}+\frac{1}{\sigma(n-1)+\sigma(n-2)}+\cdots+\frac{1}{\sigma(2)+\sigma(1)}\right]\cdot\\&[(\sigma(n)+\sigma(n-1))+(\sigma(n-1)+\sigma(n-2))+\cdots+\\&(\sigma(2)+\sigma(1))]\geqslant(n-1)^2\end{aligned}$$

所以

$$\begin{aligned}&c\geqslant\frac{1}{\sigma(n)+\sigma(n-1)}+\frac{1}{\sigma(n-1)+\sigma(n-2)}+\cdots+\frac{1}{\sigma(2)+\sigma(1)}\geqslant\\&\frac{(n-1)^2}{2[\sigma(1)+\sigma(2)+\cdots+\sigma(n)]-\sigma(1)-\sigma(n)}=\\&\frac{(n-1)^2}{n(n+1)-\sigma(1)-\sigma(n)}\geqslant\frac{(n-1)^2}{n^2+n-3}\geqslant\frac{n-1}{n+3}=1-\frac{4}{n+3}\end{aligned}$$

对所有正整数 $n\geqslant 2$ 成立.故必有 $c\geqslant 1$.

例 15 (1994 年第 23 届美国数学奥林匹克试题)设 a_1,a_2,…是正实数数列,对所有的 $n\geqslant 1$ 满足条件 $\sum_{j=1}^{n} a_j \geqslant \sqrt{n}$.证明:对所有的 $n\geqslant 1$,$\sum_{j=1}^{n} a_j^2 > \frac{1}{4}\left(1+\frac{1}{2}+\cdots+\frac{1}{n}\right)$.

证明 先证一个更一般的命题:

设 $a_1,a_2,\cdots,a_n$ 和 $b_1,b_2,\cdots,b_n$ 是正数,且

$$b_1 > b_2 > \cdots > b_n \tag{10.23}$$

若对所有的 $k=1,2,\cdots,n$

$$\sum_{j=1}^{k} b_j \leqslant \sum_{j=1}^{k} a_j \tag{10.24}$$

则有

$$\sum_{j=1}^{k} b_j^2 \leqslant \sum_{j=1}^{k} a_j^2 \tag{10.25}$$

事实上,设 $b_{n+1}=0$,由不等式(10.23)和式(10.25)可得

$$\sum_{k=1}^{n}(b_k-b_{k+1})\sum_{j=1}^{k} b_j \leqslant \sum_{k=1}^{n}(b_k-b_{k+1})\sum_{j=1}^{k} a_j$$

改变求和的次序得

$$\sum_{j=1}^{n} b_j \sum_{k=j}^{n}(b_k-b_{k+1}) \leqslant \sum_{j=1}^{n} a_j \sum_{k=j}^{n}(b_k-b_{k+1})$$

由此可得

$$\sum_{j=1}^{n} b_j^2 \leqslant \sum_{j=1}^{n} a_j b_j$$

两边同时平方,再利用柯西不等式就可以得到

$$\sum_{j=1}^{n} b_j^2 \leqslant \sum_{j=1}^{n} a_j^2$$

为了证明本题的不等式,令

$$b_j=\sqrt{j}-\sqrt{j-1}=\frac{1}{\sqrt{j}+\sqrt{j-1}} \quad (j=1,2,\cdots,n)$$

则

$$\sum_{j=1}^{n} a_j^2 \geqslant \sum_{j=1}^{n} \frac{1}{(\sqrt{j}+\sqrt{j-1})^2} > \sum_{j=1}^{n} \frac{1}{(2\sqrt{j})^2} =$$

$$\frac{1}{4}\left(1+\frac{1}{2}+\cdots+\frac{1}{n}\right)$$

例 16　(2003 年第 44 届 IMO 试题)设 n 为正整数,实数 $x_1,x_2,\cdots,x_n$ 满足 $x_1\leqslant x_2\leqslant\cdots\leqslant x_n$.

(1) 证明:$\left(\sum\limits_{i=1}^{n}\sum\limits_{j=1}^{n}|x_i-x_j|\right)^2\leqslant\frac{2(n^2-1)}{3}\sum\limits_{i=1}^{n}\sum\limits_{j=1}^{n}(x_i-x_j)^2$.

(2)证明:上式等号成立的充分必要条件是 $x_1,x_2,\cdots,x_n$ 成等差数列.

证明　(1)由于将 x_i 作变换(都减去某一定值),不等式两边不变,不失一般性,设 $\sum\limits_{i=1}^{n}x_i=0$,则

$$\sum_{i,j=1}^{n}|x_i-x_j|=2\sum_{1\leqslant i<j\leqslant n}(x_j-x_i)=2\sum_{i=1}^{n}(2i-n-1)x_i$$

由柯西不等式有

$$\left(\sum_{i,j=1}^{n}|x_i-x_j|\right)^2\leqslant 4\sum_{i=1}^{n}(2i-n-1)^2\sum_{i=1}^{n}x_i^2=\frac{4n(n+1)(n-1)}{3}\sum_{i=1}^{n}x_i^2$$

另外

$$\sum_{i,j=1}^{n}(x_i-x_j)^2=n\sum_{i=1}^{n}x_i^2-2\sum_{i=1}^{n}x_i\sum_{j=1}^{n}x_j+n\sum_{j=1}^{n}x_j^2=2n\sum_{i=1}^{n}x_i^2$$

所以

$$\left(\sum_{i,j=1}^{n}|x_i-x_j|\right)^2\leqslant\frac{2(n^2-1)}{3}\sum_{i,j=1}^{n}(x_i-x_j)^2$$

(2) 若等号成立,则存在某个 k,$x_i=k(2i-n-1)$,$i=1,2,\cdots,n$. 从而$\{x_i\}$为等差数列.

反之,设$\{x_i\}$的公差为 d,则

$$x_i=\frac{d}{2}(2i-n-1)+\frac{x_1+x_n}{2}$$

将 $x_i-\frac{x_1+x_n}{2}$ 变换成 x'_i,则

$$x'_i=\frac{d}{2}(2i-n-1),\sum_{i=1}^{n}x'_i=0$$

且等号成立.

例 17 （1999 年中国国家队选拔考试题）试求所有满足下列条件的实系数多项式 $f(x)$.

(1) $f(x)=a_0x^{2n}+a_2x^{2n-2}+\cdots+a_{2n-2}x^2+a_{2n}, a_0>0$；

(2) $\sum\limits_{j=0}^{n}a_{2j}a_{2n-2j}\leqslant C_{2n}^{2}a_0a_{2n}$；

(3) $f(x)$ 的 $2n$ 个根都是纯虚数.

解 首先记 $g(t)=a_0t^n-a_2t^{n-1}+\cdots+(-1)^ja_{2j}t^{n-j}+\cdots+(-1)^na_{2n}$. 易见 $f(x)=(-1)^ng(-x^2)$.

设 $\pm\mathrm{i}\beta_1,\cdots,\pm\mathrm{i}\beta_n$ 是多项式 $f(x)$ 的 $2n$ 个根（不妨设 $\beta_j>0, j=1,\cdots,n$）. 则多项式 $g(t)$ 的 n 个根为 $t_j=\beta_j^2>0, j=1,\cdots,n$.

因而 $\frac{a_{2j}}{a_0}=\sum\limits_{k_1<k_2<\cdots<k_j}t_{k_1}t_{k_2}\cdots t_{k_j}>0$.

（在下面几行式子中，符号 $\sum$ 下方未标出的求和范围都是 $1\leqslant k_1<k_2<\cdots<k_j\leqslant n$）

① 有

$$(C_n^j)^2\frac{a_{2n}}{a_0}=\left[\sum\sqrt{t_{k_1}\cdots t_{k_j}}\cdot\frac{\sqrt{\frac{a_{2n}}{a_0}}}{\sqrt{t_{k_1}\cdots t_{k_j}}}\right]^2\leqslant$$

$$\left(\sum t_{k_1}\cdots t_{k_j}\right)\left[\sum\frac{\left(\frac{a_{2n}}{a_0}\right)}{t_{k_1}\cdots t_{k_j}}\right]=$$

$$\frac{a_{2j}}{a_0}\cdot\frac{a_{2n-2j}}{a_0}$$

注意到 $C_{2n}^n=\sum\limits_{j=0}^{n}(C_n^j)^2$，并根据 ① 和题目的条件(2)，可得：

② 有

$$C_{2n}^n\frac{a_{2n}}{a_0}=\sum_{j=0}^{n}(C_n^j)^2\frac{a_{2n}}{a_0}\leqslant\sum_{j=0}^{n}\frac{a_{2j}}{a_0}\cdot\frac{a_{2n-2j}}{a_0}\leqslant C_{2n}^n\frac{a_{2n}}{a_0}$$

由 ② 中式子看出，对于 $j=1,2,\cdots,n$，在 ① 中式子中的“$\leqslant$”号都恰为“$=$”号. 依据柯西不等式及等号成立的条件，可知 $t_1=t_2=\cdots=t_n$.

将这正数记为 γ^2,就得到

$$\frac{a_{2j}}{a_0}=\mathrm{C}_n^j\gamma^{2j},a_{2j}=a_0\mathrm{C}_n^j\gamma^{2j}\quad(j=1,2,\cdots,n)$$

于是 $f(x)=a_0(x^2+\gamma^2)^n(a_0>0,\gamma>0)$,易验证,这样的多项式 $f(x)$ 满足题目的全部条件.

例18　(2006年中国数学奥林匹克试题)已知实数列 $\{a_n\}$ 满足

$$a_1=\frac{1}{2},a_{k+1}=-a_k+\frac{1}{2-a_k}\quad(k=1,2,\cdots)$$

证明:不等式

$$\left[\frac{n}{2(a_1+a_2+\cdots+a_n)}-1\right]^n\leqslant\left(\frac{a_1+a_2+\cdots+a_n}{n}\right)^n\cdot\left(\frac{1}{a_1}-1\right)\left(\frac{1}{a_2}-1\right)\cdots\left(\frac{1}{a_n}-1\right)$$

证明　首先,用数学归纳法证明:$0<a_n\leqslant\frac{1}{2}(n=1,2,\cdots)$.

当 $n=1$ 时,命题显然成立.

假设命题对 $n(n\geqslant1)$ 成立,即有 $0<a_n\leqslant\frac{1}{2}$.

设 $f(x)=-x+\frac{1}{2-x},x\in\left[0,\frac{1}{2}\right]$,则 $f(x)$ 是减函数.所以

$$a_{n+1}=f(a_n)\leqslant f(0)=\frac{1}{2},a_{n+1}=f(a_n)\geqslant f\left(\frac{1}{2}\right)=\frac{1}{6}>0$$

即命题对 $n+1$ 也成立.

原命题等价于

$$\left(\frac{n}{a_1+a_2+\cdots+a_n}\right)^n\left(\frac{n}{2(a_1+a_2+\cdots+a_n)}-1\right)^n\leqslant\left(\frac{1}{a_1}-1\right)\left(\frac{1}{a_2}-1\right)\cdots\left(\frac{1}{a_n}-1\right)$$

设 $f(x)=\ln\left(\frac{1}{x}-1\right),x\in\left(0,\frac{1}{2}\right)$,则 $f(x)$ 是凹函数,即对 $0<x_1,x_2<\frac{1}{2}$,有

$$f\left(\frac{x_1+x_2}{2}\right)\leqslant\frac{f(x_1)+f(x_2)}{2}$$

事实上

$$f\left(\frac{x_1+x_2}{2}\right)\leqslant\frac{f(x_1)+f(x_2)}{2}$$

等价于

$$\left(\frac{2}{x_1+x_2}-1\right)^2\leqslant\left(\frac{1}{x_1}-1\right)\left(\frac{1}{x_2}-1\right)\Leftrightarrow$$

$$(x_1-x_2)^2\geqslant 0$$

所以,由琴生不等式可得

$$f\left(\frac{x_1+x_2+\cdots+x_n}{n}\right)\leqslant\frac{f(x_1)+f(x_2)+\cdots+f(x_n)}{n}$$

即

$$\left(\frac{n}{a_1+a_2+\cdots+a_n}-1\right)^n\leqslant\left(\frac{1}{a_1}-1\right)\left(\frac{1}{a_2}-1\right)\cdots\left(\frac{1}{a_n}-1\right)$$

另外,由题设及柯西不等式,可得

$$\begin{aligned}\sum_{i=1}^{n}(1-a_i)=&\sum_{i=1}^{n}\frac{1}{a_i+a_{i+1}}-n\geqslant\\&\frac{n^2}{\sum\limits_{i=1}^{n}(a_i+a_{i+1})}-n=\\&\frac{n^2}{a_{n+1}-a_1+2\sum\limits_{i=1}^{n}a_i}-n\geqslant\\&\frac{n^2}{2\sum\limits_{i=1}^{n}a_i}-n=n\left[\frac{n}{2\sum\limits_{i=1}^{n}a_i}-1\right]\end{aligned}$$

所以

$$\frac{\sum\limits_{i=1}^{n}(1-a_i)}{\sum\limits_{i=1}^{n}a_i}\geqslant\frac{n}{\sum\limits_{i=1}^{n}a_i}\left[\frac{n}{2\sum\limits_{i=1}^{n}a_i}-1\right]$$

故

$$\left(\frac{n}{a_1+a_2+\cdots+a_n}\right)^n\left(\frac{n}{2(a_1+a_2+\cdots+a_n)}-1\right)^n\leqslant$$

$$\left(\frac{(1-a_1)+(1-a_2)+\cdots+(1-a_n)}{a_1+a_2+\cdots+a_n}\right)^n \leqslant$$

$$\left(\frac{1}{a_1}-1\right)\left(\frac{1}{a_2}-1\right)\cdots\left(\frac{1}{a_n}-1\right)$$

从而原命题得证.

例 19　已知数列$\{a_n\}$满足 $a_1>0, a_2>0, a_{n+2}=\frac{2}{a_n+a_{n+1}}$. $M_n=\max\left\{a_n, \frac{1}{a_n}, \frac{1}{a_{n+1}}, a_{n+1}\right\}$. 求证

$$M_{n+3}\leqslant\frac{3}{4}M_n+\frac{1}{4}$$

证明　由于

$$M_{n+3}=\max\left\{a_{n+3}, a_{n+4}, \frac{1}{a_{n+3}}, \frac{1}{a_{n+4}}\right\}$$

我们需证

$$a_{n+3}\leqslant\frac{3}{4}M_n+\frac{1}{4}$$

$$a_{n+4}\leqslant\frac{3}{4}M_n+\frac{1}{4}$$

$$\frac{1}{a_{n+3}}\leqslant\frac{3}{4}M_n+\frac{1}{4}$$

$$\frac{1}{a_{n+4}}\leqslant\frac{3}{4}M_n+\frac{1}{4}$$

由于

$$a_{n+3}=\frac{2}{a_{n+1}+a_{n+2}}\leqslant\frac{\frac{1}{a_{n+1}}+\frac{1}{a_{n+2}}}{2}=$$

$$\frac{1}{2}\left(\frac{1}{a_{n+1}}+\frac{a_n+a_{n+1}}{2}\right)=$$

$$\frac{1}{4}\left(a_{n+1}+\frac{1}{a_{n+1}}\right)+\frac{1}{4}\cdot\frac{1}{a_{n+1}}+\frac{1}{4}a_n\leqslant$$

$$\frac{1}{4}\left[\min\left(a_{n+1}, \frac{1}{a_{n+1}}\right)+\max\left(a_{n+1}, \frac{1}{a_{n+1}}\right)\right]+\frac{1}{4}M_n+\frac{1}{4}M_n\leqslant$$

$$\frac{1}{4}(1+M_n)+\frac{1}{2}M_n=$$

$$\frac{3}{4}M_n+\frac{1}{4}$$

$$\frac{1}{a_{n+3}}=\frac{a_{n+1}+a_{n+2}}{2}=\frac{1}{2}\cdot\frac{1}{a_{n+1}}+\frac{1}{a_n+a_{n+1}}\leqslant$$

$$\frac{1}{2}+\frac{\frac{1}{a_n}+\frac{1}{a_{n+1}}}{4}\leqslant\frac{1}{4}\left(a_{n+1}+\frac{1}{a_{n+1}}\right)+\frac{1}{4}\left(\frac{1}{a_n}+\frac{1}{a_{n+1}}\right)=$$

$$\frac{1}{4}\left[\max\left(a_{n+1},\frac{1}{a_{n+1}}\right)+\min\left(a_{n+1},\frac{1}{a_{n+1}}\right)\right]+$$

$$\frac{1}{4}\left(\frac{1}{a_n}+\frac{1}{a_{n+1}}\right)\leqslant$$

$$\frac{1}{4}(M_n+1)+\frac{1}{4}\cdot 2M_n=$$

$$\frac{3}{4}M_n+\frac{1}{4}$$

$$a_{n+4}=\frac{2}{a_{n+2}+a_{n+3}}\leqslant\frac{\frac{1}{a_{n+2}}+\frac{1}{a_{n+3}}}{2}=$$

$$\frac{a_n+a_{n+1}}{4}+\frac{a_{n+1}+a_{n+2}}{4}=$$

$$\frac{1}{4}a_n+\frac{1}{2}a_{n+1}+\frac{1}{2}\cdot\frac{1}{a_n+a_{n+1}}\leqslant$$

$$\frac{1}{4}a_n+\frac{1}{2}a_{n+1}+\frac{1}{8}\left(\frac{1}{a_n}+\frac{1}{a_{n+1}}\right)=$$

$$\frac{1}{8}\left(a_n+\frac{1}{a_n}\right)+\frac{1}{8}\left(a_{n+1}+\frac{1}{a_{n+1}}\right)+\frac{1}{8}a_n+\frac{3}{8}a_{n+1}=$$

$$\frac{1}{8}\left[\max\left(a_n,\frac{1}{a_n}\right)+\min\left(a_n,\frac{1}{a_n}\right)\right]+$$

$$\frac{1}{8}\left[\max\left(a_{n+1},\frac{1}{a_{n+1}}\right)+\min\left(a_{n+1},\frac{1}{a_{n+1}}\right)\right]+\frac{1}{8}a_n+\frac{3}{8}a_{n+1}\leqslant$$

$$\frac{1}{8}(M_n+1)+\frac{1}{8}(M_n+1)+\frac{1}{8}M_n+\frac{3}{8}M_n=$$

$$\frac{3}{4}M_n+\frac{1}{4}$$

$$\frac{1}{a_{n+4}}=\frac{a_{n+2}+a_{n+3}}{2}=\frac{1}{a_n+a_{n+1}}+\frac{1}{a_{n+1}+a_{n+2}}\leqslant$$

$$\frac{\frac{1}{a_n}+\frac{1}{a_{n+1}}}{4}+\frac{\frac{1}{a_{n+1}}+\frac{1}{a_{n+2}}}{4}=$$

$$\frac{1}{4}\cdot\frac{1}{a_n}+\frac{1}{2}\cdot\frac{1}{a_{n+1}}+\frac{1}{4}\cdot\frac{1}{a_{n+2}}=$$

$$\frac{1}{4}\cdot\frac{1}{a_n}+\frac{1}{2}\cdot\frac{1}{a_{n+1}}+\frac{1}{8}(a_n+a_{n+1})=$$

$$\frac{1}{8}\left(a_n+\frac{1}{a_n}\right)+\frac{1}{8}\left(a_{n+1}+\frac{1}{a_{n+1}}\right)+\frac{1}{8}\cdot\frac{1}{a_n}+\frac{3}{8}\cdot\frac{1}{a_{n+1}}=$$

$$\frac{1}{8}\left[\max\left(a_n,\frac{1}{a_n}\right)+\min\left(a_n,\frac{1}{a_n}\right)\right]+$$

$$\frac{1}{8}\left[\max\left(a_{n+1},\frac{1}{a_{n+1}}\right)+\min\left(a_{n+1},\frac{1}{a_{n+1}}\right)\right]+$$

$$\frac{1}{8}\cdot\frac{1}{a_n}+\frac{3}{8}\cdot\frac{1}{a_{n+1}}\leqslant$$

$$\frac{1}{8}(M_n+1)+\frac{1}{8}(M_n+1)+\frac{1}{8}M_n+\frac{3}{8}M_n=$$

$$\frac{3}{4}M_n+\frac{1}{4}$$

因此，$M_{n+3}\leqslant\frac{3}{4}M_n+\frac{1}{4}$.

注　当 $x,y>0$ 时，$x+y=\max(x,y)+\min(x,y)$；当 $x>0$ 时，$\min\left(x,\frac{1}{x}\right)\leqslant 1$.

习题十

1.(2008 年全国高考数学陕西省理科试题)已知数列$\{a_n\}$的首项$a_1=\frac{3}{5}$,$a_{n+1}=\frac{3a_n}{2a_n+1}(n=1,2,\cdots)$. 证明:$a_1+a_2+\cdots+a_n>\frac{n^2}{n+1}$.

2.(2010 年中国西部数学奥林匹克试题)设非负实数a_1,a_2,$\cdots$,a_n与b_1,b_2,$\cdots$,b_n同时满足以下条件:(1)$\sum_{i=1}^{n}(a_i+b_i)=1$;(2)$\sum_{i=1}^{n}i(a_i-b_i)=0$;(3)$\sum_{i=1}^{n}i^2(a_i+b_i)=10$.

求证:对任意$1\leqslant k\leqslant n$,都有$\max\{a_k,b_k\}\leqslant\frac{10}{10+k^2}$.

3.(2002 年伊朗数学奥林匹克试题)设x_1,x_2,$\cdots$,x_n是正实数,且满足$\sum_{i=1}^{n}x_i^2=n$,$\sum_{i=1}^{n}x_i\geqslant S>0$. 对于$0\leqslant\lambda\leqslant1$,证明:这几个数中至少有$\left[\frac{S^2(1-\lambda)^2}{n}\right]$个数大于$\frac{\lambda S}{n}$.

4.(2008 年巴尔干地区数学奥林匹克试题)对于任意的正整数n,是否存在一个无穷正实数数列a_1,a_2,$\cdots$满足条件:(1)$\sum_{i=1}^{n}a_i\leqslant n^2$;(2)$\sum_{i=1}^{n}\frac{1}{a_i}\leqslant 2\ 008$.

5.(2005 年第 18 届韩国数学奥林匹克试题)设$\{a_1,a_2,\cdots\}$是正实数无穷序列. 证明:对任意正整数N,不等式

$$\sum_{n=1}^{N}\alpha_n^2\leqslant4\sum_{n=1}^{N}a_n^2$$

成立,其中α_n是a_1,a_2,$\cdots$,a_n的算术平均值,即$\alpha_n=\frac{a_1+a_2+\cdots+a_n}{n}$.

6.已知$a=(a_1,a_2,\cdots,a_n)$和$b=(b_1,b_2,\cdots,b_n)$是两个不成比例的实数序列,又设$x=(x_1,x_2,\cdots,x_n)$是使$\sum_{i=1}^{n}a_ix_i=0$,$\sum_{i=1}^{n}b_ix_i=1$成立的任意实数序列. 求证:$\sum_{i=1}^{n}x_i^2\geqslant\frac{A}{AB-C^2}$,其

中 $A=\sum_{i=1}^{n}a_i^2, B=\sum_{i=1}^{n}b_i^2, C=\sum_{i=1}^{n}a_ib_i$.

7. 给定平面上的 n 个相异点. 证明：其中距离为单位长的点对少于 $2\sqrt{n^3}$ 对.

8.（1993 年国际城市数学竞赛试题）设方程 $x^4+ax^3+2x^2+bx+1=0$ 至少有一个实数根，证明：$a^2+b^2\geqslant 8$.

9.（2014 年中国台湾数学奥林匹克训练营试题）设

$$f(x)=x^n+a_{n-2}x^{n-2}+a_{n-3}x^{n-3}+\cdots+a_1x+a_0\quad(n\geqslant 2)$$

为 n 次实系数多项式. 若 $f(x)=0$ 的根均为实根，证明：每一个根的绝对值均小于或等于 $\sqrt{\frac{2(1-n)}{n}a_{n-2}}$.

10.（1987 年第 28 届 IMO 试题）令 $x_1, x_2, \cdots, x_n$ 是实数，满足条件 $x_1^2+x_2^2+\cdots+x_n^2=1$，求证：对于每一整数 $k\geqslant 2$，存在不全为 0 的整数 $a_1, a_2, \cdots, a_n$，对于所有的整数 i 使得 $|a_i|\leqslant k-1$，并且有 $|a_1x_1+a_2x_2+\cdots+a_nx_n|\leqslant\frac{(k-1)\sqrt{n}}{k^n-1}$.

习题解答或提示

习题一

1. 由柯西不等式，得

$25\times 36=(a^2+b^2+c^2)(x^2+y^2+z^2)\geqslant(ax+by+cz)^2=30^2$

上述不等式等号成立，得

$$\frac{a}{x}=\frac{b}{y}=\frac{c}{z}=k$$

于是 $k^2(x^2+y^2+z^2)=25$，所以 $k=\pm\frac{5}{6}$（负的舍去）. 从而

$$\frac{a+b+c}{x+y+z}=k=\frac{5}{6}$$

2.（1）注意到

$$\frac{a\sin^2\alpha+b\sin^2\beta}{\sin^2\alpha\cdot\sin^2\beta}=\frac{a}{\sin^2\beta}+\frac{b}{\sin^2\alpha}$$

由柯西不等式知

$$(a\sin^2\beta+b\sin^2\alpha)\left(\frac{a}{\sin^2\beta}+\frac{b}{\sin^2\alpha}\right)\geqslant(a+b)^2$$

故

$$\frac{a\sin^2\beta+b\sin^2\alpha}{(a+b)^2}\geqslant\frac{1}{\frac{a}{\sin^2\beta}+\frac{b}{\sin^2\alpha}}=\frac{\sin^2\alpha\cdot\sin^2\beta}{a\sin^2\alpha+b\sin^2\beta}\qquad(1)$$

同理

$$\frac{a\cos^2\beta+b\cos^2\alpha}{(a+b)^2}\geqslant\frac{\cos^2\alpha\cdot\cos^2\beta}{a\cos^2\alpha+b\cos^2\beta}\qquad(2)$$

（1）+（2）得

$$\frac{\sin^2\alpha\cdot\sin^2\beta}{a\sin^2\alpha+b\sin^2\beta}+\frac{\cos^2\alpha\cdot\cos^2\beta}{a\cos^2\alpha+b\cos^2\beta}\leqslant$$

$$\frac{a(\sin^2\beta+\cos^2\beta)+b(\sin^2\alpha+\cos^2\alpha)}{(a+b)^2}=$$

$$\frac{1}{a+b} \tag{3}$$

又由柯西不等式知

$$(a+b)\left(\frac{\sin^4 x}{a}+\frac{\cos^4 x}{b}\right) \geqslant (\sin^2 x+\cos^2 x)^2=1$$

故

$$\frac{\sin^4 x}{a}+\frac{\cos^4 x}{b} \geqslant \frac{1}{a+b} \tag{4}$$

由已知并结合式(3),(4)得

$$\frac{\sin^2\alpha \cdot \sin^2\beta}{a\sin^2\alpha+b\sin^2\beta}+\frac{\cos^2\alpha \cdot \cos^2\beta}{a\cos^2\alpha+b\cos^2\beta}=\frac{1}{a+b}=\frac{\sin^4 x}{a}+\frac{\cos^4 x}{b}$$

于是,由柯西不等式等号成立条件得

$$\frac{\frac{a}{\sin^2\beta}}{a\sin^2\beta}=\frac{\frac{b}{\sin^2\alpha}}{b\sin^2\alpha} \Rightarrow \sin^2\alpha=\sin^2\beta$$

又 $\alpha,\beta \in \left(0,\frac{\pi}{2}\right)$,故 $\alpha=\beta$.

同理

$$\frac{\frac{\sin^4 x}{a}}{a}=\frac{\frac{\cos^4 x}{b}}{b} \Rightarrow \frac{\sin^2 x}{a}=\frac{\cos^2 x}{b}$$

所以

$$\frac{\sin^2 x}{a}=\frac{\cos^2 x}{b}=\frac{\sin^2 x+\cos^2 x}{a+b}=\frac{1}{a+b}$$

所以

$$\sin^2 x=\frac{a}{a+b}, \cos^2 x=\frac{b}{a+b}$$

所以

$$\frac{\sin^{2n} x}{a^{n-1}}+\frac{\cos^{2n} x}{b^{n-1}}=\frac{1}{a^{n-1}}\left(\frac{a}{a+b}\right)^n+\frac{1}{b^{n-1}}\left(\frac{b}{a+b}\right)^n=$$

$$\frac{a}{(a+b)^n}+\frac{b}{(a+b)^n}=\frac{1}{(a+b)^{n-1}}$$

3. 首先,注意到没有一个变量等于零. 不失一般性,假设 $b=0$,由(1)得 $a=0$,由(4)得 $d=0$,由(3)得 $c=0$,这就意味着所有值为零,但这是不可能的,因为分母会为零.

其次,注意到 bc,cd,da,ab 的平方根一定都存在,这就表明

a,b,c,d 一定都是负数或都是正数. 如果都是负数,这些方程的右边是负的,与它们是实数的平方相矛盾,由此可得 4 个值一定都是正的.

根据算术-几何平均值不等式,有

$$\sqrt{bc} \leqslant \frac{b+c}{2}$$

即

$$\frac{\sqrt{bc}}{b+c} \leqslant \frac{1}{2} \text{ 和 } \sqrt[3]{bcd} \leqslant \frac{b+c+d}{3}$$

即

$$\frac{\sqrt[3]{bcd}}{b+c+d} \leqslant \frac{1}{3}$$

因此

$$a^2 = \frac{\sqrt{bc}\ \sqrt[3]{bcd}}{(b+c)(b+c+d)} \leqslant \frac{1}{2} \times \frac{1}{3} = \frac{1}{6}$$

从而
$$a \leqslant \frac{1}{\sqrt{6}}$$

类似地,有

$$b \leqslant \frac{1}{\sqrt{6}}, c \leqslant \frac{1}{\sqrt{6}}, d \leqslant \frac{1}{\sqrt{6}}$$

由此得 $(b+c)(b+c+d) \leqslant \frac{2}{\sqrt{6}} \times \frac{3}{\sqrt{6}} = 1$.

同样地,有

$$(c+d)(c+d+a) \leqslant 1$$
$$(d+a)(d+a+b) \leqslant 1$$
$$(a+b)(a+b+c) \leqslant 1$$

由 $(1) \times (2) \times (3) \times (4)$,可得

$$1 = (b+c)(b+c+d)(c+d)(c+d+a) \cdot (d+a)(d+a+b)(a+b)(a+b+c)$$

因为 4 个小于或等于 1 的表达式的积等于 1,那么,这 4 个表达式一定都等于 1.

从而唯一的可能是每个变量取它的最大的可能值.

因此 $a=b=c=d=\frac{\sqrt{6}}{6}$ 为给定方程组的唯一解.

4.(1) 因为 $a^2+b^2=c^2$,所以,$a\neq b$(否则,$c=\sqrt{2}a$,矛盾).

所以 $a+b<\sqrt{2(a^2+b^2)}=\sqrt{2}c$. 即 $\frac{a}{c}+\frac{b}{c}<\sqrt{2}$.

由柯西不等式,得

$$\left(\frac{a}{c}+\frac{b}{c}\right)\left(\frac{c}{a}+\frac{c}{b}\right)\geqslant 4$$

则 $\frac{c}{a}+\frac{c}{b}>2\sqrt{2}$. 故 $\left(\frac{c}{a}+\frac{c}{b}\right)^2>8$.

(2) 不妨设 $(a,b)=1$. 若存在 $n\in\mathbf{Z}$,满足 $\left(\frac{c}{a}+\frac{c}{b}\right)^2=n$.

由于 $\frac{c}{a}+\frac{c}{b}$ 是有理数,所以 $n=m^2(m\in\mathbf{Z})$.

所以 $\frac{c}{a}+\frac{c}{b}=m$,即 $ab\mid(a+b)c$.

又 $(a,b)=1$,则 $(a,c)=(b,c)=1$. 所以

$$ab\mid(a+b)$$

所以,$a+b\geqslant ab$,即 $(a-1)(b-1)\leqslant 1$.

所以 $a\leqslant 2,b\leqslant 2$,但 a^2+b^2 不是完全平方数,矛盾.

5. 由柯西不等式,得

$$(1+b^2+c^2)(a^2+1+1)\geqslant(a+b+c)^2$$

故

$$\frac{1}{4-a^2}=\frac{1}{1+b^2+c^2}\leqslant\frac{a^2+2}{(a+b+c)^2}$$

类似地,$\frac{1}{4-b^2}\leqslant\frac{b^2+2}{(a+b+c)^2}$,$\frac{1}{4-c^2}\leqslant\frac{c^2+2}{(a+b+c)^2}$

以上三式相加得

$$\frac{1}{4-a^2}+\frac{1}{4-b^2}+\frac{1}{4-c^2}\leqslant\frac{9}{(a+b+c)^2}$$

6. 由柯西不等式,得

$$(z+x)(z+y)\geqslant(z+\sqrt{xy})^2$$
$$(y+x)(y+z)\geqslant(y+\sqrt{zx})^2$$
$$(x+y)(x+z)\geqslant(x+\sqrt{yz})^2$$

则

$$\sum(x+y)\sqrt{(z+x)(z+y)}\geqslant$$
$$\sum[(x+y)z+(x+y)\sqrt{xy}]\geqslant$$

$$\sum[(x+y)z+2xy]=$$
$$4(xy+yz+zx)$$

7. 设$(a_1,a_2,\cdots,a_n)$是满足条件的整数组,则由柯西不等式,得

$$a_1^2+a_2^2+\cdots+a_n^2\geqslant\frac{1}{n}(a_1+a_2+\cdots+a_n)^2\geqslant n^3$$

结合$a_1^2+a_2^2+\cdots+a_n^2\leqslant n^3+1$,可知只能$\sum_{i=1}^{n}a_i^2=n^3$或者$\sum_{i=1}^{n}a_i^2=n^3+1$.

当$\sum_{i=1}^{n}a_i^2=n^3$时,由柯西不等式取等号得$a_1=a_2=\cdots=a_n$,即$a_i^2=n^2$,$1\leqslant i\leqslant n$.再由$\sum_{i=1}^{n}a_i\geqslant n^2$,则只有$a_1=a_2=\cdots=a_n=n$.

当$\sum_{i=1}^{n}a_i=n^3+1$时,则令$b_i=a_i-n$,得

$$\sum_{i=1}^{n}b_i^2=\sum_{i=1}^{n}a_i^2-2n\sum_{i=1}^{n}a_i+n^3\leqslant 2n^3+1-2n\sum_{i=1}^{n}a_i\leqslant 1$$

于是b_i^2只能是0或者1,且$b_1^2,b_2^2,\cdots,b_n^2$中至多有一个为1.如果都为零,则$a_i=n$,$\sum_{i=1}^{n}a_i^2=n^3\neq n^3+1$,矛盾.如果$b_1^2$,$b_2^2,\cdots,b_n^2$中有一个为1,则$\sum_{i=1}^{n}a_i^2=n^3\pm 2n+1\neq n^3+1$,也矛盾.故只有$(a_1,a_2,\cdots,a_n)=(n,n,\cdots,n)$为唯一一组整数解.

习题五

1. 由柯西不等式得

$$[(a+b)+c+d]^2\leqslant(1^2+1^2+1^2)[(a+b)^2+c^2+d^2]$$

即

$$(a+b+c+d)^2\leqslant 3(a^2+b^2+c^2+d^2)+6ab$$

2. 由柯西不等式得

$$(1+1)(1+x)\geqslant(1+\sqrt{x})^2,(1+1)(1+y)\geqslant(1+\sqrt{y})^2$$

$$[(1+x)+(1+y)]\left(\frac{1}{1+x}+\frac{1}{1+y}\right)\geqslant 4$$

所以

$$\frac{1}{(1+\sqrt{x})^2}+\frac{1}{(1+\sqrt{y})^2}\geqslant\frac{1}{2}\left(\frac{1}{1+x}+\frac{1}{1+y}\right)\geqslant\frac{2}{x+y+2}$$

3.运用柯西不等式得

$$\text{左边}-\text{右边}=\sum\frac{y^2}{x^2}-\sum\frac{y}{x}+\sum\frac{x}{y}-3=$$

$$\sum\left(\frac{y^2}{x^2}+\frac{x}{y}-\frac{y}{x}-1\right)=$$

$$\sum\frac{(x+y)(x-y)^2}{x^2y}\geqslant 0$$

4.因为

$$a^3+b^3+c^3=\frac{a^2b}{\frac{b}{a}}+\frac{b^2c}{\frac{c}{b}}+\frac{c^2a}{\frac{a}{c}}\geqslant\frac{(a^2b+b^2c+c^2a)^2}{ab^2+bc^2+ca^2}$$

所以

$$(a^3+b^3+c^3)^2\geqslant\frac{(a^2b+b^2c+c^2a)^4}{(ab^2+bc^2+ca^2)^2}\tag{1}$$

又

$$a^3+b^3+c^3=\frac{a^2c}{\frac{c}{a}}+\frac{b^2a}{\frac{a}{b}}+\frac{c^2b}{\frac{b}{c}}\geqslant\frac{(a^2c+b^2a+c^2b)^2}{ac^2+ba^2+cb^2}\tag{2}$$

(1)×(2)得

$$(a^3+b^3+c^3)^3\geqslant(a^2b+b^2c+c^2a)^3$$

即

$$a^3+b^3+c^3\geqslant a^2b+b^2c+c^2a$$

5.原不等式等价于

$$[(a+b)+(b+c)+(c+a)]\cdot\left(\frac{2c^2}{a+b}+\frac{2b^2}{c+a}+\frac{2a^2}{b+c}\right)\geqslant$$
$$(\sqrt{2}a+\sqrt{2}b+\sqrt{2}c)^2$$

此不等式由柯西不等式易得.

6. 令 $x=\lg a, y=\lg b, z=\lg c$(因为 $a,b,c>1$,所以 $x,y,z>0$)

式(1)$\Leftrightarrow \frac{x}{y}+\frac{x}{z}+\frac{y}{x}+\frac{y}{z}+\frac{z}{x}+\frac{z}{y}\geqslant\frac{4x}{y+z}+\frac{4y}{z+x}+\frac{4z}{x+y}$

只需证 $\frac{z}{x}+\frac{z}{y}\geqslant\frac{4z}{x+y}$ 等,即证 $\frac{1}{x}+\frac{1}{y}\geqslant\frac{4}{x+y}$. 这可由柯西不等式直接证得.

7. 因为

$$\left(\sum_{i=1}^{n}a_ib_ic_id_i\right)^4\leqslant\left[\sum_{i=1}^{n}(a_ib_i)^2\right]^2\left[\sum_{i=1}^{n}(c_id_i)^2\right]^2\leqslant$$
$$\sum_{i=1}^{n}a_i^4\sum_{i=1}^{n}b_i^4\sum_{i=1}^{n}c_i^4\sum_{i=1}^{n}d_i^4$$

8. 由柯西不等式,得

$$2(a+b+c)\left(\frac{1}{a+b}+\frac{1}{b+c}+\frac{1}{c+a}\right)=$$
$$[(a+b)+(b+c)+(c+a)]\left(\frac{1}{a+b}+\frac{1}{b+c}+\frac{1}{c+a}\right)\geqslant 9$$

故命题成立.

9. 因为

$$\frac{1}{4}(abc+bcd+cda+dab)=$$
$$\frac{1}{4}[bc(a+d)+da(b+c)]\leqslant$$
$$\frac{1}{4}\left[\left(\frac{b+c}{2}\right)^2(a+d)+\left(\frac{a+d}{2}\right)^2(b+c)\right]=$$
$$\frac{1}{16}(b+c)(a+d)(a+b+c+d)\leqslant$$
$$\frac{1}{64}(a+b+c+d)^3=\left(\frac{a+b+c+d}{4}\right)^3\leqslant$$
$$\left(\sqrt{\frac{a^3+b^3+c^3+d^3}{4}}\right)^3$$

10. 因为

$$a^{2\,012}-a^{2\,010}+3-(a^2+2)=$$
$$a^{2\,012}-a^{2\,010}-a^2+1=(a^{2\,010}-1)(a^2-1)=$$
$$(a-1)^2(a^{2\,009}+a^{2\,008}+\cdots+1)(a+1)\geqslant 0$$

所以 $$a^{2\,012}-a^{2\,010}+3\geqslant a^2+2$$

同理

$$b^{2\,012}-b^{2\,010}+3\geqslant b^2+2,c^{2\,012}-c^{2\,010}+3\geqslant c^2+2$$

接下来只需证

$$(a^2+2)(b^2+2)(c^2+2)\geqslant 3(a+b+c)^2$$

先证:对任意正实数 a,b,c 有

$$(a^2+2)(b^2+2)\geqslant \frac{3}{2}[(a+b)^2+2]\Leftrightarrow$$

$$2(a^2b^2+2a^2+2b^2+4)\geqslant 3(a^2+b^2+2ab+2)\Leftrightarrow$$

$$2a^2b^2+a^2+b^2-6ab+2\geqslant 0\Leftrightarrow$$

$$2(ab-1)^2+(a-b)^2\geqslant 0$$

显然成立.

又由柯西不等式有

$$(a^2+2)(b^2+2)(c^2+2)\geqslant \frac{3}{2}[(a+b)^2+2](2+c^2)\geqslant$$

$$\frac{3}{2}[\sqrt{2}(a+b)+\sqrt{2}c]^2=$$

$$3(a+b+c)^2$$

从而,所证不等式成立.

11. 由柯西不等式得

$$\left[\sqrt{ab\left(\frac{a+b}{2}\right)}+\sqrt{(1-a)(1-b)\frac{2-(a+b)}{2}}\right]^2\leqslant$$

$$[ab+(1-a)(1-b)][\frac{a+b}{2}+\frac{2-(a+b)}{2}]=$$

$$1+2ab-a-b$$

因为 $0<a,b<1$,所以 $a+b>a^2+b^2\geqslant 2ab$,所以 $1+2ab-a-b<1$. 于是

$$\sqrt{ab^2+a^2b}+\sqrt{(1-a)(1-b)^2+(1-a)^2(1-b)}<\sqrt{2}$$

12. 由柯西不等式,得

$$[\sqrt{a^3b^3}+\sqrt{(1-a^2)(1-ab)(1-b^2)}]^2\leqslant$$

$$(b^2+1-b^2)[ba^3+(1-a^2)(1-ab)]=$$

$$ba^3+(1-a^2)(1-ab)=$$

$$1-a^2-ab+2ba^3=$$

$$1-a^2(1-ab)-ab(1-a^2)\leqslant 1$$

13. 由柯西不等式得

$$(b^2-bc+c^2)(c^2-ca+a^2)=$$
$$\left[\left(c-\frac{b}{2}\right)^2+\frac{3}{4}b^2\right]\left[\left(c-\frac{a}{2}\right)^2+\frac{3}{4}a^2\right]\geqslant$$
$$\left[\left(c-\frac{b}{2}\right)\left(c-\frac{a}{2}\right)+\frac{3}{4}ab\right]^2$$

所以

$$\sqrt{b^2-bc+c^2}\sqrt{c^2-ca+a^2}\geqslant\left(c-\frac{b}{2}\right)\left(c-\frac{a}{2}\right)+\frac{3}{4}ab$$

同理

$$\sqrt{c^2-ca+a^2}\sqrt{a^2-ab+b^2}\geqslant\left(a-\frac{c}{2}\right)\left(a-\frac{b}{2}\right)+\frac{3}{4}bc$$
$$\sqrt{a^2-ab+b^2}\sqrt{b^2-bc+c^2}\geqslant\left(b-\frac{a}{2}\right)\left(b-\frac{c}{2}\right)+\frac{3}{4}ac$$

三个不等式相加得

$$\sqrt{b^2-bc+c^2}\sqrt{c^2-ca+a^2}+\sqrt{c^2-ca+a^2}\sqrt{a^2-ab+b^2}+$$
$$\sqrt{a^2-ab+b^2}\sqrt{b^2-bc+c^2}\geqslant a^2+b^2+c^2$$

14. 证法一:由柯西不等式得

$$\sqrt{x^2-x+1}\cdot\sqrt{y^2-y+1}+\sqrt{x^2+x+1}\cdot\sqrt{y^2+y+1}=$$
$$\sqrt{\left(1-\frac{x}{2}\right)^2+\frac{3x^2}{4}}\cdot\sqrt{\left(y-\frac{1}{2}\right)^2+\frac{3}{4}}+$$
$$\sqrt{\left(1+\frac{x}{2}\right)^2+\frac{3x^2}{4}}\cdot\sqrt{\left(y+\frac{1}{2}\right)^2+\frac{3}{4}}\geqslant$$
$$\left(1-\frac{x}{2}\right)\left(y-\frac{1}{2}\right)+\frac{3x}{4}+\left(1+\frac{x}{2}\right)\left(y+\frac{1}{2}\right)+\frac{3x}{4}=$$
$$2(x+y)$$

证法二:因为

$$\sqrt{x^2-x+1}\cdot\sqrt{y^2-y+1}+$$
$$\sqrt{x^2+x+1}\cdot\sqrt{y^2+y+1}\geqslant 2(x+y)\Leftrightarrow$$
$$\sqrt{x^2+x+1}\cdot\sqrt{x^2-x+1}\cdot$$
$$\sqrt{y^2+y+1}\cdot\sqrt{y^2-y+1}\geqslant$$
$$x^2+y^2+3xy-(xy)^2-1\Leftrightarrow$$

$$\sqrt{x^4+x^2+1}\cdot\sqrt{y^4+y^2+1}\geqslant$$
$$x^2+y^2+3xy-(xy)^2-1$$

由柯西不等式得

$$\sqrt{x^4+x^2+1}\cdot\sqrt{y^4+y^2+1}=$$
$$\sqrt{x^4+x^2+1}\cdot\sqrt{1+y^2+y^4}\geqslant x^2+xy+y^2$$

只要证明

$$x^2+xy+y^2\geqslant x^2+y^2+3xy-(xy)^2-1\Leftrightarrow$$
$$(xy)^2-2xy+1=(xy-1)^2\geqslant 0$$

15. 两边平方后只要证明

$$2\sqrt{(a^2+b^2)(b^2+c^2)}+2\sqrt{(b^2+c^2)(c^2+a^2)}+$$
$$2\sqrt{(c^2+a^2)(a^2+b^2)}\geqslant$$
$$(a^2+b^2+c^2)+3(ab+bc+ca)$$

由柯西不等式得

$$\sqrt{2(a^2+b^2)}\geqslant|a+b|$$
$$\sqrt{2(b^2+c^2)}\geqslant|b+c|$$
$$\sqrt{2(c^2+a^2)}\geqslant|c+a|$$

$$\begin{aligned}2\sqrt{(a^2+b^2)(b^2+c^2)}&=\sqrt{2(a^2+b^2)}\cdot\sqrt{2(b^2+c^2)}\geqslant\\&|a+b|\cdot|b+c|\geqslant\\&(a+b)(b+c)=\\&b^2+(ab+bc+ca)\end{aligned}$$

$$2\sqrt{(b^2+c^2)(c^2+a^2)}\geqslant c^2+(ab+bc+ca)$$
$$2\sqrt{(c^2+a^2)(a^2+b^2)}\geqslant a^2+(ab+bc+ca)$$

以上三个不等式相加得

$$2\sqrt{(a^2+b^2)(b^2+c^2)}+2\sqrt{(b^2+c^2)(c^2+a^2)}+$$
$$2\sqrt{(c^2+a^2)(a^2+b^2)}\geqslant(a^2+b^2+c^2)+3(ab+bc+ca)$$

16. 不妨设 $c\geqslant b\geqslant a\geqslant 0$,则

$$\sqrt{c^2+ab}\leqslant\sqrt{c^2+ac}\leqslant c+\frac{a}{2}\tag{1}$$

另外,证明

$$\sqrt{a^2+bc}+\sqrt{b^2+ca}\leqslant\frac{c}{2}+a+\frac{3b}{2}\tag{2}$$

由于$(\sqrt{a^2+bc}+\sqrt{b^2+ca})^2\leqslant 2(a^2+b^2+bc+ca)$,因此,要证式(2),只需证

$$2(a^2+b^2+bc+ca)\leqslant\left(\frac{c}{2}+a+\frac{3b}{2}\right)^2\Leftrightarrow$$

$$c^2-(4a+2b)c-(4a^2-b^2-12ab)\geqslant 0\Leftrightarrow$$

$$(c-2a-b)^2+8a(b-a)\geqslant 0$$

此式成立,故式(2)成立.

由式(1)+(2)即得$\sum\sqrt{a^2+bc}\leqslant\frac{3}{2}\sum a$,当且仅当$b=c=\frac{1}{2}$,$a=0$,或$c=a=\frac{1}{2}$,$b=0$,或$a=b=\frac{1}{2}$,$c=0$时原式取等号.

应用柯西不等式及上述结果:$\sum\sqrt{a^2+bc}\leqslant\frac{3}{2}\sum a$,可得

$$\sqrt{3\sum\frac{1}{a^2+bc}}\geqslant\sum\frac{1}{\sqrt{a^2+bc}}\geqslant\frac{9}{\sum\sqrt{a^2+bc}}\geqslant\frac{6}{\sum a}$$

其中$a,b,c\geqslant 0$,当且仅当a,b,c中一个为零,其余两个相等时,以上诸式均取等号.

17. 由于$\frac{1-\gamma^2}{\beta\gamma}\geqslant 0\Leftrightarrow\beta\gamma(1-\gamma^2)\geqslant 0$,所以

$$10(\alpha^2+\beta^2+\gamma^2-\beta\gamma^3)\geqslant 10(\alpha^2+\beta^2+\gamma^2-\beta\gamma)$$

因此,只需证明

$$10(\alpha^2+\beta^2+\gamma^2-\beta\gamma)\geqslant 2\alpha\beta+5\alpha\gamma$$

上式等价于

$$30(\alpha^2+\beta^2+\gamma^2)\geqslant 3(2\alpha\beta+5\alpha\gamma+10\beta\gamma)$$

由柯西不等式,有

$$(1^2+2^2+5^2)(\alpha^2+\beta^2+\gamma^2)\geqslant(\alpha+2\beta+5\gamma)^2$$

故只需证明

$$(\alpha+2\beta+5\gamma)^2\geqslant 6\alpha\beta+15\alpha\gamma+30\beta\gamma$$

即$\alpha^2+(2\beta)^2+(5\gamma)^2-2\alpha\beta-5\alpha\gamma-10\beta\gamma\geqslant 0$.

上式等价于

$$\frac{1}{2}[(\alpha-2\beta)^2+(2\beta-5\gamma)^2+(5\gamma-\alpha)^2]\geqslant 0$$

故原不等式成立.

18. 记 $f(x)=\dfrac{1}{(1+x)^2}$，由琴生不等式得 $f(a)+f(b)\geqslant 2f\left(\dfrac{a+b}{2}\right)$，即

$$\frac{1}{(1+a)^2}+\frac{1}{(1+b)^2}\geqslant\frac{2}{\left(1+\dfrac{a+b}{2}\right)^2}$$

又由柯西不等式得

$$\left(1+\frac{a+b}{2}\right)^2\leqslant(1+1)\left[1+\left(\frac{a+b}{2}\right)^2\right]=2\left[1+\left(\frac{a+b}{2}\right)^2\right]\leqslant$$

$$2\left(1+\frac{a^2+b^2}{2}\right)=a^2+b^2+2$$

令 $a^2=x,b^2=y$，即得

$$\frac{1}{(1+\sqrt{x})^2}+\frac{1}{(1+\sqrt{y})^2}\geqslant\frac{2}{x+y+2}$$

19. 设 $u=\sqrt{x^2+y^2+\lambda xy}$，$v=\sqrt{z^2+w^2-\lambda zw}$，则

$$\frac{u^2-x^2-y^2}{xy}+\frac{v^2-z^2-w^2}{zw}=0$$

即

$$\frac{u^2}{xy}+\frac{v^2}{zw}=\frac{x^2+y^2}{xy}+\frac{z^2+w^2}{zw}=\frac{(xz+yw)(xw+yz)}{xyzw}$$

再应用柯西不等式，有

$$(xy+zw)\left(\frac{u^2}{xy}+\frac{v^2}{zw}\right)\geqslant(u+v)^2$$

即得式(1).

20. 由均值不等式和柯西不等式得

$$\begin{aligned}(a+b)^3+4c^3=&a^3+b^3+3a^2b+3ab^2+4c^3=\\&2(a^2b+ab^2)+(a^2+b^2)(a+b)+4c^3\geqslant\\&4\sqrt{a^3b^3}+(a^{\frac{3}{2}}+b^{\frac{3}{2}})^2+4c^3\geqslant\\&4\sqrt{a^3b^3}+4c^{\frac{3}{2}}(a^{\frac{3}{2}}+b^{\frac{3}{2}})=\\&4(\sqrt{a^3b^3}+\sqrt{b^3c^3}+\sqrt{c^3a^3})\end{aligned}$$

21. 由柯西不等式，得

$$\left(\sum\sqrt{a^2+ab+b^2}\right)^2\leqslant\left(\sum(a+b)\right)\sum\frac{a^2+ab+b^2}{a+b}$$

从而只需证明

$$2(a+b+c)\sum \frac{a^2+ab+b^2}{a+b}\leqslant 5\sum a^2+4\sum ab\Leftrightarrow$$

$$2\sum \frac{c(a^2+ab+b^2)}{a+b}\leqslant (a+b+c)^2\Leftrightarrow$$

$$4\sum ab-2abc\sum \frac{1}{a+b}\leqslant (a+b+c)^2\Leftrightarrow$$

$$(a+b+c)^2\leqslant 2\sum a^2+2abc\sum \frac{1}{a+b}=2\left(\sum \frac{a}{b+c}\right)\sum ab\Leftrightarrow$$

$$\left(\sum a(b+c)\right)\sum \frac{a}{b+c}\geqslant \left(\sum a\right)^2$$

由柯西不等式知上式成立.

22. 由柯西不等式得

$$\left(\sum ab\sqrt{2a^2+2b^2}\right)^2\leqslant \left(\sum ab\right)\sum ab(2a^2+2b^2)$$

注意到

$$\left(\sum a^3+3abc\right)^2\geqslant 2\left(\sum ab\right)\sum ab(a^2+b^2)\Leftrightarrow$$

$$\left(\sum a^3\right)^2+6abc\sum a^3+9a^2b^2c^2\geqslant$$

$$2\sum ab(a^3b+a^3c+b^3a+b^3c+c^3b+c^3a)\Leftrightarrow$$

$$\sum a^3(a^3+b^3+c^3)+6abc\sum a^3+9a^2b^2c^2\geqslant$$

$$2\sum (a^4b^2+a^2b^4)+4abc\sum a^3+2abc\sum (a^2b+ab^2)\Leftrightarrow$$

$$2abc\left[\sum a^3-\sum a^2(b+c)+3abc\right]+2\sum a^3b^3+$$

$$\sum a^6+3a^2b^2c^2-2\sum (a^4b^2+a^2b^4)\geqslant 0\Leftrightarrow$$

$$abc\sum (a+b-c)(a-b)^2+\frac{1}{2}\sum (a^2+b^2-c^2)(a^2-b^2)^2-$$

$$\sum a^2b^2(a-b)^2\geqslant 0\Leftrightarrow$$

$$\sum [2abc(a+b-c)-2a^2b^2+$$

$$(a^2+b^2-c^2)(a+b)^2](a-b)^2\geqslant 0 \tag{1}$$

不妨设 $a\geqslant b\geqslant c$. 则

$$2abc(a+c-b)-2a^2c^2+(a^2+c^2-b^2)(a+c)^2=$$

$$(a-b)[2abc+(a+b)(a+c)^2]+$$

$$c^2[2ab-2a^2+(a+c)^2]=$$

$$(a-b)[2abc+(a+b)(a+c)^2]+$$
$$c^2(2ab-a^2+2ac+c^2)\geqslant$$
$$(a-b)ac^2+c^2(ab-a^2)=0 \tag{2}$$
$$2abc(a+b-c)-2a^2b^2+(a^2+b^2-c^2)(a+b)^2\geqslant$$
$$-2a^2b^2+a^2(a+b)^2>0 \tag{3}$$

由式(2),(3)知要证式(1)只需证

$$[2abc(a+c-b)-2a^2c^2+(a^2+c^2-b^2)(a+c)^2]+$$
$$[2abc(b+c-a)-2b^2c^2+(b^2+c^2-a^2)(b+c)^2]\geqslant 0\Leftrightarrow$$
$$4abc^2-2c^2(a^2+b^2)+(a^2-b^2)[(a+c)^2-(b+c)^2]+$$
$$c^2[(a+c)^2+(b+c)^2]\geqslant 0\Leftrightarrow$$
$$(a-b)^2[(a+b)(a+b+2c)-2c^2]+$$
$$c^2[(a+c)^2+(b+c)^2]\geqslant 0$$

而最后一式显然成立.

故原不等式成立.

23. 由均值不等式得

$$x^{\frac{3}{2}}+y^{\frac{3}{2}}+y^{\frac{3}{2}}\geqslant 3x^{\frac{1}{2}}y,\ x^{\frac{3}{2}}+z^{\frac{3}{2}}+z^{\frac{3}{2}}\geqslant 3x^{\frac{1}{2}}z$$

相加得

$$2(x^{\frac{3}{2}}+y^{\frac{3}{2}}+z^{\frac{3}{2}})\geqslant 3x^{\frac{1}{2}}(y+z)$$

故

$$\frac{x}{y+z}\geqslant\frac{3x^{\frac{3}{2}}}{2(x^{\frac{3}{2}}+y^{\frac{3}{2}}+z^{\frac{3}{2}})}$$

同理

$$\frac{y}{z+x}\geqslant\frac{3y^{\frac{3}{2}}}{2(x^{\frac{3}{2}}+y^{\frac{3}{2}}+z^{\frac{3}{2}})}$$

$$\frac{z}{x+y}\geqslant\frac{3z^{\frac{3}{2}}}{2(x^{\frac{3}{2}}+y^{\frac{3}{2}}+z^{\frac{3}{2}})}$$

于是,要证明原不等式只要证明

$$\frac{x^2+y^2+z^2}{x^{\frac{3}{2}}+y^{\frac{3}{2}}+z^{\frac{3}{2}}}\geqslant\frac{1}{\sqrt{3}}\Leftrightarrow$$

$$3(x^2+y^2+z^2)^2\geqslant(x^{\frac{3}{2}}+y^{\frac{3}{2}}+z^{\frac{3}{2}})^2$$

由柯西不等式得

$$(x^2+y^2+z^2)(x+y+z)\geqslant(x^{\frac{3}{2}}+y^{\frac{3}{2}}+z^{\frac{3}{2}})^2$$

$$3(x^2+y^2+z^2)\geqslant(x+y+z)^2\geqslant x+y+z$$

两个不等式相乘即得证.

24.(1) 先证

$$\frac{1}{1+a^2}+\frac{1}{1+b^2}\leqslant\frac{2}{1+ab} \tag{3}$$

式(3)$\Leftrightarrow 1+ab+b^2+ab^3+1+ab+a^2+a^3b\leqslant$

$2+2a^2+2b^2+2a^2b^2\Leftrightarrow$

$ab(a-b)^2\leqslant(a-b)^2$

因为 $a,b\in(0,1]$,所以,$ab\leqslant 1$.故式(3)成立.

对于式(1),由柯西不等式得

$$\begin{aligned}\frac{1}{\sqrt{a^2+1}}+\frac{1}{\sqrt{b^2+1}}&\leqslant\sqrt{\left(\frac{1}{a^2+1}+\frac{1}{b^2+1}\right)(1+1)}=\\&\sqrt{2\left(\frac{1}{a^2+1}+\frac{1}{b^2+1}\right)}\leqslant\\&\sqrt{2\cdot\frac{2}{1+ab}}=\frac{2}{\sqrt{1+ab}}\end{aligned}$$

故式(1)成立.

(2) 对式(2)两边平方展开整理得

式(2)$\Leftrightarrow \dfrac{2}{\sqrt{(a^2+1)(b^2+1)}}\geqslant\dfrac{4}{1+ab}-\dfrac{1}{1+a^2}-\dfrac{1}{1+b^2}$

记

$$y=ab-3\geqslant 0,x=a^2+b^2\geqslant 2ab=2y+6$$

代入、通分并整理得

$$\text{式(2)}\Leftrightarrow 2(y+4)\ \sqrt{y^2+6y+x+10}\geqslant 4y^2+22y+32-xy \tag{4}$$

① 当 $4y^2+22y+32-xy\leqslant 0$ 时,式(4)显然成立.

② 当 $4y^2+22y+32-xy>0$ 时,即

$$x<4y+22+\frac{32}{y} \tag{5}$$

对式(4)两边平方并整理得

$y^2x^2-(8y^3+48y^2+96y+64)x+12y^4+$
$120y^3+444y^2+704y+384\leqslant 0\Leftrightarrow$

$$[yx-(2y^2+6y)]\cdot[yx-(6y^2+42y+96+\frac{64}{y})^2]\leqslant 0 \tag{6}$$

又 $y>0$,则

$$2y^2+6y<6y^2+42y+96+\frac{64}{y}$$

所以要使式(6)成立,必有

$$2y+6\leqslant x\leqslant 6y+42+\frac{96}{y}+\frac{64}{y^2}$$

而 $4y+22+\frac{32}{y}<6y+42+\frac{96}{y}+\frac{64}{y^2}$ 显然.

从而,由式(5)知式(6)成立.

综合 ①,② 知原不等式成立.

25.因为

$$1-\sin^{2n}x=(1-\sin^2x)(1+\sin^2x+\sin^4x+\cdots+\sin^{2(n-1)}x)=\cos^2x(1+\sin^2x+\sin^4x+\cdots+\sin^{2(n-1)}x)$$

$$1-\cos^{2n}x=(1-\cos^2x)(1+\cos^2x+\cos^4x+\cdots+\cos^{2(n-1)}x)=\sin^2x(1+\cos^2x+\cos^4x+\cdots+\cos^{2(n-1)}x)$$

所以由柯西不等式,得

$$\left(\frac{1-\sin^{2n}x}{\sin^{2n}x}\right)\left(\frac{1-\cos^{2n}x}{\cos^{2n}x}\right)=$$

$$\frac{1}{\sin^{2n-2}x}(1+\sin^2x+\sin^4x+\cdots+\sin^{2n-2}x)\cdot$$

$$\frac{1}{\cos^{2n-2}x}(1+\cos^2x+\cos^4x+\cdots+\cos^{2n-2}x)=$$

$$\left(1+\frac{1}{\sin^2x}+\frac{1}{\sin^4x}+\cdots+\frac{1}{\sin^{2n-2}x}\right)\cdot$$

$$\left(1+\frac{1}{\cos^2x}+\frac{1}{\cos^4x}+\cdots+\frac{1}{\cos^{2n-2}x}\right)\geqslant$$

$$\left[1+\frac{1}{\sin x\cos x}+\frac{1}{(\sin x\cos x)^2}+\cdots+\cdots\frac{1}{(\sin x\cos x)^{n-1}}\right]^2=$$

$$\left[1+\frac{2}{\sin 2x}+\frac{2^2}{(\sin 2x)^2}+\cdots+\frac{2^{n-1}}{(\sin 2x)^{n-1}}\right]^2\geqslant$$

$$(1+2+2^2+\cdots+2^{n-1})^2=(2^n-1)^2$$

26. 由柯西不等式得

$$[c(a+2b)+d(b+2c)+a(c+2d)+b(d+2a)]\cdot\left(\frac{c}{a+2b}+\frac{d}{b+2c}+\frac{a}{c+2d}+\frac{b}{d+2a}\right)\geqslant(c+d+a+b)^2$$

所以

$$\frac{c}{a+2b}+\frac{d}{b+2c}+\frac{a}{c+2d}+\frac{b}{d+2a}\geqslant\frac{(a+b+c+d)^2}{2(ab+ac+ad+bc+bd+cd)}$$

而

$$\frac{(a+b+c+d)^2}{2(ab+ac+ad+bc+bd+cd)}\geqslant\frac{4}{3}\Leftrightarrow$$
$$3(a+b+c+d)^2\geqslant 8(ab+ac+ad+bc+bd+cd)\Leftrightarrow$$
$$(a-b)^2+(a-c)^2+(a-d)^2+(b-c)^2+(b-d)^2+(c-d)^2\geqslant 0$$

27. 证法一：用柯西不等式

$$\left(\frac{a+c}{a+b}+\frac{b+d}{b+c}+\frac{c+a}{c+d}+\frac{d+b}{d+a}\right)\cdot[(a+c)(a+b)+(b+d)(b+c)+(c+a)(c+d)+(d+b)(d+a)]\geqslant[(a+c)+(b+d)+(c+a)+(d+b)]^2=4(a+b+c+d)^2$$

而

$$(a+c)(a+b)+(b+d)(b+c)+(c+a)(c+d)+(d+b)(d+a)=(a+b+c+d)^2$$

所以

$$\frac{a+c}{a+b}+\frac{b+d}{b+c}+\frac{c+a}{c+d}+\frac{d+b}{d+a}\geqslant 4$$

证法二：用均值不等式易得$\frac{1}{x}+\frac{1}{y}\geqslant\frac{4}{x+y}$，所以

$$\frac{a+c}{a+b}+\frac{c+a}{c+d}\geqslant\frac{4(a+c)}{a+b+c+d}$$
$$\frac{b+d}{b+c}+\frac{d+b}{d+a}\geqslant\frac{4(b+d)}{a+b+c+d}$$

相加得

$$\frac{a+c}{a+b}+\frac{b+d}{b+c}+\frac{c+a}{c+d}+\frac{d+b}{d+a}\geqslant 4$$

28. 因为

$$\frac{a-b}{b+c}+\frac{b-c}{c+d}+\frac{c-d}{d+a}+\frac{d-a}{a+b}\geqslant 0\Leftrightarrow$$

$$\frac{a+c}{b+c}+\frac{b+d}{c+d}+\frac{c+a}{d+a}+\frac{d+b}{a+b}\geqslant 4$$

以下同 27 题的证明.

29. 因为

$$\text{原式}\Leftrightarrow\sum\left(\frac{a-b}{a+2b+c}+\frac{1}{2}\right)\geqslant 2\Leftrightarrow\sum\frac{3a+c}{a+2b+c}\geqslant 4 \tag{1}$$

今证式(1). 应用柯西不等式有

$$[(3a+c)(a+2b+c)+(3b+d)(b+2c+d)+(3c+a)(c+2d+a)+(3d+b)(d+2a+b)]\cdot\left(\frac{3a+c}{a+2b+c}+\frac{3b+d}{b+2c+d}+\frac{3c+a}{c+2d+a}+\frac{3d+b}{d+2a+b}\right)\geqslant\left(4\sum a\right)^2$$

又由于

$$(3a+c)(a+2b+c)+(3b+d)(b+2c+d)+(3c+a)(c+2d+a)+(3d+b)(d+2a+b)=4\left(\sum a\right)^2$$

由此即得式(1).

30. (1) 由柯西不等式得

$$\left(\frac{x}{ay+bz}+\frac{y}{az+bx}+\frac{z}{ax+by}\right)[x(ay+bz)+y(az+bx)+z(ax+by)]\geqslant(x+y+z)^2$$

$$(a+b)(xy+yz+zx)=x(ay+bz)+y(az+bx)+z(ax+by)$$

又 $(x+y+z)^2\geqslant 3(xy+yz+zx)$，所以

$$\frac{x}{ay+bz}+\frac{y}{az+bx}+\frac{z}{ax+by}\geqslant\frac{3}{a+b}$$

(2) 同理可证.

31. 因为

$$\frac{a}{b+2c+d}+\frac{b}{c+2d+a}+\frac{c}{d+2a+b}+\frac{d}{a+2b+c}=$$
$$\frac{a^2}{a(b+2c+d)}+\frac{b^2}{b(c+2d+a)}+\frac{c^2}{c(d+2a+b)}+\frac{d^2}{d(a+2b+c)}\geqslant$$
$$\frac{(a+b+c+d)^2}{a(b+2c+d)+b(c+2d+a)+c(d+2a+b)+d(a+2b+c)}=$$
$$\frac{(a+b+c+d)^2}{2ab+4ac+2ad+2bc+4bd+2cd}$$

而

$$(a+b+c+d)^2-(2ab+4ac+2ad+2bc+4bd+2cd)=$$
$$a^2+b^2+c^2+d^2-2ac-2bd=(a-c)^2+(b-d)^2\geqslant 0$$

所以

$$\frac{(a+b+c+d)^2}{2ab+4ac+2ad+2bc+4bd+2cd}\geqslant 1$$

32. 由柯西不等式,得

$$\left(\frac{a}{b+c}+\frac{b}{c+d}+\frac{c}{d+a}+\frac{d}{a+b}\right)\cdot[a(b+c)+b(c+d)+$$
$$c(d+a)+d(a+b)]\geqslant(a+b+c+d)^2$$

因为

$$(a+b+c+d)^2-2[a(b+c)+b(c+d)+c(d+a)+d(a+b)]=$$
$$a^2+b^2+c^2+d^2-2ac-2bd=(a-c)^2+(b-d)^2\geqslant 0$$

所以

$$\frac{a}{b+c}+\frac{b}{c+d}+\frac{c}{d+a}+\frac{d}{a+b}\geqslant 2$$

33. 证法一:令 $a=\frac{x}{w}, b=\frac{y}{x}, c=\frac{z}{y}, d=\frac{w}{z}$,不等式化为证明

$$\frac{w}{x+y}+\frac{x}{y+z}+\frac{y}{z+w}+\frac{z}{w+x}\geqslant 2$$

此即第 32 题.

证法二:由柯西不等式,得

$$[a(b+1)+a^2b(c+1)+a^2b^2c(d+1)+a^2b^2c^2d(a+1)]\cdot$$
$$\left(\frac{1}{a(b+1)}+\frac{1}{b(c+1)}+\frac{1}{c(d+1)}+\frac{1}{d(a+1)}\right)\geqslant(1+a+ab+abc)^2$$

所以只要证明

$(1+a+ab+abc)^2 \geqslant$

$2[a(b+1)+a^2b(c+1)+a^2b^2c(d+1)+a^2b^2c^2d(a+1)]=$

$2[a(b+1)+a^2b(c+1)+ab(1+abc)+abc(1+a)]$

而

$(1+a+ab+abc)^2-2[a(b+1)+a^2b(c+1)+ab(1+abc)+$

$abc(1+a)]=(ab-1)^2+a^2(bc-1)^2\geqslant 0$

所以

$$\frac{1}{a(b+1)}+\frac{1}{b(c+1)}+\frac{1}{c(d+1)}+\frac{1}{d(a+1)}\geqslant 2$$

34. 由柯西不等式得

$[(a+b)+2(a+c)+3(b+c)]\left(\frac{1}{a+b}+\frac{2}{a+c}+\frac{3}{b+c}\right)\geqslant$

$(1+2+3)^2=36$

所以

$$\frac{1}{3a+4b+5c}\leqslant\frac{1}{36}\left(\frac{1}{a+b}+\frac{2}{a+c}+\frac{3}{b+c}\right)$$

$$\frac{ab}{3a+4b+5c}\leqslant\frac{1}{36}\left(\frac{ab}{a+b}+\frac{2ab}{a+c}+\frac{3ab}{b+c}\right)$$

同理

$$\frac{bc}{3b+4c+5a}\leqslant\frac{1}{36}\left(\frac{bc}{b+c}+\frac{2bc}{a+b}+\frac{3bc}{a+c}\right)$$

$$\frac{ca}{3c+4a+5b}\leqslant\frac{1}{36}\left(\frac{ca}{a+c}+\frac{2ca}{b+c}+\frac{3ca}{a+b}\right)$$

将最后的 3 写成 1 + 2 的形式得

$\frac{ab}{3a+4b+5c}+\frac{bc}{3b+4c+5a}+\frac{ca}{3c+4a+5b}\leqslant$

$\frac{1}{36}\left(\frac{ab}{a+b}+\frac{bc}{b+c}+\frac{ca}{a+c}\right)+\frac{1}{36}\left(\frac{ab}{b+c}+\frac{bc}{a+c}+\frac{ca}{a+b}\right)+$

$\frac{1}{18}\left(\frac{ab}{a+c}+\frac{bc}{a+c}\right)+\frac{1}{18}\left(\frac{ab}{b+c}+\frac{ca}{b+c}\right)+\frac{1}{18}\left(\frac{ca}{a+b}+\frac{bc}{a+b}\right)\leqslant$

$\frac{1}{36}\left(\frac{ab}{a+b}+\frac{bc}{b+c}+\frac{ca}{a+c}\right)+$

$\frac{1}{36}\left(\frac{ab}{b+c}+\frac{bc}{a+c}+\frac{ca}{a+b}\right)+\frac{1}{18}(a+b+c)=$

$\frac{1}{36}\left(\frac{a(b+c)}{a+b}+\frac{b(c+a)}{b+c}+\frac{c(a+b)}{a+c}\right)+\frac{1}{18}(a+b+c)$

下面证明

$$\frac{a(b+c)}{a+b}+\frac{b(c+a)}{b+c}+\frac{c(a+b)}{a+c}\leqslant a+b+c$$

$$\frac{a(b+c)}{a+b}+\frac{b(c+a)}{b+c}+\frac{c(a+b)}{a+c}\leqslant a+b+c\Leftrightarrow$$

$$a(a+c)(b+c)^2+b(a+b)(a+c)^2+c(b+c)(a+b)^2\leqslant$$

$$(a+b+c)(a+b)(b+c)(c+a)\Leftrightarrow$$

$$5abc(a+b+c)+(a^3b+b^3c+c^3a)+2(a^2b^2+b^2c^2+c^2a^2)\leqslant$$

$$4abc(a+b+c)+(a^3b+b^3c+c^3a)+(ab^3+bc^3+ca^3)+$$

$$2(a^2b^2+b^2c^2+c^2a^2)\Leftrightarrow$$

$$abc(a+b+c)\leqslant ab^3+bc^3+ca^3\Leftrightarrow$$

$$\frac{b^2}{c}+\frac{c^2}{a}+\frac{a^2}{b}\geqslant a+b+c$$

由柯西不等式得

$$\left(\frac{b^2}{c}+\frac{c^2}{a}+\frac{a^2}{b}\right)(c+a+b)\geqslant(a+b+c)^2$$

即

$$\frac{b^2}{c}+\frac{c^2}{a}+\frac{a^2}{b}\geqslant a+b+c$$

从而

$$\frac{ab}{3a+4b+5c}+\frac{bc}{3b+4c+5a}+\frac{ca}{3c+4a+5b}\leqslant\frac{1}{12}(a+b+c)$$

35.由柯西不等式有

$$\sum\frac{a+b}{a}\cdot\sum\frac{1}{a^2+ab}\geqslant\left(\sum\frac{1}{a}\right)^2$$

故只要证$(ac+bd)\cdot\left(\sum\frac{1}{a}\right)^2\geqslant 4\left(\sum\frac{a+b}{a}\right)$成立即可.此时

$$(ac+bd)\cdot\left(\sum\frac{1}{a}\right)^2-4\left(\sum\frac{a+b}{a}\right)=$$

$$(ac+bd)\left(\frac{1}{a^2}+\frac{1}{b^2}+\frac{1}{c^2}+\frac{1}{d^2}+\frac{2}{ab}+\frac{2}{ac}+\frac{2}{ad}+\right.$$

$$\left.\frac{2}{bc}+\frac{2}{bd}+\frac{2}{cd}\right)-\left(16+\frac{4b}{a}+\frac{4c}{b}+\frac{4d}{c}+\frac{4a}{d}\right)=$$

$$\left[\left(4+\frac{2c}{d}+\frac{2a}{b}+\frac{2ac}{bd}+\frac{2d}{a}+\frac{2b}{c}+\frac{2bd}{ac}\right)-16\right]+$$

$$\left[\left(\frac{bd}{a^2}+\frac{b}{d}+\frac{2b}{a}\right)-\frac{4b}{a}\right]+\left[\left(\frac{ac}{b^2}+\frac{c}{a}+\frac{2c}{b}\right)-\frac{4c}{b}\right]+$$
$$\left[\left(\frac{bd}{c^2}+\frac{d}{b}+\frac{2d}{c}\right)-\frac{4d}{c}\right]+\left[\left(\frac{ac}{d^2}+\frac{a}{c}+\frac{2a}{d}\right)-\frac{4a}{d}\right]\geqslant 0$$

36. 因为

$$\frac{a^3}{b+2c}+\frac{b^3}{c+2a}+\frac{c^3}{a+2b}=$$
$$\frac{a^4}{ab+2ac}+\frac{b^4}{bc+2ab}+\frac{c^4}{ac+2bc}\geqslant$$
$$\frac{(a^2+b^2+c^2)^2}{ab+2ac+bc+2ab+ac+2bc}=$$
$$(a^2+b^2+c^2)\cdot\frac{a^2+b^2+c^2}{3(ab+bc+ac)}$$

由 $a^2+b^2+c^2\geqslant ab+bc+ac$，所以

$$\frac{a^3}{b+2c}+\frac{b^3}{c+2a}+\frac{c^3}{a+2b}\geqslant\frac{a^2+b^2+c^2}{3}$$

37. 由柯西不等式，得

$$\frac{a}{b^2+1}+\frac{b}{c^2+1}+\frac{c}{a^2+1}=$$
$$\frac{a^3}{a^2b^2+a^2}+\frac{b^3}{b^2c^2+b^2}+\frac{c^3}{c^2a^2+c^2}\geqslant$$
$$\frac{(a\sqrt{a}+b\sqrt{b}+c\sqrt{c})^2}{a^2b^2+a^2+b^2c^2+b^2+c^2a^2+c^2}=$$
$$\frac{(a\sqrt{a}+b\sqrt{b}+c\sqrt{c})^2}{a^2b^2+b^2c^2+c^2a^2+a^2+b^2+c^2}$$

因为 $a^2+b^2+c^2=1$，所以

$4-3(a^2b^2+b^2c^2+c^2a^2+a^2+b^2+c^2)=$

$4(a^2+b^2+c^2)^2-3(a^2b^2+b^2c^2+c^2a^2+a^2+b^2+c^2)=$

$4(a^2+b^2+c^2)^2-3[(a^2b^2+b^2c^2+c^2a^2)+(a^2+b^2+c^2)^2]=$

$(a^2+b^2+c^2)^2-3(a^2b^2+b^2c^2+c^2a^2)=$

$a^4+b^4+c^4-(a^2b^2+b^2c^2+c^2a^2)\geqslant 0$

从而

$$\frac{1}{a^2b^2+b^2c^2+c^2a^2+a^2+b^2+c^2}\geqslant\frac{3}{4}$$

38. 由柯西不等式得

$$\frac{a^3}{b^2-bc+c^2}+\frac{b^3}{c^2-ca+a^2}+\frac{c^3}{a^2-ab+b^2}=$$

$$\frac{a^4}{a(b^2-bc+c^2)}+\frac{b^4}{b(c^2-ca+a^2)}+\frac{c^4}{c(a^2-ab+b^2)}\geqslant$$

$$\frac{(a^2+b^2+c^2)^2}{a(b^2-bc+c^2)+b(c^2-ca+a^2)+c(a^2-ab+b^2)}$$

由舒尔不等式得

$$(a^2+b^2+c^2)^2-(a+b+c)[a(b^2-bc+c^2)+$$
$$b(c^2-ca+a^2)+c(a^2-ab+b^2)]=$$
$$a^4+b^4+c^4-(a^3b+ab^3)-(b^3c+bc^3)-$$
$$(a^3c+ac^3)+a^2bc+b^2ca+c^2ab=$$
$$a^2(a-b)(a-c)+b^2(b-a)(b-c)+c^2(c-a)(c-b)\geqslant 0$$

所以

$$\frac{a^3}{b^2-bc+c^2}+\frac{b^3}{c^2-ca+a^2}+\frac{c^3}{a^2-ab+b^2}\geqslant a+b+c$$

39. 由柯西不等式得

$$(2a^2+b^2)(2a^2+c^2)=(a^2+a^2+b^2)(c^2+a^2+a^2)\geqslant$$
$$(ac+a^2+ab)^2=a^2(a+b+c)^2$$

所以

$$\frac{a^3}{(2a^2+b^2)(2a^2+c^2)}\leqslant\frac{a}{(a+b+c)^2}$$

同理

$$\frac{b^3}{(2b^2+c^2)(2b^2+a^2)}\leqslant\frac{b}{(a+b+c)^2}$$

$$\frac{c^3}{(2c^2+a^2)(2c^2+b^2)}\leqslant\frac{c}{(a+b+c)^2}$$

三式相加得

$$\frac{a^3}{(2a^2+b^2)(2a^2+c^2)}+\frac{b^3}{(2b^2+c^2)(2b^2+a^2)}+$$
$$\frac{c^3}{(2c^2+a^2)(2c^2+b^2)}\leqslant\frac{1}{a+b+c}$$

40. 令 $a+b+c=A$，$ab+bc+ca=B$. 则原不等式等价于

$$\sum\frac{B}{aA+2B}\leqslant 1\Leftrightarrow\sum\left(\frac{-B}{aA+2B}+\frac{1}{2}\right)\geqslant -1+\frac{3}{2}\Leftrightarrow$$
$$\sum\frac{aA}{aA+2B}\geqslant 1$$

由柯西不等式得

$$\sum[aA(aA+2B)]\sum\frac{aA}{aA+2B}\geqslant\left(\sum aA\right)^2$$

故

$$\sum\frac{aA}{aA+2B}\geqslant\frac{\left(\sum aA\right)^2}{\sum[aA(aA+2B)]}=\frac{A^4}{A^2\left(\sum a^2+2B\right)}=$$

$$\frac{A^4}{A^2\cdot A^2}=1$$

所以,原不等式得证.

41.由柯西不等式有

$$\left(\sum\sqrt[3]{\frac{a}{b+c}}\right)\cdot\left[\sum\sqrt[3]{a^5(b+c)}\right]\geqslant\left(\sum a\right)^2$$

由此知,要证原不等式成立,只需证

$$\sum\sqrt[3]{a^5(b+c)}\leqslant\frac{1}{2}\left(\sum a\right)^2\tag{2}$$

由于$\sum\sqrt[3]{a^5(b+c)}\leqslant\sqrt[3]{\sum a\cdot\sum a\cdot\sum a^3(b+c)}$,因此,要证式(2),只需证

$$8\sum a^3(b+c)\leqslant\left(\sum a\right)^4\tag{3}$$

而

$$\left(\sum a\right)^4-8\sum a^3(b+c)=$$

$$\left(\sum a^2+2bc\right)^2-8\sum a^2\cdot\sum bc+8abc\sum a=$$

$$\left(\sum a^2-2\sum bc\right)^2+8abc\sum a\geqslant 0$$

故式(3)成立,从而式(2)成立,从而原不等式获证.由证明过程易得取等号条件.

42.由赫尔德不等式,有

$$\sqrt[3]{\sum a(b+c)\cdot\sum a\cdot\sum a^2}\geqslant\sum\sqrt[3]{a^4(b+c)}\tag{2}$$

又由柯西不等式,有

$$\sum\sqrt[3]{\frac{a^2}{b+c}}\cdot\sum\sqrt[3]{a^4(b+c)}\geqslant\left(\sum a\right)^2\tag{3}$$

由式(2),(3)得

$$\sum\sqrt[3]{\frac{a^2}{b+c}}\cdot\sqrt[3]{\sum a(b+c)\cdot\sum a\cdot\sum a^2}\geqslant\left(\sum a\right)^2 \quad (4)$$

由式(4)知,要证原式,只需证

$$\sqrt[3]{2\sum bc\cdot\sum a\cdot\sum a^2}\leqslant\sqrt[3]{\frac{1}{4}\left(\sum a\right)^5}\Leftrightarrow$$

$$\left(\sum a\right)^5\geqslant 8\sum bc\cdot\sum a\cdot\sum a^2\Leftrightarrow$$

$$\left(\sum a\right)^4\geqslant 8\sum bc\left[\left(\sum a\right)^2-2\sum bc\right]\Leftrightarrow$$

$$\left[\left(\sum a\right)^2-4\sum bc\right]^2\geqslant 0$$

因此原不等式成立,由证明过程易得取等号条件.

43.由柯西不等式有

$$\sum a(b^2-bc+c^2)\cdot\sum\frac{a^3}{b^2-bc+c^2}\geqslant\left(\sum a^2\right)^2$$

因此,只需证

$$\left(\sum a^2\right)^2\geqslant\sum a\cdot\sum a(b^2-bc+c^2)\Leftrightarrow$$

$$\left(\sum a^2\right)^2\geqslant\sum a\cdot\left(\sum a\cdot\sum bc-6abc\right)\Leftrightarrow$$

$$\left[\left(\sum a^2\right)^2-\sum a^2\cdot\sum bc\right]-2\left[\left(\sum bc\right)^2-3abc\sum a\right]\geqslant 0\Leftrightarrow$$

$$\frac{1}{2}\sum a^2\cdot\sum(b-c)^2-\sum a^2(b-c)^2\geqslant 0\Leftrightarrow$$

$$\sum(-a^2+b^2+c^2)(b-c)^2\geqslant 0 \quad (1)$$

不妨设 $a\geqslant b\geqslant c$,则

式(1)右边 $\geqslant(-a^2+b^2+c^2)(b-c)^2+(a^2-b^2+c^2)(a-c)^2\geqslant$

$(-a^2+b^2+c^2+a^2-b^2+c^2)(b-c)^2=$

$2c^2(b-c)^2\geqslant 0$

从而所证不等式成立.

44.由柯西不等式,有

$$\sum\frac{1-a+a^2}{1+a}\cdot\sum\frac{1}{1+a^3}\geqslant\left(\sum\frac{1}{1+a}\right)^2$$

因此,只需证

$$\left(\sum\frac{1}{1+a}\right)^2\geqslant\frac{4(6-\sum a)}{9}\cdot\sum\frac{1-a+a^2}{1+a} \quad (1)$$

记 $\sum\frac{1}{1+a}=u$,则

$$\sum \frac{1-a+a^2}{1+a}=\sum(a-2)+\sum \frac{3}{1+a}$$

于是,要证式(1)成立,只需证

$$u^2 \geqslant \frac{4(6-\sum a)}{9}\cdot(\sum a-6+3u)\Leftrightarrow$$

$$u^2-\frac{4}{3}(6-\sum a)u+\frac{4}{9}(6-\sum a)^2 \geqslant 0\Leftrightarrow$$

$$[u-\frac{2}{3}(6-\sum a)]^2 \geqslant 0$$

故式(1)成立.由以上证明知,当且仅当 $a=b=c$,且

$$\frac{3}{1+a}-\frac{2}{3}(6-3a)=0\Leftrightarrow 2a^2-2a-1=0$$

由 $a,b,c>-1$,得 $a=\frac{1\pm\sqrt{3}}{2}$,故当且仅当 $a=b=c=\frac{1\pm\sqrt{3}}{2}$ 时,原不等式取等号.

45. 令 $x \geqslant y,z$,则

$$\frac{4z^2+x^2}{z^2+4x^2} \leqslant 1,\frac{4x^2+y^2}{x^2+4y^2}<4,\frac{4y^2+z^2}{y^2+4z^2}<4$$

三式相加,知右边的不等式成立.

由均值不等式知

$$4xy^2 \leqslant y^3+4x^2y$$

则

$$y^3+4x^2y+4x^3+xy^2>4xy^2+x^3$$

所以$\frac{4x^2+y^2}{x^2+4y^2}>\frac{x}{x+y}$.故$\sum \frac{x}{x+y}<\sum \frac{4x^2+y^2}{x^2+4y^2}$.

由柯西不等式,知

$$\sum \frac{x}{\sqrt{2(x^2+y^2)}}<\sum \frac{x}{x+y}<\sum \frac{4x^2+y^2}{x^2+4y^2}$$

故命题得证.

46. 由柯西不等式及均值不等式有

$$\begin{aligned}5a^2+8b^2+5c^2 &\geqslant 4(a^2+b^2)+4(b^2+c^2)\geqslant\\ &2(a+b)^2+2(b+c)^2\geqslant\\ &4(a+b)(b+c)\end{aligned}$$

所以

$$\sum\sqrt{\frac{5a^2+8b^2+5c^2}{4ac}}\geqslant\sum\sqrt{\frac{(a+b)(b+c)}{ac}}\geqslant$$
$$3\sqrt[6]{\frac{(a+b)^2(b+c)^2(c+a)^2}{(abc)^2}}$$

只需要证明

$$\sqrt[6]{\frac{(a+b)^2(b+c)^2(c+a)^2}{(abc)^2}}\geqslant\sqrt[9]{\frac{8(a+b)^2(b+c)^2(c+a)^2}{(abc)^2}}$$

等价于$(a+b)(b+c)(c+a)\geqslant 8abc$，即$\sum a(b-c)^2\geqslant 0$，明显成立.

47. 注意到不等式的右边$\geqslant\dfrac{2}{[(x_1y_1-z_1^2)(x_2y_2-z_2^2)]^{\frac{1}{2}}}$，考虑证明一个更强的结论

$$(x_1+x_2)(y_1+y_2)-(z_1+z_2)^2\geqslant 4[(x_1y_1-z_1^2)(x_2y_2-z_2^2)]^{\frac{1}{2}}$$

令$u_i=\sqrt{x_iy_i-z_i^2}$，$i=1,2$，由于$4u_1u_2\leqslant(u_1+u_2)^2$，则只要证明

$$(x_1+x_2)(y_1+y_2)-(z_1+z_2)^2\geqslant(u_1+u_2)^2$$

等价于

$$(x_1+x_2)(y_1+y_2)\geqslant(u_1+u_2)^2+(z_1+z_2)^2$$

由柯西不等式，得

$$\begin{aligned}&(x_1+x_2)(y_1+y_2)\geqslant\\&(\sqrt{x_1y_1}+\sqrt{x_2y_2})^2=\\&(\sqrt{u_1^2+z_1^2}+\sqrt{u_2^2+z_2^2})^2=\\&(u_1^2+z_1^2)+2\sqrt{u_1^2+z_1^2}\sqrt{u_2^2+z_2^2}+(u_2^2+z_2^2)\geqslant\\&(u_1^2+z_1^2)+2(u_1u_2+z_1z_2)+(u_2^2+z_2^2)=\\&(u_1+u_2)^2+(z_1+z_2)^2\end{aligned}$$

从而原不等式成立，且等号成立的充分必要条件为$x_1=x_2$，$y_1=y_2$，$z_1=z_2$.

48. 设原不等式的左边为S. 由于$xy+x+y\geqslant\sqrt[3]{x^2y^2}$，则

$$S\geqslant\frac{(x+1)(y+1)^2}{(z+1)(x+1)}+\frac{(y+1)(z+1)^2}{(x+1)(y+1)}+\frac{(z+1)(x+1)^2}{(y+1)(z+1)}$$

设$a=x+1$，$b=y+1$，$c=z+1$，则

$$S \geqslant \frac{b^2}{c}+\frac{c^2}{a}+\frac{a^2}{b}$$

由柯西不等式，得

$$S \geqslant \frac{(a+b+c)^2}{a+b+c}=a+b+c=x+y+z+3$$

49. 因为 $a \geqslant \lambda > 0$，所以由均值不等式得

$$\sqrt{\lambda a-\lambda^2}=\sqrt{\lambda(a-\lambda)} \leqslant \frac{\lambda+(a-\lambda)}{2}=\frac{a}{2}$$

同理 $\sqrt{\lambda b-\lambda^2} \leqslant \frac{b}{2}$，$\sqrt{\lambda c-\lambda^2} \leqslant \frac{c}{2}$

又因为 $a,b,c>0$，故

$$\frac{a}{\sqrt{\lambda b-\lambda^2}+c}+\frac{b}{\sqrt{\lambda c-\lambda^2}+a}+\frac{c}{\sqrt{\lambda a-\lambda^2}+b} \geqslant$$

$$\frac{2a}{b+2c}+\frac{2b}{c+2a}+\frac{2c}{a+2b}$$

由柯西不等式，得

$$[a(b+2c)+b(c+2a)+c(a+2b)] \cdot$$

$$\left(\frac{2a}{b+2c}+\frac{2b}{c+2a}+\frac{2c}{a+2b}\right) \geqslant 2(a+b+c)^2$$

故

$$\frac{2a}{b+2c}+\frac{2b}{c+2a}+\frac{2c}{a+2b} \geqslant \frac{2(a+b+c)^2}{a(b+2c)+b(c+2a)+c(a+2b)}=$$

$$\frac{2(a+b+c)^2}{3(ab+bc+ca)}$$

又

$$2(a+b+c)^2=$$

$$6(ab+bc+ca)+(b-c)^2+(c-a)^2+(a-b)^2 \geqslant$$

$$6(ab+bc+ca)$$

故 $$\frac{2a}{b+2c}+\frac{2b}{c+2a}+\frac{2c}{a+2b} \geqslant 2$$

当且仅当 $a=b=c=2\lambda$ 时，上式等号成立.

因此，原不等式成立.

50. 设 $A=\frac{a_1}{a_1+a_2}+\frac{a_2}{a_2+a_3}+\cdots+\frac{a_n}{a_n+a_1}$，$B=\frac{a_2}{a_1+a_2}+\frac{a_3}{a_2+a_3}+\cdots+\frac{a_1}{a_n+a_1}$. 则 $A+B=n$，$A-B=\frac{a_1-a_2}{a_1+a_2}+$

$\frac{a_2-a_3}{a_2+a_3}+\cdots+\frac{a_n-a_1}{a_n+a_1}$.

由柯西不等式,得

$[(a_1-a_2)(a_1+a_2)+(a_2-a_3)(a_2+a_3)+\cdots+2a_n(a_n+a_1)]\cdot$

$\left(\frac{a_1-a_2}{a_1+a_2}+\frac{a_2-a_3}{a_2+a_3}+\cdots+\frac{2a_n}{a_n+a_1}\right)\geqslant$

$(a_1-a_2+a_2-a_3+\cdots+2a_n)^2=(a_1+a_n)^2$

所以

$$\frac{a_1-a_2}{a_1+a_2}+\frac{a_2-a_3}{a_2+a_3}+\cdots+\frac{2a_n}{a_n+a_1}\geqslant\frac{(a_1+a_n)^2}{(a_1+a_n)^2}=1$$

所以 $A-B\geqslant 0$, $A\geqslant\frac{A+B}{2}=\frac{n}{2}$.

51. 根据柯西不等式,有

$$\sum_{i=1}^{n}a_i(a_{i+1}+a_{i+2})\sum_{i=1}^{n}\frac{a_i}{a_{i+1}+a_{i+2}}\geqslant\left(\sum_{i=1}^{n}a_i\right)^2$$

其中,$a_{n+1}=a_1$,$a_{n+2}=a_2$,于是

$$\sum_{i=1}^{n}\frac{a_i}{a_{i+1}+a_{i+2}}\geqslant\frac{\left(\sum_{i=1}^{n}a_i\right)^2}{\sum_{i=1}^{n}a_i(a_{i+1}+a_{i+2})}\tag{1}$$

下面证明

$$\frac{\left(\sum_{i=1}^{n}a_i\right)^2}{\sum_{i=1}^{n}a_i(a_{i+1}+a_{i+2})}\geqslant\frac{\left(\sum_{i=1}^{n}a_i\right)^2}{2\sum_{i=1}^{n}a_i^2}\tag{2}$$

不等式(2) 等价于

$$2\sum_{i=1}^{n}a_i^2\geqslant\sum_{i=1}^{n}a_i(a_{i+1}+a_{i+2})\tag{3}$$

不等式(3) 又等价于

$$\frac{1}{2}\sum_{i=1}^{n}[(a_i^2+a_{i+1}^2)+(a_i^2+a_{i+2}^2)]\geqslant\sum_{i=1}^{n}a_i(a_{i+1}+a_{i+2})\tag{4}$$

而由

$$a_i^2+a_{i+1}^2\geqslant 2a_ia_{i+1}$$

$$a_i^2+a_{i+2}^2\geqslant 2a_ia_{i+2}$$

则不等式(4)成立,于是不等式(3)成立,进而不等式(2)成立.

由不等式(1)和(2)可知,原不等式成立.

52.由柯西不等式,有

$$\left(\sum_{i=1}^{n}\frac{1}{a+ib}\right)^2\leqslant n\sum_{i=1}^{n}\left(\frac{1}{a+ib}\right)^2<$$

$$n\left\{\frac{1}{a(a+b)}+\frac{1}{(a+b)(a+2b)}+\cdots+\frac{1}{[a+(n-1)b](a+nb)}\right\}=$$

$$\frac{n}{b}\left[\left(\frac{1}{a}-\frac{1}{a+b}\right)+\left(\frac{1}{a+b}-\frac{1}{a+2b}\right)+\cdots+\right.$$

$$\left.\left(\frac{1}{a+(n-1)b}-\frac{1}{a+nb}\right)\right]=$$

$$\frac{n}{b}\left(\frac{1}{a}-\frac{1}{a+nb}\right)=\frac{n^2}{a(a+nb)}$$

即
$$\sum_{i=1}^{n}\frac{1}{a+ib}<\frac{n}{\sqrt{a(a+nb)}}$$

53.因为

原式 $\Leftrightarrow x\sum_{i=1}^{n}y_i-\sum_{i=1}^{n}x_iy_i\geqslant 2\sqrt{\sum_{1\leqslant i<j\leqslant n}x_ix_j}\cdot\sqrt{\sum_{1\leqslant i<j\leqslant n}y_iy_j}\Leftrightarrow$

$$\left(\sum_{i=1}^{n}x_i\right)^2\cdot\left(\sum_{i=1}^{n}y_i\right)^2\geqslant$$

$$\left(\sum_{i=1}^{n}x_iy_i+2\sqrt{\sum_{1\leqslant i<j\leqslant n}x_ix_j}\cdot\sqrt{\sum_{1\leqslant i<j\leqslant n}y_iy_j}\right)^2\Leftrightarrow$$

$$\left(\sum_{i=1}^{n}x_i^2+2\sum_{1\leqslant i<j\leqslant n}x_ix_j\right)\left(\sum_{i=1}^{n}y_i^2+2\sum_{1\leqslant i<j\leqslant n}y_iy_j\right)\geqslant$$

$$\left(\sum_{i=1}^{n}x_iy_i+2\sqrt{\sum_{1\leqslant i<j\leqslant n}x_ix_j}\cdot\sqrt{\sum_{1\leqslant i<j\leqslant n}y_iy_j}\right)^2$$

最后一式易由柯西不等式得到.

54.设 $b_i=i\sqrt{i+1}-(i-1)\sqrt{i}\,(i=1,2,\cdots,n)$,由柯西不等式得

$$\left(\sum_{k=1}^{n}a_k\right)\left(\sum_{k=1}^{n}\frac{b_k^2}{a_k}\right)\geqslant\left(\sum_{k=1}^{n}b_k\right)^2=$$

$$(i\sqrt{i+1}-(1-1)\sqrt{1})^2=i^2(i+1)$$

因此

Cauchy 不等式. 上

$$\frac{i}{a_1+a_2+\cdots+a_i} \leqslant \frac{1}{i(i+1)}\left(\frac{b_1^2}{a_1}\right)+\frac{1}{i(i+1)}\left(\frac{b_2^2}{a_2}\right)+\cdots+\frac{1}{i(i+1)}\left(\frac{b_i^2}{a_i}\right)$$

所以

$$\frac{1}{a_1}+\frac{2}{a_1+a_2}+\cdots+\frac{n}{a_1+a_2+\cdots+a_n} \leqslant$$

$$\sum_{k=1}^{n}\left(\frac{1}{k(k+1)}+\frac{1}{(k+1)(k+2)}+\cdots+\frac{1}{n(n+1)}\right)\left(\frac{b_k^2}{a_k}\right)=$$

$$\sum_{k=1}^{n}\left(\frac{1}{k}-\frac{1}{n+1}\right)\left(\frac{b_k^2}{a_k}\right)<\sum_{k=1}^{n}\left(\frac{b_k^2}{k}\right)\left(\frac{1}{a_k}\right)=$$

$$\sum_{k=1}^{n}\left(\sqrt{k(k+1)}-(k-1)\right)^2\left(\frac{1}{a_k}\right)=$$

$$\sum_{k=1}^{n}\left(\frac{\sqrt{k}}{\sqrt{k+1}+\sqrt{k}}+1\right)^2\left(\frac{1}{a_k}\right)<$$

$$\sum_{k=1}^{n}\left(\frac{1}{2}+1\right)^2\left(\frac{1}{a_k}\right)=\frac{9}{4}\sum_{k=1}^{n}\frac{1}{a_k}<$$

$$4\left(\frac{1}{a_1}+\frac{1}{a_2}+\cdots+\frac{1}{a_n}\right)$$

55. 首先

$$\frac{x_1}{(1+x_1)^2}+\frac{x_2}{(1+x_1+x_2)^2}+\cdots+\frac{x_n}{(1+x_1+x_2+\cdots+x_n)^2}<$$

$$\frac{x_1}{1\cdot(1+x_1)}+\frac{x_2}{(1+x_1)(1+x_1+x_2)}+\cdots+$$

$$\frac{x_n}{(1+x_1+x_2+\cdots+x_{n-1})(1+x_1+x_2+\cdots+x_n)}=$$

$$\left(1-\frac{1}{1+x_1}\right)+\left(\frac{1}{1+x_1}-\frac{1}{1+x_1+x_2}\right)+\cdots+$$

$$\left(\frac{1}{1+x_1+x_2+\cdots+x_{n-1}}-\frac{1}{1+x_1+x_2+\cdots+x_n}\right)=$$

$$1-\frac{1}{1+x_1+x_2+\cdots+x_n}<1$$

由上面的结论及柯西不等式得

$$\frac{1}{x_1}+\frac{1}{x_2}+\cdots+\frac{1}{x_n}>$$

$$\left(\frac{1}{x_1}+\frac{1}{x_2}+\cdots+\frac{1}{x_n}\right)\cdot\left[\frac{x_1}{(1+x_1)^2}+\right.$$
$$\left.\frac{x_2}{(1+x_1+x_2)^2}+\cdots+\frac{x_n}{(1+x_1+x_2+\cdots+x_n)^2}\right]\geqslant$$
$$\left(\frac{1}{1+x_1}+\frac{1}{1+x_1+x_2}+\cdots+\frac{1}{1+x_1+x_2+\cdots+x_n}\right)^2$$

于是

$$\frac{1}{1+x_1}+\frac{1}{1+x_1+x_2}+\cdots+\frac{1}{1+x_1+x_2+\cdots+x_n}<$$
$$\sqrt{\frac{1}{x_1}+\frac{1}{x_2}+\cdots+\frac{1}{x_n}}$$

56.原式等价于

$$\sum\left(\frac{a_1-a_2}{a_2+a_3}+\frac{1}{2}\right)\geqslant 3\Leftrightarrow\sum\frac{2a_1-a_2+a_3}{a_2+a_3}\geqslant 6$$

由于 $a_1,a_2,a_3,a_4,a_5,a_6\in\left[\frac{1}{\sqrt{3}},\sqrt{3}\right]$,所以有

$$2a_1-a_2+a_3\geqslant\frac{2}{\sqrt{3}}-\sqrt{3}+\frac{1}{\sqrt{3}}=0$$

等,于是由柯西不等式,得到

$$\sum\frac{2a_1-a_2+a_3}{a_2+a_3}\geqslant\frac{\left[\sum(2a_1-a_2+a_3)\right]^2}{\sum(a_2+a_3)(2a_1-a_2+a_3)}=$$
$$\frac{2\left(\sum a_1\right)^2}{\sum a_1a_2+\sum a_1a_3}$$

因此,要证原不等式只需证

$$\left(\sum a_1\right)^2\geqslant 3\left(\sum a_1a_2+\sum a_1a_3\right)\qquad(1)$$

式(1)左边-右边=

$$\sum a_1^2+2a_1a_4+2a_2a_5+2a_3a_6-a_1a_2-a_1a_3-a_1a_5-$$
$$a_1a_6-a_2a_3-a_2a_4-a_2a_6-a_3a_4-a_3a_5-a_4a_5-a_4a_6-a_5a_6=$$
$$(a_1+a_4)^2+(a_2+a_5)^2+(a_3+a_6)^2-(a_1+a_4)(a_2+a_5)-$$
$$(a_2+a_5)(a_3+a_6)-(a_1+a_4)(a_3+a_6)=$$
$$\frac{1}{2}[(a_1-a_2+a_4-a_5)^2+(a_2-a_3+a_5-a_6)^2+$$
$$(a_1-a_3+a_4-a_6)^2]\geqslant 0$$

故式(1)成立,原不等式获证.

57. 因为

$$2S+n=(a_1+a_2+\cdots+a_n)+(a_2+a_3+\cdots+a_n+a_1)+1+1+\cdots+1$$

$$2S+a_1a_2+a_2a_3+\cdots+a_na_1=(a_2+a_3+\cdots+a_n+a_1)+(a_1+a_2+\cdots+a_n)+(a_1a_2+a_2a_3+\cdots+a_na_1)$$

所以,由柯西不等式得

$$(2S+n)(2S+a_1a_2+a_2a_3+\cdots+a_na_1)\geqslant [3(\sqrt{a_1a_2}+\sqrt{a_2a_3}+\cdots+\sqrt{a_na_1})]^2$$

$$S=\sum_{i=1}^{n}a_i$$

则

$$(2S+n)(2S+a_1a_2+a_2a_3+\cdots+a_na_1)\geqslant 9(\sqrt{a_1a_2}+\sqrt{a_2a_3}+\cdots+\sqrt{a_na_1})^2$$

58. 令 $a=\sum_{i=1}^{n}x_i,b=\sum_{i=1}^{n}y_i,\cdots,c=\sum_{i=1}^{n}z_i$. 不妨设 $a^2+b^2+\cdots+c^2\neq 0$,则由柯西不等式,得

$$(a^2+b^2+\cdots+c^2)(x_i^2+y_i^2+\cdots+z_i^2)\geqslant(ax_i+by_i+\cdots+cz_i)^2$$

即

$$ax_i+by_i+\cdots+cz_i\leqslant\sqrt{a^2+b^2+\cdots+c^2}\cdot\sqrt{x_i^2+y_i^2+\cdots+z_i^2}$$

求和,得

$$a^2+b^2+\cdots+c^2\leqslant\sqrt{a^2+b^2+\cdots+c^2}\sum_{i=1}^{n}\sqrt{x_i^2+y_i^2+\cdots+z_i^2}$$

故

$$\sum_{i=1}^{n}\sqrt{x_i^2+y_i^2+\cdots+z_i^2}\geqslant\sqrt{a^2+b^2+\cdots+c^2}$$

本题如果用向量方法证明,会更简捷.

59. 设 $A=\sum_{i=1}^{n}a_i,B=\sum_{i=1}^{n}b_i$,问题等价于证明

$$\left(AB-\sum_{i=1}^{n}a_ib_i\right)^2\geqslant\left(A^2-\sum_{i=1}^{n}a_i^2\right)\left(B^2-\sum_{i=1}^{n}b_i^2\right)\Leftrightarrow$$

$$AB\geqslant\sum_{i=1}^{n}a_ib_i+\sqrt{\left(A^2-\sum_{i=1}^{n}a_i^2\right)\left(B^2-\sum_{i=1}^{n}b_i^2\right)}$$

由柯西不等式得 $\sum_{i=1}^{n} a_i b_i \leqslant \sqrt{\sum_{i=1}^{n} a_i^2 \sum_{i=1}^{n} b_i^2}$，所以由柯西不等式得

$$\sum_{i=1}^{n} a_i b_i + \sqrt{\left(A^2 - \sum_{i=1}^{n} a_i^2\right)\left(B^2 - \sum_{i=1}^{n} b_i^2\right)} \leqslant$$

$$\sqrt{\sum_{i=1}^{n} a_i^2 \sum_{i=1}^{n} b_i^2} + \sqrt{\left(A^2 - \sum_{i=1}^{n} a_i^2\right)\left(B^2 - \sum_{i=1}^{n} b_i^2\right)} \leqslant$$

$$\sqrt{\left(A^2 - \sum_{i=1}^{n} a_i^2 + \sum_{i=1}^{n} a_i^2\right)\left(B^2 - \sum_{i=1}^{n} b_i^2 + \sum_{i=1}^{n} b_i^2\right)} = AB$$

60. 由柯西不等式，得

$$\sum_{i=1}^{n} \frac{1}{1 - |x_i|^n} \cdot \sum_{i=1}^{n} (1 - |x_i|^n) \geqslant n^2$$

因此欲证原不等式只要证明

$$\frac{n^2}{\sum_{i=1}^{n} (1 - |x_i|^n)} \geqslant \frac{n}{1 - \prod_{i=1}^{n} x_i}$$

即证

$$n - n\prod_{i=1}^{n} x_i \geqslant \sum_{i=1}^{n} (1 - |x_i|^n)$$

亦即

$$\sum_{i=1}^{n} |x_i|^n \geqslant n\prod_{i=1}^{n} x_i$$

由平均值不等式知上述不等式成立，故原不等式成立.

61. 令 $\sum_{i=1}^{n} \frac{1}{a_i} = a$，则 $\sum_{i=1}^{n} \frac{1 + a_i}{a_i} = n + a$. 由柯西不等式，得

$$\sum_{i=1}^{n} \frac{a_i}{1 + a_i} \cdot \sum_{i=1}^{n} \frac{1 + a_i}{a_i} \geqslant n^2$$

所以 $\sum_{i=1}^{n} \frac{a_i}{a_i + 1} \geqslant \frac{n^2}{n + a}$，以及

$$\sum_{i=1}^{n} \frac{1}{a_i + 1} = \sum_{i=1}^{n} \left(1 - \frac{a_i}{a_i + 1}\right) = n - \sum_{i=1}^{n} \frac{a_i}{a_i + 1} \leqslant$$

$$n - \frac{n^2}{n + a} = \frac{na}{n + a}$$

于是

$$\frac{1}{\frac{1}{1+a_1}+\frac{1}{1+a_2}+\cdots+\frac{1}{1+a_n}}-\frac{1}{\frac{1}{a_1}+\frac{1}{a_2}+\cdots+\frac{1}{a_n}}\geqslant$$

$$\frac{1}{\frac{na}{n+a}}-\frac{1}{a}=\frac{n+a}{na}-\frac{1}{a}=\frac{a}{na}=\frac{1}{n}$$

故命题成立.

62.(1) 原不等式等价于

$$\frac{(a-b)^2}{b}+\frac{(b-c)^2}{c}+\frac{(c-a)^2}{a}\geqslant\frac{4(a-b)^2}{a+b+c}$$

由柯西不等式得

$$(b+c+a)\left[\frac{(a-b)^2}{b}+\frac{(b-c)^2}{c}+\frac{(c-a)^2}{a}\right]\geqslant$$

$$(|a-b|+|b-c|+|c-a|)^2\geqslant$$

$$4(\max(a,b,c)-\min(a,b,c))^2\geqslant 4(a-b)^2$$

故 $\frac{(a-b)^2}{b}+\frac{(b-c)^2}{c}+\frac{(c-a)^2}{a}\geqslant\frac{4(a-b)^2}{a+b+c}$. 从而命题得证.

(2) 由于 $x^2+y^2-2xy=(x-y)^2$, 所以, $\frac{x^2}{y}=2x-y+\frac{(x-y)^2}{y}$, 于是 $\frac{x_k^2}{x_{k+1}}=2x_k-x_{k+1}+\frac{(x_k-x_{k+1})^2}{x_{k+1}}(k=1,2,\cdots,n)$, 其中 $x_{n+1}=x_1$. 把这 n 个等式相加得

$$\frac{x_1^2}{x_2}+\frac{x_2^2}{x_3}+\cdots+\frac{x_{n-1}^2}{x_n}+\frac{x_n^2}{x_1}=$$

$$x_1+x_2+\cdots+x_n+\sum_{k=1}^{n}\frac{(x_k-x_{k+1})^2}{x_{k+1}}$$

由柯西不等式得

$$(x_3+x_4+\cdots+x_n+x_1)\sum_{k=2}^{n}\frac{(x_k-x_{k+1})^2}{x_{k+1}}\geqslant$$

$$\left[\sum_{k=2}^{n}(x_k-x_{k+1})\right]^2=(x_2-x_1)^2$$

即

$$\sum_{k=2}^{n}\frac{(x_k-x_{k+1})^2}{x_{k+1}}\geqslant\frac{(x_2-x_1)^2}{x_3+x_4+\cdots+x_n+x_1}$$

所以

$$\frac{x_1^2}{x_2}+\frac{x_2^2}{x_3}+\cdots+\frac{x_{n-1}^2}{x_n}+\frac{x_n^2}{x_1}\geqslant$$

$$x_1+x_2+\cdots+x_n+\frac{(x_1-x_2)^2}{x_2}+$$

$$\frac{(x_2-x_1)^2}{x_3+x_4+\cdots+x_n+x_1}$$

又由柯西不等式得

$$\frac{1^2}{x_2}+\frac{1^2}{x_3+x_4+\cdots+x_n+x_1}\geqslant$$

$$\frac{2^2}{x_2+x_3+x_4+\cdots+x_n+x_1}=$$

$$\frac{4}{x_1+x_2+\cdots+x_n}$$

所以

$$\frac{x_1^2}{x_2}+\frac{x_2^2}{x_3}+\cdots+\frac{x_{n-1}^2}{x_n}+\frac{x_n^2}{x_1}\geqslant$$

$$x_1+x_2+\cdots+x_n+\frac{4(x_1-x_2)^2}{x_1+x_2+\cdots+x_n}$$

(3) 在(2)中取 $n=4$,并将条件代入即得.

63. 由柯西不等式得

$$\frac{k^2(k+1)^2}{4}=\left(\sum_{i=1}^{k}\frac{i}{\sqrt{a_i}}\cdot\sqrt{a_i}\right)^2\leqslant\sum_{i=1}^{k}\frac{i^2}{a_i}\sum_{i=1}^{k}a_i$$

所以

$$\frac{k}{\sum\limits_{i=1}^{k}a_i}\leqslant\frac{4}{k(k+1)^2}\sum_{i=1}^{k}\frac{i^2}{a_i}\quad(k=1,2,\cdots,n)$$

求和得

$$\sum_{i=1}^{n}\frac{k}{\sum\limits_{i=1}^{k}a_i}\leqslant\sum_{i=1}^{n}\left[\frac{4}{k(k+1)^2}\sum_{i=1}^{k}\frac{i^2}{a_i}\right]<$$

$$2\sum_{i=1}^{n}\left[\frac{i^2}{a_i}\sum_{k=i}^{n}\frac{2k+1}{k^2(k+1)^2}\right]=$$

$$2\sum_{i=1}^{n}\left[\frac{i^2}{a_i}\sum_{k=i}^{n}\left(\frac{1}{k^2}-\frac{1}{(k+1)^2}\right)\right]=$$

$$2\sum_{i=1}^{n}\frac{i^2}{a_i}\cdot\left(\frac{1}{i^2}-\frac{1}{(n+1)^2}\right)<$$

$$2\sum_{i=1}^{n}\frac{i^2}{a_i}\cdot\frac{1}{i^2}=2\sum_{i=1}^{n}\frac{1}{a_i}$$

64.因为 $a_1,a_2,\cdots,a_n$ 是正数,所以由柯西不等式得

$$n\left[\left(\frac{a_1+a_n}{2}\right)^2+\left(\frac{a_1+a_n}{2}\right)^2+a_2^2+a_3^2+\cdots+a_{n-1}^2\right]=$$

$$(1+1+1+\cdots+1)\left[\left(\frac{a_1+a_n}{2}\right)^2+\left(\frac{a_1+a_n}{2}\right)^2+\right.$$

$$\left.a_2^2+a_3^2+\cdots+a_{n-1}^2\right]\geqslant$$

$$\left[\frac{a_1+a_n}{2}+\frac{a_1+a_n}{2}+a_2+a_3+\cdots+a_{n-1}\right]^2$$

所以

$$\left(\frac{a_1+a_n}{2}\right)^2+\left(\frac{a_1+a_n}{2}\right)^2+a_2^2+a_3^2+\cdots+a_{n-1}^2\geqslant$$

$$\frac{1}{n}(a_1+a_2+\cdots+a_n)^2$$

两端同时加上 $\frac{1}{2}(a_1-a_n)^2$ 得

$$a_1^2+a_2^2+\cdots+a_n^2\geqslant\frac{1}{n}(a_1+a_2+\cdots+a_n)^2+\frac{1}{2}(a_1-a_n)^2$$

65.由于 $\sum_{k=1}^{n}(x_{n+1}-x_k)=nx_{n+1}-\sum_{k=1}^{n}x_k=(n-1)x_{n+1}$,于是,只需证明

$$x_{n+1}\sqrt{n-1}\geqslant\sum_{k=1}^{n}\sqrt{x_k(x_{n+1}-x_k)}$$

即证

$$\sum_{k=1}^{n}\sqrt{\frac{x_k}{x_{n+1}}\left(1-\frac{x_k}{x_{n+1}}\right)}\leqslant\sqrt{n-1}$$

由柯西不等式得

$$\left[\sum_{k=1}^{n}\sqrt{\frac{x_k}{x_{n+1}}\left(1-\frac{x_k}{x_{n+1}}\right)}\right]^2\leqslant\left(\sum_{k=1}^{n}\frac{x_k}{x_{n+1}}\right)\cdot\left[\sum_{k=1}^{n}\left(1-\frac{x_k}{x_{n+1}}\right)\right]=$$

$$\left(\frac{1}{x_{n+1}}\sum_{k=1}^{n}x_k\right)\left(n-\frac{1}{x_{n+1}}\sum_{k=1}^{n}x_k\right)=n-1$$

所以

$$x_{n+1}\sum_{k=1}^{n}(x_{n+1}-x_k)\geqslant\left[\sum_{k=1}^{n}\sqrt{x_k(x_{n+1}-x_k)}\right]^2$$

66. 由柯西不等式，得

$$\left(\sum_{k=1}^{n}(a_k-b_k)\right)^2\leqslant\sum_{k=1}^{n}(a_k+b_k)\sum_{k=1}^{n}\frac{(a_k-b_k)^2}{a_k+b_k}$$

故

$$AB=\sum_{k=1}^{n}a_k\sum_{k=1}^{n}b_k=\frac{1}{4}\left[\left(\sum_{k=1}^{n}a_k+\sum_{k=1}^{n}b_k\right)^2-\left(\sum_{k=1}^{n}a_k-\sum_{k=1}^{n}b_k\right)^2\right]=$$

$$\frac{1}{4}\left[\left(\sum_{k=1}^{n}(a_k+b_k)\right)^2-\left(\sum_{k=1}^{n}(a_k-b_k)\right)^2\right]\geqslant$$

$$\frac{1}{4}\left[\left(\sum_{k=1}^{n}(a_k+b_k)\right)^2-\sum_{k=1}^{n}(a_k+b_k)\left(\sum_{k=1}^{n}\frac{(a_k-b_k)^2}{a_k+b_k}\right)\right]=$$

$$\sum_{k=1}^{n}(a_k+b_k)\left[\frac{1}{4}\sum_{k=1}^{n}(a_k+b_k)-\frac{1}{4}\sum_{k=1}^{n}\frac{(a_k-b_k)^2}{a_k+b_k}\right]=$$

$$\sum_{k=1}^{n}(a_k+b_k)\sum_{k=1}^{n}\frac{(a_k+b_k)^2-(a_k-b_k)^2}{4(a_k+b_k)}=$$

$$\sum_{k=1}^{n}(a_k+b_k)\sum_{k=1}^{n}\frac{a_kb_k}{a_k+b_k}$$

67. (1) 我们只要证明

$$\sqrt{(a^2+b^2+c^2)(x^2+y^2+z^2)}\geqslant$$

$$\frac{1}{3}[a(2y+2z-x)+b(2z+2x-y)+c(2x+2y-z)]$$

由柯西不等式变形，得

$$\frac{1}{3}[a(2y+2z-x)+b(2z+2x-y)+c(2x+2y-z)]\leqslant$$

$$\frac{1}{3}\mid a(2y+2z-x)+b(2z+2x-y)+c(2x+2y-z)\mid\leqslant$$

$$\frac{1}{3}\sqrt{(a^2+b^2+c^2)[(2y+2z-x)^2+(2z+2x-y)^2+(2x+2y-z)^2]}=$$

$$\sqrt{(a^2+b^2+c^2)(x^2+y^2+z^2)}$$

(2) 令 $X=\dfrac{x_1+x_2+\cdots+x_n}{n}$，原不等式等价于

$$\sqrt{\left(\sum_{i=1}^{n}a_i^2\right)\left(\sum_{i=1}^{n}x_i^2\right)}\geqslant\sum_{i=1}^{n}a_i(2X-x_i)$$

$$\sum_{i=1}^{n}(2X-x_i)^2=\sum_{i=1}^{n}(4X^2-4Xx_i+x_i^2)=$$
$$4nX^2-4X\sum_{i=1}^{n}x_i+\sum_{i=1}^{n}x_i^2=$$
$$4nX^2-4nX^2+\sum_{i=1}^{n}x_i^2=\sum_{i=1}^{n}x_i^2$$

由柯西不等式得

$$\left(\sum_{i=1}^{n}a_i^2\right)\sum_{i=1}^{n}(2X-x_i)^2\geqslant\left[\sum_{i=1}^{n}a_i(2X-x_i)\right]^2$$

即

$$\left(\sum_{i=1}^{n}a_i^2\right)\left(\sum_{i=1}^{n}x_i^2\right)\geqslant\left[\sum_{i=1}^{n}a_i(2X-x_i)\right]^2$$

当且仅当$\frac{a_1}{2X-x_1}=\frac{a_2}{2X-x_2}=\cdots=\frac{a_n}{2X-x_n}$时等号成立.

68. 由柯西不等式知

$$(y_1+y_2+\cdots+y_n)^2=$$
$$\left(\frac{y_1}{\sqrt{x_1}}\sqrt{x_1}+\frac{y_2}{\sqrt{x_2}}\sqrt{x_2}+\cdots+\frac{y_n}{\sqrt{x_n}}\sqrt{x_n}\right)\leqslant$$
$$\left(\frac{y_1^2}{x_1}+\frac{y_2^2}{x_2}+\cdots+\frac{y_n^2}{x_n}\right)(x_1+x_2+\cdots+x_n)$$

所以
$$\frac{y_1^2}{x_1}+\frac{y_2^2}{x_2}+\cdots+\frac{y_n^2}{x_n}\geqslant\frac{(y_1+y_2+\cdots+y_n)^2}{x_1+x_2+\cdots+x_n}$$

注意到

$$\sum_{k=1}^{n}a_k^3=\frac{1}{4}n^2(n+1)^2$$

故

$$\sum_{k=1}^{n-2}\frac{1}{a_k^3+a_{k+1}^3+a_{k+2}^3}\geqslant\frac{(n-2)^2}{3\sum_{k=1}^{n}a_k^3-2(a_1^3+a_n^3)-(a_2^3+a_{n-1}^3)}>$$
$$\frac{(n-2)^2}{3\sum_{k=1}^{n}a_k^3}=\frac{4(n-2)^2}{3n^2(n+1)^2}$$

69. 注意到

$$\sum_{i=1}^{n}\frac{x_i(2x_i-x_{i+1}-x_{i+2})}{x_{i+1}+x_{i+2}}\geqslant 0\Leftrightarrow$$

$$\sum_{i=1}^{n}\left(\frac{2x_i^2}{x_{i+1}+x_{i+2}}-x_i\right)\geqslant 0\Leftrightarrow$$

$$\sum_{i=1}^{n}\frac{x_i^2}{x_{i+1}+x_{i+2}}\geqslant\frac{1}{2}\sum_{i=1}^{n}x_i \tag{1}$$

其中，$x_{n+1}=x_1$，$x_{n+2}=x_2$.

由柯西不等式得

$$\sum_{i=1}^{n}\frac{x_i^2}{x_{i+1}+x_{i+2}}\cdot\sum_{i=1}^{n}(x_{i+1}+x_{i+2})\geqslant\left(\sum_{i=1}^{n}x_i\right)^2$$

上式两边同时除以 $2\sum\limits_{i=1}^{n}x_i$，即得式(1).

70. 由关于正数 x，y 的不等式 $\frac{1}{x}+\frac{1}{y}\geqslant\frac{4}{x+y}$（当且仅当 $x=y$ 时取等号），可得

$$\frac{1}{2}+\frac{1}{3}+\cdots+\frac{1}{n+1}=$$

$$\frac{1}{2}\left[\left(\frac{1}{2}+\frac{1}{n+1}\right)+\left(\frac{1}{3}+\frac{1}{n}\right)+\cdots+\left(\frac{1}{n+1}+\frac{1}{2}\right)\right]>$$

$$\frac{1}{2}\left(\frac{4}{n+3}+\frac{4}{n+3}+\cdots+\frac{4}{n+3}\right)=\frac{2n}{n+3}$$

故

$$\frac{1}{2}+\frac{1}{3}+\cdots+\frac{1}{n+1}>\frac{2n}{n+3}$$

由柯西不等式及 $\frac{1}{(n+1)^2}<\frac{4}{(2n+1)(2n+3)}$ 可得

$$\left(\frac{1}{2}+\frac{1}{3}+\cdots+\frac{1}{n+1}\right)^2<$$

$$(1^2+1^2+\cdots+1^2)\left[\frac{1}{2^2}+\frac{1}{3^2}+\cdots+\frac{1}{(n+1)^2}\right]<$$

$$n\left[\frac{4}{3\times 5}+\frac{4}{5\times 7}+\cdots+\frac{4}{(2n+1)(2n+3)}\right]=$$

$$2n\left(\frac{1}{3}-\frac{1}{5}+\frac{1}{5}-\frac{1}{7}+\cdots+\frac{1}{2n+1}-\frac{1}{2n+3}\right)=$$

$$2n\left(\frac{1}{3}-\frac{1}{2n+3}\right)=\frac{4n^2}{3(2n+3)}$$

故

$$\frac{1}{2}+\frac{1}{3}+\cdots+\frac{1}{n+1}<\frac{2n}{\sqrt{3(2n+3)}}$$

所以,原不等式成立.

71. 由柯西不等式,对于任意实数 $a_1,a_2,\cdots,a_n$ 有

$$a_1+a_2+\cdots+a_n\leqslant\sqrt{n}\cdot\sqrt{a_1^2+a_2^2+\cdots+a_n^2}$$

令

$$a_k=\frac{x_k}{1+x_1^2+\cdots+x_k^2}\quad(k=1,2,\cdots,n)$$

只要证明

$$\left(\frac{x_1}{1+x_1^2}\right)^2+\left(\frac{x_2}{1+x_1^2+x_2^2}\right)^2+\cdots+\left(\frac{x_n}{1+x_1^2+\cdots+x_n^2}\right)^2<1$$

当 $k\geqslant 2$ 时,有

$$\left(\frac{x_k}{1+x_1^2+\cdots+x_k^2}\right)^2\leqslant\frac{x_k^2}{(1+x_1^2+\cdots+x_{k-1}^2)(1+x_1^2+\cdots+x_k^2)}=$$

$$\frac{1}{1+x_1^2+\cdots+x_{k-1}^2}-\frac{1}{1+x_1^2+\cdots+x_k^2}$$

当 $k=1$ 时,$\left(\frac{x_1}{1+x_1^2}\right)^2\leqslant 1-\frac{1}{1+x_1^2}$,因此

$$\sum_{k=1}^{n}\left(\frac{x_k}{1+x_1^2+\cdots+x_k^2}\right)^2\leqslant 1-\frac{1}{1+x_1^2+\cdots+x_n^2}<1$$

72. 设 $S_k=x_1+x_2+\cdots+x_k$. 注意到

$$S_1<S_2<\cdots<S_n,x_k=S_k-S_{k-1},k\geqslant 2$$

由柯西不等式,得

$$\left(\frac{1}{1+S_1}+\frac{1}{1+S_2}+\cdots+\frac{1}{1+S_n}\right)^2\leqslant$$

$$\left(\frac{1}{x_1}+\frac{1}{x_2}+\cdots+\frac{1}{x_n}\right)\left(\frac{x_1}{(1+S_1)^2}+\frac{x_2}{(1+S_2)^2}+\cdots+\frac{x_n}{(1+S_n)^2}\right)$$

而

$$\frac{x_1}{(1+S_1)^2}+\frac{x_2}{(1+S_2)^2}+\cdots+\frac{x_n}{(1+S_n)^2}<$$

$$\frac{x_1}{1+S_1}+\frac{x_2}{(1+S_1)(1+S_2)}+\cdots+\frac{x_n}{(1+S_{n-1})(1+S_n)}=$$

$$\frac{S_1}{1+S_1}+\frac{S_2-S_1}{(1+S_1)(1+S_2)}+\cdots+\frac{S_n-S_{n-1}}{(1+S_{n-1})(1+S_n)}=$$

$$1-\frac{1}{1+S_1}+\frac{1}{1+S_1}-\frac{1}{1+S_2}+\cdots+\frac{1}{1+S_{n-1}}-\frac{1}{1+S_n}=$$

$$1-\frac{1}{1+S_n}<1$$

所以

$$\left(\frac{1}{1+S_1}+\frac{1}{1+S_2}+\cdots+\frac{1}{1+S_n}\right)^2<\frac{1}{x_1}+\frac{1}{x_2}+\cdots+\frac{1}{x_n}$$

故

$$\frac{1}{1+x_1}+\frac{1}{1+x_1+x_2}+\cdots+\frac{1}{1+x_1+\cdots+x_n}<\sqrt{\frac{1}{x_1}+\frac{1}{x_2}+\cdots+\frac{1}{x_n}}$$

73. 当 $n=0,1$ 时，显然，不等式中的等号成立.

当 $n>1$ 时，注意到

$$kC_n^k=nC_{n-1}^{k-1}\quad(k=1,2,\cdots,n)$$

则由柯西不等式得

$$\sum_{k=0}^{n}\frac{4k+1}{C_n^k}=\sum_{k=0}^{n}\frac{(4k+1)^2}{(4k+1)C_n^k}>\frac{\left[\sum\limits_{k=0}^{n}(4k+1)\right]^2}{\sum\limits_{k=0}^{n}(4k+1)C_n^k}=$$

$$\frac{[(n+1)(2n+1)]^2}{2^n+4\sum\limits_{k=0}^{n}kC_n^k}=\frac{(n+1)^2(2n+1)^2}{2^n+4n\sum\limits_{k=1}^{n}C_{n-1}^{k-1}}$$

综上，当 n 为自然数时，原不等式成立.

74. 当 $n=2$ 时，则 $\sqrt{2}<2$. 命题成立.

当 $n=3$ 时，则 $1<\sqrt{3}$. 所以可设 $n\geqslant 4$.

由柯西不等式，得

$$1\cdot\sqrt{C_n^1}+2\cdot\sqrt{C_n^2}+\cdots+n\cdot\sqrt{C_n^n}\leqslant$$

$$(1^2+2^2+\cdots+n^2)^{\frac{1}{2}}(C_n^1+C_n^2+\cdots+C_n^n)^{\frac{1}{2}}=$$

$$\left[\frac{n(n+1)(2n+1)}{6}\right]^{\frac{1}{2}}\cdot(2^n-1)^{\frac{1}{2}}$$

即证明 $\frac{n(n+1)(2n+1)}{6}\cdot(2^n-1)<2^{n-1}\cdot n^3$ 便可. 等价于

$(2n^2+3n+1)(2^n-1)<3n^2\cdot 2^n$.

因为 $n\geqslant 4$,故 $n^2>3n$,$n^2\geqslant 3n+1$,进而 $3n^2\geqslant 2n^2+3n+1$.所以$(2n^2+3n+1)(2^n-1)<3n^2\cdot 2^n$.从而,命题成立.

75.令 $a_ib_i-c_i^2=d_i^2>0$,则由柯西不等式,得

$$\left(\sum a_i\right)\left(\sum b_i\right)\geqslant\left(\sum\sqrt{a_ib_i}\right)^2=$$

$$\sum_{i=1}^{n}\sum_{j=1}^{n}\sqrt{a_ib_i}\ \sqrt{a_jb_j}=$$

$$\sum_{i=1}^{n}\sum_{j=1}^{n}\sqrt{c_i^2+d_i^2}\ \sqrt{c_j^2+d_j^2}\geqslant$$

$$\sum_{i=1}^{n}\sum_{j=1}^{n}(c_ic_j+d_id_j)=\left(\sum_{i=1}^{n}c_i\right)^2+\left(\sum_{i=1}^{n}d_i\right)^2$$

又因为 $\left(\sum\limits_{i=1}^{n}d_i\right)^2\left(\sum\limits_{i=1}^{n}d_i^{-2}\right)\geqslant n^3$,故原不等式左边 $\leqslant \dfrac{n^3}{\left(\sum d_i\right)^2}\leqslant\sum d_i^{-2}$.等号成立当且仅当 $a_1=a_2=\cdots=a_n$,$b_1=b_2=\cdots=b_n$,$c_1=c_2=\cdots=c_n$.

习题六

1.由均值不等式和柯西不等式,可得 $\sqrt[3]{xyz}\leqslant\dfrac{x+y+z}{3}\leqslant\dfrac{\sqrt{3(x^2+y^2+z^2)}}{3}=\dfrac{\sqrt{3}}{3}$.于是有 $xyz\leqslant\dfrac{\sqrt{3}}{9}$,$x+y+z\leqslant\sqrt{3}$.两式相乘即得 $x^2yz+xy^2z+xyz^2\leqslant\dfrac{1}{3}$.

2.证法一:由柯西不等式得

$$(a+b+c)^2\leqslant 3(a^2+b^2+c^2)$$

于是,$a+b+c<6$,且有$\dfrac{(a+b+c)^3}{9}<4(a+b+c)$.

由均值不等式得

$$(a+b+c)^3\geqslant 27abc$$

故 $3abc\leqslant\dfrac{(a+b+c)^3}{9}<4(a+b+c)$.

证法二:由证法一得 $a+b+c<6$.于是

$$a^2+b^2+c^2<2(a+b+c)<12$$

故$(a^2+b^2+c^2)(a+b+c)<12(a+b+c)$.

由均值不等式得

$$a^2+b^2+c^2\geqslant 3(abc)^{\frac{2}{3}},a+b+c\geqslant 3(abc)^{\frac{1}{3}}$$

故 $9abc\leqslant(a^2+b^2+c^2)(a+b+c)<12(a+b+c)$.

因此,结论成立.

3. 由柯西不等式,得

$$(a+2b+3c)^2\leqslant$$
$$[(\sqrt{1})^2+(\sqrt{2})^2+(\sqrt{3})^2][(\sqrt{1}a)^2+(\sqrt{2}b)^2+(\sqrt{3}c)^2]=9$$

所以

$$a+2b+3c\leqslant 3$$

所以

$$3^{-a}+9^{-b}+27^{-c}\geqslant 3\sqrt[3]{3^{-(a+2b+3c)}}\geqslant 3\sqrt[3]{3^{-3}}=1$$

4. 不妨令 $x^2\geqslant y^2\geqslant z^2$,所以 $x^2\geqslant 3,6\geqslant y^2+z^2\geqslant 2yz$. 利用柯西不等式得

$$\begin{aligned}[2(x+y+z)-xyz]^2=&[2(y+z)+x(2-yz)]^2\leqslant\\&[(y+z)^2+x^2][2^2+(2-yz)^2]=\\&(2yz+9)(y^2z^2-4yz+8)\end{aligned}$$

记 $t=yz$,只要证明

$$\begin{aligned}100-(2t+9)(t^2-4t+8)=&-2t^3-t^2+20t+28=\\&(t+2)^2(7-2t)\geqslant 0\end{aligned}$$

所以原不等式得证.

等号成立当且仅当 $yz=t=-2$ 及$\frac{y+z}{2}=\frac{x}{2-yz}=\frac{x}{4}$,即 $yz=-2$ 及 $x^2=4(y+z)^2=4(y^2+z^2+2yz)=4(9-x^2-4)=20-4x^2$,亦即 $x^2=4,y+z=\pm 1,yz=-2$. 而 $x^2\geqslant y^2\geqslant z^2$,故 $x=2,y=2,z=-1$.

5. 因为 $x+y+z+t=0$,所以 $y+t=-(x+z)$,而

$$xy+yz+zt+tx=(x+z)(y+t)=-(x+z)^2\leqslant 0$$

由柯西不等式得

$$(xy+yz+zt+tx)^2\leqslant(x^2+y^2+z^2+t^2)(y^2+z^2+t^2+x^2)=1$$

所以

$$-1 \leqslant xy + yz + zt + tx \leqslant 1$$

综上，$-1 \leqslant xy + yz + zt + tx \leqslant 0$.

不等式左边当且仅当 $x+z=y+t=0$ 时等号成立，这时 $(x,y,z,t)=(a,b,-a,-b)$. 其中 $a^2+b^2=\frac{1}{2}$. 不等式右边等号当且仅当 $(x,y,z,t)=k(y,z,t,x)$ 且 $x+y+z+t=0$，$x^2+y^2+z^2+t^2=1$ 时成立，解得 $k=-1$，$x=\pm\frac{1}{2}$. 即 $(x,y,z,t)=\left(\frac{1}{2},-\frac{1}{2},\frac{1}{2},-\frac{1}{2}\right)$ 或 $(x,y,z,t)=\left(-\frac{1}{2},\frac{1}{2},-\frac{1}{2},\frac{1}{2}\right)$ 时右边等号成立.

6. 由柯西不等式得

$$(a+bc+c)^2 \leqslant (a^2+b^2+c^2)(1^2+c^2+1^2) = (2+c^2)(a^2+b^2+c^2) = 3(2+c^2)$$

同理

$$(b+ca+a)^2 \leqslant (b^2+c^2+a^2)(1^2+a^2+1^2) = 3(2+a^2)$$

$$(c+ab+b)^2 \leqslant 3(2+b^2)$$

因为 $a^2+b^2+c^2=3$，所以相加得

$$(a+bc+c)^2+(b+ca+a)^2+(c+ab+b)^2 \leqslant 27$$

7. 令 $s=a+b+c+d$，由柯西不等式，我们有

$$4=\sqrt{4(a^2+b^2+c^2+d^2)} \geqslant s \tag{1}$$

因为 a,b,c,d 为非负数，所以

$$s \geqslant \sqrt{a^2+b^2+c^2+d^2}=2 \tag{2}$$

运用算术平均-几何平均不等式，有

$$\sqrt{2}(4-ab-bc-cd-da)=\sqrt{2}[4-(a+c)(b+d)] \geqslant \sqrt{2}\left(4-\frac{s^2}{4}\right)$$

又

$$\sqrt{2}\left(4-\frac{s^2}{4}\right)-(\sqrt{2}+1)(4-s)=$$

$$-\frac{\sqrt{2}}{4}s^2+(\sqrt{2}+1)s-4=$$

$$\frac{\sqrt{2}}{4}[-s^2+(4+2\sqrt{2})s-8\sqrt{2}]=$$

$$\frac{\sqrt{2}}{4}(4-s)(s-2\sqrt{2}) \tag{3}$$

由式(1)和式(3)能推出,当 $s \geqslant 2\sqrt{2}$ 时,原不等式成立;下面证明当 $s < 2\sqrt{2}$ 时,原不等式也成立.

因为

$$\sqrt{2}(4-ab-bc-cd-da) \geqslant$$
$$\sqrt{2}(4-ab-bc-cd-da-ac-bd)=$$
$$\frac{\sqrt{2}}{2}(12-s^2)$$

所以

$$\frac{\sqrt{2}}{2}(12-s^2)-(\sqrt{2}+1)(4-s)=$$
$$-\frac{\sqrt{2}}{2}s^2+(\sqrt{2}+1)s+(2\sqrt{2}-4)=$$
$$\frac{\sqrt{2}}{2}[-s^2+(2+\sqrt{2})s+(4-4\sqrt{2})]=$$
$$\frac{\sqrt{2}}{2}(2\sqrt{2}-s)(s-2+\sqrt{2}) \tag{4}$$

由式(2)和(4)知,这个不等式对 $s < 2\sqrt{2}$ 成立,原不等式获证.

8. 由柯西不等式得

$$a_1(b_1+a_2)+a_2(b_2+a_3)+\cdots+a_n(b_n+a_1)=$$
$$(a_1b_1+a_2b_2+\cdots+a_nb_n)+a_1a_2+a_2a_3+\cdots+a_na_1 \leqslant$$
$$(a_1^2+a_2^2+\cdots+a_n^2)(b_1^2+b_2^2+\cdots+b_n^2)+$$
$$a_1a_2+a_2a_3+\cdots+a_na_1=$$
$$a_1^2+a_2^2+\cdots+a_n^2+a_1a_2+a_2a_3+\cdots+a_na_1 <$$
$$(a_1+a_2+\cdots+a_n)^2=1$$

9. 由柯西不等式得

$$(x^2+y^3)(x+y^2) \geqslant (x^3+y^4)(x+y^2) \geqslant (x^2+y^3)^2 \tag{1}$$

所以

$$x+y^2 \geqslant x^2+y^3$$

同理由式(1)及柯西不等式得

$$(1+y)(x+y^2)\geqslant(1+y)(x^2+y^3)\geqslant(x+y^2)^2$$

所以

$$1+y\geqslant x+y^2$$

因此

$$x^3\leqslant x^2+y^3-y^4\leqslant x+y^2-y^4\leqslant 1+y-y^4$$

$$x^3+y^3\leqslant 1+y+y^3-y^4$$

再由 $1^4+y^4\geqslant 1^3\cdot y+1\cdot y^3$ 得 $y+y^3\leqslant 1+y^4$，所以

$$x^3+y^3\leqslant 1+1+y^4-y^4=2$$

10. 由柯西不等式得

$$(a^2+\frac{1}{2}b^2+\frac{1}{3}c^2+\frac{1}{4}d^2)(1+2+3+4)\geqslant(a+b+c+d)^2$$

而

$$a^2+\frac{1}{2}b^2+\frac{1}{3}c^2+\frac{1}{4}d^2=$$

$$\frac{1}{2}a^2+\frac{1}{6}(a^2+b^2)+\frac{1}{12}(a^2+b^2+c^2)+$$

$$\frac{1}{4}(a^2+b^2+c^2+d^2)\leqslant$$

$$\frac{1}{2}\times 1+\frac{1}{6}\times 5+\frac{1}{12}\times 14+\frac{1}{4}\times 30=10$$

所以 $a+b+c+d\leqslant 10$.

11. 由柯西不等式得

$$(a+b+c)(a^3+b^3+c^3)\geqslant(a^2+b^2+c^2)^2$$

只要证明

$$(a^2+b^2+c^2)^3\geqslant 4(a^6+b^6+c^6)$$

由恒等式 $(x+y+z)^3=x^3+y^3+z^3+3(x+y)(y+z)(z+x)$ 知只要证明

$$(a^2+b^2)(b^2+c^2)(c^2+a^2)\geqslant a^6+b^6+c^6$$

即证

$$2a^2b^2c^2+a^4(b^2+c^2)+b^4(c^2+a^2)+c^4(a^2+b^2)\geqslant a^6+b^6+c^6$$

由已知条件知不等式显然成立.

12. 由柯西不等式得 $3(a^2+b^2+c^2)\geqslant(a+b+c)^2$. 再由算术平均值大于或等于调和平均值得

$$\frac{1}{1+2ab}+\frac{1}{1+2bc}+\frac{1}{1+2ca}\geqslant$$

$$\frac{3^2}{3+2bc+2ca+2ab}=$$

$$\frac{9}{a^2+b^2+c^2+2ab+2bc+2ca}=$$

$$\frac{9}{(a+b+c)^2}\geqslant\frac{9}{3(a^2+b^2+c^2)}=1$$

13. 令 $a=\frac{x}{y}, b=\frac{y}{z}, c=\frac{z}{x}$，则原不等式等价于 $\frac{y}{2x+y}+\frac{z}{2y+z}+\frac{x}{2z+x}\geqslant 1$. 由柯西不等式，得

$$[x(x+2z)+y(y+2x)+z(z+2y)]\left(\frac{x}{x+2z}+\frac{y}{y+2x}+\frac{z}{z+2y}\right)\geqslant (x+y+z)^2$$

即

$$(x+y+z)^2\left(\frac{x}{x+2z}+\frac{y}{y+2x}+\frac{z}{z+2y}\right)\geqslant (x+y+z)^2$$

14. 不妨设 $b\geqslant c$，令 $\sqrt{b}=x+y, \sqrt{c}=x-y$，则

$$b-c=4xy, a=1-2x^2-2y^2, x\leqslant\frac{1}{\sqrt{2}}$$

$$\sqrt{a+\frac{1}{4}(b-c)^2}+\sqrt{b}+\sqrt{c}=\sqrt{1-2x^2-2y^2+4x^2y^2}+2x\leqslant$$

$$\sqrt{1-2x^2}+x+x\leqslant\sqrt{3}$$

最后一步由柯西不等式得到.

15. (1) 因为

$$\frac{x}{a}+\frac{y}{b}+\frac{z}{c}=$$

$$\frac{x^2}{x^2+kxy+kxz}+\frac{y^2}{kxy+y^2+kyz}+\frac{z^2}{kzx+kyz+z^2}$$

由柯西不等式得

$$\left(\frac{x^2}{x^2+kxy+kxz}+\frac{y^2}{kxy+y^2+kyz}+\frac{z^2}{kzx+kyz+z^2}\right)\cdot$$
$$[(x^2+kxy+kxz)+(kxy+y^2+kyz)+(kzx+kyz+z^2)]\geqslant$$
$$(x+y+z)^2$$

$$(2k+1)(x+y+z)^2-3[(x^2+kxy+kxz)+$$
$$(kxy+y^2+kyz)+(kzx+kyz+z^2)]=$$

$$2(k-1)(x^2+y^2+z^2-xy-yz-zx)=$$
$$(k-1)[(x-y)^2+(y-z)^2+(z-x)^2]\geqslant 0$$

所以

$$\frac{x}{a}+\frac{y}{b}+\frac{z}{c}\geqslant\frac{3}{2k+1}$$

16. 由柯西不等式得

原不等式左边 $\geqslant$

$$\frac{16}{(4a+3b+c)+(3a+b+4d)+(a+4c+3d)+(4b+3c+d)}=2$$

17. 由 $\frac{1}{a^2+1}+\frac{1}{b^2+1}+\frac{1}{c^2+1}=2$，得 $\frac{a^2}{a^2+1}+\frac{b^2}{b^2+1}+\frac{c^2}{c^2+1}=1$，由柯西不等式得

$$[(a^2+1)+(b^2+1)+(c^2+1)]\cdot\left(\frac{a^2}{a^2+1}+\frac{b^2}{b^2+1}+\frac{c^2}{c^2+1}\right)\geqslant(a+b+c)^2$$

即 $a^2+b^2+c^2+3\geqslant(a+b+c)^2$，即 $ab+bc+ca\leqslant\frac{3}{2}$.

18. 由柯西不等式得，当 $x,y>0$ 时，有 $(x+y)\left(\frac{1}{x}+\frac{1}{y}\right)\geqslant 4$，于是，$\frac{1}{x}+\frac{1}{y}\geqslant\frac{4}{x+y}$. 可以得到

$$\frac{1}{a+b}+\frac{1}{b+c}\geqslant\frac{4}{a+2b+c}$$
$$\frac{1}{b+c}+\frac{1}{c+a}\geqslant\frac{4}{b+2c+a}$$
$$\frac{1}{c+a}+\frac{1}{a+b}\geqslant\frac{4}{c+2a+b}$$

三式相加，得

$$\frac{2}{b+c}+\frac{2}{c+a}+\frac{2}{a+b}\geqslant\frac{4}{a+2b+c}+\frac{4}{b+2c+a}+\frac{4}{c+2a+b}$$

将 $a+b+c=1$ 代入其中，并约去 2 即得证.

19. 由柯西不等式得

$$[(1+a)+(1+b)+(1+c)]\left[\frac{1}{1+a}+\frac{1}{1+b}+\frac{1}{1+c}\right]\geqslant 9$$

又 $a+b+c\leqslant 3$，所以 $\frac{1}{1+a}+\frac{1}{1+b}+\frac{1}{1+c}\geqslant\frac{3}{2}$.

左边根据基本不等式可得.

20. 由柯西不等式得

$$[a(1+bc)+b(1+ca)+c(1+ab)]\left(\frac{a}{1+bc}+\frac{b}{1+ca}+\frac{c}{1+ab}\right)\geqslant (a+b+c)^2$$

即

$$(1+3abc)\left(\frac{a}{1+bc}+\frac{b}{1+ca}+\frac{c}{1+ab}\right)\geqslant 1$$

$$\frac{a}{1+bc}+\frac{b}{1+ca}+\frac{c}{1+ab}\geqslant \frac{1}{1+3abc}$$

由均值不等式得

$$abc\leqslant\left(\frac{a+b+c}{3}\right)^3=\frac{1}{27}$$

所以

$$\frac{a}{1+bc}+\frac{b}{1+ca}+\frac{c}{1+ab}\geqslant\frac{9}{10}$$

21. 令 $a=\frac{yz}{x^2},b=\frac{zw}{y^2},c=\frac{wx}{z^2},d=\frac{xy}{w^2}$,于是

$$\frac{1}{(1+a)^2}+\frac{1}{(1+b)^2}+\frac{1}{(1+c)^2}+\frac{1}{(1+d)^2}\geqslant 1\Leftrightarrow$$

$$\frac{x^4}{(x^2+yz)^2}+\frac{y^4}{(y^2+zw)^2}+\frac{z^4}{(z^2+wx)^2}+\frac{w^4}{(w^2+xy)^2}\geqslant 1$$

由柯西不等式得

$$[(x^2+yz)^2+(y^2+zw)^2+(z^2+wx)^2+(w^2+xy)^2]\cdot\left(\frac{x^4}{(x^2+yz)^2}+\frac{y^4}{(y^2+zw)^2}+\frac{z^4}{(z^2+wx)^2}+\frac{w^4}{(w^2+xy)^2}\right)\geqslant (x^2+y^2+z^2+w^2)^2$$

只要证明

$$(x^2+y^2+z^2+w^2)^2\geqslant$$
$$(x^2+yz)^2+(y^2+zw)^2+(z^2+wx)^2+(w^2+xy)^2\Leftrightarrow$$
$$x^2(y-z)^2+y^2(z-w)^2+z^2(w-x)^2+w^2(x-y)^2\geqslant 0$$

22. 由柯西不等式知

$$(b^2+c+c^2+a+a^2+b)\cdot\left(\frac{a^4}{b^2+c}+\frac{b^4}{c^2+a}+\frac{c^4}{a^2+b}\right)\geqslant (a^2+b^2+c^2)^2$$

故

$$\frac{a^4}{b^2+c}+\frac{b^4}{c^2+a}+\frac{c^4}{a^2+b}\geqslant\frac{(a^2+b^2+c^2)^2}{a^2+b^2+c^2+3}$$

令 $a^2+b^2+c^2=x$，易证 $x\geqslant 3$. 故

$$\frac{x^2}{3+x}\geqslant\frac{3}{2}\Leftrightarrow 2x^2\geqslant 9+3x\Leftrightarrow 2x^2-3x-9\geqslant 0\Leftrightarrow$$

$$(2x+3)(x-3)\geqslant 0$$

显然成立.

所以 $\sum\frac{a^4}{b^2+c}\geqslant\frac{3}{2}$.

23. 由柯西不等式，得

$$\left(\sum\frac{a^n}{b+\lambda c}\right)\left(\sum a^{n-2}(b+\lambda c)\right)\geqslant\left(\sum a^{n-1}\right)^2=1 \quad (1)$$

由均值不等式得，$a^{n-2}b\leqslant\frac{n-2}{n-1}a^{n-1}+\frac{1}{n-1}b^{n-1}$，故

$$\sum a^{n-2}b\leqslant\sum a^{n-1}=1$$

同理

$$\sum a^{n-2}c\leqslant\sum a^{n-1}=1$$

所以

$$\sum a^{n-2}(b+\lambda c)=\sum(a^{n-2}b+\lambda a^{n-2}c)=$$

$$\sum a^{n-2}b+\lambda\sum a^{n-2}c\leqslant 1+\lambda \quad (2)$$

结合式(1)，(2)知原不等式成立.

24. 因为

$$(a-b)^2=a^2-2ab+b^2$$

所以

$$a^2=2ab-b^2+(a-b)^2$$

当 $b>0$ 时有

$$\frac{a^2}{b}=2a-b+\frac{(a-b)^2}{b}$$

利用上式及柯西不等式，可知

$$\frac{(x+y-1)^2}{z}+\frac{(y+z-1)^2}{x}+\frac{(z+x-1)^2}{y}=$$

$$2(x+y-1)-z+\frac{(x+y-z-1)^2}{z}+$$

$$2(y+z-1)-x+\frac{(y+z-x-1)^2}{x}+$$

$$2(z+x-1)-y+\frac{(z+x-y-1)^2}{y}=$$

$$3(x+y+z)-6+\frac{(x+y-z-1)^2}{z}+$$

$$\frac{(y+z-x-1)^2}{x}+\frac{(z+x-y-1)^2}{y}\geqslant$$

$$3(x+y+z)-6+\frac{(x+y+z-3)^2}{x+y+z}=$$

$$3(x+y+z)-6+\frac{(x+y+z)^2-6(x+y+z)+9}{x+y+z}=$$

$$4(x+y+z)-12+\frac{9}{x+y+z}$$

25. 注意到$\frac{x(x+2)}{2x^2+1}=\frac{(2x+1)^2}{2(2x^2+1)}-\frac{1}{2}$等式子,所以原不等式等价于

$$\frac{(2x+1)^2}{2x^2+1}+\frac{(2y+1)^2}{2y^2+1}+\frac{(2z+1)^2}{2z^2+1}\geqslant 3$$

由柯西不等式,我们有

$$2x^2=\frac{4}{3}x^2+\frac{2}{3}(y+z)^2\leqslant\frac{4}{3}x^2+\frac{4}{3}(y^2+z^2)$$

所以

$$\sum\frac{(2x+1)^2}{2x^2+1}\geqslant 3\sum\frac{(2x+1)^2}{4(x^2+y^2+z^2)+3}=3$$

26. 用$\sum$表示循环和,即证明

$$\sum\frac{1}{2+a^2+b^2}\leqslant\frac{3}{4}\qquad(1)$$

由柯西不等式,得

$$\left(\sum\frac{a^2+b^2}{2+a^2+b^2}\right)\sum(2+a^2+b^2)\geqslant\left(\sum\sqrt{a^2+b^2}\right)^2$$

又

$$\left(\sum\sqrt{a^2+b^2}\right)^2=2\sum a^2+2\sum\sqrt{(a^2+b^2)(a^2+c^2)}$$

及$\sqrt{(a^2+b^2)(a^2+c^2)}\geqslant a^2+bc$,则

$$\left(\sum\sqrt{a^2+b^2}\right)^2\geqslant 2\sum a^2+2\sum a^2+2\sum bc=$$

$$3\sum a^2+(a+b+c)^2=9+3\sum a^2=$$

$$\frac{3}{2}(6+2\sum a^2)=\frac{3}{2}\sum(2+a^2+b^2)$$

故

$$\left(\sum\frac{a^2+b^2}{2+a^2+b^2}\right)\sum(2+a^2+b^2)\geqslant\frac{3}{2}\sum(2+a^2+b^2)$$

所以

$$\sum\frac{a^2+b^2}{2+a^2+b^2}\geqslant\frac{3}{2}\tag{2}$$

式(2)两边乘以 -1,再加上 3,再除以 2,即得式(1).

27.记 $A=\frac{a^2}{ab^2(4-ab)}+\frac{b^2}{bc^2(4-bc)}+\frac{c^2}{ca^2(4-ca)}$,$B=\frac{b^2}{ab^2(4-ab)}+\frac{c^2}{bc^2(4-bc)}+\frac{a^2}{ca^2(4-ca)}$.

欲证明原不等式,只需证明 $A\geqslant 1$,$B\geqslant 1$.

由柯西不等式得

$$\left(\frac{4-ab}{a}+\frac{4-bc}{b}+\frac{4-ac}{c}\right)A\geqslant\left(\frac{1}{a}+\frac{1}{b}+\frac{1}{c}\right)^2$$

设 $k=\frac{1}{a}+\frac{1}{b}+\frac{1}{c}$.则 $A\geqslant\frac{k^2}{4k-3}$.

由

$$(a+b+c)\left(\frac{1}{a}+\frac{1}{b}+\frac{1}{c}\right)\geqslant 3^2\Rightarrow$$

$$k=\frac{1}{a}+\frac{1}{b}+\frac{1}{c}\geqslant 3\Rightarrow$$

$$(k-3)(k-1)\geqslant 0\Rightarrow$$

$$k^2-4k+3\geqslant 0\Rightarrow$$

$$A=\frac{k^2}{4k-3}\geqslant 1$$

又 $B=\frac{1}{a(4-ab)}+\frac{1}{b(4-bc)}+\frac{1}{c(4-ca)}$,则

$$\left(\frac{4-ab}{a}+\frac{4-bc}{b}+\frac{4-ca}{c}\right)B\geqslant\left(\frac{1}{a}+\frac{1}{b}+\frac{1}{c}\right)^2$$

故

$$B\geqslant\frac{k^2}{4k-3}\geqslant 1$$

因此，$A+3B\geqslant 4$.

28. 设 $a=\tan\frac{A}{2}$，$b=\tan\frac{B}{2}$，$c=\tan\frac{C}{2}(0<A,B,C<\pi)$.

由 $ab+bc+ca=1$，得 $A+B+C=\pi$.

所以 $\cos A+\cos B+\cos C\leqslant\frac{3}{2}$. 由柯西不等式，有

$$\frac{1}{\sqrt{a^2+1}}+\frac{2}{\sqrt{b^2+1}}+\frac{3}{\sqrt{c^2+1}}=$$

$$\cos\frac{A}{2}+2\cos\frac{B}{2}+3\cos\frac{C}{2}\leqslant$$

$$\sqrt{(1^2+2^2+3^2)\left(\cos^2\frac{A}{2}+\cos^2\frac{B}{2}+\cos^2\frac{C}{2}\right)}=$$

$$\sqrt{14\left(\frac{3+\cos A+\cos B+\cos C}{2}\right)}\leqslant$$

$$\sqrt{14\cdot\left(\frac{3+\frac{3}{2}}{2}\right)}=\frac{3\sqrt{14}}{2}$$

因为第一个不等式等号成立的条件是 $\cos\frac{\frac{A}{2}}{1}=\cos\frac{\frac{B}{2}}{2}=\cos\frac{\frac{C}{2}}{3}$，第二个不等式等号成立的条件是 $A=B=C=\frac{\pi}{3}$. 所以，两个等号不可能同时成立.

故 $\frac{1}{\sqrt{a^2+1}}+\frac{2}{\sqrt{b^2+1}}+\frac{3}{\sqrt{c^2+1}}<\frac{3\sqrt{14}}{2}$.

29. 原不等式等价于

$$\sum\left[a-\frac{a}{1+(b+c)^2}\right]\geqslant 3-\frac{3(a^2+b^2+c^2)}{a^2+b^2+c^2+12abc}$$

即

$$\sum\frac{a(b+c)^2}{1+(b+c)^2}\geqslant\frac{36abc}{a^2+b^2+c^2+12abc}$$

由柯西不等式，得

$$\left[\sum\frac{a(b+c)^2}{1+(b+c)^2}\right]\sum\frac{a[1+(b+c)^2]}{(b+c)^2}\geqslant(a+b+c)^2=9$$

从而，只需证明

$$\frac{9}{\sum \frac{a[1+(b+c)^2]}{(b+c)^2}} \geqslant \frac{36abc}{a^2+b^2+c^2+12abc} \Leftrightarrow$$

$$\frac{a^2+b^2+c^2+12abc}{abc} \geqslant 4\sum \frac{a[1+(b+c)^2]}{(b+c)^2} \Leftrightarrow$$

$$\frac{a^2+b^2+c^2}{abc} \geqslant 4\sum \frac{a}{(b+c)^2} \tag{1}$$

而
$$4\sum \frac{a}{(b+c)^2} \leqslant 4\sum \frac{a}{4bc} = \frac{a^2+b^2+c^2}{abc}$$

故式(1) 成立. 从而,原不等式得证.

30. 设 $S=\frac{x}{1-yz}+\frac{y}{1-xz}+\frac{z}{1-xy}$,如果 $x=0(y=0$ 或 $z=0)$,则

$$S=y+z<2<\frac{3}{2}\sqrt{3}$$

所以设 $xyz \neq 0$,使得 $x,y,z \in (0,1)$. 因为

$$\frac{x}{1-yz}=x+\frac{zyx}{1-yz}$$

所以

$$S=x+y+z+xyz\left(\frac{1}{1-yz}+\frac{1}{1-zx}+\frac{1}{1-xy}\right)$$

因为

$$1-yz \geqslant 1-\frac{1}{2}(y^2+z^2)=\frac{1}{2}(1+x^2)=$$
$$\frac{1}{2}(2x^2+y^2+z^2) \geqslant 2\sqrt[4]{x^2x^2y^2z^2}=$$
$$2x\sqrt{yz}$$

由平均值不等式,得

$$xyz\left(\frac{1}{1-yz}+\frac{1}{1-zx}+\frac{1}{1-yx}\right)\leqslant$$

$$\frac{xyz}{2}\left(\frac{1}{x\sqrt{yz}}+\frac{1}{y\sqrt{zx}}+\frac{1}{z\sqrt{xy}}\right)=$$

$$\frac{1}{2}(\sqrt{yz}+\sqrt{zx}+\sqrt{xy})\leqslant$$

$$\frac{1}{2}\left(\frac{y+z}{2}+\frac{z+x}{2}+\frac{x+y}{2}\right)=$$

$$\frac{1}{2}(x+y+z)$$

再由柯西不等式,得

$$S\leqslant\frac{3}{2}(x+y+z)\leqslant\frac{3}{2}(1^2+1^2+1^2)^{\frac{1}{2}}(x^2+y^2+z^2)^{\frac{1}{2}}=\frac{3}{2}\sqrt{3}$$

故原不等式成立.

31. 由舒尔不等式,得

$$\sum x^r(x-y)(x-z)\geqslant 0$$

当 $r=2$ 时

$$\sum x^4\geqslant\sum x^3(y+z)-xyz\sum x$$

即

$$(\sum x^2)^2\geqslant\sum[x(y^3+z^3)+x^2(y^2+z^2-yz)]$$

所以

$$(\sum x^2)^2\geqslant\sum[x(y^2+z^2-yz)]\cdot\sum x \qquad (1)$$

令 $x=\frac{1}{a},y=\frac{1}{b},z=\frac{1}{c}$,代入式(1),得

$$\left(\sum\frac{1}{a^2}\right)^2\geqslant\sum\left[\frac{1}{a}\left(\frac{1}{b^2}+\frac{1}{c^2}-\frac{1}{bc}\right)\right]\cdot\sum\frac{1}{a}$$

由柯西不等式,得

$$\sum\frac{b^2c^2}{a^3(b^2-bc+c^2)}\cdot\sum\frac{b^2-bc+c^2}{ab^2c^2}\geqslant\left(\sum\frac{1}{a^2}\right)^2$$

故只需证 $\sum\frac{1}{a}\cdot\sum ab\geqslant 3\sum a$,即 $\sum(ab-ac)^2\geqslant 0$.

上式显然成立.故原不等式成立.

32. 注意到 $\frac{1}{x}+\frac{1}{y}+\frac{1}{z}=2$,由柯西不等式得

$$\sqrt{x+y+z}\sqrt{\frac{x-1}{x}+\frac{y-1}{y}+\frac{z-1}{z}}\geqslant$$
$$\sqrt{x-1}+\sqrt{y-1}+\sqrt{z-1}$$

而

$$\frac{x-1}{x}+\frac{y-1}{y}+\frac{z-1}{z}=3-\left(\frac{1}{x}+\frac{1}{y}+\frac{1}{z}\right)=1$$

所以,不等式得证.

33.由柯西不等式得

$$(\sqrt{xy(1-z)}+\sqrt{yz(1-x)}+\sqrt{zx(1-y)})^2\leqslant$$
$$(xy+yz+zx)[(1-z)+(1-x)+(1-y)]$$

而

$$(1-z)+(1-x)+(1-y)=3-(x+y+z)=2$$
$$3(xy+yz+zx)=xy+yz+zx+2(xy+yz+zx)\leqslant$$
$$x^2+y^2+z^2+2(xy+yz+zx)=$$
$$(x+y+z)^2=1$$

所以$\sqrt{xy(1-z)}+\sqrt{yz(1-x)}+\sqrt{zx(1-y)}\leqslant\sqrt{\frac{2}{3}}$.

34.证法一:由柯西不等式得

$$ax+by+cz+2\sqrt{(xy+yz+zx)(ab+bc+ca)}\leqslant$$
$$\sqrt{x^2+y^2+z^2}\sqrt{a^2+b^2+c^2}+\sqrt{2(xy+yz+zx)}\sqrt{2(ab+bc+ca)}\leqslant$$
$$\sqrt{x^2+y^2+z^2+2(xy+yz+zx)}\cdot\sqrt{a^2+b^2+c^2+2(ab+bc+ca)}=$$
$$(x+y+z)(a+b+c)=a+b+c$$

证法二:由于原不等式等价于

$$ax+by+cz+2\sqrt{(xy+yz+zx)(ab+bc+ca)}\leqslant$$
$$(x+y+z)(a+b+c)$$

因此不妨增设 $a+b+c=1$,由均值不等式得

$$ax+by+cz+2\sqrt{(xy+yz+zx)(ab+bc+ca)}\leqslant$$
$$ax+by+cz+xy+yz+zx+ab+bc+ca$$

再由均值不等式得

$$xy+yz+zx+ab+bc+ca=$$
$$\frac{1-x^2-y^2-z^2}{2}+\frac{1-a^2-b^2-c^2}{2}=$$
$$1-\frac{x^2+a^2}{2}-\frac{y^2+b^2}{2}-\frac{z^2+c^2}{2}\leqslant 1-ax-by-cz$$

因此

$$ax+by+cz+2\sqrt{(xy+yz+zx)(ab+bc+ca)}\leqslant 1$$

35. 因为$\frac{1}{x}+\frac{1}{y}+\frac{1}{z}=1$，所以

$$xy+yz+zx=xyz$$

$$\sum\sqrt{x+yz}=$$
$$\sum\sqrt{x\frac{xyz}{xy+yz+zx}+yz}=$$
$$\sum\sqrt{\frac{yz(x+y)(x+z)}{xy+yz+zx}}=$$
$$\sqrt{\frac{1}{xy+yz+zx}}\sum\sqrt{yz(x+y)(x+z)}\geqslant$$
$$\sqrt{\frac{1}{xy+yz+zx}}\sum\sqrt{yz(x+\sqrt{yz})^2}=$$
$$\sqrt{\frac{1}{xy+yz+zx}}\sum(\sqrt{yz}(x+\sqrt{yz}))=$$
$$\sqrt{\frac{1}{xy+yz+zx}}\sum x\sqrt{yz}+\sqrt{\frac{1}{xy+yz+zx}}\sum yz=$$
$$\sum\sqrt{\frac{x^2yz}{xy+yz+zx}}+\sqrt{xy+yz+zx}=$$
$$\sum\sqrt{\frac{xyz}{xy+yz+zx}}\sqrt{x}+\sqrt{xy+yz+zx}=$$
$$\sum\sqrt{x}+\sqrt{xyz}=\sqrt{xyz}+\sqrt{x}+\sqrt{y}+\sqrt{z}$$

36. 因为 $a^2+b^2+c^2=3$，所以 $-\sqrt{3}\leqslant a,b,c\leqslant\sqrt{3}$，从而 $2+b+c^2,2+c+a^2,2+a+b^2$ 都是正数，由柯西不等式得

$$[(2+b+c^2)+(2+c+a^2)+(2+a+b^2)]\cdot$$
$$\left(\frac{a^2}{2+b+c^2}+\frac{b^2}{2+c+a^2}+\frac{c^2}{2+a+b^2}\right)\geqslant(a+b+c)^2$$

只要证明

$$(2+b+c^2)+(2+c+a^2)+(2+a+b^2)\leqslant 12$$

因为 $a^2+b^2+c^2=3$,所以只要证明 $a+b+c\leqslant 3$,由柯西不等式得

$$(1^2+1^2+1^2)(a^2+b^2+c^2)\geqslant(a+b+c)^2$$

所以 $-3\leqslant a+b+c\leqslant 3$,于是不等式成立,当且仅当 $a=b=c=1$ 时等号成立.

37. 令

$$A=\frac{1}{a^3(b+c)}+\frac{1}{b^3(c+a)}+\frac{1}{c^3(a+b)}$$

则由 $\frac{1}{a}=bc$ 可得

$$A=\frac{b^2c^2}{a(b+c)}+\frac{c^2a^2}{b(c+a)}+\frac{a^2b^2}{c(a+b)}$$

利用柯西不等式和算术-几何平均不等式可得

$$[a(b+c)+b(c+a)+c(a+b)]\cdot A\geqslant$$

$$\left(\sqrt{a(b+c)}\cdot\frac{bc}{\sqrt{a(b+c)}}+\sqrt{b(c+a)}\cdot\frac{ca}{\sqrt{b(c+a)}}+\right.$$

$$\left.\sqrt{c(a+b)}\cdot\frac{ab}{\sqrt{c(a+b)}}\right)^2=(bc+ca+ab)^2\geqslant$$

$$(bc+ca+ab)\cdot 3\cdot\sqrt[3]{bc\cdot ca\cdot ab}=3(bc+ca+ab)$$

即

$$2(bc+ca+ab)\cdot A\geqslant 3(bc+ca+ab)$$

$$A\geqslant\frac{3}{2}$$

38. 由于

$$n\sum_{i=1}^{n}\left(a_i-\frac{1}{a_i}\right)^2=n\sum_{i=1}^{n}a_i^2+n\sum_{i=1}^{n}\frac{1}{a_i^2}-2n^2\geqslant$$

$$\left(\sum_{i=1}^{n}a_i\right)^2+\left(\sum_{i=1}^{n}\frac{1}{a_i}\right)^2-2n^2\geqslant$$

$$n^2\left(A_n^2+\frac{1}{A_n^2}-2\right)=n^2\left(A_n-\frac{1}{A_n}\right)^2$$

故原不等式成立.

39. 由柯西不等式得

$$[x(y^2+z)+y(z^2+x)+z(x^2+y)]\left(\frac{x}{y^2+z}+\frac{y}{z^2+x}+\frac{z}{x^2+y}\right)\geqslant$$

$(x+y+z)^2$

只要证明

$4(x+y+z)^2-9[x(y^2+z)+y(z^2+x)+z(x^2+y)]\geqslant 0$

$4(x+y+z)^2-9[x(y^2+z)+y(z^2+x)+z(x^2+y)]=$

$4[x^2+y^2+z^2+2(xy+yz+zx)]-$

$9[(xy^2+yz^2+zx^2)+(xy+yz+zx)]=$

$4(x^2+y^2+z^2)-9(xy^2+yz^2+zx^2)-(xy+yz+zx)=$

$(x^2+y^2+z^2)-(xy+yz+zx)+$

$3(x^2+y^2+z^2)-9(xy^2+yz^2+zx^2)\geqslant$

$3[(x^2+y^2+z^2)-3(xy^2+yz^2+zx^2)]=$

$3[(x^2+y^2+z^2)(x+y+z)-3(xy^2+yz^2+zx^2)]=$

$3[(x^3+xz^2-2zx^2)+(y^3+yx^2-2xy^2)+(z^3+zy^2-2yz^2)]=$

$3[x(x-z)^2+y(y-x)^2+z(z-y)^2]\geqslant 0$

所以，$\frac{x}{y^2+z}+\frac{y}{z^2+x}+\frac{z}{x^2+y}\geqslant\frac{9}{4}$，当且仅当 $x=y=z=\frac{1}{3}$ 时等号成立.

40. 分以下两种情况证明：

(1) 若 $\sum x\leqslant 2$，由柯西不等式，有

$$\sum(yz+x)\cdot\sum\frac{1}{yz+x}\geqslant 9$$

因此，只要证

$$\sum(yz+x)\leqslant 3\Leftrightarrow\sum x\leqslant 2 \tag{2}$$

由假设知式(2)成立，易证此时当且仅当 x,y,z 中有一个为零，其余两个都等于 1 时取等号.

(2) 若 $\sum x\geqslant 2$，则原不等式经去分母整理得到

$1+\sum x\cdot\sum yz+xyz\sum x-3xyz\geqslant$

$3xyz+3\sum y^2z^2+3xyz\sum x^2+3(xyz)^2\Leftrightarrow$

$-2+\sum x+7xyz\sum x-3xyz(\sum x)^2-3(xyz)^2\geqslant 0\Leftrightarrow$

(注意到 $\sum yz=1$)

$$(\sum x-2)(1-3xyz\sum x)+xyz(\sum x-3xyz)\geqslant 0 \tag{3}$$

由于 $\sum x-2\geqslant 0,1-3xyz\sum x=(\sum yz)^2-3xyz\sum x\geqslant 0,\sum x-3xyz=\sum x\cdot\sum yz-3xyz\geqslant 0$,因此式(3)成立,易知当且仅当 x,y,z 中有一个为零,其余两个都等于 1 时,式(3)取等号.

综上,式(1)获证.

41. $\frac{x(x+2)}{2x^2+1}+\frac{1}{2}=\frac{(2x+1)^2}{2(2x^2+1)}$,$\frac{y(y+2)}{2y^2+1}+\frac{1}{2}=\frac{(2y+1)^2}{2(2y^2+1)}$,$\frac{z(z+2)}{2z^2+1}+\frac{1}{2}=\frac{(2z+1)^2}{2(2z^2+1)}$,因此只要证明 $\frac{(2x+1)^2}{2x^2+1}+\frac{(2y+1)^2}{2y^2+1}+\frac{(2z+1)^2}{2z^2+1}\geqslant 3$.

由柯西不等式得

$$\begin{aligned}2x^2=\frac{4}{3}x^2+\frac{2}{3}(y+z)^2\leqslant\\ \frac{4}{3}x^2+\frac{2}{3}(1+1)(y^2+z^2)=\\ \frac{4}{3}(x^2+y^2+z^2)\end{aligned}$$

同理

$$2y^2\leqslant\frac{4}{3}(x^2+y^2+z^2),2z^2\leqslant\frac{4}{3}(x^2+y^2+z^2)$$

所以

$$\begin{aligned}&\frac{(2x+1)^2}{2x^2+1}+\frac{(2y+1)^2}{2y^2+1}+\frac{(2z+1)^2}{2z^2+1}\geqslant\\ &3\left[\frac{(2x+1)^2}{4(x^2+y^2+z^2)+3}+\frac{(2y+1)^2}{4(x^2+y^2+z^2)+3}+\right.\\ &\left.\frac{(2z+1)^2}{4(x^2+y^2+z^2)+3}\right]=\\ &3\left[\frac{(2x+1)^2+(2y+1)^2+(2z+1)^2}{4(x^2+y^2+z^2)+3}\right]=\\ &3\left[\frac{4(x^2+y^2+z^2)+4(x+y+z)+3}{4(x^2+y^2+z^2)+3}\right]=3\end{aligned}$$

42. 由柯西不等式得

$$\frac{a^2}{b^2+1}+\frac{b^2}{c^2+1}+\frac{c^2}{a^2+1}=$$

$$\frac{a^4}{a^2b^2+a^2}+\frac{b^4}{b^2c^2+b^2}+\frac{c^4}{c^2a^2+c^2}\geqslant$$

$$\frac{(a^2+b^2+c^2)^2}{a^2b^2+b^2c^2+c^2a^2+a^2+b^2+c^2}$$

下面用分析法证明

$$2(a^2+b^2+c^2)^2\geqslant 3(a^2b^2+b^2c^2+c^2a^2+a^2+b^2+c^2)$$

因为$(a^2+b^2+c^2)^2\geqslant 3(a^2b^2+b^2c^2+c^2a^2)$，所以只要证，$(a^2+b^2+c^2)^2\geqslant 3(a^2+b^2+c^2)$，即证 $a^2+b^2+c^2\geqslant 3$.

因为 $a+b+c=3$，所以由柯西不等式得 $3(a^2+b^2+c^2)\geqslant(a+b+c)^2$. 所以，$a^2+b^2+c^2\geqslant 3$.

43. 由柯西不等式得

$$\begin{aligned}3(x^2+y^2+z^2)\geqslant&(x+y+z)^2=\\&(x+y+z)(x+y+z)\geqslant\\&3\sqrt[3]{xyz}(x+y+z)=\\&3(x+y+z)\end{aligned}$$

所以

$$x^2+y^2+z^2\geqslant 3\sqrt[3]{(xyz)^2}=3$$

于是

$$\begin{aligned}&4(x^2+y^2+z^2)-[x+y+z+2(xy+yz+zx)+3]=\\&(x^2+y^2+z^2)-(x+y+z)+2[(x^2+y^2+z^2)-\\&(xy+yz+zx)]+(x^2+y^2+z^2)-3\geqslant 0\end{aligned}$$

即 $$4(x^2+y^2+z^2)\geqslant x+y+z+2(xy+yz+zx)+3$$

由柯西不等式得

$$\frac{x^3}{(1+y)(1+z)}+\frac{y^3}{(1+z)(1+x)}+\frac{z^3}{(1+x)(1+y)}=$$

$$\frac{x^4}{x(1+y)(1+z)}+\frac{y^4}{y(1+z)(1+x)}+\frac{z^4}{z(1+x)(1+y)}\geqslant$$

$$\frac{(x^2+y^2+z^2)^2}{x(1+y)(1+z)+y(1+z)(1+x)+z(1+x)(1+y)}=$$

$$\frac{(x^2+y^2+z^2)^2}{x+y+z+2(xy+yz+zx)+3}\geqslant$$

$$\frac{(x^2+y^2+z^2)^2}{4(x^2+y^2+z^2)}=\frac{x^2+y^2+z^2}{4}\geqslant\frac{3\sqrt[3]{(xyz)^2}}{4}=\frac{3}{4}$$

44. 我们证明

$$I=\frac{ab+bc+ca}{ab+2c^2+2c}+\frac{ab+bc+ca}{bc+2a^2+2a}+\frac{ab+bc+ca}{ca+2b^2+2b}\geqslant 1$$

因为 $a+b+c=1$，所以

$$\frac{ab+bc+ca}{bc+2a^2+2a}=\frac{ab+bc+ca}{bc+2a^2+2a(a+b+c)}=$$

$$\frac{2(ab+bc+ca)}{2bc+4a^2+4a(a+b+c)}=$$

$$\frac{b(2a+c)+c(2a+b)}{2(2a+b)(2a+c)}=$$

$$\frac{b}{2(2a+b)}+\frac{c}{2(2a+c)}$$

同理

$$\frac{ab+bc+ca}{ab+2c^2+2c}=\frac{a}{2(2c+a)}+\frac{b}{2(2c+b)}$$

$$\frac{1}{ca+2b^2+2b}=\frac{a}{2(2b+a)}+\frac{c}{2(2b+c)}$$

所以由柯西不等式得

$$2I[b(2a+b)+c(2a+c)+a(2b+a)+c(2b+c)+a(2c+a)+b(2c+b)]=$$

$$\left[\frac{b}{2a+b}+\frac{c}{2a+c}+\frac{a}{2b+a}+\frac{c}{2b+c}+\frac{a}{2c+a}+\frac{b}{2c+b}\right]\cdot$$

$$[b(2a+b)+c(2a+c)+a(2b+a)+c(2b+c)+a(2c+a)+b(2c+b)]\geqslant$$

$$(b+c+a+c+a+b)^2=4(a+b+c)^2$$

而

$$b(2a+b)+c(2a+c)+a(2b+a)+c(2b+c)+a(2c+a)+b(2c+b)=2(a+b+c)^2$$

所以 $I\geqslant 1$.

45. 证法一：因为 $a,b,c>0$，且 $\frac{1}{a+b+1}+\frac{1}{b+c+1}+\frac{1}{c+a+1}\geqslant 1$，所以

$$\frac{a+b}{a+b+1}+\frac{b+c}{b+c+1}+\frac{c+a}{c+a+1}=$$

$$\frac{(a+b)^2}{(a+b)^2+a+b}+\frac{(b+c)^2}{(b+c)^2+b+c}+\frac{(c+a)^2}{(c+a)^2+c+a}\geqslant$$
$$\frac{[(a+b)+(b+c)+(c+a)]^2}{(a+b)^2+a+b+(b+c)^2+b+c+(c+a)^2+c+a}=$$
$$\frac{4(a+b+c)^2}{(a+b)^2+a+b+(b+c)^2+b+c+(c+a)^2+c+a}$$

所以

$$(a+b)^2+a+b+(b+c)^2+b+c+(c+a)^2+c+a\geqslant 2(a+b+c)^2$$

即

$$a+b+c\geqslant ab+bc+ca$$

证法二：利用柯西不等式得$(a+b+1)(a+b+c^2)\geqslant(a+b+c)^2$，所以

$$\frac{1}{a+b+1}\leqslant\frac{a+b+c^2}{(a+b+c)^2}$$

同理

$$\frac{1}{b+c+1}\leqslant\frac{a^2+b+c}{(a+b+c)^2},\ \frac{1}{c+a+1}\leqslant\frac{a+b^2+c}{(a+b+c)^2}$$

于是

$$1\leqslant\frac{a+b+c^2}{(a+b+c)^2}+\frac{a^2+b+c}{(a+b+c)^2}+\frac{a+b^2+c}{(a+b+c)^2}=$$
$$\frac{a^2+b^2+c^2+2(a+b+c)}{(a+b+c)^2}$$

整理得

$$a+b+c\geqslant ab+bc+ca$$

46. 令$a=\frac{y}{x},b=\frac{z}{y},c=\frac{u}{z},d=\frac{v}{u},e=\frac{x}{v}$，其中$x,y,z,u,v$都是正数. 原不等式等价于

$$\frac{u+y}{x+z+v}+\frac{z+v}{x+y+u}+\frac{x+u}{y+z+v}+\frac{y+v}{x+z+u}+\frac{x+z}{y+u+v}\geqslant\frac{10}{3}$$

两边同时加上 5，再乘以 3，上式化为

$$[(x+z+v)+(x+y+u)+(y+z+v)+(x+z+u)+(y+u+v)]\cdot\left[\frac{1}{x+z+v}+\frac{1}{x+y+u}+\frac{1}{y+z+v}+\frac{1}{x+z+u}+\frac{1}{y+u+v}\right]\geqslant 25$$

由柯西不等式,这个不等式显然成立.

47.由柯西不等式得 $3(x^2+y^2+z^2)\geqslant(x+y+z)^2$,又 $x^2+y^2+z^2=3$,所以

$$x^2+y^2+z^2\geqslant x+y+z \tag{1}$$

由柯西不等式得

$$(x^2+y+z)(1+y+z)\geqslant(x+y+z)^2$$

所以只要证明

$$\frac{x\sqrt{1+y+z}+y\sqrt{1+z+x}+z\sqrt{1+x+y}}{x+y+z}\leqslant\sqrt{3}$$

再由柯西不等式得

$$\begin{aligned}&(x\sqrt{1+y+z}+y\sqrt{1+z+x}+z\sqrt{1+x+y})^2=\\&(\sqrt{x}\cdot\sqrt{x+xy+zx}+\sqrt{y}\cdot\sqrt{y+yz+xy}+\\&\sqrt{z}\cdot\sqrt{z+zx+zy})^2\leqslant\\&(x+y+z)[(x+xy+zx)+(y+yz+xy)+(z+zx+zy)]=\\&(x+y+z)[(x+y+z)+2(xy+yz+zx)]\leqslant\\&(x+y+z)[x^2+y^2+z^2+2(xy+yz+zx)]=\\&(x+y+z)^3\end{aligned}$$

所以

$$\frac{x\sqrt{1+y+z}+y\sqrt{1+z+x}+z\sqrt{1+x+y}}{x+y+z}\leqslant\sqrt{x+y+z}$$

由不等式(1)有 $\sqrt{x+y+z}\leqslant\sqrt{x^2+y^2+z^2}=\sqrt{3}$.不等式得证.

48.先用反证法证明 $x+y+z\geqslant xy+yz+zx$.假设 $x+y+z<xy+yz+zx$,由舒尔不等式变形 Ⅱ 得

$$(x+y+z)^3-4(x+y+z)(yz+zx+xy)+9xyz\geqslant 0$$

得

$$\begin{aligned}\frac{9xyz}{x+y+z}&\geqslant 4(yz+zx+xy)-(x+y+z)^2>\\&4(x+y+z)-(x+y+z)^2>\\&(x+y+z)[4-(x+y+z)]=\\&xyz(x+y+z)\end{aligned}$$

从而 $x+y+z<3$,由均值不等式得 $\sqrt[3]{xyz}\leqslant\frac{x+y+z}{3}<1$,

即 $xyz<1$，因此 $x+y+z+xyz<4$，这与假设矛盾，于是 $x+y+z\geqslant xy+yz+zx$.

由柯西不等式得

$$\left(\frac{x}{\sqrt{y+z}}+\frac{y}{\sqrt{z+x}}+\frac{z}{\sqrt{x+y}}\right)(x\sqrt{y+z}+y\sqrt{z+x}+z\sqrt{x+y})\geqslant(x+y+z)^2$$

因为 $x+y+z\geqslant xy+yz+zx$，所以由柯西不等式得

$$\begin{aligned}&x\sqrt{y+z}+y\sqrt{z+x}+z\sqrt{x+y}=\\&\sqrt{x}\cdot\sqrt{xy+zx}+\sqrt{y}\cdot\sqrt{xy+yz}+\sqrt{z}\cdot\sqrt{zx+zy}\leqslant\\&\sqrt{x+y+z}\cdot\sqrt{xy+zx+xy+yz+zx+zy}=\\&\sqrt{x+y+z}\cdot\sqrt{2(xy+yz+zx)}\leqslant\sqrt{2}(x+y+z)\end{aligned}$$

因此

$$\frac{x}{\sqrt{y+z}}+\frac{y}{\sqrt{z+x}}+\frac{z}{\sqrt{x+y}}\geqslant\frac{\sqrt{2}}{2}(x+y+z)$$

49.由柯西不等式得

$$\sum_{i\neq j}\frac{x_i}{x_j}=\sum_{i\neq j}\frac{x_i^2}{x_ix_j}\geqslant\frac{(n-1)^2\left(\sum\limits_{i=1}^{n}x_i\right)^2}{2\sum\limits_{i\neq j}x_ix_j}=\frac{(n-1)^2t^2}{t^2-t}=\frac{(n-1)^2t}{t-1}$$

50.由柯西不等式得

$$\left|\sum_{i=1}^{n}x_iy_i\right|\leqslant\sqrt{\sum_{i=1}^{n}x_i^2}\cdot\sqrt{\sum_{i=1}^{n}y_i^2}=1$$

$$\begin{aligned}(x_1y_2-x_2y_1)^2\leqslant\sum_{1\leqslant i<j\leqslant n}(x_iy_j-x_jy_i)^2=&\\\left(\sum_{i=1}^{n}x_i^2\right)\left(\sum_{i=1}^{n}y_i^2\right)-\left(\sum_{i=1}^{n}x_iy_i\right)^2=&\\1-\left(\sum_{i=1}^{n}x_iy_i\right)^2=&\\\left(1-\sum_{i=1}^{n}x_iy_i\right)\left(1+\sum_{i=1}^{n}x_iy_i\right)\leqslant&\\2\left|1-\sum_{i=1}^{n}x_iy_i\right|&\end{aligned}$$

51.因为

$$\sum_{i=1}^{n}\frac{a_i}{2-a_i}=\sum_{i=1}^{n}\left(\frac{2}{2-a_i}-1\right)=\sum_{i=1}^{n}\frac{2}{2-a_i}-n$$

由柯西不等式,得

$$\left(\sum_{i=1}^{n}\frac{1}{2-a_i}\right)\left[\sum_{i=1}^{n}(2-a_i)\right]\geqslant n^2$$

所以

$$\sum_{i=1}^{n}\frac{1}{2-a_i}\geqslant\frac{n^2}{\sum_{i=1}^{n}(2-a_i)}=\frac{n^2}{2n-1}$$

故

$$\sum_{i=1}^{n}\frac{a_i}{2-a_i}\geqslant\frac{2n^2}{2n-1}-n=\frac{n}{2n-1}$$

52.由条件$\left(\sum_{i=1}^{n}a_i^2-1\right)\left(\sum_{i=1}^{n}b_i^2-1\right)>\left(\sum_{i=1}^{n}(a_ib_i)-1\right)^2\geqslant 0$,所以$\sum_{i=1}^{n}a_i^2>1,\sum_{i=1}^{n}b_i^2>1$或$\sum_{i=1}^{n}a_i^2<1,\sum_{i=1}^{n}b_i^2<1$.

若为前者,则结论成立.

若为后者,则由柯西不等式

$$1>\sqrt{\sum_{i=1}^{n}a_i^2\sum_{i=1}^{n}b_i^2}\geqslant\sum_{i=1}^{n}(a_ib_i)$$

所以

$$\left(1-\sum_{i=1}^{n}a_i^2\right)\left(1-\sum_{i=1}^{n}b_i^2\right)\leqslant\left[1-\sqrt{\sum_{i=1}^{n}a_i^2\sum_{i=1}^{n}b_i^2}\right]^2\leqslant\left[1-\sum_{i=1}^{n}(a_ib_i)\right]^2$$

此与已知条件矛盾.

故必有$\sum_{i=1}^{n}a_i^2>1,\sum_{i=1}^{n}b_i^2>1$.

53.当 $m=1$ 时,即证明

$$\sum_{i=1}^{n}\frac{x_i}{a-x_i}\geqslant\frac{n}{n-1}$$

由于

$$\sum_{i=1}^{n}\frac{x_i}{a-x_i}=\sum_{i=1}^{n}\left(\frac{a}{a-x_i}-1\right)=\sum_{i=1}^{n}\frac{a}{a-x_i}-n$$

由柯西不等式,得

$$\sum_{i=1}^{n}\frac{a}{a-x_i}\cdot\sum_{i=1}^{n}(a-x_i)\geqslant an^2$$

即

$$\sum_{i=1}^{n}\frac{a}{a-x_i}\geqslant\frac{an^2}{\sum\limits_{i=1}^{n}(a-x_i)}=\frac{an^2}{(n-1)a}$$

所以

$$\sum_{i=1}^{n}\frac{x_i}{a-x_i}\geqslant\frac{an^2}{na-a}-n=\frac{n}{n-1}$$

于是命题成立.

当 $m\geqslant 2$ 时,由柯西不等式,得

$$\sum_{i=1}^{n}\frac{x_i^m}{a-x_i}\cdot\sum_{i=1}^{n}(a-x_i)\geqslant\left(\sum_{i=1}^{n}x_i^{\frac{m}{2}}\right)^2$$

再由幂平均值不等式,得

$$\left(\frac{1}{n}\sum_{i=1}^{n}x_i^{\frac{m}{2}}\right)^2\geqslant\left[\left(\frac{1}{n}\sum_{i=1}^{n}x_i\right)^{\frac{m}{2}}\right]^2=\frac{a^m}{n^m}$$

由于 $\sum\limits_{i=1}^{n}(a-x_i)=(n-1)a$,于是

$$\sum_{i=1}^{n}\frac{x_i^m}{a-x_i}\geqslant\frac{a^{m-1}}{(n-1)n^{m-2}}$$

54. 由柯西不等式,得

$$\sum_{i=1}^{n}\frac{1}{1+x_i}\cdot\sum_{i=1}^{n}\frac{1+x_i}{x_i}\geqslant\left(\sum_{i=1}^{n}\frac{1}{\sqrt{x_i}}\right)^2$$

即

$$\sum_{i=1}^{n}\frac{1}{x_i}+n\geqslant\sum_{i=1}^{n}\frac{1}{x_i}+2\sum_{1\leqslant i<j\leqslant n}\frac{1}{\sqrt{x_ix_j}}$$

再由平均值不等式,得

$$n\geqslant 2\sum_{1\leqslant i<j\leqslant n}\frac{1}{\sqrt{x_ix_j}}\geqslant 2\cdot\frac{n(n-1)}{2}\cdot\sqrt[\frac{n(n-1)}{2}]{\prod_{i=1}^{n}\left(\frac{1}{\sqrt{x_i}}\right)^{n-1}}$$

由此得到

$$\prod_{i=1}^{n}x_i\geqslant(n-1)^n$$

55. 令 $y_i = \dfrac{1}{n-1+x_i}$，则 $x_i = \dfrac{1}{y_i} - (n-1)$，$0 < y_i < \dfrac{1}{n-1}$. 如果 $\sum\limits_{i=1}^{n} y_i > 1$，我们将证明 $\sum\limits_{i=1}^{n} x_i < \sum\limits_{i=1}^{n} \dfrac{1}{x_i}$，即等价于

$$\sum_{i=1}^{n}\left(\frac{1}{y_i}-(n-1)\right)<\sum_{i=1}^{n}\frac{y_i}{1-(n-1)y_i}$$

对固定 i，由柯西不等式得

$$\begin{aligned}\sum_{i\neq j}\frac{1-(n-1)y_i}{1-(n-1)y_j} &\geqslant \frac{(1-(n-1)y_i)(n-1)^2}{\sum\limits_{i\neq j}[1-(n-1)y_j]} > \\ &\frac{(1-(n-1)y_i)(n-1)^2}{(n-1)y_j} = \\ &\frac{(n-1)[1-(n-1)y_i]}{y_j}\end{aligned}$$

对 i 求和，得

$$\sum_{i=1}^{n}\sum_{i\neq j}\frac{1-(n-1)y_i}{1-(n-1)y_j}\geqslant(n-1)\sum_{i=1}^{n}\left[\frac{1}{y_i}-(n-1)\right]$$

由于

$$\sum_{i=1}^{n}\sum_{i\neq j}\frac{1-(n-1)y_i}{1-(n-1)y_j}\leqslant\sum_{j=1}^{n}\frac{(n-1)y_j}{1-(n-1)y_j}$$

故

$$\sum_{i=1}^{n}\frac{y_i}{1-(n-1)y_i}>\sum_{i=1}^{n}\left(\frac{1}{y_i}-(n-1)\right)$$

56. 设 $y_n = \dfrac{1}{x_n}$，从而

$$\frac{1}{y_k}=\frac{1}{1+\dfrac{a_k}{y_{k-1}}}\Leftrightarrow y_k=1+\frac{a_k}{y_{k-1}}$$

由 $y_{k-1} \geqslant 1$，$a_k \geqslant 1$ 可得

$$\left(\frac{1}{y_{k-1}}-1\right)(a_k-1)\leqslant 0\Leftrightarrow 1+\frac{a_k}{y_{k-1}}\leqslant a_k+\frac{1}{y_{k-1}}$$

所以

$$y_k=1+\frac{a_k}{y_{k-1}}\leqslant a_k+\frac{1}{y_{k-1}}$$

故

$$\sum_{k=1}^{n} y_k \leqslant \sum_{k=1}^{n} a_k + \sum_{k=1}^{n} \frac{1}{y_{k-1}} = \sum_{k=1}^{n} a_k + \frac{1}{y_0} + \sum_{k=2}^{n} \frac{1}{y_{k-1}} =$$

$$A + \sum_{k=1}^{n-1} \frac{1}{y_k} < A + \sum_{k=1}^{n} \frac{1}{y_k}$$

令 $t = \sum_{k=1}^{n} \frac{1}{y_k}$,由柯西不等式有 $\sum_{k=1}^{n} y_k \geqslant \frac{n^2}{t}$. 因此,对 $t > 0$ 有

$$\frac{n^2}{t} < A + t \Leftrightarrow t^2 + At - n^2 > 0 \Leftrightarrow$$

$$t > \frac{-A + \sqrt{A^2 + 4n^2}}{2} = \frac{2n^2}{A + \sqrt{A^2 + 4n^2}} >$$

$$\frac{2n^2}{A + A + \frac{2n^2}{A}} = \frac{n^2 A}{n^2 + A^2}$$

57.(1) 由琴生不等式得

$$\left[\frac{3+2(x+y+z)}{3}\right]^2 = \left[\frac{(1+x+y)+(1+y+z)+(1+z+x)}{3}\right]^2 \leqslant$$

$$\frac{(1+x+y)^2+(1+y+z)^2+(1+z+x)^2}{3}$$

当且仅当 $1 + x + y = 1 + y + z = 1 + z + x$,即 $x = y = z$ 时,上式成立. 上式也可采用柯西不等式得到. 故

$$\frac{[3+2(x+y+z)]^2}{3} \leqslant (1+x+y)^2 + (1+y+z)^2 + (1+z+x)^2$$

当且仅当 $x = y = z$ 时,上式等号成立.

由算术-几何均值不等式得 $3 + 2(x + y + z) \geqslant 3 + 6\sqrt[3]{xyz} = 9$,当且仅当 $x = y = z = 1$ 时,上式等号成立. 故

$$27 \leqslant (1+y+z)^2 + (1+z+x)^2 + (1+x+y)^2$$

当且仅当 $x = y = z$ 时,上式等号成立.

(2) 因为

$$(1+y+z)^2 + (1+z+x)^2 + (1+x+y)^2 \leqslant 3(x+y+z)^2 \Leftrightarrow$$
$$3 + 2(x^2+y^2+z^2) + 2(xy+yz+zx) + 4(x+y+z) \leqslant$$
$$3(x^2+y^2+z^2) + 6(xy+yz+zx) \Leftrightarrow$$
$$3 + 4(x+y+z) \leqslant x^2+y^2+z^2 + 4(xy+yz+xz) =$$
$$(x+y+z)^2 + 2(xy+yz+zx) \Leftrightarrow$$

$7 \leqslant (u-2)^2+2v$

其中 $u=x+y+z, v=xy+yz+zx$. 故当 $u \geqslant 3, v \geqslant 3$, 当且仅当 $x=y=z=1$ 时, 等号成立.

所以

$$(u-2)^2+2v \geqslant 1+6=7$$

当且仅当 $x=y=z=1$ 时, 上式等号成立.

58. 记 $b_k=m-a_k$, 显然有 $b_1 \geqslant b_2 \geqslant \cdots \geqslant b_n$. 由于 a_k 都是正数, 得到 $b_k \leqslant m$.

由已知得 $\sum_{k=1}^{n} b_k=0, \sum_{k=1}^{n} b_k^2=n(1-m^2)$.

又 $b_i \geqslant 0$, 则有

$b_1+b_2+\cdots+b_i \geqslant ib_i, b_{i+1}+b_{i+2}+\cdots+b_n \leqslant -ib_i$

由柯西不等式, 得

$$b_1^2+b_2^2+\cdots+b_i^2 \geqslant \frac{(b_1+b_2+\cdots+b_i)^2}{i}$$

$$b_{i+1}^2+b_{i+2}^2+\cdots+b_n^2 \geqslant \frac{(b_{i+1}+b_{i+2}+\cdots+b_n)^2}{n-i}$$

两个不等式相加, 得

$$n(1-m^2)=\sum_{k=1}^{n} b_k^2 \geqslant \frac{inb_i^2}{n-i}$$

所以

$$b_i^2 \leqslant \frac{(n-i)(1-m^2)}{i}$$

由 $b_k=m-a_k$, 及 $b_i \geqslant 0$, 有 $b_i^2 \leqslant m^2$. 所以

$$b_i^2 \leqslant \min\left\{m^2, \frac{(n-i)(1-m^2)}{i}\right\} \leqslant \frac{n-i}{n}$$

所以 $b_i^2 \leqslant \frac{n-i}{n}$. 即 $n-i \geqslant n(m-a_i)^2$.

59. 由柯西不等式, 得

$$\frac{a_1^2}{x_1}+\frac{a_2^2}{x_2}+\cdots+\frac{a_n^2}{x_n} \geqslant \frac{(a_1+a_2+\cdots+a_n)^2}{x_1+x_2+\cdots+x_n}$$

其中 $x_1, x_2, \cdots, x_n$ 为正实数. 于是有

$$\frac{a_1}{a_2^2+1}+\frac{a_2}{a_3^2+1}+\cdots+\frac{a_{n-1}}{a_n^2+1}+\frac{a_n}{a_1^2+1}=$$

$$\frac{a_1^3}{a_1^2a_2^2+a_1^2}+\frac{a_2^3}{a_2^2a_3^2+a_2^2}+\cdots+\frac{a_{n-1}^3}{a_{n-1}^2a_n^2+a_{n-1}^2}+\frac{a_n^3}{a_n^2a_1^2+a_n^2}\geqslant$$
$$\frac{a_1\sqrt{a_1}+a_2\sqrt{a_2}+\cdots+a_n\sqrt{a_n}}{a_1^2a_2^2+a_2^2a_3^2+\cdots+a_{n-1}^2a_n^2+a_n^2a_1^2+1}$$

因此,只需证明 $a_1^2a_2^2+a_2^2a_3^2+\cdots+a_{n-1}^2a_n^2+a_n^2a_1^2\leqslant\frac{1}{4}$,其中 $n\geqslant 4$,且 $a_1^2+a_2^2+\cdots+a_n^2=1$.一般地,对于正数 $x_1,x_2,\cdots,x_n$,当 $n\geqslant 4$,且 $x_1+x_2+\cdots+x_n=1$ 时,有 $x_1x_2+x_2x_3+\cdots+x_nx_1\leqslant\frac{1}{4}$.

当 n 为偶数时,有

$$x_1x_2+x_2x_3+\cdots+x_nx_1\leqslant$$
$$(x_1+x_3+\cdots+x_{n-1})(x_2+x_4+\cdots+x_n)\leqslant\frac{1}{4}$$

当 n 为奇数,且 $n\geqslant 5$ 时,不妨设 $x_1\geqslant x_2$.因此 $x_1x_2+x_2x_3+x_3x_4\leqslant x_1(x_2+x_3)+(x_2+x_3)x_4$,用 $x_1,x_2+x_3,x_4,\cdots,x_n$ 代替 $x_1,x_2,\cdots,x_n$,所证不等式的左边变大,利用项数为偶数的情形即知结论成立.

60.令

$$A=\frac{a_1^4}{a_1^3+a_1^2a_2+a_1a_2^2+a_2^3}+\frac{a_2^4}{a_2^3+a_2^2a_3+a_2a_3^2+a_3^3}+\cdots+$$
$$\frac{a_n^4}{a_n^3+a_n^2a_1+a_na_1^2+a_1^3}$$
$$B=\frac{a_2^4}{a_1^3+a_1^2a_2+a_1a_2^2+a_2^3}+\frac{a_3^4}{a_2^3+a_2^2a_3+a_2a_3^2+a_3^3}+\cdots+$$
$$\frac{a_1^4}{a_n^3+a_n^2a_1+a_na_1^2+a_1^3}$$

因为

$$A-B=\frac{a_1^4-a_2^4}{(a_1^2+a_2^2)(a_1+a_2)}+\frac{a_2^4-a_3^4}{(a_2^2+a_3^2)(a_2+a_3)}+\cdots+$$
$$\frac{a_n^4-a_1^4}{(a_n^2+a_1^2)(a_n+a_1)}=$$
$$(a_1-a_2)+(a_2-a_3)+\cdots+(a_n-a_1)=0$$

所以

$$A=\frac{1}{2}(A+B)=$$

$$\frac{1}{2}\left[\frac{a_1^4+a_2^4}{(a_1^2+a_2^2)(a_1+a_2)}+\frac{a_2^4+a_3^4}{(a_2^2+a_3^2)(a_2+a_3)}+\cdots+\right.$$
$$\left.\frac{a_n^4+a_1^4}{(a_n^2+a_1^2)(a_n+a_1)}\right]\geqslant$$
$$\frac{1}{4}\left[\frac{a_1^2+a_2^2}{a_1+a_2}+\frac{a_2^2+a_3^2}{a_2+a_3}+\cdots+\frac{a_n^2+a_1^2}{a_n+a_1}\right]\geqslant$$
$$\frac{1}{8}[(a_1+a_2)+(a_2+a_3)+\cdots+(a_n+a_1)]=\frac{1}{4}$$

61. 从 $a_1,a_2,\cdots,a_n$ 中每次取 k 个元素的排列数 C_n^k 等于从 $a_1,a_2,\cdots,a_n$ 中每次取 $n-k$ 个元素的排列数 C_n^{n-k}，且可以看成是一一对应的，即取 $a_{i_1},a_{i_2},\cdots,a_{i_k}$ 与取 $a_{i_{k+1}},a_{i_{k+2}},\cdots,a_{i_n}$ 对应，其中 $a_{i_1},a_{i_2},\cdots,a_{i_n}$ 是 $a_1,a_2,\cdots,a_n$ 的一个排列，由柯西不等式得

$$\begin{aligned}S_kS_{n-k}&=\sum a_{i_1}a_{i_2}\cdots a_{i_k}\sum a_{i_{k+1}}a_{i_{k+2}}\cdots a_{i_n}\geqslant\\&\left(\sum\sqrt{a_{i_1}a_{i_2}\cdots a_{i_k}a_{i_{k+1}}a_{i_{k+2}}\cdots a_{i_n}}\right)^2=\\&\left(\sum\sqrt{a_1a_2\cdots a_ka_{k+1}a_{k+2}\cdots a_n}\right)^2=\\&(C_n^k)^2a_1a_2\cdots a_n\end{aligned}$$

62. 因为

$$\sum_{k=1}^{n}\frac{1}{S_k}\left(lk+\frac{1}{4}l^2\right)=\sum_{k=1}^{n}\left[\frac{1}{S_k}\left(\frac{l}{2}+k\right)^2-\frac{k^2}{S_k}\right]=$$
$$\left(\frac{l}{2}+1\right)^2\frac{1}{S_1}-\frac{n^2}{S_n}+\sum_{k=2}^{n}\left[\frac{1}{S_k}\left(\frac{l}{2}+k\right)^2-\frac{(k-1)^2}{S_{k-1}}\right]$$

所以当 $k=2,3,\cdots,n$ 时，有

$$\frac{1}{S_k}\left(\frac{l}{2}+k\right)^2-\frac{(k-1)^2}{S_{k-1}}=$$
$$\frac{1}{S_kS_{k-1}}\left[\left(\frac{l}{2}+1\right)^2S_{k-1}+(l+2)(k-1)S_{k-1}+(k-1)^2(S_{k-1}-S_k)\right]=$$
$$\frac{1}{S_kS_{k-1}}\left[\left(\frac{l}{2}+1\right)^2S_{k-1}-\left(\sqrt{a_k}(k-1)-\right.\right.$$
$$\left.\left.\left(\frac{l}{2}+1\right)\frac{S_{k-1}}{\sqrt{a_k}}\right)^2+\left(\frac{l}{2}+1\right)^2\frac{S_{k-1}^2}{a_k}\right]\leqslant$$
$$\frac{1}{S_kS_{k-1}}\left(\frac{l}{2}+1\right)^2\left(S_{k-1}+\frac{S_{k-1}^2}{a_k}\right)=$$

$\left(\frac{l}{2}+1\right)^2 \frac{1}{a_k}$

所以

$$\sum_{k=1}^{n} \frac{1}{S_k}\left(lk+\frac{1}{4}l^2\right) \leqslant \left(\frac{l}{2}+1\right)^2 \sum_{k=1}^{n} \frac{1}{a_k}-\frac{n^2}{S_n}<\left(\frac{l}{2}+1\right)^2 \sum_{k=1}^{n} \frac{1}{a_k}$$

显然，$\frac{l}{2}+1 \leqslant m$，即 $l \leqslant 2(m-1)$ 满足所要的条件. 另外，当 $l>2(m-1)$，即 $l \geqslant 2m-1$ 时，任意给定 $a_1>0$. 令 $a_k=\frac{l+2}{2(k-1)} S_{k-1}$，$k=2,3,\cdots,n$，则

$$\sum_{k=1}^{n} \frac{1}{S_k}\left(lk+\frac{1}{4}l^2\right)=$$

$$\left(\frac{l}{2}+1\right)^2 \sum_{i=1}^{n} \frac{1}{a_i}-\frac{n^2}{S_n}=$$

$$\left[\left(\frac{l}{2}+1\right)^2-1\right] \sum_{k=1}^{n} \frac{1}{a_k}+\sum_{k=1}^{n} \frac{1}{a_k}-\frac{n^2}{S_n}$$

由 $l \geqslant 2m-1$，可推出

$$\left(\frac{l}{2}+1\right)^2-1 \geqslant \left(m+\frac{1}{2}\right)^2-1=m^2+m+\frac{1}{4}-1>m^2$$

由柯西不等式，得 $n^2 \leqslant \left(\sum_{k=1}^{n} a_k\right)\left(\sum_{k=1}^{n} \frac{1}{a_k}\right)=S_n \sum_{k=1}^{n} \frac{1}{a_k}$，即 $\sum_{k=1}^{n} \frac{1}{a_k}-\frac{n^2}{S_n} \geqslant 0$. 从而 $\sum_{k=1}^{n} \frac{1}{S_k}\left(lk+\frac{1}{4}l^2\right)>m^2 \sum_{k=1}^{n} \frac{1}{a_k}$，于是 1，2，…，$2(m-1)$ 是满足要求的所有自然数 l.

63. 由于 $\sum_{i=1}^{n}(x_{n+1}-x_i)=nx_{n+1}-\sum_{i=1}^{n} x_i=(n-1)x_{n+1}$，于是，只需证明，$x_{n+1}\sqrt{n-1} \geqslant \sum_{i=1}^{n} \sqrt{x_i(x_{n+1}-x_i)}$，即证 $\sum_{i=1}^{n}\sqrt{\frac{x_i}{x_{n+1}}\left(1-\frac{x_i}{x_{n+1}}\right)} \leqslant \sqrt{n-1}$. 由柯西不等式，得

$$\left[\sum_{i=1}^{n}\sqrt{\frac{x_i}{x_{n+1}} \cdot\left(1-\frac{x_i}{x_{n+1}}\right)}\right]^2 \leqslant$$

$$\left(\sum_{i=1}^{n} \frac{x_i}{x_{n+1}}\right)\left[\sum_{i=1}^{n}\left(1-\frac{x_i}{x_{n+1}}\right)\right]=$$

$$\left(\frac{1}{x_{n+1}}\sum_{i=1}^{n}x_i\right)\left(n-\frac{1}{x_{n+1}}\sum_{i=1}^{n}x_i\right)=n-1$$

64. $1+2abc\geqslant a^2+b^2+c^2$ 可化为

$$(a-bc)^2\leqslant(1-b^2)(1-c^2) \tag{1}$$

由柯西不等式得

$$\begin{aligned}&(a^{n-1}+a^{n-2}bc+\cdots+ab^{n-2}c^{n-2}+b^{n-1}c^{n-1})^2\leqslant\\&(|a|^{n-1}+|a|^{n-2}|bc|+\cdots+|a||b|^{n-2}|c|^{n-2}+|b|^{n-1}|c|^{n-1})^2\leqslant\\&(1+|b||c|+\cdots+|b|^{n-2}|c|^{n-2}+|b|^{n-1}|c|^{n-1})^2\leqslant\\&(1+|b|^2+\cdots+|b|^{2(n-2)}+|b|^{2(n-1)})(1+|c|^2+\cdots+\\&|c|^{2(n-2)}+|c|^{2(n-1)})\end{aligned} \tag{2}$$

由式(1),我们得到

$$\begin{aligned}&(a-bc)^2(a^{n-1}+a^{n-2}bc+\cdots+ab^{n-2}c^{n-2}+b^{n-1}c^{n-1})^2\leqslant\\&(1-b^2)(1+|b|^2+\cdots+|b|^{2(n-2)}+|b|^{2(n-1)})\cdot\\&(1-c^2)(1+|c|^2+\cdots+|c|^{2(n-2)}+|c|^{2(n-1)})\end{aligned}$$

即 $(a^n-b^nc^n)^2\leqslant(1-b^{2n})(1-c^{2n})$,也就是 $1+2(abc)^n\geqslant a^{2n}+b^{2n}+c^{2n}$.

65. 令 $A=\frac{1-2xy}{1-xy}+\frac{1-2yz}{1-yz}+\frac{1-2zx}{1-zx}$. 先证:$A\geqslant\frac{3}{2}$. 由对称性可设 $x\geqslant y\geqslant z$.

令 $t=x-y,u=y-z,m=x-z$. 则 $t,u,m\in\mathbf{R}_+\cup\{0\}$,且 $m=u+t$.

注意到

$$\begin{aligned}&[(1-xy)+(1-yz)+(1-zx)]\left(\frac{1-2xy}{1-xy}+\frac{1-2yz}{1-yz}+\frac{1-2zx}{1-zx}\right)\geqslant\\&(\sqrt{1-2xy}+\sqrt{1-2yz}+\sqrt{1-2zx})^2=\\&3-2(xy+yz+zx)+2[\sqrt{(1-2xy)(1-2yz)}+\\&\sqrt{(1-2yz)(1-2zx)}+\sqrt{(1-2zx)(1-2xy)}]=\\&3-2(xy+yz+zx)+2[\sqrt{(z^2+t^2)(x^2+u^2)}+\\&\sqrt{(x^2+u^2)(y^2+m^2)}+\sqrt{(y^2+m^2)(z^2+t^2)}]\geqslant\\&3-2(xy+yz+zx)+2(zx+tu+xy+um+yz+mt)=\\&3+2(tu+um+mt)\end{aligned}$$

故

$$A \geqslant \frac{3+2(tu+um+mt)}{3-(xy+yz+zx)} =$$

$$\frac{6+4(tu+um+mt)}{6-2(xy+yz+zx)} =$$

$$\frac{6+4(tu+um+mt)}{4+(x-y)^2+(y-z)^2+(z-x)^2} =$$

$$\frac{6+4(tu+um+mt)}{4+u^2+t^2+m^2} \geqslant \frac{3}{2} \Leftrightarrow$$

$$12+8(tu+um+mt) \geqslant 12+3(u^2+t^2+m^2) \Leftrightarrow$$

$$8[tu+(u+t)m] \geqslant 3(u^2+t^2)+3m^2 \Leftrightarrow$$

$$8[tu+(u+t)^2] \geqslant 3(u^2+t^2)+3(u+t)^2 \Leftrightarrow$$

$$t^2+u^2+9tu \geqslant 0$$

显然成立.

所以 $A \geqslant \frac{3}{2}$. 即

$$2-\frac{1}{1-xy}+2-\frac{1}{1-yz}+2-\frac{1}{1-zx} \geqslant \frac{3}{2} \Rightarrow$$

$$\frac{1}{1-xy}+\frac{1}{1-yz}+\frac{1}{1-zx} \leqslant \frac{9}{2} \Rightarrow$$

$$\frac{1}{z^2+x^2+y^2-xy}+\frac{1}{x^2+y^2+z^2-yz}+\frac{1}{y^2+z^2+x^2-zx} \leqslant \frac{9}{2} \Rightarrow$$

$$\frac{x+y}{z^2(x+y)+x^3+y^3}+\frac{y+z}{x^2(y+z)+y^3+z^3}+\frac{z+x}{y^2(z+x)+z^3+x^3} \leqslant \frac{9}{2}$$

命题背景:源自于一道题目的改编.

原题 非负实数 x,y,z,满足 $x^2+y^2+z^2=1$. 证明

$$U=\sqrt{1-xy}+\sqrt{1-yz}+\sqrt{1-zx} \geqslant \sqrt{6}$$

事实上,由

$$3\left(\frac{1}{1-xy}+\frac{1}{1-yz}+\frac{1}{1-zx}\right)U^2 =$$

$$(1+1+1)\left(\frac{1}{1-xy}+\frac{1}{1-yz}+\frac{1}{1-zx}\right)U^2 \geqslant$$

$$\left(\frac{1}{\sqrt{1-xy}}+\frac{1}{\sqrt{1-yz}}+\frac{1}{\sqrt{1-zx}}\right)^2 U^2 =$$

$$\left[\left(\frac{1}{\sqrt{1-xy}}+\frac{1}{\sqrt{1-yz}}+\frac{1}{\sqrt{1-zx}}\right)(\sqrt{1-xy}+\sqrt{1-yz}+\sqrt{1-zx})\right]^2\geqslant$$

$[(1+1+1)^2]^2=81$

得

$$U^2\geqslant\frac{27}{\frac{1}{1-xy}+\frac{1}{1-yz}+\frac{1}{1-zx}}$$

故欲证 $U\geqslant\sqrt{6}$,可证

$$\frac{1}{1-xy}+\frac{1}{1-yz}+\frac{1}{1-zx}\leqslant\frac{9}{2}$$

66. 设 $a+\mathrm{i}b=\sqrt{\sum\limits_{i=1}^{n}z_i^2}$,$a,b\in\mathbf{R}$,则 $a^2-b^2=\sum\limits_{k=1}^{n}x_k^2-\sum\limits_{k=1}^{n}y_k^2$,$ab=\sum\limits_{k=1}^{n}x_ky_k$.用反证法,若 $r=|a|>\sum\limits_{k=1}^{n}|x_k|$,由于 $\sum\limits_{k=1}^{n}|x_k|\geqslant(\sum\limits_{k=1}^{n}x_k^2)^{\frac{1}{2}}$,则 $|a|>(\sum\limits_{k=1}^{n}x_k^2)^{\frac{1}{2}}$.由柯西不等式,得 $|a|\cdot|b|\leqslant(\sum\limits_{k=1}^{n}x_k^2)^{\frac{1}{2}}(\sum\limits_{k=1}^{n}y_k^2)^{\frac{1}{2}}$,从而 $|b|\leqslant(\sum\limits_{k=1}^{n}y_k^2)^{\frac{1}{2}}$,于是 $a^2=\sum\limits_{k=1}^{n}x_k^2+b^2-\sum\limits_{k=1}^{n}y_k^2\leqslant\sum\limits_{k=1}^{n}x_k^2$ 与 $|a|>(\sum\limits_{k=1}^{n}x_k^2)^{\frac{1}{2}}$ 矛盾.

67. 答案是 $\lambda\geqslant\mathrm{e}$.

我们需要下面的结论:数列 $\left\{\left(1+\frac{1}{n}\right)^n\right\}$ 严格单调递增,且 $\lim\limits_{n\to\infty}\left(1+\frac{1}{n}\right)^n=\mathrm{e}$.

我们先证当 $\lambda\geqslant\mathrm{e}$ 时,不等式总成立.

不妨设 $a_{n-1}=\min\limits_{1\leqslant i\leqslant n}a_i$,$a_n=\max\limits_{1\leqslant i\leqslant n}a_i$,于是

$$\sum_{i=1}^{n}\frac{1}{a_i}-\lambda\prod_{i=1}^{n}\frac{1}{a_i}=\sum_{i=1}^{n-2}\frac{1}{a_i}+\frac{1}{a_na_{n-1}}\left[n-\sum_{i=1}^{n-2}a_i-\frac{\lambda}{\prod\limits_{i=1}^{n-2}a_i}\right]\quad(1)$$

由算术平均值 $\geqslant$ 几何平均值,得

$$\sum_{i=1}^{n-2}a_i+\frac{\lambda}{\prod\limits_{i=1}^{n-2}a_i}\geqslant(n-1)\sqrt[n-1]{\lambda}$$

$$n-\sum_{i=1}^{n-2}a_i-\frac{\lambda}{\prod_{i=1}^{n-2}a_i}\leqslant n-(n-1)\sqrt[n-1]{\lambda}<0$$

后一个不等式成立当且仅当

$$\lambda>\left(\frac{n}{n-1}\right)^{n-1}=\left(1+\frac{1}{n-1}\right)^{n-1}$$

由结论知当

$$\lambda\geqslant \mathrm{e}>\left(1+\frac{1}{n-1}\right)^{n-1}$$

时成立.

于是保持 a_n+a_{n-1} 不变,令 a_na_{n-1} 变大(相当于令 a_{n-1},a_n 靠近),式(1)将不减,由于 $a_{n-1}\leqslant 1\leqslant a_n$,有

$$a_{n-1}a_n\leqslant 1\cdot(a_n+a_{n-1}-1)$$

于是我们将 a_{n-1},a_n 分别调整为 1 和 $a_{n-1}+a_n-1$ 时,式(1)不减.

继续这样的调整可将每个 a_i 调整为 1,式(1)不减.

故

$$\sum_{i=1}^{n}\frac{1}{a_i}-\lambda\prod_{i=1}^{n}\frac{1}{a_i}\leqslant\sum_{i=1}^{n}1-\lambda\prod_{i=1}^{n}1=n-\lambda$$

另外,对任意 $\lambda<\mathrm{e}$,取足够大的 n,使得

$$\left(1+\frac{1}{n-2}\right)^{n-2}>\lambda$$

取

$$a_1=a_2=\cdots=a_{n-2}=\sqrt[n-1]{\lambda}$$

此时

$$a_1+a_2+\cdots+a_{n-2}=(n-2)\sqrt[n-1]{\lambda}$$

而

$$\left(\frac{n}{n-2}\right)^{n-1}=\left(1+\frac{2}{n-2}\right)^{n-1}>\left(1+\frac{1}{n-2}\right)^{n-2}>\lambda$$

故

$$a_1+a_2+\cdots+a_{n-2}<n$$

由结论及 n 的选取知

$$\left(\frac{n}{n-1}\right)^{n-1}=\left(1+\frac{1}{n-1}\right)^{n-1}>\left(1+\frac{1}{n-2}\right)^{n-2}>\lambda$$

此时,保持

$$a_{n-1}+a_n=n-(n-2)\sqrt[n-1]{\lambda}(>0)$$

不变,$a_{n-1}\cdot a_n$ 变小时,式(1)将变大.特别当 $a_{n-1}\cdot a_n\to 0$ 时,式(1)右边趋向于无穷大.故当 $\lambda<\mathrm{e}$ 时,$\sum\limits_{i=1}^{n}\frac{1}{a_i}-\lambda\prod\limits_{i=1}^{n}\frac{1}{a_i}$ 无上界.

68. 注意到,$k_n<0$,且 $1-x_i^2\in[0,1]$.

若 $\sum\limits_{1\leqslant j<k\leqslant n}x_jx_k\leqslant 0$,则

$$\begin{aligned}\sum_{i=1}^{n}\sqrt{1-x_i^2}+k_n\sum_{1\leqslant j<k\leqslant n}x_jx_k\geqslant\sum_{i=1}^{n}\sqrt{1-x_i^2}\geqslant\\ \sum_{i=1}^{n}(1-x_i^2)=n-1\end{aligned}$$

若 $\sum\limits_{1\leqslant j<k\leqslant n}x_jx_k>0$,则记 $q=\sum\limits_{1\leqslant j<k\leqslant n}x_jx_k$.

将不等式改写为

$$\sum_{i=1}^{n}\sqrt{1-x_i^2}\geqslant(n-1)+(-k_n)q$$

注意到,不等式两边均为正,平方得

$$\begin{aligned}&\sum_{i=1}^{n}(1-x_i^2)+2\sum_{1\leqslant j<k\leqslant n}\sqrt{1-x_j^2}\ \sqrt{1-x_k^2}\geqslant\\ &(n-1)^2-2(n-1)k_nq+k_n^2q^2\Leftrightarrow\\ &2\sum_{1\leqslant j<k\leqslant n}\sqrt{1-x_j^2}\ \sqrt{1-x_k^2}\geqslant\\ &(n-1)(n-2)-2(n-1)k_nq+k_n^2q^2\end{aligned}\tag{1}$$

由柯西不等式知

$$\sqrt{1-x_j^2}\ \sqrt{1-x_k^2}=\sqrt{x_1^2+x_2^2+\cdots+x_{j-1}^2+x_{j+1}^2+x_n^2}$$

注意到

$$\begin{aligned}\sqrt{\sum_{i=1}^{k-1}x_i^2+x_{k+1}^2+x_n^2}\geqslant\left|\sum_{i\neq j,k}x_i^2+x_jx_k\right|=\\ |1-x_j^2-x_k^2+x_jx_k|\\ (1\leqslant j<k\leqslant n)\end{aligned}$$

故

$$\sum_{1\leqslant j<k\leqslant n}(\sqrt{1-x_j^2}\ \sqrt{1-x_k^2})\geqslant$$

$$\sum_{1\leqslant j<k\leqslant n} |1-x_j^2-x_k^2+x_jx_k| \geqslant$$
$$\left|\sum_{1\leqslant j<k\leqslant n}(1-x_j^2-x_k^2+x_jx_k)\right| =$$
$$|C_n^2+q-(n-1)(x_1^2+x_2^2+\cdots+x_n^2)| =$$
$$\frac{(n-1)(n-2)}{2}+q$$

于是,为证式(1),只要证

$$(n-1)(n-2)+2q \geqslant$$
$$(n-1)(n-2)-2(n-1)k_nq+k_n^2q^2 \Leftrightarrow$$
$$q[2+2(n-1)k_n-k_n^2q] \geqslant 0 \tag{2}$$

注意到,k_n 为 $x^2-4x-\dfrac{4}{n-1}=0$ 的根.

则 $(n-1)k_n^2-4(n-1)k_n-4=0 \Leftrightarrow \dfrac{2(n-1)k_n+2}{k_n^2}=\dfrac{n-1}{2}$

故

$$\text{式(2)} \Leftrightarrow q\left(\frac{n-1}{2}-q\right) \geqslant 0$$

注意到

$$q \leqslant \frac{n-1}{2} \Leftrightarrow 2\sum_{1\leqslant j<k\leqslant n} x_jx_k \leqslant (n-1)\sum_{i=1}^{n} x_i^2 \Leftrightarrow$$
$$\sum_{1\leqslant j<k\leqslant n}(x_j-x_k)^2 \geqslant 0$$

又 $q>0$,因此,式(3) 成立.
故原命题得证.

习题七

1. 由题设得 $\dfrac{2c}{a}+\dfrac{c}{b}=\sqrt{3}$. 由柯西不等式及均值不等式得

$$\frac{2a^2+b^2}{c^2}=\frac{1}{3}(2+1)\left[2\left(\frac{a}{c}\right)^2+\left(\frac{b}{c}\right)^2\right] \geqslant$$
$$\frac{1}{3}\left(\frac{2a}{c}+\frac{b}{c}\right)^2 =$$
$$\frac{1}{9}\left[\left(\frac{2a}{c}+\frac{b}{c}\right)\left(\frac{2c}{a}+\frac{c}{b}\right)\right]^2 =$$

$$\frac{1}{9}\left(4+\frac{2a}{b}+\frac{2b}{a}+1\right)^2 \geqslant$$

$$\frac{1}{9}(4+2\times 2+1)^2 = 9$$

当且仅当 $a=b=\sqrt{3}c$ 时，上式等号成立.

故 $\frac{2a^2+b^2}{c^2}$ 的最小值为 9.

2. 由 $x+y+z=1$ 及柯西不等式得

$$1=x+y+z=\left(\frac{1}{\sqrt{2}}\cdot\sqrt{2}x+\frac{1}{\sqrt{3}}\cdot\sqrt{3}y+1\cdot z\right)\leqslant$$

$$\left(\frac{1}{2}+\frac{1}{3}+1\right)^{\frac{1}{2}}(2x^2+3y^2+z^2)^{\frac{1}{2}}=\sqrt{\frac{11}{6}}\cdot\sqrt{u} \qquad (1)$$

所以 $u\geqslant\frac{6}{11}$.

式(1)等号成立的条件为 $\frac{\sqrt{2}x}{\frac{1}{\sqrt{2}}}=\frac{\sqrt{3}y}{\frac{1}{\sqrt{3}}}=\frac{z}{1}=\lambda$，即 $x=\frac{\lambda}{2}$，$y=\frac{\lambda}{3}$，$z=\lambda$. 代入已知等式得

$$\frac{\lambda}{2}+\frac{\lambda}{3}+\lambda=1$$

解得 $\lambda=\frac{6}{11}$.

因此，当 $x=\frac{3}{11}$，$y=\frac{2}{11}$，$z=\frac{6}{11}$ 时，$u_{\min}=\frac{6}{11}$.

3. 由柯西不等式得

$$\sqrt{a^2+x^2}\cdot\sqrt{a^2+b^2}\geqslant a^2+bx, \sqrt{b^2+y^2}\cdot\sqrt{b^2+a^2}\geqslant b^2+ay$$

所以

$$f(x,y)=a\sqrt{a^2+x^2}+b\sqrt{b^2+y^2}\geqslant$$

$$a\cdot\frac{a^2+bx}{\sqrt{a^2+b^2}}+b\cdot\frac{b^2+ay}{\sqrt{a^2+b^2}}=$$

$$\frac{a^3+b^3+ab(x+y)}{\sqrt{a^2+b^2}}=(a+b)\sqrt{a^2+b^2}$$

当且仅当 $x=b$，$y=a$ 时，上式等号成立.

4.(1) 由已知等式得 $\left(x+\frac{1}{2}\right)^2+(y+1)^2+\left(z+\frac{3}{2}\right)^2=\frac{27}{4}$，则由柯西不等式得

$$\left[\left(x+\frac{1}{2}\right)+(y+1)+\left(z+\frac{3}{2}\right)\right]^2\leqslant$$
$$3\left[\left(x+\frac{1}{2}\right)^2+(y+1)^2+\left(z+\frac{3}{2}\right)^2\right]=\frac{81}{4}$$

故 $x+y+z\leqslant\frac{3}{2}$，当且仅当 $x=1,y=\frac{1}{2},z=0$ 时等号成立.

(2) 因为 $(x+y+z)^2\geqslant x^2+y^2+z^2$，$3(x+y+z)\geqslant x+2y+3z$，则

$$(x+y+z)^2+3(x+y+z)\geqslant\frac{13}{4}$$

解得 $x+y+z\geqslant\frac{\sqrt{22}-3}{2}$. 等号当且仅当 $x=y=0,z=\frac{\sqrt{22}-3}{2}$ 时成立.

左边估计一项比一项大，右边用放缩.

5. 由柯西不等式，得

$$w\geqslant\frac{1}{4}\left[(r-1)+\left(\frac{s}{r}-1\right)+\left(\frac{t}{s}-1\right)+\left(\frac{4}{t}-1\right)\right]^2=$$
$$\frac{1}{4}\left(r+\frac{s}{r}+\frac{t}{s}+\frac{4}{t}-4\right)^2$$

又 $r+\frac{s}{r}+\frac{t}{s}+\frac{4}{t}\geqslant4\sqrt[4]{r\cdot\frac{s}{r}\cdot\frac{t}{s}\cdot\frac{4}{t}}=4\sqrt{2}$，所以 $w\geqslant4(\sqrt{2}-1)^2$. 当且仅当 $r=\sqrt{2},s=2,t=2\sqrt{2}$ 时，取等号. 故 $w_{\min}=4(\sqrt{2}-1)^2$.

6. 由柯西不等式，得

$$w\cdot\delta=\left[\left(\sqrt{\frac{l}{x}}\right)^2+\left(\sqrt{\frac{m}{y}}\right)^2+\left(\sqrt{\frac{n}{z}}\right)^2\right]\cdot$$
$$[(\sqrt{ax})^2+(\sqrt{by})^2+(\sqrt{cz})^2]\geqslant$$
$$(\sqrt{al}+\sqrt{bm}+\sqrt{cn})^2$$

所以

$$w \geqslant \frac{(\sqrt{al}+\sqrt{bm}+\sqrt{cn})^2}{\delta}$$

利用柯西不等式成立的条件,得 $x=k\sqrt{\frac{l}{a}}$, $y=k\sqrt{\frac{m}{b}}$, $z=k\sqrt{\frac{n}{c}}$,其中 $k=\frac{\delta}{\sqrt{al}+\sqrt{bm}+\sqrt{cn}}$,它们使得 $ax+by+cz=\delta$,且 $w=\frac{(\sqrt{al}+\sqrt{bm}+\sqrt{cn})^2}{\delta}$,所以 $w_{\min}=\frac{(\sqrt{al}+\sqrt{bm}+\sqrt{cn})^2}{\delta}$.

7. 因为 $(a+b+c)^2 \geqslant 3(ab+bc+ca)=3$,所以,$a+b+c \geqslant \sqrt{3}$. 由柯西不等式得

$$\left(\frac{1}{1-a}+\frac{1}{1-b}+\frac{1}{1-c}\right)[(1-a)+(1-b)+(1-c)] \geqslant 9$$

所以

$$\frac{1}{1-a}+\frac{1}{1-b}+\frac{1}{1-c} \geqslant \frac{9}{3-(a+b+c)} \geqslant \frac{9}{3-\sqrt{3}}=\frac{3(3+\sqrt{3})}{2}$$

当且仅当 $a=b=c=\frac{\sqrt{3}}{3}$ 时,$\frac{1}{1-a}+\frac{1}{1-b}+\frac{1}{1-c}$ 取最小值 $\frac{3(3+\sqrt{3})}{2}$.

8. 设原式为 A,由柯西不等式,有

$$A[a_1(a_2+3a_3+5a_4+7a_5)+a_2(a_3+3a_4+5a_5+7a_1)+\cdots+a_5(a_1+3a_2+5a_3+7a_4)] \geqslant (a_1+a_2+a_3+a_4+a_5)^2 \quad (1)$$

于是,有

$$A \geqslant \frac{(a_1+a_2+a_3+a_4+a_5)^2}{8\sum\limits_{1\leqslant i<j\leqslant 5} a_i a_j}$$

因为

$$4(a_1+a_2+a_3+a_4+a_5)^2-10\sum_{1\leqslant i<j\leqslant 5} a_i a_j=\sum_{1\leqslant i<j\leqslant 5}(a_i-a_j)^2 \geqslant 0 \quad (2)$$

所以 $(a_1+a_2+a_3+a_4+a_5)^2 \geqslant \frac{5}{2}\sum\limits_{1\leqslant i<j\leqslant 5} a_i a_j$,从而 $A \geqslant \frac{5}{16}$.

当 $a_1=a_2=a_3=a_4=a_5$ 时,式(1),(2)中的等号都成立,

即有 $A=\frac{5}{16}$.

综上所述,所求的最小值为$\frac{5}{16}$.

9.首先,易观察出当 $u=v=w=\frac{\sqrt{3}}{3}$ 时,有 $u\sqrt{vw}+v\sqrt{wu}+w\sqrt{uv}=1$ 及 $u+v+w=1$.

因此,λ 的最大值不超过$\sqrt{3}$.

下面证明:对于所有 $u,v,w>0$,且满足式(1),均有 $u+v+w\geqslant\sqrt{3}$.

由均值不等式及柯西不等式,有

$$\begin{aligned}\frac{(u+v+w)^4}{9}=\left(\frac{u+v+w}{3}\right)^3\cdot 3(u+v+w)\geqslant 3uvw(u+v+w)=\\(uvw+vwu+wuv)(u+v+w)\geqslant\\(u\sqrt{vw}+v\sqrt{wu}+w\sqrt{uv})^2\geqslant 1\end{aligned}$$

所以

$$u+v+w\geqslant\sqrt{3}$$

当且仅当 $u=v=w=\frac{\sqrt{3}}{3}$ 时,上式等号成立.

综上所述,所求 λ 的最小值是$\sqrt{3}$.

10.由柯西不等式

$$\sum\frac{x}{1-x^2}\cdot\sum x^3(1-x^2)\geqslant\sum x^2=1\tag{1}$$

而

$$\sum x^3(1-x^2)\leqslant\frac{2}{3\sqrt{3}}\Leftrightarrow\tag{2}$$

$$\frac{2}{3\sqrt{3}}+\sum x^5\geqslant\sum x^3\Leftrightarrow\tag{3}$$

$$\frac{2}{3\sqrt{3}}\sum x^2+\sum x^5\geqslant\sum x^3\tag{4}$$

但由算术-几何平均不等式得

$$\frac{2x^2}{3\sqrt{3}}+x^5\geqslant 3\cdot\sqrt[3]{\left(\frac{x^2}{3\sqrt{3}}\right)\left(\frac{x^2}{3\sqrt{3}}\right)x^5}=x^3$$

所以式(4)成立,从而式(2)成立.

由式(1),(2)有

$$\sum \frac{x}{1-x^2} \geqslant \frac{3\sqrt{3}}{2}$$

即$\sum \frac{x}{1-x^2}$的最小值为$\frac{3\sqrt{3}}{2}$,故在$x=y=z=\frac{\sqrt{3}}{3}$时取得最小值.

11. 由柯西不等式知

$$(a_1+a_2+\cdots+a_n+b_1+b_2+\cdots+b_n)\left(\frac{a_1^2}{a_1+b_1}+\frac{a_2^2}{a_2+b_2}+\cdots+\frac{a_n^2}{a_n+b_n}\right) \geqslant (a_1+a_2+\cdots+a_n)^2=1$$

且 $$a_1+a_2+\cdots+a_n+b_1+b_2+\cdots+b_n=2$$

所以

$$\frac{a_1^2}{a_1+b_1}+\frac{a_2^2}{a_2+b_2}+\cdots+\frac{a_n^2}{a_n+b_n} \geqslant \frac{1}{2}$$

当且仅当$a_1=a_2=\cdots=a_n=b_1=b_2=\cdots=b_n=\frac{1}{n}$时取得.

所以$\frac{a_1^2}{a_1+b_1}+\frac{a_2^2}{a_2+b_2}+\cdots+\frac{a_n^2}{a_n+b_n}$的最小值为$\frac{1}{2}$.

12. 设$a=\frac{x}{y}, b=\frac{y}{z}, c=\frac{z}{x}$,$(x,y,z\in \mathbf{R}_+)$,则

$$M=\frac{y}{y+2x}+\frac{z}{z+2y}+\frac{x}{x+2z}$$

由柯西不等式,得

$$[y(y+2x)+z(z+2y)+x(x+2z)]\cdot \left(\frac{y}{y+2x}+\frac{z}{z+2y}+\frac{x}{x+2z}\right) \geqslant (x+y+z)^2$$

从而

$$M \geqslant \frac{(x+y+z)^2}{[y(y+2x)+z(z+2y)+x(x+2z)]}=1$$

即

$$\frac{1}{2a+1}+\frac{1}{2b+1}+\frac{1}{2c+1} \geqslant 1$$

当且仅当$a=b=c=1$时,上式等号成立.

故所求最小值为 1.

13. 由均值不等式有

$$\frac{x^2}{14}+\frac{x}{y^2+z+1}+\frac{2}{49}(y^2+z+1)\geqslant 3\sqrt[3]{\frac{x^3}{7^3}}=\frac{3}{7}x$$

则

$$\frac{1}{14}\sum x^2+\sum\frac{x}{y^2+z+1}+\frac{2}{49}\sum x^2+\frac{2}{49}\sum x+\frac{6}{49}\geqslant\frac{3}{7}\sum x$$

故

$$\frac{11}{98}\sum x^2+\sum\frac{x}{y^2+z+1}+\frac{6}{49}\geqslant\left(\frac{3}{7}-\frac{2}{49}\right)\sum x=\frac{19}{49}\sum x$$

又 $\sum x^2\geqslant\frac{1}{3}(\sum x)^2\geqslant 12$，故

$$\sum x^2+\sum\frac{x}{y^2+z+1}=$$

$$\frac{87}{98}\sum x^2+\frac{11}{98}\sum x^2-\frac{11}{98}\sum x^2+\frac{19}{49}\sum x-\frac{6}{49}\geqslant$$

$$\frac{87}{98}\sum x^2+\frac{19}{49}\sum x-\frac{6}{49}\geqslant$$

$$\frac{87\times 6+19\times 6-6}{49}=\frac{90}{7}$$

从而，$M_{\min}=\frac{90}{7}$. 此时，$(x,y,z)=(2,2,2)$.

14. 令 $x=1,y=z=-1$，则 $\frac{x}{x^2+1}+\frac{y}{y^2+1}+\frac{z}{z^2+1}=-\frac{1}{2}$. 猜想最小值为 $-\frac{1}{2}$.

只需证

$$\frac{x}{x^2+1}+\frac{y}{y^2+1}+\frac{z}{z^2+1}\geqslant-\frac{1}{2}\Leftrightarrow$$

$$\frac{(x+1)^2}{x^2+1}+\frac{(y+1)^2}{y^2+1}+\frac{(z+1)^2}{z^2+1}\geqslant\frac{(z-1)^2}{z^2+1}\tag{1}$$

注意到

$$z(x+y-1)=x+y-xy$$

若 $x+y-1=0$，则 $x+y=xy=1$，矛盾. 故 $x+y-1\neq 0$.

于是
$$z=\frac{x+y-xy}{x+y-1}$$

代入不等式(1)中,得

$$\frac{(x+1)^2}{x^2+1}+\frac{(y+1)^2}{y^2+1}\geqslant\frac{(xy-1)^2}{(x+y-1)^2+(x+y-xy)^2} \quad (2)$$

由柯西不等式得

$$式(2)的左边\geqslant\frac{[(1+x)(1-y)+(1+y)(1-x)]^2}{(1+x^2)(1-y)^2+(1+y^2)(1-x)^2}=$$

$$\frac{4(xy-1)^2}{(1+x^2)(1-y)^2+(1+y^2)(1-x)^2}$$

于是,只需证

$$4(x+y-1)^2+4(x+y-xy)^2\geqslant$$

$$(1+x^2)(1-y)^2+(1+y^2)(1-x)^2\Leftrightarrow$$

$$f(x)=(y^2-3y+3)x^2-(3y^2-8y+3)x+3y^2-3y+1\geqslant 0$$

由

$$\Delta=(3y^2-8y+3)^2-4(y^2-3y+3)(3y^2-3y+1)=$$

$$-3(y^2-1)^2\leqslant 0$$

所以 $f(x)\geqslant 0$ 恒成立.

从而,猜想成立.即

$$\frac{x}{x^2+1}+\frac{y}{y^2+1}+\frac{z}{z^2+1}\geqslant-\frac{1}{2}$$

15.当 $x=y=z=\frac{\sqrt{3}}{3}$ 时,$f=\frac{8\sqrt{3}}{9}$.接下来证明

$$f\leqslant\frac{8\sqrt{3}}{9} \quad (1)$$

令 $a=\sqrt{3}x,b=\sqrt{3}y,c=\sqrt{3}z$.则

$$a^2+b^2+c^2=3$$

故

$$式(1)\Leftrightarrow 3(a+b+c)-abc\leqslant 8 \quad (2)$$

注意到

$$abc=\frac{1}{3}\left[\sum a^3-\sum a\left(\sum a^2-\sum ab\right)\right]$$

故

$$式(2)\Leftrightarrow\left(\sum a\right)\left(3+\frac{3\sum a^2-\sum ab}{6}\right)\leqslant 8+\frac{\sum a^3}{3}\Leftrightarrow$$

$$\left(\sum a\right)\left(3+\frac{3\sum a^{2}-\left(\sum a\right)^{2}}{6}\right)\leqslant 8+\frac{\sum a^{3}}{3}$$

令 $\sum a = x$. 则只需证

$$x\left(\frac{9}{2}-\frac{x^{2}}{6}\right)\leqslant 8+\frac{\sum a^{3}}{3} \tag{3}$$

由均值不等式得

$$x\left(\frac{9}{2}-\frac{x^{2}}{6}\right)=\frac{1}{2}x\left(9-\frac{x^{2}}{3}\right)=$$

$$\frac{1}{2}\sqrt{\frac{3}{2}\cdot\frac{2x^{2}}{3}\left(9-\frac{x^{2}}{3}\right)^{2}}\leqslant$$

$$\frac{1}{2}\sqrt{\frac{3}{2}\left(\frac{18}{3}\right)^{3}}=9$$

由柯西不等式得

$$\left(\sum a\right)\left(\sum a^{3}\right)\geqslant\left(\sum a^{2}\right)^{2}=9$$

又 $\sum a\leqslant\sqrt{3\sum a^{2}}=3$, 则

$$\sum a^{3}\geqslant 3$$

故

$$8+\frac{\sum a^{3}}{3}\geqslant 9\geqslant x\left(\frac{9}{2}-\frac{x^{2}}{6}\right)$$

因此, 不等式(3)得证.

综上, $f_{\max}=\frac{8\sqrt{3}}{9}$.

16. 取 $x_1=x_2=x_3=x_4=x_5=1$, 有 $f(1,1,1,1,1)=\frac{5}{3}$. 下面证明 $f\geqslant\frac{5}{3}$.

由柯西不等式有

$$f=\sum_{i=1}^{5}\frac{x_i+x_{i+2}}{x_{i+4}+2x_{i+6}+3x_{i+8}}\geqslant$$

$$\frac{\left[\sum_{i=1}^{5}(x_i+x_{i+2})\right]^{2}}{\sum_{i=1}^{5}(x_i+x_{i+2})(x_{i+4}+2x_{i+6}+3x_{i+8})}$$

(其下标在模 5 下理解). 故只需证

$$\frac{\left[\sum_{i=1}^{5}(x_i+x_{i+2})\right]^2}{\sum_{i=1}^{5}(x_i+x_{i+2})(x_{i+4}+2x_{i+6}+3x_{i+8})}\geqslant\frac{5}{3}\Leftrightarrow$$

$$3\sum_{i=1}^{5}x_i^2-4\sum_{i=1}^{5}x_ix_{i+1}\geqslant-\sum_{i=1}^{5}x_ix_{i+2}\Leftrightarrow$$

$$4\sum_{i=1}^{5}(x_i-x_{i+1})^2\geqslant\sum_{i=1}^{5}(x_i-x_{i+2})^2 \tag{1}$$

又由柯西不等式，对 $i=1,2,\cdots,5$，恒有

$$(1^2+1^2)[(x_i-x_{i+1})^2+(x_{i+1}-x_{i+2})^2]\geqslant(x_i-x_{i+2})^2$$

在上式中，分别取 $i=1,2,\cdots,5$，然后相加，即得式(1). 所以，$f_{\min}=\frac{5}{3}$.

17. 令 $A=a_1a_2\cdots a_n$，则 $M=\frac{1}{A}\prod_{i=1}^{n}(a_ib_i+1)$. 由 $(a_ib_i+1)^2\leqslant(a_i^2+1)(b_i^2+1)$ 知等号成立 $\Leftrightarrow a_i=b_i$. 由此得到 $M\leqslant\frac{1}{A}\prod_{i=1}^{n}(1+a_i^2)$，且等号成立 $\Leftrightarrow a_i=b_i(i=1,2,\cdots,n)$. 故 $b_1=a_1,b_2=a_2,\cdots,b_n=a_n$ 时，M 取值最大.

18. 首先，取 $x_i=\frac{1}{2}(i=1,2,\cdots,n)$. 代入式(1)有

$$\frac{n}{2}\geqslant C(n)C_n^2\left(\frac{1}{2}+\frac{1}{2}\right)$$

于是，$C(n)\leqslant\frac{1}{n-1}$.

下面证明：$C(n)=\frac{1}{n-1}$ 满足条件.

由 $1-x_i+1-x_j\geqslant2\sqrt{(1-x_i)(1-x_j)}\geqslant1(1\leqslant i<j\leqslant n)$，得 $x_i+x_j\leqslant1$.

取和得 $(n-1)\sum_{k=1}^{n}x_k\leqslant C_n^2$，即 $\sum_{k=1}^{n}x_k\leqslant\frac{n}{2}$. 故

$$\frac{1}{n-1}\sum_{1\leqslant i<j\leqslant n}(2x_ix_j+\sqrt{x_ix_j})=$$

$$\frac{1}{n-1}\left(2\sum_{1\leqslant i<j\leqslant n}x_ix_j+\sum_{1\leqslant i<j\leqslant n}\sqrt{x_ix_j}\right)=$$

$$\frac{1}{n-1}\Big[\big(\sum_{k=1}^{n}x_k\big)^2-\sum_{k=1}^{n}x_k^2+\sum_{1\leqslant i<j\leqslant n}\sqrt{x_ix_j}\Big]\leqslant$$

$$\frac{1}{n-1}\Big[\big(\sum_{k=1}^{n}x_k\big)^2-\frac{1}{n}\big(\sum_{k=1}^{n}x_k\big)^2+\sum_{1\leqslant i<j\leqslant n}\frac{x_i+x_j}{2}\Big]=$$

$$\frac{1}{n-1}\Big[\frac{n-1}{n}\big(\sum_{k=1}^{n}x_k\big)^2+\frac{n-1}{2}\sum_{k=1}^{n}x_k\Big]=$$

$$\frac{1}{n}\big(\sum_{k=1}^{n}x_k\big)^2+\frac{1}{2}\sum_{k=1}^{n}x_k\leqslant$$

$$\frac{1}{n}\big(\sum_{k=1}^{n}x_k\big)\cdot\frac{n}{2}+\frac{1}{2}\sum_{k=1}^{n}x_k=\sum_{k=1}^{n}x_k$$

从而，原不等式成立.

因此，$C(n)$ 的最大值为$\frac{1}{n-1}$.

习题八

1. $AB\geqslant 9$.

显然，$B\geqslant\frac{1}{b}+\frac{1}{c}+\frac{1}{a}$，且

$$A-(a+b+c)=\frac{a^4+b^4+c^4-a^2b^2-b^2c^2-c^2a^2}{(a+b)(b+c)(c+a)}\geqslant 0$$

由柯西不等式，知

$$AB\geqslant\Big(\frac{1}{a}+\frac{1}{b}+\frac{1}{c}\Big)(a+b+c)\geqslant 9$$

2. 证法一：因为

$$\tan^2\alpha+\tan^2\beta+\tan^2\gamma=$$

$$\frac{\sin^2\alpha}{1-\sin^2\alpha}+\frac{\sin^2\beta}{1-\sin^2\beta}+\frac{\sin^2\gamma}{1-\sin^2\gamma}=$$

$$\frac{1}{1-\sin^2\alpha}+\frac{1}{1-\sin^2\beta}+\frac{1}{1-\sin^2\gamma}-3\geqslant$$

$$\frac{9}{3-(\sin^2\alpha+\sin^2\beta+\sin^2\gamma)}-3$$

又因为

$$\sin^2\alpha+\sin^2\beta+\sin^2\gamma\geqslant\frac{(\sin\alpha+\sin\beta+\sin\gamma)^2}{3}=\frac{1}{3}$$

所以

$$\tan^2\alpha+\tan^2\beta+\tan^2\gamma\geqslant\frac{3}{8}$$

证法二：由柯西不等式得

$$(\cos^2\alpha+\cos^2\beta+\cos^2\gamma)(\tan^2\alpha+\tan^2\beta+\tan^2\gamma)\geqslant$$
$$(\sin\alpha+\sin\beta+\sin\gamma)^2=1$$

$$\sin^2\alpha+\sin^2\beta+\sin^2\gamma\geqslant\frac{(\sin\alpha+\sin\beta+\sin\gamma)^2}{3}=\frac{1}{3}$$

所以

$$\cos^2\alpha+\cos^2\beta+\cos^2\gamma=3-(\sin^2\alpha+\sin^2\beta+\sin^2\gamma)\leqslant$$
$$3-\frac{1}{3}=\frac{8}{3}$$

于是

$$\tan^2\alpha+\tan^2\beta+\tan^2\gamma\geqslant\frac{3}{8}$$

3. 如图 1，有 $9R(a\cos\alpha+b\cos\beta+c\cos\gamma)=18(S_{\triangle ABO}+S_{\triangle ACO}+S_{\triangle BCO})=18S_{\triangle ABC}$.

另外，由切比雪夫不等式有

$$(a+b+c)(a\sin\beta+b\sin\gamma+c\sin\alpha)\geqslant$$
$$3(ab\sin\gamma+bc\sin\alpha+ca\sin\beta)=18S_{\triangle ABC}$$

等号成立等价于 $a:b:c=b\sin\gamma:c\sin\alpha:a\sin\beta$.

又因为

$$ab\sin\gamma=ca\sin\beta=bc\sin\alpha$$

所以

$$a=b=c$$

故 $\alpha=\beta=\gamma=60^\circ$.

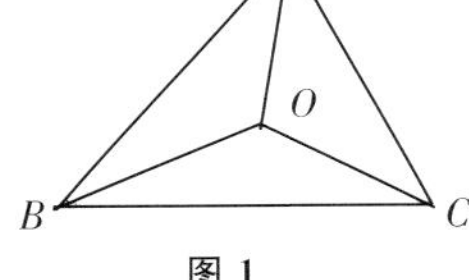

图 1

4. 先证 $b\cos\frac{C}{2}+c\cos\frac{B}{2}>\frac{a+b+c}{2}$.

由三角形射影定理，得 $a=b\cos C+c\cos B$，于是

$$\frac{a+b+c}{2}=\frac{b\cos C+c\cos B+b+c}{2}=$$
$$\frac{b(\cos C+1)+c(\cos B+1)}{2}=$$

$$b\cos^2\frac{C}{2}+c\cos^2\frac{B}{2}<$$

$$b\cos\frac{C}{2}+c\cos\frac{B}{2}$$

所以，$b\cos\frac{C}{2}+c\cos\frac{B}{2}>\frac{a+b+c}{2}$.

再证 $b\cos\frac{C}{2}+c\cos\frac{B}{2}<\sqrt{\frac{(a+b+c)(b+c)}{2}}<\frac{a+b+c}{\sqrt{2}}$.

由三角形射影定理，得 $a=b\cos C+c\cos B$.

于是，由柯西不等式，可得

$$\frac{a+b+c}{\sqrt{2}}=\sqrt{\frac{(a+b+c)(a+b+c)}{2}}>$$

$$\sqrt{\frac{(a+b+c)(b+c)}{2}}=$$

$$\sqrt{\frac{(b\cos C+c\cos B+b+c)(b+c)}{2}}=$$

$$\sqrt{\frac{[b(\cos C+1)+c(\cos B+1)](b+c)}{2}}=$$

$$\sqrt{(b+c)\left(b\cos^2\frac{C}{2}+c\cos^2\frac{B}{2}\right)}\geqslant$$

$$\sqrt{\left(\sqrt{b}\cdot\sqrt{b}\cos\frac{C}{2}+\sqrt{c}\cdot\sqrt{c}\cos\frac{B}{2}\right)^2}=$$

$$b\cos\frac{C}{2}+c\cos\frac{B}{2}$$

所以，$b\cos\frac{C}{2}+c\cos\frac{B}{2}<\sqrt{\frac{(a+b+c)(b+c)}{2}}<\frac{a+b+c}{\sqrt{2}}$.

从而，$\frac{a+b+c}{2}<b\cos\frac{C}{2}+c\cos\frac{B}{2}<\sqrt{\frac{(a+b+c)(b+c)}{2}}<\frac{a+b+c}{\sqrt{2}}$.

5.先证 $\cos^2 A+\cos^2 B+\cos^2 C\geqslant\frac{1}{2}\left(\frac{a^2}{b^2+c^2}+\frac{b^2}{c^2+a^2}+\frac{c^2}{a^2+b^2}\right)$.

由三角形射影定理和柯西不等式,可得 $a^2=(b\cos C+c\cos B)^2\leqslant(b^2+c^2)(\cos^2 C+\cos^2 B)$,即 $\cos^2 C+\cos^2 B\geqslant\frac{a^2}{b^2+c^2}$.

同理可得

$$\cos^2 C+\cos^2 A\geqslant\frac{b^2}{c^2+a^2}$$

$$\cos^2 A+\cos^2 B\geqslant\frac{c^2}{a^2+b^2}$$

将以上三式两边分别相加,得

$$\cos^2 A+\cos^2 B+\cos^2 C\geqslant\frac{1}{2}\left(\frac{a^2}{b^2+c^2}+\frac{b^2}{c^2+a^2}+\frac{c^2}{a^2+b^2}\right)$$

再证 $\frac{a^2}{b^2+c^2}+\frac{b^2}{c^2+a^2}+\frac{c^2}{a^2+b^2}\geqslant\frac{3}{2}$.

由柯西不等式,可得

$$\frac{a^2}{b^2+c^2}+\frac{b^2}{c^2+a^2}+\frac{c^2}{a^2+b^2}=$$

$$(a^2+b^2+c^2)\left(\frac{1}{b^2+c^2}+\frac{1}{c^2+a^2}+\frac{1}{a^2+b^2}\right)-3=$$

$$\frac{1}{2}[(a^2+b^2)+(b^2+c^2)+(c^2+a^2)]\cdot$$

$$\left(\frac{1}{b^2+c^2}+\frac{1}{c^2+a^2}+\frac{1}{a^2+b^2}\right)-3\geqslant$$

$$\frac{9}{2}-3=\frac{3}{2}$$

所以,$\frac{a^2}{b^2+c^2}+\frac{b^2}{c^2+a^2}+\frac{c^2}{a^2+b^2}\geqslant\frac{3}{2}$.

从而 $\cos^2 A+\cos^2 B+\cos^2 C\geqslant\frac{1}{2}\left(\frac{a^2}{b^2+c^2}+\frac{b^2}{c^2+a^2}+\frac{c^2}{a^2+b^2}\right)\geqslant\frac{3}{4}$.

6.设 $u=x\sin\alpha+y\sin\beta$,$v=z\sin\gamma+w\sin\theta$,则

$$u^2=(x\sin\alpha+y\sin\beta)^2\leqslant$$
$$(x\sin\alpha+y\sin\beta)^2+(x\cos\alpha-y\cos\beta)^2=$$
$$x^2+y^2-2xy\cos(\alpha+\beta)$$

所以 $\cos(\alpha+\beta)\leqslant\dfrac{x^2+y^2-u^2}{2xy}$.

同理 $\cos(\gamma+\theta)\leqslant\dfrac{z^2+w^2-v^2}{2zw}$. 由假设 $\cos(\alpha+\beta)+\cos(\gamma+\theta)=0$, 则 $\dfrac{u^2}{xy}+\dfrac{v^2}{zw}\leqslant\dfrac{x^2+y^2}{xy}+\dfrac{z^2+w^2}{zw}$. 于是

$$(u+v)^2=\left(u\cdot\frac{\sqrt{xy}}{\sqrt{xy}}+v\cdot\frac{\sqrt{zw}}{\sqrt{zw}}\right)^2\leqslant$$
$$\left(\frac{u^2}{xy}+\frac{v^2}{zw}\right)(xy+zw)\leqslant$$
$$(xy+zw)\left(\frac{x^2+y^2}{xy}+\frac{z^2+w^2}{zw}\right)$$

等号成立 $\Leftrightarrow x\cos\alpha=y\cos\beta, z\cos\gamma=w\cos\theta$

$$\frac{u}{xy}=\frac{v}{zw}\Leftrightarrow x\cos\alpha=y\cos\beta=z\cos\gamma=w\cos\theta$$

7. 令 $a=\tan s, b=\tan t, c=\tan u, d=\tan v$, 则 $a,b,c,d\in\mathbf{R}_+$, 由 $s+t+u+v=\pi$, 得 $\tan(s+t)+\tan(u+v)=0$. 即 $\dfrac{a+b}{1-ab}+\dfrac{c+d}{1-cd}=0$. 两边乘以 $(1-ab)(1-cd)$, 得 $a+b+c+d=abc+bcd+cda+dab$. 推出 $(a+b)(a+c)(a+d)=(a^2+1)(a+b+c+d)$, 即 $\dfrac{a^2+1}{a+b}=\dfrac{(a+c)(a+d)}{a+b+c+d}$. 类似, 得到

$$\frac{a^2+1}{a+b}+\frac{b^2+1}{b+c}+\frac{c^2+1}{c+d}+\frac{d^2+1}{d+a}=a+b+c+d$$

由柯西不等式, 得

$$2(a+b+c+d)^2=$$
$$2(a+b+c+d)\cdot$$
$$\left(\frac{a^2+1}{a+b}+\frac{b^2+1}{b+c}+\frac{c^2+1}{c+d}+\frac{d^2+1}{d+a}\right)\geqslant$$
$$(\sqrt{a^2+1}+\sqrt{b^2+1}+\sqrt{c^2+1}+\sqrt{d^2+1})^2$$

即

$$\sqrt{a^2+1}+\sqrt{b^2+1}+\sqrt{c^2+1}+\sqrt{d^2+1}\leqslant\sqrt{2}(a+b+c+d)$$

等价于

$$\frac{1}{\cos s}+\frac{1}{\cos t}+\frac{1}{\cos u}+\frac{1}{\cos v}\leqslant\sqrt{2}\left(\frac{\sin s}{\cos s}+\frac{\sin t}{\cos t}+\frac{\sin u}{\cos u}+\frac{\sin v}{\cos v}\right)$$

8. 由于

$$\text{式(1)}\Leftrightarrow\sum\frac{\cos A\cdot\cos B\cdot\cos C+\sin^2 A}{(\cos A\cdot\cos B\cdot\cos C+\sin A\cos A)^2}\geqslant\frac{1}{\cos A\cdot\cos B\cdot\cos C}\Leftrightarrow$$

$$\sum\frac{1+\dfrac{\sin^2 A}{\cos A\cdot\cos B\cdot\cos C}}{\left(1+\dfrac{\sin A}{\cos B\cdot\cos C}\right)^2}\geqslant 1\tag{2}$$

又

$$\frac{\sin^2 A}{\cos A\cdot\cos B\cdot\cos C}=\frac{\sin A}{\cos A}\cdot\frac{\sin(B+C)}{\cos B\cdot\cos C}=\tan A(\tan B+\tan C)$$

$$\frac{\sin A}{\cos B\cdot\cos C}=\tan B+\tan C$$

故

$$\text{式(2)}\Leftrightarrow\sum\frac{1+\tan A(\tan B+\tan C)}{(1+\tan B+\tan C)^2}\geqslant 1\tag{3}$$

令 $x=\tan A, y=\tan B, z=\tan C$，则

$$x+y+z=xyz$$

$$\text{式(3)}\Leftrightarrow\sum\frac{1+xy+xz}{(1+y+z)^2}\geqslant 1\tag{4}$$

由柯西不等式，得

$$(x+y+z)(1+xy+xz)\geqslant(\sqrt{x}+y\sqrt{x}+z\sqrt{x})^2=x(1+y+z)^2$$

即
$$\frac{1+xy+xz}{(1+y+z)^2}\geqslant\frac{x}{x+y+z}$$

故
$$\sum\frac{1+xy+xz}{(1+y+z)^2}\geqslant\sum\frac{x}{x+y+z}=1$$

从而，式(1)成立.

9. 易知过椭圆上任意一点 (x_0, y_0) 的切线方程为 $\frac{x_0 x}{a^2}+\frac{y_0 y}{b^2}=1$，得切线与两坐标轴的交点为 $P\left(\frac{a^2}{x_0},0\right)$，$Q\left(0,\frac{b^2}{y_0}\right)$. 于

是，问题转化为在约束条件 $\frac{x_0^2}{a^2}+\frac{y_0^2}{b^2}=1$ 下，求 $|PQ|=\sqrt{\left(\frac{a^2}{x_0}\right)^2+\left(\frac{b^2}{y_0}\right)^2}$ 的最小值. $|PQ|_{\min}=a+b$.

10. 如图 2，注意到 $\angle BQD=\angle ABQ+\angle BAQ=\angle ABQ+\angle QBC=\angle ABC$.

所以 $\triangle BQD\backsim\triangle ABD$.

所以 $\frac{BD}{AD}=\frac{QD}{BD}$. 即 $BD^2=AD\cdot QD$.

令 $\frac{BD}{DC}=\frac{x}{y}$，$\frac{CE}{EA}=\frac{z}{x}$，$\frac{AF}{FB}=\frac{y}{z}$，$BC=a$.

则 $BD=\frac{ax}{x+y}$.

从而

$$\frac{QD}{AD}=\frac{z}{x+y+z}$$

图 2

$$\frac{AQ}{AD}=\frac{x+y}{x+y+z}$$

所以
$$\frac{x^2a^2}{(x+y)^2}=\frac{zAD^2}{x+y+z}$$

所以
$$AQ^2=\frac{(x+y)^2}{(x+y+z)^2}AD^2=\frac{1}{x+y+z}\cdot\frac{x^2}{z}\cdot a^2$$

即
$$\frac{AQ^2}{BC^2}=\frac{1}{x+y+z}\cdot\frac{x^2}{z}$$

由柯西不等式得

$$(x+y+z)^2\leqslant(x+y+z)\sum\frac{x^2}{z}$$

故
$$\sum\frac{AQ^2}{BC^2}=\frac{1}{x+y+z}\sum\frac{x^2}{z}\geqslant 1$$

其中，“$\sum$”表示轮换对称和.

11. 设 $x=AB_1$，$y=BC_1$，$z=CA_1$. 要证式(1)，即证

$$\sqrt{\frac{x}{x+y}}+\sqrt{\frac{y}{y+z}}+\sqrt{\frac{z}{z+x}}\leqslant\frac{3}{\sqrt{2}}$$

即证

$$\frac{1}{\sqrt{1+a^2}}+\frac{1}{\sqrt{1+b^2}}+\frac{1}{\sqrt{1+c^2}}\leqslant\frac{3}{\sqrt{2}} \tag{2}$$

其中,a,b,c 为正实数,且 $abc=1$.不妨设 $ab\leqslant 1$.

由柯西不等式得

$$\frac{1}{\sqrt{1+a^2}}+\frac{1}{\sqrt{1+b^2}}\leqslant\sqrt{2\left(\frac{1}{1+a^2}+\frac{1}{1+b^2}\right)}$$

$$\frac{1}{1+a^2}+\frac{1}{1+b^2}=1+\frac{1-a^2b^2}{(1+a^2)(1+b^2)}\leqslant 1+\frac{1-a^2b^2}{(1+ab)^2}=\frac{2}{1+ab}$$

$$\frac{1}{\sqrt{1+c^2}}\leqslant\frac{\sqrt{2}}{1+c}$$

由算术-几何均值不等式,得

$$\begin{aligned}\text{式(2)左边}\leqslant&2\sqrt{\frac{c}{1+c}}+\frac{\sqrt{2}}{1+c}=\\&\frac{\sqrt{2}}{1+c}\left[\sqrt{2c(c+1)}+1\right]\leqslant\\&\frac{\sqrt{2}}{1+c}\left(\frac{2c+c+1}{2}+1\right)=\frac{3}{\sqrt{2}}\end{aligned}$$

12.因为

$$\begin{aligned}&\frac{2}{9}\sum_{1\leqslant i<j\leqslant 4}\frac{1}{\sqrt{(s-a_i)(s-a_j)}}\geqslant\\&\frac{4}{9}\sum_{1\leqslant i<j\leqslant 4}\frac{1}{(s-a_i)+(s-a_j)}\end{aligned} \tag{1}$$

所以只要证明

$$\sum_{i=1}^{4}\frac{1}{a_i+s}\leqslant\frac{4}{9}\sum_{1\leqslant i<j\leqslant 4}\frac{1}{(s-a_i)+(s-a_j)}$$

记 $a_1=a,a_2=b,a_3=c,a_4=d$,上式等价于

$$\begin{aligned}&\frac{2}{9}\left(\frac{1}{a+b}+\frac{1}{a+c}+\frac{1}{a+d}+\frac{1}{b+c}+\frac{1}{b+d}+\frac{1}{c+d}\right)\geqslant\\&\frac{1}{3a+b+c+d}+\frac{1}{a+3b+c+d}+\frac{1}{a+b+3c+d}+\\&\frac{1}{a+b+c+3d}\end{aligned} \tag{2}$$

由柯西不等式得

$$(3a+b+c+d)\left(\frac{1}{a+b}+\frac{1}{a+c}+\frac{1}{a+d}\right)\geqslant 9$$

$$\frac{1}{9}\left(\frac{1}{a+b}+\frac{1}{a+c}+\frac{1}{a+d}\right)\geqslant\frac{1}{3a+b+c+d} \qquad (3)$$

同理可得

$$\frac{1}{9}\left(\frac{1}{a+b}+\frac{1}{b+c}+\frac{1}{b+d}\right)\geqslant\frac{1}{a+3b+c+d} \qquad (4)$$

$$\frac{1}{9}\left(\frac{1}{a+c}+\frac{1}{b+c}+\frac{1}{c+d}\right)\geqslant\frac{1}{a+b+3c+d} \qquad (5)$$

$$\frac{1}{9}\left(\frac{1}{a+d}+\frac{1}{b+d}+\frac{1}{c+d}\right)\geqslant\frac{1}{a+b+c+3d} \qquad (6)$$

将(3),(4),(5),(6)四式相加得式(2),从而原不等式成立.

习题十

1. 由已知易得 $a_n=\dfrac{1}{1+\dfrac{2}{3^n}}$,记 $b_n=\dfrac{2}{3^n}$,有 $\sum\limits_{i=1}^{n}b_i=1-\dfrac{1}{3^n}<1$.

由柯西不等式得

$$a_1+a_2+\cdots+a_n=\sum_{i=1}^{n}\frac{1}{1+b_i}\geqslant$$

$$\frac{n^2}{\sum\limits_{i=1}^{n}(1+b_i)}=\frac{n^2}{n+\sum\limits_{i=1}^{n}b_i}>\frac{n^2}{n+1}$$

2. 对任意 $1\leqslant k\leqslant n$,有

$$(ka_k)^2\leqslant\left(\sum_{i=1}^{n}ia_i\right)^2=\left(\sum_{i=1}^{n}ib_i\right)^2\leqslant$$

$$\left(\sum_{i=1}^{n}i^2b_i\right)\cdot\left(\sum_{i=1}^{n}b_i\right)\text{(柯西不等式)}=$$

$$\left(10-\sum_{i=1}^{n}i^2a_i\right)\cdot\left(1-\sum_{i=1}^{n}a_i\right)\leqslant$$

$$(10-k^2a_k)\cdot(1-a_k)=$$

$$10-(10+k^2)a_k+k^2a_k^2$$

从而 $a_k\leqslant\dfrac{10}{10+k^2}$.

同理有 $b_k \leqslant \dfrac{10}{10+k^2}$,所以 $\max\{a_k, b_k\} \leqslant \dfrac{10}{10+k^2}$.

3. 定义 $A=\left\{j \mid 1 \leqslant j \leqslant n, x_j > \dfrac{\lambda S}{n}\right\}$. 由柯西不等式得

$$\begin{aligned} S \leqslant \sum_{i=1}^{n} x_i = \sum_{i \in A} x_i + \sum_{i \notin A} x_i \leqslant \\ \sqrt{|A| \sum_{i \in A} A} + \sum_{i \notin A} x_i \leqslant \\ \sqrt{|A|}\sqrt{n} + \frac{\lambda S}{n} \cdot n \end{aligned}$$

故

$$|A| \geqslant \frac{S^2(1-\lambda)^2}{n}$$

因此,至少有 $\left[\dfrac{S^2(1-\lambda)^2}{n}\right]$ 个数大于 $\dfrac{\lambda S}{n}$.

4. 不存在. 只需证明:$\displaystyle\sum_{i=2}^{2^n} \frac{1}{a_i} > \frac{n}{4}$.

由柯西不等式得

$$\left(\sum_{i=2^k+1}^{2^{k+1}} a_i\right)\left(\sum_{i=2^k+1}^{2^{k+1}} \frac{1}{a_i}\right) \geqslant 2^{2k}$$

则

$$\sum_{i=2^k+1}^{2^{k+1}} \frac{1}{a_i} \geqslant \frac{2^{2k}}{\sum\limits_{i=2^k+1}^{2^{k+1}} a_i} > \frac{2^{2k}}{\sum\limits_{i=1}^{2^{k+1}} a_i} \geqslant \frac{2^{2k}}{2^{2k+2}} = \frac{1}{4}$$

故

$$\sum_{i=2}^{2^n} \frac{1}{a_i} = \sum_{k=0}^{n-1}\left(\sum_{i=2^k+1}^{2^{k+1}} \frac{1}{a_i}\right) > \frac{n}{4}$$

当 n 足够大时,与题中条件(2)对于任意的 n 均成立相矛盾. 故不存在这样的数列.

5. 由 $\alpha_n = \dfrac{a_1+a_2+\cdots+a_n}{n}$,有

$$\begin{aligned} \alpha_n^2 - 2\alpha_n a_n = \alpha_n^2 - 2\alpha_n[n\alpha_n - (n-1)\alpha_{n-1}] = \\ (1-2n)\alpha_n^2 + 2(n-1)\alpha_{n-1}\alpha_n \leqslant \\ (1-2n)\alpha_n^2 + (n-1)(\alpha_n^2 + \alpha_{n-1}^2) = \\ -n\alpha_n^2 + (n-1)\alpha_{n-1}^2 \end{aligned}$$

其中用到了 $2ab \leqslant a^2 + b^2 (a, b \geqslant 0)$.

两边分别求和得

$$\sum_{n=1}^{N} \alpha_n^2 - 2\sum_{n=1}^{N} \alpha_n a_n \leqslant -N\alpha_N^2 \leqslant 0$$

因此

$$\sum_{n=1}^{N} \alpha_n^2 \leqslant 2\sum_{n=1}^{N} \alpha_n a_n$$

由柯西不等式得

$$\sum_{n=1}^{N} \alpha_n^2 \leqslant 2\left(\sum_{n=1}^{N} \alpha_n^2\right)^{\frac{1}{2}}\left(\sum_{n=1}^{N} a_n^2\right)^{\frac{1}{2}}$$

用 $\left(\sum_{n=1}^{N} \alpha_n^2\right)^{\frac{1}{2}}$ 分别除上式的两边,再分别取平方即得

$$\sum_{n=1}^{N} \alpha_n^2 \leqslant 4\sum_{n=1}^{N} a_n^2$$

6. 对任意实数 λ,由柯西不等式,得

$$\left(\sum_{i=1}^{n} x_i^2\right)\sum_{i=1}^{n} (a_i\lambda - b_i)^2 \geqslant \left(\lambda\sum_{i=1}^{n} a_i x_i - \sum_{i=1}^{n} b_i x_i\right)^2 = 1$$

从而

$$\left(\sum_{i=1}^{n} x_i^2\right)(A\lambda^2 - 2C\lambda + B) \geqslant 1$$

即对任意实数 λ,有

$$A\lambda^2 - 2C\lambda + B - \frac{1}{\sum_{i=1}^{n} x_i^2} \leqslant 0$$

于是

$$\Delta = 4C^2 - 4AB + \frac{4A}{\sum_{i=1}^{n} x_i^2} \leqslant 0$$

故命题成立.

注:该不等式的证明,也可通过构造一个新的序列 $\{y_i\}$.

$$y_i = \frac{Ab_i - Ca_i}{AB - C^2} \quad (i \geqslant 1)$$

则 $\{y_i\}$ 满足条件

$$\sum_{i=1}^{n} x_i y_i = \frac{A}{AB - C^2}, \sum_{i=1}^{n} y_i^2 = \frac{A}{AB - C^2}$$

$$\sum_{i=1}^{n} x_i^2 - \sum_{i=1}^{n} y_i^2 = \sum_{i=1}^{n} (x_i - y_i)^2$$

从而命题成立.

7.对于平面上的点集$\{P_1, P_2, \cdots, P_n\}$,令$a_i$为与$P_i$相距为单位长的点$P_i$的个数.不妨设$a_i \geqslant 1$,则相距为单位长的点对的对数是

$$A = \frac{a_1 + a_2 + \cdots + a_n}{2}$$

设C_i是以点P_i为圆心,以1为半径的圆.

因为每对圆至多有2个交点,故所有的C_i至多有

$$2C_n^2 = n(n-1)$$

个交点.

点P_i作为C_j的交点出现$C_{a_j}^2$次,因此

$$n(n-1) \geqslant \sum_{j=1}^{n} C_{a_j}^2 = \sum_{j=1}^{n} \frac{a_j(a_j - 1)}{2} \geqslant \frac{1}{2} \sum_{j=1}^{n} (a_j - 1)^2$$

由柯西不等式,得

$$\left[\sum_{j=1}^{n} (a_j - 1)\right]^2 \leqslant n \cdot \sum_{j=1}^{n} (a_j - 1)^2 \leqslant n \cdot 2n(n-1) < 2n^3$$

于是
$$\sum_{j=1}^{n} (a_j - 1) < \sqrt{2} \cdot \sqrt{n^3}$$

从而

$$A = \frac{\sum_{j=1}^{n} a_j}{2} < \frac{n + \sqrt{2n^3}}{2} < 2\sqrt{n^3}$$

故命题成立.

8.由柯西不等式得$a^2 + b^2 \geqslant \frac{(x^4 + 2x^2 + 1)^2}{x^2 + x^6}$,只要证明

$$\frac{(x^4 + 2x^2 + 1)^2}{x^2 + x^6} \geqslant 8 \Leftrightarrow (x^2 - 1)^4 \geqslant 0$$

9.设y是其中一个实数根,其余实根分别记$y_1, y_2, \cdots, y_{n-1}$.由根与系数的关系知

$$y + y_1 + y_2 + \cdots + y_{n-1} = 0$$

且

$$a_{n-2} = y(y_1 + y_2 + \cdots + y_{n-1}) + \sum_{1 \leqslant i < j \leqslant n-1} y_i y_j =$$

$$-y^2+\sum_{1\leqslant i<j\leqslant n-1}y_iy_j$$

故

$$\sum_{i=1}^{n-1}y_i^2=\left(\sum_{i=1}^{n-1}y_i\right)^2-2\sum_{1\leqslant i<j\leqslant n-1}y_iy_j=$$
$$y^2-2(a_{n-2}+y^2)=-2a_{n-2}-y^2$$

另外，由柯西不等式，得

$$y^2=\left(\sum_{i=1}^{n-1}y_i\right)^2\leqslant(n-1)\sum_{i=1}^{n-1}y_i^2=(n-1)(-2a_{n-2}-y^2)$$

移项整理得 $ny^2\leqslant 2(1-n)a_{n-2}$.

从而

$$|y|\leqslant\sqrt{\frac{2(1-n)}{n}a_{n-2}}$$

由 y 的任意性，知原命题得证.

10. 由柯西不等式得

$$(|x_1|+|x_2|+\cdots+|x_n|)^2\leqslant$$
$$(1^2+1^2+\cdots+1^2)(x_1^2+x_2^2+\cdots+x_n^2)=n$$

即得

$$|x_1|+|x_2|+\cdots+|x_n|\leqslant\sqrt{n}$$

所以，当 $0\leqslant a_i\leqslant k-1$ 时，我们有

$$a_1|x_1|+a_2|x_2|+\cdots+a_n|x_n|\leqslant$$
$$(k-1)(|x_1|+|x_2|+\cdots+|x_n|)\leqslant(k-1)\sqrt{n}$$

把区间 $[0,(k-1)\sqrt{n}]$ 等分成 k^n-1 个小区间，每个小区间的长度为 $(k-1)\sqrt{n}/(k^n-1)$. 由于每一个 a_i 只能在 $0,1,\cdots,k-1$ 这 k 个整数中取值. 因此

$$a_1|x_1|+a_2|x_2|+\cdots+a_n|x_n|$$

共能取 k^n 个正数值，因此必有两数会落在同一个小区间之内，设它们分别是 $\sum_{i=1}^{n}a_i'|x_i|$ 与 $\sum_{i=1}^{n}a_i''|x_i|$，因此有

$$\left|\sum_{i=1}^{n}(a_i'-a_i'')|x_i|\right|\leqslant\frac{(k-1)\sqrt{n}}{k^n-1}\tag{1}$$

显然，对 $i=1,2,\cdots,n$，有

$$|a_i'-a_i''|\leqslant k-1$$

现在取

$$a_i=\begin{cases}a_i'-a_i'', x_i\geqslant 0\\ a_i''-a_i', x_i<0\end{cases}$$

其中,$i=1,2,\cdots,n$.于是式(1)可表示为

$$\left|\sum_{i=1}^{n}a_ix_i\right|\leqslant\frac{(k-1)\sqrt{n}}{k^n-1}$$

其中,a_i 为整数,使得 $|a_i|\leqslant k-1,i=1,2,\cdots,n$.